TRAITÉ ÉLÉMENTAIRE

DE

PHYSIQUE

RÉDIGÉ

CONFORMÉMENT AU PROGRAMME

DE L'UNIVERSITÉ LAVAL

PAR

L'abbé Henri SIMARD

MAITRE ÈS ARTS ET DOCTEUR EN THÉOLOGIE

PROFESSEUR A LA FACULTÉ DES ARTS DE L'UNIVERSITÉ LAVAL, QUÉBEC

Avec 354 figures dans le texte

QUÉBEC

J.-P. GARNEAU, ÉDITEUR

6, RUE DE LA FABRIQUE, 6

1903

TRAITÉ ÉLÉMENTAIRE

DE

PHYSIQUE

Cum ex Seminarii Quebecencis praescripto recognitum fuerit opus cui titulus est *Traité élémentaire de Physique, par l'abbé Henri Simard*, nihil obstat quin typis mandetur.

O.-E. Mathieu, p^{ter}, P. A.
R. U. L.

TOURS. — IMP. DESLIS FRÈRES

AVANT-PROPOS

Ce *Traité élémentaire de physique* est destiné aux élèves des collèges classiques affiliés à l'Université Laval. Nous nous sommes proposé, en l'écrivant, de traiter, tout d'abord, les sujets les plus importants de la physique élémentaire, et en second lieu, de répondre le plus exactement possible aux questions du programme tel que rédigé par le congrès des collèges affiliés réuni à Québec, en juin 1901.

Pour atteindre ce but, nous avons suivi, dans la disposition de la matière, l'ordre adopté par ce programme, et nous avons mis en évidence, par des paragraphes clairement indiqués, les questions requises pour l'examen du baccalauréat.

C'est aussi pour cette raison que nous avons fait précéder la physique proprement dite d'un traité assez complet de *mécanique* élémentaire, et que nous avons séparé la *météorologie* des autres parties de la physique où les phénomènes atmosphériques sont ordinairement étudiés.

Nous nous sommes efforcé de mettre en relief les principales particularités qui intéressent l'Amérique et surtout le Canada ; tout, en adoptant les mesures du système métrique, le seul qui soit vraiment scientifique, nous avons indiqué, pour les exigences de la pratique, les valeurs correspondantes en unités de notre pays.

Nous tenons à remercier tout particulièrement M⁽ᵉʳ⁾ J.-C.-K. Laflamme, P. A., à qui nous devons de précieux renseignements sur la météorologie canadienne et américaine.

H. S.

17 juillet 19 .

TRAITÉ ÉLÉMENTAIRE

DE

PHYSIQUE

RÉDIGÉ

CONFORMÉMENT AU PROGRAMME

DE L'UNIVERSITÉ LAVAL

PAR

L'abbé Henri SIMARD

MAITRE ÈS ARTS ET DOCTEUR EN THÉOLOGIE
PROFESSEUR A LA FACULTÉ DES ARTS DE L'UNIVERSITÉ LAVAL, QUÉBEC

Avec 354 figures dans le texte

QUÉBEC

J.-P. GARNEAU, ÉDITEUR

6, RUE DE LA FABRIQUE, 6

1903

TRAITÉ ÉLÉMENTAIRE

DE PHYSIQUE

NOTIONS PRÉLIMINAIRES

1. Phénomènes physiques et phénomènes chimiques. — En observant avec attention les phénomènes qui se passent chaque jour sous nos yeux, on ne tarde pas à découvrir entre eux des différences essentielles.

Si l'on soumet de l'eau à l'action de la chaleur, tout le monde sait qu'elle se change en vapeur; mais celle-ci, par le refroidissement, régénère l'eau qui avait servi à la former. L'eau n'a rien perdu de ses propriétés par cette modification, par ce changement d'état, et sa nature intime *n'a subi aucune altération*.

Le fer, mis en contact avec un aimant, acquiert la propriété d'attirer la limaille de fer; il devient lui-même un aimant. Mais cette modification n'est que passagère; la vertu attractive disparaît à l'instant, lorsqu'on soustrait le métal à l'influence de l'aimant, et l'on constate que le fer est demeuré *identique* à lui-même; malgré les propriétés magnétiques qu'il peut acquérir ou perdre tour à tour, il n'en est pas moins resté du fer. De même le verre, frotté avec un mouchoir de soie, attire les corps légers sans cesser d'être du verre.

Ces trois exemples, choisis entre mille, suffisent pour caractériser les *phénomènes physiques* et en préciser la notion.

Au contraire, si l'on soumet du fer à l'action de l'air humide, il se couvre bientôt de rouille, dont la composition est de l'oxyde de fer hydraté. Il s'est produit une combinaison chimique; un nouveau corps, doué de propriétés que n'avait pas le fer, a pris naissance, et la modification a été *permanente*; la nature intime du corps a été *profondément changée*.

Il en est ainsi du magnésium qui produit de la magnésie, du charbon qui forme de l'anhydride carbonique, et du soufre qui donne naissance à de l'acide sulfureux, dans le phénomène de leur combustion au contact de l'air.

Ce sont des *phénomènes chimiques*.

2. Définition de la physique. — D'après ces quelques notions, la physique peut se définir : *cette partie des sciences naturelles dans laquelle on étudie les phénomènes qui se produisent sans que la constitution intime des corps soit changée*. C'est par là qu'elle se distingue de la chimie.

3. Objet de la physique. — La physique ne se borne pas à observer attentivement les phénomènes naturels, ni à en provoquer de nouveaux par l'expérience, mais elle s'occupe de les coordonner, d'exprimer les règles générales qui régissent tous les faits particuliers, en un mot, de chercher les rapports qui les lient et les *lois* qui manifestent leur dépendance mutuelle, en les traduisant le plus souvent par un énoncé mathématique. L'étude de ces lois générales, c'est-à-dire *la dépendance qui existe entre les phénomènes et leurs causes*, constitue le principal objet de la physique.

4. Matière, corps. — La *matière* est ce qui, d'une façon quelconque, peut affecter nos sens, et les *corps* sont des portions limitées de matière.

5. Constitution des corps. — Les physiciens admettent universellement que la matière n'est pas continue, mais qu'au contraire les corps sont composés de particules extrêmement petites, tenues à distance par des forces encore mal définies, et qu'on appelle *forces moléculaires*. Ces particules, qui ont reçu le nom de *molécules*, et dont la juxtaposition constitue les corps, échappent, à raison de leur ténuité, à tout moyen connu d'investigation, et sont *physiquement* indivisibles. Les procédés chimiques seuls peuvent les décomposer en *atomes*, dernières particules des corps et éléments constitutifs des molécules; ces atomes, de même

nature dans la molécule des corps simples, sont de nature différente dans les corps composés.

Cette hypothèse des molécules et des atomes a l'avantage d'être
commode, et de faciliter merveilleusement l'explication d'une
foule de phénomènes; c'est à ce titre que nous nous en servi-
rons, sans insister sur sa valeur intrinsèque, ni sur les raisons qui
ont engagé les savants à l'adopter.

6. Différents états des corps. — Les corps, dans la
nature, nous apparaissent sous trois états divers : l'*état solide*,
l'*état liquide* et l'*état gazeux*.

Les corps à l'*état solide* sont caractérisés par une force attractive ou *cohésion*, qui relie leurs molécules les unes aux autres
avec une énergie souvent considérable, et qui s'exerce à une
très petite distance; il en résulte que ces corps ont un *volume* et
une *forme* déterminés, qui ne peuvent être modifiés que par
l'influence d'agents extérieurs; ils résistent plus ou moins
énergiquement à toute cause de déformation et à tout effort
tendant à séparer leurs molécules. Tels sont les métaux, les
pierres, etc.

Les *liquides* n'ont pas de *forme propre*, ils prennent celles des
vases qui les contiennent, et en occupent la partie inférieure; ils
ont donc une *surface libre* et un *volume déterminé*. Contrairement
aux solides, la force attractive qui s'exerce entre les molécules
des liquides est très faible, et le moindre effort peut les séparer;
on leur reconnaît cependant un reste de cohésion, qui se manifeste par la forme sphérique qu'ils affectent, lorsqu'on les
projette en petite masse sur une surface qu'ils ne mouillent
pas. Les liquides sont, en outre, *très peu compressibles et parfaitement élastiques*; ils ne conservent jamais aucune trace de
déformation, et reprennent toujours exactement leur volume primitif, quand la compression cesse; la limite d'élasticité n'est
jamais dépassée (10).

Enfin, les molécules, dans les corps à l'*état gazeux*, sont d'une
mobilité extrême; les choses se passent comme si ces molécules
se repoussaient; c'est ce qu'on appelle la *force expansive* des gaz,
par laquelle ils se distinguent nettement des liquides. Grâce à
cette propriété, ils tendent à occuper le plus grand volume possible, ne sont pas limités à la partie inférieure des vases qui les
contiennent, mais les remplissent complètement; en un mot, ils

n'ont pas *de surface libre* ni de *volume déterminé*. De plus, ils sont très *compressibles* et *parfaitement élastiques*.

Les différents corps que nous offre la nature affectent l'un de ces trois états, dans les conditions normales de température et de pression. Si ces conditions viennent à changer, un même corps peut se présenter successivement sous les trois états. C'est ainsi que l'eau, ordinairement liquide, peut devenir *gazeuse* sous l'influence de la chaleur, ou *solide* lorsqu'elle se congèle par abaissement de température. Les molécules d'un gaz, rapprochées les unes des autres par la pression ou le refroidissement, finissent par s'unir plus intimement, et donner naissance à un liquide : c'est le phénomène de la *liquéfaction*, commun à tous les gaz. On peut même solidifier ces derniers ; tel est le cas de l'acide carbonique, qui peut revêtir successivement les trois formes. Quelques substances d'origine organique, comme le papier, échappent à cette règle, parce qu'à raison de l'instabilité de leur composition, elles se décomposent avant la fusion.

PROPRIÉTÉS GÉNÉRALES

DE LA MATIÈRE

7. Divisibilité. — Une même substance peut exister sous différents volumes avec toutes ses propriétés essentielles ; les corps peuvent être séparés en parties distinctes, et chacune de celles-ci est susceptible d'être partagée à son tour en portions plus petites : c'est la *divisibilité* de la matière.

On constate, par de nombreux exemples, que la limite de la division des corps est extrêmement reculée, et peut quelquefois être poussée à un point que l'imagination a peine à concevoir. Qu'il nous suffise de citer les feuilles d'or, le fil de Wollaston, dont l'extrême ténuité le rend invisible, ou encore les substances

odoriférantes, dont le poids n'accuse aucune variation sensible
après un long intervalle de temps, malgré le nombre incalculable de particules que l'évaporation leur fait perdre continuellement à leur surface.

8. Porosité. — Les corps possèdent à leur intérieur des vides
ou *pores* plus ou moins grands. Cette propriété, qui a reçu le
nom de *porosité*, résulte du fait que les corps, sous l'influence
d'une pression extérieure ou d'un refroidissement énergique,
peuvent diminuer notablement de volume ; ce phénomène nous
conduit à admettre qu'il existe des espaces vides entre les molécules, et que, par conséquent, celles-ci ne se touchent pas. Les
vides qui séparent les molécules constituent les *pores intermoléculaires*. On admet aussi l'existence de vides dans la molécule
elle-même : ce sont les *pores intramoléculaires*. Ces deux espèces
de pores se distinguent nettement des solutions de continuité
relativement grandes que présentent tous les corps organiques,
et qu'on appelle quelquefois *pores sensibles* ou *accidentels*. C'est
dans ce sens qu'il faut entendre la porosité des éponges, du bois
de frène, des pierres, des cordes sèches, etc.

Les principales expériences destinées à prouver la porosité des
corps ne démontrent que leur porosité accidentelle. Les pores
moléculaires proprement dits sont impénétrables aux liquides et
aux gaz.

9. Compressibilité. — C'est la propriété, conséquence de
la porosité, qu'ont les corps de diminuer de volume sous l'influence de pressions extérieures. S'il est vrai, en effet, que les
molécules des corps ne se touchent pas, mais qu'elles se tiennent
à une certaine distance les unes des autres, il est évident qu'une
forte pression aura pour effet de les rapprocher, ce qui se trahit
par une diminution dans le volume des corps.

Les *solides* possèdent cette propriété à un degré très variable,
suivant la nature des corps soumis à la compression. Le bois, par
exemple, est plus compressible que les métaux. Tout le monde
sait que l'on utilise cette propriété dans la fabrication des monnaies.

La compressibilité des *liquides* est extrêmement faible, comme
l'a démontré l'expérience des Académiciens de Florence ; on les
regarde même comme *pratiquement* incompressibles.

Enfin, les *gaz* sont éminemment compressibles, et l'expérience du *briquet à air* (1) en est une preuve manifeste. L'étude de la liquéfaction des gaz nous apprendra plus tard qu'ils ne peuvent pas diminuer indéfiniment de volume ; ils finissent par prendre l'état liquide, du moins dans certaines conditions déterminées de température.

10. Elasticité. — C'est la propriété que possèdent les corps de reprendre leur forme et leur volume primitifs, quand la force qui les déformait cesse d'agir.

Nous avons vu plus haut (6) que les liquides et les gaz sont parfaitement élastiques, et ne conservent jamais aucune trace de déformation. Quant à l'élasticité des solides, elle est très inégalement répartie entre les différentes substances, c'est-à-dire que leur limite d'élasticité, au-delà de laquelle il y aurait déformation permanente, est plus ou moins reculée. C'est ainsi que l'élasticité, à peu près nulle dans le beurre, est considérable dans l'ivoire, l'acier trempé, le caoutchouc, etc.

11. Impénétrabilité. — On appelle ainsi la propriété par laquelle un corps occupe une portion de l'espace à l'exclusion de tout autre. On peut difficilement concevoir la matière sensible sans impénétrabilité, et cette dernière en est, par suite, au même titre que l'étendue, une propriété essentielle ; il est évident pour tous qu'il ne peut y avoir deux corps en même temps au même endroit de l'espace.

12. Division de la physique. — Les différents phénomènes physiques peuvent former, suivant leur nature, plusieurs groupes distincts qui constituent une division naturelle de la physique. Pour faciliter l'étude de cette science aux étudiants de l'Université Laval, auxquels ce présent *Traité* est parti-

---

1. On appelle *briquet à air* un tube de verre à parois résistantes, et dont l'extrémité inférieure est scellée dans une garniture métallique qui la ferme hermétiquement. En enfonçant dans le tube un piston recouvert de cuir graissé, la masse d'air emprisonnée peut diminuer de volume jusqu'à un dixième. Le nom de *briquet à air*, donné à cet appareil, provient du fait que la chaleur développée par une compression subite peut enflammer un morceau de phosphore ou d'amadou.

culièrement destiné, nous adopterons l'ordre des matières tel qu'il est indiqué dans le programme officiel de cette institution. Après quelques notions élémentaires de *mécanique*, nous étudierons successivement la *pesanteur*, l'*hydrostatique*, les *gaz*, l'*acoustique*, la *chaleur*, l'*optique*, l'*électricité* avec le *magnétisme*, et la *météorologie*.

MÉCANIQUE

CHAPITRE I

ÉTUDE DU MOUVEMENT

13. Définition et division de la mécanique. — La *mécanique* est cette partie de la physique qui s'occupe du mouvement et de ses causes, ainsi que de ses conséquences et de ses applications. Nous traiterons d'abord sommairement du *mouvement* en lui-même, ce qui peut s'appeler la *géométrie du mouvement*; puis nous étudierons les *forces*, causes du mouvement, et, en troisième lieu, nous terminerons par l'étude des *machines*.

14. Mouvement. — Un corps qui se déplace dans l'espace, et qui occupe successivement différentes positions par rapport aux corps voisins, est dit en *mouvement*. On peut donc définir le *mouvement : un changement de position relative entre les corps ou les molécules des corps.*

Ces changements de position du mobile dans l'espace sont plus faciles à étudier en les rapportant à certains points extérieurs supposés fixes, qu'on appelle *points de repère*, et dont l'ensemble constitue le *champ* dans lequel se meut le mobile. Suivant que les points de repère sont fixes ou se déplacent, le mouvement sera *absolu* ou *relatif*. Bien qu'il n'y ait pas de mouvement purement absolu, à cause du double mouvement de rotation et de translation de la terre, on regarde cependant comme absolu le mouvement d'un promeneur qui se déplace sur un navire en repos, la terre étant toujours censée immobile; si le navire est lui-même en mouvement, le déplacement du promeneur est un exemple de mouvement relatif.

On appelle *trajectoire* d'un mobile la ligne droite ou courbe qui passe par tous les points occupés successivement par le mobile pendant son déplacement; on aura donc, suivant la forme de la trajectoire, un mouvement *rectiligne* ou *curviligne*.

La nature de la trajectoire ne suffit pas pour donner une idée exacte du mouvement d'un mobile; la vitesse de celui-ci, en effet, peut présenter différents caractères. Il en résulte qu'on peut concevoir plusieurs espèces de mouvements, suivant la nature de cette vitesse.

15. Mouvement uniforme rectiligne. — C'est celui dans lequel les espaces parcourus sont égaux dans des temps égaux, quelques petits que soient ces temps, la trajectoire étant rectiligne (¹).

16. Vitesse. — La *vitesse*, dans le mouvement uniforme, est l'espace parcouru pendant l'unité de temps, ou encore c'est le rapport constant entre l'espace parcouru et le temps employé à le parcourir. Représentons la vitesse par v, l'espace par e et le temps par t, on aura

$$v = \frac{e}{t},$$

d'où

$$e = vt. \tag{1}$$

On appelle cette équation *la formule du mouvement uniforme* : elle exprime que *l'espace parcouru est proportionnel au temps employé à le parcourir.*

L'espace parcouru, dans le mouvement uniforme, peut se représenter par la surface d'un rectangle (*fig.* 1), dont l'un des côtés CD serait le temps et l'autre BD la vitesse.

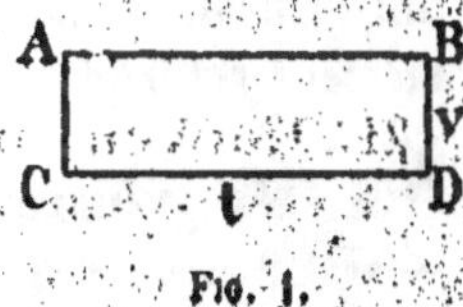

Fig. 1.

17. Mouvement varié rectiligne. — Le mouvement est *varié* quand le mobile parcourt des espaces *inégaux* dans des temps égaux.

---

1. Il ne faut pas confondre le mouvement uniforme, tel que nous venons de le définir, avec le mouvement *pendulaire*. Il est vrai que les oscillations d'un pendule simple s'accomplissent toutes dans le même temps, mais la vitesse varie à chaque instant pendant le cours d'une oscillation. C'est donc un mouvement *périodiquement* uniforme. Voilà pourquoi on ajoute dans la définition du mouvement uniforme proprement dit : *quelque petits que soient ces temps.*

18. Vitesse moyenne. — Dans le mouvement varié, la *vitesse moyenne* s'obtient en divisant l'espace parcouru total par le temps employé à le parcourir.

19. Vitesse à un instant donné. — Comme nous le verrons plus loin, un corps en mouvement, abandonné complètement à lui-même, serait animé d'un mouvement uniforme; il faut donc en conclure qu'un mouvement varié ne peut se concevoir qu'en autant qu'une ou plusieurs forces agissent sur le mobile. Si alors on suppose qu'à un instant déterminé toutes ces forces cessent leur action, il est évident que le mobile prendra un mouvement uniforme, avec la vitesse qu'il avait précisément au moment considéré, et qu'on appelle *vitesse à un instant donné*. Celle-ci est donc la vitesse du mouvement uniforme que posséderait le mobile, si l'on supprimait subitement les forces qui agissaient sur lui à l'instant considéré.

20. Mouvement rectiligne uniformément varié. — On définit le mouvement rectiligne *uniformément* varié celui dans lequel la vitesse varie de quantités *égales* dans des temps égaux, quelque petits que soient ces temps. On appelle *accélération* la *variation de la vitesse* dans l'unité de temps ; cette variation peut être un accroissement ou une diminution, c'est-à-dire qu'elle est positive ou négative; dans le premier cas, on a un mouvement *uniformément accéléré*, dans le second, un mouvement *uniformément retardé*.

21. Mouvement rectiligne uniformément accéléré. — Expression de la vitesse. — Considérons un mobile animé d'un mouvement uniformément accéléré, sans vitesse initiale, c'est-à-dire partant du repos. Désignons par g son accélération. On aura, après une seconde,

$$v = g,$$

au bout de 2 secondes

$$v = 2g,$$

et au bout de t secondes

$$v = gt. \tag{2}$$

Cette formule, qui est l'expression de la vitesse, montre que celle-ci, dans le mouvement uniformément accéléré, *augmente proportionnellement au temps*, c'est-à-dire qu'elle est 2, 3, 4 fois plus grande après 2, 3, 4 secondes de marche. Si le mobile, au lieu de partir du repos, a une vitesse initiale v_i, la vitesse du mouvement accéléré s'ajoute à celle que le mobile possédait déjà, et qui est supposée constante. L'expression générale de la vitesse V sera

$$V = v_i + gt.$$

22. Expression de l'espace parcouru. — Dans le mouvement uniformément accéléré, *l'espace parcouru est proportionnel au carré du temps employé à le parcourir.* Son expression est

$$e = \frac{1}{2} gt^2. \tag{3}$$

Démonstration de Galilée. — Représentons (*fig.* 2) le temps pendant lequel se meut le mobile par la longueur AB, et la vitesse au bout de ce temps par la longueur BC, perpendiculaire

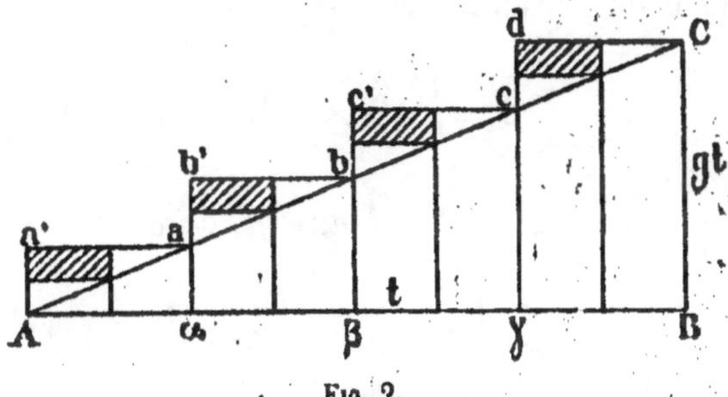

Fig. 2.

sur AB. Joignons AC, ce qui donne le triangle rectangle ABC. Si l'on divise le temps en parties égales très petites, les vitesses acquises après chaque élément de temps Aα, Aβ, Aγ, seront représentées par les longueurs αa, βb, γc, puisque les vitesses sont proportionnelles aux temps.

Supposons maintenant que la vitesse reste constante dans chaque subdivision du temps, et soit celle de la fin de l'intervalle. Comme le mouvement est uniforme, les espaces parcourus, pendant chacune des divisions de temps Aα, αβ, γβ, seront représentés, d'après ce que nous avons dit plus haut (16), par les surfaces des rectangles αa', βb', γc', Bd, et l'espace total, au bout du temps AB, par la somme de ces rectangles. L'on voit immédiatement que la surface totale de ces rectangles est plus grande que celle du triangle ABC de tout ce qui est au-delà de l'hypothénuse AC.

Partageons le temps AB en un nombre double de divisions égales, et poursuivons toujours le même raisonnement ; il devient évident que les rectangles, dont les surfaces représentent les espaces parcourus après chaque élément de temps, seront plus nombreux, plus étroits, et leur somme se rapprochera davantage de la surface du triangle ABC, d'autant plus que les subdivisions du temps seront plus nombreuses ; c'est ce qu'indiquent les parties ombrées de la figure 2.

Enfin, si on suppose un nombre infini de subdivisions infiniment petites, ce qui revient à admettre que la vitesse varie d'une manière régulière et continue de l'instant A à l'instant B, il y aura égalité entre la somme des surfaces des rectangles et celle du triangle ABC, par conséquent, l'espace parcouru pendant le temps AB sera représenté par la surface du triangle lui-même.

Or la surface de ABC a pour expression

$$ S = \frac{1}{2}\, AB \times BC; $$

comme $AB = t$ et $BC = v$, c'est-à-dire gt, on aura

$$ e = \frac{1}{2}\, t \times gt = \frac{1}{2}\, gt^2. $$

Dans le cas où le mobile possède une vitesse initiale v_1, d'un mouvement uniforme, le mobile obéit à la fois à deux mouvements dans le même sens, dont le premier est uniforme et l'autre uniformément accéléré. L'espace parcouru total sera la somme des espaces de chacun de ces mouvements, et l'on pourra écrire

$$ e = v_1 t + \frac{1}{2}\, gt^2. $$

23. Mouvement uniformément retardé. — Dans ce mouvement, la vitesse diminue d'une manière constante ; la variation de cette vitesse est *négative*. C'est le cas d'un objet qu'on lancé de bas en haut ; l'impulsion qu'on lui imprime le fait mouvoir d'un mouvement uniforme ; mais la pesanteur, qui est une force constante, tend à lui communiquer un mouvement uniformément accéléré en sens contraire. L'expression algébrique de ces conditions nous permettra de trouver les formules de la vitesse et de l'espace parcouru, dans cet espèce de mouvement.

Expression de la vitesse. — Désignons par v_1 la vitesse du mouvement uniforme, dans un certain sens, et par g l'accélération du mouvement uniformément accéléré, en sens contraire. La vitesse acquise par ce dernier mouvement, pendant le temps t, serait gt ; l'expression de la vitesse v du mobile, obéissant aux deux mouvements, sera donc

$$v = v_1 - gt.$$

Expression de l'espace parcouru. — D'après ce même raisonnement, la formule de l'espace parcouru, dans le mouvement uniformément retardé, s'obtiendra en faisant la somme algébrique des espaces parcourus par les deux mouvements uniforme et uniformément accéléré, auxquels obéit simultanément le mobile. On aura alors

$$e = v_1 t - \frac{1}{2} g t^2.$$

REMARQUES. — 1° Il résulte de la formule $e = \frac{1}{2} g t^2$ que, dans le mouvement uniformément accéléré, *les espaces parcourus varient proportionnellement aux carrés des temps employés à les parcourir*, c'est-à-dire qu'après 2, 3, 4 secondes de marche, les espaces seront 4, 9, 16 fois plus grands. Si on désigne par a l'espace parcouru par un mobile en 1 seconde, après 2, 3, 4 secondes, les espaces seront représentés par

$$4a, \quad 9a, \quad 16a, \quad \ldots$$

et les valeurs

$$a, \quad 3a, \quad 5a, \quad 7a, \quad \ldots$$

seront la mesure des espaces parcourus pendant chaque seconde séparément.

2° La vitesse moyenne, dans le mouvement uniformément accéléré, a pour expression (18)

$$v_m = \frac{\frac{1}{2} g t^2}{t} = \frac{1}{2} g t.$$

Remplaçons v, dans la formule (1), par cette valeur, et l'on aura

$$e = v t = \frac{1}{2} g t \times t = \frac{1}{2} g t^2.$$

Donc l'espace parcouru, dans le mouvement uniformément accéléré, est égal à celui que parcourrait le mobile d'un mouvement uniforme, pendant le même temps, avec la vitesse moyenne.

3° En éliminant t entre les deux formules (2) et (3), il vient

$$v = \sqrt{2 e g}. \tag{4}$$

C'est l'expression de la vitesse en fonction de l'espace.

24. Composition de mouvements. — C'est une vérité d'expérience que le mouvement relatif d'un mobile, par rapport aux points de repère, n'est pas modifié par le mouvement de ceux-ci ; les différentes positions que peut prendre un voyageur qui se déplace sur un navire sont indépendantes de l'état de repos ou de mouvement du navire, de même que la translation de la terre dans l'espace ne dérange en rien les mouvements qui se produisent à sa surface. Si donc les points de repère, qui déterminent le mouvement relatif, sont eux-mêmes animés d'un mouvement qu'on nomme *mouvement d'entraînement*, le mobile est considéré comme obéissant simultanément à ces deux mouvements ; on les appelle *mouvements composants*. Le mobile prend alors un troisième mouvement, de direction déterminée, et qui résulte des deux premiers : c'est le *mouvement résultant*. On donne le nom de *composition de mouvements* au problème ayant pour objet de chercher le mouvement qui résulte de la combinaison de deux mouvements composants. Nous n'étudierons ici que la composition de deux mouvements uniformes sans vitesse initiale.

25. Composition de deux mouvements uniformes sans vitesse initiale. — Proposition. — *Le mouvement résultant est rectiligne et uniforme ; sa vitesse est représentée en grandeur et en direction par la diagonale du parallélogramme construit sur les directions des mouvements composants, avec les vitesses de ceux-ci comme côtés.*

Démonstration. — Considérons (*fig.* 3) un point matériel A se déplaçant, d'un mouvement uniforme, suivant la ligne AC, avec une vitesse AE $= v$. Supposons que la ligne AC se transporte parallèlement à elle-même, et que son extrémité A décrive, d'un mouvement uniforme, la trajectoire AB ; c'est le mouvement d'entraînement des points de repère, et désignons sa vitesse par AD $= v'$. Au bout d'une seconde, la ligne

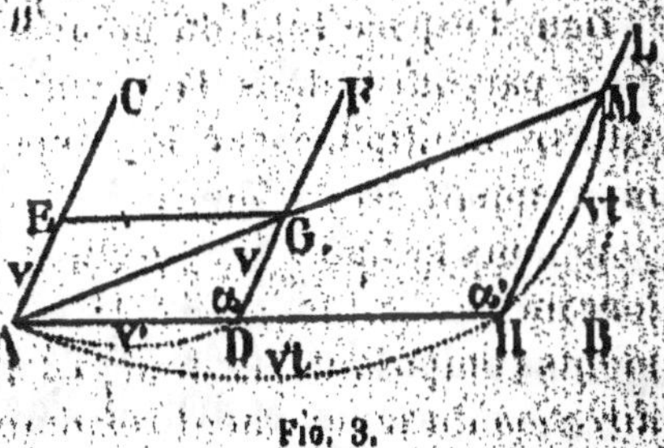

Fig. 3.

AC sera en DF. D'après ce que nous venons de voir, la position du point A, après une seconde, sera la même que si les mouvements composants avaient été successifs, et cette position s'obtiendra en prenant sur DF une longueur DG égale à AE. Le mobile sera donc en G, après la première seconde, et la trajectoire du mouvement résultant sera la ligne AG.

Après un temps quelconque t, AC sera en HL, et, par un raisonnement analogue, on voit que le point matériel A sera en M, en prenant sur HL une longueur HM $= vt$, tandis que l'espace du mouvement d'entraînement sera AH $= v't$. La trajectoire du mouvement résultant sera donc, au bout du temps t, la ligne AGM.

Il reste à démontrer deux choses : 1° que les trois points A, G et M sont en ligne droite, c'est-à-dire que le mouvement résultant est *rectiligne* ; 2° que ce mouvement résultant est *uniforme*.

En effet, les deux triangles ADG et AHM sont semblables, parce qu'ils ont un angle égal ($\alpha = \alpha'$) compris entre côtés homologues proportionnels. Il en résulte donc que les angles DAG et HAM sont égaux. Or AD et AH sont sur une même ligne droite, donc AG et AM font aussi partie d'une même ligne droite, et le mouvement résultant est *rectiligne*.

En second lieu, les mêmes triangles semblables fournissent la proportion suivante :

$$\frac{AM}{AG} = \frac{AH}{AD}, \qquad \text{ou} \qquad \frac{AM}{AG} = \frac{v't}{v},$$

On aura alors, en simplifiant,

$$\frac{AM}{AG} = t,$$

et enfin

$$AM = AG \times t.$$

Donc l'espace total du mouvement résultant AM est égal à l'espace parcouru dans la première seconde AG, c'est-à-dire la vitesse, multipliée par le temps *t*, ce qui démontre (16) que le mouvement est *uniforme*.

Menons la ligne EG, parallèle à AD ; nous formons un parallélogramme dont les côtés AE et AD sont les *vitesses* des mouvements composants, et dont la diagonale représente la *valeur* et la *direction* du mouvement résultant.

REMARQUE. — On démontre, par un procédé analogue au précédent, que si les mouvements composants sont uniformément variés, le mouvement résultant l'est aussi, et son *accélération* est représentée en grandeur et en direction par la diagonale du parallélogramme dont les côtés seraient les *accélérations* des mouvements composants.

26. Mouvement de rotation. — C'est celui d'un corps qui tourne autour d'un axe fixe. Tel est le mouvement des roues hydrauliques, des meules de moulin, etc. Si un point quelconque du corps décrit des angles égaux dans des temps égaux, quelque petits que soient ces temps, le mouvement de rotation est dit *uniforme*. L'axe fixe autour duquel se fait le mouvement s'appelle *axe de rotation*, et tous les points du corps décrivent des circonférences parallèles entre elles, et dont les plans sont perpendiculaires à cet axe. Les portions de circonférences décrites, dans un temps déterminé, par les différents points d'un corps animé d'un mouvement de rotation, sont proportionnelles aux distances de ces points à l'axe de rotation.

27. Vitesse linéaire et vitesse angulaire. — On appelle *vitesse linéaire* d'un point la longueur de l'arc décrit par ce point dans l'unité de temps,

Considérons un corps quelconque animé d'un mouvement de rotation *uniforme*. L'espace parcouru par un point déterminé de ce corps sera $2\pi R$; on aura alors

$$2\pi R = vt,$$

d'où

$$v = \frac{2\pi R}{t},$$

R représentant la distance du point à l'axe de rotation.

Si $R = 1$, la formule précédente devient

$$v = \frac{2\pi}{t}.$$

Posons $\frac{2\pi}{t} = \omega$; on pourra écrire, d'une manière générale,

$$v = \omega R,$$

ω s'appelle la *vitesse angulaire* du point ; on peut la définir : la *vitesse linéaire d'un point situé à l'unité de distance de l'axe*, et aussi : *l'angle dont le corps tourne pendant l'unité de temps*. La vitesse angulaire est la même pour tous les points du corps, quelles que soient les distances de l'axe, et elle sert de mesure au mouvement de rotation.

La formule $v = \omega R$ montre que, *pour même vitesse angulaire*, la vitesse linéaire varie *proportionnellement à R*, c'est-à-dire à la distance d'un point à l'axe de rotation.

Si l'on résout cette expression par rapport à ω, on a

$$\omega = \frac{v}{R},$$

ce qui indique que, *pour même vitesse linéaire v*, la vitesse angulaire varie en *raison inverse* de la distance R.

Ces résultats sont appliqués dans les communications de mouvement par roues dentées ou par des courroies. Suivant le rapport des diamètres des deux roues, dont l'une communique le mouvement à l'autre, on pourra faire varier à volonté la vitesse angulaire de cette dernière.

CHAPITRE II

I. — ÉTUDE DES FORCES

28. Inertie. — L'*inertie*, qu'on peut appeler l'absence de spontanéité dans la matière, est cette propriété qui fait qu'un corps ne peut de lui-même se mettre en mouvement, s'il est en repos, ni s'arrêter de lui-même, s'il est en mouvement.

Cette vérité est déduite de l'observation, et l'on admet qu'une action extérieure est nécessaire pour modifier l'état de repos ou de mouvement d'un corps. La première partie du principe de l'inertie se conçoit aisément: un corps en repos sur le sol ne se déplacera jamais, s'il est complètement abandonné à lui-même. Quant à la dernière partie, elle se vérifie dans ses conséquences, comme le prouve un grand nombre de phénomènes et d'expériences.

Il résulte du principe de l'inertie qu'un corps, qui se met en mouvement sous l'influence d'une impulsion, doit nécessairement se mouvoir en ligne droite, indéfiniment, et d'un mouvement uniforme, si on le soustrait à toute cause perturbatrice. Ces conditions ne sont cependant jamais réalisées, et les mouvements qui s'observent à la surface du globe ne sont jamais de cette nature. Tout corps en mouvement finit par s'arrêter; c'est qu'il y a toujours des causes qui s'opposent à son mouvement, telles que la résistance de l'air et les frottements.

L'on constate, en outre, que les corps en mouvement ne s'arrêtent jamais instantanément, mais qu'ils perdent *peu à peu* leur vitesse, sous l'action des résistances auxquelles ils sont soumis; celles-ci finissent par annuler le mouvement qui tendait à se continuer indéfiniment, en vertu de la *vitesse acquise*. Tel est le cas d'un projectile lancé par une arme à feu, d'un voyageur qui descend d'une voiture en mouvement, etc. C'est aussi par l'iner-

tie qu'on explique les effets désastreux des collisions de chemins
de fer. Les causes extérieures, nécessaires pour produire ou
modifier les mouvements que l'on observe chaque jour, ont
reçu le nom de *forces*.

29. Force. — On donne le nom de *force* à toute cause,
quelle qu'elle soit, pouvant produire ou modifier un mouvement.
Telles sont les actions attractives qui s'exercent entre les corps
célestes, la puissance explosive de la poudre, les attractions
électriques, la tension d'un gaz comprimé, etc.

Nous n'avons aucune notion de la nature intime d'une force ;
elle ne nous est connue que par ses effets. Nous venons de voir
qu'un corps, laissé à lui-même, se meut en ligne droite et d'un
mouvement uniforme. Cet état de mouvement ne peut être
modifié qu'en communiquant au corps une certaine accélération, et cette accélération sera l'effet de la force qui altère
l'uniformité du mouvement. Par conséquent, de même que
l'existence d'un courant électrique ne nous est manifestée que
par ses effets, par exemple, la déviation d'une aiguille aimantée,
ou des décompositions chimiques, de même aussi nous ne pouvons connaître une force que par l'accélération qu'elle
produit.

Les forces se représentent par des nombres, car on peut se
figurer aisément des forces de différente valeur ; il suffit d'en
choisir une pour unité, et on lui compare les autres.

30. Égalité de deux forces. — Deux forces sont dites
égales lorsque, substituées l'une à l'autre, elles produisent les
mêmes effets dans les mêmes circonstances. On peut aussi se
rendre compte de l'égalité de deux forces, en les appliquant en
sens opposé à un même point matériel : ces forces seront
évidemment égales, si elles laissent ce point en repos. On dit
alors qu'elles se font *équilibre*.

31. Mesure des forces. — Une force peut se comparer à
un *poids*, à cause de la similitude des effets produits. Une force,
qui pourra fléchir un ressort de la même manière qu'un poids
de 10 livres, sera appelée *une force de 10 livres*, et ainsi de suite
pour les autres. Dans ces conditions, l'unité de force, d'après
le système métrique, sera la force de 1 kilogramme, c'est-à-

dire celle qui produit le même effet qu'un poids de 1 kilogramme
Nous verrons plus loin (58) qu'on a choisi une autre unité de
force qu'on appelle la *dyne*.

32. Éléments constitutifs d'une force. — Ils sont au
nombre de trois, savoir : 1° le *point d'application*, c'est-à-dire le
point du corps où la force exerce immédiatement son action ;
2° la *direction* suivant laquelle elle agit et met le point d'application en mouvement ; 3° l'*intensité*, qui est l'énergie avec laquelle elle agit. Ces trois éléments, une fois connus, déterminent parfaitement une force.

33. Dynamomètres. — Ce sont des instruments qui servent
à mesurer l'intensité des forces, et
à les comparer avec l'unité. Ils sont
de plusieurs sortes, mais consistent
tous essentiellement à mettre en jeu
l'élasticité d'un ressort, dont la flexion est plus ou moins grande, suivant la force appliquée à l'appareil.
La graduation se fait en suspendant
au dynamomètre des poids de différente valeur (*fig.* 4) ; les flexions plus
ou moins grandes du ressort sont
enregistrées par l'instrument, et en
constituent l'échelle graduée. L'intensité d'une force sera alors mesurée par la flexion correspondant
à un poids connu, et représentée par
le même nombre.

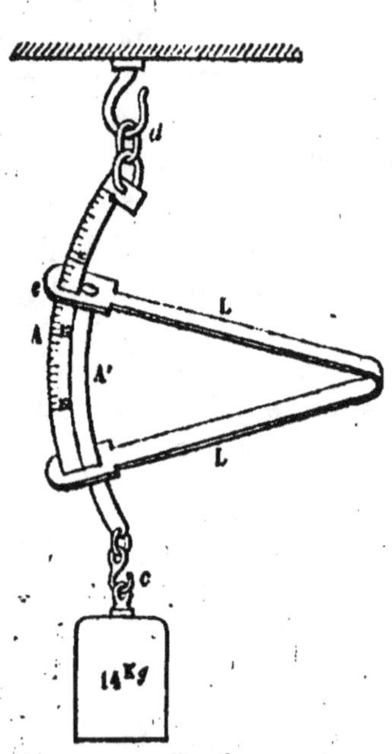

Fig. 4

**34. Représentation d'une
force.** — Pour pouvoir appliquer
les méthodes géométriques à l'étude des forces, on représente
celles-ci en traçant, à partir du point d'application, une droite
dont le *sens* indique la *direction*, et dont la *longueur* est proportionnelle à l'*intensité*.

35. Action et réaction. — A toute *action* correspond une
réaction égale et de sens contraire. Ce principe, dû à Newton,

résulte du fait suivant : lorsqu'un point matériel A (*fig.* 5) est soumis à une force émanant d'un autre point matériel B, ce dernier est également soumis à l'action d'une force égale et contraire à la première, et émanant du point A. On appelle l'une de ces forces l'*action* et l'autre la *réaction*.

L'existence de ces deux forces égales et opposées se manifeste par une foule d'exemples : c'est ainsi que le recul d'une arme à feu n'est que la réaction de la force propulsive des gaz de la poudre sur le projectile. Celui-ci est projeté d'un côté : c'est l'action ; l'arme *recule* de l'autre côté : c'est la réaction. On obtiendrait des produits égaux, en multipliant le poids du projectile et celui de l'arme par leur vitesse respective.

Le même résultat s'observe lorsqu'un homme, en soulevant un fardeau, développe une force verticale de bas en haut ; ses pieds alors pressent sur le sol avec une force égale et opposée, et il lui faut un *point d'appui*, un obstacle sur lequel s'exerce la réaction.

Les choses se passent comme s'il y avait, entre deux corps A et B, un ressort tendu qui produit, en reprenant sa longueur primitive, des pressions égales et opposées à ses deux extrémités. Cette force de ressort est constituée par l'*élasticité* des intermédiaires solides, liquides ou gazeux qui relient les deux corps entre eux. Dans le premier exemple que nous venons de citer, il est clair que l'action des gaz comprimés, issus de la combustion de la poudre, s'exerce dans deux directions opposées, comme un ressort tendu, à raison de l'élasticité de ces gaz ; l'on comprend également que, dans le cas d'un homme qui soulève un poids ou le déplace horizontalement sur le sol, c'est la contraction des muscles qui agit à la façon d'un ressort, entre l'objet à déplacer et l'obstacle sur lequel s'exerce la réaction.

36. Indépendance des forces. — Ce principe de l'*indépendance des forces*, découvert par l'expérience et vérifié dans ses effets, consiste dans ce fait que l'état de mouvement, acquis antérieurement par un corps, ne modifie en rien l'action d'une force sur ce corps ; en d'autres termes, une force produit toujours le même effet sur un corps, que celui-ci soit en repos ou en mouvement. C'est en vertu de ce principe que le mouvement du globe terrestre, qui entraîne avec lui tous les corps, n'altère pas les mouvements ou les effets des forces qui s'exercent à sa surface; de même, l'effet d'une force, qui produit un déplacement quelconque d'un corps dans une voiture de chemin de fer en mouvement, reste le même que si celle-ci était en repos. En particulier, un corps qu'on laisse tomber verticalement conserve sa vitesse et sa direction, indépendamment du mouvement de translation auquel il est soumis tout le temps de la chute.

Ce principe conduit nécessairement aux conclusions suivantes :

1° *Une force constante* — celle qui agit sur un corps pendant tout le mouvement avec la même intensité — *produit un mouvement uniformément varié.* On se rend compte facilement de ce résultat en se rappelant que, d'après ce que nous venons de voir, une telle force communique la même vitesse, pendant chaque seconde successive, que si le corps était en repos. La vitesse acquise après un temps quelconque sera donc proportionnelle au nombre de secondes pendant lesquelles cette force a agi. Il est évident aussi que la réciproque de ce principe est vraie, c'est-à-dire qu'un mouvement uniformément varié et rectiligne ne peut être produit que par l'action d'une force constante en intensité et en direction.

2° *Plusieurs forces, qui agissent simultanément sur un même point matériel, ne se détruisent pas mutuellement, mais chacune d'elles produit le même effet que si elle était seule.* C'est une conséquence directe du principe de l'indépendance des forces; l'action de chaque force est indépendante de l'état de mouvement que le corps a pu acquérir par l'effet des autres. L'accélération produite par plusieurs forces constantes, agissant dans une même direction, sera la somme des accélérations de chacune des forces, et, enfin, une force nF produira une accélération ng.

37. Rapport de deux forces appliquées successivement à un même corps. — *Deux forces constantes, appliquées successivement à un même corps, sont entre elles comme les accélérations qu'elles produisent respectivement.*

Démonstration. — Considérons deux forces constantes F et F', agissant successivement sur un même corps, et soient g et g' les accélérations qu'elles produisent respectivement. Supposons qu'elles soient commensurables, et soit φ leur commune mesure ou l'unité de force. On aura alors

$$F = n\varphi, \qquad \text{et} \qquad F' = n'\varphi.$$

En divisant membre à membre et après simplification, il vient

$$\frac{F}{F'} = \frac{n}{n'}. \qquad\qquad (1)$$

Soit, en outre, j l'accélération produite par l'unité de force φ sur le même corps; d'après le principe de l'indépendance des forces, on aura

$$g = nj \qquad \text{et} \qquad g' = n'j,$$

ce qui donne

$$\frac{g}{g'} = \frac{n}{n'}. \qquad\qquad (2)$$

Les proportions (1) et (2) ayant un rapport commun $\frac{n}{n'}$, on en déduit

$$\frac{F}{F'} = \frac{g}{g'}.$$

relation qui démontre la proposition énoncée.

38. Rapport de deux forces appliquées à des corps différents. — Masse des corps. — Lorsqu'une même force agit successivement sur des corps différents, on constate par l'expérience que les accélérations produites ne sont pas toujours les mêmes. Ces corps ne cèdent pas tous également à l'action d'une force, mais, au contraire, ils résistent avec une énergie plus ou moins grande aux influences extérieures, ce qui nous conduit à admettre dans les corps une certaine propriété qui caractérise leur *résistance au mouvement*. Cette propriété, quelle qu'elle soit, indépendante de l'état de mouvement ou de repos des corps, est désignée sous le nom de *masse*.

Pour employer une définition un peu vague, mais suffisante pour qu'on en saisisse le sens, la masse serait *la quantité de matière que contient un corps donné*. A égalité de volume, cette quantité est très variable dans les différents corps ; elle dépend du nombre des molécules.

Considérons, en outre, plusieurs forces F, F', F'', ..., agissant successivement sur un même corps. On trouve que le quotient de chaque force par l'accélération correspondante est constant, et l'on a

$$\frac{F}{g} = \frac{F'}{g'} = \frac{F''}{g''} \ldots = \text{constante}.$$

Si l'on désigne par m ce quotient, il vient

$$\frac{F}{g} = m.$$

La *masse* d'un corps est donc définie, en mécanique : *le rapport entre une force constante et l'accélération qu'elle imprime à ce corps*. L'égalité de deux masses sera caractérisée par l'égalité des accélérations produites par une même force.

Ces considérations nous conduisent aux propositions suivantes :

1° *Deux forces constantes sont proportionnelles aux masses auxquelles elles donnent même accélération dans le même temps.*

Démonstration. — Soient deux forces F et F', communiquant une même accélération g à deux masses différentes m et m', dans le même temps. On déduit, de la définition mathématique de la masse,

$$F = mg \qquad \text{et} \qquad F' = m'g.$$

En divisant membre à membre, on obtient

$$\frac{F}{F'} = \frac{m}{m'}.$$

2° *Deux forces constantes, agissant sur deux masses différentes et leur imprimant des accélérations différentes, sont proportionnelles aux quantités de mouvement qu'elles produisent.*

Démonstration. — On a, en effet, en représentant par V et V' les vitesses communiquées, dans le même temps, par F et F',

$$F = mV, \qquad \text{et} \qquad F' = m'V'.$$

D'où

$$\frac{F}{F'} = \frac{mV}{m'V'}.$$

Ce produit mV de la masse d'un corps par la vitesse dont il est animé s'appelle *quantité de mouvement*; c'est la mesure de toute force constante.

3° *Lorsqu'une même force agit successivement sur deux masses différentes, les accélérations produites sont en raison inverse des masses.*

Démonstration. — On déduit de la définition de la masse

$$F = mg \qquad \text{et} \qquad F = m'g',$$

d'où

$$mg = m'g',$$

et enfin

$$\frac{g}{g'} = \frac{m'}{m}.$$

L'accélération produite par une force sera d'autant plus faible que cette force agira sur une masse plus considérable. C'est le principe de la machine d'Atwood (116) que nous décrirons plus loin.

II. — COMPOSITION DES FORCES

39. Définition. — Le problème de la composition des forces, comme celui de la composition des mouvements, consiste à chercher l'*intensité*, la *direction* et le *point d'application* d'une force unique, produisant le même effet que deux ou plusieurs forces données, appliquées à un même corps rigide ou à un même point matériel. Celui-ci se met toujours en mouvement dans la direction de cette force unique; on l'appelle la *résultante*, et l'on réserve aux forces qu'elle remplace le nom de *composantes*.

Il importe de considérer deux cas principaux : les forces, qu'il s'agit de composer et dont on cherche la résultante, peuvent être *concourantes*, c'est-à-dire sont appliquées à un même point et divergent les unes par rapport aux autres; elles peuvent être:

aussi *parallèles*, c'est-à-dire qu'elles agissent dans la même direction et sont appliquées en différents points d'un même corps rigide ; dans ces conditions, elles sont concourantes à l'infini.

Nous traiterons successivement de la composition de deux forces *concourantes*, de deux forces *parallèles de même sens et de sens contraires*, puis de la composition d'un nombre quelconque de ces forces.

40. Composition de deux forces concourantes. —

Proposition. — *La résultante de deux forces concourantes à un même point est représentée en grandeur et en direction par la diagonale du parallélogramme dont les composantes constituent les côtés.*

Démonstration. — Considérons deux forces concourantes appliquées en A (*fig*. 6), l'une pouvant faire rendre le mobile en C et l'autre en B dans le même temps. Il résulte du principe de l'indépendance des forces (36) que le mobile sera en D, au bout de ce temps, puisque chacune des deux forces agit comme si elle était seule, et produit pleinement son effet. AC et AB sont les espaces parcourus sous l'influence des deux forces agissant séparément sur le mobile, et, dans l'unité de temps, ces longueurs représentent les accélérations des mouvements produits par chacune des forces. L'on sait (25, remarque) que, dans ces conditions, la diagonale AD représente, en grandeur et en direction, l'accélération du mouvement résultant. Donc la résultante des deux forces données pourra faire rendre le mobile en D, pendant le même temps, et sera, par conséquent, dirigée suivant AD.

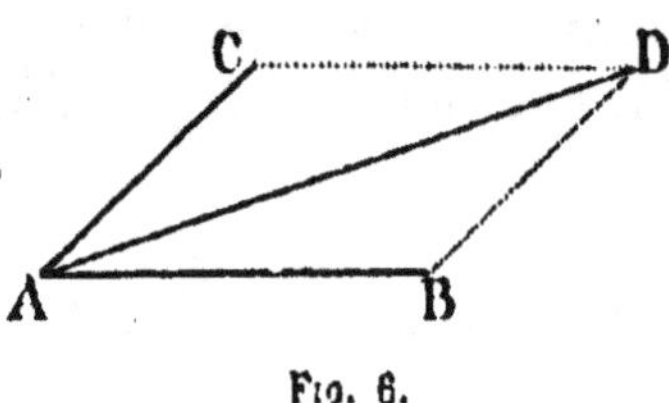

Fig. 6.

Nous venons de voir, en outre (37), que deux forces constantes, agissant sur un même point, sont proportionnelles à leurs accélérations respectives. Donc, si l'on représente les intensités des deux forces données par les longueurs AC et AB, la longueur AD sera la mesure de l'intensité de la résultante. Il est donc évident que la résultante de deux forces concourantes est représentée en *grandeur* et en *direction* par la diagonale d'un parallélogramme dont les côtés sont les longueurs des composantes.

Remarque. — La résultante de deux forces concourantes au même point et dirigées suivant la même ligne droite, est égale à la *somme* des composantes, si ces forces agissent dans le même sens, et à leur *différence*, si elles agissent en sens contraire.

41. Expression algébrique de la résultante. — Considérons (*fig.* 7) les deux forces $AB = P$ et $AC = P'$, faisant entre elles l'angle α, et proposons-nous de trouver l'*intensité* de la résultante $AD = R$. D'après la trigonométrie, le triangle ABD donne

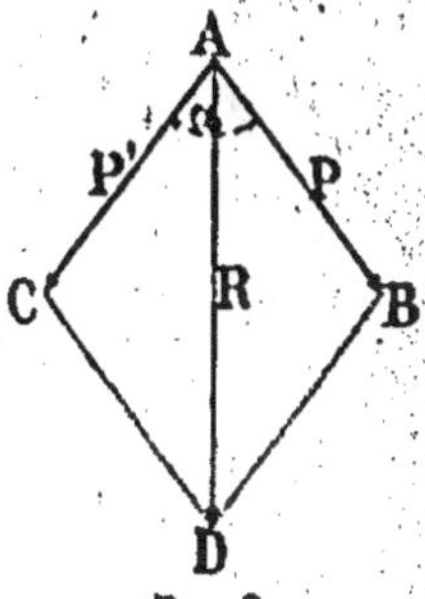

Fig. 7.

$$\overline{AD}^2 = \overline{AB}^2 + \overline{BD}^2 - 2AB \times BD \cos ABD.$$

Comme l'angle ABD est le supplément de α, $\cos ABD = - \cos \alpha$. On peut donc écrire

$$R^2 = P^2 + P'^2 + 2PP' \cos\alpha.$$

Discussion. — Si $\alpha = 90°$, $\cos \alpha = 0$, et il vient

$$R^2 = P^2 + P'^2.$$

Si $\alpha = 0$, $\cos\alpha = 1$, et alors

$$R^2 = P^2 + 2PP' + P'^2,$$

et

$$R = P + P'.$$

Si, enfin, $\alpha = 180°$, $\cos\alpha = - 1$, et, par suite,

$$R^2 = P^2 - 2PP' + P'^2$$

c'est-à-dire

$$R = P - P'.$$

42. Décomposition d'une force en deux autres. — De même qu'on peut remplacer deux forces concourantes par une force unique, de même aussi le problème inverse est possible, c'est-à-dire qu'on peut décomposer une force unique en deux autres produisant le même effet. Si, dans le problème proposé, on donne les directions des composantes AH et AH' (*fig.* 8), on mène, du point D de la force AD à décomposer, les longueurs DC et BD, respectivement parallèles à AH et à AH'. Les intensités des composantes cherchées seront représentées par les longueurs

AB et AC; ces longueurs sont les côtés d'un parallélogramme dont la résultante AD est la diagonale.

Quand une force est oblique par rapport à la direction du mouvement qu'elle produit, on la décompose en deux autres, dont l'une est normale à cette direction, et l'autre dirigée dans le sens même du mouvement. L'intensité de cette dernière composante représente l'effet de la force donnée. Il en résulte qu'une force ne peut agir normalement à sa direction.

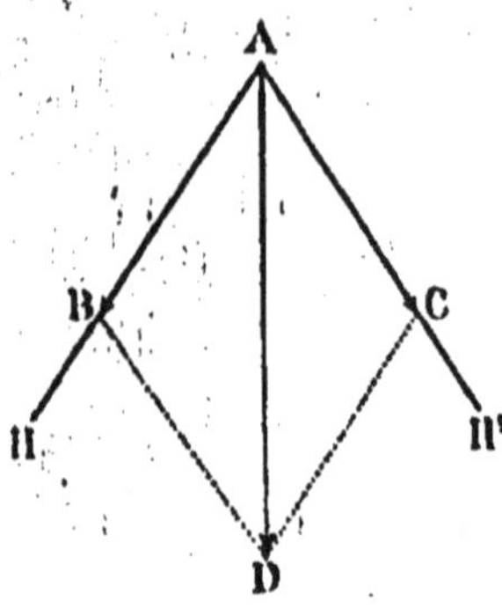
Fig. 8.

Le problème de la décomposition des forces est d'un fréquent usage en mécanique. On l'applique, par exemple, pour rendre compte de l'action du gouvernail d'un navire, du mouvement d'un bateau à voiles se déplaçant obliquement par rapport à la direction du vent, de même que dans le cas du halage d'un bateau dans un canal, lorsque la force agit du rivage.

43. Composition d'un nombre quelconque de forces concourantes. — Proposons-nous de trouver la résultante de quatre forces F, F', F'', F''', concourantes en A (*fig.* 9). On commence d'abord par composer ensemble les deux premières F et F', d'après la règle ordinaire du parallélogramme des forces, c'est-à-dire que l'on mène du point E la ligne EB, égale et parallèle à AB', et de B la ligne B'B, égale et parallèle à AE; la diagonale R sera la résultante de ces deux forces. Puis l'on compose de la même manière la force R avec F'', ce qui donne une deuxième résultante R'; celle-ci, composée avec F''', donnera la résultante finale R'' de tout le système.

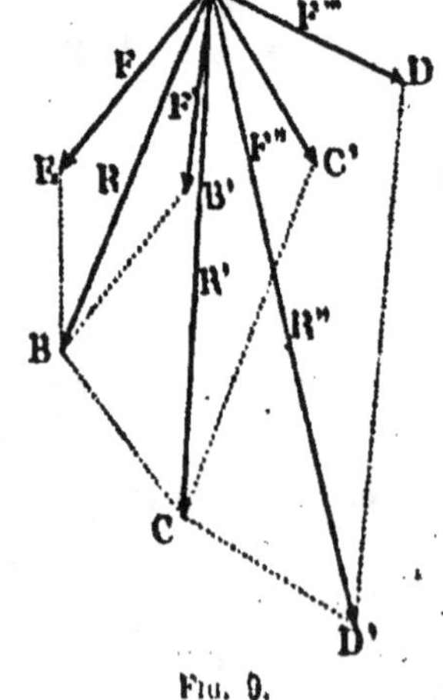
Fig. 9.

On peut encore, ce qui revient au même, appliquer la règle dite du *polygone des forces*. Pour cela, il suffit de tracer, à partir du point B' (*fig.* 10), les lignes BB', B'C', C'D', respectivement égales et parallèles à chacune des forces. La résultante du système est la droite R qui ferme cette ligne brisée.

Dans le cas présent, les forces proposées sont dans le même plan, et l'on a une figure *plane*; si les forces sont dans des plans différents, et qu'elles sont au nombre de trois, la résultante s'obtient d'une façon tout à fait analogue par la règle dite du *parallélipipède des forces;* elle est représentée par la diagonale du parallélipipède construit sur les trois forces données.

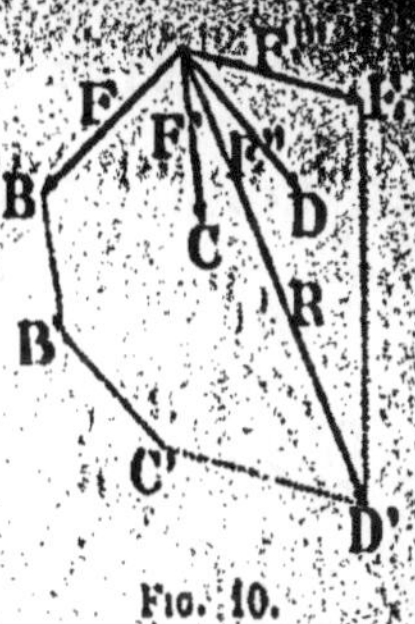

Fig. 10.

44. **Théorème.** — Considérons deux forces AB et AC, concourantes au point A (*fig.* 11); soit AD leur résultante, et désignons par α et β les angles formés par cette résultante avec les deux forces. D'un point quelconque O de la ligne AD, menons les perpendiculaires ON et OM sur les directions de ces forces. Le triangle BAD fournit la relation suivante :

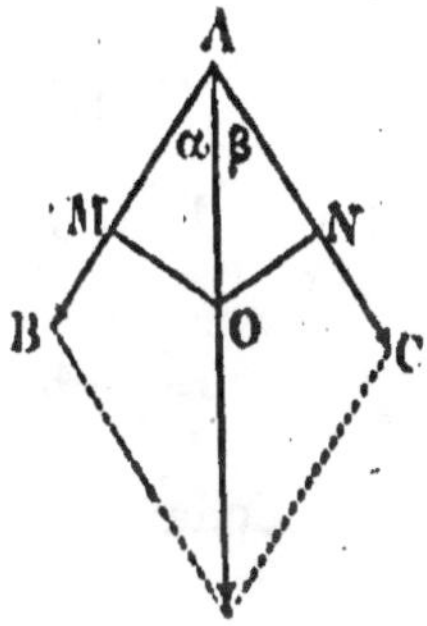

$$\frac{AB}{BD} = \frac{\sin\beta}{\sin\alpha}, \quad \text{ou} \quad \frac{AB}{AC} = \frac{\sin\beta}{\sin\alpha}. \quad (1)$$

De plus, les deux triangles rectangles AON et AOM donnent

$$ON = OA\sin\beta, \quad \text{et} \quad OM = OA\sin\alpha.$$

Fig. 11.

En divisant membre à membre ces deux équations, et en éliminant OA, on obtient

$$\frac{ON}{OM} = \frac{\sin\beta}{\sin\alpha}. \quad (2)$$

Les deux proportions (1) et (2) ayant un rapport commun, on peut écrire

$$\frac{AB}{AC} = \frac{ON}{OM}.$$

Donc, lorsque, d'un point quelconque de la résultante de deux forces concourantes, on abaisse des perpendiculaires sur les directions de ces forces, les distances qu'elles mesurent du point en question aux composantes sont *inversement proportionnelles* aux intensités de ces composantes.

45. Composition de deux forces parallèles et de même sens. — Supposons d'abord deux forces P et P', concourantes au point D, et faisant entre elles un angle α (*fig.* 12); on trouve leur résultante R d'après la règle ordinaire du parallélogramme des forces. D'un point quelconque C de la résultante, menons les lignes CA et CB, perpendiculaires sur les directions des composantes, et supposons, comme on peut le faire sans rien changer aux conditions du problème, que les trois forces P, P' et R soient transportées en A, B et C.

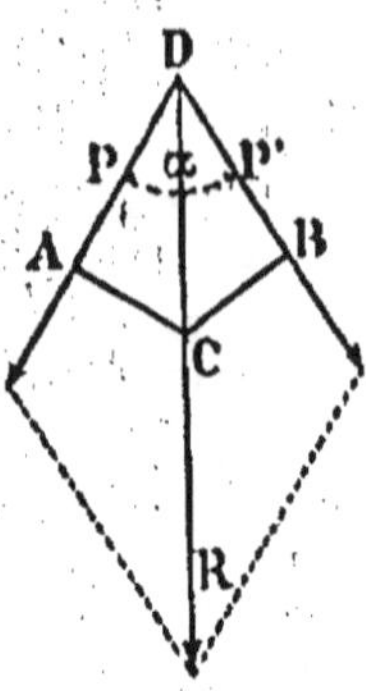

Fig. 12.

D'après ce que nous avons vu plus haut (41), on peut écrire

$$R^2 = P^2 + P'^2 + 2PP' \cos\alpha, \qquad (1)$$

et le théorème précédent nous fournit la proportion suivante

$$\frac{AC}{BC} = \frac{P'}{P}. \qquad (2)$$

Or, ces deux relations sont absolument indépendantes de l'angle des forces; elles seront toujours vraies, quelle que soit la valeur que l'on donne à l'angle α, même si celui-ci devient nul. Dans cette dernière hypothèse, le point D est rejeté à l'infini, les forces P et P' cessent d'être concourantes pour devenir parallèles; la ligne brisée ACB devient droite, et la figure précédente prend la forme de la figure 13.

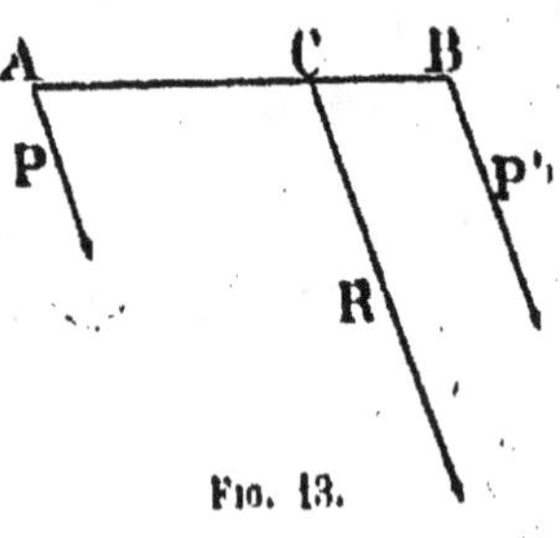

Fig. 13.

Dans ces conditions, comme l'angle $\alpha = 0$, $\cos\alpha = 1$, et l'expression (1) devient

$$R^2 = P^2 + 2PP' + P'^2,$$

d'où

$$R = P + P'.$$

Donc la résultante des deux forces parallèles P et P' est égale à *leur somme.*

En outre, le point d'application de la résultante est indiqué par la relation (2)

$$\frac{AC}{BC} = \frac{P'}{P}$$

ou

$$P \times AC = P' \times BC,$$

puisqu'elle subsiste encore malgré la transformation de la figure.

Donc, *la résultante de deux forces parallèles et de même sens est parallèle aux composantes, de même sens qu'elles, et égale à leur somme; son point d'application C partage la ligne AB, qui joint les points d'application des composantes, en parties inversement proportionnelles aux intensités des composantes contiguës.*

46. Composition de deux forces parallèles et de sens contraires.

— Considérons (*fig.* 14) deux forces parallèles et de sens contraires P et P', et appliquées, l'une au point A, et la seconde au point B, liés invariablement l'un à l'autre. Sans rien changer aux conditions, on peut remplacer la force P par deux autres, l'une π, appliquée en B, que l'on fait égale et directement opposée à P', l'autre, égale à P — P', située, en dehors du système, sur le prolongement de

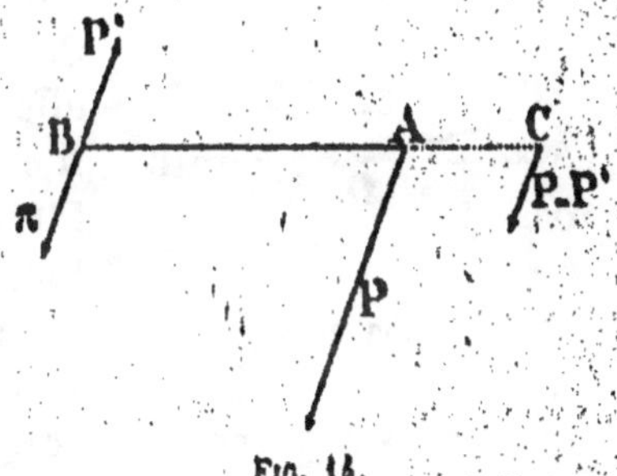

BA, et dont le point d'application C sera à une distance AC du point A, déterminée, d'après la proposition précédente, par la relation

$$\frac{AB}{AC} = \frac{P - P'}{P'}.   \qquad (1)$$

Dans ces conditions, comme π et P', égales et opposées, se font équilibre, il ne reste plus, dans tout le système, qu'une seule force, P — P', appliquée en C : c'est la *résultante*, et elle est égale à la *différence* des forces données.

Si, en outre, on ajoute, dans la relation (1), chaque dénominateur à son numérateur, on aura

$$\frac{AB + AC}{AC} = \frac{P - P' + P'}{P'},$$

ou

$$\frac{BC}{AC} = \frac{P}{P'}, \qquad \text{ou encore,} \quad BC \times P' = AC \times P.$$

Donc, enfin, *la résultante de deux forces parallèles et de sens contraires est parallèle aux forces données, égale à leur différence et agissant du côté de la plus grande; son point d'application est en dehors du système, en un point situé sur le prolongement de la ligne qui joint les points d'application des composantes, et les distances de chacune des composantes au point d'application de la résultante sont inversement proportionnelles aux forces elles-mêmes.*

REMARQUE. — Lorsque deux forces parallèles et de sens contraires sont égales en intensité, la résultante est nulle, et son point d'application est rejeté à l'infini. Ce système s'appelle un *couple;* son effet est de faire tourner le corps auquel il est appliqué, jusqu'à ce que les deux forces et la ligne AB (*fig.* 15), qui joint leur point d'application, soient sur une même ligne droite. La droite CD, perpendiculaire sur la direction des forces,

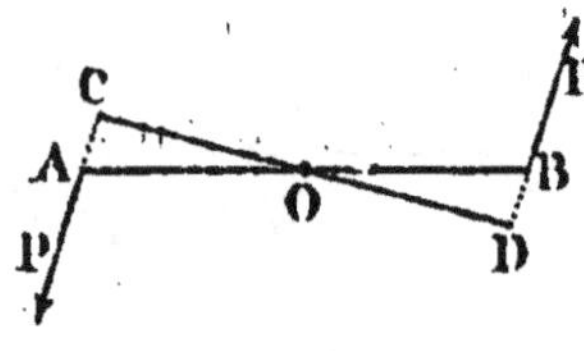

Fig. 15.

s'appelle le *bras de levier* du couple, et l'on donne le nom de *moment du couple* au produit de l'une des forces par le bras de levier.

47. Composition d'un nombre quelconque de forces parallèles. — Il y a deux cas à considérer, suivant que les forces sont toutes de même sens ou qu'elles sont de sens contraires.

1° Si les forces sont de même sens, il suffit de les composer deux à deux, en appliquant la règle de la composition des forces parallèles. Ainsi (*fig.* 16), en composant ensemble F et F', on obtient une première résultante R, dont l'intensité et la position du point d'application sont parfaitement déterminées par la règle énoncée plus haut (45); puis R avec F'' donne R', et celle-ci avec F''' fournit R', résultante générale de tout le système.

2° Si les forces sont de sens contraire (*fig.* 17), on compose séparément celles qui agissent dans le même sens; c'est ainsi que R' est la résultante des trois forces F, F' et F", et que R', remplace les trois forces F_1, F'_1 et F''_1. Il ne reste plus qu'à com-

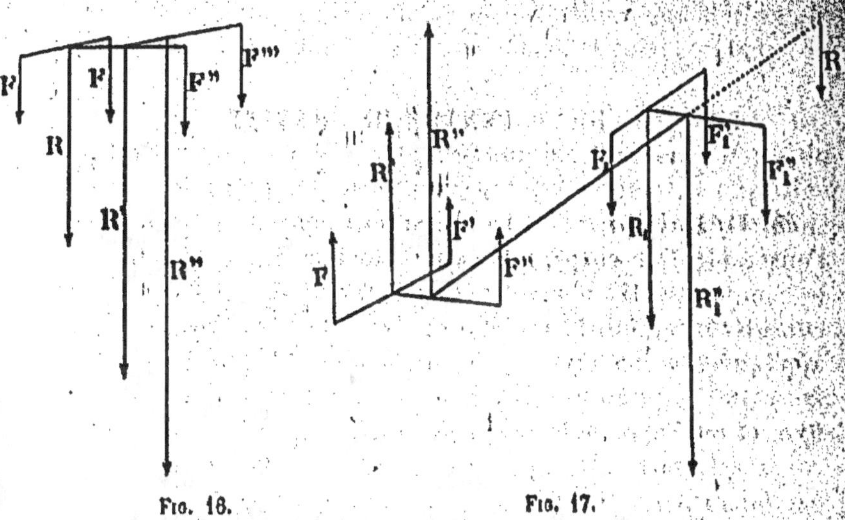

Fig. 16.   Fig. 17.

poser ensemble les deux forces R' et R'₁, d'après la règle de la composition des forces parallèles et de sens contraires, pour obtenir R, résultante de l'ensemble de toutes les forces données.

47 bis. Centre des forces parallèles. — Soient trois forces parallèles et de même sens, F, F' et F', dont la résultante générale est R', appliquée au point C (*fig.* 18). Comme la position de ce point est donnée par le rapport inverse des composantes à leur distance de la résultante, il est évident, dès lors, que ce point est indépendant de la direction des composantes; quelle que soit l'orientation de ces forces, pourvu qu'elles restent parallèles entre elles, le point C demeure fixe, comme l'indique la figure 18; il ne peut varier qu'en autant que l'intensité des forces et leur point d'application subissent une modi-fication. Le point C s'appelle le *centre des forces parallèles*, et peut

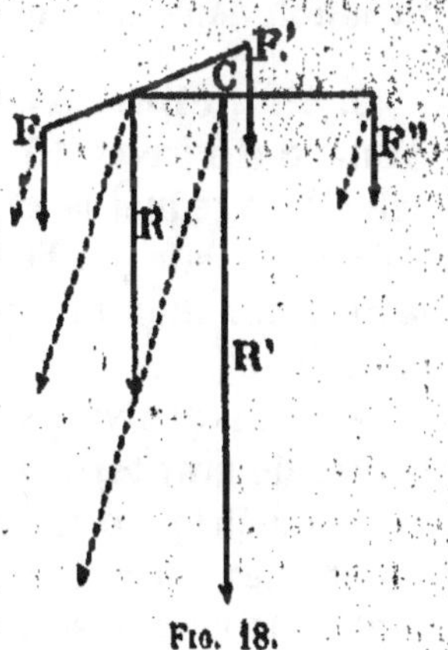

Fig. 18.

se définir : *le point par lequel passe constamment la résultante d'un système quelconque de forces parallèles.* Dans le cas de la pesanteur, on le nomme *centre de gravité.*

III. — CENTRE DE GRAVITÉ

48. Définition. — La pesanteur agit non seulement sur l'ensemble d'un corps, mais aussi sur chacune des molécules qui le composent. Il en résulte que le poids de ce corps peut être considéré comme la résultante de toutes les forces parallèles appliquées à chacune de ses molécules. Le point d'application de cette résultante — centre de ces forces parallèles — est fixe, et on l'appelle le *centre de gravité ;* c'est là où le poids d'un corps est censé être appliqué, et on peut le définir : *le centre des forces parallèles dues à la pesanteur, et appliquées à chacune des molécules du corps.*

Les propriétés géométriques du centre des forces parallèles peuvent donc être appliquées au centre de gravité; c'est pour cela que sa position est invariable, quelle que soit l'orientation du corps par rapport à la direction de la pesanteur. Elle ne peut changer que par une nouvelle répartition de la matière, ou une variation dans la forme du corps.

49. Principes généraux pour la détermination du centre de gravité. — Dans un corps *homogène,* c'est-à-dire celui dans lequel la répartition de la matière est uniforme — ce qui se constate par l'égalité de poids pour des volumes égaux, — la détermination du centre de gravité est *géométrique* ou *expérimentale.*

Le calcul analytique permet toujours de trouver la position du centre de gravité d'un corps homogène, si la figure de celui-ci est géométriquement déterminée.

Dans les corps homogènes dont la surface a un centre, le centre de gravité se confond avec le centre de figure. Ainsi le centre de gravité d'une ligne droite est à sa moitié; le centre de gravité d'un cercle et d'une sphère est aussi leur centre de figure. Le centre de gravité d'un cylindre droit est au milieu de son axe, celui de la surface d'un parallélogramme est au point d'intersection de ses deux diagonales, et il en est de même du parallélipipède.

Si la surface d'un corps n'est pas géométriquement définie, le problème peut se résoudre par l'expérience, et voici comment on peut procéder :

On suspend le corps, dont on cherche le centre de gravité, par un fil flexible, attaché à l'un de ses points ; comme le poids du corps est appliqué à son centre de gravité, l'équilibre aura lieu lorsque celui-ci sera sur la verticale passant par le point de suspension, c'est-à-dire lorsqu'il se trouvera dans la direction même du fil ; le poids du corps sera alors détruit par la résistance de ce dernier. Suspendons maintenant le corps par un autre de ses points ; un raisonnement analogue nous indique que le centre de gravité devra se trouver sur le prolongement de la direction du fil. Il sera donc évidemment au point de rencontre de ces deux directions.

50. Centre de gravité du triangle. — Proposons-nous, comme exemple de l'application des méthodes géométriques, la détermination du centre de gravité d'un triangle quelconque. Soit le triangle ABC (*fig.* 19) formé de fils moléculaires pesants qu'on peut supposer parallèles à l'un des côtés, BC par exemple. Dans ces conditions, comme le centre de gravité de chacun de ces fils est au milieu de leur longueur, la ligne AD, menée du sommet A sur le milieu de BC, passera par les centres de gravité des fils qui constituent le triangle, et, par suite, renfermera le centre de gravité du triangle lui-même. Un raisonnement analogue nous conduit

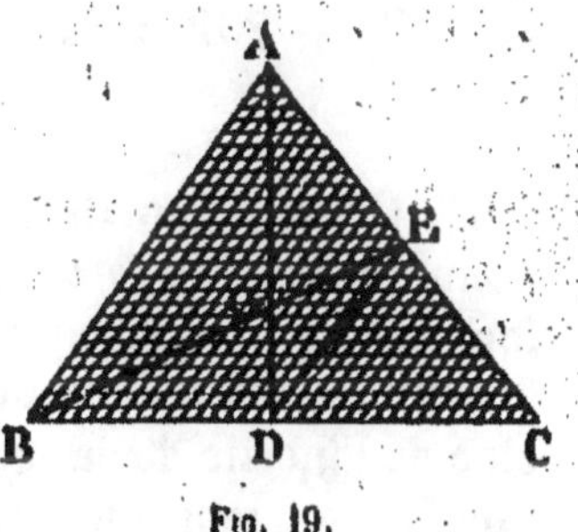

Fig. 19.

à admettre que la ligne BE, abaissée du sommet B sur le milieu de AC, contiendra à son tour le centre de gravité du triangle, puisqu'on peut supposer celui-ci formé de fils moléculaires parallèles à AC. Le centre de gravité G du triangle sera donc à l'intersection des deux lignes AD et BE.

La position du point G se détermine en joignant les points D et E, et en résolvant les triangles semblables formés par cette ligne. En effet, les deux triangles ABC et DEC donnent

$$\frac{AB}{DE} = \frac{AC}{EC}.$$

Comme EC est la moitié de AC, il en résulte que DE est aussi la moitié de AB.

En outre, les deux triangles semblables AGB et GED fournissent la relation suivante :

$$\frac{AB}{DE} = \frac{AG}{GD}.$$

Par conséquent, comme $DE = \frac{1}{2}\,AB$, $GD = \frac{1}{2}\,AG$, et le point G se trouve au tiers de AD, menée du sommet A sur le *milieu* du côté opposé, à partir de ce côté.

Remarque. — On prouve d'une manière tout à fait analogue que le centre de gravité d'un tétraèdre est au quart de la ligne menée d'un sommet quelconque sur le *centre de gravité* de la base opposée, à partir de cette base.

IV. — FORCE CENTRIPÈTE ET FORCE CENTRIFUGE

51. Force centripète et force centrifuge. — On donne le nom de *force centripète* et de *force centrifuge* à deux forces constantes, égales et opposées, qui se manifestent chaque fois qu'un mobile ne suit pas une trajectoire rectiligne. Le principe de l'inertie de la matière conduit à admettre qu'un mobile, une fois en mouvement, doit nécessairement se mouvoir d'un mouvement uniforme et en ligne droite. Il faut donc, pour concevoir la possibilité d'un mouvement curviligne quelconque, reconnaître, dans l'intérieur de la courbe, l'existence d'une force qui dévie à chaque instant le mobile de sa trajectoire rectiligne, et celui-ci partirait immédiatement suivant la tangente à la courbe, si, à un moment donné, cette force disparaissait.

Considérons un mobile M parcourant la courbe MH, et soit MF la force qui dévie à chaque instant ce mobile de la ligne

droite MH' (*fig.* 20). Cette force MF peut se décomposer en deux
autres, l'une MC, dirigée vers le centre de la courbe, l'autre MT
tangente à cette même courbe et normale
à la première force. La force MT s'appelle la *force tangentielle*, et l'autre la
force centripète, et c'est elle seule qui dévie le mobile de la ligne droite; la force
tangentielle n'a d'autre effet que de faire
varier la vitesse du mobile.

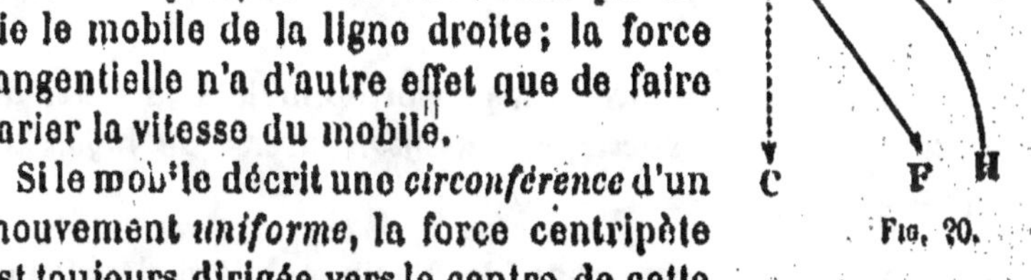

Si le mobile décrit une *circonférence* d'un
mouvement *uniforme*, la force centripète
est toujours dirigée vers le centre de cette
circonférence, et, dès lors, la force tangentielle est nulle; s'il
n'en était ainsi, le mouvement ne pourrait être uniforme, puisque
la force centripète, dirigée vers un tout autre point que le centre,
donnerait, en la décomposant en deux autres, une composante
tangentielle qui ferait *varier* la vitesse.

La *force centrifuge*, qui tend à éloigner le mobile du centre,
n'est que la *réaction* de la force centripète; elle lui est nécessairement égale et opposée; elle lui fait équilibre, et s'exprime par
la même formule. On les désigne toutes deux sous le nom de
forces centrales.

52. Exemples et applications. — L'existence de la force
centrifuge se manifeste par de nombreux exemples, et elle est
susceptible de plusieurs applications dans l'industrie. Citons le
régulateur à force centrifuge des machines à vapeur, dans lequel
deux sphères métalliques, en s'écartant plus ou moins sous l'influence du mouvement de rotation, règlent l'entrée de la vapeur.
De même, la rupture des *volants* mal centrés et des *meules* de
moulin est due à cette même cause.

La construction des voies ferrées doit être particulièrement
soignée aux endroits où elles ne sont pas rectilignes; on
incline la voie vers l'intérieur des courbes pour contrebalancer
l'effet de la force centrifuge, tendant à projeter le convoi vers
l'extérieur. Le *ventilateur à force centrifuge*, utilisé dans l'agriculture pour le nettoyage des grains, et dans les travaux des
mines pour l'aération, est une application importante de la force
centrifuge. Il en est de même des *tordeuses* et des appareils servant à séparer le lait de la crème.

53. Formule de la force centripète et de la force centrifuge. — L'expression analytique de ces deux forces, dans le mouvement circulaire, est

$$F = \frac{mv^2}{R}.$$

Elle indique que cette force est proportionnelle à la *masse* du mobile, *au carré de sa vitesse*, et *en raison inverse du rayon* du cercle qu'il décrit.

Démonstration. — Considérons (*fig.* 21) un mobile se déplaçant, d'un mouvement uniforme, sur une circonférence ADEM, et soit AD l'arc qu'il décrit dans l'unité de temps qu'on peut supposer très petite.

Toute force constante, la force centrifuge comme les autres, se mesure (38, 2°) par *sa quantité de mouvement* mV qu'elle imprime à un corps de masse m pendant un temps donné. On peut donc écrire, pour l'unité de temps,

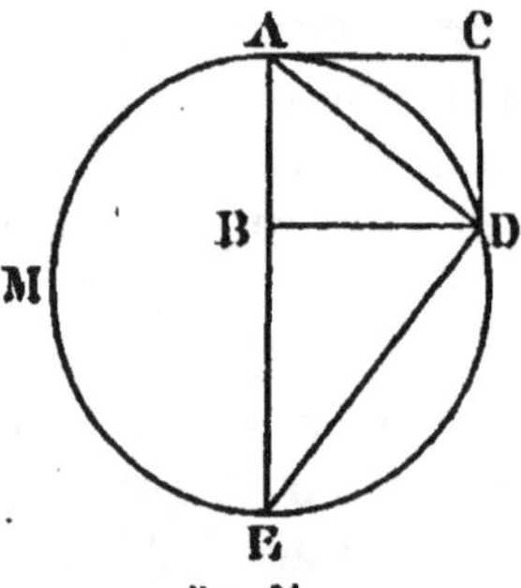

Fig. 21.

$$F = mg. \qquad (1)$$

La force centripète, qui est constante, produirait un mouvement uniformément accéléré, si elle agissait seule sur le mobile, et l'on sait que, dans ce dernier mouvement, l'accélération est double de l'espace parcouru pendant l'unité de temps. Or, comme le mobile est dévié de la ligne droite de la longueur CD = AB, la valeur de l'accélération g, déterminée par la force centripète, sera

$$g = 2AB. \qquad (2)$$

Menons les cordes AD et DE; les triangles semblables ABD et AED fournissent les relations suivantes :

$$\frac{AB}{AD} = \frac{AD}{AE},$$

d'où

$$AB = \frac{\overline{AD}^2}{AE}.$$

En remplaçant AB par sa valeur dans l'expression (2), il vient

$$g = \frac{2\overline{AD}^2}{AE}.$$

Cette valeur de g, portée dans l'expression (1), donne enfin

$$F = m\,\frac{2\overline{AD}^2}{AE}. \tag{3}$$

La droite AD n'est rien autre chose que l'espace parcouru pendant l'unité du temps, parce que celle-ci est supposée infiniment petite, et, dans ces conditions, la corde et l'arc AD se confondent. Le mouvement étant uniforme, AD représente donc la *vitesse* du mobile.

$$AD = v.$$

En outre, AE $=$ 2R; l'expression (3) devient

$$F = \frac{mv^2}{R}. \tag{a}$$

Remarques. — 1° On peut représenter la force centrifuge d'une manière un peu différente. Si le mobile parcourt une circonférence entière, d'un mouvement uniforme, pendant un temps t, on aura

$$2\pi R = vt,$$

d'où

$$v = \frac{2\pi R}{t}.$$

La formule (a) devient, en remplaçant v^2 par cette dernière valeur,

$$F = m\,\frac{4\pi^2 R}{t^2}; \tag{b}$$

il en résulte que les forces centrifuges sont proportionnelles aux *rayons* des circonférences, si l'on considère plusieurs corps de même masse décrivant différentes circonférences pendant le même temps.

2° Si la courbe décrite est quelconque, la formule (b) est encore applicable; il suffit, pour cela, de substituer à la valeur de R celle du *rayon de courbure* de la courbe en un point déterminé, ce qui permettra de calculer la valeur de la force centrifuge en tous les points de la courbe. On appelle *rayon de courbure*, en un point déterminé d'une courbe, le rayon d'une circonférence dont une partie se confond avec la courbe au point considéré ; on désigne sous le nom de *cercle osculateur* le cercle compris dans cette circonférence.

V. — TRAVAIL DES FORCES

54. Travail d'une force constante. — Une force est dite effectuer un *travail*, lorsqu'elle déplace son point d'application ; un cheval accomplit un travail en faisant avancer une voiture chargée, de même qu'il y a un travail effectué, lorsqu'on soulève un poids verticalement, à une certaine hauteur, contre l'action de la pesanteur.

Le *travail d'une force constante* est donc le produit de l'intensité de cette force (exprimée en unités de force) par l'espace qu'elle fait parcourir à son point d'application (exprimé en unités de longueur).

Il y a deux cas à considérer, selon que la force agit dans le sens même du déplacement, ou qu'elle est oblique par rapport à celui-ci.

1° Si le point d'application est déplacé dans la direction même de la force, le travail d'une force constante en grandeur et en direction sera le produit de l'intensité de cette force par le déplacement de son point d'application, c'est-à-dire qu'on aura, en représentant le travail par T, la force par F et le chemin parcouru par *e*,

$$T = Fe. \qquad (1)$$

2° Si la force AH $=$ F n'agit pas dans la direction du déplacement (*fig.* 22), mais fait un angle α avec cette direction, il suffit, pour trouver l'expression de son travail, de décomposer cette

force en deux autres, l'une AB, dans la direction du mouvement,
l'autre AC, perpendiculaire à la première. La composante AB
agit seule dans la direction
du mouvement, l'autre AC
n'ayant aucun effet pour déplacer le corps. Cette composante *utile* AB a pour valeur

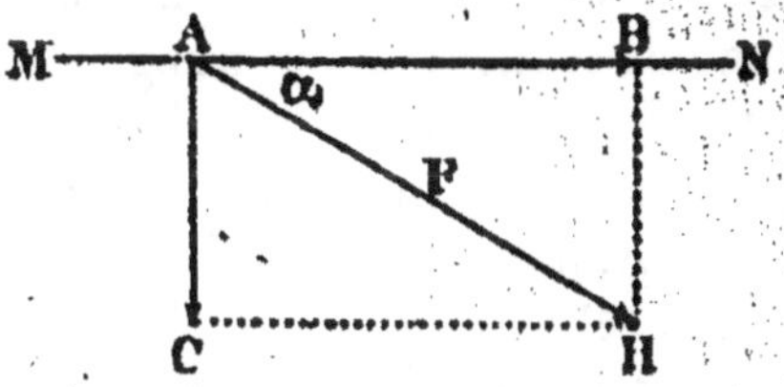

$$AB = F \cos \alpha.$$

On aura, pour expression
générale du travail

Fig. 22.

$$T = Fe \cos \alpha. \tag{2}$$

L'on voit que la composante utile AB n'est rien autre chose que
la *projection* de la force F sur la direction du mouvement.

REMARQUES. — 1° Si la force agit dans le sens du déplacement,
ou, en d'autres termes, si l'angle $\alpha = 0$, $\cos \alpha = 1$, et l'expression
devient

$$T = Fe,$$

ce qui montre que la définition du travail, représentée par la
formule (1), peut être considérée comme un cas particulier de
l'expression plus générale du travail contenue dans la formule (2);

2° Cette même formule (2) démontre aussi que le travail sera
nul, lorsque l'un quelconque des trois facteurs du travail devient
nul.

Si, par exemple, $\alpha = 90°$, c'est-à-dire si la force agit perpendiculairement à la direction du mouvement, on aura $\cos \alpha = 0$,
et, par suite, $T = 0$. Il en sera de même si la force n'agit pas,
ou si elle ne produit pas de déplacement du point d'application.

55. Travail moteur. — Travail résistant. — Lorsqu'une
force agit dans le *sens* même du déplacement qu'elle fait subir à
son point d'application, on la désigne sous le nom de *force
mouvante* ou *motrice*, et son travail s'appelle *travail moteur* ou
positif; c'est le cas de la force musculaire d'un homme soulevant
un fardeau verticalement. On donne le signe + au travail de
cette force. Si, d'un autre côté, la force agit en *sens contraire* du
mouvement, on l'appelle *force résistante*; son travail est *résistant*

et il est précédé du signe —; on a un exemple de force résistante dans le poids d'un corps qui tend à se mouvoir de haut en bas, en sens contraire de la force qui le soulève; il en est de même du frottement qui s'oppose au mouvement horizontal d'un mobile sur un plan.

Dans le cas d'une force oblique, le travail est *moteur* ou *résistant*, suivant que l'angle de la force avec la direction du mouvement est *aigu* ou *obtus*, c'est-à-dire selon que la *projection* de cette force est *mouvante* ou *résistante*.

56. Unités de travail. — On prend pour *unité de travail* celui qui est accompli par l'unité de force, déplaçant son point d'application de l'unité de longueur, c'est-à-dire lorsque, dans la formule $T = Fe$, on fait $Fe = 1$. Ce sera donc le travail effectué pour élever le poids d'*une livre* à *un pied* de hauteur. On appelle cette unité le *pied-livre*. Si l'on se sert des unités du système métrique, on aura le *kilogrammètre*, ou le travail nécessaire pour élever le poids d'*un kilogramme* à *un mètre* de hauteur. Ces unités, qu'on emploie couramment dans l'industrie, sont appelées *unités vulgaires* de travail.

57. Puissance. — L'intensité d'une force, multipliée par le chemin qu'elle fait parcourir à son point d'application, suffit pour définir le travail, abstraction faite du *temps* pendant lequel il a été accompli. Mais l'évaluation du travail des machines puissantes employées dans l'industrie, exige qu'on tienne compte du temps. On appelle alors *puissance* d'une machine le travail qu'elle peut faire *en une seconde*.

L'unité *vulgaire* de puissance, adoptée en France, est le *cheval-vapeur*; c'est le travail de 75 kilogrammètres effectués en une seconde, c'est-à-dire à peu près la puissance de sept hommes de peine.

En Angleterre, on emploie le *horse-power*, qui représente un travail de 550 pieds-livres par seconde, ou 75,9 kilogrammètres.

58. Unités du système C. G. S. — Les physiciens réunis en congrès à Paris, en 1881, ont adopté un nouveau système d'unités exclusivement employé en physique, et appelé système C. G. S. (centimètre-gramme-seconde), parce que les trois unités fondamentales, d'où dérivent toutes les autres, sont le *centimètre* pour l'unité de longueur, le *gramme* pour l'unité de masse (c'est-à-dire la masse d'un centimètre cube d'eau pure à 4° C.), et la *seconde* pour l'unité de temps.

Indiquons les noms et les définitions des principales unités de ce système :

1° **Unité de force.** — C'est la force communiquant à l'unité de masse un mouvement uniformément accéléré dont l'accélération est 1 centimètre, ou l'unité de longueur.

Cette unité a reçu le nom de *dyne* (δύναμις, force). Sa valeur est environ celle d'un milligramme.

2° **Unités de travail.** — L'unité de travail est l'*erg* (ἔργον, travail). C'est le travail effectué par une dyne faisant parcourir à son point d'application la longueur de 1 centimètre, dans la direction de la force. L'erg équivaut à peu près à la cent millionième partie du kilogrammètre.

Comme l'erg est une unité très petite et peu commode, on se sert, dans la pratique, d'un de ses multiples, qu'on appelle le *joule*. Le joule vaut 10^7 ergs, ou, sensiblement, un dixième du kilogrammètre.

3° **Unité de puissance.** — L'unité de puissance, dans le système C. G. S., est le *watt;* il vaut 1 *joule* par seconde. Un cheval-vapeur équivaut à peu près aux $\frac{3}{4}$ d'un *kilowatt* (exactement 735,75 watts).

———

VI. — FORCE VIVE. — SA RELATION AVEC LE TRAVAIL

59. Force vive. — On désigne sous le nom de *force vive* d'un point matériel, le produit de sa *masse* par le *carré de sa vitesse*, c'est-à-dire mv^2. On appelle quelquefois *puissance vive* de ce point la moitié de ce produit, $\frac{1}{2}mv^2$, forme sous laquelle il figure ordinairement dans les formules de la mécanique.

60. Relation du travail et de la force vive. — Il est facile de démontrer la relation très simple qui existe entre la force vive d'un point matériel et le travail dépensé pour lui communiquer sa vitesse.

Considérons une force constante F, agissant sur un point de masse m, et lui communiquant un mouvement uniformément accéléré. Le travail T effectué par la force F, en désignant par e l'espace parcouru, sera

$$T = Fe. \tag{1}$$

L'on sait (38, 1°) que, si g représente l'accélération du mouvement développé par la force F, on aura

$$F = mg.$$

De plus, l'espace parcouru e, après un temps t, a pour expression

$$e = \frac{1}{2} g t^2.$$

En remplaçant, dans la formule (1), F et e par ces dernières valeurs, on aura

$$T = mg \times \frac{1}{2} g t^2,$$

ou

$$T = \frac{1}{2} m g^2 t^2.$$

Or l'expression de la vitesse, dans le mouvement uniformément accéléré, est

$$v = gt.$$

On obtient donc enfin

$$T = \frac{1}{2} m v^2. \tag{2}$$

Le produit $\frac{1}{2} m v^2$, appelé *force vive* du mobile, représente le travail effectué par la force en une seconde, et il est l'effet de cette même force. Le mouvement du point matériel se conserve ainsi que sa force vive, si la force vient à disparaître, et le corps, pour revenir à l'état de repos, communiquera sa vitesse à d'autres corps, ou bien pourra effectuer un travail. C'est sous la forme de force vive que le travail d'une force est emmagasiné dans le corps en mouvement, tant que l'état de mouvement ne sera pas modifié par une cause extérieure.

Bien plus, on démontre que le corps, laissé à lui-même, devra parcourir, pour perdre sa vitesse, un espace égal à celui qu'il venait de parcourir, sous l'influence de la force, pour acquérir cette vitesse.

Si, enfin, le corps en mouvement peut agir sur une résistance quelconque, il produira un travail en perdant sa vitesse, et ce travail sera précisément égal à celui de la force qui lui a donné sa vitesse.

Il en résulte cette conséquence importante qu'un corps en mouvement peut *dépenser* sa vitesse en effectuant un travail, et qu'il possède, par suite, une *capacité de travail*. Non seulement l'égalité numérique du travail et de la force vive est rigoureuse, mais encore le travail peut se *transformer* en force vive et la force vive en travail. Une dépense de travail T produit une force vive $\frac{1}{2} mv^2$, et, réciproquement, cette force vive, en se dépensant, accomplit un travail rigoureusement égal à T.

64. Exemples et applications. — Les *marteaux* constituent une application de la force vive ; en imprimant une grande vitesse à la masse de l'instrument, on lui communique une force vive mv^2 qui se dépense sur une résistance quelconque, en effectuant un travail.

La *sonnette* est fondée sur le même principe ; au moyen de cette machine, on laisse tomber, d'une hauteur assez considérable, une lourde masse de fonte, appelée *mouton*, de manière à lui donner une grande force vive. Celle-ci, en se transformant en travail, est utilisée à enfoncer des pilotis.

La capacité de travail d'un corps en mouvement dépend du produit de sa masse par le carré de sa vitesse, et l'on conçoit que le travail effectué peut être énorme, lorsqu'une masse considérable, animée d'une grande vitesse, est brusquement réduite au repos par une résistance quelconque ; c'est l'origine des dégâts causés par les collisions de chemins de fer, par les abordages en mer, etc. On explique de la même façon les effets d'érosion produits par les glaciers ; dans ce cas, c'est la masse qui entre comme facteur principal dans le produit mv^2, parce que la vitesse est très faible.

La relation qui unit le travail à la force vive nous fait comprendre pourquoi on éprouve plus de résistance à écarter de la verticale un pendule lourd qu'un pendule léger, et pourquoi l'effort à exercer augmente avec la vitesse du déplacement. La grande résistance ne provient pas de l'attraction terrestre (du moins son influence est très faible), puisque l'effort est dirigé horizontalement, mais du fait qu'il faut une dépense de travail pour communiquer une certaine force vive à la masse du pendule, et ce travail sera d'autant plus grand que la masse sera elle-même plus importante et le déplacement plus rapide.

62. Cas d'une vitesse initiale. — Si un mobile, avant de subir l'effet d'une force, avait déjà une vitesse initiale v_0, la force vive, pour passer de $\frac{1}{2} mv_0^2$ à $\frac{1}{2} mv^2$, exigera une dépense d'une certaine quantité de travail représentée par

$$\frac{1}{2} mv^2 - \frac{1}{2} mv_0^2 = T,$$

c'est-à-dire que la *variation* de la force vive du corps en mouvement est égale au travail. On peut appliquer cette relation au travail d'une force quelconque agissant sur un point matériel donné.

63. Principe des forces vives. — Considérons un grand nombre de forces appliquées à un système de points matériels de masse et de vitesse différente. On démontre que la relation de la force vive et du travail s'applique à ce cas particulier, et qu'on a

$$\frac{1}{2} mv^2 - \frac{1}{2} mv_0^2 + \frac{1}{2} m'v'^2 - \frac{1}{2} m'v'_0^2 + \ldots = T,$$

ce qui peut s'écrire sous la forme suivante :

$$\frac{1}{2} \Sigma mv^2 - \frac{1}{2} \Sigma mv_0^2 = T.$$

Σ veut dire *somme analogue*.

C'est dans cette équation que consiste le *principe des forces vives*, lequel peut se traduire par cet énoncé :

Pendant un temps déterminé, la somme algébrique des travaux de toutes les forces, agissant sur les différents points d'un système matériel, est égale à la demi-somme des variations de force vive de ces mêmes points.

Dans ces conditions, la transformation réciproque du travail en force vive et de la force vive en travail est rendue évidente par le fait qu'une dépense de travail est nécessaire pour produire une augmentation de la force vive, dans un système de points matériels ; de même l'excès de force vive ne peut disparaître qu'en reproduisant exactement le travail dépensé pour produire l'accroissement de vitesse.

64. Cas où le mouvement est uniforme. — Nous avons considéré, dans un système matériel quelconque, deux espèces de travaux, le *travail moteur*, se faisant dans un certain sens, et le *travail résistant*, agissant en sens contraire. Ces conditions peuvent être mises en évidence, en écrivant l'équation des forces vives de la manière suivante :

$$\Sigma mv^2 - \Sigma mv_0^2 = 2(T_m - T_r).$$

En supposant le mouvement uniforme, on a $v = v_0$, et $\Sigma mv^2 = \Sigma mv_0^2$, et, par suite,

$$\Sigma mv^2 - \Sigma mv_0^2 = 0.$$

Donc

$$2(T_m - T_r) = 0,$$

d'où

$$T_m - T_r = 0,$$

et enfin

$$T_m = T_r.$$

Donc la somme algébrique des travaux des forces est nulle, et *le travail moteur est égal au travail résistant.*

Dans une machine, le mouvement est uniforme, lorsque les résistances absorbent complètement le travail fourni par la puissance motrice. Si le travail moteur est supérieur au travail résistant, il se transforme en force vive qui devient un réservoir de force, et la vitesse des organes va en augmentant. Un surcroît de résistance pourra ensuite absorber cette vitesse, et celle-ci ne peut diminuer qu'en effectuant un travail. Les organes de la machine continueront à se mouvoir, en dépensant leur force vive, quand la force motrice cessera d'agir, et c'est seulement lorsque cette réserve sera épuisée que la machine reviendra au repos. Il en résulte que, si la totalité du travail moteur n'est pas transmise complètement dans chacun des éléments du temps, il s'établit, dans le cours du mouvement, des compensations qui font qu'en définitive le travail moteur total est égal rigoureusement au travail résistant total.

La même conclusion s'impose pour une machine à mouvement périodique, comme la machine à vapeur. Dans ce cas, la somme algébrique des travaux des forces est nulle pour l'intervalle de temps appelé *période*, après lequel les vitesses des organes reprennent les mêmes valeurs, et le travail moteur total est égal au travail résistant total.

65. Principe des vitesses virtuelles ou principe de Descartes. — Considérons une machine animée d'un mouvement uniforme, et ne rencontrant pas, dans son fonctionnement, des résistances nuisibles.

Soient P la *puissance* et p le chemin qu'elle fait parcourir à son point d'application; soient aussi R la *résistance*, et r son chemin parcouru pendant le même temps. On aura

$$T_m = Pp, \qquad \text{et} \qquad T_r = Rr \,(54, 1°).$$

Or nous savons que

$$T_m = T_r.$$

Donc

$$Pp = Rr,$$

d'où

$$\frac{P}{R} = \frac{r}{p}.$$

Cette proportion indique que la puissance et la résistance varient en *raison inverse* des déplacements qu'elles font subir à leur point d'application, si ces forces se font équilibre dans le système considéré.

En effet, si, par un dispositif quelconque, P est 2, 3, 4 fois plus petit que R, p sera 2, 3, 4 fois plus grand que r. Le déplacement de la résistance sera d'autant plus petit que la puissance aura plus d'avantage, et, par suite, le déplacement du point d'application de cette dernière augmentera dans la même proportion.

En outre, les chemins parcourus p et r se font dans le même temps; si l'on désigne par v et v' les vitesses correspondantes de ces déplacements, on aura

$$\frac{P}{R} = \frac{r}{p} = \frac{v'}{v},$$

relation qui exprime que les *vitesses* des points d'application respectifs de la puissance et de la résistance sont en *raison inverse* de ces deux forces.

C'est le principe des *vitesses virtuelles* ou principe de Descartes, que l'on peut énoncer comme suit :

Ce que l'on gagne en force, on le perd en vitesse.

66. Énergie. — On désigne sous le nom d'*énergie* la *capacité de travail* résidant dans un système quelconque, ou, en d'autres termes, l'*aptitude* à accomplir un travail. Nous venons de voir que la force vive, emmagasinée dans un corps en mouvement, peut effectuer un travail, lorsque le corps perd sa vitesse. L'énergie peut donc se présenter sous forme de *force vive*, et on l'appelle, dans ces conditions, énergie *cinétique* ou *de mouvement;* elle se mesure par la quantité de travail susceptible d'être accomplie par le corps en mouvement, c'est-à-dire soit par l'expression du travail *Fe*, soit par la formule $\frac{1}{2} mv^2$, qui lui est égale. Il en résulte que l'augmentation de force vive d'un système est considérée comme un accroissement d'énergie, et se fait par une dépense équivalente de travail ; celui-ci, à son tour, sera reproduit intégralement par une diminution d'énergie.

Considérons maintenant un ressort tendu; si on le laisse libre de revenir à sa position primitive, sous l'influence de son élasticité, l'on sait qu'il pourra, en se détendant, effectuer un travail, lequel sera précisément égal à celui que l'on aura dépensé pour le tendre.

Il y a donc, dans le ressort bandé, de l'énergie *en puissance*, puisqu'il peut, comme dans une horloge, mettre un mécanisme en marche, en dépensant la réserve d'énergie qu'on y avait accumulée. On donne à cette sorte d'énergie le nom d'*énergie potentielle*.

Il en est de même d'une masse d'eau contenue dans un réservoir élevé; en la laissant tomber à un niveau inférieur, elle est capable d'accomplir un travail, par exemple, faire tourner une roue hydraulique.

Ces deux sortes d'énergies, cinétique et potentielle, peuvent se *transformer* l'une dans l'autre. Une masse de poids P, soulevée à une hauteur h au-dessus du sol, possède une énergie potentielle mesurée par le produit Ph, travail qu'elle est susceptible d'accomplir en obéissant librement à l'action de la pesanteur. Pendant la chute, l'énergie potentielle diminue avec la distance au sol, mais se transforme à chaque instant en une valeur équivalente d'énergie cinétique, de telle sorte que cette dernière sera maximum au moment où la masse touchera le sol, tandis que l'autre deviendra égale à zéro. Il en résulte donc qu'il n'y a aucune perte d'énergie pendant toute la durée de la chute ; ce qui disparaît comme énergie potentielle se retrouve sous forme d'énergie de mouvement, et la somme de ces deux énergies reste toujours la même : c'est l'*énergie totale* du système, et ce résultat est connu dans la science sous le nom de *principe de la conservation de l'énergie*, l'un des plus importants de la physique moderne. L'on voit que, dans tout système soustrait aux influences extérieures, l'*énergie ne peut se créer ni se détruire ;* il n'y a que des transformations d'une forme d'énergie dans une autre.

CHAPITRE III

I. — MACHINES

67. Définition. — Il est rare qu'une force puisse agir directement sur les points d'application qu'elle doit mettre en mouvement; elle ne peut le faire, le plus souvent, qu'au moyen de certains intermédiaires qui servent soit à *transmettre*, soit à *transformer* le travail qu'elle est susceptible de développer. Ces intermédiaires sont appelés, en mécanique, des *machines*. Une machine est donc *tout corps ou système de corps pouvant transmettre l'action des forces, ou susceptible de transformer leur travail.*

Conformément au principe des *vitesses virtuelles* que nous avons énoncé plus haut (65), la valeur du travail mécanique reste invariable dans toutes les transformations qu'il peut subir à l'aide des machines; dans le fonctionnement de celles-ci, on trouvera toujours égalité rigoureuse entre le travail fourni et le travail rendu, soit qu'on parvienne à multiplier la force, soit qu'on réussisse à augmenter l'amplitude des déplacements. Il ne faut jamais oublier qu'une machine ne peut *créer* de travail, comme nous le verrons ci-après, mais ne fait qu'utiliser, et toujours avec perte, celui qu'on lui fournit.

68. Machines simples et composées. — Les machines se divisent en deux classes, suivant le nombre de leurs organes, c'est-à-dire des corps solides destinés à transmettre l'action des forces.

Une *machine simple* est celle dans laquelle la transmission de l'effet des forces se fait par l'intermédiaire d'un seul organe solide; le levier, le plan incliné, le treuil sont des machines simples.

Une *machine composée* n'est rien autre chose qu'un assemblage de machines simples, comme la machine à vapeur.

Nous allons exposer sommairement les *conditions d'équilibre* des différentes machines simples, en d'autres termes, les conditions auxquelles doivent satisfaire les forces motrices et résistantes pour qu'il y ait équilibre dans la machine. C'est ce qu'on appelle étudier les machines *au point de vue statique*.

II. — MACHINES SIMPLES

69. Levier. — Le *levier* est une tige rigide, droite ou courbe, mobile autour d'un point fixe qu'on appelle *point d'appui*, et à laquelle on applique deux forces, la *puissance* et la *résistance*, agissant en sens contraires. Les points d'application des deux forces et le point d'appui peuvent changer de positions relatives : voilà pourquoi on distingue plusieurs sortes de leviers.

1° Levier du premier genre. — Le point d'appui est placé entre la puissance et la résistance. Dans la figure 23, la puissance est appliquée en P, la résistance (poids du corps) en M et le point d'appui en A.

2° Levier du second genre. — La résistance est située

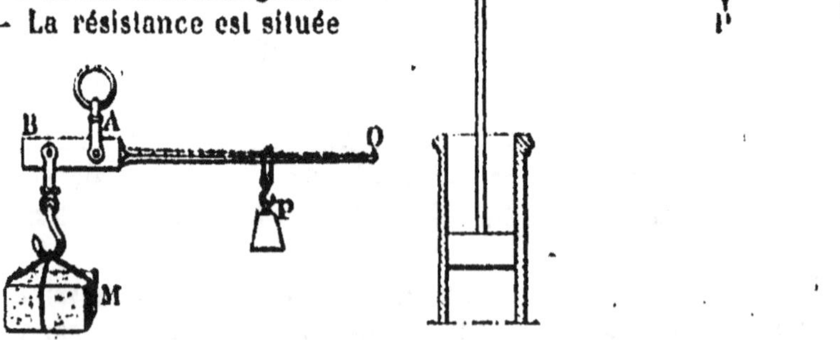

Fio. 23.   Fio. 24.

entre le point d'appui et la puissance. Tel est le cas du levier de certaines pompes (*fig.* 24).

3° **Levier du troisième genre.** — La puissance est entre le point d'appui et la résistance. Exemple : la pédale du rémouleur (*fig.* 25).

Au point de vue mécanique, cette distinction des trois genres de leviers n'a pas d'importance. Il convient surtout de connaître les *conditions d'équilibre* de la machine, c'est-à-dire les conditions requises

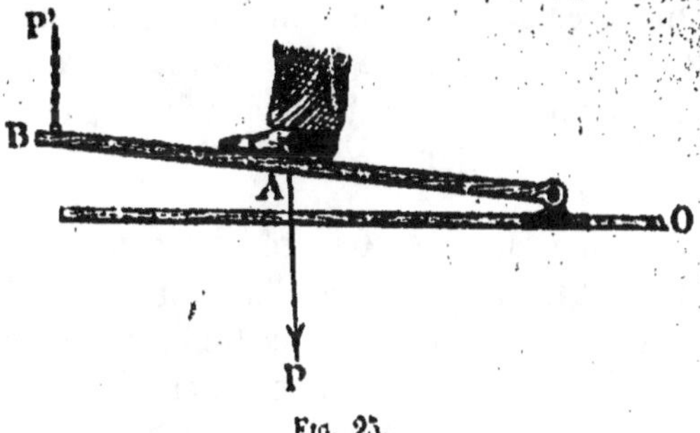

Fᴵᴳ. 25.

pour que, étant données les positions relatives des forces par rapport au point d'appui, une puissance considérée puisse équilibrer une résistance connue.

70. Conditions d'équilibre du levier. — Soit le levier *ab*, mobile autour du point *c* (*fig.* 26). En *b* et en *a* sont appliquées la puissance P et la résistance R, toutes deux agissant dans un même plan. Prolongeons ces deux forces jusqu'à leur point de rencontre D, et du point *c* abaissons les deux droites Ac et Bc, perpendiculaires sur la direction des forces : ce sont les *bras de levier* de la résistance et de la puissance.

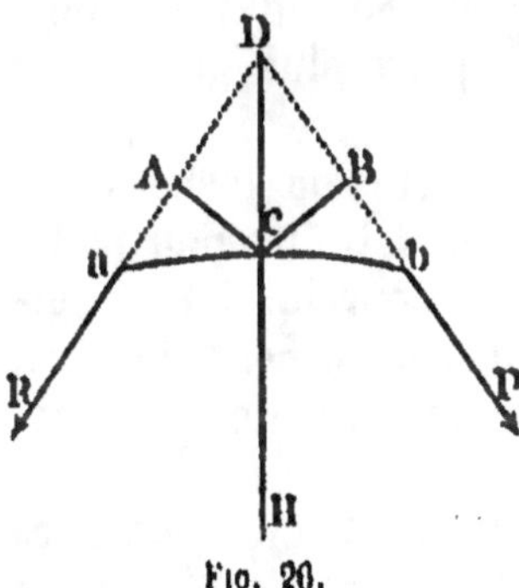

Fᴵᴳ. 26.

Il est évident que l'équilibre n'aura lieu que si la résultante DH des deux forces passe par le point d'appui *c* ; autrement le levier basculera d'un côté ou de l'autre. Dans ces conditions, les bras de levier Ac et cB mesurent les distances d'un point quelconque de la résultante aux composantes, et l'on sait (44) que ces distances sont en *raison inverse* des composantes. On pourra écrire

$$\frac{P}{R} = \frac{Ac}{cB},$$

ou

$$P \times cB = R \times Ac.$$

Donc l'équilibre entre la puissance et la résistance aura lieu lorsque les deux forces seront inversement proportionnelles à leurs bras de levier, ou, en d'autres termes, lorsque les *moments* (1) de la puissance et de la résistance seront égaux, ce qui revient à dire que les produits de chaque force par son bras de levier doivent avoir même valeur.

REMARQUES. — 1° Ces résultats nous font voir que, dans un levier, une force aura d'autant plus d'avantage qu'elle agira sur un bras de levier plus long, et d'autant moins dans le cas contraire. En doublant, par exemple, le bras de levier de la puissance, on pourra réduire la force de moitié et obtenir le même effet; c'est ce qu'on appelle *gagner en force*. Il en résulte naturellement que, dans ce cas, le déplacement du point d'application de la puissance sera deux fois plus grand, pour un déplacement donné du point d'application de la résistance, et l'on retrouve ici le principe des *vitesses virtuelles*.

2° *Dans le levier du premier genre*, la puissance et la résistance peuvent avoir tour à tour l'avantage, parce qu'on peut faire varier à volonté les valeurs relatives des deux bras de levier.

Dans le levier du second genre, c'est la puissance qui a l'avantage, parce que son bras de levier est toujours plus grand que celui de résistance.

Dans le levier du troisième genre, enfin, le bras de levier de la résistance étant toujours plus grand, celle-ci doit être plus petite que la puissance, c'est-à-dire qu'elle exige, pour lui faire équilibre, une puissance plus considérable qu'elle. On perd donc en force, mais on gagne en longueur et en rapidité des déplacements.

3° Si les forces appliquées à un levier droit sont parallèles entre elles et perpendiculaires à ce dernier — et c'est le cas le plus général, — les bras de levier sont alors sur une même ligne droite et se confondent avec le levier lui-même.

71. Exemples et applications. — On peut citer, comme exemples de leviers du premier genre, la *balance* que nous décrirons plus loin, les *ciseaux* dont chaque branche est un levier, et

---

1. On désigne sous le nom de *moment* d'une force par rapport à un point, le produit de cette force par la longueur de la perpendiculaire menée de ce point sur la direction de la force.

dont la cheville qui unit les deux lames constitue le point d'appui. Le *casse-noisettes*, la *brouette* sont des leviers du second genre, de même que les *avirons*. Dans ce dernier cas, la résistance est le bateau que l'on veut faire avancer, la puissance, la force du rameur, et l'eau est le point d'appui. Enfin, on a des exemples de leviers du troisième genre dans les *pincettes* des foyers, et dans les *os* des hommes et des animaux.

72. Poulie. — La *poulie* peut s'assimiler à un grand nombre de leviers égaux, rayonnant dans tous les sens autour d'un axe, se succédant dans la même position, et auxquels on applique successivement la puissance et la résistance. Elle a donc pour effet de reculer la limite d'action du levier.

La poulie est un cercle solide, sur la circonférence duquel est creusée une rainure, appelée *gorge*, destinée à recevoir une corde qui sert, à chacune de ses extrémités, de point d'application de la puissance et de la résistance. Elle peut tourner autour d'un axe passant par son centre et perpendiculaire à son plan. Cet axe est supporté par une pièce de forme quelconque, appelée *chape* de la poulie. Dans la *poulie fixe*, la chape est maintenue immobile sur un obstacle invariable, et la poulie ne peut que tourner sur elle-même autour de son axe, sans autres déplacements.

73. Conditions d'équilibre de la poulie fixe. — Considérons (*fig.* 27) la poulie H tournant autour de son axe C; soient P et R la puissance et la résistance, appliquées aux deux bouts de la corde, et soient AC et CB les rayons de la poulie. Le diamètre ACB peut s'assimiler à un levier du premier genre à bras égaux (AC = CB), et dont C serait le point d'appui. Comme les conditions d'équilibre du levier exigent que l'on écrive

$$\frac{P}{R} = \frac{AC}{CB},$$

on aura évidemment

$$P = R.$$

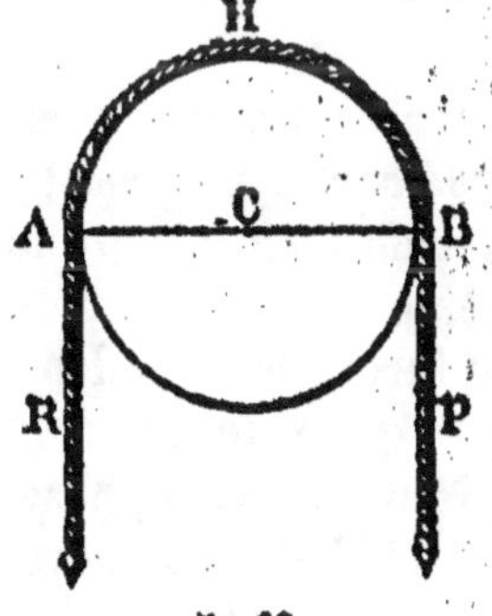

Fig. 27.

La poulie fixe n'a d'autre effet que de *changer la direction du mouvement*, sans multiplier la force.

Quant à la pression supportée par l'axe de la poulie, elle est égale à la résultante de deux forces et varie avec l'angle des deux brins de la corde. On démontre que *la charge sur l'axe est au poids à soutenir comme la sous-tendante de l'arc embrassé par la corde est au rayon de la poulie.* La pression sur l'axe sera nulle quand les brins feront un angle de 180°, et sera maximum lorsqu'ils seront parallèles. Dans ce cas, la pression est *double* du poids à soulever, ce qui était facile à prévoir (45), puisque la résultante de deux forces parallèles et de même sens est égale à leur somme.

74. Poulie mobile. — La *poulie mobile* est celle qui, outre le mouvement de rotation autour de son axe, doit se déplacer elle-même sous l'influence de la force motrice. Elle est presque toujours associée à une poulie fixe de la façon suivante : la corde est attachée (*fig.* 28) à la chape de la poulie fixe, va passer dans la gorge de la poulie mobile, puis revient passer dans la gorge de la poulie fixe. La puissance agit sur le troisième brin P.

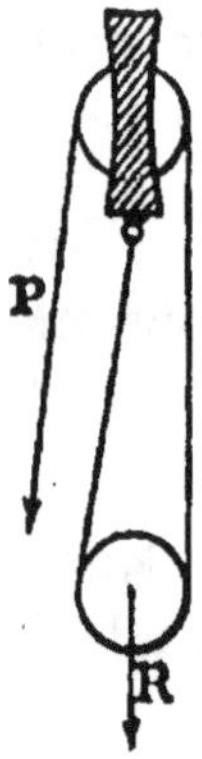

On démontre qu'un pareil système peut s'assimiler à un levier du *second genre* dans lequel le bras de la puissance — le diamètre de la poulie mobile — est *double* du bras de la résistance — le rayon de la même poulie. Dans ces conditions, il est évident que, pour avoir l'équilibre, il suffit que l'on ait

Fig. 28.

$$\frac{P}{R} = \frac{1}{2}.$$

D'ailleurs, on arrive au même résultat en étudiant la tension des brins. La résistance R étant supportée par deux brins, chacun n'en porte que la moitié, et il en est de même du troisième auquel est appliquée la puissance P. On gagne donc *deux* en force, mais le déplacement de la résistance est *deux fois* plus petit que celui de la puissance.

Nous avons supposé les deux brins parallèles; c'est dans ce cas que l'effort à exercer est le plus petit. Si les brins ne sont pas parallèles, l'avantage de la puissance va en diminuant quand l'angle augmente. On remarque que P = R lorsque l'angle des brins est égal à 120°; au-delà de cette valeur, c'est la résistance qui l'emporte, et la force nécessaire pour la vaincre doit lui être supérieure. A la limite, il faudrait une force infinie pour rendre la corde rectiligne et horizontale.

75. Moufle ou palan. — Lorsqu'on multiplie les poulies mobiles dans une même chape, correspondant à un nombre égal de poulies fixes, on obtient une machine désignée sous le nom de *moufle* ou *palan*. La corde est attachée (*fig.* 29) à la chape des poulies fixes ou à un point fixe quelconque, passe dans la gorge de la première poulie mobile, puis dans la première poulie fixe, dans la seconde poulie mobile, dans la seconde poulie fixe, etc.

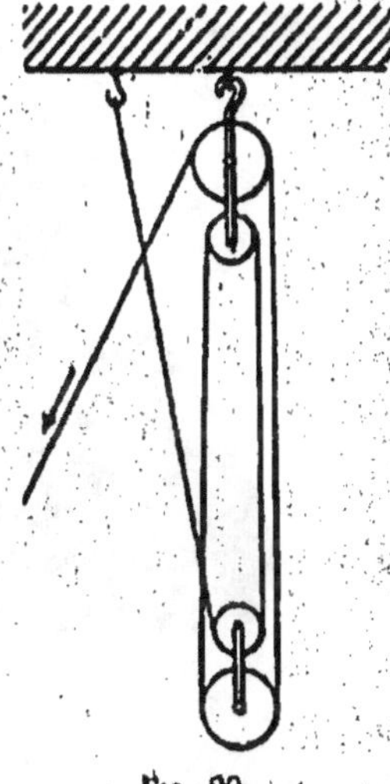

Fig. 29.

Les *conditions d'équilibre* d'un système de ce genre sont faciles à trouver en considérant la tension des cordes.

Dans le cas le plus général, c'est-à-dire dans un palan à deux poulies mobiles, le fardeau à soulever est soutenu par quatre brins; il est évident alors que chacun d'eux n'en porte que le quart, et il en est de même du cinquième brin, point d'application de la puissance. Celle-ci ne ferait équilibre qu'au $\frac{1}{6}$ de R, dans le cas de trois poulies mobiles. On peut donc écrire, en général, en représentant par m le nombre des poulies mobiles,

$$\frac{P}{R} = \frac{1}{2m}.$$

Les palans sont très employés, en pratique, pour soulever les fardeaux lourds, et surtout dans la navigation à la voile, pour le soutien des vergues.

76. Treuil. — Le *treuil* est un cylindre pouvant tourner autour de son axe, au moyen de deux cylindres plus petits (*fig.* 30) appelés *tourillons*, lesquels s'engagent dans des pièces creuses nommées *coussinets*; les tourillons ont même axe que le cylindre principal et sont placés sur le prolongement de cet axe. Autour du treuil s'enroule une corde à laquelle est appliquée la résistance R. La rotation de la machine, faisant enrouler la corde, et, par suite, soulevant la résistance, est produite par le mouvement d'une roue à gorge, appelée *tambour*, et disposée perpendiculairement à l'axe du treuil, à l'une de ses extrémités. La puissance P est appliquée au tambour au moyen d'une corde

Fig. 30.

qui, fixée à l'un de ses points, s'enroule sur sa circonférence. Le tambour peut se remplacer soit par une manivelle, ce qui n'est rien autre chose qu'un tambour réduit à l'un de ses rayons, soit par des tiges ou leviers, etc.

77. Conditions d'équilibre. — On assimile le treuil à un levier du premier genre à bras inégaux. Le bras de levier de la puissance P est CB, le rayon du tambour (*fig.* 31), et celui de la résistance R est AC, le rayon du treuil.

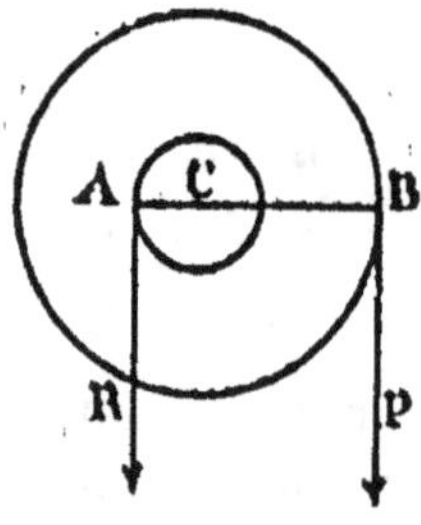

Fig. 31.

Comme dans le levier, la puissance et la résistance doivent être *inversement proportionnelles* à leurs bras de levier respectifs, et l'on pourra écrire

$$\frac{P}{R} = \frac{\text{ray. du treuil}}{\text{ray. du tambour}}.$$

L'on voit par cette relation que la puissance aura d'autant plus d'avantage que le rayon du tambour sera plus grand et que celui du cylindre sera plus petit. En pratique, on ne peut pas trop réduire ce dernier sans nuire à la solidité de la machine.

Le treuil est très employé, dans l'industrie, sous différentes formes :

1° Le *cabestan* est un treuil servant, sur les navires, à lever l'ancre, ou à aborder un quai. La puissance motrice est la vapeur, dans les gros navires ; les petits vaisseaux de cabotage emploient encore des barres ou des treuils à engrenages.

2° La *roue des carrières* est mise en mouvement par le poids des ouvriers qui montent sur des chevilles dont sa circonférence est munie, de telle sorte qu'ils restent sensiblement à la même hauteur. On peut rattacher à ce genre de treuils les cages à écureuils.

3° La *chèvre* et la *grue* sont des combinaisons du treuil et de la poulie. Elles servent à soulever de lourds fardeaux dans les travaux de construction et dans les usines.

78. Plan incliné. — Le *plan incliné*, machine destinée à élever les fardeaux, est un plan rigide faisant un angle quelconque avec l'horizon. Dans cet appareil, le poids à élever constitue la *résistance*, et la *puissance* est la force qu'on lui oppose pour le maintenir en équilibre ou le faire monter le long du plan.

79. Conditions d'équilibre. — Considérons un plan AB (*fig*. 32), faisant un angle α avec la ligne AC, qui n'est que la

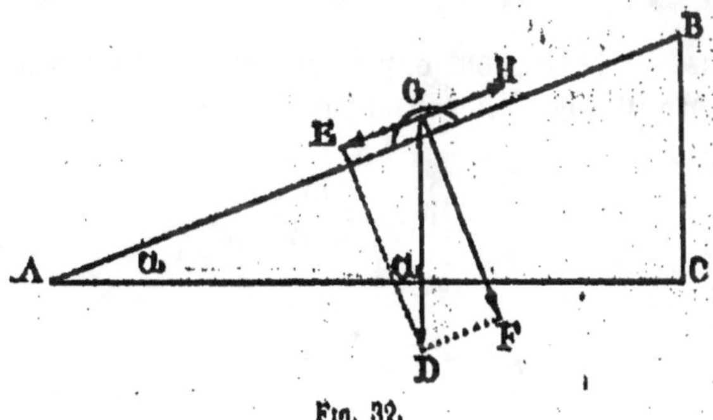

Fig. 32.

projection horizontale de AB. On appelle *longueur* du plan la ligne AB elle-même, *hauteur* du plan la ligne BC, différence de niveau des points extrêmes A et B, et enfin *base* du plan la ligne AC.

Plaçons sur le plan incliné un corps quelconque G. Celui-ci, en vertu de son poids, tend à glisser le long du plan ; représentons par GD l'intensité de cette force *verticale* due au poids du corps, et *oblique* par rapport au plan. On peut la décomposer en deux autres, l'une GE, parallèle à AB, et l'autre GF, perpendiculaire à cette même ligne. Cette dernière composante GF n'a aucun effet pour faire glisser le corps sur le plan, et elle est neutralisée par sa résistance. GE est donc la seule force qui sollicite le corps à descendre vers l'extrémité A.

Il suffira alors d'une force GH, égale et opposée à GE, et dirigée parallèlement au plan, pour maintenir le corps en équilibre ; une force un peu supérieure permettra de faire monter le fardeau.

Pour évaluer la valeur de GE en fonction du poids du corps GD et de l'angle α du plan avec l'horizon, il suffit de résoudre le triangle GED, semblable à ABC (GDE $= \alpha$). On pourra alors écrire

$$GE = G \sin\alpha,$$

ou

$$P = R \sin\alpha. \tag{1}$$

Avec une puissance P, on pourra donc équilibrer une résistance R plus grande, et cela, d'autant plus que l'angle α sera plus petit ou que le plan se rapprochera davantage de l'horizontale.

Si $\alpha = 90°$, $\sin\alpha = 1$, et l'on a P $=$ R.

Si $\alpha = 0$, $\sin\alpha = 0$, et P $=$ 0.

REMARQUES. — 1° On peut exprimer ces conditions d'équilibre d'une manière un peu différente. On sait que

$$\sin \alpha = \frac{BC}{AB},$$

d'où

$$P = R \frac{BC}{AB}$$

et enfin

$$\frac{P}{R} = \frac{BC}{AB}.$$

Donc, *quand la puissance agit parallèlement au plan, l'intensité de celle-ci est au poids du corps ou à la résistance comme la hauteur du plan est à sa longueur.*

2° Si la force qui maintient le corps sur le plan est *horizontale*, on démontre que les conditions d'équilibre sont exprimées par la formule

$$P = R \, \mathrm{tg}\, \alpha.$$

La puissance perd donc de l'avantage. La force nécessaire pour équilibrer une résistance donnée est minimum lorsqu'elle est dirigée parallèlement au plan.

79 bis. Applications. — Le *haquet*, inventé par Pascal, est une voiture de charge composée de deux poutres parallèles qui forment plan incliné, lorsqu'on laisse l'une des extrémités toucher terre, on les faisant basculer autour du brancard d'attelage. On y ajoute quelquefois un treuil pour multiplier la force.

Le *coin* se rattache au plan incliné ; c'est un corps solide limité par deux plans inclinés AB et AC (*fig.* 33), et servant à séparer les surfaces entre lesquelles il est introduit. Le *tranchant* du coin est placé dans une fente, et on l'enfonce en frappant sur la *tête* BC avec un marteau. La ligne AD est la *hauteur* et BC est la *largeur* du coin.

Fig. 33.

Il est facile d'exprimer le rapport de la puissance et de la résistance au moyen du principe des vitesses virtuelles (65), c'est-à-dire en étudiant les *chemins parcourus* sous l'influence des deux forces.

En supposant que le coin soit complètement enfoncé dans la fente, on voit que le chemin de P est la longueur ou la hauteur du coin, et celui de R est sa largeur. On aura donc

$$\frac{P}{R} = \frac{BC}{AD},$$

Il y aura donc avantage, pour vaincre une grande résistance avec une force très faible, à employer un coin *très long* et à angle *très petit*.

Les instruments tranchants, comme les haches, couteaux, rasoirs, etc., ne sont que des coins à angles plus ou moins faibles.

80. Vis. — La *vis* peut s'assimiler à un *plan incliné tournant*. Supposons qu'on enroule (*fig.* 34) autour d'un cylindre AC, appelé *noyau*, un triangle rectangle ABC. L'hypothénuse AB produit une spirale sur la surface du noyau, et cette spirale, supposée saillante, constitue le *filet* de la vis. On appelle *pas de vis* la distance entre deux spirales voisines, mesurée parallèlement à l'axe de la vis.

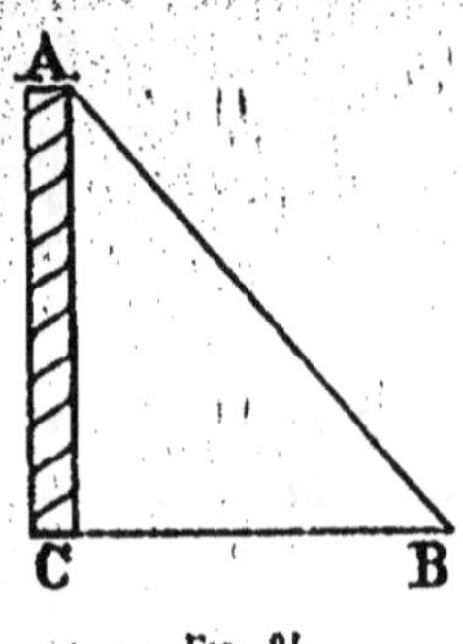
Fig. 34.

La vis s'engage dans une pièce appelée *écrou* qui présente en creux une spirale semblable au filet saillant de la vis. Le mouvement de rotation de la vis ou de l'écrou, selon que l'un ou l'autre est mobile, fait glisser le filet dans le canal correspondant, et la vis ou l'écrou, à chaque tour complet, avance de la longueur d'un pas de vis.

81. Conditions d'équilibre. — Elles se déduisent de l'application du principe des vitesses virtuelles (65). Supposons l'écrou mobile et que la résistance R lui soit appliquée. Plaçons la puissance P à l'extrémité d'une tige de longueur r, fixée à la tête de la vis et disposée perpendiculairement à son axe. Comme nous venons de le dire, l'écrou se déplacera de la longueur d'un pas de vis pour chaque tour de la tige : c'est le *chemin* de la résistance. Le *chemin* de P sera $2\pi r$ pour une circonférence complète, et l'on aura

$$\frac{P}{R} = \frac{\text{pas de vis}}{2\pi r}.$$

On pourra, comme on le voit, développer une grande force en employant une tige assez grande et une vis à filet très serré. Il est évident, de même, que la perte en vitesse et en déplacement sera dans le même rapport, et qu'une vis de ce genre exigera un assez grand nombre de tours pour un faible déplacement de l'écrou.

La vis, outre les applications usuelles que l'on connaît, est utilisée dans les mesures de précision, par exemple dans le *sphéromètre* et la *machine à diviser*. On pourra faire avancer la vis ou l'écrou d'une fraction très petite et très exactement connue de la valeur du pas de vis, en disposant un cercle gradué perpendiculairement à la tête de la vis, et dont on peut apprécier facilement les fractions de tour.

Une roue dentée qui engrène sur une vis s'appelle une *vis sans* fin. La vis ne fait que tourner sur elle-même autour de son axe; la roue est entraînée indéfiniment, d'où le nom donné à ce système. Il est utilisé pour communiquer un mouvement continu de rotation à une roue tournant autour d'un axe perpendiculaire à celui de la vis.

III. — INFLUENCE DES RÉSISTANCES PASSIVES

82. Résistances nuisibles dans les machines. — Nous avons considéré précédemment dans les machines deux espèces de travaux, le travail moteur et le travail résistant (55). Celui-ci est lui-même de deux sortes, le travail résistant *utile* et le travail résistant *passif* ou *nuisible*.

Le travail résistant utile est celui que la machine a pour but de faire : ce sont les résistances qu'on oppose à la force motrice et que celle-ci doit vaincre en dépensant son travail utilement. On voit par là que le travail résistant utile d'un moulin à scie est la résistance que le bois oppose à se laisser séparer par la scie, de même que celui d'un moulin à farine est la résistance qu'éprouve la force motrice à broyer le grain dans les moulanges.

Outre cette résistance à vaincre, il y en a une foule d'autres dont les effets ne sauraient être négligés : ce sont les frottements, la résistance de l'eau et de l'air, les chocs, tout ce qui se trahit sous forme de bruit, la raideur des cordes, etc. On désigne sous le nom de *résistances passives* ou *nuisibles* l'ensemble de ces résistances, qu'on ne peut jamais faire disparaître complètement; elles absorbent sans utilité pour le travail de la machine une partie plus ou moins grande de la force motrice, et diminuent le rendement de l'appareil.

On réunit sous quatre chefs les principales résistances passives; nous allons successivement les passer en revue.

83. Frottement. — On appelle *frottement* la somme des résistances que l'on doit surmonter pour faire glisser deux corps l'un sur l'autre.

On remarque, en effet, qu'il faut une force non seulement pour commencer le mouvement d'un corps reposant sur un autre, mais encore pour *continuer* ce mouvement, malgré l'inertie de la matière. On en conclut qu'il existe une force — c'est le frottement — qui agit en sens contraire de la puissance et s'oppose au mouvement du corps en question.

On attribue cette résistance à une *compénétration moléculaire* des deux corps qui frottent l'un sur l'autre. La surface des corps, quelque polis qu'ils soient, est toujours plus ou moins rugueuse ; les aspérités de l'une s'engagent dans les dépressions de l'autre, et il en résulte une résistance au glissement qui dépend de l'état des surfaces en contact.

Les lois du frottement ont été vérifiées par Coulomb et Morin, et peuvent s'énoncer de la façon suivante :

Première loi. — *Le frottement au départ est proportionnel à la pression.*

Deuxième loi. — *L'étendue des surfaces en contact est sans influence sur le frottement au départ.*

Troisième loi. — *Pour les corps durs (acier, agate), le frottement pendant le mouvement est le même qu'au départ ; pour les corps mous (voitures d'hiver), le frottement est plus considérable au départ.*

Quatrième loi. — *Le frottement ne dépend pas, sauf certains cas, de la vitesse relative des corps qui frottent.*

Remarques. — 1° On diminue le frottement dans les machines au moyen de *lubréfiants*, c'est-à-dire d'huile, de suif ou de graisse dont on munit les surfaces en contact.

2° Le frottement, qu'on ne peut jamais éviter complètement et qu'on s'efforce d'atténuer le plus possible, a cependant un côté utile. C'est grâce à lui si un *clou* reste en place après qu'on l'a introduit dans une pièce de bois ; les *coutures* des habits, les *nœuds* ne tiennent que par frottement. Enfin il serait impossible pour l'homme de marcher sans un point d'appui qui suppose de toute nécessité le frottement des pieds sur le sol.

3° Les *freins* des voitures et des wagons de chemins de fer sont des applications du frottement ; ils servent à diminuer la vitesse du mouvement ou à l'anéantir complètement.

84. Résistance au roulement. — C'est la résistance qui s'oppose au déplacement d'un corps rond, cylindrique ou sphérique, roulant sur une surface plane. L'effet de cette résistance, très faible d'ailleurs, est démontré par le fait qu'une bille, lancée sur un plan parfaitement poli, finit par s'arrêter après un temps plus ou moins long. On se rend compte de ce résultat en considérant qu'un cylindre qui roule sur un plan s'enfonce toujours quelque peu dans la surface qui le porte, à cause de la compressibilité des corps en contact, et produit une petite dépression temporaire; il doit donc remonter un petit plan incliné, un petit talus qu'il écrase devant lui, ce qui exige une certaine dépense de travail.

On peut résumer les résultats des expériences de Coulomb, au sujet de cette résistance passive, par la loi générale suivante, en supposant la puissance appliquée au centre du rouleau :

Loi. — *La résistance au roulement augmente proportionnellement à la charge, et varie en raison inverse du diamètre des rouleaux.*

Cette résistance est beaucoup plus faible que celle due au frottement; aussi, dans un grand nombre de cas, le roulement est substitué au glissement. Les *roues* des voitures, des chemins de fer, les *galets* qu'on place sous les pieds des meubles lourds, les *frottements à billes* des bicyclettes, sont des applications usuelles de ces principes.

La force nécessaire pour déplacer horizontalement un véhicule quelconque est inférieure à la pression ou au poids du véhicule lui-même, et dépend de l'état des corps en contact. Le rapport de la force de traction à la pression s'appelle *coefficient de traction*, en tenant compte du frottement des essieux. Le coefficient de traction des voitures de chemins de fer n'est que 0,005. Une force de 10 livres pourra déplacer horizontalement un poids de 2,000 livres.

85. Raideur des cordes. — C'est une résistance passive qui se rencontre dans le fonctionnement des poulies et dans les courroies sans fin des machines. Elle dépend des cordes employées, et elle est d'autant plus grande que les cordes sont plus neuves et, par suite, plus difficiles à courber. Il faut, en effet, une force spéciale, diminuant le travail utile de la machine, pour courber une corde, et l'on remarque que celle-ci, en vertu de sa rigidité, n'embrasse pas exactement toute la demi-circonférence supérieure de la poulie, mais s'en tient un peu écartée du

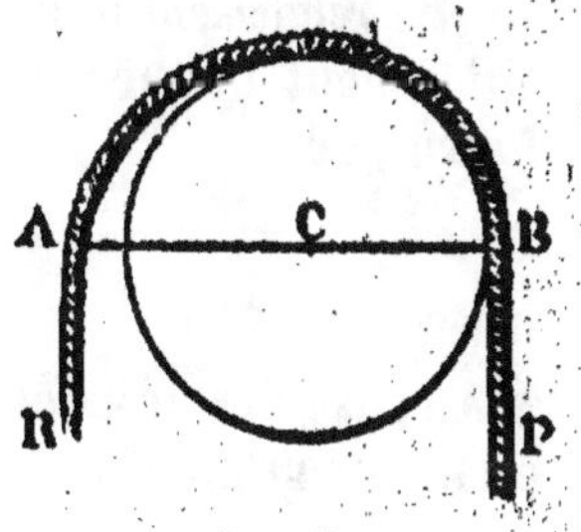

Fig. 35.

côté de la résistance (*fig.* 35). Le bras de levier AC de la résistance, par suite, devient plus long que celui de la puissance CB, ce qui donne l'avantage à la première.

86. Résistance des fluides. — Toute machine se meut ou dans l'air ou dans l'eau; il en résulte une résistance particulière qu'on ne peut éviter, et dont il faut toujours tenir compte. Elle est proportionnelle à la *densité* du fluide dans lequel se déplace un mobile quelconque, et au *carré de la vitesse* de celui-ci. Cependant on remarque que la résistance dans l'air augmente plus rapidement pour des vitesses très grandes, comme celles des projectiles lancés par les armes à feu, et qu'elle peut atteindre des puissances plus élevées que le carré de la vitesse. Enfin la *grandeur* et la *position* de la surface qui frappe le fluide sont des facteurs importants de cette résistance ; elle est d'autant plus grande que la surface en question a plus d'étendue et choque le fluide plus perpendiculairement à la direction du déplacement.

On donne à l'avant des navires une forme effilée qui rappelle celle d'un coin, afin de rendre la résistance de l'eau la plus faible possible. On trouve aussi une application de cette résistance dans l'action des roues à aubes, des hélices et des gouvernails, ainsi que dans les moulinets à ailettes destinés, dans diverses machines, à réduire la vitesse de certains mouvements.

87. Rendement des machines. — Les différentes résistances que nous venons d'étudier constituent ce qu'on appelle le *travail passif*, et, comme celui-ci n'est jamais nul, il est évident qu'il faut toujours en tenir compte, quand on calcule la force motrice nécessaire pour produire un effet utile donné. Le travail moteur doit être égal à la somme des travaux utile et passif. Le *rendement* d'une machine est le rapport de ce que la machine peut donner, en fait de travail utile, au travail moteur fourni, ou

$$R = \frac{T_u}{T_m}.$$

A cause des résistances passives qui absorbent une partie plus ou moins grande du travail moteur, on n'aura jamais

$$\frac{T_u}{T_m} = 1,$$

c'est-à-dire que le travail moteur ne sera jamais *totalement* transformé en travail utile. Le rendement sera toujours une *fraction*, et une machine sera d'autant plus parfaite que cette fraction se rapprochera davantage de l'unité.

88. Le travail moteur est toujours plus grand que le travail résistant utile. — D'après ce que nous venons de dire, la vérité de ce principe est manifeste. En effet, on sait que

$$T_m = T_r,$$

ou que le travail moteur total, dans toute machine, est égal au travail résistant total. Celui-ci se compose de deux facteurs, le travail utile et le travail passif. Donc

$$T_m = T_u + T_p,$$

Or T_p n'est jamais nul. Donc on doit avoir

$$T_m > T_u.$$

La conséquence directe de ce principe est l'impossibilité du *mouvement perpétuel*. En effet, le problème du mouvement perpétuel consiste à construire une machine dans laquelle le travail utile serait supérieur au travail moteur, ou, si l'on veut, une machine qui, une fois mise en marche, pourrait créer du travail utile, devenir son propre moteur et ne s'arrêterait jamais. Il est évident que la solution d'un tel problème est impossible; une machine n'est pas une *source* de travail, mais elle ne fait que transformer et utiliser — toujours avec pertes — le travail moteur des différentes forces naturelles.

PESANTEUR

CHAPITRE I

I. — ATTRACTION UNIVERSELLE

89. Attraction universelle. — On désigne sous ce nom la force qui sollicite toutes les substances matérielles les unes vers les autres. Newton, en s'appuyant sur les lois de Képler qui régissent le mouvement des planètes autour du soleil, a démontré l'existence d'une attraction entre les astres, ce qui rend parfaitement compte du mouvement curviligne de ceux-ci. On constate également, comme l'a fait Cavendish, que cette force s'exerce réellement à la surface de la terre, en rendant sensible, par des expériences très délicates, l'attraction d'une grosse masse de plomb sur une petite sphère de cuivre. De même Bouguer et La Condamine, pour le mont Chimboraço, et Maskelyne, pour le mont Schehallien, ont pu mesurer la déviation d'un pendule par l'attraction d'une montagne.

L'attraction universelle est donc une loi générale de la nature matérielle, et cette loi, comme l'a démontré Newton, peut s'énoncer de la manière suivante : *les corps s'attirent en raison directe des masses et en raison inverse des carrés des distances.*

L'attraction mutuelle de deux masses m et m', situées à la distance d l'une de l'autre, pourra, par conséquent, être représentée par la formule

$$A = \varphi \frac{mm'}{d^2},$$

φ étant l'attraction de l'unité de masse sur l'unité de masse, à l'unité de distance.

Il convient cependant d'ajouter que cette loi de Newton n'indique qu'un fait apparent ; la nature intime de cette force, dont on prouve l'existence entre les astres, nous est tout à fait inconnue. Il est possible qu'elle réside entièrement dans le milieu, l'éther, au sein duquel se font les révolutions célestes, et que la matière soit complètement inactive. Quoi qu'il en soit, il est prudent, tout en admettant les lois que l'observation constate, d'imiter la sage réserve de Newton, et de se contenter d'affirmer, comme lui, que *les choses se passent comme si la matière s'attirait.*

90. Pesanteur. — L'attraction universelle, appelée *gravitation* pour caractériser l'attraction qui relie les astres entre eux, prend le nom de *pesanteur*, lorsque l'on veut désigner la force qui fait tomber les corps à la surface de la terre. Newton, par l'étude du mouvement de la lune, a prouvé l'*identité absolue* de la gravitation et de la pesanteur; cette dernière force n'est qu'un cas particulier de l'attraction universelle, et s'exerce, par suite, suivant les mêmes lois. L'action de la terre se fait sentir sur toutes les substances matérielles, même sur certains corps, qui y semblent soustraits, comme les fumées ou les gaz plus légers que l'air. Nous dirons plus loin comment on explique ces exceptions tout à fait apparentes.

La pesanteur à la surface du globe peut être considérée comme une force constante. Bien qu'elle varie en raison inverse du carré des distances, elle ne diminue pas d'une façon appréciable pour les hauteurs ordinaires, lesquelles sont insensibles par rapport à la longueur du rayon terrestre. Dans le phénomène de l'attraction de la terre sur les corps pesants, tout se passe comme si la masse de la terre était condensée en une seule molécule placée à son centre géométrique.

91. Direction de la pesanteur. — La direction suivant laquelle s'exerce l'action de la pesanteur sur les corps placés à la surface de la terre est donnée par la *verticale;* on appelle ainsi la direction que prennent les corps pesants qui tombent librement dans le vide; elle passe sensiblement par le centre de la terre, à cause de la forme à peu près sphérique de notre globe.

La direction des corps qui tombent, et, par suite, la verticale, est pour ainsi dire matérialisée d'une manière permanente par le *fil à plomb*, c'est-à-dire toute masse pesante suspendue à l'extrémité d'un fil flexible. En effet, l'équilibre aura lieu lorsque la masse pesante (*fig.* 36) sera dirigée vers le centre d'attraction, suivant AB, ou vers le centre de la terre. S'il en était autrement, il est facile de voir qu'une composante AD d'une force qui serait,

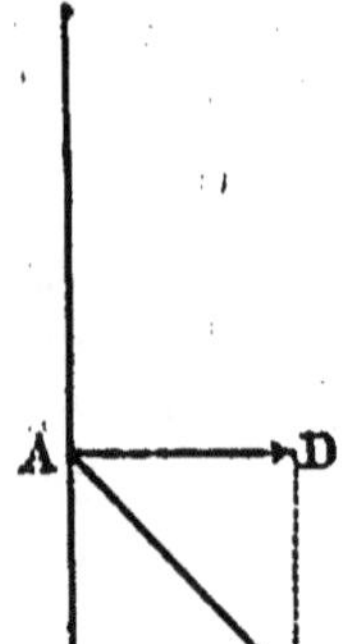

Fig. 36.

v. g., dirigée suivant AC, produirait un mouvement latéral et détruirait l'équilibre. La direction de la pesanteur est donc sur le prolongement du fil à plomb.

Les verticales, aux différents points du globe, se dirigeant sensiblement vers le centre de la terre, ne sont pas parallèles entre elles, mais, suffisamment prolongées, forment des lignes concourantes au même centre d'attraction ; elles sont, en chaque point déterminé, perpendiculaires à la surface des eaux tranquilles. Pour deux points suffisamment rapprochés, l'angle formé par deux verticales, à cause de la longueur du rayon de la terre, est tout à fait insensible, et celles-ci sont regardées comme rigoureusement parallèles. L'angle de deux fils à plomb, éloignés l'un de l'autre de 300 pieds, n'est que de 1".

92. Déviation subie par les corps qui tombent. — Nous venons de dire qu'un corps qui tombe librement dans l'espace se dirige vers le centre de la terre, en suivant la verticale du lieu. Il n'en est pas tout à fait ainsi, si l'on considère des hauteurs de chute assez considérables. A cause du mouvement de rotation de la terre de l'ouest à l'est, les corps, en tombant, subissent une déviation vers l'*est*, laquelle est d'à peu près un pouce pour une chute de 500 pieds. Ce phénomène, conséquence directe du principe de l'*indépendance des forces* (36), résulte du fait que la vitesse horizontale au départ, due au mouvement de la terre, est plus grande que celle du point d'arrivée, et que cette vitesse se *conserve* en dépit du mouvement vertical de chute.

93. Plan horizontal, ligne horizontale. — Tout plan mené perpendiculairement à la verticale du lieu est un plan *horizontal*, et toute ligne contenue dans ce plan ou qui lui est parallèle est une ligne *horizontale* ou simplement l'*horizontale*.

Dans un espace assez restreint pour qu'on puisse considérer les
verticales comme parallèles, l'horizontale est une ligne droite;
pour une distance plus considérable, elle est une courbe, et c'est
la surface des eaux tranquilles. Dans les grands océans, cette
courbe n'est pas régulière, à cause de l'attraction des masses con-
tinentales sur l'eau de la mer.

II. — MASSE. — POIDS DES CORPS. — DENSITÉ
POIDS SPÉCIFIQUE

94. Masse. — Nous avons défini, en mécanique, la *masse* d'un
corps (38) : le rapport d'une force constante à l'accélération
qu'elle imprime à ce corps, ou, analytiquement,

$$M = \frac{F}{g}.$$

Ce serait la *quantité de matière* que contient un corps donné,
et, comme cette quantité est très variable dans les différentes
substances, à égalité de volume, elle paraît dépendre du nombre
des molécules contenues dans le corps.

La masse est donc indépendante de la pesanteur, puisque les
corps garderaient leur matière si la pesanteur cessait d'agir, et
opposeraient à l'action des forces la même résistance d'inertie.

95. Densité. — On appelle *densité* d'un corps le rapport de
sa masse à son volume, ou, ce qui revient au même, la masse
contenue dans l'*unité de volume*. Désignons par M la masse d'un
corps, par D sa densité et par V son volume ; l'on écrira

$$M = VD, \qquad \text{d'où} \qquad D = \frac{M}{V}.$$

*La densité d'une même masse est donc en raison inverse de son
volume. L'on voit aussi que la densité d'un corps, comme la
masse, est indépendante de la pesanteur, puisque ce n'est rien
autre chose que la masse de l'unité de volume d'un corps.*

96. Poids. — Le *poids d'un corps* est le résultat de l'attraction de la terre. Si l'on divise un corps en particules très petites, on constate que chacune d'elles est soumise à la pesanteur et se dirige, en tombant, vers le centre de la terre ; il en est de même des molécules de chaque corps. L'action de la terre sur ces molécules peut donc être considérée comme un ensemble de forces parallèles et de même sens, dont la résultante, égale à leur somme, est fixée en un point déterminé qu'on appelle le *centre de gravité* du corps. C'est la somme de ces forces parallèles qui constitue le poids du corps, lequel est appliqué au centre de gravité. C'est pour cela que le centre de gravité peut se définir : *le point d'application du poids d'un corps.* On considère, en physique, trois espèces de poids : le *poids absolu,* le *poids relatif* et le *poids spécifique.*

97. Poids absolu. — Le *poids absolu* est celui que nous venons de décrire. C'est la *résultante des forces parallèles dues à la pesanteur et appliquées à chacune des molécules du corps;* en d'autres termes, c'est la pression qu'un corps exerce, sous l'influence de la pesanteur, sur le support qui le contient, et on peut l'évaluer par la force qu'il faut lui opposer pour l'empêcher, dans le vide, d'obéir librement à l'action de la terre.

98. Poids relatif. — *C'est le rapport entre le poids absolu d'un corps et celui d'un autre corps pris arbitrairement comme terme de comparaison ou unité.* L'unité française est le *gramme,* ou le poids d'un centimètre cube d'eau distillée, pesée à 4° C. dans le vide. En Angleterre, on a choisi la *livre,* c'est-à-dire le poids d'une certaine quantité de cuivre déterminée officiellement par le Gouvernement [1]. Il résulte de cette définition que le poids relatif est purement conventionnel ; un corps pèsera, v. g., 10 grammes ou 10 livres, si son poids absolu est dix fois supérieur à celui de l'unité adoptée. Le poids relatif se détermine au moyen de la balance, que nous décrirons plus loin, et c'est lui qu'on appelle vulgairement le *poids d'un corps.*

99. Poids spécifique. — On appelle *poids spécifique* d'un corps le rapport du poids d'un certain volume de ce corps au poids

---

1. La livre anglaise vaut 453,592615 grammes ; le kilogramme vaut 2,204621 livres, soit sensiblement 2 1/5 livres.

d'un égal volume d'un autre corps pris comme terme de comparaison, et qui, pour les solides et les liquides, est l'*eau*. On pèse les corps à 0°C., et ces poids sont comparés à celui d'un égal volume d'eau distillée à 4°C., les deux pesées étant ramenées à ce qu'elles seraient dans le vide. Ainsi, lorsqu'on dit que le poids spécifique du fer est 7, on entend par là que le fer, à volume égal, pèse 7 fois plus que l'eau. Comme, dans le système C. G. S., l'unité de volume est le centimètre cube, et que le centimètre cube d'eau distillée à 4°C. pèse 1 gramme, il en résulte que le centimètre cube de fer pèse 7 grammes; le poids spécifique n'est donc rien autre chose que le *poids de l'unité de volume d'un corps*.

Pour les gaz, le terme de comparaison est le poids du *litre d'air atmosphérique* à 0°C. et sous la pression normale de 760 millimètres de mercure.

REMARQUE. — Il ne faut pas confondre le *poids spécifique* avec la *densité*. Celle-ci désigne la *quantité de matière* contenue dans un centimètre cube d'une substance donnée, soumise ou soustraite à l'action de la pesanteur; le poids spécifique, de son côté, caractérise le *poids* de ce même centimètre cube, il *dépend* de la pesanteur, et il est exprimé par les mêmes nombres aux différentes latitudes, puisque les variations de la pesanteur affectent dans le même rapport le poids des corps et celui du centimètre cube d'eau qui sert de point de comparaison.

La densité et le poids spécifique d'un corps, dans l'état actuel des choses, s'expriment *par les mêmes chiffres*, et c'est pour cela que ces deux expressions sont souvent confondues dans la pratique. En effet, comme l'on a choisi, dans le système C. G. S., la masse du centimètre cube d'eau pour l'unité de masse, et qu'en même temps l'unité de poids est le poids de ce même centimètre cube d'eau, il en résulte que la densité et le poids spécifique du plomb, par exemple, sont désignés par le même chiffre 11; ce qui veut dire qu'un centimètre cube de plomb *contient 11 fois plus de matière* que le centimètre cube d'eau, et qu'en même temps il *pèse 11 fois plus que l'eau*, à égalité de volume. Cependant la différence signalée plus haut n'en persiste pas moins; si la pesanteur, en effet, cessait d'exister, le poids spécifique disparaîtrait avec elle; mais la densité des corps resterait intacte, puisque ceux-ci garderaient toujours leur matière, avec ses propriétés d'inertie et d'indestructibilité. La matière, sous l'action des forces, conserverait sa même résistance au mouvement, et il faudrait, pour mettre un corps en marche, déployer le même effort.

III. — ÉQUILIBRE DES CORPS. — DIVERS ÉTATS D'ÉQUILIBRE

100. Équilibre des corps. — Un corps est dit en *équilibre* lorsque, suspendu à un point fixe ou reposant sur un plan horizontal par un ou plusieurs de ses points, il demeure immobile sans trébucher ni d'un côté ni de l'autre, sous l'influence de son poids.

Il est facile de trouver les conditions d'équilibre des corps pesants dans différentes circonstances, en se rappelant que le poids d'un corps n'est rien autre chose que la résultante de l'action de la terre sur chacune de ses molécules, et dont le point d'application est fixé au *centre de gravité* (48). On pourra, dès lors, faire abstraction des dimensions et de la forme du corps, pour ne considérer que la position de ce dernier point.

101. Divers états d'équilibre. — Les corps peuvent se trouver dans trois états particuliers d'équilibre, savoir : l'*équilibre stable*, l'*équilibre instable* et l'*équilibre indifférent*.

Un corps est dit en *équilibre stable* lorsque, *légèrement* dérangé de sa position, il tend à y revenir de lui-même sous l'influence de son poids. Tel est le cas d'un cube reposant par une de ses faces sur un plan horizontal ; si on l'abandonne à lui-même, après l'avoir soulevé quelque peu, il reprend spontanément sa position primitive. Il en est de même d'une chaise reposant sur un parquet horizontal, d'une masse pesante suspendue à un fil flexible, etc. Il est évident qu'un corps en équilibre stable ne reviendrait pas à sa position primitive, mais en prendrait une autre, si on le *dérangeait trop* de cette première position ; dans ces conditions, un cube trouverait une nouvelle position d'équilibre stable en tombant sur une autre face.

Un corps est en *équilibre instable* lorsque, légèrement écarté de sa position d'équilibre, il tend à s'en éloigner de plus en plus.

Une tige appuyée par une de ses extrémités sur un doigt, un cône reposant par son sommet sur un plan horizontal, ou un cube par l'une de ses arêtes, fournissent des exemples d'équilibre instable.

Enfin l'*équilibre est indifférent* lorsqu'il a lieu dans toutes les positions qu'un corps est susceptible de prendre. Tel est le cas d'une sphère reposant sur un plan horizontal; elle n'a aucune tendance à modifier la position qu'on lui donne.

102. Position du centre de gravité dans les divers états d'équilibre. — Les divers états d'équilibre que nous venons de décrire découlent de la position occupée par le centre de gravité, relativement au point de suspension ou au plan de sustentation, dans les positions successives que les corps peuvent prendre.

Lorsqu'un corps est en *équilibre stable*, le centre de gravité est à un *minimum* de hauteur par rapport aux positions voisines, et un léger dérangement ne peut que l'élever. Le poids du corps, appliqué à ce point et tendant à le rapprocher le plus possible du centre de la terre, aura pour effet de ramener ce corps à la première position (*fig.* 37, A).

Dans l'*équilibre instable*, au contraire, le centre de gravité occupe un *maximum* de hauteur, relativement aux positions voisines; la pesanteur, appliquée à ce point, n'a d'autre tendance qu'à l'abaisser de plus en plus, et le corps ne peut revenir à sa position d'équilibre (*fig.* 37, B).

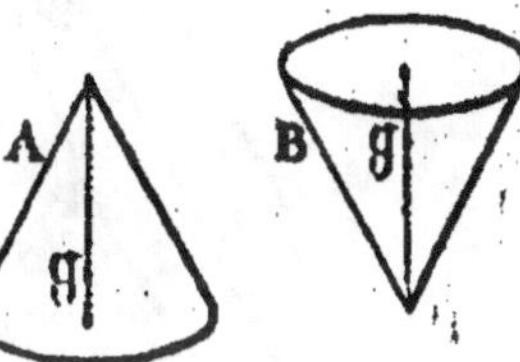
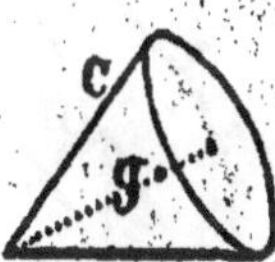

Fig. 37.

Enfin, le centre de gravité, dans l'*équilibre indifférent*, est à une distance *invariable* du point d'appui ou du plan qui soutient le corps, quelle que soit la position de celui-ci, et l'action de la pesanteur ne peut en aucune sorte la modifier (*fig.* 37, C).

Les conditions d'équilibre que nous venons d'énoncer sont tout à fait générales; voyons maintenant quelques cas particuliers.

103. Équilibre d'un corps suspendu par un point fixe. — Considérons un corps quelconque C (*fig.* 38), suspendu par un point fixe O et susceptible de tourner librement autour de ce point. La condition nécessaire et suffisante de l'*équilibre stable* (I) est que le centre de gravité G soit sur la verticale passant par le point de suspension et soit situé *au-dessous* de ce point. Il

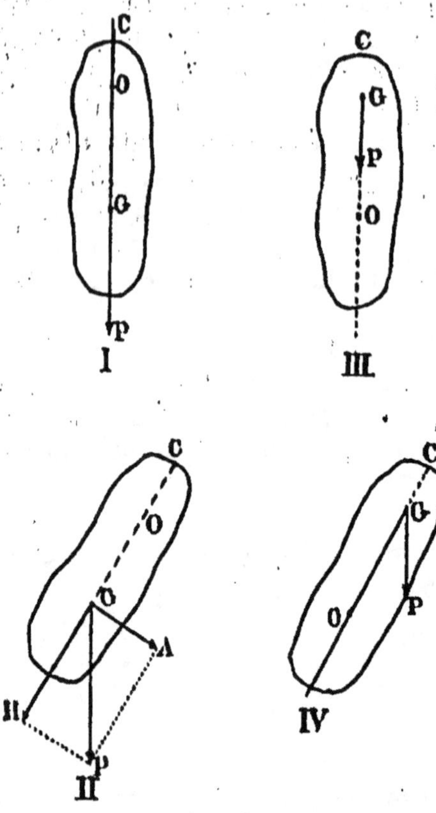

Fig. 38.

est évident que, dans ce cas, le poids du corps, appliqué en G et agissant suivant la direction verticale GP, n'aura aucune tendance à déplacer le corps de sa position d'équilibre, mais la force qui en résulte sera détruite par la résistance du point O.

Supposons le même corps G dans la position II. L'on voit immédiatement, dans ces conditions, que l'équilibre est impossible ; la force GP, due à la pesanteur, peut se décomposer en deux autres, l'une GH, agissant suivant la direction de la droite OG et détruite par la résistance du point fixe O, l'autre GA, normale à la première et tendant à ramener le corps à la première position I.

Dans la position III, l'équilibre peut avoir lieu, puisque la droite qui joint le centre de gravité G et le point de suspension O est verticale, et le poids du corps, appliqué en G, n'a pas pour effet de détruire cette position ; mais, comme le centre de gravité est *au-dessus* du point de suspension, l'équilibre est *instable*, et la moindre déviation (position IV) permettra à la force GP d'écarter de plus en plus le corps de sa position d'équilibre, jusqu'à ce que, après avoir tourné de 180°, il se dispose suivant la position I.

104. Équilibre d'un corps reposant sur un plan

horizontal par un de ses points. — La condition indispensable, pour l'équilibre en général, est que le centre de gravité du système soit sur la verticale passant par le point d'appui (*fig*. 39). L'équilibre sera stable, si l'on abaisse le centre de gravité au-dessous du point d'appui au moyen de poids additionnels. En inclinant le système, le centre de gravité se soulève; et la pesanteur le ramène, après quelques oscillations, à la position primitive.

105. Équilibre d'un corps reposant sur un plan horizontal par plusieurs de ses points. — Dans ce cas, le corps est en *équilibre stable* toutes les fois que la verticale qui passe par le centre de gravité tombe à l'*intérieur* du *polygone de base*. On appelle ainsi la surface que l'on obtient en joignant par des droites les points par lesquels le corps s'appuie sur le plan horizontal. On comprend facilement que, dans ces conditions, l'action de la pesanteur n'a aucune tendance à renverser le corps, mais ne fait que l'appuyer sur le plan.

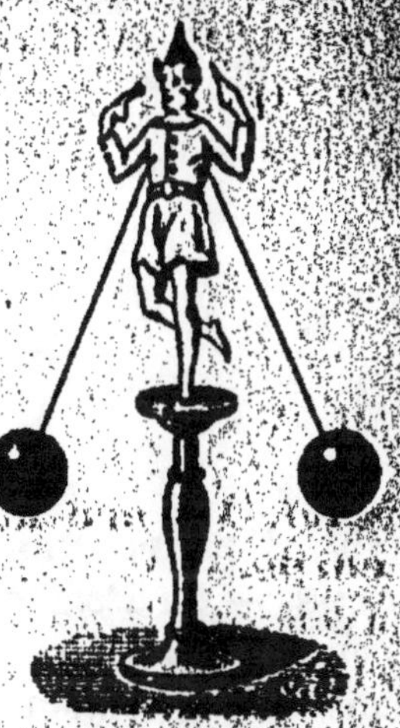

Fig. 39.

106. Applications. — Ces principes sont susceptibles de nombreuses applications, par exemple, dans le chargement des voitures qui doivent se déplacer sur un terrain incliné, ou qui sont exposées à rencontrer de fréquentes ornières. L'équilibre sera d'autant plus stable que le centre de gravité sera plus bas; c'est alors que la verticale qui passe par ce dernier point aura le moins de chances, lorsque le véhicule s'incline, de rencontrer le sol en dehors du polygone de base. On explique de la même manière pourquoi une voiture chargée de foin est plus en danger de renverser qu'une voiture chargée de pierres.

Un homme, pour se tenir en équilibre sur ses pieds, surtout s'il porte un fardeau dans ses bras ou sur son dos, doit se tenir de telle sorte que la verticale qui passe par son centre de gravité rencontre le polygone déterminé par la position de ses pieds. Il y a donc avantage à agrandir la surface de cette base en écartant ceux-ci.

CHAPITRE II

DE LA BALANCE

107. Mesure des poids relatifs et de la masse des corps. — On désigne sous le nom de *balance* un appareil destiné à comparer le *poids absolu* d'un corps avec celui d'un autre corps choisi arbitrairement comme unité. Le résultat de cette comparaison a été appelé précédemment *poids relatif*, ou simplement, *poids* du corps, dans le sens usuel du mot (98). Mais comme, dans le système C. G. S., l'unité de poids, le gramme, est le poids de l'unité de masse, il s'ensuit que la balance, en donnant le poids d'un corps, évalue par là même la *quantité de matière* ou la *masse* contenue dans le corps, exprimée par un certain nombre d'unités de masse. D'ailleurs, il y a proportionnalité, *dans un même lieu,* entre les poids et les masses correspondantes([1]); par conséquent, le chiffre qui caractérise le poids relatif est en même temps celui qui donne la quantité de matière par rapport à celle de l'unité adoptée.

108. Balance. — La balance se compose essentiellement d'un levier du premier genre, qu'on appelle *fléau,* pouvant osciller autour d'un axe horizontal situé au milieu de sa longueur (*fig.* 40) et qui lui est perpendiculaire; le fléau s'appuie sur un support très dur, en agate, par exemple, appelé *chape,*

---

1. D'après ce que nous avons vu en mécanique (38, 1°), on aura, pour deux corps, de masses m et m' et de poids P et P',

$$m = \frac{P}{g}, \qquad \text{et} \qquad m' = \frac{P'}{g},$$

d'où

$$P = mg, \quad \text{et} \quad P' = m'g, \quad \text{et enfin,} \quad \frac{P}{P'} = \frac{m}{m'}.$$

par l'arête d'un prisme triangulaire d'acier qu'on nomme *couteau*, et qui constitue l'axe de rotation de la balance. Aux deux extrémités du fléau et à égale distance du couteau de suspension, sont placés deux *plateaux* de poids égaux et suspendus par des crochets à des couteaux disposés parallèlement au premier, mais dont les arêtes vives sont en sens inverse. La dis-

Fig. 40.

tance qui les sépare du couteau de suspension s'appelle *bras de fléau*. C'est dans ces plateaux que l'on place les corps dont on veut comparer les poids. L'un des plateaux reçoit le corps à peser et l'autre les poids marqués qui lui font équilibre. Enfin, pour apprécier les faibles inclinaisons du fléau, on dispose, perpendiculairement à celui-ci, une longue aiguille, ordinairement dirigée vers le bas, et se déplaçant devant un arc de cercle gradué, dont le milieu correspond à la position horizontale du fléau.

109. Conditions de précision de la balance. — La *précision* ou la *justesse* d'une balance consiste dans ce fait qu'elle se tient en équilibre quand les plateaux sont vides ou chargés de poids égaux. En outre, il est important que l'équilibre ne se produise jamais en dehors de la position horizontale du fléau. Nous allons faire connaître les conditions requises pour arriver à ce résultat.

1° Il faut que les bras de fléau soient rigoureusement égaux. — Cette condition est nécessaire pour que l'équilibre de la balance accuse l'égalité de poids du corps à peser et des poids marqués contenus dans les plateaux. D'après les propriétés du levier (70), on obtient deux produits égaux, lorsque l'équilibre est établi, en multipliant chaque force (poids placés dans les plateaux) par la longueur du bras de fléau sur lequel elle agit. Dès lors, il est évident, en supposant l'inégalité de longueur des bras, que le poids qui correspond au plus grand bras doit nécessairement être inférieur à l'autre. On peut vérifier l'égalité de longueur des bras de fléau en changeant le corps et les poids marqués de plateaux, après avoir établi l'équilibre; celui-ci doit persister si les bras sont égaux.

2° Le centre de gravité de la partie mobile, c'est-à-dire des plateaux, du fléau, etc., doit se trouver sur la verticale passant par le point de suspension, quand le fléau est horizontal. — En effet, cette condition étant remplie, le poids de la partie mobile, appliquée à son centre de gravité et agissant suivant la verticale, n'a pas pour effet d'incliner la balance d'un côté ou de l'autre, mais ne fait que presser le fléau sur le plan d'appui. Le fléau restera horizontal lorsque les plateaux seront vides ou chargés de poids égaux; dans ce dernier cas, il est évident que la résultante des deux forces qui agissent à l'extrémité des deux bras de levier, à égalité de distance du point d'appui, doit nécessairement passer par celui-ci.

3° Pour la stabilité de l'équilibre, le centre de gravité de la partie mobile doit se trouver au-dessous du point d'appui. — Supposons (*fig.* 41) le centre de gravité G situé *au-dessus* du point de suspension O. L'on voit immédiatement que l'équilibre est *instable*, et que, pour la moindre inclinaison A'B' causée par une légère trépidation, le poids de la balance, appliqué en G' suivant G'P, aura pour effet d'éloigner celle-ci de plus en plus de la position d'équilibre jusqu'à 90°, en supposant même les plateaux vides ou contenant des poids égaux. C'est ce qu'on appelle une balance *folle*.

Si le centre de gravité *coïncide* avec le point d'appui, l'équilibre devient *indifférent* pour toutes les positions que peut prendre le fléau, puisque le poids de la balance ne peut plus produire aucun mouvement de la partie mobile. Le plus léger excès de poids dans l'un des plateaux lui ferait alors prendre tout de suite le maximum d'écart.

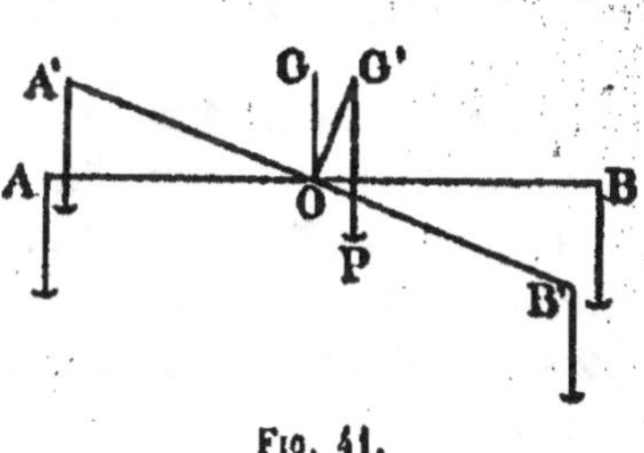

Fig. 41.

Au contraire, si le centre de gravité est *au-dessous* de l'arête

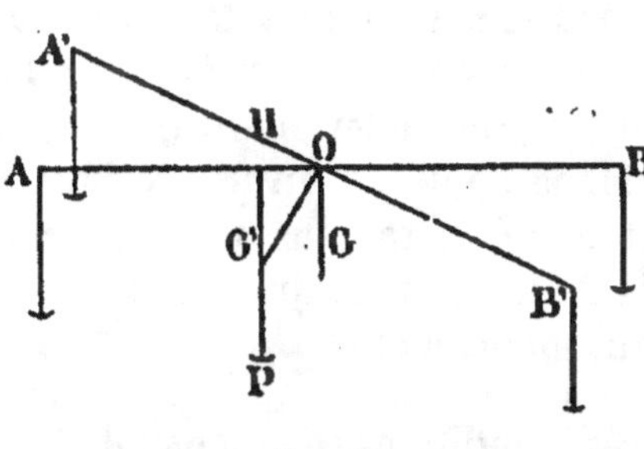

Fig. 42.

du couteau (*fig.* 42), l'équilibre devient *stable*. Dans la position inclinée A'B', le centre de gravité est G', et le poids de la partie mobile, appliqué en ce point et agissant suivant G'P, tend à rétablir l'équilibre dans la position horizontale. Un excès de poids dans l'un des plateaux doit lutter contre cette tendance déterminée par la position du centre de gravité, et la balance se met à osciller jusqu'à ce qu'un nouvel état d'équilibre s'établisse.

110. Conditions de sensibilité. — Une balance est dite *sensible* lorsqu'elle s'incline d'un angle mesurable sous un très léger excès de poids placé dans l'un des plateaux. Les différentes balances ne sont pas également sensibles, bien qu'elles puissent jouir d'une sensibilité relative. Les unes, construites pour évaluer des poids assez lourds, peuvent être sensibles au *centigramme* ou au *gramme*, c'est-à-dire indiquer une surcharge d'un centigramme ou d'un gramme ; d'autres, destinées aux objets très légers et d'une construction plus délicate, seront sensibles au milligramme, etc. Les conditions requises pour la sensibilité d'une balance sont les suivantes :

1° **Le fléau doit être très long.** — D'après la définition que no⋅ ⋅enons de donner de la sensibilité, l'on voit qu'un léger excè⋅ de poids, dans l'un des plateaux, doit agir sur la partie mobile avec autant d'avantage que possible ; il faut donc, pour cela, qu'il exerce son action sur un grand bras de levier.

2° **Le fléau doit être très léger.** — Une légère surcharge, pour faire mouvoir le fléau d'une balance, doit vaincre la *résistance d'inertie* de ce dernier, et l'on sait que cette résistance augmente avec la masse à mouvoir. Celle-ci doit donc être aussi faible que possible, et c'est pour cela que, dans les balances de précision, le fléau est *évidé*, ce qui en assure la solidité en même temps que la légèreté.

3° **Le centre de gravité de la partie mobile doit être aussi près que possible du couteau de suspension, sans toutefois coïncider avec lui.** — Cette troisième condition résulte du fait que l'on doit réduire autant que possible le bras de levier OH (*fig.* 42) sur lequel agit le poids de la balance appliqué en G'. Ce bras de levier sera d'autant plus petit que G' sera plus près du point d'appui O, et, dès lors, le poids de la balance, qui s'oppose à l'inclinaison du fléau, aura d'autant moins d'effet.

Remarque. — Il y a d'autres conditions de sensibilité qui dépendent de la perfection avec laquelle une balance est construite. C'est ainsi que le frottement du couteau de suspension sur son support et des points d'attache des plateaux doit être réduit au minimum. On démontre que la sensibilité d'une balance n'est rendue indépendante de la charge qu'en autant que les points de suspension du fléau et des plateaux sont en *ligne droite;* il en résulte que, dans la limite de la charge permise, le fléau ne doit pas fléchir ; la flexion du fléau, en outre, aurait pour effet d'abaisser le centre de gravité et de diminuer la sensibilité. Celle-ci n'est donc pas toujours la même sous une charge quelconque ; mais il y a un maximum, indiqué par le constructeur, qu'on ne doit pas dépasser et au delà duquel la sensibilité diminue.

111. Balance de précision. — Dans les appareils de ce genre, on cherche à remplir le plus parfaitement possible les conditions de précision et de sensibilité que nous venons d'énoncer. Sans entrer dans des détails qui nous entraîneraient au-delà des limites que nous nous sommes imposées, disons seulement que les constructeurs s'efforcent surtout de donner à la balance le maximum de sensibilité, puisque, comme nous le verrons bientôt (112), la méthode des doubles pesées peut suppléer au défaut de précision. C'est ainsi que, pour diminuer le frottement, on fait reposer l'arête du prisme triangulaire qui constitue le couteau sur un plan en acier ou en agate; il en est de même du mode de suspension des plateaux. De plus, au moyen d'un dispositif particulier, les couteaux ne pressent sur leurs plans respectifs que pendant la mise en opération; de cette manière, ils ne s'émoussent pas inutilement. Enfin, on prévient les erreurs dues aux courants d'air, en enveloppant la balance avec une cage de verre, et l'on dessèche l'air intérieur avec de l'acide sulfurique, pour préserver les organes et les poids de l'oxydation.

112. Méthode des doubles pesées. — Malgré le soin qu'on peut apporter dans la construction des balances, l'égalité rigoureuse des bras de fléau est presque impossible à réaliser. On a recours alors à la méthode des *doubles pesées*, préconisée par Borda. Cette méthode consiste d'abord à équilibrer le corps dont on cherche le poids avec des grains de plomb ou du sable; cette opération s'appelle *faire la tare*. On retire ensuite le corps et l'on rétablit l'équilibre en plaçant dans le même plateau des poids marqués. Ceux-ci et le corps à peser ont évidemment même poids, puisqu'ils agissent sur le même bras de levier, en équilibrant la même charge.

Autre méthode. — On peut obtenir aussi le poids exact d'un corps par le procédé suivant : représentons par x le poids du corps, par p les poids marqués qui lui font équilibre dans une première expérience, enfin par a et b les bras de fléau (*fig.* 43). D'après les propriétés du levier (70), on aura

$$x \times a = p \times b.$$

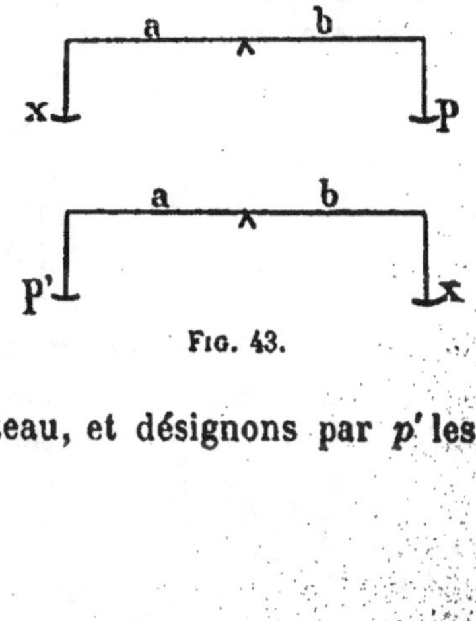

Fig. 43.

Dans une deuxième expérience, on place le corps dans l'autre plateau, et désignons par p' les poids nécessaires pour établir l'équilibre. On obtient alors

$$x \times b = p' \times a.$$

En multipliant ces deux expressions membre à membre, on a

$$x^2 \times ab = pp' \times ab,$$

d'où, en simplifiant,

$$x^2 = pp',$$

et

$$x = \sqrt{pp'}.$$

113. Méthode pratique de double pesée. — Une pesée, telle qu'elle se fait dans les laboratoires, est une opération très délicate qui exige le plus grand soin. Ordinairement, on ne se sert pas, pour faire la tare, de grains de plomb ou de sable, mais on emploie l'une des masses de la boîte à poids qu'on appelle le *poids-tare*. Il faut pour cela que les poids de la boîte soient disposés dans l'ordre suivant :

50 gr.	20 gr.	10 gr.	100 gr.
5	2	2	10
			1
0,5	0,2	0,1	0,1
0,05	0,02	0,01	0,01
0,005	0,002	0,002	0,001.

On voit, dans cette disposition, que l'un quelconque des poids de la boîte est *inférieur* ou au plus *égal* à la somme des poids qui suivent. Voici comment on procède :

1° On place le corps à peser A (*fig.* 44) dans le plateau de *droite*, et l'on met dans celui de *gauche* le poids de la boîte *immédiatement supérieur* à la masse à déterminer : c'est le *poids-tare*. Il doit faire incliner la balance de son côté, et, *sous aucun prétexte*, il ne doit y avoir autre chose que lui dans le plateau de gauche. Pour ramener le fléau dans la position horizontale, on essaye, dans le plateau de droite et à côté du corps à peser, tous les poids de la boîte, l'un après l'autre et dans l'ordre décroissant, en commençant par celui qui est *immédiatement*

Fig. 44.

inférieur au poids-tare. Si le poids essayé est trop fort, on le reporte dans la boîte comme inutile, puisque la somme de ceux qui suivent lui est au moins égale. S'il est trop faible, on le laisse dans le plateau et l'on essaye le poids suivant; on continue la même opération jusqu'à ce que l'équilibre soit établi.

Pour avoir la somme exacte p des poids qu'on a placés dans le plateau, on les dispose par ordre de grandeur sur la lame de verre de la boîte, on les compte, puis on les met à leur place dans la boîte en les comptant de nouveau.

2° Cela fait, on retire le corps à peser du plateau de droite et on rétablit l'équilibre avec des poids marqués *seuls*, en se servant de la même méthode que nous venons d'indiquer. On les compte de la même façon, et l'on obtient une somme p'. Le poids exact du corps sera $p' - p$.

CHAPITRE III

I. — LOIS DE LA CHUTE DES CORPS

114. Lois de la chute des corps. — Les corps, en tombant librement dans l'espace sous l'influence de la pesanteur, obéissent à certaines lois, au nombre de trois, dont voici l'énoncé :

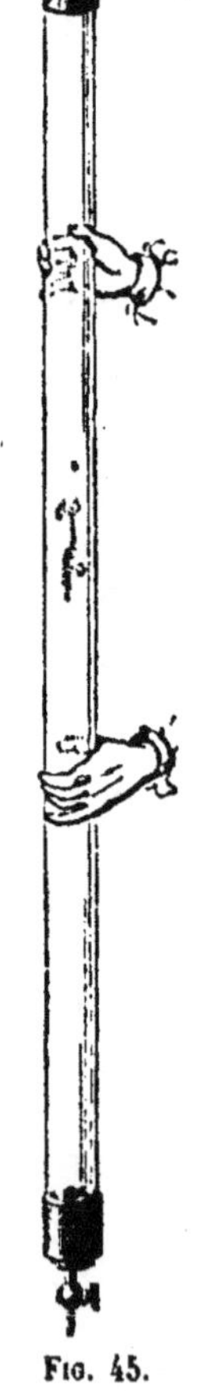

Fig. 45.

PREMIÈRE LOI. — **Tous les corps tombent également vite dans le vide.** — Galilée et plusieurs autres physiciens ont admis ce principe que les corps sont tous également pesants, et l'on doit à Newton une expérience qui en démontre l'exactitude.

Cette expérience consiste à faire tomber des corps de masses différentes, comme des grains de plomb, des brindilles de papier, de petits morceaux de liège, dans un long tube de verre (*fig.* 45) d'où l'on a retiré l'air avec la machine pneumatique. Dans le vide, on voit tous ces corps tomber avec la même vitesse, tandis que les plus légers subissent un retard très appréciable, si on laisse entrer l'air dans le tube.

La différence de vitesse que l'on observe tous les jours dans la chute des corps — les plus lourds sont ceux qui tombent le plus vite, même à égalité de volume et de forme, — est donc le résultat de la résistance de l'air. Ce phénomène s'explique par le fait qu'un corps lourd, ayant plus de masse sous même volume qu'un corps léger, possède en tombant une quantité de mouvement mv plus grande que ce dernier, et le travail effectué pour écarter l'air qui s'oppose à sa chute devient, lui aussi, plus considérable.

On sait comment se comportent les liquides qui tombent librement dans l'air. A cause de la résistance qu'ils rencontrent de la part de ce dernier, résistance qui augmente comme le carré de la vitesse de chute, les liquides se séparent en gouttelettes distinctes, et la vitesse de chute est notablement diminuée par suite de ce frottement énergique. C'est ce qu'on constate en examinant avec attention une chute d'eau qui tombe verticalement. Dès le début, l'eau s'élance tout d'une masse, et sa vitesse va en augmentant jusque vers le milieu de la chute ; à partir de cet endroit, la résistance de l'air sépare la masse d'eau en gouttes distinctes, et la vitesse reste à peu près uniforme jusqu'au bas.

Cette division de l'eau ne peut se faire dans le vide ; elle tombe alors tout d'une pièce, comme on le constate avec le *marteau d'eau* (*fig.* 46). Cet appareil se compose d'un tube en verre dans lequel on a introduit une certaine quantité d'eau, et dont on a chassé l'air situé au-dessus du liquide par l'ébullition de celui-ci, avant de fermer l'une des extrémités du tube à la lampe. Si l'on laisse tomber l'eau sur le fond du tube, en le retournant brusquement, on entend un bruit qui rappelle le choc d'un corps métallique.

Fig. 46.

DEUXIÈME LOI. — **Les vitesses acquises par un corps qui tombe librement dans le vide, en partant du repos, sont proportionnelles aux temps écoulés depuis le commencement de la chute.** — Ceci veut dire que les vitesses sont 2, 3, 4... fois plus grandes, après 2, 3, 4... secondes de chute.

TROISIÈME LOI. — **Les espaces parcourus, dans les mêmes conditions que pour la deuxième loi, sont proportionnels aux carrés des temps employés à les parcourir,** c'est-à-dire qu'après 2, 3 4... secondes de chute, les espaces parcourus seront 4, 9, 16... fois plus considérables.

Ces deux dernières lois s'expriment par les formules du mouvement uniformément accéléré

$$v = gt \quad (1) \qquad \text{et} \qquad e = \frac{1}{2} gt^2, \qquad (2)$$

qui sont les *formules fondamentales* de la chute des corps.

REMARQUES. — 1° Le poids d'un corps est une force constante, mais l'accélération subit des variations aux différents endroits du globe, comme nous le verrons ci-après.

2° Si, dans la formule (2), on fait $t = 1$, il vient

$$g = 2e,$$

c'est-à-dire que l'accélération, après la première seconde de chute, est *double* de l'espace parcouru.

La valeur de g, à Paris, est de $9^m,81$. A Québec, exprimée en pieds, cette valeur a été trouvée égale à $32^{pds},1779$.

Les deux dernières lois de la chute des corps peuvent se vérifier expérimentalement par différents appareils, comme le *plan incliné* de Galilée et la *machine d'Atwood*.

115. Méthode du plan incliné. — Cette méthode a pour but de ralentir la vitesse de chute d'un corps, tout en conservant au mouvement son caractère propre; autrement il serait difficile, à cause de la rapidité croissante de la chute, de mesurer exactement l'espace parcouru après un temps donné. Galilée a résolu ce problème en faisant rouler un corps le long d'un plan incliné. L'on sait, d'après ce que nous avons vu en mécanique (79), qu'on peut rendre la vitesse de chute, sur un plan incliné, aussi faible que l'on veut, en faisant faire au plan un angle très petit avec l'horizon. La force qui fait glisser le corps n'est pas tout son poids P, mais seulement sa composante, et celle-ci, soit H, a pour expression

$$H = P \sin \alpha,$$

α étant l'angle du plan avec l'horizontale.

La vitesse de chute sera donc ralentie proportionnellement à la valeur de H, et, comme cette composante est invariable pendant toute la durée de la descente, puisqu'elle dépend de la valeur du poids P et de l'angle α, il en résulte que la *nature* du mouvement n'est pas modifiée. C'est grâce à cette méthode, peu précise d'ailleurs, surtout si l'on se sert d'une corde tendue comme plan incliné — une corde tendue ne représente pas une ligne droite, mais une courbe, — que Galilée, contrairement aux idées anciennes, a réellement démontré la loi des espaces, et, par suite, celle des vitesses. Il a pu constater, en effet, que les espaces augmentent comme les carrés des temps.

116. Machine d'Atwood. — Cette machine, dont le but, comme le plan incliné de Galilée, est de diminuer la vitesse de chute d'un corps sans modifier les lois du mouvement, repose sur le principe suivant, démontré en mécanique (38, 3°) : *lorsqu'une même force agit successivement sur deux masses différentes, les accélérations produites sont en raison inverse des masses,* c'est-à-dire qu'on aura

$$\frac{g}{g'} = \frac{m'}{m}.$$

Une force, agissant sur une masse quelconque, produira donc une accélération d'autant plus petite que cette masse sera plus grande. Sans entrer dans les détails de construction, disons seulement que la machine d'Atwood, pour appliquer ce principe, se compose essentiellement d'une poulie très mobile R (*fig.* 47), dans la gorge de laquelle s'engage une corde très légère soutenant à ses extrémités deux contrepoids de masses égales M. Ceux-ci se trouvent donc soustraits à la pesanteur et peuvent se mouvoir indifféremment dans un sens ou dans l'autre d'un mouvement uniforme. Si l'on place sur l'un de ces contrepoids une masse additionnelle m, celle-ci, en obéissant à l'action de la pesanteur, doit entraîner avec elle les deux contrepoids, et la vitesse de sa chute sera d'autant plus faible que ces derniers seront plus lourds. Il suffira donc d'augmenter convenablement la masse de ces contrepoids pour donner à tout le système le degré de vitesse voulu, et pour atténuer jusqu'à une valeur négligeable la résistance de l'air.

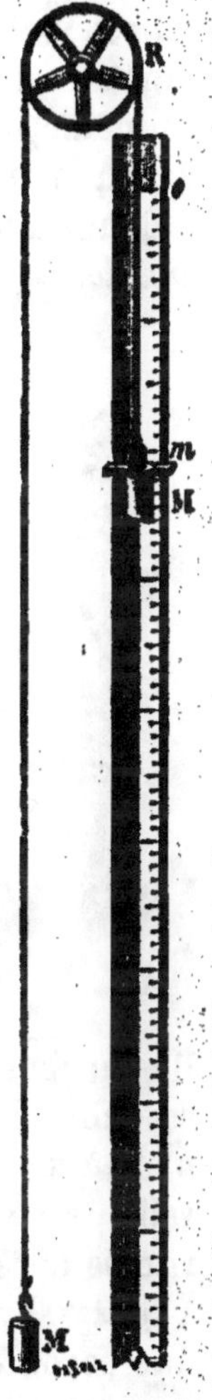

Il deviendra alors facile de mesurer les espaces parcourus par le contrepoids surchargé de la masse additionnelle, en le faisant mouvoir le long d'une règle graduée.

Pour vérifier la *loi des espaces,* on place le contrepoids muni d'une masse additionnelle sur un plateau situé à la partie supérieure de l'échelle. Un balancier d'horloge au moyen d'un dispositif approprié, fait basculer ce plateau à l'origine d'une seconde, et l'on cherche, avec un *curseur plein* (*fig.* 48) qui peut glisser le long de la règle graduée, le nombre de divisions parcourues par tout le système en une seconde. Supposons que cet

Fic. 47.

espace soit égal à 6 divisions. Dans un deuxième essai, après 2 secondes de chute, on devrait placer le curseur à la 24e division, s'il est vrai que l'espace augmente comme le carré du temps. On constate effectivement que l'expérience vérifie cette prévision ; de même, on trouve qu'après 3 secondes de chute l'espace parcouru est de 54 divisions, c'est-à-dire 6 multiplié par le carré de 3.

Quant à la *loi des vitesses*, on la vérifie au moyen d'un *curseur annulaire* (*fig.* 48) qui permet d'arrêter au passage la masse additionnelle en laissant passer le contrepoids. Le système délesté continue sa marche d'un *mouvement uniforme*, avec la vitesse qu'il avait au moment où la masse additionnelle a été supprimée : c'est la *vitesse à un instant donné* (19) qu'il s'agit d'évaluer après 1, 2, 3... secondes de chute.

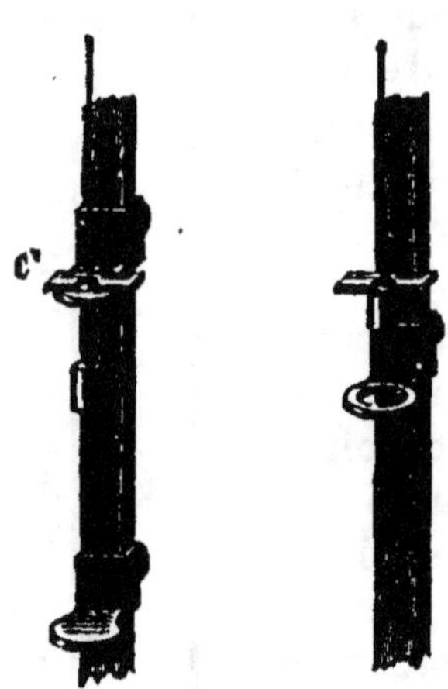

Fig. 48.

On place alors le curseur annulaire à la 6e division ; après une seconde de chute, la masse additionnelle est enlevée et le contrepoids seul doit parcourir 12 divisions en une seconde, d'un mouvement uniforme, puisque, comme nous l'avons vu plus haut (114, Remarques, 2°), la vitesse est double de l'espace après la 1re seconde. C'est ce que l'on constate, en effet, en plaçant le curseur plein à la 18e division, en d'autres termes, en laissant un intervalle de 12 divisions entre les deux curseurs. Pour mesurer la vitesse après 2 secondes de chute, on place le curseur annulaire à la 24e division, et l'on vérifie que le système délesté, dans une seconde, parcourt 24 divisions, c'est-à-dire le double de l'espace parcouru après une seule seconde de chute, ce qui prouve que la vitesse *augmente comme le temps*. Cette loi des vitesses, comme celle des espaces, se vérifie également pour 3, 4 secondes de chute, si les dimensions de la machine le permettent.

Il est bon de remarquer que la loi des vitesses n'a pas besoin de vérification ; il est, en effet, facile de démontrer qu'elle peut se déduire de la loi des espaces.

117. Différentes formules relatives à la chute des corps. — Nous avons donné plus haut (114) les deux formules fondamentales de la chute des corps ; ce sont celles du mouvement uniformément accéléré,

$$(1) \qquad c = \frac{1}{2} g t^2 \qquad \text{et} \qquad v = gt. \qquad (2)$$

On aura l'expression du temps qu'un corps prend à tomber d'une hauteur connue c en résolvant la formule (1) par rapport à t, et l'on obtient

$$t = \sqrt{\frac{2c}{g}}. \qquad (3)$$

Pour avoir la vitesse en fonction de l'espace, lorsque celui-ci seul est connu, on n'a qu'à éliminer t entre les deux expressions (1) et (2), et il vient

$$v = \sqrt{2cg}. \qquad (4)$$

118. Cas d'un mouvement uniformément retardé. — 1° Supposons qu'on lance verticalement un corps de bas en haut, avec une vitesse initiale d'impulsion a ; on peut se demander pendant combien de temps le corps montera avant de s'arrêter pour descendre. La vitesse du mouvement uniformément retardé (23) est représentée par l'expression

$$v = a - gt.$$

Il est évident que le corps montera jusqu'à ce que la vitesse v, sous l'influence de la pesanteur agissant en sens contraire, soit devenue nulle. On aura alors

$$a = gt,$$

et

$$t = \frac{a}{g}. \qquad (5)$$

Il suffira donc de diviser la vitesse initiale a par l'accélération g.

2° Quelle hauteur le corps va-t-il atteindre ? Elle sera donnée par l'expression (23)

$$c = at - \frac{1}{2} g t^2,$$

et, en remplaçant t par sa valeur dans la formule (5), on obtient

$$e = \frac{a^2}{g} - \frac{1}{2} g \, \frac{a^2}{g^2},$$

ou

$$e = \frac{a^2}{g} - \frac{a^2}{2g},$$

et enfin

$$e = \frac{a^2}{2g}. \tag{6}$$

3° Quel sera le temps de la descente du corps de la hauteur $\frac{a^2}{2g}$?

Ce temps sera donné par la formule (3), $t = \sqrt{\dfrac{2e}{g}}$; remplaçons e par sa valeur donnée par la formule (6) et on aura

$$t = \sqrt{\frac{\frac{2a^2}{2g}}{g}} = \sqrt{\frac{2a^2}{2g^2}} = \sqrt{\frac{a^2}{g^2}} = \frac{a}{g}.$$

On voit, en retrouvant la formule (5), que le corps prendra, pour descendre de cette hauteur, le *même temps* employé à y parvenir.

4° Enfin, quelle sera la vitesse de ce corps en arrivant en bas, au point de départ ?

Prenons la formule $v = \sqrt{2eg}$, et remplaçons e par sa valeur dans la formule (6); on aura

$$v = \sqrt{2g \, \frac{a^2}{2g}},$$

ou

$$v = \sqrt{a^2},$$

et enfin

$$v = a.$$

Le corps aura donc, en arrivant en bas, la vitesse de l'impulsion initiale.

119. Jet des projectiles. — Tout corps pesant, lancé obliquement par rapport à la verticale, possède à la fois deux mou-

vements rectilignes, l'un uniforme, produit par l'impulsion
d'une force quelconque, mais qui n'agit qu'un instant, l'autre
uniformément accéléré, dû à la pesanteur et dirigé suivant la
verticale. Le projectile suit la résultante de ces deux mouvements,
et l'on constate que cette résultante n'est pas rectiligne, comme
les mouvements composants, mais qu'elle est une *parabole* dont
l'axe est vertical. Comme la pesanteur agit sur le corps pendant
toute la durée du mouvement, le projectile tombe toujours de
16 pieds à chaque seconde ($g = 32$ environ). Il est presque inutile d'ajouter que ces conclusions ne sont vraies que pour des
projectiles lancés dans le *vide*. Dans l'air, à cause de la résistance de celui-ci, la trajectoire n'est plus une parabole.

II. — CAUSES QUI MODIFIENT L'INTENSITÉ
DE LA PESANTEUR

120. Variations de l'intensité de la pesanteur. — La
force qui fait tomber les corps à la surface de la terre et qui
produit une même accélération g pour toutes les substances, du
moins dans le vide, n'a pas toujours la même valeur; l'intensité
de cette force est variable avec le lieu d'observation ou l'endroit
du globe où se fait l'expérience, et nous verrons bientôt que les
différentes valeurs de g, qui caractérisent l'intensité de la pesanteur, sont mesurées avec précision par le pendule.

121. Causes des variations de la pesanteur. — On
assigne à ces variations trois causes principales : l'*altitude*,
l'*aplatissement de la terre aux pôles* et la *force centrifuge*.

1° Variation due à l'altitude. — Nous l'avons vu plus haut
(90), la pesanteur est un cas particulier de l'attraction universelle et s'exerce d'après les mêmes lois; la terre attire les corps
placés à sa surface, comme si toute sa masse était concentrée à
son centre, et l'intensité de cette force attractive varie en raison
inverse des carrés des distances de ces corps au centre. D'après
ces principes, un corps sera d'autant moins attiré, et, par suite,

pèsera d'autant moins qu'il sera plus éloigné de la terre. Cette variation due à l'altitude peut s'observer sur les hautes montagnes et dans les ascensions aérostatiques, au moyen du pendule; mais, pour les hauteurs ordinaires de chute, elle est assez insensible pour qu'on puisse considérer la pesanteur comme une force constante.

2° L'aplatissement de la terre. — La forme aplatie de la terre a été démontrée par Huygens, Newton et Laplace. Il résulte des différentes mesures que la terre n'est pas une sphère parfaite, mais qu'elle affecte la forme d'un *ellipsoïde de révolution aplati*.

On admet un aplatissement représenté par le nombre $\frac{1}{292}$; cette fraction exprime la différence des rayons équatorial et polaire divisée par le rayon équatorial. On a reconnu par l'expérience directe (expérience de Plateau), qu'une sphère liquide, animée d'un mouvement de rotation autour de l'un de ses diamètres, prenait la forme d'un ellipsoïde aplati, et l'on en conclut que la terre doit sa forme à sa rotation autour du diamètre polaire, lorsqu'elle avait encore, à certaines époques géologiques, la consistance fluide ou visqueuse. On admet enfin une différence d'environ 13 milles entre les rayons équatorial et polaire.

La conséquence directe de cette forme de la terre est que les corps placés aux pôles et aux environs sont plus rapprochés du centre et, par suite, sont plus attirés que ceux qui sont situés à l'équateur, et cela, en raison directe de la différence de longueur des deux rayons des pôles et de l'équateur. La variation de poids d'un corps, due à l'aplatissement, est égale à $\frac{1}{568}$ de la valeur de ce poids.

3° La force centrifuge. — Comme la terre tourne sur elle-même et qu'elle accomplit une rotation complète dans l'espace de vingt-quatre heures autour de son diamètre polaire, il en résulte que les corps, situés à sa surface et participant à ce mouvement de rotation, sont soumis à une force centrifuge tendant à neutraliser l'effet de la pesanteur. Le poids d'un corps est donc égal à l'attraction de la terre diminuée de l'intensité de la force centrifuge. Mais celle-ci n'est pas la même en tous les points de la surface du globe, et, de plus, sa direction, par rapport à celle de

la pesanteur est variable avec la latitude. En effet, l'on sait (58)
que l'intensité de la force centrifuge augmente comme le carré
de la vitesse de rotation. Or cette vitesse, aux différents points
de la surface de la terre, atteint sa plus grande valeur à l'équateur, et va en diminuant jusqu'à zéro,
à mesure que l'on se rapproche des
pôles, puisque les circonférences décrites dans des plans perpendiculaires
à l'axe PP' (*fig.* 49) varient d'un maximum à l'équateur jusqu'à un minimum
aux pôles. La force centrifuge, par cela
même qu'elle change de valeur avec la
latitude, diminue donc de moins en
moins le poids des corps, à mesure
que la latitude augmente; aux pôles
mêmes de la terre, sa valeur est nulle.

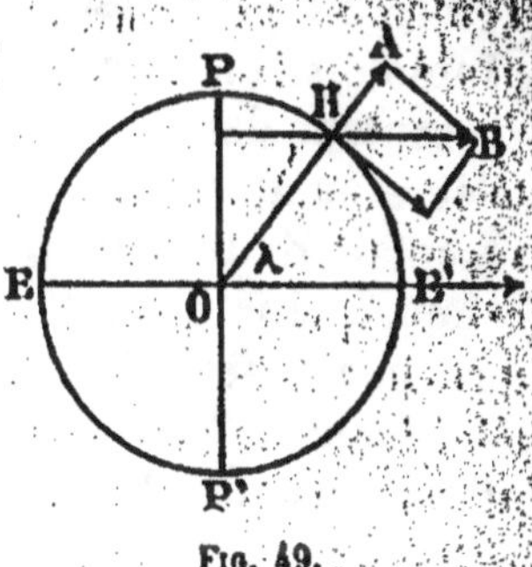

Fig. 49.

De plus, comme la force centrifuge s'exerce dans des plans de
rotation perpendiculaires à l'axe de la terre, l'on voit qu'elle est,
à l'équateur, *directement opposée* à la pesanteur et contrarie son
action de toute sa valeur. Mais, pour un point H de latitude λ (¹),
situé entre l'équateur et le pôle, elle est *oblique* par rapport à la
verticale du lieu, et il n'y a plus que la composante HA qui soit
opposée à la direction de la pesanteur, laquelle s'exerce suivant
OH, vers le centre de la terre. Cette composante, de plus en
plus petite en se rapprochant des pôles où sa valeur est nulle,
varie comme le cosinus carré de la latitude. A l'équateur, la force

centrifuge diminue le poids des corps de $\frac{1}{289}$ de sa valeur. La

force centrifuge augmentant comme le carré de la vitesse, et
289 étant le carré de 17, on en conclut que cette force serait
égale à la pesanteur, si la terre tournait 17 fois plus vite, et les
corps perdraient tout leur poids.

La force centrifuge et l'aplatissement, dus tous les deux à la
rotation de la terre, ajoutent leurs effets pour augmenter le
poids des corps de l'équateur aux pôles, et l'on a calculé que

cette augmentation totale est de $\frac{1}{191}$ du poids des corps.

---

1. La latitude d'un lieu est l'angle que fait la verticale de ce lieu
avec le plan de l'équateur.

122. Variation de la pesanteur dans l'intérieur du globe. — On démontre par le calcul que la pesanteur doit diminuer à mesure que l'on pénètre dans l'intérieur de la terre, et que l'attraction, proportionnelle à la distance au centre, doit décroître progressivement jusqu'à ce point, où elle est nulle. Toutefois, on a constaté un accroissement de l'intensité de la pesanteur dans les expériences faites aux plus grandes profondeurs auxquelles on peut parvenir, ce qui s'explique par l'augmentation de densité des couches intérieures de la terre par rapport aux couches superficielles. La densité de ces dernières est comprise entre 2 et 3, et, comme la densité moyenne est d'environ 5,5, on est porté à croire que le centre est beaucoup plus dense que les parties voisines de la surface.

CHAPITRE IV

LE PENDULE

123. Les variations que nous venons de constater dans l'intensité de la pesanteur peuvent se mesurer, jusqu'à un certain point, à l'aide de la machine d'Atwood. Mais l'appareil par excellence, qui sert à déterminer avec précision les différentes valeurs de g et ses variations avec la latitude, est le *pendule*, que nous allons maintenant étudier.

124. Pendule. — On désigne sous le nom de *pendule* tout corps pesant, mobile autour d'un axe horizontal qui ne passe pas par son centre de gravité. Ce corps sera en équilibre si la droite qui passe par ce point et l'axe de suspension est verticale. Dans toute autre position, il prend, sous l'influence de la pesanteur, un mouvement de va-et-vient qu'on appelle *oscillations* du pendule.

125. Pendule simple et pendule composé. — Le *pendule simple*, destiné à trouver théoriquement les lois du mouvement pendulaire, n'a pas d'existence réelle; il serait constitué par un point matériel pesant, suspendu à l'extrémité d'un fil sans poids ni masse, parfaitement flexible et inextensible.

On appelle *pendule composé* celui qu'on peut pratiquement réaliser, et qui se compose ordinairement d'un fil ou d'une tige rigide, supportant une masse pesante en forme de sphère ou de lentille, et pouvant osciller autour d'un point ou d'un axe fixes, par la flexion d'une lame d'acier, ou encore au moyen d'un couteau triangulaire dont l'arête vive s'appuie sur un plan très dur. En se servant d'un pendule formé d'une masse assez lourde et d'un fil très flexible et très léger, on se rapproche sensiblement des conditions du pendule simple.

126. Étude du mouvement pendulaire.

— Considérons le pendule simple Cm (*fig.* 50) dans sa position d'équilibre, c'est-à-dire dans la position verticale. Il n'y a alors aucun mouvement; l'action de la pesanteur, s'exerçant suivant la verticale, et, par conséquent, suivant le prolongement du fil, est détruite par la résistance de celui-ci. Écartons le pendule d'un angle α jusqu'en Cm'. Le poids de la masse pesante, représenté par la droite m'V, peut se décomposer en deux autres forces, l'une m'I, agissant suivant le prolongement du fil et sans effet sur le mouvement, l'autre m'K, perpendiculaire à la première et tendant à ramener le pendule à sa première position d'équilibre. Cette composante m'K, égale à m'V sin α, dépend de l'angle d'écart α et lui est proportionnelle. Le pendule se mettra donc en mouvement sous

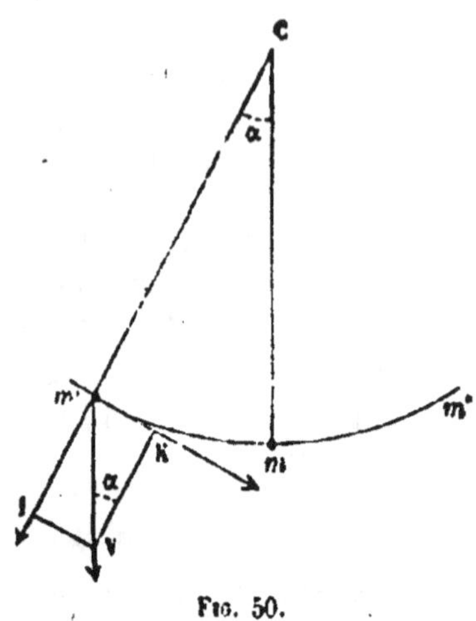

Fig. 50.

l'influence de cette force; mais, comme celle-ci diminue de plus en plus à mesure que le pendule se rapproche de la verticale, la vitesse augmente de moins en moins, de telle sorte qu'à la position Cm *l'accélération est nulle* et la *vitesse maximum*. En vertu de la vitesse acquise, la masse pesante m franchit la position d'équilibre et tend à remonter de l'autre côté. Il est facile de concevoir que la composante de la pesanteur est alors dirigée en sens contraire du mouvement et a pour effet de le ralentir; en outre, cette composante augmente de plus en plus jusqu'à ce que, à égalité d'angle d'écart, la force retardatrice soit égale à m'K. Le mouvement sera alors complètement détruit, l'accélération retardatrice maximum, et la vitesse nulle. Le pendule s'arrête pendant un instant très court en m', puis revient sur ses pas pour recommencer indéfiniment la même série de mouvements.

On désigne sous le nom d'*oscillation simple* le mouvement d'aller ou de retour de m' en m* ou de m* en m' effectué par le pendule; l'*amplitude* d'oscillation se mesure par l'angle 2α.

A cause de la résistance de l'air et du frottement à l'axe de s:spension, un pendule composé ne peut osciller indéfiniment, mais l'amplitude des oscillations diminue progressivement et le pendule finit par s'arrêter.

REMARQUE. — Il convient d'observer que le mouvement pendulaire n'est dû qu'à la seule force de la pesanteur, et que cette force s'exerce dans un même plan et un plan vertical ; il n'y a aucune composante latérale tendant à faire sortir le pendule de son plan. Cette propriété remarquable de ce mouvement a été appliquée par Foucault à la démonstration du mouvement de rotation de la terre, comme nous le verrons bientôt.

127. Lois du mouvement pendulaire. — Les lois du pendule simple, au nombre de quatre, sont contenues dans un énoncé mathématique, appelé *formule du pendule*, et qu'on déduit du calcul. En représentant par *l* la *longueur* du pendule, par *g* *l'intensité de la pesanteur* et par *t* la *durée* d'une oscillation, on a

$$t = \pi \sqrt{\frac{l}{g}}.$$

PREMIÈRE LOI. — **Les petites oscillations sont isochrones.** — En effet, dans la formule que nous venons d'écrire, il n'y a rien qui soit relatif à l'amplitude des oscillations, ce qui indique que leur durée est toujours la même, du moins lorsque l'amplitude ne dépasse pas 2 ou 3°.

DEUXIÈME LOI. — **La durée d'oscillation est indépendante de la substance dont se compose la masse pesante du pendule.** — Cette deuxième loi, comme la première, se déduit de la formule par le fait que celle-ci ne contient rien qui représente le poids ou la substance du pendule ; la matière dont il se compose n'a donc aucune influence sur la durée d'oscillation. Ce résultat est une démonstration très précise de la première loi de la chute des corps (114); la pesanteur exerce son action de la même manière et avec la même intensité sur toutes les substances, quelle que soit leur nature, et la vitesse de chute dans le vide est la même pour tous les corps.

TROISIÈME LOI. — **La durée des oscillations est directement proportionnelle à la racine carrée de la longueur du pendule.** —

Supposons deux pendules dont l'un serait 4 fois plus long que l'autre ; la durée d'oscillation du plus petit serait 2 fois plus courte, et il oscillerait, par conséquent, 2 fois plus vite.

QUATRIÈME LOI. — **La durée d'oscillation est en raison inverse de la racine carrée de l'intensité de la pesanteur,** c'est-à-dire que, pour un même pendule simple, l'intensité de la pesanteur devenant 4 fois plus grande, la durée d'oscillation serait 2 fois plus petite ; en d'autres termes, le pendule oscillerait 2 fois plus vite.

128. Longueur du pendule composé. — La formule du pendule que nous venons de donner exprime la durée d'oscillation du *pendule simple*, en fonction de sa longueur et de l'intensité de la pesanteur. Elle peut aussi s'appliquer au pendule composé, pourvu qu'on prenne pour valeur de *l* la longueur d'un pendule simple qui accomplirait une oscillation dans le même temps que le pendule considéré ; on donne à ce pendule idéal le nom de *pendule synchrone* du pendule composé, et sa longueur s'appelle *longueur du pendule composé*.

Supposons que chaque molécule d'un pendule composé forme un pendule indépendant et oscille avec la vitesse déterminée par sa distance de l'axe de suspension. Dans ces conditions, les molécules oscilleront d'autant plus vite qu'elles seront plus rapprochées de cet axe. Si nous considérons maintenant toutes ces molécules irrévocablement liées les unes aux autres et ayant toutes même durée d'oscillation, comme c'est le cas dans un pendule composé, on voit qu'elles ne peuvent plus osciller avec la vitesse que comporteraient leurs distances respectives de l'axe de suspension. Mais on conçoit que les plus rapprochées oscillent plus lentement et les plus éloignées oscillent plus vite que si elles étaient indépendantes les unes des autres. Un instant de réflexion suffit pour comprendre qu'il doit y avoir, à une certaine distance de l'axe de suspension, une file de molécules pour lesquelles la vitesse d'oscillation n'est ni augmentée ni diminuée, mais qui oscillent comme si elles ne faisaient pas partie du pendule. Ces molécules sont disposées sur une droite, parallèle à l'axe de suspension, et qu'on appelle l'*axe d'oscillation*. La distance qui sépare ces deux axes est précisément la longueur du pendule simple synchrone, et c'est elle qu'on prend pour la *longueur* du pendule composé.

On peut trouver cette longueur par l'expérience; Huyghens, en effet, a démontré que l'axe de suspension et l'axe d'oscillation sont *réciproques*, c'est-à-dire qu'ils peuvent servir tous deux d'axe de suspension, sans altérer la durée d'oscillation. Au moyen d'un pendule *reversible*, muni de deux couteaux dont l'un peut se déplacer le long de la tige, on peut trouver facilement, avec un peu d'habitude, la distance qu'il faut leur donner pour arriver au résultat énoncé. La longueur du pendule composé sera alors la distance des deux couteaux.

129. Vérification des lois du pendule. — On emploie, dans ce but, un pendule formé d'une sphère très pesante et d'un fil de poids négligeable, ce qui réalise sensiblement les conditions d'un pendule simple. La longueur l d'un tel pendule est la distance qui sépare le centre de la sphère du point fixe auquel le fil est attaché.

L'isochronisme des petites oscillations se vérifie en mesurant plusieurs fois de suite la durée d'un même nombre d'oscillations; bien que l'amplitude soit de plus en plus petite, par l'effet de la résistance de l'air et du frottement, cette durée reste toujours la même.

Pour vérifier la *seconde loi*, relative à la substance qui compose le pendule, on se sert de pendules dont les masses pesantes sont constituées par des sphères de même diamètre, mais de substances différentes. On trouve alors même valeur pour la durée d'oscillation.

On reconnaît que la *loi des longueurs* est exacte en se servant de deux pendules dont les longueurs sont respectivement 1 et 4; le second oscille deux fois plus lentement que le premier.

Enfin, la *quatrième loi* se vérifie au moyen d'un pendule spécial oscillant, non pas sous l'influence de son poids, mais par l'action d'une force qui produit une accélération g', et à laquelle on peut donner successivement plusieurs valeurs déterminées. On arrive, par ce moyen, à prouver que les durées d'oscillation sont inversement proportionnelles aux racines carrées des accélérations produites par ces différentes forces.

Remarque. — Ces expériences de vérification exigent qu'on puisse mesurer avec exactitude la durée d'une oscillation. On arrive à un résultat satisfaisant en notant, au moyen d'un chronomètre, la durée d'un grand nombre d'oscillations, 200 par exemple ; il ne reste plus qu'à diviser le temps total par le nombre des oscillations, et le quotient donne, avec une grande précision, la durée t d'une seule oscillation.

130. Usages du pendule. — 1° Le pendule sert à démontrer, comme nous l'avons vu plus haut (127), que la pesanteur agit de la même manière sur toutes les substances matérielles.

2° Il sert aussi à trouver, avec une grande exactitude, la valeur g de l'accélération due à la pesanteur en un point déterminé de la surface de la terre. Pour cela, on n'a qu'à résoudre la formule $t = \pi \sqrt{\dfrac{l}{g}}$ par rapport à g, une fois qu'on a mesuré la longueur l et la durée d'une oscillation t. On a alors

$$g = \frac{\pi^2 l}{t^2}.$$

Réduite au niveau de la mer et dans le vide, on a trouvé, pour la valeur de g à Paris, c'est-à-dire à la latitude de 48°50'11″, le nombre 9^m,8096. Un corps, à Paris, dans la première seconde de chute, a donc parcouru un espace de 4^m,9048 ($g = 2c$).

A Québec, dont la latitude est de 46°48'30″, la valeur de g, exprimée en pieds, est de 32^{pds},1770, ce qui donne 16^{pds},0889 pour l'espace parcouru dans la première seconde de chute.

3° Le pendule a été employé par Huyghens pour régulariser le mouvement des horloges, au moyen d'une pièce d'échappement (*fig.* 51), appelée *ancre*, oscillant avec le pendule auquel elle est reliée, et dont les deux extrémités, en forme de crochets, laissent alternativement une roue à dents obliques libre d'obéir à l'action d'un poids ou d'un ressort.

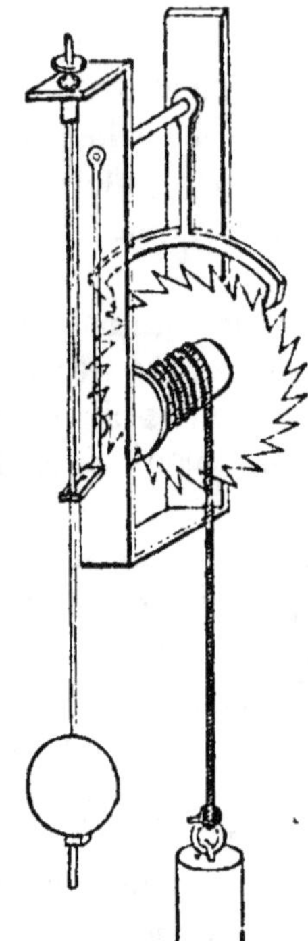

Cette roue, qui commande le reste du mécanisme et qu'on appelle *roue de rencontre* ou *rochet*, prend un mouvement saccadé et se déplace d'une dent pour chaque allée et venue du pendule.

4° Enfin, Foucault s'est servi du pendule pour démontrer le mouvement de rotation de la terre sur elle-même. Rappelons ici que le plan d'oscillation d'un pendule est invariable, même lorsque le fil est tordu, et ce phénomène peut se démontrer directement par l'expérience; la seule force qui agit sur le pendule est la pesanteur, et l'on sait que la direction de cette force ne change pas. Or le plan d'oscillation d'un pendule suffisamment long paraît se déplacer, comme Foucault l'a constaté, en 1851, avec un pendule de plus de 50 mètres, suspendu sous la coupole du Panthéon, à Paris. Il faut en conclure que c'est la terre qui se déplace et qui tourne en sens contraire, puisque la fixité du plan du pendule est un fait indéniable. La déviation apparente de ce plan, nulle à l'équateur, serait de 15° à l'heure aux pôles; à Québec, elle est de 10°. La durée de la rotation du plan pendulaire varie en raison inverse du sinus de la latitude.

La tendance qu'ont les corps tournants, comme les toupies, les gyroscopes, à conserver une position déterminée, malgré l'effet de la pesanteur, s'explique par ce même principe de la fixité du plan pendulaire, et c'est aussi pour la même cause que l'axe de la terre, dans le mouvement de celle-ci autour du soleil, reste toujours parallèle à lui-même et se dirige constamment vers le même point du ciel.

HYDROSTATIQUE

CHAPITRE I

PRESSIONS EXERCÉES PAR LES LIQUIDES

131. Définitions. — L'*hydrostatique* est cette partie de la physique qui traite des caractères généraux des liquides, soumis ou non à l'action de la pesanteur, de leurs conditions d'équilibre, et des pressions qu'ils exercent dans leur masse et sur les parois des vases qui les renferment.

On réserve le nom d'*hydrodynamique* à la science qui s'occupe du *mouvement* des liquides.

132. Caractères généraux des liquides. — Les liquides se distinguent par les caractères physiques suivants :

1° Leurs molécules sont douées d'une extrême mobilité relative, c'est-à-dire que la *cohésion* (6) qui les unit est extrêmement faible.

Un effort très léger suffit pour les déplacer, et les liquides ne peuvent affecter aucune forme déterminée, comme les solides; la pesanteur qui agit sur eux leur fait prendre immédiatement la forme des vases qui les contiennent.

La cohésion dans les liquides, bien qu'elle soit trop faible pour s'opposer à leur fluidité, n'est cependant pas nulle. Outre qu'elle est très sensible dans les liquides à consistance visqueuse ou oléagineuse, elle peut aussi, dans les autres liquides, être mise en évidence par certains procédés très simples ; il suffit, par exemple, de projeter un liquide en petite quantité sur une surface qu'il ne mouille pas, comme du mercure sur du verre ou de l'eau sur une surface poussiéreuse, pour le voir prendre spontanément, par l'effet de la cohésion qui s'exerce entre ses molécules, la forme de globules sphériques. C'est pour la même raison qu'un liquide, même en grande masse, prend la forme sphérique lorsqu'on le soustrait à l'action de la pesanteur, en l'immergeant, comme l'a fait Plateau, dans un autre liquide de même densité.

2° Les liquides sont *très peu compressibles*; on peut même les considérer comme pratiquement incompressibles.

3° Les liquides sont *parfaitement élastiques*, c'est-à-dire qu'ils ne conservent aucune trace de déformation qu'une force extérieure aurait pu leur faire subir, et qu'ils reprennent toujours exactement leur volume primitif, lorsque la pression qui les avait quelque peu déformés cesse d'agir.

4° Enfin, une masse liquide, contrairement aux gaz, conserve un volume constant pour une même température, et, lorsqu'on verse un liquide dans un vase qu'il ne remplit pas complètement, il en occupe le fond et se *termine par une surface libre*, au lieu de se répandre dans tout l'espace qui lui est offert. Il y a donc, dans les liquides, absence de toute force expansive.

133. Piézomètre. — Cet appareil est destiné à démontrer la faible compressibilité des liquides. Si l'on se contentait d'exercer une forte pression sur un liquide contenu dans un vase quelconque, la diminution apparente de volume ne serait pas une preuve de sa compressibilité, puisqu'elle pourrait être attribuée à la dilatation du vase auquel la pression se communique. Les *piézomètres* (*fig.* 52) ont précisément pour but d'empêcher le vase en verre mince B dans lequel on comprime le liquide, et qui est le *piézomètre* proprement dit, d'augmenter de volume sous l'influence de la pression, en le soumettant à une force extérieure égale à celle

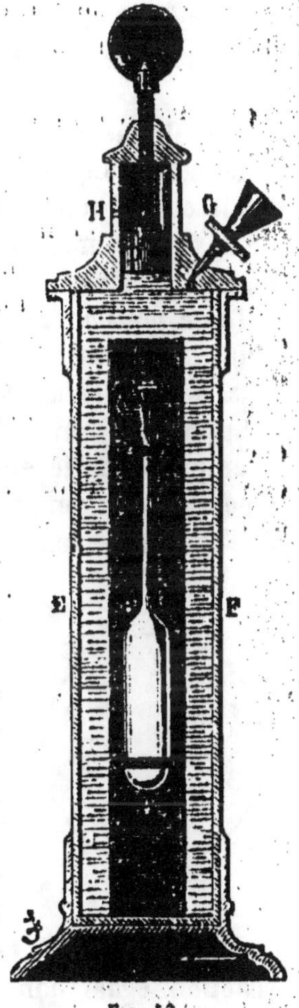

Fig. 52.

qui s'exerce sur le liquide. On place, pour cela, le piézomètre dans un vase extérieur EF très résistant et rempli d'eau. La compression s'exerce sur l'eau et se transmet ensuite au liquide à comprimer, de telle sorte que les pressions intérieures et extérieures sur les parois du vase se font équilibre. En tenant compte des diminutions de volume des piézomètres, on constate, avec ces appareils, que la compressibilité des liquides, et surtout du mercure, est extrêmement faible. Leur coefficient de compressibilité, c'est-à-dire la diminution de l'unité de volume sous l'unité de pression, se mesure par millionièmes de millimètre; celui du mercure est de 5 millionièmes.

134. Principe d'égalité de pression ou principe de Pascal. — Ce principe, qui est fondamental en hydrostatique, est la conséquence directe de l'élasticité parfaite des liquides et de l'extrême mobilité relative de leurs molécules. Appliqué à un liquide sans pesanteur, il peut s'énoncer de la façon suivante :

Toute pression exercée sur une portion quelconque de la surface d'un liquide se transmet, avec la même intensité et dans tous les sens, à toute surface égale prise dans le liquide ou sur la paroi.

Supposons un vase de forme quelconque, sphérique par exemple, et entièrement rempli d'eau. L'interprétation du principe que nous venons de citer, et qu'on appelle encore principe de l'*égale transmission des pressions*, conduit à admettre que toute

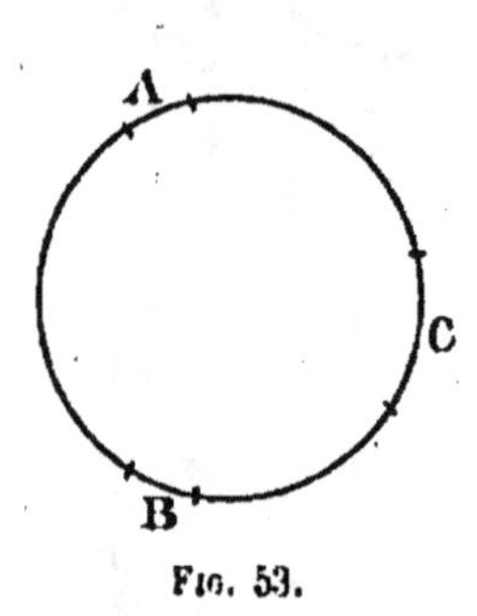

pression exercée de l'extérieur sur un piston A (*fig.* 53) se transmet égale à elle-même dans toutes les parties du liquide, et sur toute portion de la paroi, telle que B, égale à A.

Cette transmission intégrale de la pression est due à la mobilité des molécules et à l'élasticité du liquide; on comprend, en effet, que le liquide diminue quelque peu de volume sous l'influence de la pression, et que son élasticité, entrant en jeu, produise une

Fig. 53.

réaction égale dans tous les sens et dans toutes ses parties. Si la surface des pistons A et B est d'un pouce carré et qu'on presse sur A avec une force de 10 livres, B sera repoussé avec une force égale, et il faudra, pour maintenir l'équilibre, y appliquer de l'extérieur une force de 10 livres. Il en sera de même pour toute portion de la paroi de surface égale à la surface pressée. Il en résulte aussi qu'une surface double, telle que C, supportera une pression de 20 livres, et que, en général, toute portion plane, dans l'intérieur du vase, sera pressée *proportionnellement à sa surface*.

On voit, enfin, qu'en faisant varier la grandeur relative des surfaces, on pourra exercer des pressions énormes avec une force très restreinte. C'est le principe de la *presse hydraulique* que nous décrirons plus loin.

135. Pressions exercées par les liquides soumis à la pesanteur. — La pesanteur agit sur les molécules des liquides comme sur celles des autres corps; il en résulte que leur accumulation doit développer, dans la masse même d'un liquide, une pression de *haut en bas* qui se transmet dans tous les sens à l'intérieur et sur le vase qui le contient. Cette pression est soumise aux lois suivantes :

PREMIÈRE LOI. — *Dans l'intérieur d'une masse liquide, la pression est proportionnelle à la profondeur.*

Cette loi est évidente; une surface quelconque, prise en un endroit déterminé de la masse du liquide, supporte le poids des molécules pesantes situées au-dessus d'elle, et ce poids sera sans doute d'autant plus lourd que la colonne liquide supportée sera plus haute, et, par conséquent, que la surface considérée sera à une plus grande profondeur.

DEUXIÈME LOI. — *La pression est proportionnelle à la densité du liquide.*

Il est clair, en effet, que les pressions développées par le mercure seront plus considérables que celles exercées par l'eau, dans le rapport direct des densités de ces deux liquides.

TROISIÈME LOI. — *La pression doit être la même sur toute la surface d'une même tranche horizontale, quelle que soit sa position dans l'intérieur du liquide.*

On conçoit facilement l'exactitude de cette loi en se rappelant qu'une inégalité de pression, en des points différents d'une même tranche horizontale, rendrait l'équilibre impossible, et il se formerait dans l'intérieur du liquide des courants que l'expérience n'a jamais constatés. Ces courants intérieurs, en effet, seraient facilement rendus visibles en jetant dans le liquide une substance pulvérulente qui reste en suspension, comme de la poudre de lycopode.

136. Pression de bas en haut ou poussée des liquides. — En vertu du principe de la *réaction égale et contraire à l'action*, la pression développée par un liquide de haut en bas, en un point quelconque de la masse, fait naître une pression *égale* et *contraire*, dirigée de bas en haut, et qu'on appelle la *poussée* du liquide; elle est soumise aux mêmes lois que la première, et on peut la considérer comme une conséquence du principe de Pascal (134), puisque la pression due au poids du liquide doit se transmettre intégralement dans tous les sens. Il est évident aussi que l'équilibre dans un liquide ne pourrait exister si la poussée, en un point déterminé, n'était pas égale à la pression de haut en bas.

L'expérience suivante démontre l'existence de la poussée des liquides, et permet de la mesurer, du moins approximativement.

Un cylindre en verre (*fig.* 54) est fermé par un obturateur mobile *ab* maintenu en place au moyen d'un fil. On enfonce ce cylindre dans une masse d'eau, et l'on constate que l'obturateur, malgré son poids, reste adhérent au verre, sans qu'il soit nécessaire de le retenir avec le fil, ce qui révèle l'existence d'une pression s'exerçant de bas en haut dans le liquide. On prouve qu'elle est égale à la pression de haut en bas en ce point, en versant de l'eau dans le cylindre; on voit l'obturateur se détacher lorsque le niveau de l'eau devient le même à l'intérieur et à l'extérieur du cylindre, du moins

Fig. 54.

si le poids de l'obturateur est assez faible pour être négligé. Le poids de l'eau versée pourrait servir de mesure grossière de la poussée.

137. Pression des liquides sur le fond des vases. — *La pression exercée par un liquide sur le fond horizontal d'un vase qui le contient est égale au poids d'une colonne de ce liquide qui aurait pour base la surface du fond et pour hauteur la distance verticale qui sépare le fond du niveau supérieur. — Le point d'application de cette pression est le centre de gravité du fond.*

La conséquence de ce principe est que la pression sur le fond d'un vase est indépendante de *sa forme*, ainsi que de la *quantité* du liquide; les deux seuls facteurs à considérer sont la *hauteur* du liquide et les *dimensions* du fond.

Considérons, pour expliquer ce phénomène, les trois vases A, B, C (*fig.* 55, 56, 57) de formes très différentes.

Le principe que nous venons d'énoncer est évident pour le vase cylindrique A (*fig.* 55). L'ouverture de ce vase étant de même section que le fond,

Fig. 55.

la pression qui s'exerce sur ce dernier est égale au poids total du liquide contenu dans le vase.

Pour un vase tel que B (*fig.* 56), dont le fond a moins de surface que l'ouverture, il est facile de voir que la pression qui

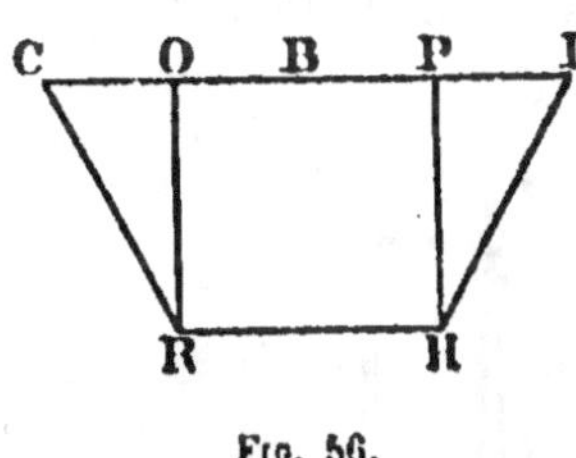

Fig. 56.

s'exerce sur le fond est égale, conformément à l'énoncé, au poids d'une colonne liquide dont le volume serait OPHR; cette pression, dans ce cas, est inférieure au poids total du liquide. Il suffit, pour se rendre compte de ce phénomène, de se rappeler qu'à raison de la *mobilité* du liquide et de l'*indépendance de ses molécules* les unes vis-à-vis des autres, le fond du vase ne supporte que le poids du liquide placé directement au-dessus de lui, les parois latérales subissant la pression de ce qui est en dehors du volume OPHR. Les files verticales de molécules contenues dans ce volume pressent seules sur le fond, ce qui n'aurait pas lieu si toute la masse du liquide ne formait qu'un tout compact et composé de parties fortement adhérentes, comme c'est le cas pour les solides.

Considérons, enfin, un vase de forme C (*fig.* 57), dont l'ouverture est plus rétrécie que le fond.

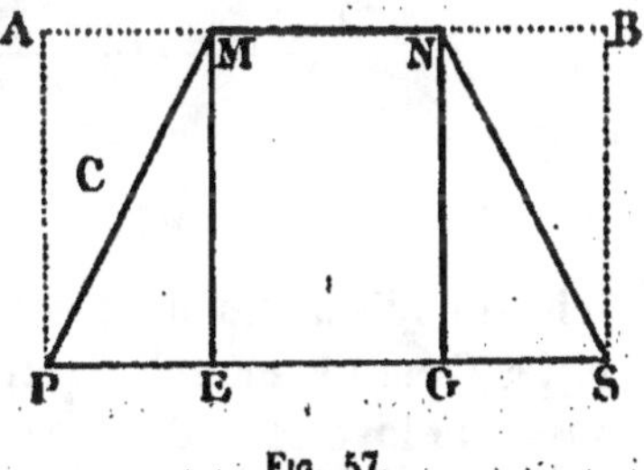

Fig. 57.

D'après l'énoncé, la pression sur le fond est égale au poids d'une colonne liquide dont le volume serait ABSP, c'est-à-dire que la pression est supérieure au poids total du liquide lui-même. Ce résultat n'est qu'une consé-

quence du principe de Pascal. On sait, en effet, que la pression
due au poids du liquide se transmet intégralement dans tous les
sens, et l'on comprend alors, d'après cela, que chaque unité de
surface, prise en un endroit quelconque sur toute l'étendue du
fond, supportera la même pression. Celle-ci sera donc la même
sur toute la surface d'une même tranche PS, en PE et en GS
comme en EG. Dès lors, si la pression, en E, est égale au poids
d'un filet moléculaire EM, il en sera de même en P et en S, et
les choses se passent comme si le fond du vase supportait le
poids d'un volume d'eau égal à ABPS.

138. Appareil de Haldat. — Cet appareil, le plus simple et
le plus exact parmi ceux qui ont été imaginés pour la démonstration expérimentale du principe que nous venons d'énoncer,
se compose essentiellement (*fig.* 58) d'un tube recourbé deux

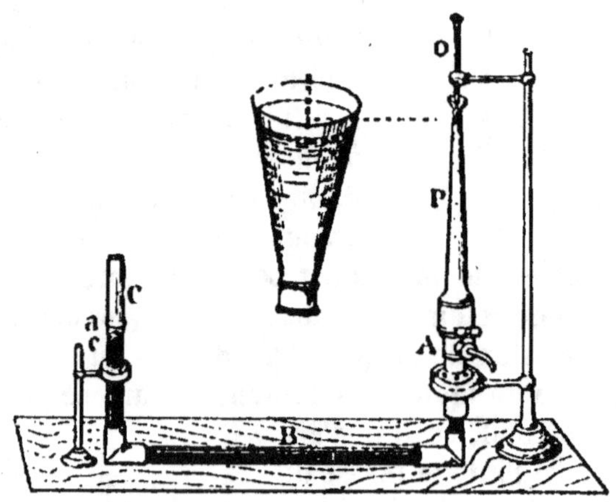

Fig. 58.

fois sur lui-même B, et contenant du mercure. L'une des extrémités C est libre, mais l'autre A peut recevoir successivement des
vases de formes et de capacités différentes. L'eau que l'on verse
dans ces vases exerce sa pression sur une colonne mobile de
mercure, et l'on voit celui-ci s'élever, à l'autre extrémité, jusqu'à un certain niveau que l'on note avec un repère quelconque a.
Or, si l'on répète l'expérience avec les autres vases, on voit
toujours, pourvu que le niveau de l'eau soit le même dans

chacun de ceux-ci, le mercure monter jusqu'au même point *a*, ce qui indique évidemment que les pressions exercées sur le même fond mobile par ces quantités différentes de liquide, mais qui ont même hauteur verticale, sont identiques dans tous les cas.

139. Pressions sur les parois latérales. — Non seulement les liquides exercent une pression sur le fond des vases qui les contiennent, mais encore le principe de Pascal conduit à admettre que la pression due au poids du liquide, et qui se transmet dans tous les sens, doit se faire sentir aussi sur les parois latérales du vase. On vérifie cette prévision par l'expérience en perçant une ouverture dans la paroi; on voit alors le liquide (*fig.* 59) s'échapper au dehors avec une force d'autant plus grande que l'ouverture est plus éloignée du niveau

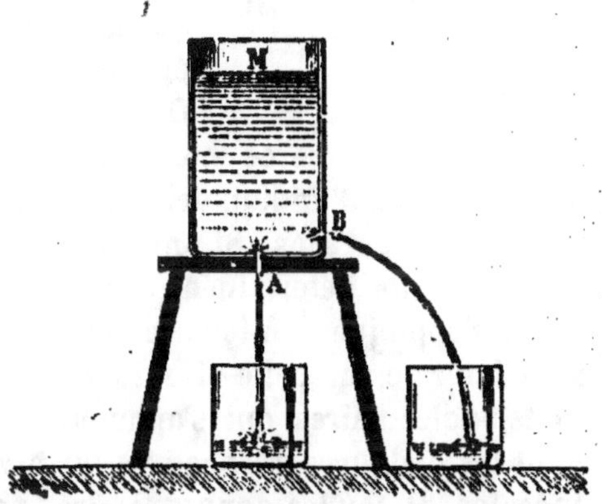

Fig. 59.

supérieur, ce qui prouve l'existence d'une pression latérale poussant le liquide au dehors. En outre, le liquide sort normalement à la paroi, quelle que soit l'orientation de celle-ci, ce qui indique que la pression s'exerce perpendiculairement à son plan; s'il en était autrement, une simple décomposition de la force de pression donnerait une première composante tangente à la paroi et qui serait sans effet, et une autre, *normale* à celle-ci, qui pousserait le liquide dans la direction indiquée.

Quant à la valeur de cette pression latérale, elle est donnée par la règle suivante :

La pression qui s'exerce sur l'ensemble d'une paroi plane latérale est égale au poids d'une colonne liquide qui aurait pour base la surface de cette paroi et pour hauteur la distance verticale de son centre de gravité au niveau supérieur.

On voit par cet énoncé que la p.   ion latérale dépend de la grandeur de la paroi et de la hauteur de l'eau dans le vase; elle augmente donc, aux différents points de la paroi, avec la profondeur du liquide, et varie depuis un minimum à la surface jusqu'à un maximum à la partie inférieure du vase.

Pour nous rendre compte de l'exactitude de la proposition que nous venons d'établir, étudions l'une quelconque des pressions élémentaires qui s'exercent en chaque point de la paroi, celle

Fig. 60.

que supporte le point B, par exemple (*fig.* 60). Nous savons que la pression est la même partout sur tous les points d'une même tranche horizontale AB, et qu'en particulier la pression en S est égale au poids d'un filet moléculaire PS. Or c'est précisément la valeur de la pression qui s'exerce normalement à la paroi en B, puisque, dans la masse d'un liquide, la pression se transmet intégralement dans tous les sens. Si, au lieu d'un point, on considère une portion plane déterminée de paroi, soit BH, le même raisonnement s'appliquera à tous les points de cette surface, et la pression latérale sur celle-ci sera évidemment le poids de tous les filets moléculaires qui s'appuient sur ses différents points, et dont les distances respectives au niveau supérieur de l'eau sont inégales. Il faudra donc prendre, pour hauteur de la colonne liquide dont le poids représente la pression sur l'ensemble de l'élément de paroi BH, la moyenne des distances des différents points de l'élément, en d'autres termes, la distance du *centre de gravité* de la surface BH au niveau supérieur.

La pression sur une portion déterminée de la paroi latérale est donc le poids d'une colonne liquide qui aurait pour base la *surface* de l'élément considéré et pour hauteur la *distance verticale* de son *centre de gravité* au niveau supérieur du liquide. Il en sera évidemment de même pour la pression sur l'*ensemble* de la paroi.

140. Centre de pression. — On nomme ainsi le point d'application de la pression exercée sur la paroi d'un vase, et ce point est toujours plus bas que le centre de gravité de la paroi elle-même. En effet, la pression totale sur la paroi est la somme des pressions élémentaires qui agissent sur les différents points, et celles-ci, comme on le sait, augmentent avec la profondeur du liquide. Il n'est donc pas étonnant que la résultante de ces forces parallèles, c'est-à-dire le *centre de pression*, soit plus près du fond que du niveau supérieur.

141. Applications. — 1° Les digues, les écluses ne sont que des parois latérales d'un vase dont les rives sont les autres côtés. La pression sur une digue ne dépend que de la surface de celle-ci et de la profondeur de l'eau. On les construit toujours inclinées (*fig.* 61), parce que, la pression s'exerçant normalement à la surface pressée, la force de poussée, qui augmente avec la profondeur, n'a pas pour effet de faire glisser la base de la digue et de la soulever, comme cela

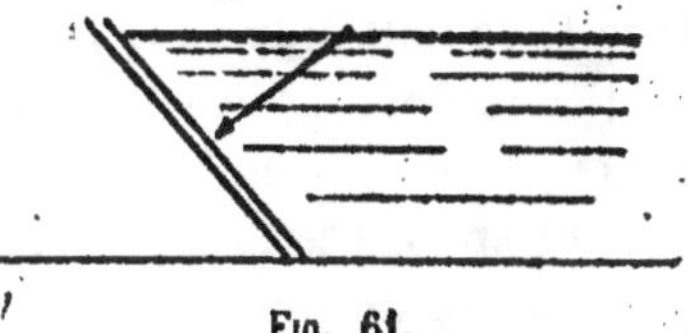

Fig. 61.

arriverait si elle était verticale, mais contribue, au contraire, à l'appuyer fortement sur le fond de la rivière.

2° On démontre, par l'expérience classique du *tonneau de Pascal*, que la pression sur les parois latérales dépend de la grandeur de la surface pressée multipliée par la hauteur de l'eau. On fixe un tube très long, mais de petit diamètre, à la partie supérieure d'un tonneau rempli d'eau ; si l'on verse de ce liquide dans le tube, la pression qui résulte de cette faible quantité d'eau devient suffisante pour faire éclater le tonneau.

3° Dans un vase à parois verticales tel que A (*fig.* 62), les pressions latérales diamétralement opposées se font équilibre. Mais si l'on pratique, dans la paroi B, une ouverture par laquelle le liquide s'écoule librement, l'équilibre des pressions sur les deux parois opposées B et C n'existe plus, puisque la surface de B se trouve diminuée

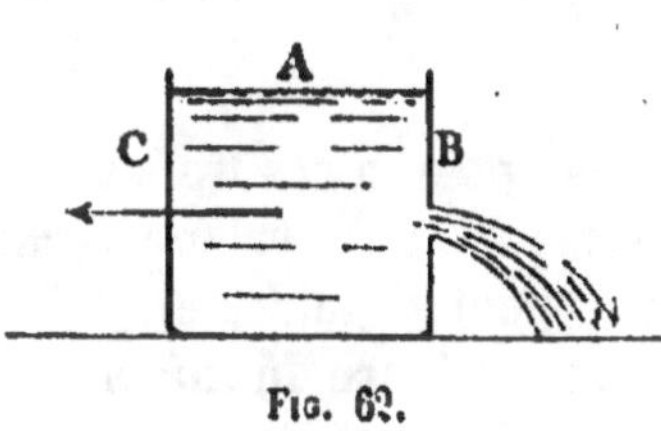

Fig. 62.

de toute la grandeur de l'ouverture. Il en résulte un excès de pression sur la paroi C qui tend à déplacer le vase en sens contraire de l'écoulement, si le vase est assez mobile. C'est ce qu'on appelle quelquefois un *vase à réaction*.

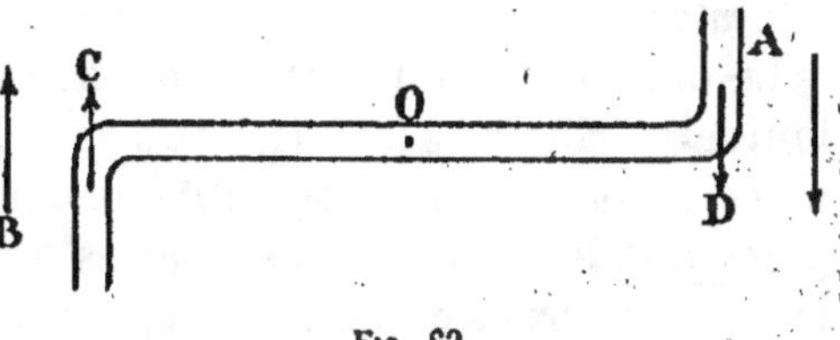

Fig. 63.

4° Considérons, enfin, un tube recourbé en sens contraire à ses deux extrémités (*fig.* 63), et pouvant tourner autour d'un axe, en O, perpendiculairement à sa longueur. Supposons, de plus, que ce tube reçoive continuellement en O un courant liquide qui s'écoule par les deux extrémités ouvertes A et B. Il est évident qu'un appareil de ce genre doit tourner d'un mouvement continu dans le sens indiqué par les flèches, c'est-à-dire en sens contraire de l'écoulement ; les pressions en C et en D n'étant pas équilibrées par des pressions opposées, puisqu'il n'y a pas de parois en A et en B, ces deux forces s'ajoutent pour produire le mouvement de rotation : c'est le *tourniquet hydraulique* que l'on voit quelquefois dans les jardins publics.

142. Paradoxe hydrostatique. — Nous avons vu plus haut (137) que la pression sur le fond d'un vase ne dépend que de la grandeur du fond et de la hauteur de l'eau. Cette pression est la même pour les trois vases A, B et C (*fig.* 64), si l'on suppose qu'ils ont même fond et que le niveau supérieur soit

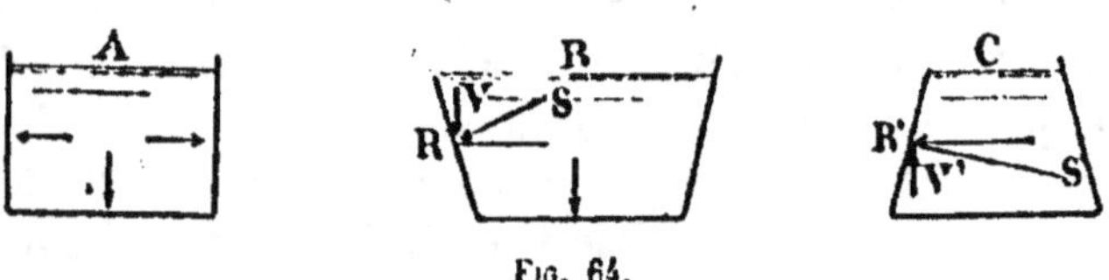

Fig. 64.

également le même. Cependant, les pressions que ces trois vases exercent sur leur support, sur le plateau d'une balance, par exemple, sont loin d'être identiques ; il peut se faire, en effet, que la pression de l'eau sur le fond soit supérieure ou inférieure à la pression que le vase lui-même exerce sur son support. Cette contradiction apparente, désignée sous le nom de *paradoxe hydrostatique*, s'explique facilement en tenant compte des pressions latérales.

La pression qu'un vase plein d'eau exerce sur son support est toujours, dans tous les cas, égale au poids total de l'eau augmenté de celui du vase, si le poids de ce dernier n'est pas négligeable, parce que les parois sont solidaires du fond, et que les pressions latérales se transmettent par ce moyen au support.

Dans le vase cylindrique A, les pressions latérales n'ont pas de composantes verticales ; la pression sur le fond du vase est égale au poids total du liquide, et, par conséquent, à la pression sur le support.

Dans le vase B, dont l'ouverture est plus large que le fond, la pression sur ce dernier est *inférieure* au poids de l'eau (137), et, par suite, à la pression sur le support; les pressions latérales, telles que RS, perpendiculaires à la paroi, peuvent se décomposer en deux forces dont l'une RV est verticale et dirigée de *haut en bas*. La pression due à cette composante se transmet au support, en s'ajoutant à la pression qui s'exerce sur le fond du vase.

Enfin, dans le vase C, la composante verticale R'V' est dirigée de *bas en haut* et tend à neutraliser en partie la pression sur le fond; cette dernière est plus grande que le poids total du liquide.

CHAPITRE II

I. — CONDITIONS D'ÉQUILIBRE DES LIQUIDES SOUMIS A LA PESANTEUR

143. Équilibre d'un liquide dans un seul vase. — Les
conditions suivantes sont requises pour qu'un liquide pesant soit
en équilibre dans un seul vase :

1° *La surface libre doit être plane et horizontale.*

Il est facile de vérifier que la surface libre d'un liquide en
équilibre est *plane*, parce qu'elle jouit des propriétés des miroirs
plans, par la formation d'images symétriques des objets. On comprend aussi qu'elle doit être *perpendiculaire* à la résultante des
forces qui agissent sur le liquide, ce qui exige qu'elle soit *horizontale ;* la seule force, en effet, qui agit sur un liquide, en masse
suffisante pour que l'effet de la cohésion ne se fasse pas sentir,
est la pesanteur dont la direction est celle de la *verticale.*

La figure 65 montre que l'équilibre est impossible, si la surface
libre n'est pas perpendiculaire à la direction de la pesanteur.

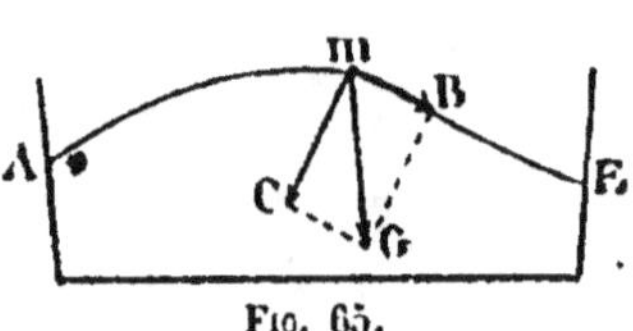

Fig. 65.

Considérons, en effet, la surface
libre d'un liquide terminée par une
courbe telle que AmE (*fig.* 65). L'action de la pesanteur sur une molécule *m*, représentée par la droite *m*G,
peut se décomposer en deux forces,
l'une *m*C normale à la courbe, et,
par conséquent, sans effet pour déplacer la molécule *m*, l'autre
tangente à la courbe et dirigée suivant *m*B ; la molécule *m* sera
évidemment entraînée par cette dernière composante et l'équilibre sera rompu. Il ne peut avoir lieu qu'en autant que la surface libre du liquide est normale à la direction de la pesanteur,
c'est-à-dire lorsqu'elle est horizontale.

2° La pression sur un point pris en un endroit quelconque de la masse du liquide doit être la même dans tous les sens.

Dans le cas contraire, tout excès de pression dans un sens déterminé produirait des mouvements dans l'intérieur du liquide, et l'équilibre serait impossible.

144. Équilibre d'un seul liquide dans des vases communiquants. — Dans ce cas, à part les conditions que nous venons de citer, il faut que *les surfaces libres du liquide dans tous les vases soient dans un même plan horizontal, quel que soit le volume du liquide contenu dans chacun des vases.*

Cette condition est une application du principe de la pression sur le fond des vases (137). En effet, considérons une tranche quelconque *mn* (*fig.* 66) prise dans le tube de communication; pour qu'elle reste en équilibre, elle doit supporter des pressions égales et contraires. Or la tranche *mn* peut être considérée comme le fond commun des vases A et D; il faut donc, pour avoir égalité de pression, que la hauteur verticale du liquide soit la même

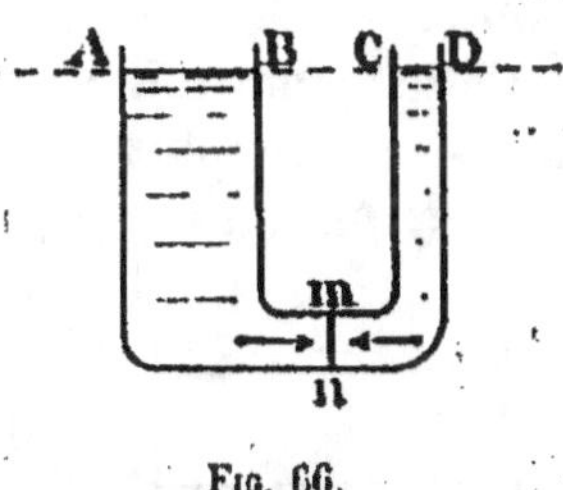

Fig. 66.

de chaque côté, quelles que soient les dimensions et la forme

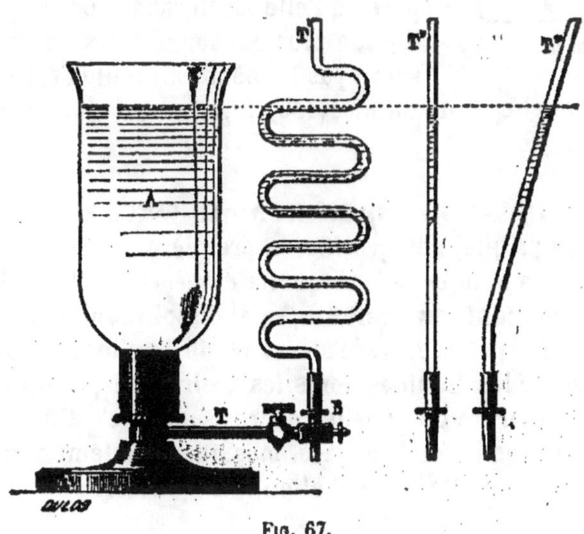

Fig. 67.

des vases, et, par suite, que les niveaux AB et CD soient sur un même plan horizontal.

L'appareil de la figure 67, qui se comprend de lui-même et qu'il est inutile d'expliquer, prouve expérimentalement ce résultat.

145. Équilibre de plusieurs liquides différents superposés dans un seul vase. — S'il s'agit de liquides non susceptibles de se mélanger et sans action chimique réciproque, deux conditions sont nécessaires pour qu'il y ait équilibre :

1° *Il faut, pour l'équilibre stable, que les différents liquides se superposent, à partir du fond du vase, par ordre de densités décroissantes.*

Cette condition s'explique par le principe d'Archimède que nous verrons plus loin.

2° *Il faut, de plus, que la surface de séparation des différents liquides soit horizontale.*

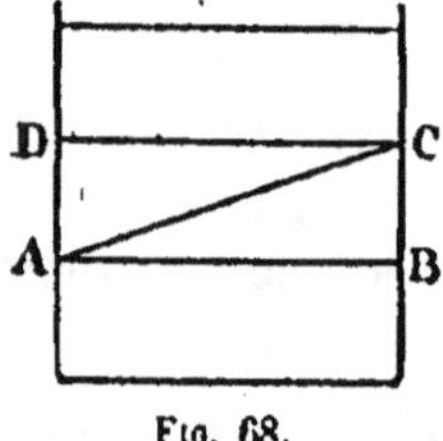

Fig. 68.

Supposons que la surface de séparation de deux liquides soit disposée suivant AC (*fig.* 68), au lieu d'être horizontale suivant DC. Il en résulterait que la pression en B serait supérieure à celle qui s'exerce en A, parce qu'elle serait causée par le poids d'un liquide plus dense, et alors la pression ne serait pas la même sur toute l'étendue d'une même tranche horizontale (135, 3°), ce qui détruirait l'équilibre.

146. Vérification expérimentale. — On se sert, dans les cours de physique, pour vérifier la première condition, d'un vase connu sous le nom de *fiole de quatre éléments.* C'est un flacon ordinaire contenant du mercure, une dissolution concentrée de carbonate de potasse, de l'alcool et de l'huile de pétrole. On laisse reposer les liquides après les avoir agités, et on les voit se disposer par ordre de densités décroissantes, c'est-à-dire que le mercure occupe le fond du vase, puis, immédiatement au-dessus, le carbonate, ensuite l'alcool et enfin le pétrole.

Remarque. — Nous avons dit, dans l'énoncé de la première condition, que l'ordre des densités décroissantes était nécessaire pour *l'équilibre stable*. C'est qu'en effet l'équilibre pourrait encore exister dans le cas où la disposition des liquides serait différente ; mais, il serait *instable*, et la moindre secousse suffirait pour le détruire.

147. Équilibre de deux liquides hétérogènes dans deux vases communiquants. — Pour qu'il y ait équilibre il faut :

Que les hauteurs des liquides au-dessus de la surface commune de séparation soient en raison inverse de leurs densités.

On se rend compte facilement de cette condition en admettant qu'une tranche *mn* (*fig.* 69), prise dans le tube de communication, doit supporter des pressions égales et opposées ; or ces pressions proviennent du poids des deux colonnes DC et AB, mesurées à partir de la surface de séparation CB. Il est donc évident qu'une colonne DC, formée d'un liquide plus léger que celui de la colonne AB, doit être nécessairement plus longue que cette dernière, pour exercer une pression égale, et cela, d'autant plus que la densité du premier liquide sera plus faible par rapport à celle de l'autre.

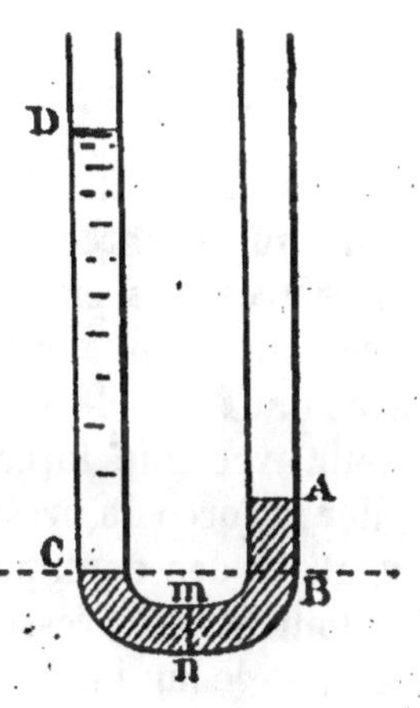

Fig. 69.

Si l'appareil de la figure 69 renferme du mercure et de l'eau, et qu'on mesure au cathétomètre les longueurs DC et AB, on constate que la colonne d'eau est 13,6 fois plus longue que la colonne de mercure, ce qui vérifie la condition énoncée, puisqu'on sait que la densité du mercure est 13,6, celle de l'eau étant prise comme unité.

II. — APPLICATIONS DE QUELQUES PRINCIPES D'HYDROSTATIQUE

148. Presse hydraulique. — Cette machine est une application très heureuse du principe de Pascal (134) ; c'est ce savant qui l'a imaginée, mais elle ne fut rendue pratique qu'en 1796 par l'ingénieur anglais Bramah.

Elle se compose essentiellement de deux corps de pompe de diamètres très différents dans lesquels peuvent se mouvoir deux pistons P et P' (*fig* 70). Les corps de pompe sont réunis par un tube, et le tout est entièrement plein d'eau. Si l'on abaisse le piston P avec une certaine force, cette pression se transmet par l'intermédiaire de l'eau au piston P', et ce dernier, en vertu du principe de l'*égale transmission des pressions*, est poussé de dedans en dehors avec une force d'autant plus grande, par rapport à celle qui s'exerce en P, qu'il y a plus de différence entre les diamètres des pistons. Supposons que la surface de P' soit 10 fois plus grande que celle de P et qu'on presse sur celui-ci avec une force de 10 kilogrammes; P' sera alors repoussé à l'extérieur avec une force de 100 kilogrammes. On peut donc multiplier la force de pression à volonté, en faisant varier les surfaces relatives des deux pistons.

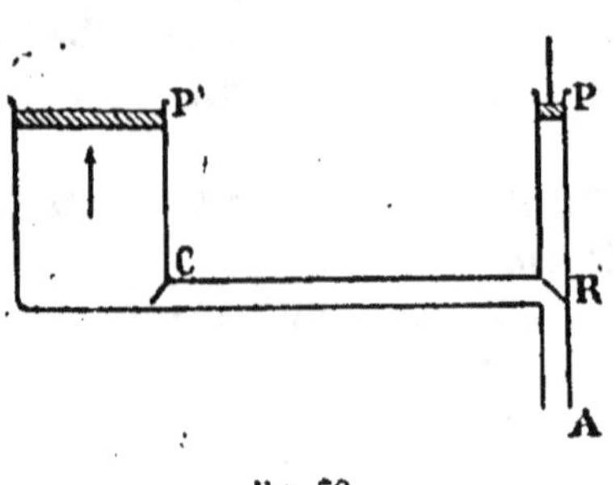

Fig. 70.

Pour que la pression persiste en P' lorsque le piston P est soulevé, — le liquide reviendrait alors dans le petit corps de pompe, — on place en C une soupape s'ouvrant de droite et gauche; cette soupape se ferme dès que la pression cesse en P, l'eau reste emprisonnée dans le corps de pompe P', et l'effet produit n'est pas perdu. On pourra donc, de cette manière, par le jeu répété de la machine, accumuler en P' la quantité d'eau nécessaire pour soulever le piston à la hauteur voulue.

L'eau, contenue dans le petit corps de pompe et qui est refoulée dans le grand à chaque coups de piston, doit être renouvelée chaque fois que le piston P remonte, et le corps de pompe doit de nouveau se remplir entièrement. Pour cela, un tube d'aspiration A plonge dans un réservoir quelconque contenant de l'eau, et une soupape R, s'ouvrant de bas en haut, permet d'établir ou de rompre la communication avec le reste de la machine. Quand le piston P se soulève, l'eau est aspirée du réservoir par le tube A, la soupape R s'ouvre et le corps de

pompe P se remplit; à la descente de ce piston, R se ferme
et l'eau est refoulée dans P'.

Une pièce importante, destinée à empêcher les fuites d'eau
entre le piston P' et le corps de pompe qui
tend à s'élargir sous l'influence de la pression, a reçu le nom de *cuir embouti*. Comme
le fait voir la figure 71, cette pièce est un
anneau de cuir flexible dont la section a

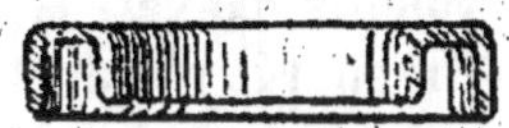

Fig. 71.

la forme d'un U renversé. Il est disposé dans une rainure
(*fig*. 72) à la partie supérieure du corps de pompe et entoure complètement le piston. La pression de l'eau écarte les lames de

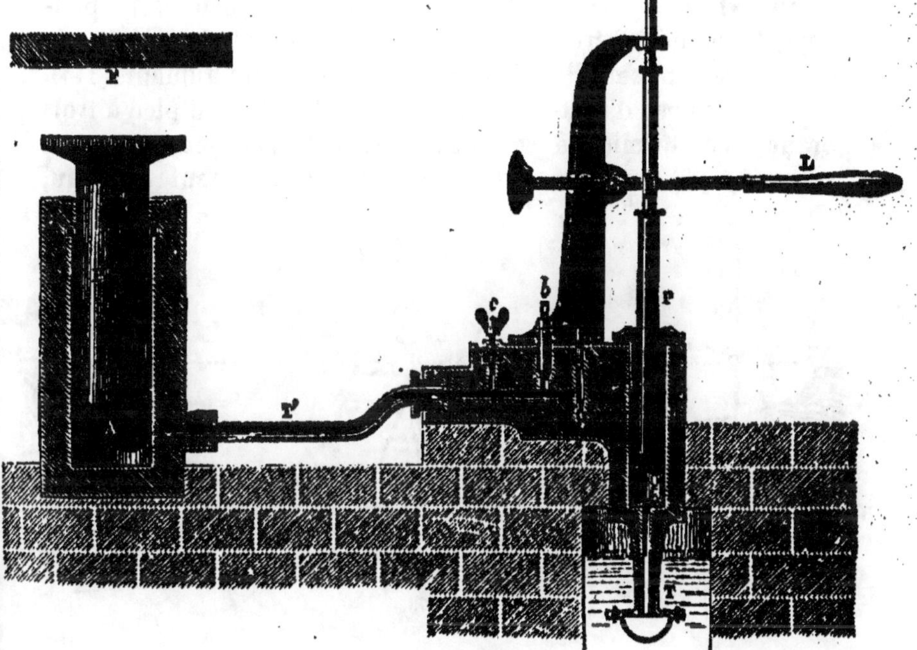

Fig. 72.

cuir et les comprime, l'une sur les parois du cylindre, l'autre
sur le piston, avec d'autant plus de force que la pression est plus
grande, de telle sorte qu'elle prévient elle-même les fuites. C'est
ce perfectionnement, imaginé par Bramah, qui a fait entrer la
presse hydraulique dans le domaine de la pratique.

La figure 72 représente une presse hydraulique. Les quelques
détails que nous venons de donner sur les organes essentiels de

cette machine suffisent pour en faire comprendre, à la simple inspection de la gravure, la construction pratique et le fonctionnement. Mentionnons, toutefois, une *soupape de sûreté*, figurée en *b*, et qui se soulève lorsque la pression de l'eau atteint des valeurs dangereuses pour la résistance des parois de la machine. On charge d'avance la soupape avec un poids déterminé que l'on calcule pour une pression maximum permise.

La presse hydraulique est très employée dans l'industrie. On s'en sert pour extraire à froid l'huile de lin, le sucre de betterave, pour éprouver les chaudières des machines à vapeur et les pièces d'artillerie, enfin pour fixer, par le seul effet de la pression, les essieux aux roues des voitures de chemins de fer.

149. Niveau d'eau. — Cet appareil, employé dans l'arpentage et destiné à faire des nivellements, repose sur le principe de l'équilibre d'un seul liquide dans des vases communiquants (144).

Il se compose d'un tube métallique N placé sur un pied à trois branches, et terminé à ses deux extrémités par deux vases en verre (*fig.* 73). Le tube et les deux vases contiennent de l'eau,

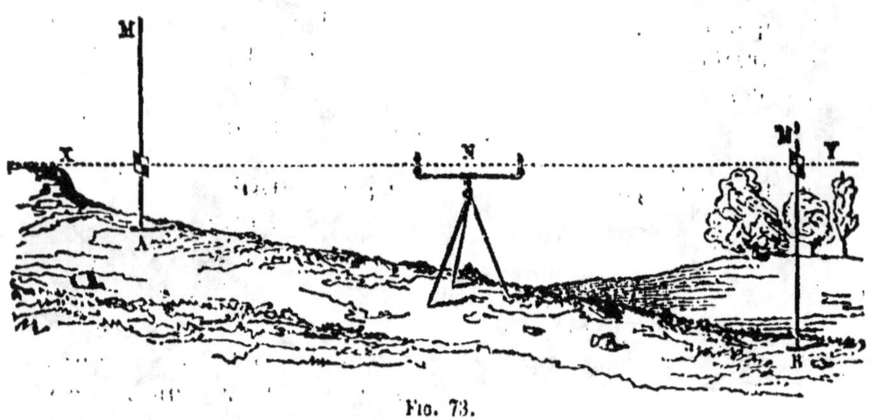

Fig. 73.

ordinairement colorée, jusqu'à un certain niveau dans ces derniers. En vertu du principe des vases communiquants, les deux surfaces libres de l'eau sont sur un même plan horizontal, sans qu'il soit nécessaire de vérifier l'horizontalité du tube de communication, et elles permettent d'obtenir une *ligne de visée*, également dans le même plan horizontal, lorsque, en plaçant l'œil près de l'un des vases, les deux surfaces liquides paraissent se confondre.

Si l'on veut déterminer, au moyen de cet appareil, la différence de niveau entre deux points situés à quelque distance l'un
de l'autre, on installe, à l'endroit le plus bas, une tige verticale
graduée munie d'une mire M' (*fig.* 73), et le niveau d'eau est
dressé à l'endroit le plus élevé. La division de la tige à laquelle
correspond la *ligne de visée* donne la différence de hauteur entre
les deux points, en ayant soin de retrancher de cette hauteur
celle de l'instrument au-dessus du sol. On peut aussi installer
le niveau à une station intermédiaire entre les deux points dont
on cherche la différence de hauteur verticale; on vise alors successivement, sans déplacer l'appareil, les mires fixées aux deux
endroits, et la différence des hauteurs indiquées sur les tiges
donne la différence de niveau cherchée.

150. Autres applications. — Le principe des vases communiquants trouve encore une foule d'autres applications. C'est
par lui que se fait la distribution de l'eau dans les villes au moyen
des *aqueducs*, soit que l'eau s'écoule d'un réservoir installé dans
un endroit élevé, soit encore, comme à Québec, que l'on ait à sa
disposition une rivière dont le niveau soit supérieur aux points

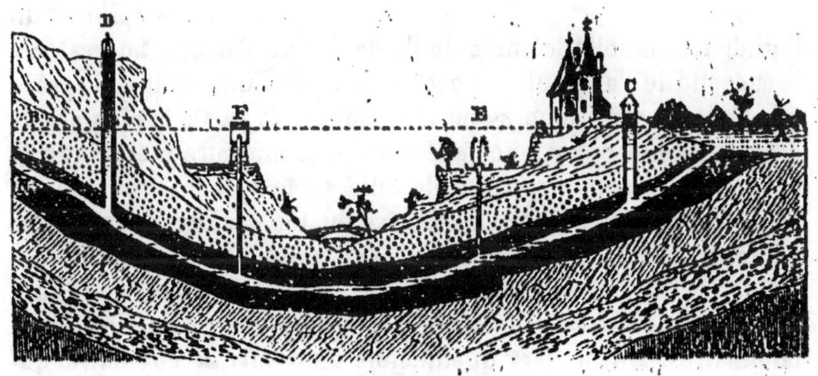

Fig. 74.

les plus élevés de la ville. L'eau, grâce au principe que nous
venons de citer, tendra à monter jusqu'au niveau du point de
départ. Il en est de même des *jets d'eau* artificiels des jardins.

Les sources d'eaux jaillissantes, connues sous le nom de *puits
artésiens*, sont des vases communiquants naturels formés par une
disposition particulière des lits géologiques. Ce sont les eaux

pluviales qui alimentent les puits artésiens, et, comme elles proviennent d'un endroit plus élevé que le lieu où l'ouverture du puits est pratiquée, et qu'elles finissent par s'accumuler à la partie inférieure du *bassin géologique* (*fig.* 74), entre deux couches imperméables à l'eau, le niveau primitif tend à s'établir, et l'eau jaillit en E à une hauteur d'autant plus grande que la différence des niveaux est elle-même plus considérable.

Enfin, l'eau dans les fleuves et les rivières s'écoule à cause de la tendance du liquide à reprendre son niveau, tendance due à la différence de hauteurs entre la source et l'embouchure; l'équilibre n'existe pas, mais cherche toujours à se produire.

151. Niveau à bulle d'air. — C'est une application de l'équilibre de plusieurs fluides différents dans un même vase (145);

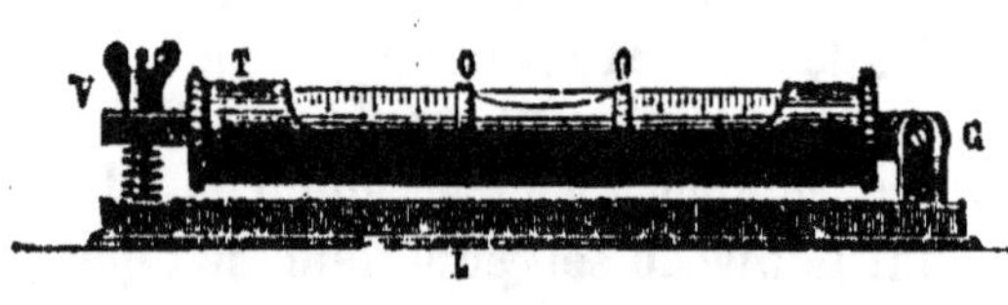

Fig. 75.

il est constitué par une ampoule allongée en verre (*fig.* 75), légèrement bombée à la partie supérieure et presque entièrement remplie d'un liquide très mobile, comme de l'éther ou de l'alcool. Le reste de la capacité de l'ampoule est occupé par une bulle d'air qui, grâce à la légèreté spécifique, se porte toujours à la partie la plus élevée du vase. Celui-ci est enchâssé dans une monture métallique T, et les choses sont disposées de telle sorte que la bulle d'air se place au milieu de la partie convexe du tube, entre deux points de repère O, lorsque la base L est parfaitement horizontale.

Pour vérifier l'horizontalité d'une surface, il faut appliquer successivement le niveau sur le plan dans deux directions rectangulaires. On se sert quelquefois d'un *niveau circulaire* qui n'exige qu'une seule expérience. C'est un vase circulaire, légèrement convexe à la partie supérieure, et fixé dans une monture de même forme. Lorsqu'on le pose sur un plan parfaitement horizontal, la bulle d'air vient se placer au centre de la surface convexe du vase, sous un petit cercle gravé dans le verre et qui sert de repère.

CHAPITRE III

I. — PRINCIPE D'ARCHIMÈDE

152. Pressions supportées par un corps plongé dans un liquide. — L'action de la pesanteur dans un liquide développe des pressions non seulement sur le fond et les parois du vase qui le contient, mais encore sur tout corps plongé dans sa masse. C'est en étudiant les pressions qui s'exercent sur les différentes faces de ce corps qu'on se rend compte d'un principe de la plus haute importance, découvert par Archimède, et qui porte son nom.

Pour plus de simplicité, considérons un corps AD, de forme cubique, immergé dans un liquide (*fig.* 76). Les pressions sur les faces latérales de ce cube se neutralisent deux à deux : nous ne nous en occuperons pas.

La pression qui s'exerce sur la base supérieure AB est égale au poids d'une colonne d'eau (137) qui aurait la surface AB pour base, et pour hauteur la distance qui sépare le centre de gravité de celle-ci du niveau supérieur du liquide, soit RB. Comme la poussée d'un liquide (136), en un point quel-

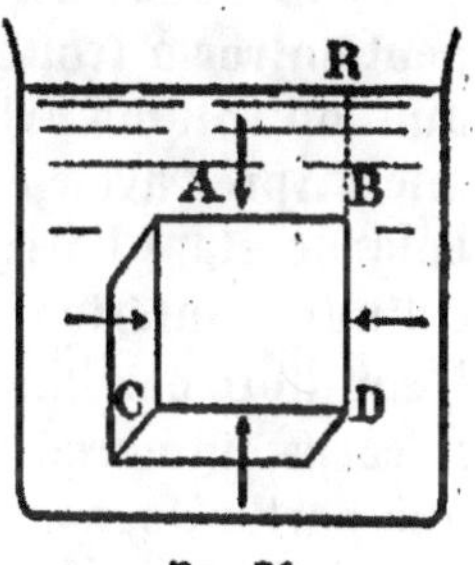

Fig. 76.

conque de sa masse, est toujours égale à la pression de haut en bas en ce point, on peut évaluer la pression qui s'exerce de bas en haut sur la face inférieure CD par le poids d'une colonne d'eau qui aurait CD pour base, et dont la hauteur serait RD. Cette poussée, qui tend à soulever le cube dans le liquide, est évidemment supérieure à la pression qui s'exerce sur AB, et cela de tout le poids d'une colonne liquide de même base que les précédentes et de hauteur RD — RB, c'est-à-dire BD. Donc le cube est soulevé de bas en haut avec une pression égale au poids d'une colonne d'eau dont le volume serait précisément celui du corps lui-même.

153. Principe d'Archimède. — On exprime le résultat que nous venons de constater par l'énoncé du principe suivant, appelé *principe d'Archimède* :

Tout corps plongé dans un liquide subit une pression de bas en haut égale au poids du liquide qu'il déplace, ce qui se traduit aussi de la manière suivante : *tout corps plongé dans un liquide perd une partie de son poids égale au poids du liquide qu'il déplace*. La poussée du liquide fait donc varier le *poids apparent* des corps qui y sont plongés, et d'autant plus que le liquide est plus dense. Nous disons *poids apparent*, parce que le poids réel des corps ne change pas ; les choses se passent tout simplement, à cause de la poussée du liquide, comme si le poids des corps était diminué d'une quantité égale à celui du liquide déplacé.

154. Vérification expérimentale. — La *balance hydrostatique (fig. 77)*, imaginée par Galilée, vérifie le principe d'Archimède que nous venons d'énoncer. On suspend à l'un des plateaux de cette balance deux cylindres de laiton, l'un à la suite de l'autre ; le cylindre supérieur est creux, et l'autre, fermé de toutes parts, peut entrer à frottement doux dans le premier, ce qui indique que son volume extérieur est égal au volume intérieur du premier. Après avoir établi l'équilibre avec une tare, et le fléau de la balance étant horizontal, on abaisse celui-ci jusqu'à ce que le cylindre inférieur plonge entièrement dans l'eau d'un vase. L'équilibre est immédiatement rompu, à cause de la poussée que le corps immergé subit de la part du liquide, comme s'il perdait une partie de son poids. Si alors, au moyen d'une pipette, on remplit d'eau le cylindre supérieur, on voit tout de suite l'équilibre se rétablir, ce qui démontre le principe ci-dessus mentionné, puisqu'on a ajouté dans le cylindre supérieur une quantité d'eau précisément égale au volume du liquide déplacé par l'autre, et que le poids de cette eau, en rétablissant l'équilibre, représente exactement la perte de poids du cylindre dans le liquide.

Remarque. — On peut facilement démontrer par l'expérience la *réciproque* du principe d'Archimède, en faisant voir qu'un corps, plongé dans un liquide, exerce sur ce dernier une pression égale au poids du liquide déplacé, et dirigée en sens contraire de la poussée ; la conséquence de cette pression est que le poids appa-

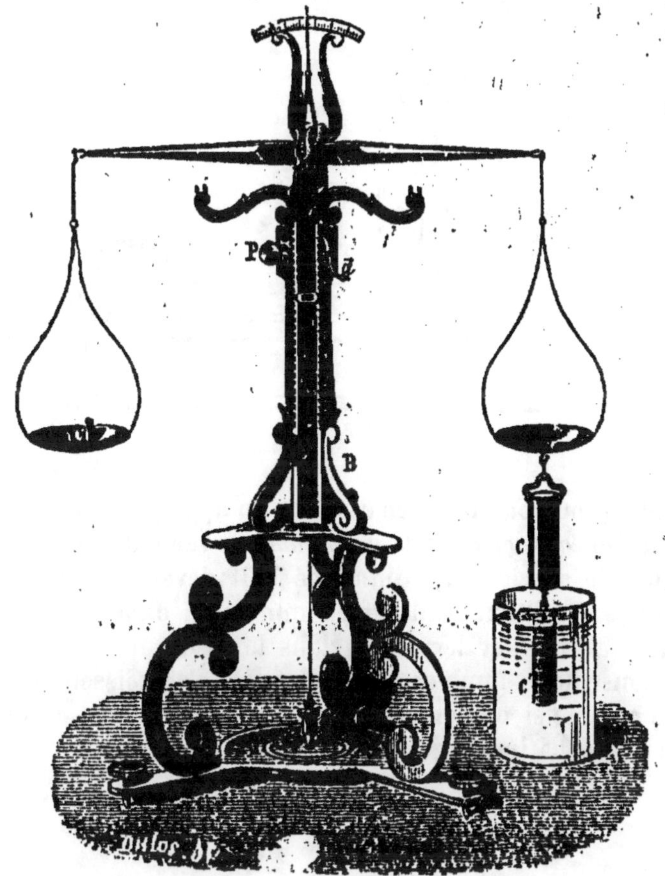

Fig. 77.

rent du liquide est modifié, et les choses se passent comme si le liquide gagnait le poids perdu par le corps.

Une balance de Roberval (*fig.* 78) en équilibre contient, dans le plateau de gauche, deux vases V et *v*, dont le premier, appelé vase à *trop-plein*, renferme de l'eau jusqu'à la tubulure latérale. On plonge dans ce vase un corps quelconque suspendu par un fil dont on tient l'autre extrémité à la main. Un volume d'eau égal au volume du corps s'écoule par le trop-plein et se déverse dans le vase *v* ; l'équilibre est alors rompu, et l'on voit la balance trébucher du côté des vases, ce qui prouve l'existence d'une pression s'exerçant sur le liquide. On reconnaît, de plus, que cette pression est égale au poids du volume d'eau que le corps déplace, par le fait qu'on rétablit l'équilibre en jetant l'eau du vase *v*.

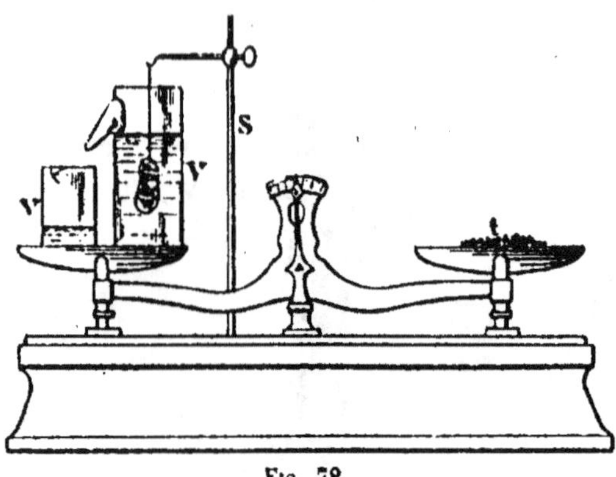

Fig. 78.

On se rend compte de ce résultat en appliquant le principe de la *réaction égale et opposée à l'action*, en vertu duquel la poussée du liquide sur le corps immergé doit développer une réaction contraire sur l'eau. D'ailleurs, l'immersion d'un corps dans un liquide fait monter le niveau dans le vase qui le contient; les pressions sur le fond et sur les parois s'accroissent, et tout se passe comme si on versait dans le vase un volume d'eau égal à celui du corps immergé.

II. — APPLICATIONS DU PRINCIPE D'ARCHIMÈDE

155. Corps immergés et corps flottants. — Nous venons de voir qu'un corps plongé dans un liquide subit une pression verticale de bas en haut égale au poids du liquide déplacé; d'un autre côté, le corps est sollicité de haut en bas par la pesanteur et tend à s'enfoncer dans la masse du liquide. La manière dont un corps immergé va se comporter dépend donc des valeurs relatives de ces deux forces opposées.

1° Si le corps, à volume égal, est plus pesant que le liquide, la force de poussée, toujours égale au poids du liquide déplacé, sera inférieure au poids du corps, et celui-ci s'enfoncera dans le liquide avec une vitesse plus faible que dans l'air, il est vrai, mais qui dépend de la différence des deux forces agissant sur lui. C'est ainsi que le fer s'enfonce dans l'eau, comme la plupart des métaux et des minéraux.

2º Si le corps, à volume égal, est plus léger que le liquide, c'est la poussée, dans ce cas, qui l'emporte, le corps monte à la surface, et une partie émerge à l'extérieur jusqu'à ce que le volume du liquide déplacé ait même poids que lui; la force de poussée, dans ces conditions, est égale au poids du corps, et celui-ci reste en équilibre à la surface de l'eau. C'est ce qu'on appelle un corps *flottant*, et tel est le cas du bois, du liège dans l'eau, du fer dans le mercure, etc.

3º Enfin, si le corps immergé et le liquide ont même densité, les deux forces opposées se font équilibre, et le corps reste en suspension dans l'eau partout où il se trouve. C'est ce qui arrive pour de l'huile plongée dans un mélange d'eau et d'alcool en proportions voulues.

156. Ludion. — Cet appareil (*fig.* 70) montre comment on peut, en faisant varier à volonté le poids d'un corps immergé sans modifier son volume, réaliser les différentes manières dont il se comporte dans un liquide. C'est un petit ballon en verre mince, muni d'une ouverture capillaire à la partie inférieure, et supportant comme nacelle une petite figurine d'émail. On plonge le *ludion* dans l'eau d'une éprouvette dont l'ouverture est fermée par une membrane tendue, et le corps immergé est tellement lesté, en introduisant un peu d'eau dans le ballon, qu'il pèse un peu moins que le volume d'eau qu'il déplace, de sorte qu'il se tient en équilibre à la partie supérieure du liquide, tout en restant presque complètement sous l'eau. Si, au moyen

Fig. 70.

de la membrane, on comprime l'air qui surmonte le liquide, cette

9

pression se transmet à ce dernier, et l'appareil augmente de poids par le fait qu'une certaine quantité d'eau s'introduit dans le ballon en comprimant l'air qu'il contient. On voit alors le système flottant s'enfoncer dans le liquide, puis remonter ensuite quand la pression cesse. Dans ce dernier cas, en effet, l'excès de liquide est projeté à l'extérieur du ballon par la force élastique de l'air comprimé, et l'appareil reprend son poids primitif.

157. Autres applications.

— Elles sont très nombreuses : on peut citer, par exemple, les appareils de sauvetage avec lesquels on augmente, au moyen de liège ou autres systèmes, le volume du corps sans changer sensiblement son poids ; l'obligation qu'il y a pour l'homme de faire certains mouvements pour se maintenir à la surface de l'eau, est une preuve que le corps humain est un peu plus dense que le volume d'eau qu'il déplace.

Les cadavres flottent sur l'eau par suite de la production de gaz dus à la décomposition, ce qui augmente le volume du corps immergé.

Un navire se tient en équilibre à la surface de l'eau parce que la partie immergée déplace un volume liquide qui a même poids que lui, ce qui arrive même pour les navires en fer, à cause des formes vastes et arrondies qu'on leur donne.

158. Conditions d'équilibre des corps flottants.

— Un corps qui flotte à la surface d'un liquide doit satisfaire à deux conditions pour se maintenir en équilibre :

1° *Le poids du corps et celui du liquide qu'il déplace doivent être égaux* (Principe d'Archimède, 153).

2° *Le centre de gravité du corps et le centre de poussée du liquide doivent être sur la même verticale.*

Le *centre de poussée* n'est rien autre chose que le centre de gravité du liquide déplacé, ou, en d'autres termes, le point d'application de la résultante des forces élémentaires exercées de bas en haut par le liquide sur le corps. Ceci posé, la seule inspection de la figure 80 montre que la deuxième condition est nécessaire pour le maintien de l'équilibre. Supposons,

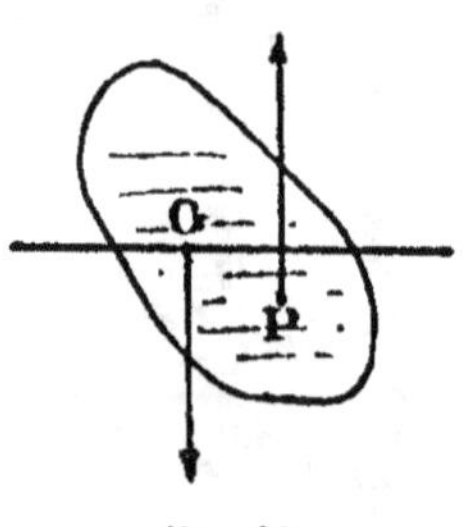

Fig. 80.

en effet, le corps placé dans la position indiquée ; l'on voit tout de suite que le poids du corps, appliqué au centre de gravité G, et la force de poussée, agissant en sens contraire à son centre P, déterminent un couple dont l'effet est de faire basculer le corps. L'équilibre aura lieu lorsque ces deux forces seront sur la même verticale et se détruiront mutuellement.

Toutefois, ces deux conditions ne suffisent pas pour la *stabilité* de l'équilibre. Il faut dans ce cas, une troisième condition qu'on énonce de la manière suivante :

3° *Le centre de gravité, pour l'équilibre stable, doit être au-dessous du centre de poussée.*

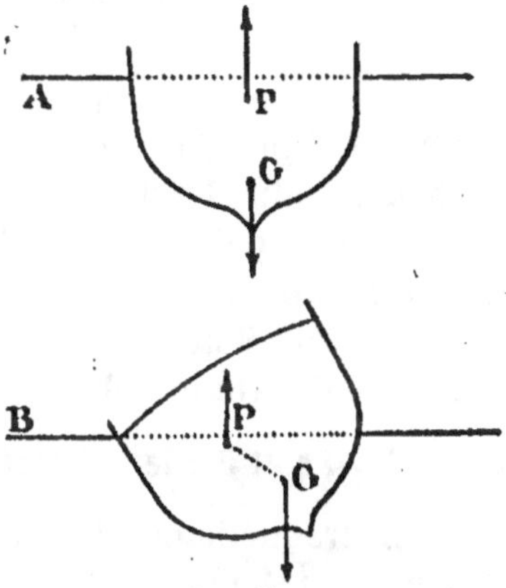

Un navire, représenté en coupe dans la figure 81, A, est en *équilibre stable*, si les centres de gravité et de poussée ont les positions requises par cette troisième condition ; on voit, en effet, que, si le navire est dérangé de sa position d'équilibre (*fig.* 81, B),

Fig. 81.

les deux forces appliquées en P et en G agissent toutes deux pour le ramener à sa première position.

Si le centre de gravité est au-dessus du centre de poussée, comme cela arrive souvent dans les navires, l'équilibre peut encore être stable ; mais, dans ces conditions, on démontre que la stabilité est déterminée par la position d'un nouveau point, appelé *métacentre*, et qui dépend de la forme du navire.

<h1 style="text-align:center">CHAPITRE IV</h1>

I. — DÉTERMINATION DES POIDS SPÉCIFIQUES

159. Poids spécifique. — On peut définir, comme nous l'avons vu plus haut (99), le *poids spécifique* d'un corps le rapport entre le poids d'un certain volume de ce corps et le poids d'un égal volume d'eau pesée à 4° C. Le problème de la mesure des poids spécifiques consiste donc à peser exactement le poids P d'un certain volume d'un corps, et celui de son égal volume d'eau à 4°, soit P'; le rapport $\frac{P}{P'}$ sera le poids spécifique cherché.

Plusieurs méthodes ont été préconisées pour la détermination des poids spécifiques. Nous décrirons, en premier lieu, celle du *flacon*, la plus exacte de toutes, en ne donnant d'abord que le principe général de la méthode.

160. Poids spécifiques des solides. — Méthode du flacon. — On emploie ordinairement un flacon (*fig.* 82) ayant la forme d'un vase cylindrique allongé, en verre mince, fermé par un bouchon à col capillaire sur lequel est tracé le repère *a*. On commence par peser exactement le corps dans l'air et l'on obtient son poids P. On place ensuite, dans l'un des plateaux d'une balance, le flacon rempli d'eau distillée jusqu'au trait de repère, et, *à côté de lui*, le corps dont on cherche le poids spécifique, puis on équilibre le tout avec une tare quelconque. Cela fait, on retire de la balance le flacon et le corps, et l'on introduit ce dernier *dans le flacon*. Si l'on se sert d'un flacon entièrement plein d'eau, le corps ne peut entrer sans qu'il sorte un volume d'eau égal à celui du

Fig. 82.

corps ; avec un flacon à col capillaire, comme celui de la figure 82, le niveau de l'eau monte au-dessus du point de repère, et l'on

enlève cet excès — égal au volume du corps — avec un papier
buvard. On reporte alors le flacon sur le plateau de la balance,
et l'on constate que l'équilibre n'existe plus. Pour le rétablir, il
faut ajouter, à côté du flacon, des masses P' qui représentent
évidemment le poids d'un volume d'eau égal à celui du corps.
Le quotient de $\frac{P}{P'}$ donnera le poids spécifique cherché.

161. Méthode de la balance hydrostatique. — Après
avoir déterminé le poids P du corps dans l'air,
on le suspend, avec un fil très fin, à l'un des
plateaux d'une balance (*fig.* 83), et l'on établit
l'équilibre avec une tare. On mesure le poids
du volume d'eau égal à celui du corps en plongeant ce corps dans de l'eau distillée. La poussée
du liquide détruit l'équilibre, et, pour le rétablir, l'on ajoute, dans le plateau auquel le corps
est suspendu, des poids P' qui représentent,
d'après le principe d'Archimède, le poids d'un
égal volume d'eau. Le poids spécifique cherché
sera $\frac{P}{P'}$.

Fig. 83.

**162. Poids spécifiques des liquides. — Méthode du
flacon.** — On pèse d'abord le flacon vide et parfaitement desséché, puis, après l'avoir rempli jusqu'au trait de repère avec le
liquide dont on cherche le poids spécifique, on le reporte sur le
plateau de la balance, et l'on note le nouveau poids que l'on
obtient. Il est clair que l'excès de poids de la dernière pesée sur
la première représente le poids du liquide contenu dans le flacon.
On enlève alors le liquide, on dessèche le flacon avec soin, et on
le pèse de nouveau, après l'avoir rempli avec de l'eau distillée ;
l'excès de poids de cette dernière pesée sur celui du flacon
vide donne le poids de l'eau introduite. On a donc, par ce moyen,
les poids de deux volumes égaux du liquide à étudier et de l'eau distillée ; il ne reste plus qu'à diviser le premier par le second pour
avoir le poids spécifique cherché.

163. Méthode de la balance hydrostatique. — Cette
méthode consiste à déterminer la perte de poids que subit,

dans le liquide à étudier et dans l'eau, un corps quelconque sur lequel ce liquide et l'eau n'ont pas d'action chimique. Les deux pertes de poids représentent évidemment les poids de deux volumes égaux ; le quotient du premier par le second donne le poids spécifique du liquide. L'expérience se fait en suspendant à l'un des plateaux de la balance une masse de verre que l'on équilibre d'abord avec une tare, et que l'on plonge ensuite successivement dans le liquide et dans l'eau ; l'équilibre est rompu chaque fois, et les poids P et P' qu'il faut ajouter pour le rétablir donnent les poids des deux volumes égaux.

164. Mesures pratiques des poids spécifiques. — Les méthodes que nous venons de décrire sont très simples en théorie ; mais, dans la pratique, elles demandent beaucoup de soin et exigent de minutieuses précautions, si l'on veut effectuer des mesures sérieuses et précises. C'est ainsi, par exemple, que l'eau et les corps dont on cherche les poids spécifiques doivent être à la même température, parce que celle-ci fait varier inégalement les volumes et, par suite, les poids spécifiques. Les températures adoptées sont 0° C. pour les corps et 4° pour l'eau. Comme il est plus facile de maintenir l'eau à 0° qu'à 4°, on opère à 0°, et un calcul très simple permet ensuite de faire la correction pour l'eau à 4°.

Lorsqu'on introduit le corps dans le flacon plein d'eau, il faut avoir soin d'expulser toute bulle d'air adhérente au corps ; de même, il faut tenir compte de la poussée de l'air qui s'exerce sur les substances soumises aux expériences, et qui, comme nous le verrons dans la suite (214), diminue le poids réel des corps. Enfin, il est presque inutile de dire que l'on ne doit se servir que d'eau distillée, et que la méthode des doubles pesées, dans l'usage de la balance, est absolument de rigueur.

Voici, à titre d'exemples, comment se font les mesures pratiques des poids spécifiques dans les laboratoires :

1° Poids spécifiques des solides. — Il y a trois pesées à effectuer et qui peuvent se résumer de la façon suivante :

1re pesée — flacon plein d'eau $+$ corps (à côté) $+ p$ gr. $=$ tare,
2e pesée — flacon plein d'eau $+$ P gr. $=$ tare,
3e pesée — flacon plein d'eau $+$ corps (dans le flacon) $+$ P' gr. $=$ tare.

L'on voit facilement que le poids du solide est P — p et celui du volume d'eau déplacé P' — p ; le poids spécifique, si l'on néglige la correction de la poussée de l'air, sera

$$D = \frac{P - p}{P' - p}.$$

Remarque. — On doit remplir le flacon d'eau distillée à 0° ; pour cela, on le plonge dans la glace fondante et on l'y maintient jusqu'à ce que le niveau du liquide reste stationnaire dans le col capillaire, ce qui indique que l'équilibre de température est atteint. Puis, soit en ajoutant de l'eau, soit en enlevant l'excès avec un tortillon de papier buvard, on fait affleurer le niveau au trait de repère. Il faut ensuite laisser le flacon reprendre la température ambiante ; il peut se faire que le volume du liquide change, mais la masse reste invariable, et c'est toujours celle qui remplit à 0° le flacon jusqu'au trait de repère. On effectue ensuite les deux premières pesées indiquées plus haut, après avoir soigneusement essuyé le flacon.

2° **Poids spécifiques des liquides.** — Il y a encore, comme dans le cas précédent, trois pesées à effectuer :

$$1^{re} \text{ pesée — flacon vide desséché} \quad + P \text{ gr.} = \text{tare,}$$
$$2^e \text{ pesée — flacon rempli du liquide} + p \text{ gr.} = \text{tare,}$$
$$3^e \text{ pesée — flacon rempli d'eau} \quad + p' \text{ gr.} = \text{tare.}$$

On déduit de cette manière de procéder que le poids du liquide est P — p, et celui de l'eau P — p'.

Le poids spécifique, sans correction, sera

$$D = \frac{P - p}{P - p'}.$$

Remarque. — On remplit le flacon, pour l'eau et le liquide, à 0° dans la glace fondante. Quand l'équilibre de température est atteint, on fait en sorte, comme précédemment, que le liquide affleure au trait de repère, et l'on attend ensuite que le flacon revienne à la température ordinaire. Les masses du liquide et de l'eau occupent alors le même volume à 0°.

Tableau des poids spécifiques de quelques corps solides et liquides à 0°

CORPS SOLIDES	POIDS SPÉCIFIQUES	CORPS LIQUIDES	POIDS SPÉCIFIQUES
Platine................	22,069	Mercure................	13,590
Or....................	19,258	Acide sulfurique.....	1,841
Plomb.................	11,352	Acide chlorhydrique.	1,240
Argent................	10,474	Acide azotique.......	1,217
Cuivre................	8,788	Eau de mer...	1,026
Fer...................	7,788	Eau distillée à 4°....	1,000
Etain.................	7,291	Huile d'olive.........	0,915
Zinc..................	6,861	Essence de térébentine	0,970
Diamant...............	3,516	Huile de naphte......	0,887
Cristal de roche.......	2,653	Esprit de bois.......	0,798
Bois de sapin.........	0,657	Alcool absolu........	0,792
Liège.................	0,240	Ether sulfurique.....	0,715

II. — ARÉOMÈTRES A POIDS CONSTANT

165. Aréomètres à poids constant. — L'industrie fait fréquemment usage de ces petits appareils, tous construits de la même façon, et qui sont destinés, non pas à indiquer la proportion d'eau que contient un mélange ni à mesurer son poids spécifique, mais seulement à fournir des points de repère tout à fait empiriques sur le degré de concentration des liqueurs ou des dissolutions salines. Ce sont de petits flotteurs en verre, lestés à la partie inférieure avec du mercure ou de la grenaille de plomb, pour qu'ils prennent la position verticale dans un liquide, et surmontés d'une tige qui porte une graduation arbitraire et variable avec l'usage auquel ils sont destinés. Plongés dans un acide, un sirop ou une dissolution quelconque, ils donnent, par une simple lecture, au point d'affleurement, le moyen d'apprécier le degré de concentration que ces mélanges doivent présenter dans le commerce.

166. Aréomètres de Beaumé. — Les *aréomètres de Beaumé* sont les plus employés dans l'industrie ; il y en a de deux espèces, et ils diffèrent entre eux par la graduation.

Si l'aréomètre est destiné aux liquides *plus denses* que l'eau, et dans ce cas on les appelle aussi *pèse-acides, pèse-sels*, on les gradue de la manière suivante : l'appareil est lesté de telle façon qu'il s'enfonce, dans l'eau pure, presque jusqu'à l'extrémité supérieure de la tige (*fig.* 84), et, au point d'affleurement, on marque zéro. On fait ensuite une solution contenant 85 parties d'eau pure, en poids, et 15 parties de sel marin. Cette solution étant plus dense que l'eau, l'instrument s'y enfonce moins, et l'on marque 15 au point d'affleurement. L'intervalle entre ces deux traits est divisé en 15 parties égales, et l'on continue la graduation jusqu'au bas de la tige, en conservant toujours la même distance entre les différents degrés. Il suffit, pour les besoins du commerce, que les tiges contiennent 70°. L'aréomètre de Beaumé, plongé dans l'acide sulfurique concentré du commerce, marque 66°, et 26° dans l'acide chlorhydrique.

L'aréomètre de Beaumé qui sert pour les liquides *moins denses* que l'eau porte aussi le nom de *pèse-liqueurs, pèse-esprits* ; sa graduation est disposée en sens inverse de la précédente, et, grâce à la manière dont l'instrument est lesté (*fig.* 85), le zéro est à la partie inférieure de la tige, lorsqu'on le plonge dans une dissolution de 90 parties d'eau pure et de 10 parties de sel marin ; dans l'eau pure, où il s'enfonce un peu plus que dans le mélange salin, l'on marque 10 au point d'affleurement. Comme dans l'autre aréomètre, l'intervalle de 0 à 10 est partagé en 10 parties égales, et la graduation est prolongée jusqu'au sommet de la tige.

Comme on le voit par la manière tout à fait arbitraire dont se fait la graduation, les aréomètres de Beaumé ne mesurent pas la densité des liquides, sauf au moyen de formules particulières. Tels qu'ils sont construits, ils rendent de grands services dans l'industrie, soit pour confectionner certains mélanges qui doivent marquer un nombre déterminé de degrés, soit pour se rendre compte rapidement du degré de concentration de certaines dissolutions acides ou salines, une fois que l'on connaît la façon dont se comporte l'instrument dans les mêmes circonstances. Un acide sulfurique dans lequel l'aréomètre ne marquerait, par exemple, que 60°, n'aurait pas le degré de concentration exigé dans le commerce.

167. Alcoomètre centésimal de Gay-Lussac. — Cet appareil est construit d'une manière tout à fait identique aux aréomètres de Baumé, mais il en diffère par la graduation. Plongé dans un mélange d'*alcool et d'eau*, il donne immédiatement, au point d'affleurement, le nombre de centièmes d'alcool en volume que renferme la liqueur; c'est ce qu'on appelle la *force* du liquide spiritueux.

Pour graduer l'alcoomètre, Gay-Lussac s'est servi du procédé suivant: l'appareil est lesté de manière qu'il s'enfonce entièrement jusqu'au sommet de la tige dans l'alcool *absolu*, et l'on marque 100 au point d'affleurement; ce liquide renferme alors 100 0/0 d'alcool. On fait ensuite un mélange contenant, en volume, 95 parties d'alcool pur et 5 parties d'eau distillée. L'alcoomètre, plongé dans cette solution, s'enfonce un peu moins que dans l'alcool absolu, et, au point d'affleurement, on marque 95. On prépare, de même, une série de solutions dans lesquelles la proportion d'alcool, en volume, diminue de 5 en 5 dans les mélanges successifs, et l'on marque 90, 85, 80, etc., aux différents points d'affleurement; on partage l'intervalle compris entre deux marques consécutives en 5 parties égales, et la graduation est effectuée. En pratique, on confectionne les différents mélanges dont nous venons de parler, en se servant d'une éprouvette graduée en 100 parties égales; on verse de l'alcool pur jusqu'à la division 95, 90, 85, etc., et l'on ajoute de l'eau distillée jusqu'à ce que le mélange complète, dans chaque expérience, le volume 100.

Cette série de solutions de 5 en 5 est nécessaire, parce que le mélange d'alcool et d'eau subit une contraction dont la valeur dépend des volumes en présence, et, de fait, on constate, sur un alcoomètre gradué d'après cette méthode, que les divisions sont loin d'être équidistantes comme celles des aréomètres ordinaires; elles sont plus rapprochées au bas qu'au sommet de la tige.

REMARQUES. — 1° Comme il y a action chimique entre l'alcool et l'eau, le mélange de ces deux liquides produit une certaine quantité de chaleur qui modifie la densité de la solution. Il en résulte qu'il faut adopter une température déterminée pour la graduation de l'alcoomètre, et les différents essais des liquides alcooliques doivent toujours se faire à cette température, si l'on veut avoir des indications précises. On a choisi 15° C. comme température des mélanges qui servent à la graduation des alcoomètres, et si les liqueurs dont on cherche la force alcoolique ne sont pas à cette température, on peut, dans la pratique, se dispenser de la produire en se servant de tables particulières, dressées par Gay-Lussac et Collardeau, qui donnent, par une simple lecture, le degré qu'aurait marqué l'alcoomètre, si l'expérience avait été faite à 15°.

2° Les indications de l'alcoomètre de Gay-Lussac ne sont exactes que pour les liqueurs qui ne contiennent que de l'*alcool et de l'eau*. Pour l'analyse des vins, il faut extraire l'alcool par la distillation, et l'on ajoute à celui-ci autant d'eau qu'il est nécessaire pour reproduire le volume de l'échantillon de vin soumis à l'expérience. L'alcoomètre devient alors applicable, et le nombre de degrés qu'on lit sur la tige donne, au point d'affleurement, la richesse alcoolique du vin.

CHAPITRE V

PHÉNOMÈNES CAPILLAIRES

168. Phénomènes capillaires. — On désigne sous ce nom certains phénomènes très curieux qui se passent entre les molécules d'un même liquide et au contact des liquides et des solides, phénomènes qui, loin de s'expliquer par les lois ordinaires de l'hydrostatique, semblent plutôt les contredire. Parmi ces phénomènes variés, ceux qui se produisent dans les tubes très étroits, qu'on appelle *capillaires* parce que leur diamètre peut se comparer à l'épaisseur d'un cheveu, ont d'abord fixé l'attention des physiciens ; c'est là l'origine du nom de *capillarité*, qui sert à désigner les faits du même ordre.

169. Principaux phénomènes. — 1° Si l'on verse de l'eau dans un vase en verre, on s'aperçoit que la surface libre, contrairement aux lois de l'hydrostatique, n'est pas plane et horizontale dans toutes ses parties. Le liquide, au contact de la paroi, se soulève au-dessus du niveau général, comme on le voit en *a* et en *b* (*fig.* 86), et prend la forme d'une courbe qu'on appelle *ménisque concave*. Ce phénomène se produit chaque fois qu'un solide est en contact avec un liquide qui peut le *mouiller*, ce qui a lieu quand la cohésion du liquide pour lui-même, due à l'attraction moléculaire, est inférieure à l'adhésion du liquide pour le solide. Il se forme de même des ménisques concaves de chaque côté d'une lame de verre plongée dans l'eau (*fig.* 87).

Fig. 86.

Fig. 87.

2° Les choses se passent autrement si le liquide *ne mouille pas*

la surface du corps immergé, comme, par exemple, le mercure
pour le verre; il se déprime autour de la lame et de la surface
interne du vase; il se forme un *ménisque convexe*,
et le niveau du liquide, au point de contact avec
le solide, est *plus bas* que le niveau général dans
le vase (*fig.* 88). Il en est de même pour l'eau dans
un vase à parois graisseuses.

Fig. 88.

3° Entre deux lames suffisamment rapprochées,
on constate que le liquide monte au-dessus du
niveau dans le vase, si les lames sont mouillées
par le liquide (*fig.* 89, A), et celui-ci est déprimé, comme en B
(*fig.* 89), s'il ne les mouille pas. Les liquides se terminent, entre

Fig. 89.

les deux lames, par des ménisques concaves ou convexes, suivant
le cas, et l'ascension et la dépression sont d'autant plus marquées
que la distance des lames est plus petite.

4° Enfin, si l'on plonge dans un liquide un *tube capillaire*,
lequel peut s'assimiler à une lame circulaire, on voit encore le

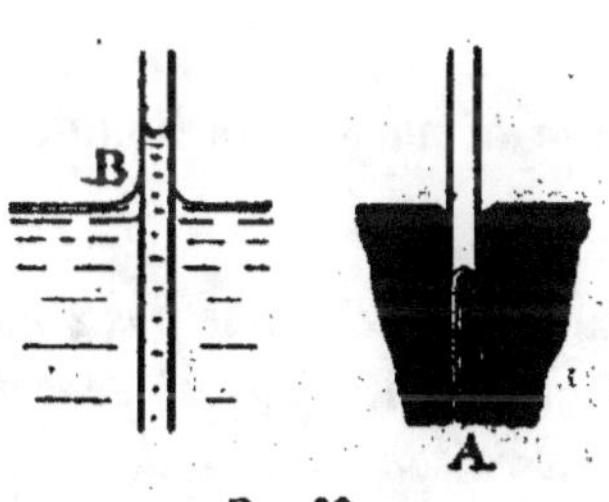

Fig. 90.

liquide monter dans le tube et occuper
un niveau supérieur à celui du vase,
si le tube est mouillé par le liquide
(*fig.* 90, B); dans le cas contraire, il y
a dépression, et le niveau en A est plus
bas que le niveau extérieur. Comme
dans le cas de deux lames, la surface
terminale du liquide dans les tubes est
concave ou convexe, suivant que ceux-
ci sont mouillés ou non. On remarque que la hauteur du liquide
dans un tube capillaire est *deux fois* plus considérable qu'entre
deux lames parallèles dont la distance serait égale au diamètre
du tube.

L'ascension et la dépression dues à la capillarité s'observent facilement avec un système de tubes communiquants dont l'un seulement est capillaire.

On voit (*fig.* 91) que l'eau qui mouille le verre se tient à un

Fig. 91.   Fig. 92.

niveau notablement plus élevé dans le tube capillaire que dans l'autre, contrairement aux lois de l'hydrostatique, et que le mercure, dans les mêmes conditions (*fig.* 92), est fortement déprimé.

170. Lois de l'ascension et de la dépression dans les tubes capillaires.

PREMIÈRE LOI. — *La substance qui compose les tubes capillaires et l'épaisseur de leurs parois sont sans influence sur l'ascension des liquides qui les mouillent.*

DEUXIÈME LOI. — *L'ascension varie avec la nature du liquide, et diminue quand la température s'élève.*

TROISIÈME LOI. — *Quand le diamètre du tube ne dépasse pas 2 millimètres, la différence des niveaux du liquide intérieur et de celui dans lequel plonge le tube capillaire est en raison inverse du rayon du tube (loi de Jurin).*

D'après la seconde loi, la température a une influence marquée sur l'ascension des liquides dans les tubes capillaires. C'est ce qui ressort surtout des expériences de Wolf, et celui-ci a prouvé que, dans certaines conditions de température, l'ascension peut se changer en dépression. Nous verrons plus tard l'application de ce principe dans l'étude de la *caléfaction*.

QUATRIÈME LOI. — *La dépression dans les tubes capillaires non mouillés par le liquide qu'ils contiennent est inversement proportionnelle aux diamètres des tubes, mais varie avec la substance de ces mêmes tubes.*

171. Applications. — La capillarité sert à expliquer une foule de phénomènes qui se passent tous les jours sous nos yeux.

C'est par capillarité que se fait l'ascension de l'huile dans les mèches des lampes, et du suif ou de la paraffine fondus dans celles des bougies; les intervalles séparant les fils qui constituent les mèches se comportent comme autant de tubes capillaires dans lesquels les liquides peuvent s'élever. Une serviette dont l'un des coins plonge dans l'eau d'un vase ne tarde pas à s'imbiber complètement.

C'est aussi par un effet de capillarité que l'eau des pluies, qui avait pénétré à une certaine profondeur dans le sol, monte ensuite à la surface et y entretient une humidité constante. Il en est de même de l'ascension de la sève dans les vaisseaux des plantes: elle se fait en grande partie par capillarité.

On sait que certains insectes peuvent se soutenir sur l'eau malgré leur poids. Ce phénomène est dû à une matière grasse qui enduit leurs pattes et qui provoque tout autour, puisqu'elles ne sont pas mouillées, la formation de ménisques convexes capables d'équilibrer leur poids.

Enfin, les attractions et répulsions des corps légers à la surface d'un liquide n'ont pas d'autre cause. Deux balles de liège également mouillées par l'eau se précipitent l'une sur l'autre, lorsqu'elles sont assez rapprochées pour que leurs ménisques concaves se touchent. Il en est de même pour deux balles non mouillées, comme, par exemple, deux balles de liège recouvertes de noir de fumée. Mais une balle mouillée, au voisinage d'une autre qui ne l'est pas, est vivement repoussée, et cette action est réciproque entre les deux corps flottants.

172. Tension superficielle des liquides. — Les effets de la capillarité sont expliqués d'une manière satisfaisante par la théorie de la *tension superficielle* des liquides.

Pour faire bien saisir en quoi consiste cette théorie, rappelons qu'on est conduit à admettre, par plusieurs faits d'observation,

une force attractive entre les différentes molécules d'un liquide ;
une goutte de mercure, par exemple, qu'on projette sur une
lame de verre, prend spontanément la forme sphérique, au lieu
de s'étaler, comme cela arriverait si la pesanteur seule agissait
sur elle. On reconnaît également une force d'attraction ou
d'adhésion entre un liquide et un solide qui se touchent : une
baguette de verre que l'on retire de l'eau soutient à son extrémité inférieure une goutte qui reste adhérente malgré son
poids, ce qui suppose nécessairement entre le verre et l'eau une
force d'attraction supérieure au poids de la goutte. — Les forces
attractives qui s'exercent entre les molécules d'un même liquide
se font sentir à une distance très petite qu'on appelle le *rayon
de la sphère d'activité.*

Cela posé, considérons une molécule *m* (*fig.* 93) située dans la
masse d'un liquide en équilibre. Il est évident qu'elle subit dans

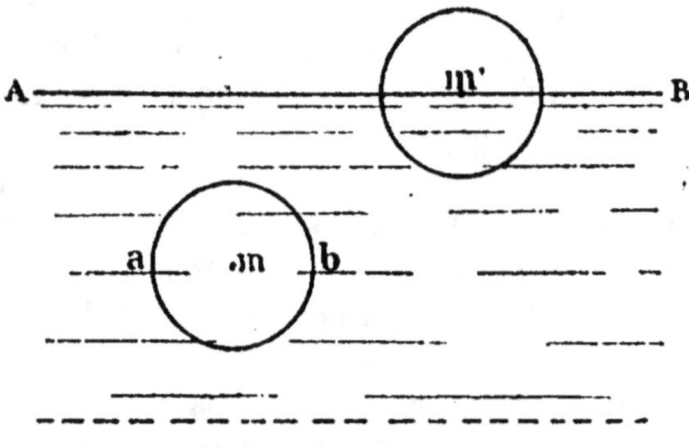

Fig. 93.

tous les sens, de la part des molécules voisines comprises dans
la *sphère d'activité ab*, des attractions qui se neutralisent deux à
deux. Les choses doivent se passer autrement pour une molécule *m'* à la surface du liquide, et il ne peut y avoir symétrie
entre les différentes forces qui agissent sur elle. Comme il n'y a
pas de liquide au-dessus de la surface libre AB, les attractions
des molécules situées dans la demi-sphère inférieure ne sont
plus équilibrées ; il y a excès de forces de ce côté, et le calcul
conduit à admettre un *état de tension* dans toute la couche
superficielle, dont l'épaisseur serait égale au *rayon* de la sphère
d'activité. En un mot, la couche superficielle est assimilable à
une *membrane élastique*, à une *pellicule* tendue de tous côtés, de

résistance variable avec les différents liquides, et susceptible de se refaire constamment après la rupture : c'est la *tension superficielle* des liquides, dont l'existence peut se prouver expérimentalement de plusieurs manières :

1° Si on laisse écouler un liquide goutte à goutte à l'extrémité d'une pipette, on remarque que toutes les gouttes sont de même grosseur pour un même liquide, et varient d'un liquide à l'autre. Ce phénomène est dû au fait que la pellicule superficielle entourant chaque goutte possède une résistance déterminée qui lui permet de soutenir un certain poids de liquide. Comme la tension superficielle de l'alcool est inférieure à celle de l'eau, la membrane alcoolique sera plus vite brisée, et l'on constate, en effet, que les gouttes d'alcool sont plus petites que les gouttes d'eau. Il en est de même des gouttes de mercure, parce que, à raison de sa grande densité, le liquide aurait vite déchiré la pellicule superficielle.

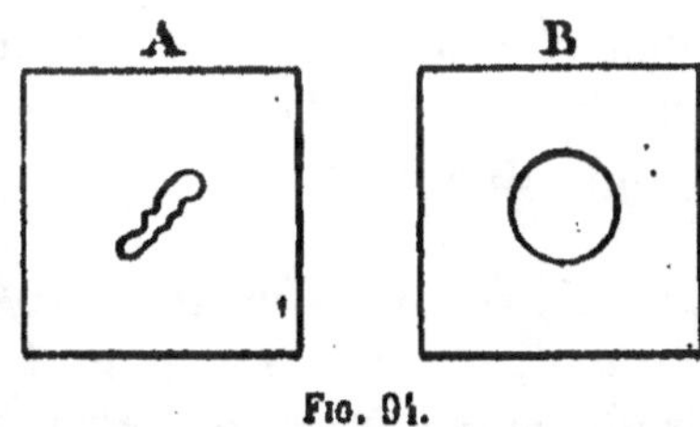

Fig. 94.

2° L'expérience suivante démontre, outre son existence, l'égalité de la tension superficielle dans toutes les directions.

On dépose, sur une lame d'eau de savon tendue sur un cadre, un fil de soie très fin dont les extrémités sont réunies (*fig.* 94, A). On brise alors la membrane dans l'intérieur du fil, et l'on voit celui-ci prendre la forme d'une circonférence parfaite (*fig.* 94, B).

173. Explication de quelques phénomènes capillaires par la théorie de la tension superficielle. — Les phénomènes capillaires que nous venons de décrire s'expliquent facilement par cette théorie de la tension superficielle des liquides. Sans les passer tous en revue, voyons, à titre d'exemples, comment on rend compte des ascensions et des dépressions dans les tubes capillaires.

L'ascension de l'eau dans un tube en verre est due au fait que la membrane superficielle, qui se forme à son intérieur, s'attache à la paroi avec une force qui n'est pas négligeable ; elle est fortement attirée par le verre et elle entraîne à sa suite un volume de liquide dont le poids est égal à la force qu'elle exerce. On conçoit facilement que cette force de traction serait deux fois plus grande dans un tube de diamètre double; mais comme le poids de l'eau soulevée serait alors quadruple, le liquide devra monter à une hauteur deux fois moindre que dans le tube plus étroit, et l'on retrouve la loi des diamètres énoncée plus haut (170, loi de Jurin).

Quand le liquide ne mouille pas le tube ou la paroi d'un vase, la membrane superficielle se bande sous l'influence de la cohésion du liquide pour lui-même, et il se forme un ménisque convexe ou une dépression.

Enfin, la tension superficielle explique comment certains insectes, comme nous venons de le voir, peuvent se maintenir à la surface de l'eau, et comment aussi on peut faire flotter sur ce même liquide un fil de fer préalablement graissé, malgré la grande différence des densités; c'est qu'alors la courbure du liquide développe des composantes de la tension superficielle normales à la courbe, et dont la résultante est égale et opposée au poids à soutenir.

174. Diffusion des liquides. — On désigne sous le nom de *diffusion* le mélange spontané et progressif, de molécule à molécule, de deux liquides qui n'agissent pas chimiquement l'un sur l'autre. Citons quelques phénomènes:

1° On verse d'abord dans un vase une solution concentrée de sulfate de cuivre, et, au dessus, avec toutes les précautions possibles, de l'eau distillée, de manière à former une surface de séparation nette et distincte entre les deux liquides bleu et incolore. Si l'on examine ces deux liquides après quelque temps, en supposant qu'ils n'aient été soumis à aucune agitation, on constate qu'ils ne restent pas séparés, mais qu'ils empiètent l'un sur l'autre par le mouvement spontané et très lent de leurs molécules, jusqu'à ce que le vase ne contienne plus, après un temps très long, qu'une solution parfaitement homogène de sulfate de cuivre.

2° Ce même phénomène de diffusion se produit encore en versant, avec un long tube muni d'un entonnoir, de l'acide sulfurique au fond d'une éprouvette qui contient déjà de la teinture de tournesol. On voit d'abord le liquide rougir à la partie inférieure de l'éprouvette, puis la coloration rouge envahir lentement toute la masse, sans qu'on aperçoive aucun courant intérieur.

3° Plaçons, dans l'intérieur du vase V plein d'eau (*fig.* 95), un

deuxième vase *v* contenant une solution concentrée d'acide chlorhydrique et fermé par un obturateur G que l'on retire ensuite très
lentement. Comme l'acide est plus dense que l'eau, les lois de
l'hydrostatique exigent que les deux liquides
restent séparés (145). Ce n'est pas toutefois ce qui
arrive ; si l'on analyse le liquide des deux vases,
après un certain temps, on reconnaît qu'il y a eu
diffusion de l'un vers l'autre, et qu'il y a de l'acide
dans le vase V, de même qu'on constate le passage
de l'eau dans le vase *v*.

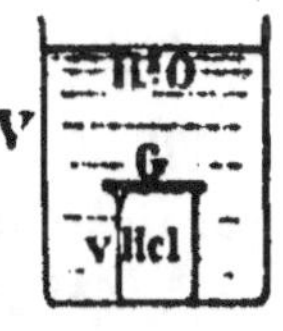

Fig. 95.

4° Enfin, ajoutons que tous les liquides ne se
prêtent pas indifféremment à la diffusion ; il faut, pour que
le phénomène s'opère, que les liquides en présence soient *mis-
cibles*. C'est pour cette raison qu'il n'y a pas diffusion entre l'eau
et l'huile.

175. Osmose. — Le phénomène de la diffusion subit des modifications fort curieuses quand les deux liquides en présence
sont séparés par une cloison, v. g., par une membrane animale
ou végétale, comme de la peau de vessie, une lame de caoutchouc, etc. Il y a alors entre les deux liquides une *impulsion*, un
transport de substances à travers la cloison, et cet échange peut
s'exécuter quelquefois avec une énergie considérable : c'est le
phénomène de l'*osmose*, étudié par plusieurs physiciens, entre autres par Dutrochet et Graham.

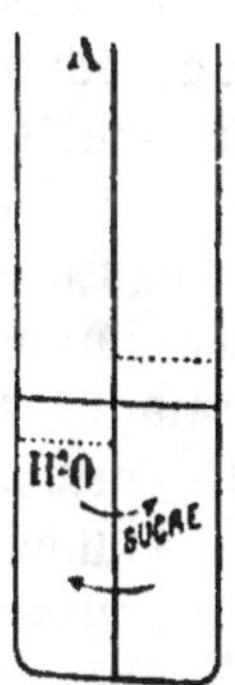

Fig. 96.

Considérons deux liquides différents, de l'eau et
une solution concentrée de sucre, séparés par une
membrane continue A, une peau de vessie, par
exemple (*fig.* 96). On constate qu'il y a échange entre
les liquides à travers la cloison, mais que les deux
courants ne se font pas avec la même rapidité ; le
courant de la solution sucrée vers l'eau est moins
rapide que dans le sens inverse, le niveau monte du
côté du sucre et s'abaisse de l'autre côté, pendant que
la solution sucrée perd de sa concentration. Dutrochet a proposé d'appeler *endosmose* le courant
principal, et *exosmose* le courant le plus faible. Au
point de vue dynamique, il convient de ne considérer que l'*endosmose*, c'est-à-dire l'*excès* du courant le plus fort sur le plus
faible.

Parmi les différentes substances, celles qui sont susceptibles de cristalliser, comme la plupart des sels, passent facilement à travers les membranes; d'autres, au contraire, comme l'albumine et la gélatine, refusent de les traverser. Graham a appelé les premières, substances *cristalloïdes*, et réserve le nom de *colloïdes* pour les autres.

176. Conditions de l'osmose. — Ces conditions, énoncées par Dutrochet, sont au nombre de trois :

1° *Les liquides, pour produire l'osmose, doivent être susceptibles de se mélanger.*

2° *La membrane doit être mouillée par l'un au moins des liquides qui la baignent, ce qui a pour effet de l'imbiber et de la pénétrer dans toute sa masse.*

3° *Il doit y avoir affinité chimique entre l'un des liquides et la membrane.*

Cette dernière condition est de la plus haute importance, et elle fournit, en quelque sorte, l'explication du phénomène si complexe de l'osmose. Les diverses recherches sur ce sujet ont conduit à reconnaître l'insuffisance de la *capillarité de la cloison* pour rendre compte de l'osmose; il en est de même de la *perméabilité*, c'est-à-dire de la propriété qu'ont certaines membranes de se laisser traverser par filtration. On constate, en effet, que le rapport entre les phénomènes osmotiques et la perméabilité est plus ou moins éloigné. On admet, au contraire, que c'est l'*affinité chimique* de la membrane pour l'un des deux liquides qui est la cause de l'*endosmose*, c'est-à-dire du courant le plus fort. D'après cela, la cloison, tout en se laissant pénétrer par le liquide, formerait des combinaisons chimiques avec lui, et, dans le cas de l'eau, il y aurait hydratation; la cause de l'échange serait d'un caractère chimique, tandis que la différence des densités et la nature physique de la cloison entreraient bien peu en ligne de compte. En un mot, le phénomène de l'osmose serait dû au fait qu'il se formerait, aux dépens de la cloison humectée et sous l'influence de l'action chimique, un *composé nouveau*, comme un *troisième liquide*, à travers lequel se ferait la diffusion des deux premiers (¹).

1. Il arrive très souvent que les deux liquides agissent chimiquement sur la membrane. L'osmose a lieu, dans ces conditions, si cette action chimique est plus forte d'un côté que de l'autre.

177. Applications. — C'est par endosmose que les racines des plantes absorbent les liquides du sol, et que les substances nutritives et assimilables passent de l'estomac dans le sang. Comme les gaz peuvent traverser les membranes, on explique par la même force les échanges d'acide carbonique et d'oxygène à travers les poumons, dans l'acte de la respiration.

178. Dialyse. — La *dialyse* est l'application de l'osmose à la séparation de diverses substances, par lesquelles les membranes se laissent très inégalement traverser. On pourra, par cette méthode, analyser un mélange de cristalloïdes et de colloïdes, en les séparant au moyen du *dialyseur*. Cet appareil est un vase en verre dont le fond est constitué par une membrane de papier parcheminé, et dans lequel on place le mélange à analyser; ce vase est ensuite plongé dans un autre qui contient de l'eau. Après un certain temps, le colloïde (gélatine, par exemple) reste seul dans le dialyseur, et le cristalloïde est recueilli dans le vase extérieur, après avoir traversé la membrane.

GAZ

CHAPITRE I

I. — CARACTÈRES PHYSIQUES DES GAZ

179. Caractères physiques des gaz. — On donne le nom de *gaz* à des fluides aériformes, la plupart incolores, et qui sont caractérisés par plusieurs propriétés physiques importantes.

1° Les molécules des gaz sont douées d'une *grande mobilité relative*, et la *cohésion* qui s'exerce entre elles est extrêmement *faible;* bien que cette force soit considérée comme à peu près nulle, on admet cependant, sans excepter les gaz raréfiés, un reste de viscosité dans les masses gazeuses.

2° Les gaz sont *très compressibles*, beaucoup plus que les liquides; sous l'influence d'une pression énergique, leur volume peut diminuer dans de larges proportions, jusqu'au vingtième de la valeur primitive : c'est ce qui est mis en évidence par l'expérience du *briquet à air* (0).

3° Les gaz sont *parfaitement élastiques*, c'est-à-dire qu'ils ne gardent jamais aucune trace des déformations ou des diminutions de volume qu'ils auraient pu subir; on constate, en effet, avec le même briquet à air, que le piston revient à sa position initiale, sous l'influence de l'élasticité du gaz comprimé, quand la force de compression a cessé.

4° Enfin, — et c'est leur propriété caractéristique — les gaz sont des fluides *expansibles*. Les choses se passent comme si les molécules gazeuses se repoussaient mutuellement; il en résulte que ces fluides tendent toujours à occuper le plus grand volume possible, et qu'ils exercent des pressions de dedans en dehors sur les parois des vases qui les contiennent. On donne à cette force d'expansion des gaz, ou à la pression qu'ils exercent sur les corps plongés dans leur masse, le nom de *force élastique*, de *tension* ou de *force expansive*. On voit que les gaz, en vertu de leur élasticité et de leur expansibilité, n'ont pas, comme les liquides, de volume déterminé pour une même température ; ce volume varie avec la pression qu'ils supportent, suivant une loi que nous ferons connaître plus loin (226). La force expansive des gaz conduit aussi à admettre qu'ils ne se localisent pas à la partie inférieure des vases qui les contiennent, comme on le constate pour les liquides, mais qu'ils occupent toujours tout le volume qui leur est offert, et que, par suite, ils n'ont pas de *surface libre*.

Pour démontrer par l'expérience la force expansive des gaz, on place sous une cloche en verre une vessie à demi gonflée, fermée par un robinet (*fig.* 97). Au début de l'expérience, les parois de la vessie supportent des pressions égales et opposées de la part de l'air extérieur et de celui qu'elle contient. Il n'en est plus de même, si l'on raréfie l'air sous la cloche au moyen de la machine pneumatique. Dans ces con-

Fig. 97.

ditions, l'équilibre des pressions n'existe plus, et l'on voit la vessie se gonfler, sous l'influence de la force expansive de l'air qui y est renfermé, avec d'autant plus d'effet que le degré du vide est plus reculé. Si l'on restitue, dans l'intérieur de la cloche, la pression initiale par la rentrée de l'air, la vessie se dégonfle immédiatement et reprend sa forme et son volume primitifs.

Remarque. — Tous les gaz peuvent être *liquéfiés* en rapprochant leurs molécules au moyen d'un refroidissement et d'une pression convenables, ce qui fait disparaître l'ancienne distinction de gaz permanents, c'est-à-dire ceux qui ne pouvaient être liquéfiés, et gaz non permanents. Il n'y a donc pas de différence essentielle entre les gaz et les vapeurs, la forme liquide ou de fluide aériforme que peut prendre une substance donnée n'étant déterminée que par les conditions de température et de pression auxquelles elle est soumise. C'est ainsi que l'eau, par exemple, sera réduite à l'état gazeux sous l'influence de la chaleur, et que l'oxygène deviendra un liquide par un refroidissement et une compression énergiques. Les gaz se présentent donc sous la forme gazeuse dans les conditions normales de température et de pression, tandis que les vapeurs, issues des liquides chauffés, affectent la forme liquide dans les mêmes circonstances.

180. Applications des principes de l'hydrostatique aux gaz. — On peut appliquer aux gaz les lois fondamentales de l'hydrostatique, parce que celles-ci sont dues à la grande mobilité des molécules liquides, propriété qui est commune, ainsi que l'élasticité, à ces deux espèces de fluides ; la grande différence que l'on constate dans la compressibilité des liquides et des gaz laisse intacts les raisonnements sur lesquels nous nous sommes appuyés pour établir les lois de l'hydrostatique.

Il est facile de se convaincre que le *principe de Pascal* (134) est applicable aux gaz, c'est-à-dire qu'une pression exercée en un point d'une masse gazeuse se transmet égale à elle-même dans toutes les directions. C'est pour cette raison qu'une bulle de savon, sous la pression de l'air que l'on souffle, prend la forme d'une sphère. Comme pour les liquides, la surface totale d'une enveloppe, dans laquelle on comprime un gaz, supporte une pression proportionnelle à l'étendue de cette surface. Si l'on souffle de l'air dans un large ballon de caoutchouc au moyen d'un tube *étroit*, la pression exercée sur toute l'enveloppe sera d'autant plus grande qu'il y aura plus de différence entre sa surface et la section du tube : c'est le principe de la presse hydraulique (148).

Dans une masse gazeuse en équilibre, les mêmes lois que nous avons constatées pour les liquides se vérifient pour les gaz. Il y a une pression verticale de haut en bas, augmentant avec la profondeur, identique sur toute la surface d'une même tranche horizontale, indépendante de la forme des vases, proportionnelle à la densité du gaz, et développant une réaction égale et opposée en tous points qu'on appelle la *poussée* des gaz (135 et seq.). De même, une molécule, prise à un endroit quelconque dans la masse d'un gaz, supporte des pressions égales dans tous les sens.

Enfin, le principe d'Archimède (153) trouve aussi son application, et tout corps plongé dans une masse gazeuse perd une partie de son poids égale au poids du volume gazeux qu'il déplace. C'est ce qu'on met en évidence en faisant flotter une bulle de savon, gonflée avec de l'air, à la surface d'une atmosphère très dense, comme de l'acide carbonique. Une bulle de savon, gonflée avec un gaz plus léger que l'air, subit une poussée supérieure à son poids, comme un morceau de bois dans l'eau, et s'élève dans l'atmosphère : c'est le principe des aérostats que nous étudierons plus loin.

181. Poids des gaz. — Les gaz, comme les autres substances matérielles, sont soumis à l'action de la pesanteur. Il est facile de constater ce fait par l'expérience suivante :

On accroche à l'une des extrémités du fléau d'une balance (*fig*. 98) un ballon vide d'air fermé par un robinet, et l'on produit l'équilibre avec une tare. On laisse ensuite entrer l'air dans le ballon; l'équilibre est immédiatement rompu, et l'on voit la balance s'incliner du côté du ballon, accusant par là un excès de poids causé par un volume d'air égal à celui du récipient. On peut facilement, en rétablissant l'équilibre, évaluer le poids de cette masse d'air.

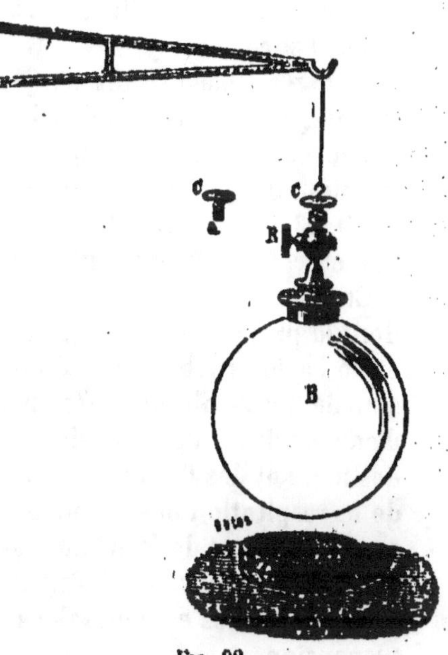

Fig. 98.

A 0° C. et sous la pression de 0m,760, un litre d'air pèse 1gr,293; son poids spécifique par rapport à l'eau est donc 0,001293. L'acide iodhydrique est le plus lourd des gaz et l'hydrogène le plus léger.

II. — ATMOSPHÈRE ET PRESSION ATMOSPHÉRIQUE

182. Constitution de l'atmosphère. — L'*atmosphère*, qu'on appelle encore l'*air*, est cette enveloppe gazeuse qui entoure la terre de toutes parts ; l'attraction terrestre la retient à la surface du globe, malgré sa force expansive, et elle participe au double mouvement de rotation et de translation que la science reconnaît à notre planète. La force élastique et la densité de l'air doivent être plus considérables à proximité du sol que dans les hautes régions, puisque les couches inférieures supportent le poids de la masse d'air située au-dessus d'elles; nous verrons bientôt comment cette prévision théorique est démontrée par l'expérience.

L'air n'est pas un gaz simple, mais un *mélange* d'oxygène et d'azote, avec un peu moins de 1/100 de différents gaz récemment découverts et connus sous les noms d'argon, de métargon, de krypton, de xénon et de néon. L'air contient, sur 100 parties en *poids*, 23,2 d'oxygène, 75,5 d'azote et 1,3 d'argon, et sur 100 parties en *volume*, 21 d'oxygène, 78,06 d'azote et 0,94 d'argon.

En outre de ces gaz, l'air renferme aussi de la vapeur d'eau, dont la proportion est variable avec une foule de circonstances, et de l'acide carbonique, dont la quantité est constamment voisine de 3 dix-millionièmes en volume. La présence de la vapeur d'eau est due à l'évaporation constante qui s'effectue à la surface des mers et des fleuves; quant à l'acide carbonique, il provient de la respiration des hommes et des animaux, ainsi que des combustions et de la décomposition des matières organiques.

Enfin, on trouve dans l'air des traces d'ammoniaque et d'ozone, et des quantités considérables de poussières de toutes sortes en suspension.

183. Hauteur de l'atmosphère. — Tous les physiciens s'accordent à admettre que l'atmosphère est limitée, malgré la force expansive de l'air et la force centrifuge qui tendent toutes deux à disperser ses molécules dans l'espace. Les effets dus à ces deux causes sont contrebalancés, en premier lieu, par l'attraction terrestre, et, en outre, par le fait que la force expansive, diminuant avec l'abaissement de la température dans les hautes régions et la faible densité que le gaz acquiert en se dilatant, finit par devenir extrêmement faible.

Il est difficile d'assigner un chiffre certain à la hauteur de la couche gazeuse qui enveloppe la terre. En se basant sur la diminution de la densité de l'air avec l'altitude et sur la valeur de la pression atmosphérique, on croit que la hauteur de l'atmosphère ne doit pas dépasser 15 à 20 lieues, soit environ 80 kilomètres. Il serait cependant dangereux d'attacher trop d'importance à ces chiffres, parce qu'on ignore comment varie la densité de l'air avec la hauteur; de plus, certains phénomènes crépusculaires et la combustion des bolides, ces pierres tombées du ciel qui s'enflamment par le frottement de l'air, tendraient à faire admettre des résultats bien différents, et d'après lesquels l'atmosphère s'étendrait à plus de 100 lieues.

184. Pression de l'atmosphère. — Nous avons déjà vu que les gaz et l'air, en particulier, sont pesants ; ce dernier doit donc exercer sur les corps placés à la surface de la terre, une pression très grande due au poids des molécules gazeuses accumulées au-dessus d'eux. Cette pression, beaucoup plus considérable que le vulgaire serait tenté de le croire, peut se prouver par plusieurs expériences classiques que nous décrirons sommairement et qui se comprennent d'elles-mêmes.

185. Crève-vessie. — C'est un manchon en verre dont l'une des extrémités est fermée par une membrane de baudruche, et dont l'autre est appliquée sur la platine de la machine pneumatique (*fig.* 99). L'équilibre des pressions qui s'exercent sur les deux faces opposées de la membrane est détruit lorsqu'on fait le vide dans l'intérieur du cylindre; l'on voit la membrane se courber en dedans sous l'influence de la pression extérieure, et elle ne tarde pas à se briser

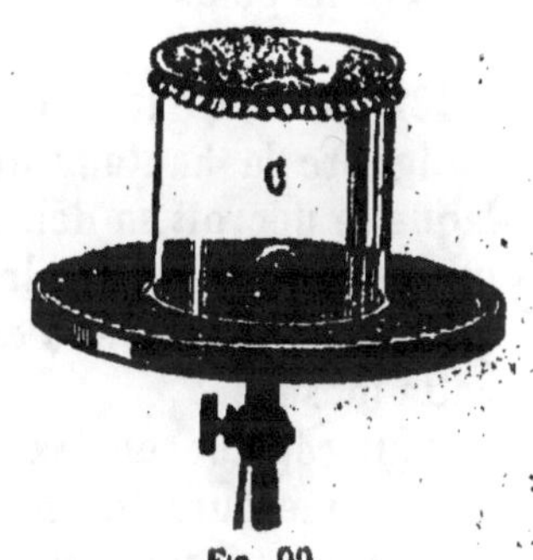

Fig. 99.

avec un bruit sec, déterminé par la secousse violente imprimée à l'air.

186. Hémisphères de Magdebourg. — On prouve encore l'existence de la pression atmosphérique en faisant le vide dans l'intérieur de deux hémisphères — appelées hémisphères de Magdebourg — qui peuvent s'appliquer exactement l'une sur l'autre, de chaque côté d'une lanière de cuir graissé (*fig.* 100). Si la surface des hémisphères est assez considérable, on éprouve une grande résistance pour effectuer la séparation contre la pression atmosphérique qui s'exerce de tous côtés, tandis que l'opération devient facile, si l'on laisse pénétrer l'air à l'intérieur en ouvrant le robinet.

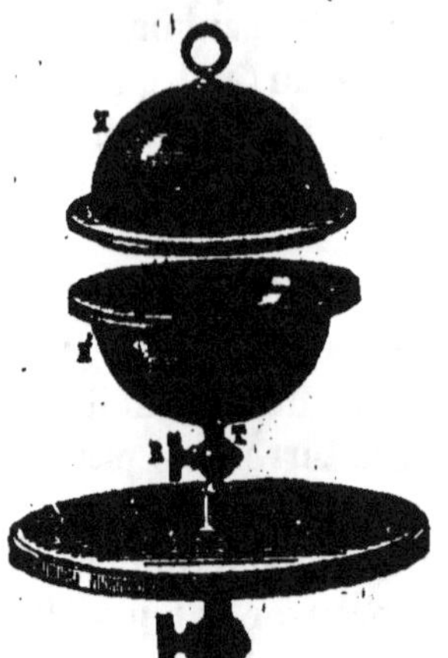

Fig. 100.

L'expérience suivante démontre que la pression atmosphérique s'exerce aussi bien de bas en haut que dans le sens contraire. Si l'on retourne, avec certaines précautions, une éprouvette pleine d'eau et fermée avec une feuille de papier (*fig.* 101), on constate que la pression de l'air maintient la feuille en place, malgré le poids de l'eau.

Fig. 101.

187. Valeur de la pression atmosphérique. — Comme on ignore la hauteur de l'atmosphère et la loi exacte suivant laquelle décroît sa densité avec l'altitude, il est impossible d'évaluer la pression de l'air par le calcul. Une expérience, restée célèbre sous le nom d'*expérience de Torricelli*, permet d'effectuer cette mesure.

Pour répéter cette expérience (*fig.* 102), on remplit entièrement avec du mercure un long tube de verre dont une seule extrémité est ouverte; on ferme cette extrémité avec le doigt, et l'on renverse le tube sur une capsule contenant également du mercure. On retire alors le doigt, et, contrairement à ce qu'on pourrait peut-être prévoir, on constate que tout le mercure du tube ne tombe pas, mais qu'une colonne mercurielle d'à peu près 30 pouces ou 76 centimètres de longueur reste en équilibre, comme soutenue par une force invisible. Le poids de cette colonne de mercure, comme Torricelli l'a prétendu dès le principe, est maintenue en équilibre par la pression atmosphérique qui s'exerce sur le liquide de la cuvette, et peut, par conséquent, lui servir de mesure. L'application des principes de l'hydrostatique fournit un moyen facile de démontrer cette conclusion.

Nous savons que, dans un liquide en équilibre (135), la pression doit être la même sur toute l'étendue d'une même tranche

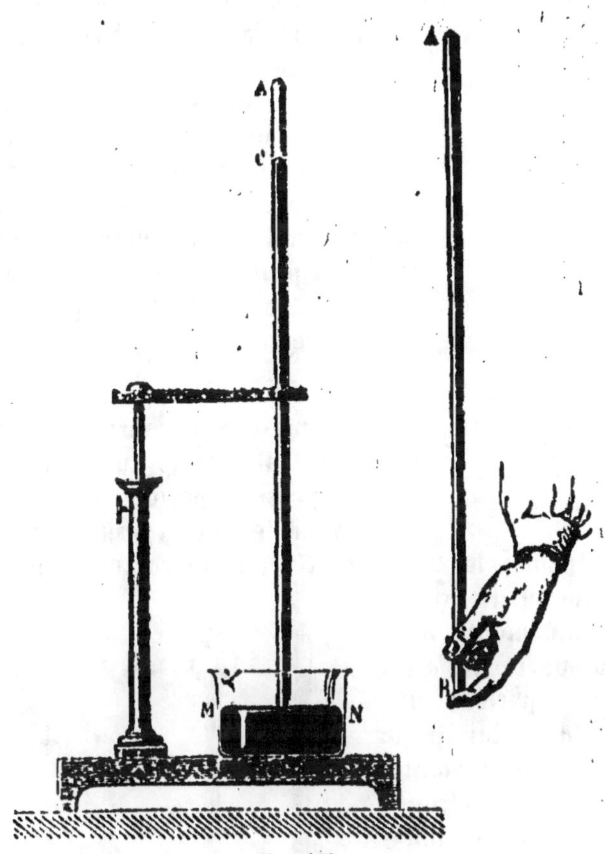

Fig. 102.

horizontale; la pression supportée par l'élément de surface b (fig. 103) sera donc la même que celle qui s'exerce sur l'élément a, égal à b, et pris dans l'intérieur du tube. Or cette dernière pression est due uniquement au poids de la colonne mercurielle c, puisqu'en renversant le tube sur la cuvette, l'air n'a pas pu entrer, et que, par conséquent, le vide complet existe dans la partie supérieure du tube qu'on appelle la *chambre barométrique* ou *chambre de Torricelli*. En supposant que l'élément intérieur a ait 1 centimètre carré de surface, il en résulte que chaque centimètre carré de la surface libre du mercure dans la cuvette supporte, de la part de l'atmosphère, une pression égale à celle du poids de la colonne liquide contenue dans le tube. Or une colonne

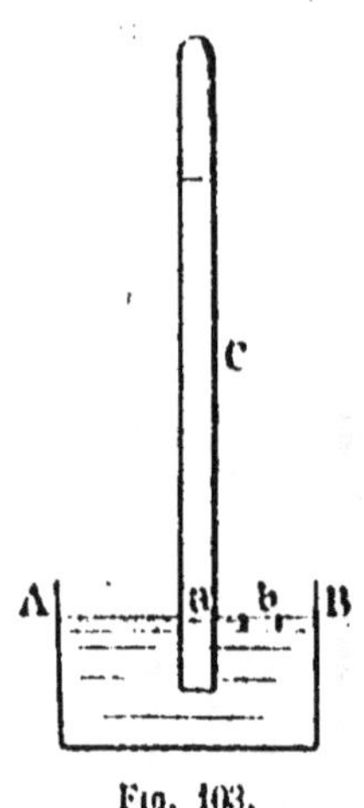

de mercure de 1 centimètre carré de section et de 76 centimètres de hauteur, — c'est la valeur moyenne de la hauteur du mercure soulevé — pèse 1,033 grammes ou $1^{kg},033$; telle est donc aussi la pression exercée par l'atmosphère sur une surface de 1 centimètre carré. D'après notre système de mesures, la pression atmosphérique est sensiblement égale à 15 livres par pouce carré de surface.

Fig. 103.

REMARQUE. — Le poids du mercure soulevé ne mesure la pression atmosphérique qu'en autant que le tube qui contient le liquide possède partout la *même section* et occupe exactement la *position verticale*. Lorsqu'on incline le tube (*fig.* 104), le mercure paraît monter, le poids absolu du liquide soutenu augmente, mais la hauteur *verticale* du niveau supérieur au-dessus de celui de la cuvette reste constante. De même, la différence des niveaux est indépendante de la *forme* du tube et de sa *section*. Ces divers phénomènes sont des conséquences du principe des vases communiquants, lequel

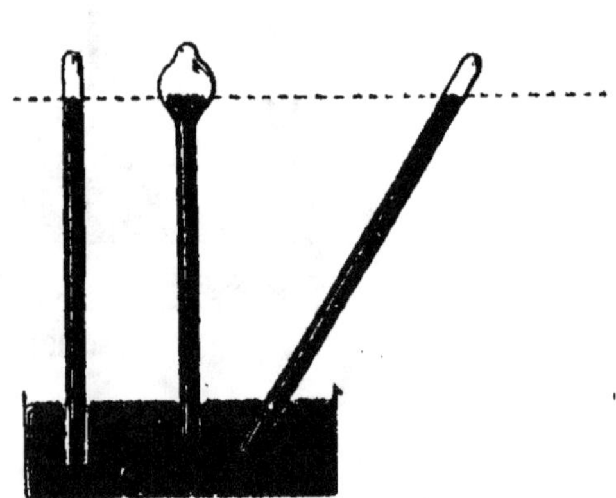

Fig. 104.

rend compte également du fait que l'étendue de la surface dans la cuvette est sans influence sur la hauteur du mercure soulevé. En effet, la tranche liquide, prise à l'intérieur du tube et au niveau de la surface libre du mercure, peut être considérée comme le fond d'un vase sur lequel s'exerce, d'un côté, la pression de la colonne liquide, et, de l'autre, celle de l'atmosphère qui se transmet à travers le mercure de la cuvette; or l'on sait que la pression sur le fond d'un vase ne dépend que de la grandeur de ce dernier et de la hauteur *verticale* qui le sépare du niveau supérieur. La hauteur du mercure dans le tube de Torricelli et celle de l'atmosphère sont donc, dans tous les cas, en raison inverse de leur densité.

L'expérience suivante fournit une image de ce qui se passe dans l'appareil de Torricelli :

On verse du mercure au fond d'une large éprouvette (*fig.* 105), puis on enfonce dans ce liquide un tube de verre dont les deux extrémités sont ouvertes. Le niveau est d'abord le même à l'intérieur et à l'extérieur du tube; mais, si l'on verse de l'eau tout autour de ce dernier, la pression qui s'exerce sur le mercure fait monter celui-ci dans le tube. En mesurant alors les hauteurs du mercure et de l'eau au-dessus du niveau CD, on constate qu'elles sont en raison inverse des densités des deux liquides, c'est-à-dire que la colonne d'eau est 13,6 fois plus longue que la colonne de mercure; le rapport des hauteurs reste le même, quelle que soit la quantité absolue d'eau versée, quels que soient aussi le diamètre du tube et la section du vase.

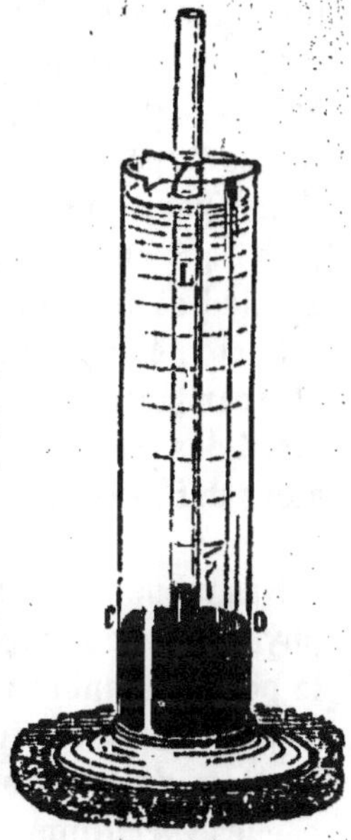

Fig. 105.

188. Expériences de Pascal. — Les idées de Torricelli sur la pression de l'air ont été victorieusement confirmées par les expériences de Pascal. En répétant l'expérience de Torricelli avec des liquides de densités très différentes, on devait obtenir, si l'on suit la théorie dans ses conséquences, des colonnes de hauteurs fort inégales et inversement proportionnelles à ces mêmes densités. C'est dans ce but que Pascal opéra avec de l'eau, du vin, etc., et l'expérience vérifia entièrement les prévisions de la théorie; il obtint, en effet, une colonne de vin 13,6 fois plus longue que la colonne ordinaire de mercure.

Le même savant avait aussi prévu que la hauteur de la colonne mercurielle devait diminuer avec l'altitude du lieu d'observation, et devait, par suite, être plus courte sur une montagne que dans la plaine, puisqu'en s'élevant dans l'atmosphère on laisse en dessous de soi une couche d'air de plus en plus épaisse, et dont le poids ne se fait plus sentir sur le mercure de la cuvette. Les prévisions de l'illustre physicien se sont, encore une fois, pleinement réalisées; Pascal constata que la hauteur de la colonne de mercure était de 4^{mm},3 plus courte sur le sommet de la tour Saint-Jacques, à Paris, qu'au niveau de la rue, et, dans les mémorables expériences du Puy-de-Dôme exécutées, sous ses indications, par son beau-frère Perrier, on trouva une différence de plus de 8 centimètres entre les hauteurs des colonnes obtenues au pied et au sommet de la montagne.

Ces expériences décisives firent rejeter la théorie de l'*horreur du vide* par laquelle on expliquait jusqu'à cette époque le fonctionnement des pompes, et l'existence de la pression atmosphérique fut alors définitivement admise par tous les physiciens.

Remarque. — Dans le langage employé couramment par les physiciens, on exprime la pression atmosphérique non pas par le poids du mercure soutenu, mais par la *hauteur* de la colonne; c'est ainsi qu'on dira, par exemple, que la pression est de 76 *centimètres de mercure*, et les changements de pression sont indiqués par les variations de longueur de cette même colonne. La pression qui correspond à une colonne de 76 centimètres de hauteur et de 1 centimètre carré de section, est appelée 1 *atmosphère*; une pression double, triple, etc., sera de 2, 3, etc. atmosphères.

On comprend facilement que la pression, en un point quelconque de l'atmosphère, caractérise la *force élastique* de l'air en ce point, la force d'expansion d'une masse limitée d'air étant évidemment égale à la pression qui s'exerce sur toute sa surface. Il en résulte que cette force élastique pourra s'exprimer, comme la pression atmosphérique, en centimètres de mercure.

189. Action physiologique de la pression de l'air. — On peut facilement mesurer la pression supportée par le corps humain de la part de l'atmosphère; il suffit de multiplier par 15 la surface totale du corps, exprimée en pouces carrés, pour avoir la valeur de cette pression, exprimée en livres. Pour un homme de taille ordinaire, elle est de 35,000 livres environ, ou de 17,500 kilogrammes. Une pression aussi grande ne nous gêne aucunement, parce qu'elle se transmet aux liquides et aux gaz qui remplissent les cavités de notre organisme, et nos tissus supportent, de cette manière, des pressions égales et opposées. Il est

évident que toute variation de la pression atmosphérique se fait
sentir à l'intérieur du corps; si cette pression diminue dans de
trop larges proportions et trop brusquement, l'expansion des
gaz intérieurs produit le malaise que l'on ressent sur les hautes
montagnes, et qu'on appelle, pour cette raison, le *mal des montagnes*. Le défaut de pression extérieure est cause que l'équilibre
est rompu, le sang s'extravase et occasionne des hémorrhagies,
la respiration s'accélère ainsi que le pouls, et l'on ressent souvent
des nausées et du vertige. Ces accidents, qui peuvent devenir
mortels, arrivent assez fréquemment dans les ascensions aérostatiques.

Le malaise, causé à la surface du sol par une décroissance un
peu rapide et notable de la pression, nous fait trouver, par une
singulière illusion, le *temps lourd*, tandis qu'une augmentation
du poids de l'air est favorable au fonctionnement normal de
notre organisme.

III. — BAROMÈTRES

190. Baromètres. — Les *baromètres* sont des instruments
dont le but est de mesurer avec précision la pression atmosphérique et d'en indiquer les variations. Les *baromètres à mercure* ne
sont rien autre chose que des tubes de Torricelli auxquels on a
fait subir certains perfectionnements qui en font des instruments
de précision. Après avoir énoncé les conditions auxquelles doit
satisfaire un bon baromètre à mercure, nous décrirons sommairement les plus employés, puis nous verrons les *baromètres métalliques*, dont le principe est tout différent de celui des premiers.

191. Conditions d'un bon baromètre à mercure. —
Les baromètres à mercure, qu'on appelle encore *baromètres à
cuvette*, si l'on excepte le baromètre à siphon de Gay-Lussac,
exigent, pour être exacts et précis, plusieurs conditions indispensables qu'on peut énoncer de la manière suivante:

1° Le mercure employé doit être *chimiquement pur*, débarrassé

11

d'oxydes, de bulles d'air et de gouttelettes d'eau, parce que la densité du mercure chargé d'oxydes est très incertaine, et, de plus, parce qu'il se produit une adhérence, entre le liquide impur et les parois du verre, qui retarde les mouvements de la colonne et fausse les indications de l'instrument.

2° Il faut que la *chambre barométrique* soit entièrement *vide*, c'est-à-dire ne contienne aucun gaz ou aucune vapeur, dont la force élastique déprimerait la colonne liquide et enlèverait au baromètre toute sa précision.

3° Il faut pouvoir mesurer exactement — c'est la condition la plus importante — la *distance verticale* des niveaux du mercure dans la cuvette et dans le tube barométrique, puisque (187; remarque) la pression atmosphérique est mesurée par cette hauteur. Si la graduation est gravée sur le tube lui-même ou sur une échelle qui lui est solidaire, on comprend qu'une inclinaison de l'instrument ferait monter le mercure dans le tube, et la hauteur lue à l'extrémité de la colonne serait trop forte.

4° Les bons baromètres sont toujours accompagnés d'un *thermomètre*, pour effectuer la correction de la température, parce que les variations de celle-ci modifient la densité du mercure. Une autre correction, relative à la capillarité, est également nécessaire. Le mercure, en effet, ne mouille pas le verre, et il se forme, au sommet de la colonne, un ménisque convexe qui déprime d'autant plus le liquide que le diamètre du tube est plus petit. La *dépression capillaire*, c'est-à-dire la quantité dont la hauteur de la colonne est diminuée, est insensible lorsque le diamètre du tube atteint 3 centimètres. Elle se mesure au moyen de tables particulières.

Nous allons maintenant faire connaître comment on réalise les deux premières conditions, dans la construction des baromètres à mercure, et les méthodes employées par quelques inventeurs pour satisfaire à la troisième.

192. Construction d'un baromètre à mercure. — Le mercure est le liquide barométrique par excellence. Outre qu'il permet, à raison de sa grande densité, de donner au tube qui le contient des dimensions relativement restreintes et, par suite, peu encombrantes, il a, en outre, l'avantage d'émettre peu de vapeurs et de ne dissoudre aucun gaz ; dans le cas contraire, ces vapeurs et ces gaz, par leur force élastique, comprimeraient la colonne mercurielle, en se dégageant dans la chambre de Torricelli.

Il est essentiel, comme nous venons de le dire (191, 1°), d'employer un mercure parfaitement nettoyé d'oxydes métalliques. On y parvient en les dissolvant, ainsi que les métaux étrangers, dans l'acide azotique, puis en lavant à grande eau et en laissant sécher. Le mercure est prêt alors à être introduit dans le tube de verre qui doit être, lui aussi, purifié avec le même acide et séché avec soin.

Les précautions que nous venons d'indiquer ne sont pas encore suffisantes pour constituer un baromètre précis et exact, parce qu'il existe toujours, entre le mercure et les parois du tube, de nombreuses bulles d'air et des gouttelettes d'eau qu'il faut chasser complètement par l'ébullition du liquide dans le tube lui-même. Ce n'est qu'à cette condition que l'on peut obtenir des baromètres comparables entre eux, comme Le Monnier et Cassini le reconnurent, sans en donner l'explication, un siècle après l'invention de cet appareil ; les effets de l'ébullition du mercure dans le tube ne furent expliqués qu'en 1762 par Deluc.

Pour effectuer cette opération, on place le tube barométrique, rempli de mercure purifié, sur un gril incliné, après avoir soudé à la partie ouverte une ampoule de verre destinée à recueillir le mercure que des soubresauts, causés par le dégagement des vapeurs mercurielles, tendent à faire sortir à l'extérieur. Quand le mercure a été porté à une température voisine de l'ébullition, on entoure le tube de charbons incandescents, et on provoque l'ébullition successivement sur toute la longueur du tube, en augmentant, à partir de l'extrémité inférieure, le nombre des charbons, et en les retirant pour les reporter plus haut, après que l'ébullition a duré quatre à cinq minutes à chaque endroit.

Cette opération, qu'il faut conduire avec soin, si l'on ne veut pas que le tube soit brisé par les secousses du mercure en ébullition, a pour effet de débarrasser ce dernier de toutes traces de bulles d'air et de gouttes d'eau, et de lui donner l'apparence d'une colonne liquide brillante comme le plus parfait miroir. Il ne reste plus maintenant, après avoir détaché l'ampoule et rempli entièrement le tube avec du mercure chaud, qu'à répéter l'expérience de Torricelli, c'est-à-dire à renverser le tube sur sa cuvette, et le baromètre est construit.

Ce mode de remplissage est commun à tous les baromètres à

mercure; nous allons voir maintenant comment on mesure, dans les différents systèmes de baromètres, la hauteur verticale de la colonne mercurielle.

193. Baromètre normal. — C'est le baromètre de Regnault, et c'est le plus précis. Comme l'indique la figure 106, il se compose d'un gros tube de verre plongeant dans une cuvette en fonte à large section, et le tout est solidement fixé au mur du laboratoire. Il n'y a pas de graduation sur le tube ni sur la planche de bois qui le supporte; les mesures se font au cathétomètre, par conséquent sur une échelle distincte de l'appareil. Pour cela, on vise directement, avec la lunette du cathétomètre, le niveau du mercure dans le tube; celui de la cuvette s'obtient en visant l'extrémité supérieure d'une vis v, dont la longueur est exactement connue d'avance et dont l'autre extrémité touche la surface du liquide. On est certain que cette dernière condition est remplie quand la pointe de la vis semble en contact avec son image. Il ne reste plus qu'à ajouter la longueur de la vis à la hauteur observée, et l'on a, avec toute la précision désirable, la hauteur barométrique cherchée. On n'a pas à se préoccuper de la dépression capillaire, parce qu'on emploie toujours des tubes à large diamètre.

Fig. 106.

Le baromètre normal n'est destiné qu'aux expériences précises des laboratoires; pour les observations qui exigent des déplacements, on se sert du *baromètre de Fortin*, qui est aussi un instrument de précision.

194. Baromètre de Fortin. — C'est un baromètre à cuvette, et la figure 107 montre comment cette dernière est construite. Le mercure repose sur une peau de chamois soutenue par une vis V. En tournant cette vis, on soulève ou on abaisse le mercure jusqu'à ce que sa surface soit en contact avec l'extrémité d'une pointe d'ivoire P qui correspond au zéro de la graduation; cette coïncidence a lieu lorsque la pointe d'ivoire semble toucher son image. On obtient donc, par ce moyen, une cuvette à *niveau constant*. Sans ce dispositif ingénieux, le zéro de la graduation

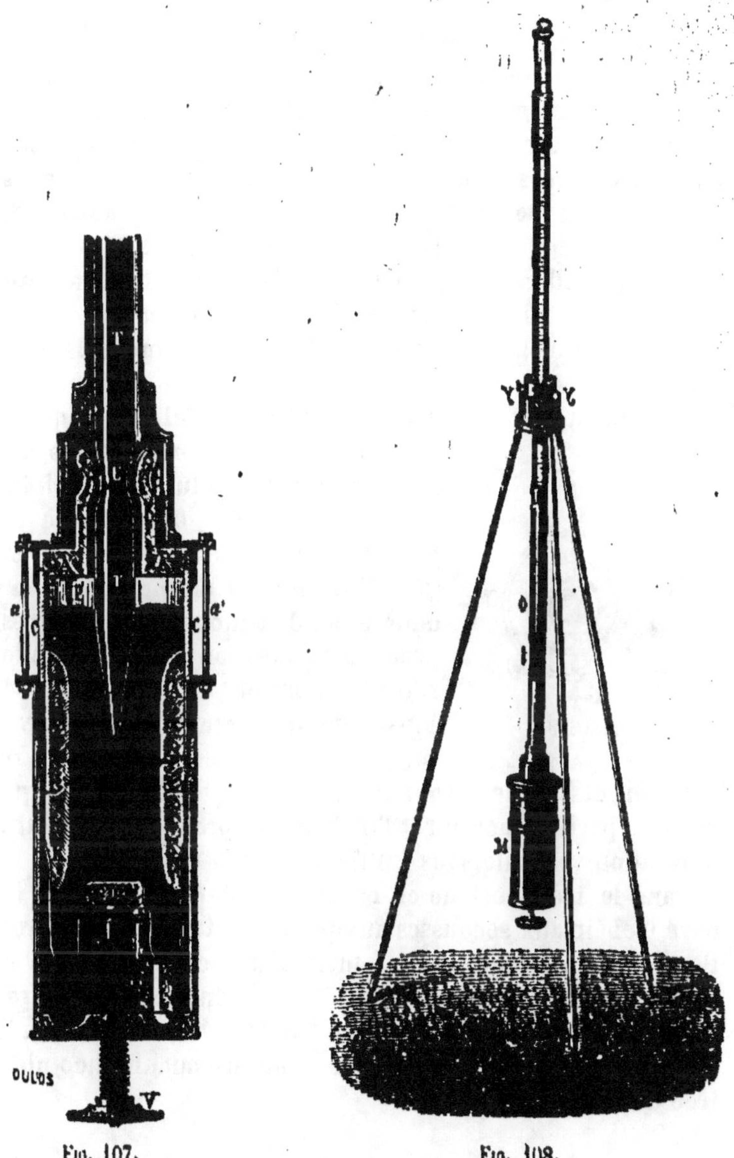

Fig. 107.

Fig. 108.

erait nécessairement variable; on comprend, en effet, que le niveau doit monter quand une diminution dans le poids de l'air fait passer un peu de mercure du tube dans la cuvette, tandis qu'au contraire il s'abaisse, dans le cas d'un excès de pression.

Le tube barométrique (*fig. 108*), fixé au couvercle de la cuvette par une peau de chamois permettant à l'air de pénétrer librement, est protégé par un étui métallique, dont la partie supérieure est percée de deux fentes longitudinales et opposées qui laissent voir le sommet de la colonne mercurielle. C'est sur le bord de l'une de ces fenêtres qu'est tracée la graduation, et le nombre de centimètres, de millimètres et de fractions très petites de millimètre, qui mesurent la hauteur barométrique, est indiqué avec une grande précision par un *curseur* portant un vernier, et qu'on fait mouvoir à la main au moyen d'une crémaillère.

Comme la graduation est gravée sur l'étui métallique, il est essentiel, pour effectuer des mesures barométriques, que le tube soit parfaitement *vertical*. A cet effet, on le fixe à un trépied par une *suspension à la Cardan* (*fig.* 109), qui lui permet de se mouvoir dans deux directions rectangulaires et de prendre la position exigée, quelle que soit l'inclinaison du terrain sur lequel l'instrument repose. Dans les laboratoires, on peut se dispenser de ce mode de suspension, et fixer le baromètre à un mur par un anneau que l'on voit à la partie supérieure; l'instrument prend alors de lui-même la position verticale sous l'influence de la pesanteur.

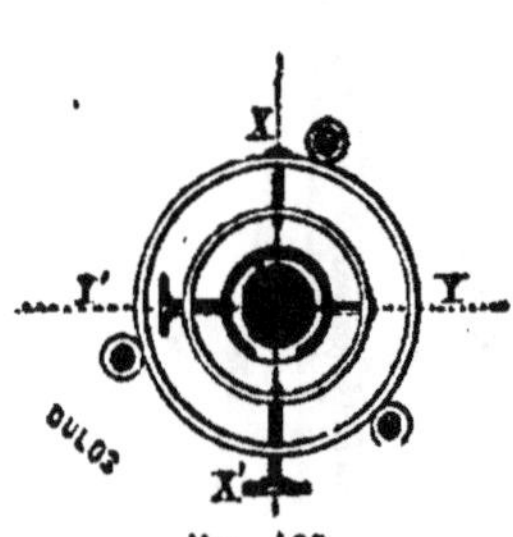

Fig. 109.

Dans le transport de ce baromètre, il faut empêcher le mercure d'obéir aux secousses auxquelles le tube ne résisterait pas. Pour cela, on soulève le fond mobile de la cuvette jusqu'à ce que le tube soit entièrement plein. L'instrument peut alors être placé dans un étui en cuir muni d'une bandoulière, la cuvette à la partie supérieure, sans qu'on ait à craindre aucun choc ni la rentrée de l'air.

REMARQUE. — Nous avons dit plus haut qu'il fallait, pour obtenir la hauteur barométrique exacte, effectuer deux corrections, l'une relative à la capillarité, l'autre à la température.

La première consiste à *ajouter* la *dépression capillaire* à la hauteur observée, lorsque le diamètre du tube, ce qui arrive toujours pour les baromètres ordinaires, est inférieur à 3 centimètres. Cette dépression, en général, varie avec le diamètre du tube et la *flèche du ménisque*, c'est-à-dire la hauteur *ab* (*fig.* 110) au-dessus du plan *cd* ; elle se calcule au moyen de tables déduites des formules de Laplace. On remarque, cependant, que cette dépression devient constante dans des tubes barométriques dont le diamètre intérieur mesure au moins 7 millimètres ; elle est donnée une fois pour toutes, par le constructeur.

Fig. 110.

Quant à la correction de la température ou *réduction* de la hauteur barométrique à ce qu'elle serait à 0°, on peut l'effectuer au moyen de formules, ou par des tables qui la donnent immédiatement. Si l'on se contente de mesurer la pression de l'air à 1/10 de millimètre près, on démontre qu'il suffit de retrancher, de la hauteur lue en millimètres, un nombre de millimètres qu'on obtient en multipliant la température par le nombre 0,12.

Supposons, par exemple, que la hauteur observée soit de $758^{mm},2$, à la température de $15°,4$. Ce dernier nombre, multiplié par 0,12, donne, en compensant, $1^{mm},0$, lequel, soustrait de $758^{mm},2$, produit enfin 756,3 : c'est la hauteur réduite à 0°. Si l'on ajoute à cela la dépression capillaire, supposée égale à $0^{mm},3$, on aura définitivement $756^{mm},6$.

Il existe plusieurs autres espèces de baromètres à mercure, notamment le baromètre de Gay-Lussac, plus fragile et moins sensible que celui de Fortin, quoique plus léger, et le *baromètre à cadran*, dont la valeur est plutôt décorative que scientifique ; nous nous dispenserons de les décrire.

195. Baromètre métallique. — Cet instrument, qu'on appelle *baromètre anéroïde* parce qu'il ne contient pas de liquide, est entièrement construit avec des substances métalliques, et le principe sur lequel il repose a été énoncé par Vidi, à qui l'on doit la construction des meilleurs appareils de ce genre. Dans le baromètre de Vidi, les variations de la pression atmosphérique sont mesurées par les déformations correspondantes d'une boîte métallique.

L'instrument se compose essentiellement d'une caisse cylindrique, parfaitement close et vide d'air (*fig.* 111). La face supérieure est formée d'une lame métallique très mince et très élastique, qu'on a plissée de cannelures concentriques dans le but de diminuer les résistances aux déformations. La pression atmosphérique, en exerçant son action sur cette lame, a pour effet de la courber, tandis qu'elle se soulève à chaque diminution de pression, sous l'influence de son élasticité. On conçoit alors qu'il se produise, dans la lame élastique, des mouvements de hausse et de baisse, correspondant aux variations de la pression ; il ne reste plus qu'à les communiquer, en les exagérant au moyen d'un système de leviers et d'un ressort, à une aiguille qui se meut sur un cadran. Ces instruments sont gradués en millimètres par comparaison avec un baromètre à mercure, et l'aiguille,

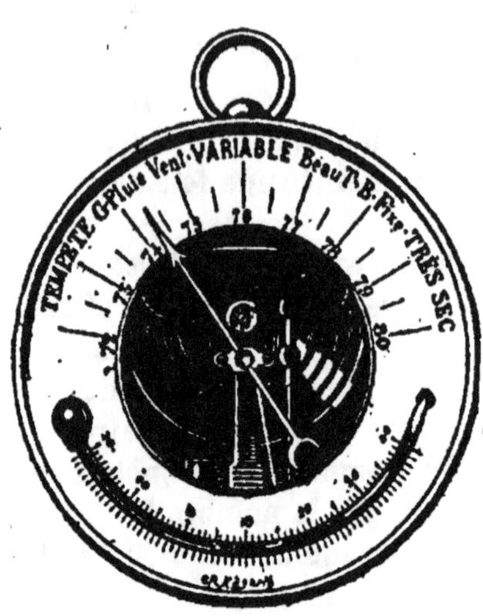

Fig. 111.

en se déplaçant devant les chiffres du cadran, indique les hauteurs correspondantes de la colonne mercurielle. On ajoute à quelques-uns de ces appareils une deuxième graduation destinée à la mesure directe des hauteurs.

Les baromètres métalliques, quoique inférieurs aux baromètres à mercure, sont plus précis qu'on pourrait peut-être le croire ; on en construit d'assez parfaits pour indiquer une différence de niveau, lorsqu'on les élève simplement avec la main. Le volume restreint des baromètres anéroïdes et la solidité de leur construction en font des instruments précieux et essentiellement portatifs. Comme l'élasticité de la boîte métallique finit par s'émousser après un long usage, il importe, de temps en temps, de rectifier la position de l'aiguille par une nouvelle comparaison avec un baromètre à mercure.

196. Baromètre métallique enregistreur. — Ce baromètre a pour but, comme l'indique son nom, d'enregistrer les variations de la hauteur barométrique dans l'intervalle d'une journée. A cet effet, on visse l'une sur l'autre, pour amplifier les mouvements de hausse et de baisse, huit boîtes cannelées semblables à celle du baromètre précédent (*fig.* 112). Un mécanisme assez simple transmet la somme de ces mouvements à un levier dont l'extrémité, munie d'une plume, vient effleurer un cylindre recouvert d'une feuille de papier. Ce cylindre, dans l'intervalle

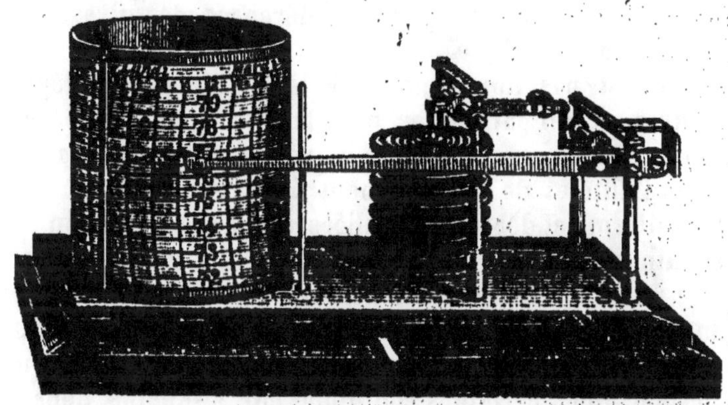

Fig. 112.

de vingt-quatre heures, exécute une rotation entière au moyen d'un mouvement d'horlogerie dissimulé dans l'intérieur, et à chacune des heures correspondent des arcs de cercles tracés sur le papier, tandis que des lignes horizontales indiquent la hauteur barométrique en millimètres; on aura donc, à la fin de la journée, une ligne sinueuse indiquant les fluctuations de la pression barométrique d'heure en heure, ainsi que sa valeur à chaque instant.

197. Mesure des hauteurs par le baromètre. — L'emploi du baromètre pour la mesure des différences de niveau, dont la première idée appartient à Descartes, a été suggéré à Pascal par l'expérience du Puy-de-Dôme (188). Nous avons vu, en effet, que la pression de l'air est d'autant plus faible qu'on s'éloigne davantage de la surface du sol. La possibilité d'une relation simple entre la longueur de la colonne barométrique et la hauteur à laquelle a été porté l'instrument se présente tout naturellement à l'esprit; comme la densité de l'air, à 0° et à

760 millimètres de pression, est à peu près 10,464 fois plus faible que celle du mercure, 1 millimètre de mercure, dans la colonne barométrique, doit faire équilibre à 10,464 millimètres d'air, et le baromètre doit baisser d'un millimètre, si on élève l'instrument à $10^m,464$. Ce raisonnement est juste pour une hauteur d'une centaine de mètres, parce que, dans ces limites, la densité de l'air est considérée comme constante, et l'on peut, par une simple proportion, mesurer de petites différences de niveau par la dépression barométrique.

Il n'en est pas de même pour les altitudes qui dépassent 100 mètres, et, en particulier, pour la mesure des hauteurs considérables, parce que la densité de l'air, à raison de sa grande compressibilité et de l'abaissement de la température, est loin d'être uniforme et décroît irrégulièrement à mesure qu'on s'élève dans l'atmosphère. La mesure des hauteurs ne peut plus, dès lors, se faire directement; on doit se servir d'une formule plus ou moins compliquée, due à Laplace, dans laquelle l'illustre savant français a tenu compte de toutes les causes d'erreur, et qui permet, dans certaines conditions sur lesquelles nous n'insisterons pas, de calculer, à quelques mètres près, la différence de niveau entre deux stations.

Comme nous l'avons déjà dit, ces mesures peuvent être faites directement avec les baromètres anéroïdes, au moyen d'une graduation particulière.

198. Variations barométriques. — Les premiers physiciens qui ont observé le baromètre, et, entre autres, Torricelli lui-même, ont bien vite constaté, dans la longueur de la colonne mercurielle, des variations qui diffèrent avec le lieu de l'observation, la saison, l'altitude, l'heure de la journée, etc. Cette oscillation du baromètre, très apparente pour des observations assez espacées, se fait sentir encore dans l'intervalle d'un même jour, ce qui indique que la pression atmosphérique subit des changements continuels. Les limites extrêmes entre lesquelles oscille la colonne barométrique — c'est ce qu'on appelle l'*amplitude des variations* — sont d'autant plus étendues que le lieu d'observation est plus rapproché des pôles. On remarque, en effet, que l'amplitude, qui n'est que de 6 millimètres sous l'équateur et de 30 millimètres sous le tropique du Cancer, atteint 60 millimètres à la latitude de 65°. Des causes accidentelles, toutefois, peuvent produire des variations plus considérables; c'est ainsi qu'on a déjà observé à Québec, dans l'intervalle d'un temps plus ou moins long, des changements de pression qui s'accusaient par une différence de 2 1/2 pouces dans la longueur de la colonne mercurielle.

A cause de ces variations de la hauteur barométrique dans un même lieu, il est important de déterminer les *hauteurs moyennes diurne, mensuelle et annuelle;* il suffit, pour cela, de diviser par 24, pour la moyenne diurne, la somme des hauteurs barométriques observées d'heure en heure pendant toute une journée, et de procéder d'une façon analogue pour les deux autres. On obtient de la sorte la hauteur moyenne d'un jour, d'un mois et d'une année.

Ces moyennes présentent des caractères différents. Tandis que la *hauteur moyenne annuelle*, variable avec la latitude([1]), est *constante* pour un même lieu, les *moyennes mensuelles* subissent des changements d'un mois à l'autre, les plus grandes moyennes ayant lieu en hiver.

L'étude de la hauteur moyenne de *chaque jour* a révélé le phénomène important des *variations régulières ou diurnes*, trahissant dans l'atmosphère un état de pression qui se reproduit à des intervalles de temps déterminés. C'est ainsi que de Humboldt a constaté, à l'équateur et entre les tropiques, deux *maxima* dans la hauteur barométrique, l'un à 10 heures du matin et l'autre à 10 heures du soir, et deux *minima* à 4 heures du matin et du soir. Le mouvement de la colonne mercurielle est assez régulier pour permettre d'en déduire l'heure du jour, à la seule inspection du baromètre, avec une erreur en plus ou en moins qui ne dépasse pas 15 à 17 minutes.

Ces variations *horaires* perdent leur régularité et diminuent d'amplitude aux limites de la zone torride, et, quoiqu'elles soient encore constatées dans nos climats tempérés et qu'elles paraissent se produire à peu près aux mêmes heures, on les observe toutefois bien plus difficilement à cause des *variations accidentelles* qui les masquent continuellement. Ces variations accidentelles, dues aux conditions si changeantes et si complexes de l'atmos-

---

1. La hauteur moyenne annuelle suit une marche ascendante de l'équateur jusqu'au 36° de latitude, et décroît à mesure qu'on s'approche du pôle nord.

phère, et qui ont un rapport si remarquable avec l'état du ciel, sont caractéristiques des climats tempérés; elles ne se produisent pas dans les régions équatoriales, et le baromètre n'obéit, dans ces latitudes, qu'aux variations diurnes.

199. Causes des variations barométriques. — On peut poser en principe que la colonne mercurielle n'est sensible qu'aux *seules variations de pression* qui se manifestent dans l'atmosphère, et toute la question se réduit à déterminer les causes extrêmement complexes de ces variations. Or les changements continuels de la densité de l'air sont liés presque exclusivement à la distribution de la chaleur dans l'atmosphère, puisque l'air se contracte ou se dilate, par conséquent augmente ou diminue de densité, suivant qu'il est froid ou chaud. C'est ainsi que les dilatations régulières causées par le soleil, dans l'intervalle d'une rotation de la terre sur elle-même, pourraient peut-être expliquer les variations diurnes, qui se reproduisent toujours dans le même ordre, aux mêmes heures de la journée.

Les relations qui existent entre la température de l'air et sa densité expliquent également pourquoi, du moins dans un grand nombre de cas, le mouvement du baromètre se fait en sens inverse de celui du thermomètre. L'élévation de la température, en effet, en faisant monter ce dernier instrument, agit en sens opposé sur le baromètre, par suite de la diminution de la densité de l'air, tandis qu'un abaissement de température, enregistré par une contraction du thermomètre, produit une augmentation de pression dans l'air et fait monter le baromètre.

L'inégale distribution de la chaleur dans l'atmosphère, due à l'échauffement irrégulier du sol, rend compte encore de ce phénomène, assez généralement constaté, qu'une dépression barométrique, en un point déterminé de la surface de la terre, correspond presque toujours à une augmentation de pression en un autre point plus ou moins éloigné; c'est que l'air dilaté s'élève dans les hautes régions de l'atmosphère et se répand sur les côtés, en causant un excès de pression aux endroits où il se déverse.

Enfin, c'est encore à la chaleur qu'est due, à quelques exceptions près, l'influence de la direction des vents sur la colonne barométrique, parce que ceux-ci sont plus ou moins chauds ou froids, suivant le point de l'horizon d'où ils soufflent.

200. Prévision du temps par le baromètre. — On a remarqué depuis longtemps — Torricelli lui-même l'avait observé — la coïncidence remarquable qui existe entre les variations barométriques et l'état du ciel, et, dès l'invention du baromètre, on s'est servi de cet instrument pour la prévision du beau et du mauvais temps. C'est là l'origine de certaines indications inscrites sur les baromètres à cadran et les baromètres anéroïdes (*fig.* 111); on y lit l'indication *variable* vis-à-vis de 758 millimètres, parce que, pour les climats de l'Europe occidentale, ce chiffre est la hauteur moyenne du mercure, et que, dans ce cas, il y a égale probabilité pour la pluie et le beau temps. Comme, en général, le baromètre se tient plus haut que cette moyenne, lorsque le ciel est serein, et plus bas, lorsqu'il est nuageux, on inscrit, de chaque côté de cette limite, les indications *Beau temps* (767 millimètres), *Beau fixe* (776), *Très sec* (783), correspondant aux pressions supérieures, et *Pluie* ou *Vent* (745), *Grande pluie* (740), *Tempête* (731), pour les pressions inférieures.

Il est certain que le baromètre, bien qu'il n'oscille que sous l'influence des *changements de pression* de l'atmosphère, peut servir, dans un grand nombre de cas, à la prévision du temps, et qu'il peut rendre de grands services aux navigateurs et aux agriculteurs. Cela tient à ce que les variations de pression coïncident souvent avec les divers changements que subit l'atmosphère, et l'on comprend facilement que le baromètre, en enregistrant les premières, puisse servir à prévoir l'état du ciel qui résulte des seconds, sans oublier toutefois que cette coïncidence ne se réalise pas toujours.

La direction des vents est la cause qui influe le plus généralement sur le beau et le mauvais temps, parce que les courants atmosphériques sont plus ou moins chauds, humides, secs ou froids, suivant les conditions de la surface de la terre qu'ils ont traversée avant leur arrivée; dès lors, les variations de pression qu'ils occasionnent dans l'air donneront au baromètre une marche dont on pourra déduire les changements atmosphériques. On remarque que, dans plusieurs cas, les vents qui amènent la pluie font baisser le baromètre, tandis que ceux qui produisent le beau temps le font monter. C'est ce qui arrive pour la France et l'ouest de l'Europe; on explique cette coïncidence par le fait que, dans ces régions, les vents do sud-ouest, à cause de leur haute température, font baisser le baromètre, et, en même temps, sont accompagnés de pluie, à raison de l'humidité dont ils se sont chargés en rasant l'océan. Au contraire, la basse température des vents de nord et de nord-est fait monter le baromètre, et leur sécheresse relative est la cause du beau temps qu'ils amènent.

Il est difficile, toutefois, d'établir des lois générales qui régissent d'une façon absolue la prévision du temps, à cause de la grande complexité des phénomènes atmosphériques et des influences locales dues à la position géographique : c'est ainsi que les vents humides qui, en France, font baisser le baromètre, le font monter à l'embouchure de la Plata. De plus, le même vent sera sec ou humide suivant qu'il est superficiel ou très élevé, comme cela se produit pour le vent de nord-est dans la Province de Québec.

Cependant, on a remarqué une relation remarquable entre les indications du baromètre et la direction du vent; celui-ci, en règle très générale et pour tous les pays, souffle des points où la pression est élevée vers les endroits où elle est plus basse, en déviant un peu vers la droite, et sa vitesse est d'autant plus grande que la différence des pressions entre les deux points est plus considérable.

Le seul moyen pratique de prévoir le temps et qui donne les meilleurs résultats, est l'installation de bureaux météorologiques unis par le télégraphe électrique à un bureau central d'informations, où l'on reçoit tous les jours les particularités atmosphériques observées dans chaque localité. On peut alors, à ce dernier bureau, comme à Washington pour l'Amérique du Nord, inscrire sur une carte ces différentes données, et voir d'un seul coup d'œil l'état du ciel, la pression barométrique, la direction des vents, la marche des tempêtes, etc., pour tout un continent. Il est assez facile alors de prévoir le beau et le mauvais temps probable pour chaque localité, et les prédictions qui émanent de ces bureaux météorologiques centraux, outre qu'elles se réalisent dans le plus grand nombre des cas, ont une valeur scientifique incontestable.

Pour un lieu déterminé, on peut déduire la prévision du temps, avec quelques chances d'erreur, des indications barométriques. On s'accorde à admettre que, d'une manière assez générale, le baromètre monte à l'approche du beau temps et baisse à l'arrivée de la pluie. Ce qu'il importe surtout de constater, ce n'est pas là hauteur absolue, mais le *sens du mouvement* de la colonne barométrique. On reconnaît, par ce moyen, que la tendance du mercure vers la hausse est un indice assez sérieux de beau temps, et que le mouvement de la colonne vers la baisse est un signe probable de pluie, surtout si ce mouvement persiste pendant quelques jours et se fait graduellement.

CHAPITRE II

I. — COMPRESSIBILITÉ ET ÉLASTICITÉ DES GAZ

201. Loi de Mariotte. — Nous avons vu plus haut que les gaz, en vertu de leur compressibilité et de leur élasticité, n'ont pas de volume déterminé pour une même température, et que ce volume varie avec la *pression* que supporte la masse gazeuse, ou, en d'autres termes, avec la *force élastique* de cette dernière. Une loi très simple, énoncée à la même époque par Mariotte et par Boyle, et généralement connue en France sous le nom de *loi de Mariotte*, définit la relation qui existe entre le *volume* d'une masse gazeuse, à température constante, et la *pression* que cette masse supporte. Cette loi peut s'énoncer de la manière suivante :

Les volumes occupés par une même masse gazeuse, à température constante, sont inversement proportionnels aux pressions que le gaz supporte.

Représentons par V et V' les volumes que la même masse gazeuse prend, sans changer de température, sous l'influence des pressions correspondantes P et P'; la loi de Mariotte peut alors s'exprimer analytiquement par la proportion

$$\frac{V}{V'} = \frac{P'}{P},\qquad(1)$$

c'est-à-dire qu'une pression double, triple, etc., réduira le volume d'un gaz à la moitié, au tiers, etc., du volume primitif, et que, dans ces conditions, la force élastique de ce gaz deviendra double, triple, etc.

L'on sait, de plus (188, remarque), que la force élastique d'un gaz s'exprime, comme la pression atmosphérique, par la longueur de la colonne barométrique qui lui ferait équilibre. Si donc on représente par H et H' les hauteurs des colonnes mercurielles qui correspondent respectivement aux pressions P et P', la relation (1) devient

$$\frac{V}{V'} = \frac{H'}{H}, \qquad\qquad (2)$$

Enfin, nous avons vu que, pour une même masse, la densité est en raison inverse du volume, c'est-à-dire que

$$D = \frac{M}{V} \qquad \text{et} \qquad D' = \frac{M}{V'},$$

d'où

$$\frac{V}{V'} = \frac{D'}{D}.$$

On pourra écrire alors

$$\frac{D'}{D} = \frac{H'}{H}, \qquad\qquad (3)$$

ce qui peut se traduire par l'énoncé suivant :

La densité d'un gaz, pour une même température, est proportionnelle à la pression qu'il supporte.

Ce résultat est une conséquence directe de la loi de Mariotte.

Remarque. — La loi de Mariotte suppose que la température d'un gaz, sur lequel on exerce une compression, reste constante tout le temps que dure cette dernière. Nous ferons connaître plus loin la relation qui existe entre les volumes d'une même masse gazeuse, sous pression constante, et les températures auxquelles elle peut être soumise.

202. Vérification expérimentale. — L'appareil dont se servait Mariotte, et qui est encore employé dans les cours de physique, est désigné sous le nom de *tube de Mariotte* ; il permet de vérifier la loi pour des pressions qui ne dépassent pas 2 ou 3 atmosphères.

Il se compose (*fig.* 113) d'un tube recourbé, à branches inégales, fixé sur une planchette verticale. La grande branche seule est ouverte, et se termine ordinairement par un entonnoir. On introduit d'abord un peu de mercure dans le tube, et, par une manœuvre appropriée de celui-ci, on règle le volume du liquide versé de telle façon que le niveau soit le même dans les deux branches, comme on le voit en MN. L'air comprimé dans la partie fermée est alors à la même pression que celle qui s'exerce librement en N, c'est-à-dire à la pression atmosphérique. On verse alors du mercure dans la grande branche, jusqu'à ce que le liquide, par la pression qu'il exerce, réduise de moitié le volume gazeux. C'est pour assurer ce résultat que la branche fermée est divisée en parties d'égale capacité. Si alors, au moyen d'une graduation en centimètres inscrite sur la planchette ou sur le tube, on mesure la longueur de la colonne mercurielle AB au-dessus du plan horizontal CB, on trouve qu'elle est égale à celle que présente un baromètre placé dans le voisinage. On voit donc que le volume d'air, dans la branche fermée, est devenu *deux fois plus petit* sous l'influence d'une pression *double*, puisqu'à la pression atmosphérique, qui s'exerce toujours librement sur le liquide de la partie ouverte, vient s'ajouter le poids de la colonne AB qui vaut 1 atmosphère. Si les dimensions du tube le permettent, on vérifie qu'une colonne de mercure, égale en hauteur à deux fois celle du baromètre, réduit au *tiers* le volume de l'air emprisonné dans la petite branche.

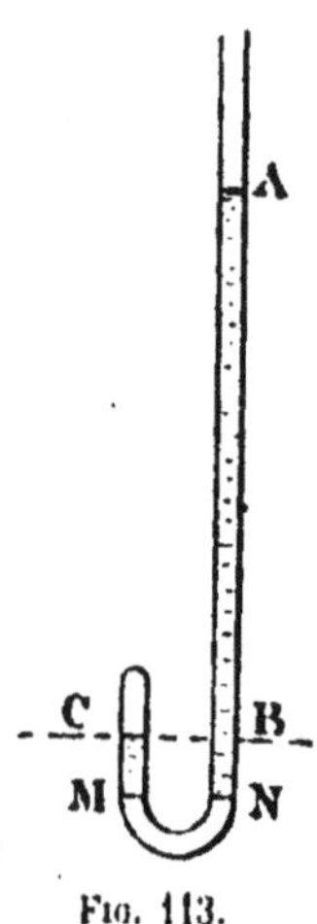

Fig. 113.

Ces deux expériences prouvent évidemment, du moins d'une manière approximative, que le volume d'une masse gazeuse est en raison inverse de la pression supportée, ce qui est l'énoncé de la loi de Mariotte.

Pour les pressions inférieures à 1 atmosphère, on emploie un appareil qui permet de diminuer progressivement la force élastique d'un gaz et de mesurer le volume correspondant : c'est la *cuvette profonde (fig.* 114). On enfonce dans le mercure qu'elle contient un tube de verre fermé à la partie supérieure, bien calibré, et divisé en parties d'égale capacité, en ayant soin d'y laisser un certain volume d'air. Pour cela, on renverse le tube sur la cuvette, après l'avoir incomplètement rempli de mercure ; l'air qu'on y a laissé vient se loger à la partie supérieure, et il suffit, pour lui donner la même force élastique que celle de l'air exté-

rieur, de faire en sorte que les deux niveaux de mercure, celui
du tube et celui de la cuvette, soient sur un même plan horizontal C. Cela fait, on augmente le volume
de l'air emprisonné en soulevant lentement le tube; on voit alors le mercure
monter au-dessus de son niveau primitif,
et l'on arrête l'opération lorsque le volume
de l'air est devenu *double* de ce qu'il était
au début de l'expérience. Si alors on mesure au cathétomètre, pour opérer avec
une plus grande précision, la longueur
AC de la colonne de mercure, on constate
qu'elle est égale à la *moitié* de la hauteur
barométrique du moment; il faut donc
admettre que la pression de l'air contenu
dans le tube est représentée par une
même longueur, puisque sa force élastique, ajoutée au poids du mercure, fait
équilibre à la pression atmosphérique extérieure. Il en résulte que l'air, en doublant de volume, a acquis une pression
deux fois plus petite, c'est-à-dire que, conformément à la loi de Mariotte, le *volume
est en raison inverse de la pression*. On
prouverait de même, par une expérience
analogue, que la pression du gaz deviendrait trois fois plus petite, lorsque le volume de l'air serait trois fois plus grand.

**203. Interprétation de la loi de
Mariotte.** — Les expériences exécutées
par Mariotte étaient loin de présenter les
caractères de précision que l'on est en
droit d'exiger dans une question de cette
importance. Outre que les appareils dont

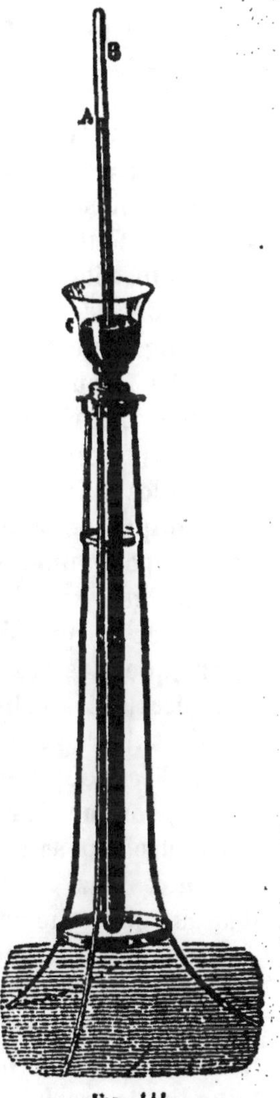

Fig. 114.

il disposait ne lui permettaient de vérifier la loi de compressibilité
des gaz que pour des pressions peu supérieures à la pression
atmosphérique, il ne tint pas compte des effets de la température ni de l'inégalité de diamètre des tubes. Les procédés modernes de mesure font disparaître ces causes d'erreur; mais il

n'en est pas moins vrai que la vérification de la loi, avec les appareils que nous venons de décrire, ne peut s'étendre qu'à des limites de pressions très restreintes. Il était donc nécessaire d'élargir le cadre des expériences, d'opérer sur différents gaz, et de les soumettre à des pressions beaucoup plus élevées.

Une foule d'expériences précises ont été exécutées par Despretz, Pouillet, Dulong et Arago, Regnault et Amagat; elles ont fait voir que la loi de Mariotte, exacte pour l'air sous des pressions peu considérables, ne représente plus la manière dont tous les gaz se comportent, quand on les soumet à de fortes pressions. Les limites forcément restreintes de cet ouvrage ne nous permettent pas de décrire les recherches, fort intéressantes du reste, des physiciens que nous venons de nommer ; nous ne ferons qu'indiquer les résultats de leurs travaux, pour en déduire ensuite la valeur théorique et pratique de la loi de Mariotte.

Ces expériences permettent d'abord de conclure que non seulement les différents gaz n'ont pas la même compressibilité, mais encore que, pour un même gaz, la diminution de volume n'est pas proportionnelle à la pression. On a reconnu, de plus, que tous les gaz, sauf l'*hydrogène*, offrent une compressibilité croissant avec la pression ; la loi de Mariotte s'applique d'autant moins que ces gaz sont plus facilement liquéfiables. Ceux qui s'en écartent le plus sont l'acide sulfhydrique, l'ammoniaque, l'acide sulfureux et le cyanogène, et leur compressibilité augmente beaucoup plus vite que celle des gaz difficilement liquéfiables, comme l'air et l'azote.

L'hydrogène se comporte autrement et se distingue nettement des autres gaz. Sa compressibilité *diminue* avec la pression, et d'autant plus que celle-ci est plus élevée.

L'influence de la température est remarquable, et les recherches d'Amagat, postérieures à celles de Regnault, ont démontré que la compressibilité, à la température ordinaire, n'augmente pas indéfiniment avec la pression ; lorsque celle-ci atteint une certaine limite, variable avec les différents gaz, la compressibilité cesse d'augmenter, et présente un *maximum* au delà duquel elle diminue, malgré l'accroissement de la pression. Ce maximum a lieu, pour l'air, lorsque la pression est de 65 mètres de mercure, de 50 mètres pour l'azote, et de 100 mètres pour l'oxygène. Sous l'influence de pressions excessives, la diminution de la compressibilité peut devenir telle que les gaz, après avoir passé par un point où ils suivent la loi de Mariotte, finissent par s'en écarter dans le même sens que l'hydrogène.

Il existe une certaine température, appelée *point critique* et dont nous parlerons plus loin au sujet de la liquéfaction des gaz, au delà de laquelle ceux-ci refusent de se réduire en liquides; ils offrent alors, pour une pression déterminée, un *maximum* de compressibilité. Enfin, si l'on opère aux *températures élevées* et supérieures au point critique, tous les gaz se comportent comme l'hydrogène.

Ces résultats nous font voir, d'une part, que la loi de Mariotte peut être considérée comme une *loi limite* qui conviendrait à ce qu'on pourrait appeler un *gaz parfait*. Celui-ci, qui n'est qu'une pure conception, suivrait exactement la loi en question, et les gaz réels, de la manière et dans les conditions que nous venons de relater, présenteraient une compressibilité supérieure, tandis que l'hydrogène s'en écarterait en sens opposé; on peut admettre, d'autre part, l'exactitude *pratique* de la loi de Mariotte pour les gaz difficilement liquéfiables, comme l'hydrogène, l'azote, l'oxygène, l'air, et s'en servir dans les calculs, pourvu que les pressions ne soient pas trop considérables et qu'on opère à la température ordinaire.

204. Manomètres. — Un gaz comprimé exerce une pression sur les parois du récipient qui le contient, et il en est de même des vapeurs. Dans la détermination de ces pressions, on a adopté l'*atmosphère* comme unité de mesure, c'est-à-dire la pression qu'exerce une colonne de mercure de 76 centimètres de longueur sur 1 centimètre carré de surface. L'on sait qu'une telle pression est précisément celle de l'atmosphère, dans les conditions normales, et que sa valeur est de $1^{kg},033$ par centimètre carré ou environ 15 livres par pouce carré; c'est là la signification de cette unité de mesure adoptée dans l'industrie, et dont la valeur est donnée par le baromètre.

On désigne sous le nom de *manomètres* certains appareils destinés à mesurer en *atmosphères* la pression ou tension des gaz et des vapeurs. Nous ferons connaître sommairement trois variétés de ces instruments, les *manomètres à air libre*, les *manomètres à air comprimé* et les *manomètres métalliques*.

205. Manomètre à air libre. — Le principe sur lequel repose cet appareil est très simple : la tension des gaz ou des vapeurs à étudier est déterminée par le poids de mercure auquel elle fait équilibre. Ce manomètre, dans l'une des formes très employées (*fig.* 115), consiste en un long tube de verre, ouvert à ses deux extrémités, et qui plonge dans un large réservoir contenant du mercure. Ce réservoir, au moyen d'un tube muni d'un robinet, communique avec le gaz dont on veut mesurer la tension. Le zéro de la graduation, inscrite sur une planchette qui sert de support à l'appareil, correspond au niveau commun du mercure dans le tube et dans le réservoir ; le gaz, dans ces conditions, est à la pression atmosphérique. Une force élastique supérieure fera monter le mercure à une hauteur d'autant plus grande que la tension du gaz sera plus considérable, de telle sorte que le poids du mercure soulevé, déterminé par la longueur de la colonne, servira de mesure à la force élastique qu'il s'agit d'évaluer. Celle-ci sera de 2 atmosphères, si la colonne atteint 76 centimètres — il ne faut pas oublier, en effet, d'ajouter la pression atmosphérique qui s'exerce à son sommet — et l'on marque 2 à ce point, 3 à la hauteur atteinte par une colonne de 2 fois 76 centimètres, et ainsi de suite pour les pressions de 4, 5, ... atmosphères. On sépare ensuite en subdivisions égales l'intervalle très grand constitué par deux marques consécutives, ce qui permet de mesurer des fractions très petites d'atmosphère.

Fig. 115.

Il est évident que, dans ces manomètres, le zéro n'est pas fixe, et que le mercure ne peut monter dans le tube sans produire un abaissement de niveau dans le réservoir. Toutefois, *en pratique*, on évite les calculs nécessaires à la détermination du zéro, en donnant au réservoir une surface assez large pour que le changement de niveau soit peu sensible.

Les manomètres à air libre, surtout ceux dont se servait Regnault pour la vérification de la loi de Mariotte et l'étude des tensions de vapeurs, sont destinés aux travaux précis des laboratoires ; celui que nous venons de décrire ne peut être employé que pour des pressions qui ne dépassent pas 4 ou 5 atmosphères, et encore, dans ce cas, l'appareil, à cause de la longueur du tube qu'il exige, est fragile et encombrant.

Remarque. — Nous venons de voir que l'unité adoptée, pour la mesure de la force élastique des gaz, est la pression atmosphérique, c'est-à-dire la pression correspondant au poids de $1^{kg},033$ par centimètre carré. Il convient de faire observer qu'on emploie de nos jours, en particulier pour les chaudières à vapeur, une unité pratique un peu plus petite et qui a pour valeur la pression de 1 kilogramme par centimètre carré. Sur un manomètre à air libre gradué avec cette nouvelle unité, les chiffres 1, 2, 3, ... représentent des pressions de 1, 2, 3, ... kilogrammes, et sont disposés à tous les $73^{cm},5$, hauteur de la colonne mercurielle qui correspond au poids de 1 kilogramme.

206. Manomètre à air comprimé. — C'est le plus imparfait et le moins employé. Disons simplement qu'il est une application directe de la loi de Mariotte, et que la pression des gaz et des vapeurs se mesure, au moyen de cet appareil, par la diminution qu'elle fait subir à un volume d'air déterminé.

La figure 116 fait voir que ce manomètre se compose d'un tube très résistant fermé à la partie supérieure; la pression des gaz à étudier, s'exerçant sur le mercure du réservoir, fait monter ce liquide dans le tube en comprimant l'air qui y est emprisonné. D'après la loi de Mariotte, une pression de 2 atmosphères réduit le volume d'air à la moitié, une pression de 3 atmosphères au tiers, etc., mais ces chiffres sont un peu déplacés vers le bas, parce qu'il faut ajouter le poids du mercure soulevé à la tension du gaz à étudier. Bien que ce manomètre puisse se graduer théoriquement, il est préférable d'effectuer cette opération par comparaison avec un manomètre à air libre, ce qui dispense de calibrer le tube.

Il est facile de comprendre que les hautes pressions correspondent à des déplacements de plus en plus petits de la colonne de mercure, et que les degrés de la graduation finissent par devenir très rapprochés. On effile quelquefois le tube pour diminuer ce défaut, mais l'appareil devient plus fragile, et perd en solidité ce qu'il aurait peut-être gagné en sensibilité.

Fig. 116.

207. Manomètres métalliques. — Ce sont les appareils

les plus employés pour mesurer la tension de la vapeur d'eau
dans les chaudières à vapeur, à cause de leur volume restreint
et de la solidité de leur construction. Le *manomètre de Bourdon*
est une application du principe qu'un tube métallique, à section
elliptique et enroulé sur lui-même
(*fig.* 117), tend à se dérouler sous
l'influence d'une pression intérieure, tandis qu'une pression extérieure a pour effet d'exagérer l'enroulement.

L'extrémité ouverte de ce tube
est fixée à la paroi de la boîte qui
le contient, et communique avec
une tubulure extérieure par laquelle
on fait arriver le gaz ou la vapeur
dont on veut mesurer la pression.
L'autre extrémité, libre et fermée,
porte une aiguille qui peut se mouvoir devant un cadran gradué.

La pression du gaz introduit fait
dérouler le tube, et l'aiguille aura
un déplacement d'autant plus étendu
que la pression sera plus forte. La
graduation se fait au moyen d'un

Fig. 117.

manomètre à air libre, en comparant les indications de ce dernier
avec les différentes positions de l'aiguille, lorsqu'on soumet à la
fois les deux instruments à la même pression.

Il existe un autre modèle de manomètre métallique, moins
volumineux et exclusivement employé en Amérique; il a la
forme d'un baromètre anéroïde et fonctionne d'une façon analogue. Le gaz ou la vapeur sous pression arrive à l'intérieur d'une
caisse métallique à parois minces et élastiques, et détermine,
sur la face supérieure, des soulèvements dont l'amplitude croît
avec la force élastique du gaz; ces mouvements sont communiqués
à une aiguille au moyen d'un système de leviers, et celle-ci se
déplace devant un cadran que l'on a gradué par comparaison
avec un manomètre à air libre. En Angleterre et en Amérique,
on gradue les manomètres en *livres* par *pouce* carré.

Comme pour les baromètres anéroïdes, il convient de vérifier
de temps en temps la graduation des manomètres métalliques

par une nouvelle comparaison avec un manomètre à air libre ; en effet, l'élasticité de la caisse n'est pas parfaite, et les parois finissent par conserver une partie des déformations qu'elles ont subies.

———

II. — MÉLANGE ET DISSOLUTION DES GAZ

208. Mélange ou diffusion des gaz. — Lorsque deux gaz n'ont pas d'action chimique l'un sur l'autre et sont mis en contact, ils ne se disposent pas, comme les liquides, par ordre de densités décroissantes, le plus lourd au fond du vase, mais se compénètrent mutuellement, et se répandent l'un dans l'autre comme si chacun d'eux, n'obéissant qu'à sa force expansive, se trouvait en présence d'un espace vide. Ce phénomène, appelé *diffusion des gaz*, est soumis à deux lois très simples dont la deuxième est due à Dalton.

209. Lois du mélange des gaz. — PREMIÈRE LOI. — *Les gaz, quelle que soit leur densité, se mélangent intimement, et chacun d'eux remplit tout le volume qui lui est offert, comme s'il était seul.*

DEUXIÈME LOI. — *La force élastique ou la pression du mélange est égale à la somme des forces élastiques ou des pressions des différents gaz, considérés comme occupant chacun seul le volume total.*

Il est facile de résumer ces lois par une formule. Supposons que l'on réunisse, en un volume unique V, différents gaz dont les volumes primitifs sont v, v', v''..., sous les pressions initiales respectives p, p', p''...; la pression totale P du mélange sera, en appliquant la loi de Dalton,

$$P = \frac{vp}{V} + \frac{v'p'}{V} + \frac{v''p''}{V} + \cdots \qquad (1)$$

puisque les pressions qui correspondent à chacun des gaz, occupant seul le volume donné, seraient, d'après la loi de Mariotte,

$$\frac{vp}{V}, \ \frac{v'p'}{V}, \ \frac{v''p''}{V} \ \cdots \ \text{etc.}$$

L'expression (1) peut encore s'écrire

$$VP = vp + v'p' + v''p'' + \dots \text{ etc.} \qquad (2)$$

La loi du mélange des gaz, réduite à cette forme, nous fait connaître le lien qui l'unit à la loi de Mariotte. Nous avons vu, en effet, que cette dernière loi s'exprime analytiquement par la proportion

$$\frac{V}{V'} = \frac{P'}{P'}$$

ou, ce qui revient au même, par l'égalité

$$VP = V'P'.$$

Le produit d'un volume gazeux par la pression qu'il supporte, et, en particulier, chacun des produits vp, $v'p'$, etc., de l'expression (2), est *constant ;* il en résulte qu'il ne peut en être autrement de leur somme VP, et que, par suite, *la loi de Mariotte s'applique à un mélange de plusieurs gaz comme à un gaz unique.* Il convient toutefois d'ajouter que cette conclusion n'est pas vraie pour toutes les pressions que le mélange pourrait subir, mais seulement jusqu'aux limites en dedans desquelles la loi de Mariotte peut être considérée comme exacte pour chacun des gaz qui constituent le mélange.

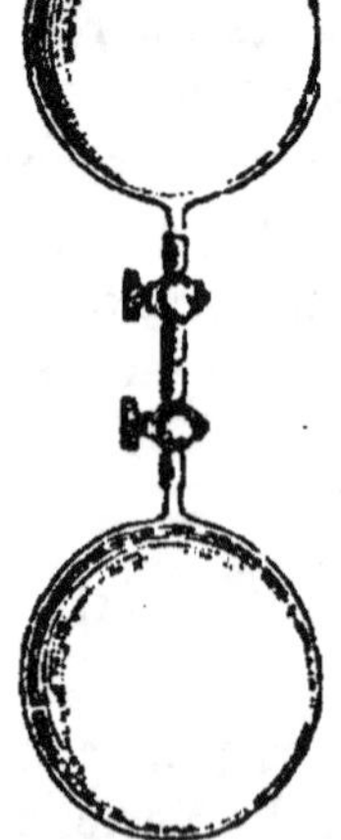

Fig. 118.

210. Démonstration expérimentale. — Elle est donnée par une expérience fameuse due à Berthollet. Le célèbre chimiste français a choisi l'hydrogène et l'acide carbonique, deux gaz bien différents par la densité et qui n'agissent pas chimiquement l'un sur l'autre. Deux ballons d'égale capacité, réunis par une tubulure à robinets (*fig.* 118), contenaient, l'un — le ballon inférieur — l'acide carbonique, et l'autre, l'hydrogène, le plus léger de ces deux fluides ; cette disposition avait pour but de prévenir tout mélange par la différence des densités. Les deux gaz étant à la même pression et à la même température — celle des caves de l'Observatoire de Paris où l'appareil avait été déposé — la communication fut établie entre les deux ballons ; Berthollet constata, en analysant les gaz, quelques heures après, dans chacun des récipients, qu'ils s'étaient intimement mélangés et d'une façon uniforme dans tout le volume qu'ils occupaient, et que, de plus, la pression était restée invariable. Ces résultats, comme on le voit, sont l'expression des lois que nous avons énoncées plus haut.

211. Applications. — Le phénomène du mélange des gaz joue un rôle important à la surface de la terre, en ce qu'il élimine, par leur diffusion dans l'atmosphère, les gaz irrespirables et délétères qui se dégagent du sol ou qui proviennent des putréfactions, des respirations et des combustions. La diffusion se fait avec rapidité, lorsqu'elle est activée par les courants d'air.

212. Solubilité des gaz dans les liquides. — Les gaz ne se mélangent pas seulement entre eux, mais encore se diffusent dans certains liquides avec lesquels ils sont mis en contact. Cette *absorption* des gaz par les liquides, en faisant abstraction de toute action chimique, présente souvent toutes les propriétés d'un phénomène purement physique, et caractérise ce qu'on appelle la *dissolution* des gaz. Ceux-ci, en effet, peuvent se *dissoudre* dans les liquides, mais la proportion absorbée est variable avec la nature du gaz, la nature du liquide et la pression.

On peut résumer ce phénomène par les lois suivantes :

Première loi. — **Loi de Henry.** — *Dans une solution gazeuse en équilibre, à une température donnée, il y a un rapport constant entre la tension du gaz dissous et celle du gaz extérieur.*

Cette loi peut encore s'énoncer comme suit :

A une température déterminée, le poids d'un gaz dissous est proportionnel au volume du liquide qui l'absorbe et à la pression du même gaz non dissous qui se trouve au-dessus du liquide, après la dissolution.

Si l'on mesure, *à la même pression*, le gaz dissous et celui qui reste en dehors du dissolvant, et si, de plus, la température du liquide est 0°, le volume de gaz dissous par *unité de volume* du liquide est désigné sous le nom de *coefficient de solubilité* du gaz dans ce liquide. C'est ainsi que, dans les conditions de pression que nous venons de relater, 1 centimètre cube d'eau, à 0°, dissout 0^{cc},044 d'oxygène ; ce nombre est donc le coefficient de solubilité de ce gaz.

La loi de Henry, qui convient aux gaz peu solubles et pour des pressions peu considérables, n'est pas vraie pour les gaz très solubles, comme l'acide sulfureux et l'ammoniaque ; dans ce cas, il n'y a plus la proportionnalité indiquée par la loi, et celle-ci est d'autant moins exacte que la température est plus basse.

DEUXIÈME LOI. — *La solubilité d'un gaz, d'une façon générale, diminue quand la température s'élève.*

TROISIÈME LOI. — **Loi de Dalton.** — *Quand plusieurs gaz sont en présence d'un liquide, chacun d'eux se dissout comme s'il était seul ; la quantité de chaque gaz absorbé est proportionnelle à la pression qu'il exerce dans le mélange gazeux, après que la dissolution est effectuée.*

Les réserves que nous avons faites pour la loi de Henry s'appliquent également à celle de Dalton.

213. Applications et exemples. — 1° Les gaz solubles dans l'eau, comme l'ammoniaque, l'acide chlorhydrique, le chlore, sont fréquemment employés en chimie à l'état de dissolution.

2° L'eau, en contact avec l'air, dissout un peu de ce gaz. D'après la loi de Dalton, elle est plus riche en oxygène que l'air atmosphérique lui-même ; c'est au moyen de cet oxygène dissous que les poissons respirent dans le milieu qu'ils habitent.

3° Une diminution de pression, au-dessus d'un liquide qui contient un gaz dissous, a pour effet de faire dégager une partie de ce gaz, si la nouvelle pression devient inférieure à celle qui a présidé à la dissolution. C'est ainsi qu'on provoque le dégagement de l'air dissous dans l'eau, en faisant le vide au-dessus du vase qui la contient ; avec une dissolution d'ammoniaque, le dégagement devient tumultueux et ressemble à une vive ébullition.

4° Quand le rapport qui existe entre la densité d'un gaz dissous et celle du même gaz extérieur n'est plus celui qui caractérise le gaz et le liquide en présence, et qu'on appelle encore le *coefficient de solubilité*, une partie du gaz dissous s'échappe de la solution, jusqu'à ce que le rapport soit rétabli ; c'est ce qui arrive lorsque l'atmosphère, que l'on met en contact avec une solution gazeuse, renferme une quantité moins grande du gaz en question que l'enceinte dans laquelle la dissolution a été faite, et, à la limite, toute trace de gaz dissous disparaît, si l'atmosphère est indéfinie et ne renferme pas de ce gaz. Ce principe trouve son application dans les eaux gazeuses, comme l'*eau de Seltz* artificielle, qui ne sont que des eaux contenant de fortes proportions d'acide carbonique à l'état de dissolution; on arrive à ce résultat en comprimant énergiquement ce gaz au-dessus du liquide. L'acide carbonique existe aussi dans les boissons mousseuses, le vin de Champagne, les bières. Comme l'air contient très peu d'acide carbonique, ce gaz s'échappe rapidement de la dissolution, aussitôt que le liquide est mis en présence de l'atmosphère.

5° Enfin, on fera disparaître un gaz d'un liquide en échauffant ce dernier. C'est ainsi que l'eau qui a bouilli est complètement purgée d'air; l'action du soleil sur une eau tranquille produit le même résultat, mais avec une grande lenteur.

CHAPITRE III

APPLICATION DU PRINCIPE D'ARCHIMÈDE AUX GAZ
AÉROSTATS

214. Corps plongés dans les gaz. — Nous avons vu plus haut (180) que les lois fondamentales de l'hydrostatique, et, en particulier, le principe d'Archimède, s'appliquent également aux gaz, à cause de la grande mobilité relative des molécules de ces deux espèces de fluides. On pourra donc dire, comme pour les liquides, que *tout corps, plongé dans un gaz, perd une partie de son poids égale au poids du volume gazeux qu'il déplace*. Ce corps subira de la part du gaz, au sein duquel il est immergé, une poussée qui fera varier son *poids apparent*, et d'une manière d'autant plus sensible que le gaz sera plus dense. A la vérité, cette perte de poids des corps dans les gaz est beaucoup moins considérable que celle que l'on constate dans les liquides, à cause de la faible densité du gaz déplacé ; c'est pour cela qu'on la néglige dans les pesées ordinaires. On en tient compte, toutefois, dans les mesures de précision, en particulier dans la détermination des poids spécifiques des solides et des liquides.

Les applications du principe d'Archimède aux corps immergés et aux corps flottant dans un liquide, sont les mêmes pour les corps plongés dans un gaz. Suivant que le corps, à volume égal, est plus pesant ou plus léger que le gaz qu'il déplace, il *s'enfonce* ou *s'élève* dans l'atmosphère gazeuse, avec une vitesse déterminée par la différence des deux forces verticales qui agissent sur lui ; si le corps immergé a même densité que le gaz, les deux forces contraires se font équilibre, et le corps reste en suspension partout où il se trouve.

Ces résultats expliquent pourquoi la fumée, l'air chaud et les gaz plus légers que l'air, comme le gaz d'éclairage et l'hydrogène, s'élèvent dans l'atmosphère; ils se comportent comme le liège et le bois plongés dans une masse liquide.

Les effets de la poussée des gaz, en particulier de l'air, sont mis en évidence par le *baroscope*.

215. Baroscope. — Cet appareil (*fig.* 119) consiste essentiellement en deux sphères métalliques dont l'une, la plus grosse, est creuse, et l'autre, beaucoup plus petite, est massive. On les suspend aux extrémités d'un fléau de balance, à une distance telle l'une de l'autre et du point de suspension qu'elles se fassent équilibre dans l'air. Mais cet équilibre n'est qu'apparent; il est facile de constater que le poids de la grosse sphère est en réalité plus considérable que celui de l'autre, et que l'horizontalité du fléau résulte du fait que la poussée de l'air est plus grande sur la première que sur la seconde, à cause de la différence des volumes d'air déplacés.

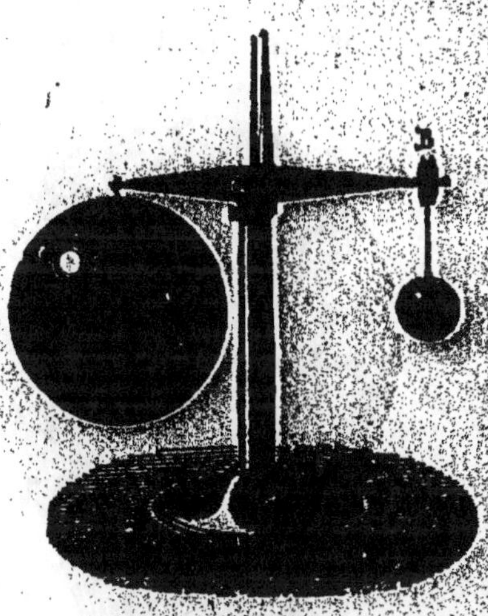

Fio. 119.

Il suffit, pour le prouver, de mettre le baroscope sur la platine de la machine pneumatique, et de faire le vide dans la cloche de verre qui l'enveloppe; l'équilibre est immédiatement rompu, et le fléau, en s'inclinant du côté de la grosse sphère, indique clairement que celle-ci est plus lourde dans le vide que dans l'air.

216. Aérostats. — Les *aérostats* ou *ballons* sont des appareils que l'on rend plus légers que le volume d'air qu'ils déplacent et qui, par conséquent, peuvent s'élever dans l'atmosphère, en gonflant l'enveloppe imperméable dont ils sont formés avec un gaz moins dense que l'air.

On distingue deux espèces de ballons: les ballons à *air chaud* ou les *montgolfières*, du nom des frères Montgolfier, leurs inventeurs, et les ballons à *gaz d'éclairage* ou à *hydrogène*, qu'on désigne particulièrement sous le nom d'*aérostats*, les seuls employés aujourd'hui.

217. Construction et remplissage des ballons. —
On construit les *montgolfières* en cousant ensemble des fuseaux
de toile doublée de papier ou recouverte de peinture, et l'on
donne à l'appareil la forme d'un globe. C'est avec un ballon de
ce genre, ayant une douzaine de mètres de diamètre, que les
frères Montgolfier, fabricants de papier à Annonay, firent leur
première expérience, le 5 juin 1783. On gonfle ces ballons avec
de l'air chaud ; pour cela, on fait brûler, au-dessous de l'ouverture inférieure terminée par un cylindre de papier, de petits
morceaux de bois, ou bien
de la paille et du papier
mouillés. L'air chaud étant
moins dense que l'air froid,
le globe gonflé devient plus
léger que le volume d'air qu'il
déplace, et il s'élève dans
l'atmosphère, en vertu du
principe d'Archimède. Il faut
évidemment maintenir la différence de température des
gaz intérieur et extérieur,
c'est-à-dire empêcher l'air
chaud de se refroidir. C'est
dans ce but qu'on dispose, à
l'ouverture inférieure de la
montgolfière, des matières en
combustion contenues dans
un panier en fils métalliques.
Si l'appareil est destiné à recevoir des voyageurs, on accroche une nacelle en osier,
en forme de couronne circulaire, au cylindre inférieur,
dont l'extrémité porte, pour

Fig. 120.

ce motif, un cercle de bois qui le solidifie. Les aéronautes
peuvent alors entretenir le feu ou le diminuer, suivant qu'ils
désirent s'élever ou descendre.

La difficulté de la manœuvre et les dangers d'incendie rendent
les montgolfières peu propices aux voyages aériens. Elles n'ont
servi qu'au début de leur invention, et grâce seulement à l'intré-

pidité de certains aéronautés. De nos jours, les montgolfières ne sont plus employées que dans les réjouissances publiques; on construit alors des ballons plus ou moins volumineux en papier de soie, que l'on gonfle et que l'on éclaire en même temps au moyen de pétrole enflammé.

Les gaz employés pour le gonflement des *aérostats proprement dits* sont l'hydrogène et, le plus souvent, le gaz d'éclairage, parce que ce dernier, quoique plus lourd que l'autre, est moins dispendieux et s'obtient tout préparé dans les usines à gaz. On se sert, comme enveloppe imperméable, de taffetas de soie verni, ou encore de ce même tissu recouvert d'une lame de caoutchouc, et l'on donne à l'appareil la forme d'un globe à peu près sphérique ou périforme (*fig.* 120).

Les aérostats sont munis de deux ouvertures, l'une à la partie inférieure par où le gaz est introduit, après qu'on a chassé l'air intérieur, et l'autre au sommet de l'appareil; celle-ci est fermée par une *soupape* que l'on manœuvre au moyen d'une corde. Les aéronautes prennent place dans une *nacelle* en osier, et, pour que le poids de celle-ci ne déchire pas le tissu, on la suspend à un *filet* qui enveloppe l'aérostat à la partie supérieure, ce qui a pour effet de répartir la charge sur une surface très grande.

Outre divers instruments de physique très utiles et souvent indispensables, comme des baromètres, thermomètres, hygromètres, etc., la nacelle doit contenir des sacs de sable qui servent de *lest*, et une *ancre* suspendue à une longue corde pour *prendre terre* au retour d'un voyage aérien.

218. Ascension des ballons. — L'ascension des ballons, comme pour les montgolfières, est due à la différence de poids entre le gaz intérieur, augmenté de celui de l'enveloppe et des différents accessoires, et celui du volume d'air déplacé; c'est le poids de ce dernier qui est le plus considérable, à cause de la grande capacité de l'enveloppe et de la légèreté spécifique du gaz qui la gonfle. La *force ascensionnelle* n'est rien autre chose que cette différence de poids; il est facile de l'évaluer en kilogrammes, en accrochant le ballon gonflé à un dynamomètre; une poussée de 5 à 6 kilogrammes, au départ, est regardée comme suffisante.

Il importe, du moins pour les voyages dans les hautes régions de l'atmosphère, de ne pas gonfler complètement l'enveloppe, afin de permettre à celle-ci de se distendre librement, lorsque la pression extérieure diminue dans de trop larges proportions; dans le cas où le ballon serait entièrement gonflé, l'ouverture inférieure, en laissant échapper un peu de gaz, prévient tout danger de rupture.

L'enveloppe d'un aérostat se gonfle donc d'elle-même, à mesure qu'elle s'élève dans l'atmosphère, à cause de l'augmentation de volume du gaz intérieur qui varie, d'après la loi de Mariotte, en raison inverse de la pression qu'il supporte; ce volume peut donc doubler, si, en un point déterminé de l'espace, la pression atmosphérique est devenue deux fois plus petite. Toutefois, malgré cette dilatation de l'enveloppe, la force ascensionnelle demeure sensiblement *constante*, puisque, dans ces conditions, la densité de l'air déplacé a diminué de *moitié*, et que son poids, par suite, n'a pas changé.

Il en est ainsi tant que le ballon n'est pas entièrement gonflé. À partir de ce moment, la force ascensionnelle va en décroissant, parce que la densité de l'air diminue de plus en plus, tandis que le volume du ballon reste invariable; à la limite, la force ascensionnelle finit par devenir nulle, lorsque la poussée de l'air est égale au poids total du ballon. Cependant, l'aéronaute pourra encore s'élever plus haut en jetant du *lest*, c'est-à-dire en diminuant le poids de son appareil sans modifier le volume d'air déplacé.

La même manœuvre est aussi employée, lorsque, à cause d'une fuite de gaz ou pour tout autre motif, la descente s'opère avec trop de rapidité, et au-dessus d'endroits où il est dangereux d'atterrir. Si l'aéronaute, au contraire, veut descendre, il ouvre la soupape et permet, de la sorte, à une certaine quantité de gaz de sortir.

Le mouvement ascendant et descendant d'un ballon dans l'atmosphère ne peut être rendu sensible à l'aéronaute que par le baromètre; c'est donc l'instrument indispensable des voyages aériens, d'autant plus qu'il fournit le moyen, comme nous l'avons vu plus haut (197), de mesurer la hauteur au-dessus du sol.

219. Parachute. — Le *parachute*, destiné autrefois à prévenir une descente trop rapide, dans les cas d'accidents survenus au ballon, et qui ne sert plus maintenant que dans les réjouissances publiques ou les fêtes foraines, n'est rien autre chose qu'un vaste parapluie en toile résistante, et qui soutient une nacelle au moyen de cordes fixées à son pourtour. Cet appareil qu'on attache quelquefois au flanc ou à la partie inférieure du ballon, et qui, une fois libre, se déploie de lui-même pendant la chute, permet à l'aéronaute, à cause de la grande résistance de l'air, de descendre avec lenteur et sans secousses, si l'on a eu soin de ménager, au centre de l'enveloppe, une ouverture par laquelle l'air comprimé peut s'écouler régulièrement.

220. Applications des aérostats. — Outre la curiosité qu'excitent les voyages aériens, les ballons peuvent rendre et ont déjà rendu de réels services à la science et à l'art militaire. L'on sait, en effet, que les ballons ont servi de postes d'observation dans la campagne de 1793, dans la guerre franco-prussienne et dans la guerre de Sécession aux États-Unis. Au point de vue scientifique, ils permettent aux physiciens de faire une foule d'observations et d'expériences, dans les hautes régions de l'atmosphère, sur les variations de la pression, la température de l'air, etc., à l'exemple de Biot et Gay-Lussac, dans leur fameux voyage de 1804. De nos jours, l'exploration de l'air se fait au moyen de *ballons-sondes* ou ballons non montés, auxquels on confie des instruments enregistreurs.

221. Direction des aérostats. — Le problème de la direction des aérostats, malgré les progrès accomplis dans ces dernières années, est loin d'être résolu, et présente encore de sérieuses difficultés. Nous avons vu plus haut que l'aéronaute, au moyen de la soupape et du lest, peut s'élever ou descendre à volonté dans l'atmosphère, mais il ne dispose d'aucune force, dans les ballons tels que nous les avons décrits, pour *diriger horizontalement* son appareil comme un navire sur l'eau. La faible résistance que le ballon rencontre de la part de l'air ne lui donne pas un point d'appui suffisant pour qu'on puisse utiliser, au moyen de voiles, la force du vent; l'aéronaute n'a d'autres ressources que de profiter, en s'élevant à la hauteur voulue, de la direction du vent qui entraîne la machine au point déterminé de l'horizon vers lequel il désire se porter.

Les plus grands progrès, dans cette question de la navigation aérienne, ont été réalisés, en 1884, par les commandants Renard et Krebs, et tout dernièrement, en 1901, par l'aéronaute brésilien Santos-Dumont. Ces expérimentateurs ont réussi, au moyen de ballons fusiformes munis de moteurs électriques ou à pétrole actionnant une hélice, à développer une force motrice suffisante pour déplacer leurs appareils en sens contraire d'un vent léger. Jusqu'à présent, il est difficile de prévoir l'avenir réservé à ce genre de navigation ; les perfectionnements des moteurs à pétrole ou à gazoline permettent, il est vrai, d'obtenir une force motrice assez considérable, sous un poids et un volume relativement restreints; mais, dans l'état actuel de la science, il paraît douteux qu'on parvienne, comme sur mer, à vaincre un vent de force moyenne.

CHAPITRE IV

MACHINES A RARÉFIER ET A COMPRIMER LES GAZ

222. Machine pneumatique. — Le but de la *machine pneumatique* est de raréfier l'air ou les gaz contenus dans un espace donné, et le principe sur lequel elle repose est la *force expansive des gaz*.

La machine pneumatique se compose essentiellement d'un corps de pompe v (*fig.* 121), dans l'intérieur duquel peut se mouvoir un piston P muni d'une ouverture fermée par une soupape m qui s'ouvre de *bas en haut*. Une deuxième soupape n, fonctionnant dans le même sens que la première, est disposée à la base du corps de pompe, et ferme l'ouverture qui établit la communication entre ce dernier et le réservoir V, dans lequel on veut raréfier l'air. Enfin, un tube barométrique B, dont la partie supérieure communique librement avec le réservoir V, permet d'apprécier le degré du vide obtenu, c'est-à-dire la tension de l'air qui reste dans le récipient, après un certain nombre de coups de piston.

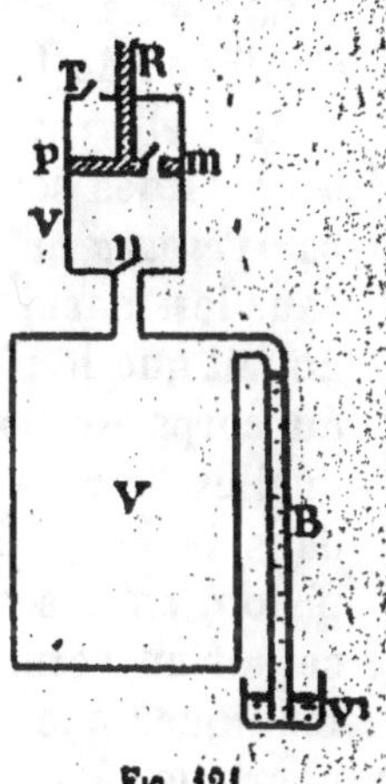

Fio. 121.

Il est facile de comprendre le jeu d'un appareil de ce genre. Supposons d'abord les soupapes m et n toutes deux fermées, et le piston P au bas de sa course; supposons, de plus, pour le moment, que la partie supérieure du corps de pompe soit ouverte, et que celui-ci, par conséquent, communique librement avec l'atmosphère. Si l'on soulève le piston P, le vide se fait au-dessous de lui; le gaz du réservoir V, qui tend, par sa *force expansive*, à occuper le plus grand volume possible, soulève la soupape *n*, et une partie de l'air du récipient V envahit le corps de pompe *v*, jusqu'à ce que la pression soit devenue la même de part et d'autre de cette soupape; celle-ci alors se ferme d'elle-même par son poids. Le piston P, en descendant, comprime l'air introduit dans le corps de pompe; quand cet air a acquis, par sa diminution de volume, une force élastique supérieure à la pression atmosphérique, il soulève la soupape *m* et s'échappe totalement à l'extérieur, à la fin de la course du piston.

Cette première manœuvre de la machine a donc eu pour effet de diminuer la force élastique de l'air contenu dans le récipient V, et il en sera de même à chaque coup de piston; mais il est facile de voir qu'on ne pourra jamais faire un vide complet, puisqu'on n'enlève, chaque fois que le piston remonte, qu'*une partie* de l'air du récipient, après qu'il s'est réparti de part et d'autre de la soupape *n*. Le vide, toutefois, du moins théoriquement, pourrait être poussé aussi loin qu'on veut, en multipliant les coups de piston.

La limite pratique du vide est relativement assez rapprochée et dépend de la perfection avec laquelle la machine a été construite; elle est déterminée par la rentrée inévitable de l'air, par le poids des soupapes que l'air intérieur doit soulever, et, enfin, par l'*espace nuisible* qu'on ne peut jamais rendre nul, même dans les machines les plus parfaites. Cet espace nuisible résulte du fait que le piston ne s'applique jamais exactement sur la base du corps de pompe, mais y laisse de petites cavités dans lesquelles l'air va se loger. Il arrivera alors, pour l'air introduit dans le corps de pompe, un degré de raréfaction telle que le piston, en descendant jusqu'au bas de sa course et en réduisant cet air au volume de l'espace nuisible, ne pourra plus lui communiquer une force élastique supérieure à la pression atmosphérique. A ce moment, la soupape du piston ne peut plus se soulever et la limite du vide est atteinte.

On mesure le degré du vide obtenu dans le récipient V au moyen d'un tube barométrique B dont l'une des extrémités plonge dans le mercure d'un vase *v'*, et dont l'autre communique librement avec le récipient lui-même. Quand la tension de l'air diminue, on voit le mercure monter dans le tube, et, pour un vide parfait, il atteindrait la hauteur barométrique du moment, de telle sorte que ce tube constituerait un véritable baromètre dont le récipient V serait la chambre de Torricelli. Le mercure re se rend jamais à cette hauteur, et la différence entre le niveau qu'il occupe et celui d'un bon baromètre est la mesure de la force élastique de l'air qui reste dans le récipient ; si cette différence est, par exemple, de 4 millimètres, la tension de l'air est de 4 *millimètres* de mercure. Les bonnes machines permettent de faire le vide à un *demi-millimètre*.

Au début de la description de la machine pneumatique, nous avons supposé que le corps de pompe était ouvert à la partie supérieure. Dans ces conditions, la manœuvre du piston finit par devenir très pénible, parce qu'il faut, pour le soulever, surtout quand la raréfaction est poussée assez loin, vaincre la résistance causée par l'excès de la pression atmosphérique sur la force élastique de plus en plus faible de l'air intérieur, et l'on comprend que l'effort à exercer puisse devenir considérable, avec des corps de pompe à large section. Pour faire disparaître cet inconvénient très grave, les constructeurs américains ont trouvé une solution très élégante dont la figure 121 indique le principe, et qui dispense, comme dans les machines françaises, de l'emploi de deux corps de pompe.

La partie supérieure de la machine est entièrement fermée, à l'exception d'une ouverture munie d'une soupape T qui s'ouvre de bas en haut. Un instant de réflexion suffit pour comprendre que le piston, en descendant, fait le vide au-dessus de lui, pendant que la pression extérieure ferme la soupape T. Le piston, lorsqu'il remonte, se meut pour ainsi dire dans le vide, et il n'y a plus qu'à vaincre la résistance des frottements contre les parois du cylindre. En descendant de nouveau, le piston comprime l'air introduit et le fait passer au-dessus de lui par l'ouverture de la soupape *m*. Il en est de même lorsqu'il remonte, et, une fois que l'air a acquis une force élastique supérieure à la pression atmosphérique, ce qui n'arrive, après quelque temps de manœuvre, qu'à la fin de la course ascendante du piston, la soupape T se soulève et l'air se disperse à l'extérieur.

La figure 122 représente la machine pneumatique américaine. Le piston est mis en mouvement, dans le corps de pompe P, par un long levier L, ce qui a pour effet de multiplier la force de l'opérateur. Le corps de pompe communique, au moyen d'un tube métallique recourbé à angle droit, avec la *platine* R, sur laquelle on place soit une cloche V d'où l'on veut extraire l'air, soit un récipient quelconque. Le degré de vide obtenu se mesure avec le tube barométrique B. Enfin, les soupapes, invisibles dans la figure, sont constituées par de petites rondelles de cuir très

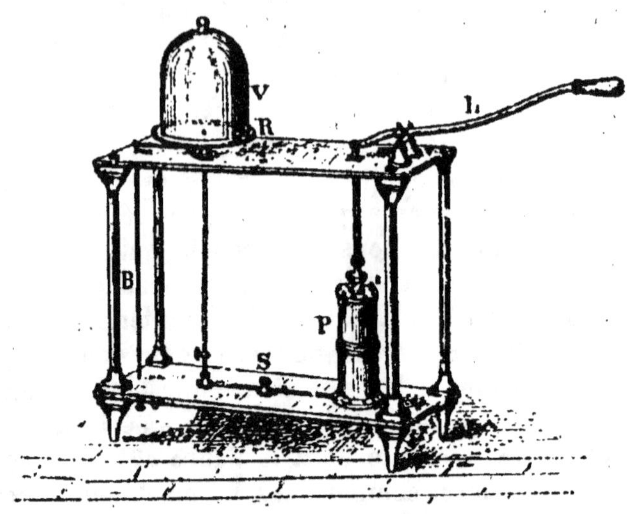

Fig. 122.

minces, fixées par leur centre, et dont les bords se soulèvent sous la pression de l'air.

223. Pompe à mercure. — Cette machine est destinée à pousser plus loin la raréfaction de l'air déjà effectuée par les machines ordinaires, ou à faire un vide presque parfait dans des espaces restreints, comme dans les ampoules des lampes électriques. On arrive à ce résultat en reproduisant à volonté, et aussi souvent que l'on veut, le vide barométrique dans un récipient. Pour cela, on fait mouvoir, par le jeu de l'appareil, une masse de mercure qui remplace le piston des machines ordinaires, ce qui a l'avantage de supprimer l'espace nuisible. Ces pompes à mercure peuvent facilement produire le vide à 1/10 de millimètre.

224. Applications de la machine pneumatique. — L'invention de la machine pneumatique, due à Otto de Guericke, bourgmestre de Magdebourg, a été le point de départ de plusieurs découvertes sur les effets de la pression de l'air et les propriétés physiques des gaz. Nous avons déjà eu occasion plus haut de constater le fréquent usage qu'on en fait dans un bon nombre d'expériences, et, par suite, sa nécessité dans tout cabinet de physique.

La machine pneumatique sert encore à faire voir le rôle de la présence de l'air dans les combustions et la respiration pulmonaire : une bougie allumée ne tarde pas à s'éteindre dans le vide, et, par la suppression de la poussée de l'air, la fumée se comporte comme les autres corps pesants, et tombe à la partie inférieure du vase qui la contient.

On constate aussi que la vie ne peut être entretenue sans l'oxygène de l'air, en plaçant un animal quelconque sous une cloche dans laquelle on fait le vide.

Citons encore, parmi les *applications industrielles* de cette machine, l'emploi qu'on en fait dans le *flambage* des tissus, pour faire le vide nécessaire à la production des rayons X dans les ampoules radiographiques, pour l'évaporation rapide des gaz liquéfiés dans les machines frigorifiques, etc.

225. Pompe de compression. — Cette machine a pour but d'accumuler une masse plus ou moins grande d'air dans un espace donné. La figure 123 fait comprendre comment on arrive à ce résultat, et montre, de plus, que cet appareil n'est rien autre chose qu'une machine pneumatique dont le corps de pompe communique avec l'air extérieur et dont les soupapes s'ouvrent en sens inverse.

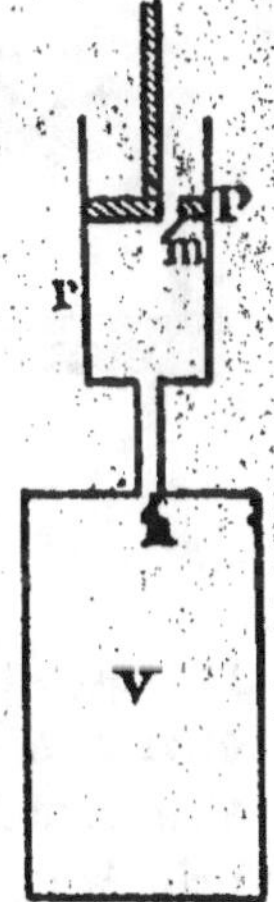

Fig. 123.

Supposons le piston P à la partie supérieure du corps de pompe r ; en l'abaissant, la compression de l'air qui en résulte fait fermer la soupape m et ouvrir n, et toute la masse gazeuse qui remplissait le volume r est refoulée dans le récipient V où elle augmente la force élastique de l'air déjà contenu. Si l'on soulève le piston, le vide tend à se faire derrière lui ; aussitôt la tension de l'air dans V ferme la soupape n, et m s'ouvre par l'effet de la pression extérieure, de telle sorte que le corps de pompe se remplira d'air, lorsque le piston sera revenu à son point de départ. Un deuxième coup de piston refoule cette masse d'air dans le récipient, et ainsi de suite, à chaque descente du piston.

La compression de l'air, limitée nécessairement par la valeur de la force dont on dispose et par la résistance de la machine, ne peut pas, en outre, être poussée indéfiniment, à cause de l'*espace nuisible* qui résulte des défauts inévitables de construction. En effet, comme la force élastique de l'air comprimé augmente toujours avec le jeu prolongé de la pompe, il arrive un temps où la tension dans le récipient devient égale à celle de l'air du corps de pompe, réduit au volume de l'*espace nuisible*. A ce moment, la soupape *n* ne peut plus s'ouvrir, et le maximum de compression est atteint.

La figure 124 représente la *pompe à main*, employée dans les laboratoires de physique ; elle peut aussi fonctionner comme machine à faire le vide. Deux tubulures opposées, placées à la base du corps de pompe, communiquent, la première C avec l'air extérieur ou le réservoir dans lequel on veut faire le vide, et l'autre A avec un récipient où l'air va se comprimer. Ces tubulures possèdent des soupapes coniques maintenues en place par de petits ressorts en spirale, et qui s'ouvrent en sens contraires l'une de l'autre.

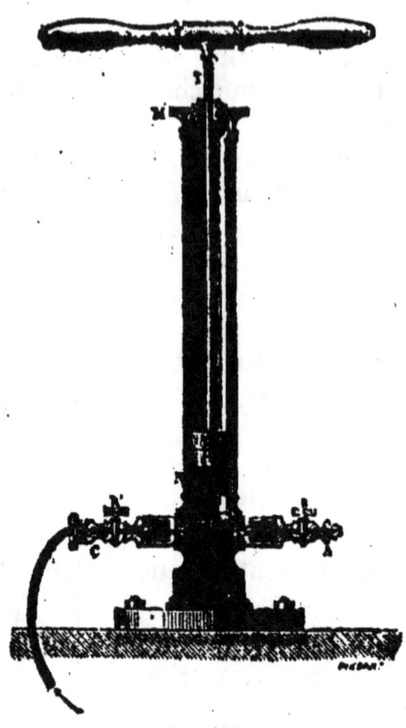

Fig. 124.

Lorsqu'on soulève le piston, la raréfaction de l'air intérieur fait ouvrir la soupape de gauche, et le corps de pompe se remplit entièrement. Par la descente du piston, cet air introduit est comprimé, la soupape de droite s'ouvre tandis que l'autre se ferme, et toute la masse d'air est refoulée dans le récipient.

226. Applications de l'air comprimé. — L'air comprimé, dans la pratique, se prête à de nombreuses et importantes applications. Citons d'abord l'usage de la pompe de compression dans la fabrication des eaux gazeuses artificielles ; elle permet d'aspirer le gaz carbonique d'un réservoir pour le refouler ensuite dans l'eau où il se dissout en quantités qui augmentent avec la pression.

Dans l'industrie, on emploie l'air comprimé pour l'aération des mines, ainsi que pour mettre en mouvement les instruments perforateurs, dans le percement des tunnels souterrains et sous-marins ; l'air comprimé, outre qu'il fournit la force motrice, contribue aussi au renouvellement de l'air à l'intérieur des galeries, et remplace avantageusement les machines à vapeur.

On fait une application très heureuse de l'air comprimé dans la construction des piles des ponts à eau profonde. Les ouvriers peuvent travailler à pieds secs, en se logeant dans une *cloche à plongeur* ou *caisson* que l'on installe sur le lit de la rivière, et dont on chasse l'eau par un jet continu d'air comprimé.

Mentionnons encore l'usage de l'air comprimé dans les *grandes orgues modernes*, dans le système des *horloges pneumatiques* par lequel on met en mouvement, et de la même quantité, tout un réseau de cadrans particuliers, dans le *télégraphe pneumatique*, c'est-à-dire la distribution des lettres par des tubes souterrains qui relient les différents bureaux d'une ville.

Enfin, les *freins à air comprimé* des voitures de chemins de fer permettent d'arrêter les trains sans secousses et dans un espace très court ; les freins de chaque voiture sont appliqués à la fois sur les roues au moyen d'un piston mis en mouvement par l'air comprimé, et celui-ci est entretenu à un degré suffisant de tension, dans des réservoirs placés sous les wagons, par le jeu d'une pompe de compression à vapeur installée sur la locomotive.

CHAPITRE V

APPAREILS FONDÉS SUR LA PRESSION ATMOSPHÉRIQUE

227. Siphon. — Le *siphon* est un appareil destiné à procurer un écoulement continu sous l'influence de la pression de l'air, et, en particulier, à transvider le liquide d'un vase sans pencher ce dernier. Il se compose d'un tube deux fois recourbé dans le même sens et à branches inégales (*fig.* 125); on place la plus courte de ces branches dans le vase à vider, et, une fois le siphon *amorcé*, c'est-à-dire complètement plein de liquide, l'écoulement commence par la grande branche, et se continue tant que le niveau, à l'ouverture de celle-ci, est inférieur à celui du liquide dans le vase; on remarque aussi que la vitesse d'écoulement augmente avec la différence des niveaux.

Fig. 125.

Pour bien comprendre le fonctionnement de cet appareil, considérons (*fig.* 126) un siphon plein d'eau, dont l'extrémité A, par exemple, est fermée avec le doigt. La pression atmosphérique qui s'exerce en D empêche le liquide de s'écouler, du moins si la section du tube est assez petite pour que l'air ne puisse pas pénétrer dans le siphon, en divisant la colonne liquide. Si l'on enlève le doigt en A, l'eau, au lieu de se partager entre les deux ouvertures, s'écoule entièrement par la grande branche. La pression atmosphérique, en effet, se faisant sentir également à l'extrémité des colonnes AB et CD, l'équilibre est impossible, à cause de la différence de poids des colonnes, et l'écoulement se fait du côté de la plus lourde.

Le même phénomène se produit, si la petite branche plonge dans un liquide (*fig.* 125). L'excès de poids de la colonne C fait écouler le liquide, et le vide tend à se produire dans le tube; la pression atmosphérique qui s'exerce sur l'eau du vase fait franchir à celle-ci la courbure du siphon, et l'écoulement se continue avec une vitesse proportionnelle à la différence de poids considérée, c'est-à-dire à la différence des niveaux.

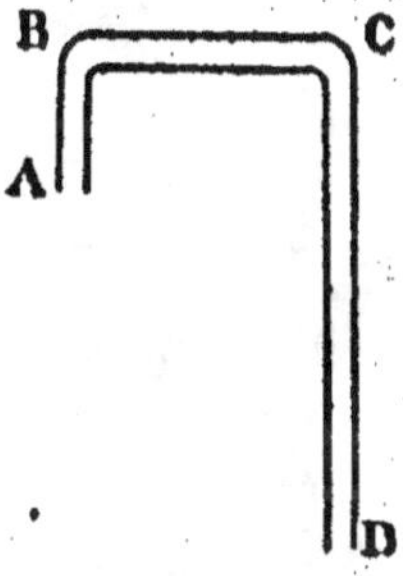

Comme cette différence diminue progressivement par le jeu du siphon, l'écoulement est continu, mais non *constant*. On peut arriver à ce dernier résultat au moyen d'un siphon flottant qui s'abaisse avec le liquide à mesure qu'il s'écoule.

Fig. 125.

On amorce le siphon soit en le remplissant complètement, soit, après avoir plongé la petite branche dans le liquide à vider, en aspirant par l'autre ouverture avec la bouche. Dans les laboratoires, on se sert de siphons comme celui qui est représenté dans la figure 127, lorsque le liquide à transvider ne peut sans danger être introduit dans la bouche. Il suffit, dans ces conditions, de fermer la grande branche avec le doigt, et d'aspirer par le tube additionnel B, jusqu'à ce que le liquide ait franchi le niveau inférieur de ce tube.

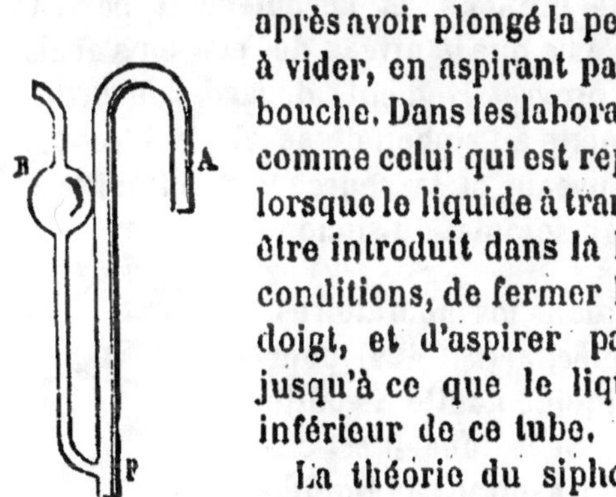

Fig. 127.

La théorie du siphon conduit à admettre et l'expérience confirme que cet appareil ne peut fonctionner *dans le vide*, ni lorsqu'une ouverture est pratiquée dans la partie supérieure; toutefois, l'écoulement se continue avec un siphon *capillaire*, à cause de la cohésion qui s'oppose à la division de la colonne liquide.

REMARQUE. — On explique, par la théorie du siphon, le phénomène des *fontaines intermittentes naturelles*. Ce sont des sources qui débitent de l'eau pendant un certain temps, et s'arrêtent ensuite pour recommencer de nouveau, à des intervalles plus ou moins réguliers. Il suffit d'admettre, pour rendre compte de l'intermittence de l'écoulement, que l'eau provient de cavités souterraines alimentées par les pluies, et se déverse à un niveau plus bas par des fissures qui rappellent la forme d'un siphon; celui-ci s'amorce de lui-même, lorsque le liquide atteint une certaine hauteur dans la cavité, et l'écoulement se continue tant que celle-ci contient de l'eau. Après une certaine période de repos, la même série de phénomènes se reproduit, lorsque l'eau, dans la cavité, parvient de nouveau à la hauteur dont nous venons de parler.

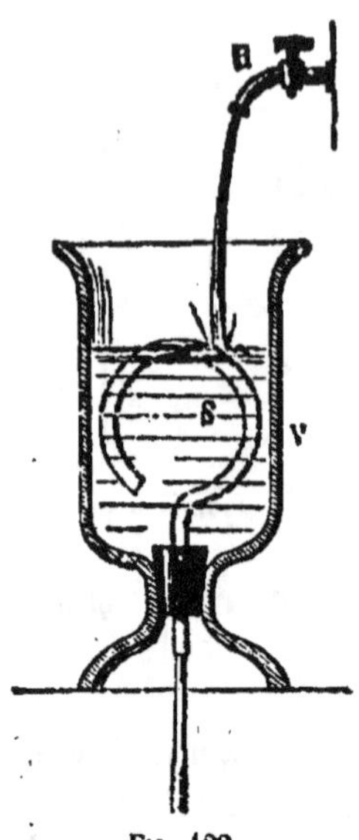

Fig. 128.

Cette explication est en quelque sorte confirmée par l'expérience du *vase de Tantale*. La figure 128 montre qu'en versant de l'eau dans le vase V, le siphon s'amorce dès que le niveau atteint le sommet de la courbure; le liquide s'échappe alors par la grande branche, et l'écoulement persiste jusqu'à ce que le niveau de l'eau, en s'abaissant progressivement, dégage l'ouverture de la petite branche et permette au siphon de se vider. L'écoulement recommencera de nouveau, si la source qui alimente le vase fait monter le liquide au sommet du siphon.

228. Pipette. — On fait, dans les laboratoires, un usage fréquent de la *pipette* (*fig.* 129) pour obtenir l'écoulement d'un liquide goutte à goutte ou en quantité déterminée. Si le tube B est entièrement rempli d'eau — en aspirant la liquide par l'extrémité supérieure — et qu'on applique le doigt en O, la pression atmosphérique, qui s'exerce à l'extrémité effilée, empêche l'eau de s'écouler. Mais comme cette pression agit aux deux extrémités de la colonne liquide, lorsqu'on soulève le doigt, l'écoulement commence aussitôt et se continue tant que l'ouverture O n'est pas de nouveau fermée. A ce moment, une petite quantité de liquide continuant à s'échap-

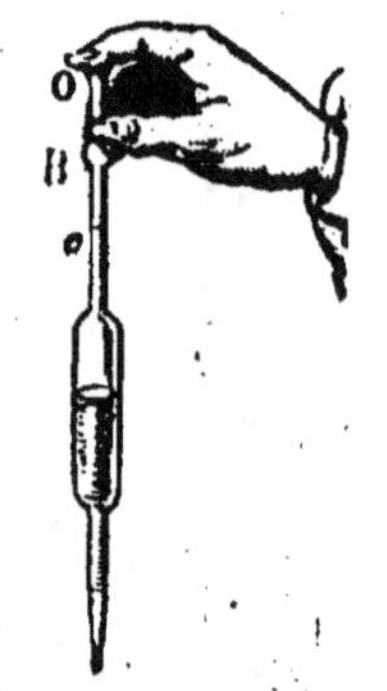

Fig. 129.

per, le volume d'air AO s'accroît en diminuant de densité, et sa tension devient plus faible que la pression atmosphérique qui s'exerce à la partie inférieure du tube. Le liquide cesse alors de couler, et une manœuvre convenable du doigt permet de le laisser sortir en quantité aussi petite que l'on veut.

229. Pompes. — Les *pompes* sont des appareils qui utilisent, suivant leur installation, la pression atmosphérique ou une compression énergique, pour élever l'eau à un niveau donné. Nous décrirons successivement la *pompe aspirante*, la *pompe foulante* et la pompe *aspirante et foulante*.

230. Pompe aspirante. — La *pompe aspirante* consiste essentiellement en un corps de pompe P (*fig.* 130), muni d'un tuyau d'aspiration C dont l'extrémité inférieure plonge dans l'eau à élever; deux soupapes Z et Z', s'ouvrant toutes deux de *bas en haut*, ferment, la première l'ouverture du piston, et l'autre l'extrémité supérieure du tuyau d'aspiration.

Le fonctionnement de la pompe aspirante est facile à comprendre. Au début de la manœuvre, le corps de pompe et le tuyau d'aspiration ne contiennent que de l'air; si le piston est au bas de sa course et qu'on le soulève, le vide se fait au-dessous de lui, comme dans la machine pneumatique, la force expansive de l'air, dans le tuyau C, fait ouvrir la soupape Z', et une partie de cet air va se loger dans le corps de pompe. La tension de l'air dans le tube C devient alors inférieure à la pression atmosphérique, et celle-ci, s'exerçant sur l'eau du puits, fait monter une colonne liquide dont le poids, augmenté de la force élastique de l'air qui reste, lui fait équilibre. Lorsque le piston descend, l'air du corps de pompe soulève la soupape Z et s'échappe à l'extérieur. Il en

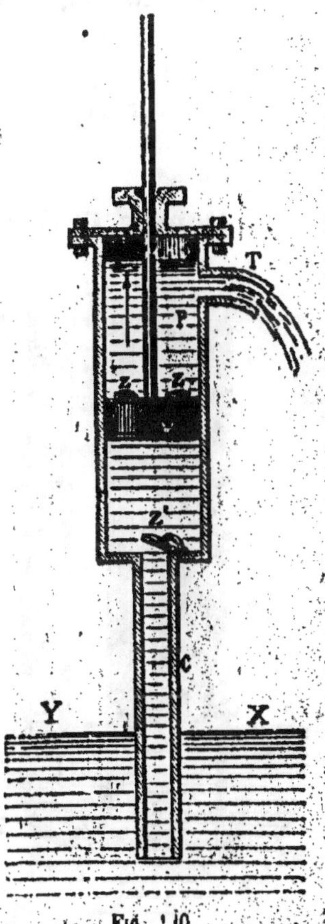

Fig. 130.

est de même à chaque coup de piston, et l'eau, montant de plus en plus, si le tuyau C ne dépasse pas une hauteur d'une trentaine de pieds, exactement 10^m,33, finit par envahir le corps de pompe; on dit alors que la pompe est *amorcée*, et le piston, en comprimant cette eau par son mouvement de descente, force celle-ci à ouvrir la soupape Z et à passer au-dessus de lui. Le piston, en remontant, soulève le liquide et le déverse par l'orifice latéral T.

Théoriquement, la hauteur du tuyau d'aspiration pourrait atteindre 10^m,33, puisque la pression atmosphérique fait équilibre au poids d'une colonne d'eau de cette longueur. En pratique, à cause des défauts de construction et des rentrées d'air, on peut aspirer l'eau à 7 ou 8 mètres de hauteur, environ 25 à 26 pieds.

Quant à la force qu'il faut développer pour soulever le piston, le calcul fait voir qu'elle est mesurée par le poids d'une colonne d'eau qui aurait pour base la surface du piston, et pour hauteur la distance verticale entre le niveau du puits et celui où l'eau se déverse.

231. Pompe foulante. — La *pompe foulante* utilise le principe des *vases communiquants*, et son fonctionnement est indépendant de la pression atmosphérique. La figure 131 montre qu'elle possède un piston *plein*, un tuyau de déversement T placé à la base du corps de pompe et muni d'une soupape Z s'ouvrant de dedans en dehors, et qu'enfin le corps de pompe, dont la soupape Z' s'ouvre de bas en haut, plonge en partie dans l'eau qu'on veut élever.

Le mouvement ascendant du piston fait soulever la soupape Z', à cause de la poussée de l'eau, et celle-ci, une fois entrée dans le corps de pompe, est *refoulée* par la descente du piston. La soupape Z' se ferme alors, tandis que Z s'ouvre, l'eau monte dans le tuyau T, et

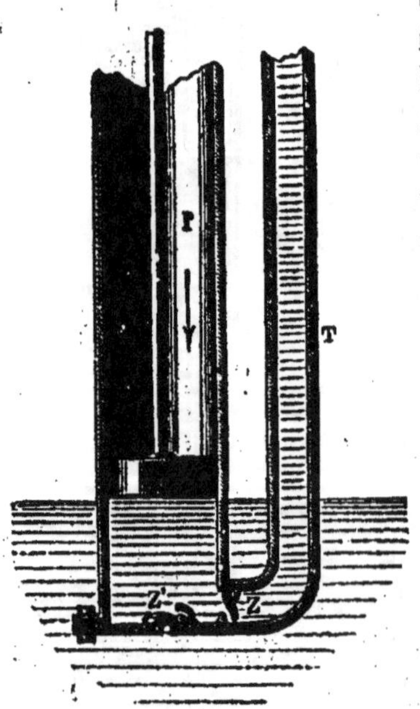

Fig. 131.

finit, après un certain nombre de coups de piston, par s'écouler à l'orifice. La hauteur à laquelle l'eau peut être élevée ne dépend que de la force dont on dispose pour enfoncer le piston, et cette force, qui doit augmenter avec la hauteur du tuyau latéral, est égale au poids d'une colonne liquide dont la base serait la surface du piston, et la hauteur la distance verticale qui sépare le niveau de l'eau dans le réservoir de celui du déversement.

L'immersion de la pompe foulante a l'avantage de prévenir la formation de la glace dans le corps de pompe, ce qui peut avoir son utilité dans les pays froids.

232. Pompe aspirante et foulante. — Si l'on ajoute à la pompe foulante un tuyau d'aspiration plongeant dans l'eau à élever, on réalise un autre système très employé, désigné sous le nom de *pompe aspirante et foulante (fig. 132)*.

Le piston, lorsqu'on le soulève, agit comme dans la pompe aspirante, et permet, par le vide qu'il fait au-dessous de lui, à la pression atmosphérique de faire monter l'eau jusqu'à l'intérieur du corps de pompe. En descendant, il comprime cette eau, la soupape Z' se ferme, Z s'ouvre, et le liquide est refoulé dans le tube latéral T. L'effort à exercer, pour enfoncer le piston et faire parvenir l'eau à une hauteur donnée, se mesure par le poids d'une colonne d'eau dont la base serait la section du piston, et la hauteur la différence entre le niveau de ce dernier et celui de l'orifice du tuyau d'ascension.

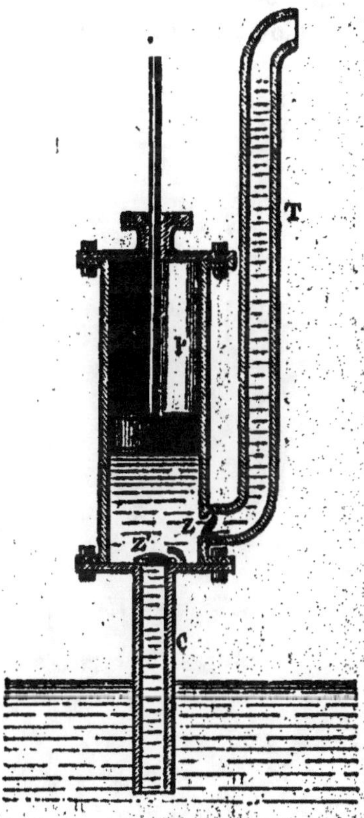

Fig. 132.

233. Chambre à air. — Dans ces deux derniers systèmes de pompes, l'écoulement par le tuyau latéral est *intermittent*, puisque l'eau n'est refoulée qu'à la descente du piston ; de plus, on doit toujours vaincre la résistance d'inertie d'une longue colonne

14

d'eau, nécessairement rendue stationnaire chaque fois que le piston remonte. On fait disparaître ces inconvénients au moyen d'un réservoir complètement clos et plein d'air, dans l'intérieur duquel l'eau est refoulée, et d'où part le tuyau de distribution. L'eau, projetée avec violence dans cette *chambre à air*, exerce une compression énergique sur le gaz, et celui-ci, par sa force de ressort, fait jaillir le liquide, même pendant le mouvement ascendant du piston. On obtient un jet continu en donnant à la chambre à air des dimensions appropriées.

Les *pompes à incendie* sont fondées sur ce principe : une machine à vapeur fait mouvoir des pistons qui aspirent l'eau d'un puits ou d'une rivière, et qui la refoulent dans une chambre à air d'où partent les boyaux de distribution.

ACOUSTIQUE

CHAPITRE I

I. — PRODUCTION ET PROPAGATION DU SON

234. Objet de l'acoustique. — C'est l'étude des *vibrations* des corps élastiques et, par suite, des différents *sons* qu'elles engendrent; l'acoustique traite successivement des modes de production, de la propagation et des qualités du son.

235. Définition et cause du son. — On donne le nom générique de *sons* aux impressions perçues par l'organe de l'ouïe. Il est facile de prouver que *seul* le mouvement vibratoire des corps élastique peut produire des sons.

Considérons une tige d'acier fixée à un étau par l'une de ses extrémités N (*fig.* 133). Si, après l'avoir écartée quelque peu, on l'abandonne à elle-même, elle revient à sa position d'équilibre VN, en vertu de l'élasticité développée par la flexion. Mais la vitesse acquise lui fait dépasser cette position, et la lame s'infléchit de l'autre côté pour revenir ensuite sur elle-même, et ainsi de suite. Elle exécute donc, de part et d'autre de la position d'équilibre, une série de mouvements alternatifs d'amplitude décroissante qu'on appelle des *oscillations*. Les corps élastiques seuls sont susceptibles de mouvements oscillatoires, et ceux-ci, quand ils sont très rapides, ont reçu le nom de *vibra-*

Fig. 133.

tions. C'est ce qui arrive aussi pour une tige fixée par ses deux extrémités, et au milieu de laquelle on exerce une pression ; laissée à elle-même, elle revient à sa position primitive d'équilibre après une suite d'oscillations plus ou moins nombreuses. En un mot et d'une manière générale, tout corps élastique, dérangé de sa position d'équilibre, engendre des vibrations, et ce sont ces vibrations, pourvu qu'elles soient assez rapides, qui produisent sur l'oreille la sensation du son.

On désigne sous le nom de *vibration simple* le mouvement d'allée ou de retour de la tige, tandis que l'ensemble d'une allée et d'une venue s'appelle une *vibration complète.*

236. Preuves expérimentales. — Il est facile de démontrer, par des expériences variées, que les vibrations assez rapides des corps élastiques engendrent des sons, de même que, inver-

Fig. 134.

sement, tout son, quel qu'il soit, est le résultat des vibrations d'un corps élastique.

1° On fait rendre un son à un *timbre* (*fig.* 134) en l'attaquant avec un archet ; si, à ce moment, on approche lentement une pointe métallique V des parois du timbre, on entend une série de petits chocs rapides qui trahissent les vibrations du corps sonore.

Le mouvement vibratoire du timbre peut aussi se constater en approchant, pendant qu'il rend un son, une petite balle métallique soutenue par un fil; celle-ci est repoussée plusieurs fois de suite, tant que le son n'est pas complètement éteint.

2° On produit le même effet avec un *diapason* dont les lames vibrantes repoussent une balle suspendue, et avec une *tige d'acier* qu'on fait vibrer longitudinalement en la frottant avec un morceau de drap saupoudré de colophane. Les chocs répétés qu'on entend, lorsqu'on lui fait effleurer un corps dur, prouvent clairement qu'elle s'allonge et se raccourcit successivement, en un mot, qu'elle vibre avec une grande rapidité.

3° Pour se convaincre que le son produit par une *corde tendue* est le résultat de vibrations autour de la position d'équilibre, il suffit de placer sur cette corde de petits cavaliers en papier; dès qu'on l'attaque avec un archet et qu'elle résonne, les cavaliers sont désarçonnés et projetés en l'air.

4° Les vibrations de l'air peuvent aussi engendrer des sons ; c'est ce qui est réalisé dans les *tuyaux sonores*. Pour le démontrer, on descend dans un tuyau, pendant qu'il parle, un cerceau en bois supportant une membrane élastique sur laquelle on a jeté un peu de sable ; on entend un grésillement particulier produit par les vibrations que l'air communique à la membrane. Comme ce phénomène ne s'observe qu'à certains points déterminés de la longueur du tuyau, on se rend compte que ce grésillement ne peut être dû au mouvement d'ensemble de la colonne d'air, mais bien aux vibrations rapides de parties restreintes et parfaitement localisées.

237. Son et bruit. — Le son *proprement dit*, ou *son musical*, et le *bruit* produisent sur l'oreille des sensations qu'il est relativement facile de distinguer. Le son musical est le résultat de vibrations rythmées, régulières et périodiques, c'est-à-dire causées par un mouvement oscillatoire qui se reproduit toujours identique à lui-même, comme le mouvement d'une tige métallique ou d'une corde tendue. Ces vibrations produisent sur l'oreille une sensation *continue*, sans variations, et qui occupe un rang déterminé dans l'échelle musicale. — Le *bruit*, au contraire, provient de vibrations irrégulières, non périodiques, et dont il est impossible, du moins ordinairement, de prendre l'unisson. Tel est le bruit assourdissant d'une crécelle, le bruissement des feuilles agitées par le vent, le murmure de la mer qui vient déferler sur le rivage, et, en général, tout mélange de plusieurs sons discordants qui n'ont entre eux aucun rapport déterminé ; c'est encore, comme le bruit du canon, le résultat de vibrations qui ne peuvent engendrer sur l'oreille, parce qu'elles ne durent qu'un instant très court, aucune sensation prolongée.

Toutefois, la ligne de démarcation entre le son et le bruit n'est pas facile à fixer. Ce qui n'éveille que l'impression d'un bruit confus, chez la plupart des gens, peut fort bien être apprécié, au point de vue musical, par une oreille exercée ; en comparant ensemble deux bruits qu'on fait entendre successivement, on découvre très souvent dans ceux-ci de véritables notes de musique assez nettement caractérisées. C'est ainsi qu'avec une série de bouteilles de volumes différents et convenablement assorties, on peut reproduire, en les débouchant brusquement, toute la suite des sons de la gamme.

238. Propagation du son. — Pour que les vibrations des corps sonores produisent la sensation du son, une condition est *nécessaire et suffisante :* il faut, entre le corps vibrant et l'organe de l'ouïe, une suite non interrompue de milieux élastiques et pondérables, susceptibles de transmettre le son, en participant eux-mêmes au mouvement vibratoire.

1° L'existence d'un *milieu élastique* est *nécessaire* à la propagation du son, c'est-à-dire que le *son ne se propage pas dans le vide.*

On démontre ce fait en faisant résonner une petite cloche dans l'intérieur d'un ballon vide d'air. On n'entend pas le son de la clochette, si le vide effectué est assez parfait, tandis qu'il devient de plus en plus perceptible, lorsque l'air pénètre peu à peu dans le ballon.

Un timbre (*fig.* 135), mis en mouvement par un mécanisme d'horlogerie et placé sous une cloche d'où l'on extrait l'air avec la machine pneumatique, cesse de se faire entendre lorsque la raréfaction de l'air est poussée assez loin, et lorsqu'on a soin d'empêcher les vibrations de se communiquer à la machine, en plaçant le timbre sur un coussin non élastique. Cette diminution dans l'intensité du son, causée par la raréfaction de l'air, s'observe très bien sur les hautes montagnes et dans les ascensions aérostatiques.

2° La présence d'un milieu élastique quelconque est *suffisante* pour la propagation du son, et ce milieu peut être gazeux, liquide ou solide.

Les corps *gazeux*, l'air en particulier, transmettent facilement les sons; de plus, l'air qui sert de véhicule aux vibrations sonores est lui-même en *vibration*. Pour se rendre compte de ce fait, il suffit de placer, dans le voisinage d'un corps qui rend un son, une membrane élastique tendue sur un cadre de bois et que l'on a saupoudré de sable fin. L'air communique ses vibrations à la membrane, et l'on voit le sable s'agiter et se disposer suivant des *figures acoustiques* qui changent avec l'acuité du son.

Le son se transmet aussi par les *liquides*, et cette propagation est plus parfaite que dans les gaz. L'expérience suivante en est une preuve manifeste :

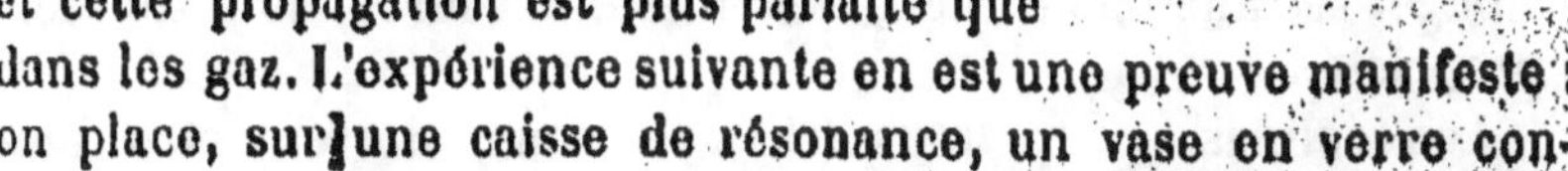

Fig. 135.

on place, sur une caisse de résonance, un vase en verre contenant de l'eau (*fig.* 136). Si l'on excite un diapason et qu'on en plonge le pied dans le liquide, on constate, par le renforcement du son, que le mouvement vibratoire s'est transmis à la caisse par l'intermédiaire de l'eau. D'ailleurs, l'on sait que les plongeurs perçoivent très bien les sons et les bruits qui prennent naissance soit dans la masse, soit à l'extérieur de l'eau.

Fig. 136.

Enfin, les *solides* élastiques propagent le son encore plus fidèlement que les liquides et les gaz. Une foule d'observations et d'expériences ont démontré ce fait. C'est ainsi, par exemple, qu'on peut entendre de très loin le bruit d'une voiture ou d'un convoi de chemin de fer, en appuyant l'oreille sur le sol ; le bruit du canon est perçu à une distance beaucoup plus grande, par l'intermédiaire des substances solides qui composent le sol, que le roulement du tonnerre.

Dans une même maison, les sons se transmettent facilement d'une chambre à l'autre, surtout si les planchers sont construits avec les mêmes pièces de bois. Lorsque l'on gratte très légèrement l'extrémité d'une longue tige de bois avec une pointe d'épingle, les sons très faibles que l'on provoque sont parfaitement entendus par une oreille appuyée à l'autre extrémité. C'est en appliquant cette propriété que Wheatstone a pu faire entendre à un nombreux auditoire, au moyen de tiges de bois reposant sur des caisses de résonance, les sons de différents instruments de musique.

Les os du crâne peuvent aussi transmettre les sons jusqu'à l'oreille : on entend très bien un diapason dont on appuie le pied sur les dents, et l'*audiphone*, c'est-à-dire une feuille de carton qu'on saisit entre les dents et qui conduit jusqu'à l'oreille, par les parties osseuses de la tête, les vibrations émises dans le voisinage, est une application, très utile aux sourds, de cette même propriété.

Les solides, pour transmettre les sons, doivent être doués d'élasticité. Les corps non élastiques, comme les tissus, les draperies, constituent des milieux très défavorables, et contribuent à assourdir les salles qui en sont pourvues.

239. Mode de propagation du son dans l'air. — Il est utile, pour bien saisir le mécanisme de la propagation du son dans l'air, d'étudier ce qui se passe à la surface d'une eau tranquille, lorsque, par une cause quelconque, un ébranlement se produit en un point déterminé de cette surface.

Laissons tomber une pierre sur un liquide en équilibre ; le choc qui se produit a pour effet d'enfoncer les molécules d'eau directement frappées, il se forme une dépression, et l'équilibre est momentanément rompu. Comme les molécules d'un liquide sont liées les unes aux autres par la cohésion, les parties avoisinantes réagissent sur les molécules choquées, et une nouvelle dépression se produit tout autour pour rétablir l'équilibre et faire disparaître la cavité. Cette dépression circulaire subit à son tour, de la part des molécules voisines, le même effet de réaction, et ainsi de suite, de sorte qu'un sillon, issu du centre d'ébranlement, s'éloigne en s'élargissant de plus en plus. — A la cavité centrale, l'équilibre ne se rétablit pas d'un seul coup ; les molécules, en revenant sur elles-mêmes, dépassent cette position d'équilibre, s'élèvent au-dessus du niveau général, et donnent naissance à un petit bourrelet liquide. Il est clair que ce dernier va se propager de la même manière que la dépression, en produisant une crête en forme de couronne circulaire dont le rayon augmente progressivement, et qui suit le sillon à la surface de l'eau.

Une série d'ébranlements réguliers et périodiques produira donc toute une succession de rides et de sillons circulaires, comme ceux que nous venons de considérer, et qui se suivent à des distances égales les unes des autres.

Il est à remarquer que, dans la propagation de ces ondes, les molécules liquides n'ont pas de mouvement de translation, mais n'exécutent que de très faibles excursions dans la direction verticale, avec la vitesse des ébranlements qui leur donnent naissance. Ce qui se déplace, ce sont les rides et les sillons, et ceux-ci ne donnent qu'un mouvement vertical fort restreint à de légers corps flottants qu'ils rencontrent sur leur passage, sans produire de déplacement latéral.

Les ébranlements engendrés dans l'air par les vibrations des corps sonores se propagent d'une manière tout à fait analogue.

Considérons une colonne d'air cylindrique renfermé dans un tuyau (*fig.* 137), et imaginons une lame vibrante AB oscillant dans le sens de la longueur de ce tuyau. Par son mouvement supposé très brusque

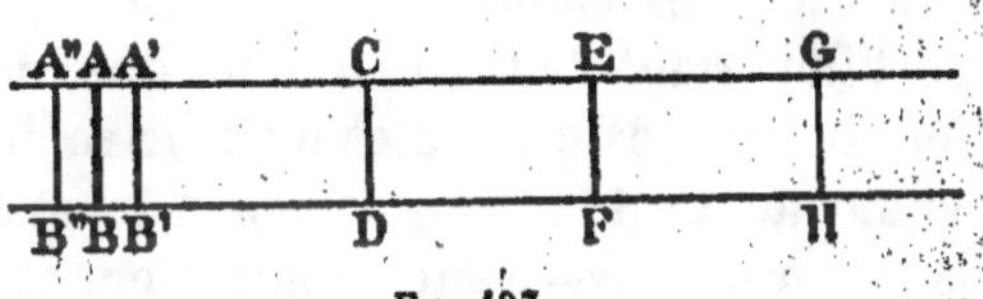

Fig. 137.

vers A'B', la lame comprime la tranche d'air ACDB en contact avec elle, et lui communique, dans un instant très court, une pression supérieure à celle de la branche voisine CEFD qui est à la pression atmosphérique. La tranche comprimée, en vertu de l'élasticité développée par la diminution de volume, tend à revenir à sa pression et à ses dimensions primitives, mais ne peut y parvenir qu'en comprimant à son tour la tranche voisine, qui dès lors, se trouve dans l'état de tension de la première. Cette seconde tranche d'air agira de la même façon sur la suivante.

pour revenir ensuite à son état initial de pression et de volume, et l'on voit que la *compression*, produite à l'extrémité de la colonne d'air par le mouvement de la lame AB, se propage de tranche en tranche dans toute la longueur du tuyau.

La lame AB revient ensuite brusquement de A'B' en A'B'; par ce mouvement en arrière, la tranche d'air, immédiatement en contact avec elle, augmente de volume, sa pression diminue, et il se produit une *dilatation* dans la masse gazeuse; cette dilatation va se propager comme la compression qui la précède, puisque l'équilibre dans la tranche raréfiée ne peut se rétablir qu'en autant que la tranche suivante se dilate à son tour pour reproduire, dans la première, l'état initial de volume et de pression, et ainsi de suite pour les tranches suivantes. On voit donc que chaque demi-vibration de la lame vers la droite engendre une *condensation*, et chaque mouvement de retour une *dilatation* qui se suivent dans le tube avec la vitesse du son. Ces compressions et ces dilatations réagissent sur l'organe de l'ouïe, font vibrer la membrane du tympan, et produisent la sensation du son.

On appelle *ondes condensées* les tranches comprimées, et les autres se nomment *ondes dilatées;* les longueurs réunies de ces deux ondes, ou encore, la distance qui sépare deux ondes successives de même nature, constituent la *longueur d'onde.* On la désigne par la lettre λ, et elle représente l'espace parcouru par le son pendant l'intervalle de temps *d'une vibration complète* ou *période* du corps sonore.

Il est important de faire observer que, dans ce mode de propagation du son, les molécules d'air ne se déplacent pas suivant la longueur du tuyau; il n'y a aucun mouvement de translation, mais le son se progage par compressions et dilatations successives des différentes tranches d'air, tandis que les particules gazeuses n'ont que de très faibles excursions. Elles vibrent longitudinalement, *dans le sens de la propagation*, en se rapprochant et s'éloignant les unes des autres, avec la *même période* de vibration que celle du corps vibrant lui-même. Ce qui se déplace dans le tube, ce sont les compressions et les dilatations, ou, si l'on veut, les *modifications de pression* engendrée par les oscillations du corps sonore.

D'après ce que nous venons de voir, on peut imaginer sans peine le mode de propagation du son dans un *milieu indéfini*. Un corps en vibration, au lieu de produire des *ondes planes*, comme dans le cas précédent, devient le centre d'*ondes sphériques* dont les rayons augmentent progressivement avec la distance, puisque la propagation, n'étant pas limitée aux dimensions d'un tuyau, se fait dans toutes les directions autour du centre d'ébranlement.

240. Expression analytique de la longueur d'onde. — Il est facile d'établir une relation très simple entre la *longueur d'onde* λ d'un son, le *nombre* n de ses vibrations par seconde, et la *vitesse* V de propagation.

On sait que la longueur d'onde n'est rien autre chose que l'espace parcouru par un son pendant la durée d'une vibration complète. S'il y a n vibrations par seconde, la durée *d'une* vibration sera $\frac{1}{n}$; et, comme le son parcourt V mètres par seconde, on aura

$$\frac{V}{n} = \lambda.$$

Or la durée d'une vibration n'est rien autre chose que la *période* qu'on désigne par T. La formule précédente devient donc

$$\lambda = VT.$$

Elle permet de calculer l'une quelconque de ces trois quantités, lorsque les deux autres sont connues.

II. — VITESSE DU SON

241. Vitesse du son dans l'air. — Les considérations précédentes conduisent à admettre et l'observation la plus sommaire fait voir que la propagation du son dans l'air n'est pas instantanée. On aperçoit, en effet, la vapeur qui s'échappe du sifflet d'un navire éloigné, avant d'entendre le son qu'elle a produit. Le son se propage donc avec une certaine vitesse, et, en outre, d'un mouvement *uniforme*, comme on l'a constaté par des expériences directes. Dans ces conditions, la *vitesse du son* est l'espace parcouru par les vibrations sonores pendant l'unité de temps, c'est-à-dire pendant une seconde.

La vitesse du son dans les différents milieux peut se déduire du calcul, si l'on connaît la *densité* et l'*élasticité* de ce milieu. L'on a reconnu que cette vitesse est proportionnelle à la racine carrée du rapport entre l'élasticité et la densité, qu'elle augmente avec la température de l'air, qu'elle est influencée par la chaleur et le refroidissement qui accompagnent la compression et la dilatation des couches d'air, et, enfin, qu'elle est la même pour tous les sons et dans toutes les directions. Dans chaque gaz et pour une même température, la vitesse du son ne dépend pas de la *pression* de ce gaz, ni de son degré de raréfaction. Quant à l'influence de la température, on démontre que, si l'on désigne par V la vitesse du son dans l'air à 0°, on peut représenter la vitesse V', à une température quelconque t, par l'expression

$$V' = V \sqrt{1 + \alpha t}.$$

Nous verrons plus loin (316) que l'on désigne par α le coefficient de dilatation d'un gaz, et que $1 + \alpha t$ s'appelle le *binôme de dilatation*.

Si l'on compare ensemble les vitesses du son dans les différents gaz, la théorie conduit à admettre que la vitesse dans l'hydrogène, dont la densité est seize fois inférieure à celle de l'oxygène, doit être quatre fois plus grande que dans ce dernier gaz, ce qui est le rapport inverse, à peu de chose près, des racines carrées des densités.

242. Mesure expérimentale de la vitesse du son dans l'air. — Le principe de la méthode employée est le suivant : on produit un signal à la fois lumineux et sonore, et l'on note, au poste d'observation situé à une distance connue e de celui d'où partent les signaux, l'intervalle de temps qui s'écoule entre l'apparition de la lumière et la perception du son. En représentant par V et v les vitesses de la lumière et du son, le temps employé par l'ébranlement lumineux pour franchir la distance e sera $\frac{e}{V}$, et celui employé par le son sera $\frac{e}{v}$; dès lors, l'intervalle de temps t que l'on note, entre les deux instants d'arrivée, a pour expression

$$t = \frac{e}{v} - \frac{e}{V}.$$

Or V est infiniment grand vis-à-vis de v — la lumière franchit la distance e dans un temps inappréciable —, $\dfrac{e}{V}$ devient négligeable, et l'on a

$$\frac{e}{v} = t,$$

d'où

$$v = \frac{e}{t}.$$

La méthode revient donc à diviser l'espace qui sépare les deux postes d'observation par le temps qui s'écoule entre la vision du signal lumineux et l'audition du son.

Plusieurs expérimentateurs ont tenté de mesurer directement la vitesse du son dans l'air; nous citerons seulement la mesure effectuée, en 1822, par les membres du Bureau des Longitudes. Pour obtenir un signal lumineux et sonore au même instant, on se servait de pièces d'artillerie, et les deux stations choisies étaient la butte de Montlhéry et les hauteurs de Villejuif, près de Paris. Comme l'influence du vent, qui augmente ou diminue la vitesse du son suivant que celui-ci se propage dans le même sens ou en sens contraire, pouvait affecter le résultat des mesures, on faisait des expériences réciproques, et les observateurs notaient, au moyen de chronomètres très précis, le temps qui s'écoulait entre l'instant où la lumière du coup de feu devenait visible et celui de la perception du son. En prenant la moyenne de plusieurs expériences exécutées dans les deux directions opposées, on a trouvé que le son franchissait 341 mètres (environ 1118 pieds) par seconde, à la température de 16° C.

Plus tard, Regnault reprit ces expériences, et y ajouta la mesure de la vitesse des ondes planes dans un tuyau. Les résultats trouvés sont analogues aux précédents. La vitesse du son, qui est de 340 mètres à 15°, n'est plus que de 331 mètres (1090 pieds) à 0°. La température, en s'élevant, augmente cette vitesse de $0^m,6$ (à peu près 2 pieds) pour chaque degré centigrade. Dans les calculs, on admet 340 mètres.

REMARQUES. — 1° La connaissance de la vitesse du son fournit un moyen fort simple de mesurer, du moins approximativement, la distance qui nous sépare d'un endroit où se produit un son.

Il suffit de noter l'intervalle de temps qui s'écoule entre l'apparition de la fumée, s'il s'agit d'un canon, ou de la vapeur du sifflet, pour un navire, et l'audition du son qui prend naissance au même instant. Comme le son parcourt, en chiffre rond, 6 arpents par seconde, à la température ordinaire, on multiplie le nombre de secondes par 6, et l'on a la distance cherchée en arpents, et, par suite, en pieds.

2° On ne peut pas déterminer directement la vitesse du son dans les autres gaz. Nous verrons dans la suite comment on utilise le phénomène de la résonance musicale pour effectuer cette mesure.

243. Vitesse du son dans l'eau. — La vitesse du son dans l'eau a été mesurée, en 1827, par Colladon et Sturm, sur le lac de Genève. La méthode employée par ces deux expérimentateurs consistait, comme l'indique la figure 138, à produire un son in-

Fig. 138.

tense, au moyen d'un cloche immergée suspendue à un bateau, au même instant qu'une lance à feu M enflammait un tas de poudre P. La lumière était aperçue immédiatement à 13 kilomètres de distance par un observateur placé sur un autre bateau, tandis que le son transmis par l'eau, et recueilli par une sorte de cornet acoustique fermé d'une membrane T, n'était entendu que 0ˢ,4 plus tard. Colladon et Sturm ont trouvé, pour la vitesse du son dans

l'eau, 1435 mètres, c'est-à-dire un chiffre plus de 4 fois supérieur
à celui de la vitesse dans l'air.

244. Vitesse du son dans les solides. — Biot, au moyen
des tuyaux d'aqueduc de Paris, a mesuré la vitesse du son
dans la fonte de fer. La méthode dont il s'est servi, différente de
la précédente, consistait à produire deux sons distincts dont l'un
se propageait par la paroi et l'autre par l'air intérieur. A l'une
des extrémités de la conduite, longue de 951 mètres, on suspen-
dait un timbre, et, à l'instant où il rendait un son, on frappait
sur le tuyau. Le premier son, transmis par l'air, parvenait à
l'autre extrémité exactement 2^s,5 après le second, transmis par
la fonte. La vitesse du son dans l'air étant de 341 mètres, à la
température de l'expérience, $\dfrac{951}{341} = 2^s,70$ exprime la durée de la
propagation par l'air intérieur. Le temps employé par le son
pour parcourir le même espace dans la fonte est donc 2^s,79 —
2^s,5 = 0^s,29. La vitesse du son dans la fonte est donc

$$v = \frac{951}{0^s,29} = 3538 \text{ mètres environ,}$$

c'est-à-dire 10 fois et demie plus grande que dans l'air.

III. — RÉFLEXION DU SON. — ÉCHO. — RÉSONANCE

245. Réflexion du son. — La *réflexion du son* est le phénomène qui se passe lorsque des ondes sonores rencontrent un
obstacle rigide et élastique ; elles sont comme repoussées par
celui-ci, et se propagent en sens contraire des ondes incidentes,
comme si elles avaient pour origine un centre de vibration situé
en arrière de l'obstacle. L'onde sonore qui a pour centre O
(*fig.* 130) se serait développée suivant DME, mais, à cause de
l'obstacle AB, elle donne naissance à l'onde DHE, se propageant
vers la source comme si son centre était au delà de AB. Les ondes

qui, comme DHE, suivent une marche inverse aux ondes incidentes, s'appellent des *ondes réfléchies*.

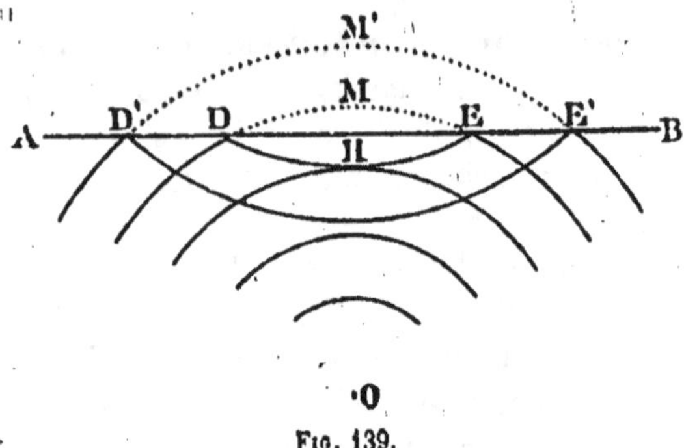

Fɪɢ. 139.

On nomme *rayon sonore* toute direction suivant laquelle le son
se propage. Considérons un obstacle
MN (*fig.* 140) et un rayon sonore incident AB tombant *obliquement* sur
cet obstacle. On appelle *angle d'incidence* l'angle α' formé par ce rayon AB
avec la normale BD à la surface MN,
et *angle de réflexion* celui que forme
le rayon réfléchi BC avec la même
normale, soit l'angle α. Un observateur placé en C entendra deux sons
issus du point A, l'un qui lui arrive
directement suivant AC, et l'autre

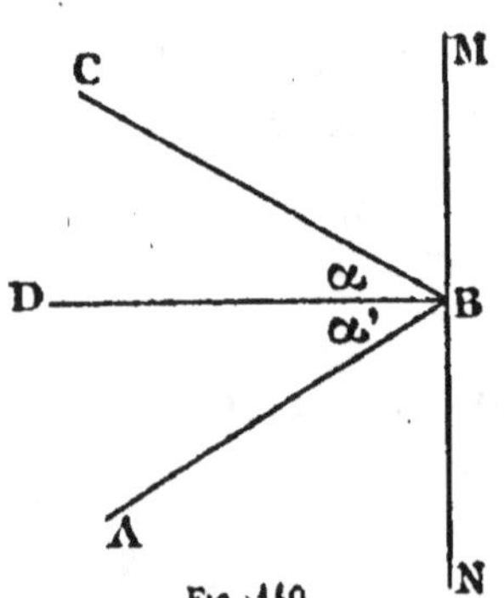

Fɪɢ. 140.

qui aura parcouru l'espace ABC, par suite de sa réflexion en B.

246. Lois de la réflexion du son. — Pʀᴇᴍɪᴇ̀ʀᴇ ʟoɪ. — *Les
deux rayons incident et réfléchi sont dans un même plan perpendiculaire à la surface réfléchissante.*

Dᴇᴜxɪᴇ̀ᴍᴇ ʟoɪ. — *L'angle d'incidence est égal à l'angle de réflexion.*
— Ces lois se vérifient par leurs conséquences et par les phénomènes auxquels elles donnent lieu. Nous démontrerons plus loin
que la chaleur et la lumière se réfléchissent suivant les mêmes
lois, sur lesquelles est basé le mode d'action des miroirs sphériques. La théorie permet de prévoir et l'expérience confirme que
les rayons lumineux qui prennent naissance au foyer d'un miroir

concave (*fig.* 141) deviennent parallèles entre eux après leur réflexion, et vont tous se concentrer au foyer d'un second miroir que l'on place sur le passage des rayons et dont l'axe coïncide avec celui du premier : c'est l'expérience des *miroirs conjugués*. Or on constate que le même phénomène se reproduit pour les ondes sonores, c'est-à-dire qu'un corps vibrant, placé au foyer de l'un des miroirs, est parfaitement entendu au foyer de l'autre, et à ce seul

Fig. 141.

endroit. Il faut donc en conclure que le son, relativement au phénomène de la réflexion, se comporte comme la lumière, ce qui démontre l'exactitude des lois que nous venons d'énoncer.

247. Écho. — L'écho est la répétition nette et distincte d'un son, par suite de sa réflexion sur un obstacle élastique. Les surfaces réfléchissantes, qui agissent à la façon des miroirs pour la lumière, peuvent être constituées par des édifices, des arbres, les nuages, et même par des colonnes gazeuses.

15

Pour bien comprendre les conditions nécessaires à la production de l'écho, remarquons que les ondes sonores font naître dans l'organe de l'ouïe une sensation qui ne disparaît pas instantanément; on admet qu'elle persiste pendant $\frac{1}{10}$ de seconde. Il en résulte que deux sons ne peuvent se distinguer l'un de l'autre qu'en autant qu'ils se succèd..t à $\frac{1}{10}$ de seconde d'intervalle. Or, la vitesse du son étant de 340 mètres à 15°, l'espace parcouru pendant $\frac{1}{10}$ de seconde est de 34 mètres, ou environ 110 pieds. Il faut donc que l'obstacle soit au moins à 17 mètres ou 55 pieds, pour que le son réfléchi ne se confonde pas avec le son direct, et encore celui-ci doit être très court. Pour les sons articulés, on admet que la distance doit être double, c'est-à-dire d'à peu près 110 pieds; dans ce cas, le son réfléchi arrive après l'émission d'une *seule* syllabe : c'est l'écho *monosyllabique*. Avec des distances double, triple... de l'obstacle, l'écho sera *dissyllabique, trissyllabique*, etc.

S'il y a plusieurs obstacles réfléchissants disposés de telle façon que le même son soit répété plusieurs fois, on a le phénomène des *échos multiples*. On constate ce fait sur les lacs, lorsque le son se réfléchit à la fois sur les arbres qui bordent deux rives opposées, ou encore quand les ondes sonores passent plusieurs fois par l'observateur, par suite de réflexions successives sur deux murs parallèles. On remarque, en même temps, que l'intensité des sons qui se suivent va en décroissant, parce que la distance qu'ils parcourent, avant de frapper l'oreille, augmente avec le nombre de réflexions.

248. Résonance. — Il arrive quelquefois que la surface qui renvoit les ondes sonores n'est pas assez éloignée pour que le son réfléchi se distingue nettement du son direct; le son réfléchi, au contraire, empiète sur l'autre, et il en résulte une superposition partielle qui prolonge la durée du son direct, en le rendant plus ou moins confus. Ce phénomène, qui s'observe dans les grandes salles et surtout dans les pièces non meublées, est appelé *résonance*. La confusion qui accompagne la résonance ne se produit pas dans une chambre de petites dimensions, parce que, dans ce cas, la superposition des deux sons direct et réfléchi est à peu près parfaite ; la netteté des sons émis n'est pas altérée, mais ceux-ci sont simplement *renforcés*. On voit que la réflexion du son sur les murs d'une chambre a pour effet de la rendre *sonore*, et qu'au contraire elle devient *sourde*, si des substances non élastiques, comme des draperies, des tentures, empêchent les ondes de se réfléchir.

CHAPITRE II

I. — QUALITÉS DU SON

249. Qualités du son. — Le son, parce qu'il est un mouvement vibratoire, revêt différents caractères ou *qualités* qui dépendent des conditions suivant lesquelles s'exécutent les vibrations. On peut, dans un son donné, considérer les effets produits soit par l'*amplitude* de ses vibrations, soit par leur *nombre*, soit enfin par la coexistence de plusieurs mouvements superposés qui en modifient la *forme*. Les trois qualités, qui résultent de ces particularités du mouvement vibratoire, sont l'*intensité*, la *hauteur* et le *timbre;* nous allons successivement les passer en revue.

250. Intensité du son. — C'est cette qualité par laquelle un son agit avec une plus ou moins grande énergie sur l'organe de l'ouïe, et produit la sensation d'un son *fort* ou *faible*. Plusieurs circonstances font varier l'intensité du son :

1° Elle augmente avec l'*amplitude des vibrations* de la source sonore. L'expérience démontre, en effet, que le son est d'autant plus intense que les vibrations ont plus d'*amplitude*, c'est-à-dire que le corps vibrant oscille plus largement de part et d'autre de sa position d'équilibre. Une corde tendue, écartée vivement de cette position, rend un son plus intense que si on ne fait que l'effleurer légèrement. De même, les sons émis par un diapason augmentent d'intensité, si l'on favorise l'amplitude du mouvement vibratoire en le frappant avec force contre un corps rigide. D'ailleurs, on constate que le son devient de plus en plus faible à mesure que les vibrations s'amortissent.

2° L'intensité du son augmente avec la *densité* du milieu dans lequel il prend naissance, et non pas de celui qui entoure l'observateur. L'expérience permet de constater que le son est très intense dans l'air comprimé, et nous avons vu plus haut (238) qu'il s'affaiblit graduellement, lorsqu'on raréfie l'air du récipient dans lequel il se produit. C'est pour cette raison que le bruit d'une arme à feu s'entend faiblement sur le sommet d'une haute montagne, où la pression et la densité de l'air sont peu considérables, tandis que le même son, à égalité d'amplitude, produit sur l'oreille une impression plus forte, lorsqu'il éclate dans l'atmosphère plus dense de la plaine. Le son est plus intense dans l'acide carbonique que dans l'hydrogène, à cause de la grande différence de densité de ces deux gaz.

On remarque, de plus, que l'intensité du son diminue, quand les milieux qu'il traverse successivement n'ont pas même densité, ce qui est dû aux réflexions partielles qu'un changement de milieu a pour effet de faire naître. La même diminution d'intensité se produit, lorsque le mouvement vibratoire, propagé d'abord dans un milieu léger comme l'air, se communique ensuite à des solides; quoique ceux-ci transmettent le son plus facilement que les gaz, on constate cependant que le son d'un timbre est considérablement affaibli, lorsqu'on le recouvre d'une cloche en verre.

Ces remarques font comprendre comment l'homogénéité de l'air favorise la propagation des ondes sonores. C'est pour cette raison, comme l'a expliqué de Humboldt, que l'intensité du son est plus considérable pendant la nuit que pendant le jour. Cela provient, en effet, de ce que les différentes parties du sol n'ont pas même composition ni même état physique, et que, par suite, ces différentes parties sont inégalement chauffées par le soleil, tant que celui-ci est au-dessus de l'horizon; il en est de même des masses d'air dont les températures varient suivant les surfaces qu'elles touchent, de sorte que le son, en passant par ces couches de densités différentes, subit des réflexions répétées qui diminuent son intensité. Ce phénomène peut se produire d'une manière analogue pour la lumière; c'est par suite de réflexions multiples sur leurs nombreuses particules que les substances transparentes et incolores deviennent imperméables aux rayons lumineux, et paraissent blanches et opaques, lorsqu'elles sont réduites en poudre. Il est facile de comprendre aussi que cet affaiblissement du son n'a pas lieu pendant la nuit, ni dans les régions couvertes de neige, parce que la densité de l'air est plus homogène, à cause du refroidissement uniforme du sol.

3° *L'intensité du son varie en raison inverse du carré de la distance* qui sépare l'observateur de la source sonore, c'est-à-dire que le même son, à une distance double, est quatre fois plus faible, à une distance triple, neuf fois plus faible, etc. On se rend compte aisément de cette loi, en se rappelant le mode de propagation du son dans un milieu indéfini, sous forme d'ondes sphériques. La surface de celles-ci devient quatre fois plus grande, pour une distance double, en d'autres termes, les surfaces augmentent comme les carrés des rayons. Il en résulte que l'énergie vibratoire d'un corps sonore, qui communique son mouvement à une onde sphérique, se trouve réparti, à une distance double, sur une surface quatre fois plus grande, ce qui a pour effet de diminuer dans le même rapport l'intensité du son sur chaque unité de cette surface.

Si, en effet, on représente par E l'énergie totale de la source sonore, et qui reste invariable pendant la propagation, par R et R' les rayons de deux sphères, à des distances inégales de la source, la quantité d'énergie I, répartie sur l'unité de surface de la première, sera

$$\frac{E}{4\pi R^2} = I,$$

et sur l'autre,

$$\frac{E}{4\pi R'^2} = I'.$$

En divisant ces deux expressions membre à membre, il vient

$$\frac{I}{I'} = \frac{R'^2}{R^2},$$

relation qui exprime la loi énoncée.

Si les ondes sonores, au lieu de se développer dans toutes les directions autour du corps vibrant, sont confinées dans l'intérieur d'un tube qui les empêche de se diffuser latéralement, la diminution que nous venons de constater ne peut plus se produire, et le son se propage alors, sous forme d'ondes planes, à de grandes distances, en conservant presque toute son intensité. Dans ces conditions, la même quantité d'énergie vibratoire se trouve toujours répartie sur la même surface d'onde, et l'intensité du son reste à peu près constante, surtout si une partie de cette énergie n'est pas absorbée par le frottement de l'air sur des parois trop rugueuses.

Le physicien français Biot a constaté ce phénomène dans les tuyaux d'aqueduc de Paris, longs de 951 mètres, et l'on applique cette propriété dans les *tubes acoustiques*, avec lesquels on peut se faire entendre et converser de très loin, entre les différentes parties d'un édifice.

Le *cornet acoustique*, destiné aux personnes atteintes de surdité partielle, a pour but d'augmenter l'intensité des sons qui ne produiraient pas, sans cet instrument, une impression assez forte sur l'oreille. Cet organe, en effet, au lieu de recevoir seulement l'énergie vibratoire contenue dans une partie d'onde de surface S, égale à celle du conduit auditif, est impressionné par l'énergie de la surface plus grande P (*fig.* 142), transmise par le cornet jusqu'à l'oreille. L'intensité du son est donc augmentée dans le rapport direct des deux surfaces P et S.

Fig. 142.

4° L'influence de la *direction du vent* sur l'intensité des sons n'est pas négligeable. A égalité de distance, on entend moins bien un son, lorsqu'il se propage dans la direction opposée au vent que dans la direction même de celui-ci. On reconnaît aussi que l'intensité du son est favorisée par le calme de l'air.

5° Enfin, l'intensité du son augmente avec *l'étendue de la surface vibrante* et par le *voisinage d'un corps sonore*. Une cloche, qui agit sur l'air par une grande surface, produit des sons plus forts qu'une corde de violon tendue entre deux points fixes. Si cette corde communique ses vibrations à une caisse de résonance, comme dans tous les instruments à cordes, les sons seront très amplifiés, et cela tient, d'une part, à la grandeur de la surface mise en vibration par la corde, et, d'autre part, au fait que celle-ci cède son mouvement vibratoire à la masse d'air contenue dans l'intérieur de la caisse. C'est un phénomène de *résonance musicale* que nous étudierons plus loin.

REMARQUE. — Le renforcement des sons, causé par les vibrations d'une colonne d'air, explique l'effet du *porte-voix*, employé dans la marine pour transmettre les sons à de longues distances.

Le porte-voix se compose (*fig.* 143) d'un tube conique AB muni, à l'une des extrémités, d'une *embouchure* E qui reçoit les sons à transmettre, et terminé, à l'autre extrémité, par un pavillon P, analogue à ceux de certains instruments à vent. Plusieurs expé-

Fig. 143.

riences font rejeter l'explication suivant laquelle le porte-voix augmenterait l'intensité des sons par une série de réflexions intérieures, ayant pour résultat de rendre les ondes sonores parallèles à l'axe de l'instrument. Le renforcement des sons par la résonance de l'air intérieur, suivant la remarque de Hassenfratz, paraît beaucoup plus plausible.

251. Hauteur du son. — Les sons produits par un même instrument, et avec la même intensité, se distinguent entre eux par leur *hauteur*, c'est-à-dire par cette qualité d'après laquelle ils sont plus ou moins *graves* ou *aigus*. Nous démontrerons plus loin, au moyen d'appareils qui permettent d'évaluer le nombre de vibrations correspondant à un son donné pendant une seconde, que toute variation dans la hauteur du son est le résultat d'une variation de la *période* des vibrations; en d'autres termes, la hauteur du son dépend du *nombre* des vibrations exécutées pendant un temps déterminé. Les vibrations les plus rapides produisent les sons *aigus*, et les sons *graves* correspondent aux vibrations les plus lentes ou de période plus longue.

252. Timbre du son. — Deux sons de même intensité et de même hauteur peuvent se distinguer l'un de l'autre par une nouvelle qualité qu'on appelle le *timbre*. C'est par le timbre qu'on ne confond pas le son d'une clarinette avec celui d'un violon, ni les voix de deux personnes différentes, lors même que les sons ont même nombre de vibrations et même force. Sans insister beaucoup sur ce sujet, que nous aurons occasion de traiter plus loin dans l'étude de l'analyse des sons, nous nous contenterons, pour le moment, de signaler sommairement la cause du timbre, découverte par Helmholtz. D'après ce savant, il est rare que les sons rendus par les différents instruments de musique correspondent à des mouvements vibratoires *simples;* au son fondamental, classé dans l'échelle musicale par le nombre de ses vibrations, se superposent presque toujours un nombre plus ou moins grand de sons plus aigus et plus faibles, appelés *harmoniques,* dont la coexistence avec le son principal donne à ce dernier un caractère particulier qui ne saurait échapper à l'oreille la moins exercée. Comme ces harmoniques peuvent varier en nombre et en intensité dans les sons rendus par les divers instruments, il en résulte un mélange qui donne aux sons une *couleur* propre, ou, suivant l'expression adoptée, un *timbre* caractéristique.

II. — MESURE DU NOMBRE DES VIBRATIONS

253. Méthodes relatives à la mesure du nombre des vibrations. — Nous venons de dire que la hauteur d'un son donné dépend du nombre des vibrations exécutées, en une seconde, par le corps sonore qui le produit. Il est donc nécessaire, pour démontrer ce fait, d'évaluer exactement le nombre de vibrations qui correspondent à un son déterminé, afin de vérifier, par ce moyen, que les sons deviennent de plus en plus *aigus* à mesure que ce nombre augmente, et de plus en plus *graves* à mesure qu'il diminue.

On a imaginé, dans ce but, deux méthodes différentes : l'une, appelée *méthode acoustique,* consiste à comparer le son à étudier avec celui d'un instrument particulier auquel on fait rendre un son de même hauteur, et qui peut, au moyen d'un compteur, indiquer le nombre correspondant de vibrations; l'autre, désignée sous le nom de *méthode graphique,* permet au corps sonore d'inscrire lui-même ses vibrations, de sorte qu'il est facile de les compter, sans qu'il soit nécessaire d'avoir recours, comme dans la méthode précédente, à la justesse de l'oreille.

254. Méthode acoustique. — Elle est fondée sur ce fait que deux sons à l'*unisson* ou à la *même hauteur*, quels que soient leur timbre et leur intensité, correspondent au *même nombre* de vibrations; c'est ce que l'on reconnaît lorsqu'on détermine, au moyen d'instruments qui reposent sur des principes différents, le nombre de vibrations de deux sons produisant sur l'oreille la sensation très facilement appréciable de l'*unisson*. Si donc on fait rendre, par un appareil susceptible de produire des sons variables et muni d'un compteur, la même note musicale que le son à étudier, il suffira de consulter ce compteur pour connaître le nombre de vibrations cherché.

Nous allons décrire sommairement deux appareils qui appliquent cette méthode, la *sirène* et la *roue dentée*.

1° **Sirène.** — Pour faire comprendre le principe de la sirène, considérons un simple disque percé d'ouvertures équidistantes (*fig.* 144) et pouvant tourner rapidement autour de son axe. On fait arriver, au moyen d'un tube recourbé, un fort courant d'air au-dessus de la circonférence sur laquelle sont disposés les trous. Le courant d'air passe chaque fois qu'une ouverture vient se placer vis-à-vis de l'extrémité du tube, et il en résulte un choc rapide sur l'air extérieur, tandis que ce même courant d'air est intercepté, lorsqu'il rencontre l'intervalle plein qui sépare deux trous consécutifs. Une nouvelle coïncidence du tube avec une ouverture produira un nouveau choc, et ainsi de suite, pendant toute la durée de la rotation. On voit que la rapidité des pulsations imprimées à l'air extérieur dépend du nombre des coïncidences, c'est-à-dire de la vitesse de rotation du disque, et si celle-ci est assez grande, la succession de ces chocs produit des condensations et des dilatations assez nombreuses pour donner naissance à un son musical continu. On constate, de plus, que le son produit est d'autant plus élevé que le disque tourne plus vite, ce qui démontre que la hauteur d'un son dépend du *nombre des vibrations* qui l'engendrent. Il est facile, dès lors, d'évaluer le nombre de ces vibrations, une fois que l'on connaît la vitesse de

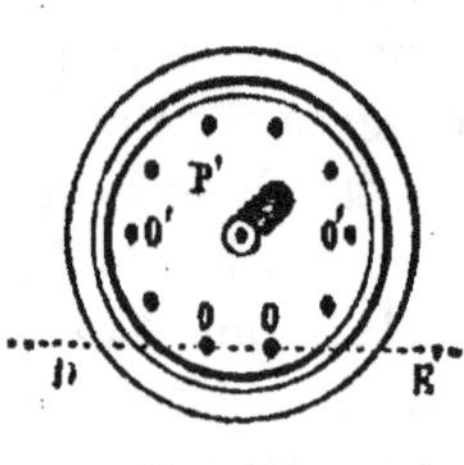

Fig. 144.

rotation du disque et le nombre des ouvertures. Si, par exemple,
le disque est percé de 10 trous, et qu'il fasse 20 tours par seconde,
il y aura 10 vibrations complètes par tour, par conséquent 200
vibrations par seconde.

La sirène de Cagniard de la Tour, beaucoup plus parfaite que
ce simple disque, produit des sons plus intenses. Un disque métallique B (*fig. 145*), percé d'ouvertures équidistantes, et pouvant
tourner très rapidement autour d'un axe vertical D, est placé au-
dessus d'une boîte cylindrique HH
dont le couvercle porte le même
nombre d'ouvertures disposées de
telle sorte qu'elles puissent venir
en coïncidence avec celles du
disque mobile. Si l'on suppose
deux séries de dix ouvertures, il
se produira dix coïncidences à
chaque tour du disque, et, par
conséquent, dix vibrations complètes, mais le son engendré sera
dix fois plus intense que s'il n'y
avait qu'une seule ouverture dans
le couvercle.

Pour compter le nombre de tours
du disque, l'axe D se termine, à la
partie supérieure, par une vis sans
fin qui communique son mouvement à une première roue dentée
R armée de 100 dents; cette roue
se déplace donc d'une dent pour
chaque tour du disque, et fait

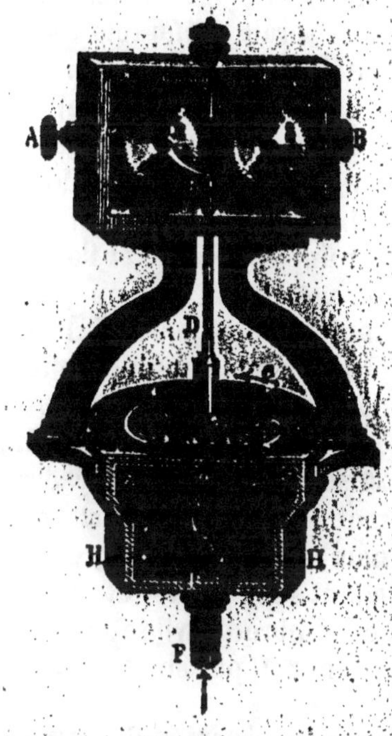

Fig. 145.

avancer une aiguille d'une division sur un cadran extérieur; au
moyen d'une tige K, elle fait tourner d'une dent une deuxième
roue S, pour chaque tour qu'elle exécute elle-même. Le cadran
qui correspond à cette deuxième roue indique donc les centaines
de tours du disque mobile. Enfin, par un dispositif approprié, on
peut éloigner ou rapprocher la roue R de la vis sans fin, de
façon à supprimer et rétablir l'engrenage à volonté.

Dans l'appareil que nous venons de décrire, le mouvement de
rotation du disque est produit par le courant d'air lui-même, en
inclinant en sens inverse, comme l'indique la figure 145 en *ab*,

les ouvertures correspondantes du couvercle et du disque. Le vent d'une soufflerie vient frapper obliquement l'ouverture de ce dernier, et il se développe une composante tangentielle qui imprime au disque une vitesse de rotation d'autant plus grande que la presion de l'air est elle-même plus considérable. Il est donc facile, en réglant convenablement cette pression, de faire varier la vitesse de rotation, et, par suite, la hauteur du son. Il convient cependant de faire observer que, par ce système, l'uniformité du mouvement est difficile à maintenir longtemps, et qu'il serait préférable de faire tourner le disque par un moteur indépendant, un moteur électrique par exemple, dont la vitesse est aisément contrôlable.

Pour mesurer, avec la sirène, le nombre de vibrations d'un son donné, on procède de la manière suivante :

L'engrenage du compteur étant supprimé, on place la sirène sur une soufflerie, et l'on fait varier la pression de l'air jusqu'à ce que le son obtenu par l'appareil soit à l'unisson avec celui dont on veut mesurer le nombre de vibrations; à un moment précis, noté sur un chronomètre, on fait partir le compteur, et l'on maintient l'unisson pendant un certain temps au bout duquel on arrête le compteur. Supposons que l'expérience ait duré 30 secondes, que les cadrans indiquent 1475 tours du plateau mobile, et que celui-ci possède 15 ouvertures. On obtiendra le nombre de vibrations, pendant le temps de l'épreuve, en multipliant 1475 par 15, et ce produit, divisé par 30 = 737,5, donnera le nombre de vibrations par seconde du son engendré par la sirène, et, par suite, de celui à étudier.

2° Roue dentée de Savart. — Cet appareil, comme la sirène, permet de produire des sons de hauteur variable, et de mesurer le nombre correspondant de vibrations. Il se compose d'une roue dentée à laquelle on peut communiquer un mouvement rapide de rotation autour de son axe. Une carte, que l'on fait toucher à la circonférence de la roue, se soulève à chaque dent qui passe et s'abaisse dans l'intervalle de deux dents consécutives. Il en résulte un mouvement de va-et-vient qui produit un son d'autant plus élevé que la roue possède plus de dents et que la vitesse de rotation est plus grande. Au moyen d'un compteur de tours, on détermine le nombre de dents qui passent par seconde, ce qui donne le nombre de vibrations exécutées pendant le même temps. Ce nombre sera $m \times n$, si m représente le nombre de dents et n le nombre de tours par seconde ; le son à étudier, à l'unisson avec celui de la carte, possédera exactement le même nombre de vibrations.

255. Méthode graphique. — Dans cette méthode, on force le corps sonore à inscrire lui-même ses vibrations d'une manière permanente, et il ne reste plus qu'à les compter.

Pour appliquer ce procédé, on emploie un cylindre métallique qu'on fait tourner sur lui-même, en même temps qu'il se déplace latéralement au moyen d'un filet de vis tracé sur son axe (*fig.* 146). On recouvre ce cylindre d'une feuille de papier enduite de noir de fu-

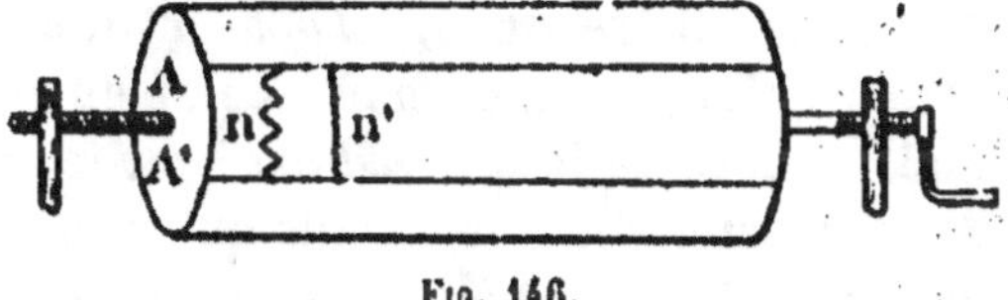

Fig. 146.

mée, et l'on arme le corps dont on cherche le nombre de vibrations — une lame d'acier, par exemple, — d'un léger style qui effleure le cylindre pendant sa rotation. Dans ces conditions, le style va tracer, sur la couche non adhérente du noir de fumée, une hélice semblable au pas de vis de l'axe, si la lame est au repos ; mais, aussitôt qu'elle vibre, les oscillations qu'elle communique au style produisent une ligne sinueuse dont chaque sinuosité correspond évidemment à une vibration complète de la lame.

On évalue de deux manières le nombre de vibrations effectuées pendant un temps déterminé : en premier lieu, on peut compter directement le nombre des sinuosités inscrites, entre deux points tracés sur le noir de fumée, par une pointe qu'un mécanisme d'horlogerie, placé dans le voisinage du cylindre, projette sur sa surface à des intervalles de temps égaux ; ou bien — et c'est le cas le plus général — on procède par comparaison avec un autre son dont le nombre de vibrations est connu. Pour cela, on dispose, à côté du corps vibrant à étudier, un diapason muni également d'un style, et qui inscrit ses vibrations en même temps que l'autre. On trace alors les deux génératrices A et A', et l'on compte, dans l'espace qu'elles limitent sur la surface du cylindre, les sinuosités des deux traits ondulés n et n'. Il est clair qu'on pourra, en comparant ensemble les deux nombres trouvés, déduire facilement le nombre de vibrations de la lame. Si, par exemple, les sinuosités décrites dans le même temps sont au nombre de 20 pour la lame et de 25 pour le diapason, $\frac{20}{25}$ ou $\frac{4}{5}$ sera le rapport des nombres de vibrations des deux sons. En admettant que le diapason exécute 430 vibrations doubles par seconde, on aura le nombre de vibrations de la lame en multipliant 430 par $\frac{4}{5}$, c'est-à-dire 344.

256. Phonographe. — Le *phonographe*, imaginé par Edison, et qui ne diffère du *graphophone* que par des particularités de construction, permet non seulement d'inscrire les vibrations, mais encore de les *reproduire* avec leur timbre et leur hauteur. Sans insister sur des détails qui nous entraîneraient trop loin, disons seulement, pour en faire comprendre le principe, qu'il se compose d'une membrane élastique en verre mince, munie d'une pointe très dure en diamant ou en agate, et qui peut se déplacer latéralement, au moyen d'un pas de vis, devant un cylindre en cire qu'un moteur électrique ou un mécanisme d'horlogerie fait tourner sur lui-même d'un mouvement uniforme.

Les sons émis dans le voisinage de l'appareil font vibrer la membrane, et la pointe de diamant, solidaire de cette dernière, s'enfonce plus ou moins dans la cire, en traçant une suite de dépressions séparées par des monticules, en rapport avec le nombre, l'amplitude et la forme des vibrations dont il est animé. Ce cylindre de cire, une fois qu'il a reçu des empreintes durables sur toute sa longueur, devient un *phonogramme* qui conserve, d'une manière permanente, les vibrations que l'on peut reproduire ensuite aussi souvent que l'on veut. Il suffit, pour cela, de placer, au point de départ des vibrations enregistrées, une membrane qui se distingue de la précédente en ce qu'elle porte un style à *pointe mousse*. Celui-ci, pendant la rotation du cylindre, suit exactement le sillon tracé par la première pointe, s'abaisse dans les creux et s'élève à chaque monticule, en un mot, exécute un mouvement vibratoire identique à celui qui avait produit l'impression. Ce mouvement, en se communiquant à la membrane, fait vibrer celle-ci d'une façon tout à fait semblable à la première, et le son est reproduit avec tous ses caractères distinctifs. C'est ainsi que l'on peut enregistrer et faire répéter les sons des différents instruments de musique, et même, avec une étonnante fidélité, les vibrations si complexes de la parole articulée.

257. Limites des sons perceptibles. — La sensibilité de l'oreille, dans la perception des différents sons musicaux, n'est pas indéfinie; on peut, en effet, lui assigner deux limites inférieure et supérieure, au delà desquelles elle cesse de fondre, en une sensation distincte, les vibrations des corps élastiques. Il résulte des recherches de Helmholtz et de Desprez qu'on peut fixer la limite inférieure des sons perceptibles à 16 vibrations doubles par seconde, tandis que la limite supérieure peut atteindre 38,000 vibrations. L'échelle des sons employés en musique est, toutefois, beaucoup plus restreinte, et l'on ne dépasse guère, dans les différents instruments d'orchestre, une étendue d'environ 7 octaves, comprise entre les sons graves de 40 et les sons aigus de 4.000 vibrations par seconde. Les plus grands tuyaux d'orgue, appelés *bourdons*, donnent des sons, difficilement appréciables à l'oreille au point de vue musical, de 16 vibrations doubles par seconde, et le *ré₇* de la petite flûte correspond à plus de 4.700 vibrations.

Il est certain, d'ailleurs, que la sensibilité de l'oreille est variable chez les différents individus, et que cette faculté de perception pour les notes aiguës peut aller jusqu'à deux octaves au delà de la limite de certains organes moins favorisés.

CHAPITRE III

ÉTUDE ACOUSTIQUE DES SONS MUSICAUX

258. Sons musicaux. — Nous avons déjà établi (237) la distinction entre le *bruit* et le *son proprement dit* ou *son musical*, et nous avons vu que ce dernier est le résultat de vibrations *régulières* et *périodiques*, produisant sur l'oreille une sensation déterminée et appréciable en musique. Il importe maintenant d'étudier, au point de vue du nombre des vibrations, les lois acoustiques qui correspondent aux impressions diverses causées sur l'oreille par les sons musicaux, soit que ceux-ci se fassent entendre successivement, soit encore qu'ils agissent par la coexistence de deux ou plusieurs notes distinctes.

259. Intervalles musicaux. — L'expérience démontre que la sensation, par laquelle l'oreille saisit une relation déterminée entre deux sons simultanés ou successifs, dépend essentiellement du *rapport* des nombres de vibrations effectuées, dans le même temps, par ces deux sons, et nullement de leur *nombre absolu* de vibrations; c'est pour cette raison qu'on appelle *intervalle* de deux sons le *rapport de leurs nombres de vibrations par seconde*. Il est d'usage de représenter les différents intervalles par un rapport plus grand que l'unité, c'est-à-dire que l'on met en numérateur celui des deux sons auquel correspond le plus grand nombre de vibrations.

260. Accords. — On donne le nom générique d'*accord* à la sensation produite par la perception simultanée de deux ou plusieurs sons qui présentent entre eux des intervalles définis. Lorsqu'on fait entendre deux sons en même temps ou immédiatement l'un après l'autre, l'impression ressentie par l'oreille est d'autant plus agréable que la fraction qui exprime l'intervalle, réduite à ses termes irréductibles, est plus simple : c'est un *accord consonant.* L'accord est *dissonant*, ou l'on a une *dissonance*, lorsque l'organe de l'ouïe ressent une fatigue ou une sensation désagréable. Dans ce cas, l'intervalle de ces sons n'est pas une fraction simple, et ceux-ci donnent naissance, par leur superposition, à un mouvement *non périodique* qui présente plutôt les caractères d'un bruit que ceux d'un son musical proprement dit.

Les intervalles qui donnent les plus beaux accords sont :

$\dfrac{1}{1}$, c'est-à-dire................... *l'unisson.*

$\dfrac{2}{1}$, ... *l'octave.*

$\dfrac{3}{2}$, ... *la quinte.*

$\dfrac{4}{3}$, ... *la quarte.*

$\dfrac{5}{4}$, ... *la tierce majeure*

$\dfrac{6}{5}$, ... *la tierce mineure*

261. Accord parfait majeur et accord parfait mineur. — L'effet le plus agréable qu'on puisse produire sur l'oreille avec trois sons s'appelle *l'accord parfait majeur.* Il se compose d'une *tierce majeure* suivie d'une *tierce mineure,* ou bien, il résulte de la superposition d'une *tierce majeure* et d'une *quinte,* à partir de la même note primitive. Les nombres de vibrations de ces trois sons sont entre eux comme 4, 5 et 6; on a donc l'intervalle $\dfrac{5}{4}$ (tierce majeure) pour les deux premiers, $\dfrac{6}{5}$ (tierce mineure) pour les deux derniers, et $\dfrac{3}{2}$ (quinte) pour le premier et le dernier. — Dans *l'accord parfait mineur,* les nombres de vibrations sont entre eux comme 10, 12 et 15, ce qui donne $\dfrac{6}{5}$ (tierce mineure), $\dfrac{5}{4}$ (tierce majeure), et $\dfrac{3}{2}$ (quinte). C'est donc la succession d'une *tierce mineure* et d'une *tierce majeure,* ou encore la superposition d'une *tierce mineure* et d'une *quinte.*

262. Échelle musicale et gamme. — L'*échelle musicale* est la série naturelle des sons employés en musique, se succédant d'une manière continue du plus grave au plus aigu, et présentant entre eux des intervalles déterminés dont l'origine semble parfaitement en harmonie avec l'organisation de l'oreille humaine. — On donne le nom de *gamme* à l'ensemble de 7 notes dont les intervalles successifs se reproduisent toujours suivant le même ordre, dans toute l'étendue de l'échelle musicale ; chaque note d'une gamme quelconque est à *l'octave grave* de la note correspondante dans la gamme immédiatement supérieure, c'est-à-dire qu'elle est représentée par un nombre *deux fois plus petit* de vibrations.. Le nombre *absolu* de vibrations des notes d'une gamme est indéterminé ; ce sont les *intervalles* particuliers qui caractérisent la série de ces 7 notes, et constituent les éléments essentiels d'une gamme.

263. Intervalles des notes de la gamme. — Le tableau suivant indique les noms donnés en France aux différentes notes de la gamme, ainsi que les intervalles de chacune d'elles avec la première, appelée *tonique*, et représentée par le chiffre 1 :

ut_1	$ré$	mi	fa	sol	la	si	ut_2
1	$\dfrac{9}{8}$	$\dfrac{5}{4}$	$\dfrac{4}{3}$	$\dfrac{3}{2}$	$\dfrac{5}{3}$	$\dfrac{15}{8}$	2.

Presque toutes les notes de la gamme forment des accords consonants avec la tonique : c'est ainsi que la superposition de *mi* et d'*ut* donne la *tierce majeure* $\left(\dfrac{5}{4}\right)$, de *fa* et d'*ut*, la *quarte* $\left(\dfrac{4}{3}\right)$, de *sol* et d'*ut*, la *quinte* $\left(\dfrac{3}{2}\right)$, etc... Seuls les intervalles de *seconde* $\left(\dfrac{9}{8}\right)$ et de *septième* $\left(\dfrac{15}{8}\right)$ produisent des dissonances.

On peut, en outre, calculer les intervalles qui séparent chaque note de celle qui la précède immédiatement : il suffit, pour cela, de chercher le quotient des nombres de vibrations qui correspondent à deux notes consécutives. On trouve alors le résultat suivant :

ut	$ré$	mi	fa	sol	la	si	$ut.$
	$\dfrac{9}{8}$	$\dfrac{10}{9}$	$\dfrac{16}{15}$	$\dfrac{9}{8}$	$\dfrac{10}{9}$	$\dfrac{9}{8}$	$\dfrac{16}{15}$

Les musiciens appellent *ton majeur* l'intervalle $\frac{9}{8}$, *ton mineur* l'intervalle $\frac{10}{9}$, et *demi-ton majeur* l'intervalle $\frac{16}{15}$.

Le rapport entre le ton majeur et le ton mineur est très petit; il a pour valeur :

$$\frac{9}{8} : \frac{10}{9} = \frac{81}{80}.$$

Un intervalle aussi petit que $\frac{81}{80}$, appelé *comma*, n'est apprécié que par les oreilles très exercées, et, dans la pratique, on n'en tient pas compte. Il en résulte, en confondant ensemble le ton majeur avec le ton mineur, que les intervalles successifs de la gamme sont les suivants :

$$ut \quad ré \quad mi \quad fa \quad sol \quad la \quad si \quad ut.$$

$$\text{ton} \quad \text{ton} \quad \tfrac{1}{2}\,\text{ton} \quad \text{ton} \quad \text{ton} \quad \text{ton} \quad \tfrac{1}{2}\,\text{ton}$$

264. Valeur absolue des nombres de vibrations. — Nous avons vu plus haut que la gamme est constituée par la valeur des *intervalles* des différentes notes entre elles et avec la tonique; les nombres absolus des vibrations sont donc tout à fait indéterminés. Toutefois, pour les exigences de la musique, il importe de donner aux sons employés une hauteur invariable, correspondant à un nombre fixe de vibrations. Il suffit, pour cela, d'adopter un nombre déterminé de vibrations pour une note en particulier, et toutes les autres, par les intervalles qu'elles présentent avec celle-ci, se trouvent fixées d'une façon définitive. Cette note est le la_3, appelé le *la normal*; elle est donnée par le *diapason normal*, obligatoire en France depuis 1859, et qui exécute 870 vibrations simples par seconde. L'ut_3 qui commence la gamme du *la normal* correspond à $870 \times \frac{3}{5} = 522$ vibrations par seconde. Les indices 4, 5, 6... déterminent les notes qui appartiennent aux gammes supérieures à celles de ut_3, tandis que les indices 2, 1, —1, —2... sont affectés aux gammes inférieures. On aura, par exemple, ut_4, ut_5... et ut_2, ut_1, ut_{-1}... etc. L'ut_1, qui correspond à 130,5 vibrations par seconde, est la note la plus grave du violoncelle.

265. Dièzes et bémols. — La gamme que nous venons d'étudier, et dont la tonique est *ut*, s'appelle gamme *diatonique* ou gamme *naturelle*. Il est facile de voir qu'il serait impossible de conserver les intervalles consécutifs dans l'ordre indiqué, si l'on voulait prendre pour tonique une toute autre note que *ut*. En commençant une gamme par *sol*, on aurait le tableau suivant :

sol_1		la		si		ut		$ré$		mi		fa		sol_2.
	$\dfrac{10}{9}$		$\dfrac{9}{8}$		$\dfrac{16}{15}$		$\dfrac{9}{8}$		$\dfrac{10}{9}$		$\dfrac{16}{15}$		$\dfrac{9}{8}$	

Si l'on confond le ton majeur avec le ton mineur, on trouve que les premiers intervalles sont identiques à ceux de la gamme de *ut*, mais qu'il n'en est pas de même pour le 6ᵉ et le 7ᵉ. En effet, il devrait y avoir, de la 6ᵉ à la 7ᵉ note, l'intervalle d'un *ton*, c'est-à-dire $\dfrac{9}{8}$, tandis que l'on n'a qu'un *demi-ton*, $\dfrac{16}{15}$. De même, le dernier intervalle devrait être d'un *demi-ton*, et il est égal, de *fa* à *sol*, à $\dfrac{9}{8}$, c'est-à-dire à un *ton*. Pour conserver à cette gamme de *sol* le caractère de la gamme naturelle, il faut donc hausser un peu la note *fa*, et la remplacer par une autre qu'on appelle *fa dièze*, qui s'indique par *fa* ♯. Cette dernière s'obtient en multipliant le nombre de vibrations de *fa* par $\dfrac{25}{24}$. L'intervalle entre *mi* et *fa* ♯ devient $\dfrac{16}{15} \times \dfrac{25}{24} = \dfrac{10}{9}$, c'est-à-dire l'intervalle d'un *ton*, et l'intervalle de *fa* ♯ à *sol*, en négligeant un comma, est ramené à $\dfrac{16}{15}$, ce qui donne à la gamme de *sol* la disposition de la gamme diatonique. En résumé, *dièzer* une note n'est rien autre chose que l'élever d'un *demi-ton*, en multipliant le nombre de ses vibrations par $\dfrac{25}{24}$.

Supposons maintenant que l'on commence une gamme par *fa*; on aura les intervalles suivants :

fa_1		sol		la		si		ut		$ré$		mi		fa_2.
	$\dfrac{9}{8}$		$\dfrac{10}{9}$		$\dfrac{9}{8}$		$\dfrac{16}{15}$		$\dfrac{9}{8}$		$\dfrac{10}{9}$		$\dfrac{16}{15}$	

On remarque que l'intervalle de *la* à *si*, qui est d'un *ton*, devrait être d'un *demi-ton*, comme le troisième intervalle de la gamme naturelle. Il faut donc modifier *si*, et le remplacer par *si bémol*, ou *si* ♭ ; pour cela, on multiplie le nombre de vibrations de cette note par $\frac{24}{25}$, ce qui produit, à un comma près, $\frac{16}{15}$, c'est-à-dire le *demi-ton* exigé. Cette nouvelle valeur donne, pour l'intervalle de *si* ♭ à *ut*, $\frac{16}{15} : \frac{24}{25} = \frac{10}{9}$, par conséquent un *ton*, comme dans la gamme diatonique. Il suffit donc, pour *bémoliser* une note, de la baisser d'un *demi-ton*, en multipliant le nombre de ses vibrations par $\frac{24}{25}$.

REMARQUE. — Ce que nous venons de dire pour les gammes de *sol* et de *fa* s'applique également à toutes celles qui commenceraient par un tonique quelconque, et l'on n'a qu'à introduire un nombre convenable de dièzes ou de bémols pour donner à leurs intervalles la même disposition que ceux de la gamme naturelle. Il convient toutefois de faire observer que toutes ces gammes ne sont pas identiques entre elles, et qu'elles présentent de légères différences, dues à des commas peu appréciés de la plupart des gens, mais qu'une oreille exercée peut parfaitement distinguer.

266. Gamme tempérée. — En calculant le nombre de vibrations de chacune des notes diézées et bémolisées, on s'aperçoit qu'une note, affectée d'un dièze, n'est pas identique à la suivante affectée d'un bémol. La gamme se compose donc de 21 sons, et il est possible de les émettre tous avec les instruments à sons variables, comme le violon, le violoncelle. Mais une gamme aussi étendue produirait, dans les instruments à sons fixes qui, comme le piano et l'orgue, exigent une touche par note, une complication que la pratique n'admet pas. C'est pour cela qu'on réduit le nombre de notes à 13, avec 12 intervalles, et qu'on altère légèrement chacune d'elles en confondant, ce qui se tolère facilement en musique, une note diézée avec la suivante bémolisée. On obtient une gamme qui se compose de 12 demi-tons égaux, appelés *demi-tons moyens*, et chacun de ceux-ci a pour valeur $\sqrt[12]{2}$: c'est la *gamme tempérée* du piano et de l'orgue dont la justesse est suffisante pour les besoins de la musique.

267. Harmoniques. — Les *harmoniques* d'un son quelconque, appelé *son fondamental*, sont constitués par une série indéfinie de notes dont les nombres de vibrations sont entre eux comme la suite naturelle des nombres entiers 1, 2, 3, 4, 5, 6, 7, 8, ... Les intervalles formés par un son fondamental et ses harmoniques sont des nombres entiers, et les nombres de vibrations des harmoniques sont doubles, triples, quadruples, etc., de celui de ce même son fondamental.

Prenons ut_1, comme son fondamental, et l'on aura le tableau suivant :

Rangs des harmoniques	*Notes*
1	ut_1 (son fondamental)
2	ut_2
3	sol_2
4	ut_3
5	mi_3
6	sol_3
7	note placée entre $la\sharp_3$ et $si\flat_3$
8	ut_1
0	$ré_1$
10	mi_1

Ces sons harmoniques, du moins les premiers de la série, forment entre eux et avec le son fondamental des accords consonants : c'est là l'origine de leur nom. Le tableau précédent fait voir, en effet, que ut_1 et ut_2 donnent l'accord d'*octave*, ut_2 et sol_2, l'accord de *quinte*, sol_2 et ut_3, l'accord de *quarte*, ut_3 et mi_3, l'accord de *tierce majeure*, etc., et que ces accords diminuent de valeur, au point de vue de la consonance, à mesure que le rang des harmoniques est plus élevé dans la série.

Nous verrons bientôt, en étudiant les vibrations des cordes et des tuyaux, que les harmoniques sont dus au fait que les corps sonores, au lieu de vibrer seulement dans leur ensemble, se séparent en parties de longueurs déterminées qui vibrent pour leur compte, en superposant leurs vibrations à celles du son fondamental.

CHAPITRE IV

VIBRATIONS TRANSVERSALES DES CORDES

268. Vibrations des cordes. — On désigne sous le nom de *cordes* des fils de boyau ou de métal qui peuvent vibrer rapidement en vertu de l'élasticité provoquée par leur *tension* entre deux points fixes.

On peut considérer, dans les cordes, deux espèces de vibrations : les unes, appelées *vibrations longitudinales*, se font dans le sens de leur longueur, et se développent lorsqu'on frotte une corde d'une extrémité à l'autre avec un morceau de drap enduit de colophane ; les autres ont lieu perpendiculairement à cette même longueur, avec une rapidité qui dépend de plusieurs circonstances diverses : ce sont les *vibrations transversales*. Nous n'étudierons ici que ces dernières, les seules utilisées en musique.

269. Manières de provoquer les vibrations transversales. — Dans les différents instruments de musique, on fait vibrer les cordes transversalement de plusieurs manières.

Considérons, en effet, une corde tendue entre deux points fixes, et, après l'avoir écartée de sa position d'équilibre, en exerçant sur elle une pression avec le doigt, supposons qu'on l'abandonne à elle-même : c'est ce qu'on appelle *pincer* une corde. Celle-ci prend subitement une grande vitesse, sous l'influence de son élasticité de tension, elle dépasse la position d'équilibre et s'infléchit de l'autre côté, puis revient sur elle-même pour recommencer le même mouvement, jusqu'à ce que, après une série d'oscillations d'amplitude progressivement décroissante, elle reprenne sa position primitive d'équilibre. Ces vibrations engendrent un son très faible, parce que la corde frappe l'air par une surface trop restreinte, mais on l'amplifie, dans les instruments de musique, en tendant la corde sur une caisse de résonance à laquelle elle communique ses vibrations, ainsi qu'à l'air qui y est contenu.

On peut encore provoquer des vibrations transversales en frappant une corde avec un corps dur, comme dans le piano, ou bien en la frottant perpendiculairement à sa longueur avec un *archet*, comme dans le violon. L'action de l'archet s'explique par le fait que les crins, saupoudrés de colophane, attirent la corde et la dérangent quelque peu de sa position d'équilibre; mais l'élasticité de tension développée l'emporte bientôt sur l'adhérence de la résine, et la corde revient sur ses pas en entrant en vibration ; le mouvement continu de l'archet produit une nouvelle attraction qui empêche les vibrations de s'amortir, et ainsi de suite.

270. Lois des vibrations transversales des cordes. — Ces lois, au nombre de quatre, sont résumées par la formule

$$n = \frac{1}{2rl} \sqrt{\frac{Mg}{\pi\delta}},$$

dans laquelle n représente le *nombre* de vibrations doubles par seconde, r le *rayon* de la corde, l la *longueur* de la partie vibrante, M la *masse* du poids qui la tend, g l'*accélération* de la pesanteur (Mg est donc la valeur du poids tenseur en *dynes*, M étant exprimé en grammes et g en centimètres), et δ la *densité* de la matière dont la corde est composée. On doit employer, dans l'application de cette formule, les unités C. G. S. ; r et l s'expriment donc en *centimètres*.

Première loi. — *Le nombre de vibrations doubles par seconde est en raison inverse de la longueur de la corde.*

Deuxième loi. — *Le nombre de vibrations est en raison inverse du diamètre de la corde.*

Troisième loi. — *Le nombre de vibrations est proportionnel à la racine carrée du poids qui tend la corde.*

Quatrième loi. — *Le nombre de vibrations est inversement proportionnel à la racine carrée de la densité de la matière qui constitue la corde.*

271. Vérification expérimentale. — Sonomètre. —
Les quatre lois que nous venons d'énoncer se vérifient au
moyen d'un appareil particulier appelé *sonomètre* (fig. 147). C'est
une caisse de résonance en bois de sapin sur laquelle sont disposées deux cordes métalliques. La première rb est tendue entre
deux points fixes, et s'appuie sur les deux chevalets o et d; au
moyen d'une clef A, on peut faire varier sa tension à volonté. Une
seule extrémité p de la seconde corde est fixe; l'autre s'engage

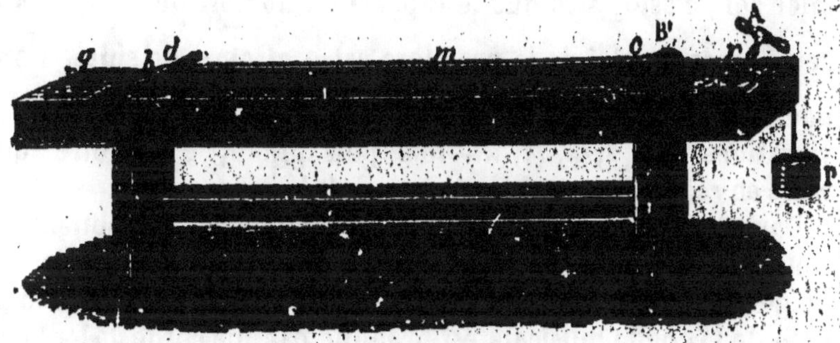

Fig. 147.

dans la gorge d'une poulie, et se termine à des poids F destinés
à la tendre convenablement. Enfin, un chevalet mobile m peut se
déplacer sous cette corde ab, et faire varier, dans les proportions
voulues, la longueur de la partie vibrante. Celle-ci se mesure au
moyen d'une échelle graduée, inscrite sur toute la longueur du
sonomètre. Quelquefois, on ne se sert que d'une seule corde, et,
dans ces conditions, le sonomètre porte aussi le nom de *mono-
corde*.

La méthode expérimentale, employée pour la vérification des
lois transversales des cordes, repose sur le principe suivant: la
corde cd sert de *corde de comparaison*, et, au début de l'expérience,
on lui fait rendre l'unisson avec la corde à étudier, au moyen
de la clef A qui règle sa tension; la corde ab subit seule les
modifications de longueur, de tension et de diamètre qui font
varier le nombre de vibrations, et l'on compare ensuite les résultats obtenus avec le son primitif conservé par la corde *témoin*
cd.

1° **Loi des longueurs.** — On dispose sur le sonomètre une
corde ab que l'on tend d'une manière quelconque avec des

poids F, puis l'on règle la tension de la corde *cd* jusqu'à ce qu'elle soit à l'unisson avec l'autre. Cela fait, on divise la corde *ab* en deux parties égales, en poussant le chevalet *m* au milieu de sa longueur, et l'on constate que chaque portion donne l'*octave aigu* de la corde témoin, ce qui indique que le nombre de vibrations a doublé pour une longueur deux fois moindre. Si la partie vibrante est réduite aux $\frac{2}{3}$, on entend la *quinte* au-dessus du premier son, c'est-à-dire que le rapport du nombre de vibrations de cette corde à celui de la première est $\frac{3}{2}$, et ainsi de suite. Donc, pour des longueurs 2, 3, 4,.... fois plus petites, le nombre de vibrations est 2, 3, 4,..... fois plus grand, c'est-à-dire qu'il varie *en raison inverse de la longueur de la corde*.

Dans les instruments de la famille du violon, on obtient des sons de hauteurs variables en modifiant, par la position des doigts, la longueur des cordes, tandis que, dans le piano, chaque note de l'échelle musicale est produite par une corde de longueur déterminée.

2° Loi des diamètres. — On place d'abord en *ab* une corde de diamètre 1, à l'unisson avec la corde témoin, puis on la remplace successivement par des cordes de même nature, de même longueur, tendues avec les mêmes poids, mais dont les diamètres sont respectivement 2, 3 et 4 ; on trouve, en les attaquant avec un archet, qu'elles donnent des sons dont les nombres de vibrations sont $\frac{1}{2}$, $\frac{1}{3}$, $\frac{1}{4}$ de celui de la première, ce qui prouve que ces nombres sont *en raison inverse des diamètres*.

Cette loi est appliquée, dans tous les instruments à cordes, en employant, pour obtenir des sons plus ou moins graves ou aigus, des cordes de diamètres différents.

3° Loi des tensions. — Comme précédemment, on dispose successivement en *ab* quatre cordes identiques, mais tendues par des poids 1, 4, 9 et 16. Les nombres de vibrations trouvés sont entre eux comme 1, 2, 3 et 4, c'est-à-dire comme les *racines carrées des poids tenseurs*.

Dans les instruments à cordes, on règle la tension en tournant des chevilles autour desquelles l'extrémité des cordes est enroulée, ce qui permet de modifier à volonté le nombre des vibrations, et par suite, la hauteur du son.

4° **Loi des densités.** — Ici, on compare *directement* deux cordes de *nature différente*, par exemple une corde de fer avec une corde de platine. Toutes choses égales d'ailleurs, on obtient, en représentant par n et n' les nombres de vibrations correspondant au fer et au platine, dont les densités sont respectivement 7,8 et 23 (platine écroui), le résultat suivant,

$$\frac{n}{n'} = \sqrt{\frac{23}{7,8}},$$

ce qui démontre que les nombres de vibrations sont *en raison inverse des racines carrées des densités.*

Pour produire des sons graves, dans le violon, le violoncelle, la basse, on augmente la densité en enroulant un fil de cuivre argenté autour d'une corde de boyau.

272. Nœuds et ventres des cordes. — Harmoniques.
— Quand une corde vibre dans toute sa longueur, comme l'indique la figure 148, tous ses points, à l'exception de A et B, se déplacent d'un mouvement d'ensemble, et le nombre de vibrations transversales qu'elle exécute est déter-

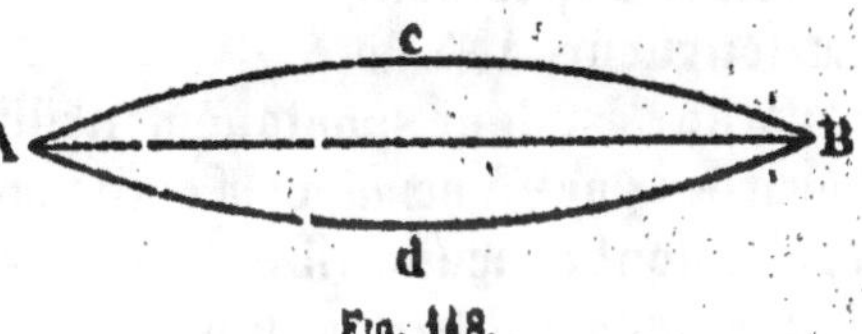

Fig. 148.

miné par les lois que nous venons d'énoncer. Elle rend alors le *son fondamental*, le plus grave de ceux qu'elle est susceptible de produire. Mais une corde peut faire entendre une série discontinue d'autres sons plus aigus, toujours les mêmes, et qui constituent les *harmoniques* du son fondamental.

Pour obtenir ces notes, on procède de la façon suivante : on touche légèrement, avec le doigt ou une plume d'oie, une corde à son milieu N (*fig.* 149), et l'on attaque l'une des deux moitiés avec l'archet, la partie NB, par exemple ; la corde se divise immédiatement en deux parties qui vibrent séparément, même après que le léger contact a cessé en N, et prend la position indiquée dans la figure 149. Le son produit est celui de chacun des deux segments, de longueur moitié moindre que celle de la corde entière, et l'on entend l'*octave aigu* du son fondamental : c'est l'*harmonique 2* (le son fondamental s'appelle aussi l'harmonique 1). — On prouve facilement que la partie non attaquée AN vibre en

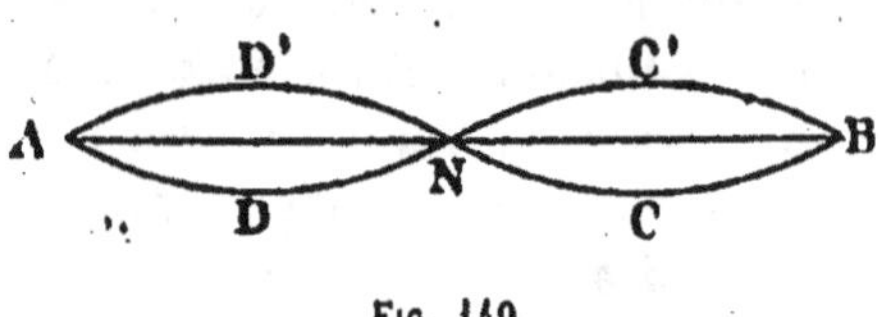

Fig. 149.

même temps que l'autre NB, en plaçant sur la première un petit cavalier en papier; celui-ci est immédiatement désarçonné par le frémissement de la corde, lorsqu'on fait vibrer la partie contiguë. Le point N, relativement immobile et par où se fait la communication du mouvement vibratoire d'un segment à l'autre, s'appelle un *nœud* ou *point nodal*, et l'on réserve le nom de *ventres* aux points D et C, où a lieu l'amplitude maximum de vibration.

Amortissons légèrement la corde au *tiers* de sa longueur, en N' (*fig.* 150), et faisons vibrer la portion N'B; des cavaliers posés en C et en D sont vivement projetés en l'air, tandis que celui qui est placé en N conserve sa position. La longueur AN' de

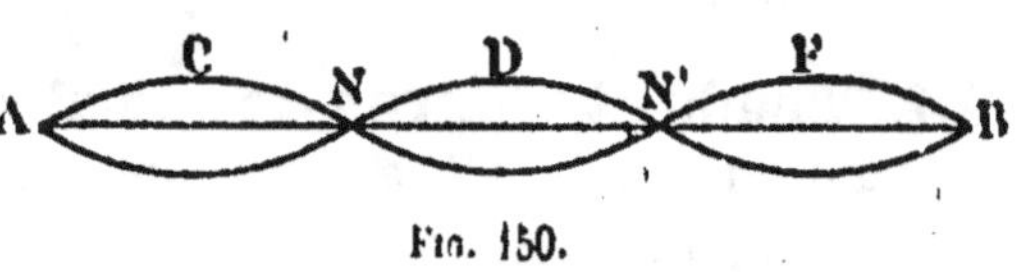

Fig. 150.

la corde s'est donc spontanément divisée en deux parties vibrantes séparées par un *nœud*, et la corde entière, partagée en trois parties égales dont chacune vibre trois fois plus rapidement que celle-ci, fait entendre l'harmonique 3, c'est-à-dire la *double quinte* au-dessus du son fondamental.

Si le point immobilisé N" (*fig.* 151) est au *quart* de la longueur

Fig. 151.

AB, l'expérience des cavaliers prouve que la longueur AN' s'est partagée en trois *ventres* et deux *nœuds*, comme l'indique la figure 151, et la note produite est le *double octave* aigu du son fondamental, c'est-à-dire l'harmonique 4. Il en sera de même pour des divisions plus nombreuses, et l'on pourra obtenir, en effleurant la corde aux points convenables, une succession illimitée de notes dont les nombres de vibrations varient comme les nombres entiers successifs 1, 2, 3, 4, 5, 6, ..., etc., par conséquent, toute la série des harmoniques.

C'est en touchant légèrement les cordes de leur instrument aux endroits appropriés que les violonistes tirent partie des harmoniques pour produire des sons très élevés et d'une grande douceur.

273. Relation entre les harmoniques d'un son et le nombre de divisions d'une corde. — Ce qui précède met en évidence la relation qui existe entre le nombre des divisions ou des *ventres* et le *rang* des harmoniques développés. Comme ces harmoniques sont dus aux vibrations des *parties aliquotes* de la corde, celles-ci donnent naissance à des sons d'autant plus aigus qu'elles sont plus petites, et, partant, plus nombreuses; c'est pour cela qu'une division en deux parties égales, c'est-à-dire en deux *ventres*, produit un nombre double de vibrations ou l'harmonique 2, en trois parties, un nombre triple ou l'harmonique 3, ... etc., et, en général, le chiffre qui exprime le nombre de *ventres* caractérise le *rang* de l'harmonique correspondant.

REMARQUE. — Il est intéressant de faire observer que, dans les cordes vibrantes, les différents harmoniques se développent, toujours en nombre plus ou moins grand avec le son fondamental. Il est, pour ainsi dire, impossible qu'une corde vibre seulement dans son ensemble, et qu'il n'y ait pas superposition des vibrations des parties aliquotes avec celles de la corde entière; c'est le mélange du son fondamental et de ses harmoniques, dont le nombre et l'intensité varient avec le mode d'ébranlement de la corde, qui produit le timbre caractéristique de celle-ci. Le défaut d'attention, joint au fait que ces harmoniques sont masqués en partie par les vibrations plus intenses du son fondamental, est cause qu'on ne les entend pas ordinairement; mais il est facile de prouver leur existence en amortissant une corde au milieu de sa longueur avec une plume d'oie; ce léger contact suffit pour éteindre le son fondamental, et l'harmonique 2 résonne distinctement. Si l'on touche la corde au tiers, on entend clairement la quinte ou l'harmonique 3, et ainsi de suite pour les autres. Il peut arriver aussi qu'un contact très léger n'éteigne pas complètement le son fondamental, et qu'on entende ce dernier en même temps que l'harmonique qui correspond au point touché. On peut représenter ce mode de vibration d'une corde par la figure 152, I et II ; dans le premier cas, chaque division de la corde exécute, dans le même temps, un nombre double, et,

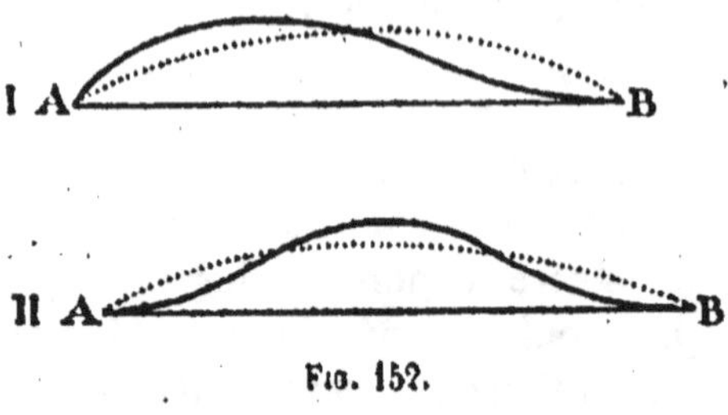

Fig. 152.

dans le second, un nombre triple de vibrations de celui de la corde entière.

Le physicien anglais Young explique, par l'extinction de certains harmoniques, pourquoi une corde, qui vibre dans son ensemble, n'a pas le même timbre suivant l'endroit où elle est attaquée. On comprend, en effet, qu'un harmonique déterminé sera absent, si l'on pince un point de la corde où son développement exige un nœud. C'est ainsi que l'harmonique 2 ne pourra se faire entendre, si l'on attaque la corde au milieu de sa longueur, parce que ce point doit être immobile pour que ce son puisse se former. Il en sera de même de l'harmonique 3, si l'on ébranle la corde au tiers de sa longueur, et ainsi de suite pour les autres. Il en résulte que le timbre, dû à la coexistence des harmoniques avec le son fondamental, sera forcément modifié par le mélange variable de sons différents. C'est pour cette raison que les constructeurs de pianos, dans le but d'améliorer les sons de leurs instruments, font frapper les marteaux au septième de la longueur des cordes, afin d'éteindre l'harmonique 7 qui ne donne pas un accord consonant avec le son fondamental.

CHAPITRE V

TUYAUX SONORES

274. Tuyaux sonores. — Les *tuyaux sonores* sont des tubes qui rendent des sons par le mouvement vibratoire de la colonne d'air limitée par leurs parois. Il est facile de démontrer expérimentalement que la hauteur du son rendu par un tuyau sonore est indépendante de la substance dont se compose ce dernier, si les parois sont assez résistantes ; le son n'est dû qu'aux vibrations de la masse d'air intérieure, et ces vibrations, en se communiquant aux parois, pourvu que celles-ci ne soient pas trop flexibles, ne subissent d'autres modifications que dans le *timbre* des sons produits.

Le mouvement vibratoire de la colonne d'air est rendu évident par l'expérience du *cerceau* que nous avons déjà citée plus haut (236, 4°). Rappelons, de plus, que le sable, dans cette même expérience, reste immobile en certains points de la masse gazeuse, ce qui fait comprendre que le grésillement que l'on perçoit est dû à de véritables vibrations d'amplitude restreinte, et non pas à un courant d'air continu d'une extrémité à l'autre du tuyau.

Les tuyaux sonores se divisent en deux classes distinctes, suivant le mode employé pour mettre en vibration la colonne d'air intérieure : la première classe comprend les *tuyaux à bouche* et l'autre les *tuyaux à anche*. Nous nous occuperons d'abord des premiers.

275. Tuyaux à bouche. — La figure 153 montre une coupe longitudinale de la partie inférieure d'un *tuyau à bouche*. Ces tuyaux, cylindriques ou prismatiques, ont toujours une grande longueur par rapport à leur section, et se fixent sur une soufflerie par le *pied* P. Le courant d'air pénètre dans la *chambre* qui surmonte le pied, passe par une ouverture transversale L, appelée *lumière*, en face de laquelle est pratiquée dans la paroi, perpendiculairement à la longueur du tuyau, une fente étroite désignée sous le nom de *bouche*, et limitée par la *lèvre supérieure* B taillée en biseau. Un tuyau de ce genre est un *tuyau ouvert*, tandis qu'il prend le nom de *tuyau fermé*, lorsque l'extrémité supérieure est close.

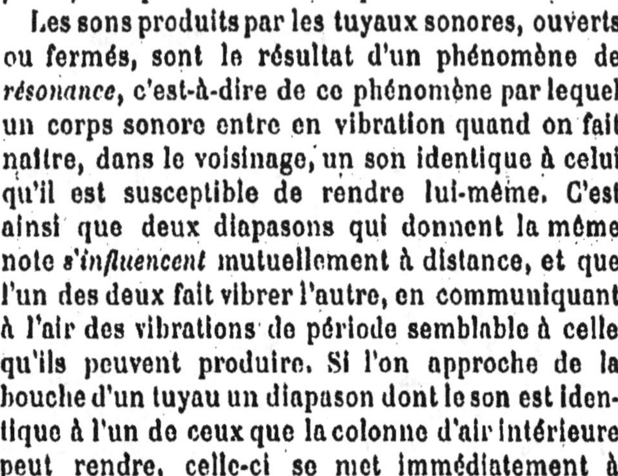

Les sons produits par les tuyaux sonores, ouverts ou fermés, sont le résultat d'un phénomène de *résonance*, c'est-à-dire de ce phénomène par lequel un corps sonore entre en vibration quand on fait naître, dans le voisinage, un son identique à celui qu'il est susceptible de rendre lui-même. C'est ainsi que deux diapasons qui donnent la même note *s'influencent* mutuellement à distance, et que l'un des deux fait vibrer l'autre, en communiquant à l'air des vibrations de période semblable à celle qu'ils peuvent produire. Si l'on approche de la bouche d'un tuyau un diapason dont le son est identique à l'un de ceux que la colonne d'air intérieure peut rendre, celle-ci se met immédiatement à vibrer par *influence*. Il en sera de même dans le cas d'un mélange de plusieurs sons différents; la colonne d'air fera un choix parmi tous les sons qu'on lui présente, et ne renforcera que celui ou ceux pour lesquels elle est sympathique. Ce mélange de sons prend précisément naissance, lorsque le courant d'air que l'on lance dans le tuyau vient se briser contre la lèvre biseautée B; il se produit un frémissement, un bruit confus composé de plusieurs sons très faibles; l'un de ces sons est choisi et renforcé par la résonance musicale de la masse d'air, et celle-ci se met immédiatement à vibrer.

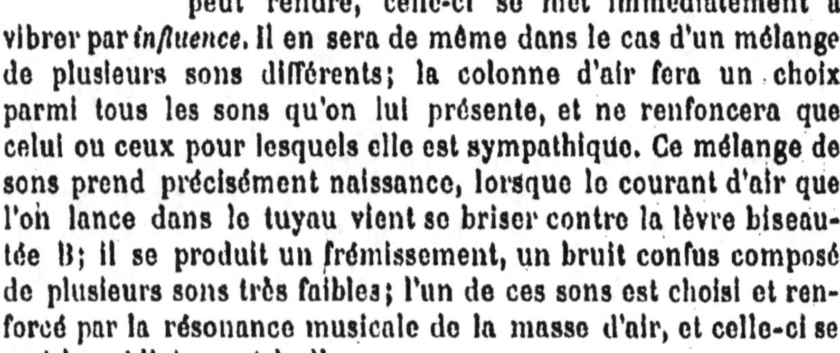

Toutefois, il y a ici plus qu'un simple phénomène de résonance. Comme l'explique Tyndall, la colonne d'air exerce une influence réelle sur les vibrations qui se forment à la bouche d'un tuyau, et force, pour ainsi dire, le courant d'air à vibrer synchroniquement avec elle, et à jouer, en quelque sorte, le rôle d'un son étranger qui serait susceptible de la faire entrer en vibration.

Ce mode d'ébranlement est commun aux tuyaux ouverts et fermés; seulement, pour une même longueur, les sons engendrés n'ont pas même hauteur, comme nous le verrons dans la suite.

276. Sons produits par un même tuyau. — Un même tuyau, sans changer de longueur, peut produire plusieurs sons différents et *déterminés*. Lorsque le courant d'air qui le fait vibrer est animé d'une vitesse convenable, le son engendré est relativement grave, le plus grave que le tuyau peut rendre : c'est le *son fondamental*, dont la hauteur, variable avec la longueur du tuyau, est toujours la même pour une longueur donnée. Si la vitesse du courant d'air s'accélère progressivement, on constate que le tuyau émet toute une série de sons plus élevés qui se succèdent brusquement l'un à l'autre et se produisent toujours dans le même ordre, sans qu'il soit possible d'en obtenir d'autres : ce sont les *harmoniques* du son fondamental.

Pour faire entendre ces harmoniques, il suffit de placer, sur une soufflerie, un tuyau long et étroit alimenté par un courant d'air dont on règle la vitesse avec un robinet. En augmentant cette vitesse d'une façon appropriée, on peut produire facilement toute une série d'harmoniques parfaitement caractérisés.

277. Son fondamental des différents tuyaux. — Le nombre de vibrations du son fondamental, dans les différents tuyaux, est déterminé par certaines lois très simples que l'on énonce de la manière suivante :

PREMIÈRE LOI. — *Dans les tuyaux ouverts et fermés, le nombre de vibrations du son fondamental est en raison inverse de la longueur du tuyau.*

DEUXIÈME LOI. — *Le son fondamental d'un tuyau fermé est identique à celui d'un tuyau ouvert de longueur double; il en résulte qu'un tuyau ouvert donne l'octave aigu d'un tuyau fermé de même longueur.*

TROISIÈME LOI. — *Le son fondamental, dans les deux genres de tuyaux, est sensiblement indépendant de leur diamètre, pourvu que ce dernier soit assez petit par rapport à la longueur; il est, de plus, indépendant de la matière qui compose les parois, pourvu que celles-ci ne soient pas trop minces ni trop flexibles.*

278. Vérifications expérimentales. — 1° La *première loi* se vérifie facilement au moyen de trois tuyaux de longueurs différentes que l'on fait vibrer l'un après l'autre. Si, par exemple, les longueurs sont entre elles comme 1, $\frac{4}{5}$ et $\frac{2}{3}$, les sons fonda-mentaux produisent l'*accord parfait majeur* (261), ce qui prouve que les nombres de vibrations sont respectivement 1, $\frac{5}{4}$ et $\frac{3}{2}$.

2° On emploie, pour vérifier la *seconde loi*, un tuyau ouvert à la partie supérieure, mais muni, au milieu de sa longueur, d'une coulisse (*fig.* 154) percée d'une ouverture O. Lorsque cette ouverture occupe toute la section du tuyau, la longueur primitive de celui-ci n'est pas modifiée, tandis qu'on en fait un tuyau fermé de longueur moitié moindre, en remplaçant l'ouverture par la partie pleine de la coulisse. L'expérience prouve que, dans les deux cas, on obtient le même son fonda-mental.

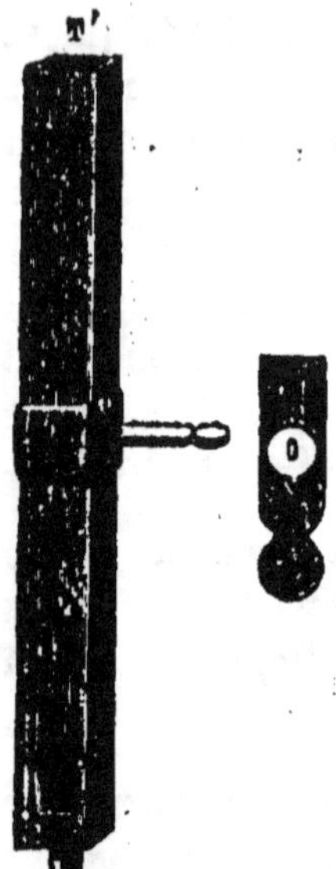

Fig. 154.

3° Enfin, la *troisième loi* reçoit la sanction de l'expérience, en opérant avec des tuyaux de diamètres et de substances variés. L'on reconnaît que la *largeur* d'un tuyau n'exerce aucune influence sur la *hauteur* du son, mais n'en modifie que l'*intensité*, tandis qu'une augmentation dans la *profondeur*, mesurée perpendiculairement à la bouche du tuyau, a pour effet de diminuer le nombre de vibra-tions, et, par suite, de rendre le son plus grave.

— On constate également, comme nous l'avons déjà dit plus haut (274), que plusieurs tuyaux identiques, qui ne diffèrent que par la substance dont se composent leurs parois, donnent des sons de même hauteur.

279. État vibratoire de la masse d'air d'un tuyau. — Nœuds et ventres fixes. — La masse d'air d'un tuyau, comme les cordes, peut se diviser en parties vibrant séparément, et dont la longueur varie avec la vitesse du courant d'air qui la fait résonner. Cette division en segments plus ou moins nombreux résulte du déplacement des ondes condensées et dilatées qui prennent origine à la bouche du tuyau et se propagent vers l'extrémité supérieure. La propagation des ondes se fait de la même manière que dans une tige vibrante longitudinalement, les ondes, en arrivant au bout du tuyau, éprouvent une *réflexion* sur le fond solide, si le tuyau est fermé, et sur la masse d'air extérieure, s'il est ouvert. Elles reviennent alors sur leurs pas, se propagent en sens contraire après la réflexion, et s'entre-croisent avec les ondes directes sans les détruire.

Dans ces conditions, une molécule d'air, en un point déterminé du tuyau, est soumise simultanément à l'action de deux systèmes d'ondes, celles qui montent, ou les ondes *directes*, d'une part, et celles qui descendent, ou des ondes *réfléchies*, d'autre part. Comme ces ondes produisent leur plein effet, la vitesse vibratoire de la molécule considérée sera la *résultante* des vitesses qui lui seraient communiquées séparément par chacun de deux systèmes ; les vitesses *s'ajoutent*, si elles sont de même sens, en produisant un *maximum*, et *se retranchent*, si elles sont de sens contraires, en donnant un *minimum* de mouvement vibratoire qui peut aller jusqu'à zéro.

Un phénomène du même genre modifie la valeur de la condensation et de la dilatation d'une tranche d'air, en un point quelconque du tuyau ; cette valeur est la *résultante* des condensations et des raréfactions qu'éprouve, au même instant, la tranche d'air considérée, sous l'influence des ondes directes et réfléchies qui se rencontrent.

Nous avons dit que, dans les tuyaux ouverts, les ondes se réfléchissent sur la masse d'air extérieure ; il faut remarquer, toutefois, que la réflexion ne se fait pas de la même manière que sur le fond d'un tuyau fermé. Dans ce dernier cas, une onde condensée *ne change pas de nature* après la réflexion, mais se propage en sens inverse des ondes directes, en restant toujours une *onde condensée*, et il en est de même des ondes dilatées. Dans les tuyaux *ouverts*, au contraire, le phénomène de la réflexion sur l'air extérieur est plus compliqué ; une tranche d'air *condensée* éprouve une *dilatation* en se répandant en partie dans l'atmosphère, et, dans ces conditions, une onde *condensée directe* donne naissance à une onde *dilatée réfléchie*, de même qu'une onde *dilatée directe* engendre une onde *condensée réfléchie* ; la réflexion, suivant l'expression adoptée, se fait avec *changement de signe*. Il n'est donc pas étonnant, comme nous l'avons déjà dit, que les tuyaux ouverts et fermés de même longueur rendent des sons différents.

Si, en tous les points de la masse d'air d'un tuyau, on calcule à chaque instant, d'une part, la valeur de la vitesse vibratoire d'une molécule d'air, et, d'autre part, les valeurs de la condensation et de la raréfaction qui résultent de la superposition des ondes directes et réfléchies, on arrive à ce résultat, confirmé par l'expérience, qu'il existe, en des points déterminés de la longueur du tuyau et à des positions invariables pour un même son, des tranches d'air dont la *vitesse vibratoire* est constamment *nulle*, mais dont la *pression* subit des *variations* continuelles, causées par le rapprochement et l'éloignement des ondes les unes des autres : ces tranches constituent les *nœuds*; on trouve aussi, en d'autres points également déterminés et invariables en position, des tranches d'air dont la *vitesse vibratoire* est *maximum*, mais dont la *pression* reste constamment celle de l'air extérieur: ce sont les *ventres*. — Nous verrons bientôt comment varient les positions relatives des nœuds et des ventres, pour les différents sons que peuvent rendre les tuyaux ouverts et fermés.

280. Vérifications expérimentales. — L'existence des nœuds et des ventres dans les tuyaux sonores peut se démontrer par plusieurs procédés :

1° L'expérience du *cerceau* (236, 4°), qui a déjà servi à constater l'état vibratoire de l'air intérieur, peut aussi être employée à la vérification expérimentale dont il s'agit.

On met un peu de sable sur une membrane de baudruche collée sur un cerceau en bois ou en carton, et l'on descend le tout, au moyen d'un fil, dans l'intérieur du tuyau, de manière que la membrane soit successivement en contact avec les différentes parties de la colonne d'air. Quand le cerceau est dans un *ventre*, le mouvement vibratoire de l'air se communique à la membrane, le sable est vivement projeté, et l'on entend un grésillement particulier; au contraire, le frémissement disparaît à un *nœud*, ce qui prouve que la tranche d'air qui entoure la membrane est en repos.

2° Un autre procédé consiste à se servir d'un tuyau dans la paroi duquel sont pratiquées, de place en place, des ouvertures que l'on peut fermer et ouvrir à volonté au moyen d'obturateurs mobiles. Certaines ouvertures peuvent être dégagées sans que le son du tuyau soit changé; il est clair alors que la densité de l'air, en ces points correspondants de la colonne intérieure, était constante, puisque la communication avec l'atmosphère n'a pas eu pour effet de la modifier, ce qui est un des caractères distinctifs d'un *ventre*. On reconnaît, au contraire, que le son change, si l'on lève un obturateur vis-à-vis d'un *nœud*. Dans ces conditions, on détermine une pression invariable, celle de l'atmosphère, là où elle subissait des modifications continuelles ; par conséquent, on provoque la formation d'un *ventre* à l'endroit où il y avait un *nœud*, ce qui change le mode de division de la colonne d'air, et, par suite, donne naissance à un son différent.

3° Citons, enfin, parmi plusieurs autres méthodes sur lesquelles nous n'insisterons pas, celle des *flammes manométriques*. Nous avons dit plus haut qu'un *nœud*, dans un tuyau sonore, est caractérisé par une tranche d'air dont la pression et la densité sont essentiellement variables, et qu'à un *ventre*, au contraire, la pression de l'air conserve une valeur uniforme. Dès lors, l'action de la tranche d'air qui constitue un *ventre* doit être nulle sur la paroi du tuyau, tandis que les changements de pression que l'on constate aux *nœuds* doivent tendre à la faire vibrer. Si donc on ferme une ouverture pratiquée dans la paroi par une membrane élastique susceptible de vibrer facilement, celle-ci va se courber, de dedans en dehors, aux augmentations, et de dehors en dedans, aux diminutions de la pression intérieure, de telle façon que cette membrane va se mettre à vibrer avec la même vitesse que celle qui caractérise les variations de la pression. On applique alors sur la membrane M (*fig.* 155) une capsule C constamment pleine de gaz d'éclairage, et l'on allume le bec B par lequel s'écoule le jet gazeux. Si la capsule manométrique est vis-à-vis d'un *nœud*,

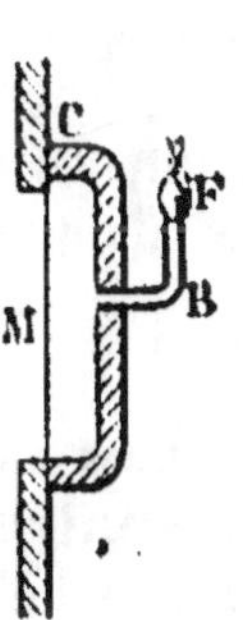

Fig. 155.

Fig. 156.

on voit la flamme F se rallonger et se raccourcir successivement, sous l'influence des vibrations que la membrane M communique au gaz ; au miroir tournant, cette flamme présente des dentelures nombreuses correspondant aux variations de la pression intérieure. Lorsque la flamme est assez petite, le frémissement de la membrane peut en produire l'extinction. Vis-à-vis d'un *ventre*, au contraire, on n'observe aucun mouvement de la flamme.

Si on fait rendre le son fondamental à un tuyau comme celui de la figure 156, on voit la flamme centrale s'éteindre et les deux autres brûler avec calme ; mais si l'on force le vent et qu'on fait donner au tuyau l'harmonique 2, ce sont les flammes extrêmes qui s'éteignent, tandis que celle du centre ne subit aucune modification. Pour le premier son, il y avait un *nœud* au milieu du tuyau, et des *ventres* près des extrémités ; la formation du 2° harmonique a exigé, comme il sera indiqué plus loin, un *ventre* au milieu, séparant deux *nœuds*.

281. Positions des nœuds et des ventres dans les tuyaux sonores. — En employant ces divers procédés pour la localisation des nœuds et des ventres dans les tuyaux, on arrive aux résultats suivants :

1° Il y a toujours, dans tous les cas, alternativement un nœud et un ventre : deux nœuds ou deux ventres ne peuvent jamais se suivre immédiatement.

2° Pour un tuyau et un son déterminés, la distance qui sépare un nœud d'un ventre consécutif est *constante*.

3° Dans un tuyau *ouvert*, il y a toujours un *ventre* à chaque extrémité, ce qui était facile à prévoir : en effet, l'air, en ces endroits du tuyau, est constamment en communication avec l'atmosphère.

4° Dans un tuyau *fermé*, il y a un *ventre* à la bouche et un *nœud* à l'extrémité supérieure, où l'air ne peut vibrer et ne fait que subir des changements de pression.

282. Relation entre la longueur d'onde d'un son et la distance correspondante d'un nœud et d'un ventre consécutifs. — Désignons par d la distance entre un nœud et un ventre consécutifs, par n le nombre de vibrations par seconde de la masse d'air, et par V la vitesse de son dans l'air ; si l'on détermine par l'expérience le nombre de vibrations d'un harmonique déterminé, on calculera la longueur d'onde correspondante λ par la formule (240)

$$\lambda = \frac{V}{n}.$$

Or l'expérience fait voir que la distance d d'un nœud et d'un ventre consécutifs est toujours

$$d = \frac{\lambda}{4},$$

c'est-à-dire que cette distance est toujours égale au *quart* de la longueur d'onde. Dès lors, la distance de deux nœuds consécutifs (*fig.* 157) est $\frac{1}{2}\lambda$, et celle de deux nœuds non consécutifs sera λ.

Fig. 157.

283. Lois des harmoniques dans les tuyaux sonores.

— Nous savons qu'un même tuyau peut rendre plusieurs sons différents (299) et déterminés qu'on appelle *harmoniques*. Ces harmoniques, comme dans les cordes, sont dus aux vibrations de parties aliquotes de la masse d'air, et les sons qui leur correspondent dépendent de la longueur de ces segments vibrants, par conséquent, de leur nombre. Il importe donc d'étudier le mode de division qui résulte de la disposition et du nombre des nœuds et des ventres pour chaque harmonique en particulier.

1° **Tuyaux fermés.** — Dans ces tuyaux, on prouve par l'expérience que le *son fondamental* (ou 1er harmonique) est caractérisé par un *ventre* à la partie inférieure et un *nœud* au fond du tuyau (*fig.* 158, I). Pour le son suivant, la colonne d'air se divise en *trois* segments égaux vibrant à l'*unisson* (II), puis, pour les autres sons, en 5, 7... parties égales. Le nombre de divisions est toujours *impair*, et, si l'on désigne par d la longueur d'une division et

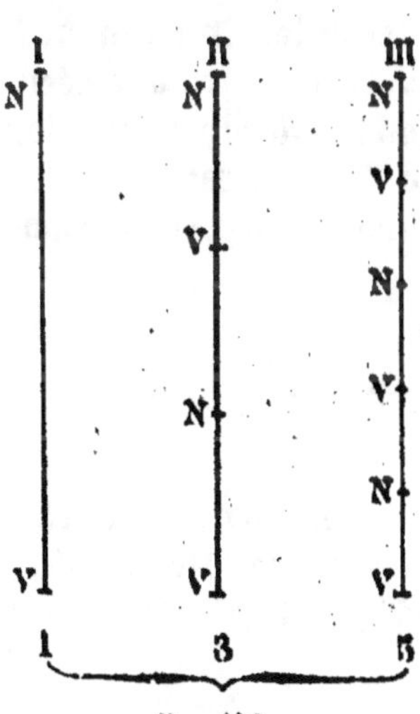

Fig. 158.

par L la longueur du tuyau, on aura toujours entre L et d, quel que soit le son rendu, la relation

$$L = (2p + 1)d.$$

Pour $p = 0$, on aura $L = d$ (I), *son fondamental*.
Pour $p = 1$, — $L = 3d$ (II), *harmonique 3.*
Pour $p = 2$, — $L = 5d$ (III), *harmonique 5,* etc.

Remplaçons d par sa valeur $\frac{\lambda}{4}$, il vient

$$L = (2p + 1)\frac{\lambda}{4}. \tag{1}$$

Or $\lambda = \frac{V}{n}$; donc

$$L = (2p + 1)\frac{V}{4n},$$

et enfin

$$n = (2p + 1)\frac{V}{4L}. \tag{2}$$

n désigne le nombre de vibrations par seconde. En donnant à p toutes les valeurs entières 0, 1, 2, 3, 4, ..., on aura une série de valeurs de n; elles représentent les nombres de vibrations des différents sons que peut rendre un même tuyau, c'est-à-dire les nombres de vibrations du son fondamental et de ses harmoniques. On obtient successivement

$$n_0 = \frac{V}{4L}, \qquad n_1 = 3\left(\frac{V}{4L}\right), \qquad n_2 = 5\left(\frac{V}{4L}\right), \ldots, \text{etc.}$$

On voit donc que *les nombres de vibrations des harmoniques successifs d'un tuyau fermé varient comme la suite des nombres impairs;* ce sont les seules notes, quoi qu'on fasse, que l'on puisse faire rendre à ces tuyaux.

2° **Tuyaux ouverts.** — Dans ces tuyaux, il y a toujours un *ventre* à chaque extrémité, et le nombre de divisions, comme l'indique la figure 159, est toujours *pair.* En employant les mêmes notations que précédemment, on aura

$$L = 2p \times d,$$

ou

$$L = 2p \times \frac{\lambda}{4} = p\,\frac{\lambda}{2},$$

ou encore

$$L = p\,\frac{V}{2n},$$

et enfin

$$n = p\,\frac{V}{2L}.$$

En donnant à p toutes les valeurs des nombres entiers, à partir de 1, on obtient

$$n_1 = \frac{V}{2L}, \qquad n_2 = 2\left(\frac{V}{2L}\right),$$

$$n_3 = 3\left(\frac{V}{2L}\right), \dots \text{etc.},$$

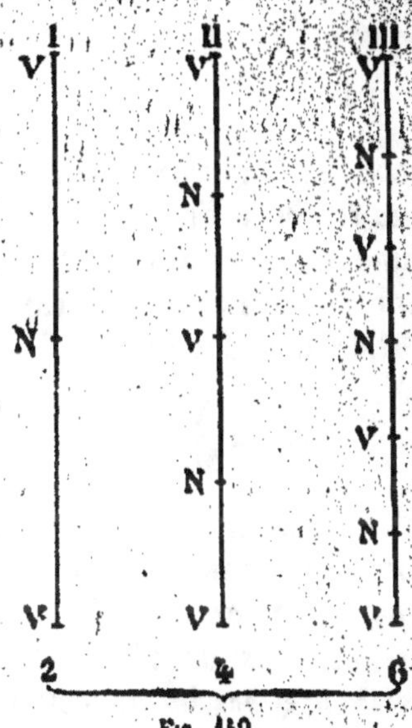

Fig. 159.

ce qui montre que, dans les tuyaux *ouverts, les nombres de vibrations des différents harmoniques sont entre eux comme les nombres entiers successifs.*

Remarques. — Les formules précédentes donnent lieu aux remarques suivantes :

1° Dans la formule (1) des tuyaux fermés,

$$L = (2p + 1)\frac{\lambda}{4},$$

le son fondamental correspond à $p = o$. Il reste alors

$$L = \frac{\lambda}{4}, \qquad \text{ou} \qquad \lambda = 4L.$$

Donc, dans les tuyaux *fermés, la longueur d'onde qui correspond au son fondamental est égale à quatre fois la longueur du tuyau.*

2° Dans les tuyaux *ouverts,* on a

$$L = p\,\frac{\lambda}{2},$$

et, pour le son fondamental, $p = 1$. Ce qui donne

$$L = \frac{\lambda}{2}, \qquad \text{ou} \qquad \lambda = 2L.$$

Donc, *la longueur d'onde du son fondamental est égale à deux fois la longueur du tuyau.* Ce résultat fait comprendre pourquoi, comme nous l'avons énoncé plus haut (277), un tuyau *ouvert* donne l'octave aigu d'un tuyau *fermé* de même longueur.

3° Les deux formules

$$n_0 = \frac{V}{4L}, \qquad \text{et} \qquad n_1 = \frac{V}{2L},$$

relatives au son fondamental des tuyaux fermés et ouverts, démontrent une loi que nous avons déjà donnée (277), et que l'expérience confirme :

Les nombres de vibrations des sons fondamentaux des tuyaux ouverts et fermés de longueurs différentes sont en raison inverse des longueurs de ces tuyaux.

284. Vitesse du son dans les différents gaz. — Les lois des tuyaux sonores fournissent un moyen très simple de mesurer la vitesse du son dans les différents gaz. Considérons, en effet, deux tuyaux ouverts de même longueur L, mais dont l'un est rempli d'air et l'autre du gaz à étudier. Désignons, de plus, par V et V' les vitesses du son dans l'air et dans le gaz. On constate par l'expérience que ces deux tuyaux, en donnant chacun le son fondamental, ne produisent pas la même note. On détermine alors par la sirène les nombres de vibrations n et n' qui correspondent à chacune de ces notes, et l'on a, pour ces deux tuyaux,

$$n = \frac{V}{2L}, \qquad \text{et} \qquad n' = \frac{V'}{2L}.$$

En divisant ces deux expressions membre à membre, il vient

$$\frac{V}{V'} = \frac{n}{n'},$$

d'où

$$V' = V \frac{n'}{n},$$

formule qui permet de connaître V', lorsque les quantités qui constituent le second membre ont été mesurées directement.

285. Tuyaux à anche. — L'ébranlement de la colonne d'air, dans cette espèce de tuyau, se fait par les vibrations d'une lame élastique qu'on appelle une *anche*. On en distingue deux sortes, l'*anche battante* et l'*anche libre*.

L'*anche battante* (fig. 160) est une languette élastique *l*, fixée par l'une de ses extrémités, et qui s'appuie sur une pièce creuse *r*, appelée *rigole*, qu'elle ferme et ouvre successivement, à chacune de ses oscillations. La rigole est disposée sur les bords d'un orifice qui traverse un bouchon, et ce dernier ferme l'extrémité supérieure d'un tuyau T qu'on désigne sous le nom de *porte-vent*, et dont la section est assez large par rapport à sa longueur; une tige métallique *fs*, dont l'extrémité inférieure, recourbée à angle droit, s'appuie sur l'anche, et qu'on peut faire monter ou descendre à travers le bouchon, limite la partie vibrante dans les proportions voulues : c'est la *rasette*.

La languette, se tenant légèrement écartée de la rigole, livre passage au courant d'air qui arrive par le porte-vent ; mais, lorsque la vitesse de ce courant s'accélère quelque peu, l'anche battante est projetée sur la rigole, et intercepte toute communication avec l'atmosphère.

En vertu de son élasticité, la lame vibrante revient sur elle-même, s'écarte de la rigole, et l'air s'échappe, comme précédemment, par l'ouverture du bouchon. L'écoulement de l'air a de nouveau pour effet de fléchir la languette et de la projeter sur la rigole, ce qui arrête une deuxième fois le courant d'air, et ainsi de suite. Il en résulte un mouvement oscillatoire de l'anche qui donne naissance à des sorties intermittentes de l'air, par conséquent, à un son musical. Celui-ci sera d'autant plus élevé que les vibrations de l'anche seront plus nom-

Fig. 160.

breuses; c'est ce qui arrive lorsqu'on diminue la longueur de la partie vibrante par le déplacement de la rasette, et lorsqu'on augmente la vitesse du courant d'air.

L'anche battante produit des sons criards, parce qu'elle frappe, à chaque vibration, sur les bords de la rigole. On place sur l'ouverture du bouchon un tuyau pyramidal C, appelé *cornet d'harmonie*, dont l'air vibre à l'unisson de celui du porte-vent, et qui a pour effet de corriger ce défaut, en rendant les sons moins désagréables.

Dans l'*anche libre*, la rigole est remplacée par une caisse rectangulaire (*fig.* 161) percée d'une fenêtre; la languette, sous l'influence du courant d'air, peut s'infléchir à l'intérieur et à l'extérieur de cette ouverture, sans en toucher les bords, et occuper ainsi deux positions extrêmes, symétriques du plan de la fenêtre. Celle-ci se trouve donc successivement ouverte et fermée, ce qui a pour résultat d'engendrer des sons par les sorties périodiques de l'air. L'anche libre donne des sons agréables et expressifs très employés dans les orgues. C'est avec des tuyaux de ce genre qu'on imite le son du hautbois, du violoncelle et de la voix humaine, en modifiant convenablement la forme des cornets d'harmonie.

Fig. 161.

Lorsque l'anche est métallique, et, par conséquent, plus ou moins lourde, comme dans les tuyaux d'orgue, il faut qu'elle soit accordée de telle façon qu'elle vibre à l'unisson du son fondamental ou de l'un des harmoniques du tuyau auquel elle est associée. Toutefois, un synchronisme parfait n'est pas absolument nécessaire, et l'on peut toujours permettre une certaine latitude voisine de l'unisson. Dans certains instruments à vent, comme la clarinette et le hautbois, dont les anches sont très flexibles, c'est la colonne d'air du tuyau qui commande, pour ainsi dire, les vibrations de l'anche, et celle-ci peut provoquer, dans un même tuyau, la formation d'un grand nombre de sons différents.

286. Instruments à vent. — Ces instruments de musique sont des applications des lois relatives aux tuyaux à bouche et à anche.

On emploie, dans les *orgues*, les deux espèces de tuyaux, et on ne leur fait rendre que le son fondamental.

Dans la *flûte*, l'exécutant fait vibrer la colonne d'air intérieure en projetant, d'une manière particulière, un courant d'air sur le biseau d'une ouverture ovale placée dans la paroi latérale, à l'une des extrémités de l'instrument. Le son fondamental et ses harmoniques se développent lorsque toutes les ouvertures sont fermées avec les doigts et les clefs. Pour produire les différents sons de la gamme chromatique, on change le mode de division de la colonne d'air en dégageant une ou plusieurs ouvertures. Le son est modifié par le fait qu'il se forme un *ventre* à l'endroit où une partie de la masse d'air est mise en communication avec l'atmosphère. La flûte donne la série complète des harmoniques, et fonctionne, par suite, comme un tuyau *ouvert*.

La *clarinette* est un tuyau à *anche battante*. Celle-ci se compose d'une lame flexible de roseau qui s'appuie sur une embouchure de forme particulière. La pression variable des lèvres de l'artiste tient lieu de rasette et limite la longueur de la partie vibrante. La clarinette se comporte comme un tuyau *fermé*, et donne, par conséquent, les harmoniques de rang *impair*. Il en est de même du *saxophone*, dont l'embouchure est semblable à celle de la clarinette.

Il y a, dans le *hautbois* et le *basson*, deux anches qui font entre elles un angle aigu. Ces deux instruments font entendre les harmoniques des tuyaux *ouverts*.

Enfin, le *cor*, le *cornet à pistons*, le *trombone* et les autres instruments de cuivre à *bocal*, reposent sur le principe des tuyaux à anche; seulement, les anches métalliques ou de bois des autres instruments sont remplacées par les lèvres mêmes de l'exécutant. On peut donner, avec ces instruments, les harmoniques des tuyaux *ouverts*; les pistons n'ont d'autre but que de faire varier à volonté la longueur totale du tuyau, et de modifier, de cette manière, le son fondamental avec toute la suite des harmoniques, par l'intercalation de tubes additionnels de dimensions appropriées.

CHAPITRE VI

NOTIONS SUR L'ANALYSE DES SONS COMPOSÉS

287. Sons simples et sons composés. — L'explication du *timbre* que nous avons donnée plus haut (252) nous a révélé ce phénomène important qu'un son quelconque correspond rarement à une seule espèce de vibrations, mais que des notes plus aiguës, variables en nombre et en intensité, se superposent ordinairement au son fondamental et lui donnent son caractère distinctif. Nous avons déjà vérifié ce fait pour les cordes, et nous avons constaté que leur timbre est modifié suivant l'endroit où elles sont ébranlées. Dans ces conditions, ce ne sont pas les mêmes harmoniques qui prédominent, et ceux-ci n'ont pas entre eux le même rapport d'intensité.

On appelle *son composé* celui qui résulte de la superposition de plusieurs autres sons de périodes différentes, et dont le premier est le son fondamental des autres, tandis qu'on réserve le nom de *son simple* à celui qui ne contient pas d'harmoniques et ne correspond qu'à une seule espèce de vibrations. Les diapasons, les notes de certains tuyaux fermés constituent des sons simples, mais ces derniers sont extrêmement rares, et l'on peut affirmer, d'après les données de l'expérience, que la plupart des sons musicaux se composent de plusieurs sons simples, ou du mélange d'un son fondamental avec un nombre plus ou moins grand d'harmoniques d'intensités variables.

Nous avons déjà vu que, d'après Helmholtz, une oreille exercée peut distinguer les harmoniques d'une corde qui vibre dans son ensemble, et que l'extinction du son fondamental, par le contact d'un corps léger, suffit pour les faire résonner clairement. Il en est de même des sons d'origines diverses; l'impression différente produite sur l'oreille par des notes de même hauteur et de même intensité, en d'autres termes, le *timbre* particulier de chaque son, n'a pas d'autre cause qu'un mélange variable de vibrations de plusieurs espèces.

Pour démontrer ce fait et faire l'analyse des sons composés, Helmholtz s'est servi d'une méthode ingénieuse basée sur le phénomène de la *résonance musicale* auquel nous avons déjà fait allusion (275) dans l'étude des tuyaux sonores.

288. Résonance musicale ou vibration par influence.

— La *résonance musicale* est ce phénomène par lequel un corps sonore quelconque se met à vibrer par *influence* quand le son qu'il peut rendre lui-même est émis dans le voisinage. C'est ainsi qu'un tuyau ouvert résonne lorsqu'on produit à sa bouche, avec un diapason, le son fondamental ou l'un des harmoniques qu'il est susceptible de faire entendre. De même, il suffit de chanter une note quelconque devant un piano ouvert, dont on a soulevé la pédale, pour que la corde qui donne le même nombre de vibrations se mette immédiatement à vibrer. Enfin, une simple éprouvette à pied, dont on fait varier convenablement la longueur en y versant de l'eau, renforce considérablement le son d'un diapason placé à son extrémité supérieure. Dans ces conditions, la résonance a lieu lorsque la longueur de la colonne gazeuse, contenue dans l'éprouvette, est le *quart* de la longueur d'onde du son à renforcer : c'est le cas d'un tuyau *fermé*.

Ces exemples font comprendre que tout corps sonore qui vibre par influence peut servir de *résonateur*. Les résonateurs, employés par Helmholtz, sont des tuyaux *sphériques* (*fig*. 162) de verre ou de métal qui jouissent de l'importante propriété de ne renforcer qu'un seul son, lequel dépend du diamètre de la sphère. En introduisant la tubulure conique B dans le conduit de l'oreille, le son renforcé par la résonance de la masse d'air intérieure se fait entendre avec une grande intensité. Dès lors, il sera facile de construire des résonateurs de dimensions telles que chacun d'eux vibre à l'unisson d'un son déterminé, à l'exclusion de tout autre.

Fig. 162.

289. Principe de la méthode de Helmholtz.

— D'après ce que nous venons de dire, il est facile de saisir le principe de la méthode préconisée par Helmholtz pour l'analyse d'un mélange de plusieurs sons différents. Il suffit, pour cela, d'appliquer successivement à son oreille une série de résonateurs convenablement accordés, pendant que le son à analyser est produit dans le voisinage. On constate alors l'existence d'un son déterminé dans un ensemble de plusieurs sons superposés, quand le résonateur qui peut rendre cette même note entre en vibration. Le résonateur fait donc un choix dans un mélange de plusieurs espèces de vibrations, et reste silencieux pour tout son qui n'est pas à l'unisson avec le sien. C'est ainsi qu'on pourra démontrer la présence de plusieurs harmoniques d'un son donné, si l'on opère avec une série de résonateurs dont chacun est susceptible de renforcer un harmonique déterminé de ce son. L'énergie avec laquelle la résonance se produit pour ces différents sons permet aussi de juger de leur intensité respective, et du rôle qu'ils jouent dans la constitution du timbre que l'on étudie. Au lieu d'appliquer chaque résonateur à son oreille, il est préférable et plus commode, comme l'a imaginé Kœnig, de faire communiquer la masse d'air intérieure avec des flammes manométriques. Au moyen d'un miroir tournant, les vibrations des résonateurs se trahissent par l'agitation des flammes qui leur correspondent.

290. Quelques résultats. — Les expériences de Helmholtz ont permis de constater que presque tous les sons sont *composés*, et que l'absence d'harmoniques a pour effet de rendre le timbre sourd, comme dans les sons des grands tuyaux fermés. Au contraire, les sons riches en harmoniques, comme ceux des cordes graves du piano, sont particulièrement agréables, pourvu, toutefois, qu'ils ne contiennent pas trop d'harmoniques supérieures.

On a vérifié, de plus, que les harmoniques de rang *impair* sont les seuls qui accompagnent le son fondamental d'une corde ébranlée par son milieu; l'absence des autres a pour effet de rendre le son nasillard. L'usage, dans les différents instruments de musique, d'attaquer les cordes près de l'une des extrémités, est donc favorable à la richesse et à la beauté du son.

De même, le timbre nasillard de la clarinette est dû au fait que cet instrument, qui se comporte comme un tuyau fermé, ne produit que les harmoniques d'ordre impair.

Les différences caractéristiques que l'on observe dans les timbres des différentes voix humaines s'expliquent de la même façon, puisque les dimensions fort variables des cavités de la bouche et des fosses nasales peuvent favoriser le développement et l'intensité de tel ou tel harmonique.

Enfin, la remarquable théorie de Helmholtz, au sujet de la formation des *sons voyelles*, est fondée sur le même principe du renforcement de certains sons par des masses d'air de dimensions appropriées. L'illustre physicien a démontré, en effet, que chaque voyelle provient du renforcement d'une ou de plusieurs notes déterminées, invariables et indépendantes de la hauteur du son, ainsi que de la personne qui les produit; ces notes, appelées *vocables*, s'ajoutent au son engendré par les cordes vocales, elles sont caractéristiques de chaque voyelle en particulier, et résultent de la forme donnée à la bouche pour l'émettre. Dès lors, il suffit de modifier, d'une manière déterminée, les dimensions et la forme de la cavité buccale, pour que la résonance donne aux sons émis les caractères que l'on constate dans les différentes voyelles.

D'après Helmholtz, la production de la voyelle *ou* est due ordinairement à la *vocable fa*$_2$. Pour l'émission de la voyelle *o*, la position de la bouche doit être telle que le résonateur qu'elle constitue renforce la note $(si\flat)_3$, tandis que *a* exige $(si\flat)_1$. Les *vocables* de la voyelle *é* sont *fa*$_3$ et $(si\flat)_3$, etc. Comme on le voit, les voyelles ne sont que des timbres, et cette théorie est confirmée par de nombreuses expériences sur lesquelles nous ne pouvons insister.

REMARQUE. — Helmholtz a réussi, du moins dans une certaine mesure, à faire la *synthèse* des sons composés; sa méthode consiste à faire vibrer des diapasons, renforcés par des résonateurs, et donnant les notes dont le mélange compose un son particulier. On peut donc reconstituer les timbres de plusieurs sons, par un mélange judicieux des harmoniques déjà révélés par l'analyse. C'est ainsi, par exemple, qu'en faisant entendre des diapasons qui rendent les harmoniques de rang impair, le timbre obtenu est quelque peu semblable à celui de la clarinette.

CHALEUR

CHAPITRE I

I. — NOTIONS PRÉLIMINAIRES. — EFFETS DE LA CHALEUR

291. Chaleur. — On désigne sous le nom générique de *chaleur* la cause à laquelle on rapporte, suivant l'énergie de son action, les impressions du *chaud* et du *froid*. Disons tout de suite, sans insister beaucoup sur cette question que nous aurons l'occasion de traiter plus loin (425), que la chaleur, d'après les théories modernes, est tout simplement le résultat d'un *mouvement vibratoire*, imprimé par les corps chauds à ce fluide hypothétique que l'on nomme l'*éther*, et qui remplit tout l'univers, aussi bien à l'intérieur qu'à l'extérieur des corps. La chaleur, comme le son, n'est donc pas une substance, mais un état particulier de mouvement de la matière. D'après cette théorie, l'échauffement et le refroidissement d'un corps ne sont rien autre chose qu'un gain et une perte de *force vive vibratoire*, et les différents phénomènes de la chaleur, quels qu'ils soient, ne sont dus qu'à une seule cause, le *mouvement*.

292. Effets variés de la chaleur. — Tout le monde sait qu'un corps froid reçoit de la chaleur et s'échauffe en présence d'un corps plus chaud que lui, et que ce dernier laisse échapper de la chaleur dans toutes les directions, en quantité plus ou moins grande suivant sa nature et l'état de sa surface. Cette chaleur, que les corps échangent entre eux et qui produit sur nos organes les sensations familières à tous, est désignée sous le nom de *chaleur sensible*. Toutefois, ce n'est pas le seul effet que la chaleur peut produire; son action sur les corps se trahit, en outre, soit par des *combinaisons* et des *décompositions chimiques*

qui exigent sa présence pour s'effectuer, soit par des *changements
d'état* qui constituent les phénomènes de la *fusion* et de la *vaporisation*, soit, enfin, lorsque les effets produits sont moins
intenses, par une *augmentation de volume* qu'on appelle la *dilatation*.

**293. Dilatation des corps sous l'influence de la
chaleur.** — La *dilatation* est l'un des principaux effets de la
chaleur et celui que l'on peut constater le plus aisément; il se
fait sentir sur tous les corps, solides, liquides ou gazeux. Dans
la dilatation des solides, on peut considérer l'allongement en
longueur, ou la dilatation *linéaire*, et l'augmentation de *volume*,
ou la dilatation *cubique*. Ces deux espèces de dilatation peuvent
être mesurées séparément, quoiqu'elles se produisent toujours
en même temps.

294. Dilatation des solides. — Le *pyromètre à cadran (fig. 163)*
permet de constater l'accroissement de longueur ou la dilatation

Fig. 163.

linéaire d'un métal quelconque. Cet appareil consiste en une tige
métallique T dont la seule extrémité libre O est en contact avec
un levier coudé A*b*, à branches inégales; la plus grande de ces
branches est une aiguille qui peut se mouvoir devant un cadran,
en tournant autour d'un axe perpendiculaire au plan du levier.
Si l'on enflamme l'alcool contenu dans le réservoir G, on voit
l'aiguille monter le long du cadran, ce qui indique que la tige
s'est allongée, et, par sa pression sur la petite branche, qu'elle a
fait pivoter le levier autour de son axe. L'inégale longueur des

deux branches a pour effet d'amplifier la dilatation de la tige, et de rendre sensible des allongements très petits qu'il serait impossible de constater directement. Une perte de chaleur dans un corps produit l'effet inverse d'un échauffement, et se trahit par une *contraction* ou une diminution de longueur. On constate, en effet, par l'abaissement de l'aiguille, que la tige reprend sa longueur primitive, lorsqu'elle se refroidit.

La dilatation *cubique* est rendue manifeste avec l'*anneau de S'Gravesande* (*fig.* 164). C'est un anneau de cuivre, de diamètre intérieur égal au diamètre extérieur d'une sphère également en cuivre, de telle sorte que celle-ci, à la température ordinaire, passe exactement à travers l'anneau, en frottant légèrement sur toute sa circonférence. Mais, si l'on chauffe la sphère, l'augmentation de volume qui en résulte l'empêche de traverser l'anneau. Pour que l'expérience réussisse, il faut que la sphère seule soit échauffée; on constate, en effet, qu'elle continue à travers... facilement l'anneau, si l'on a porté ce dernier à la même température. La circonférence intérieure de l'anneau s'est donc dilatée comme un disque métallique de mêmes dimensions, et le même phénomène a lieu pour l'accroissement de capacité d'une enveloppe sphérique quelconque; la dilatation cubique de cette dernière est celle d'une sphère massive qui aurait son diamètre intérieur.

Fig. 164.

295. Dilatation des liquides. — Les liquides se dilatent plus que les solides, et il est facile de le démontrer par l'expérience suivante: on plonge dans de l'eau chaude un ballon en verre (*fig.* 165) muni d'un long tube capillaire, et contenant un liquide coloré en quantité suffisante pour qu'il occupe, à la température ordinaire, toute la capacité du ballon et une partie du tube; à cause de la dilatation subite de l'enveloppe, qui s'est échauffée la première, on voit d'abord le niveau baisser de m à m'; mais, peu de temps après, lorsque la chaleur s'est propagée jusqu'au liquide, la dilatation que celui-ci éprouve le fait bientôt monter bien au-dessus du niveau qu'il occupait primitivement. Cette expérience prouve donc, d'une part, que les liquides se dilatent beaucoup plus que les solides, et, d'autre part, que l'augmentation de volume observée n'est que la dilatation *apparente* du liquide, inférieure à la dilatation *absolue* de tout l'accroissement de capacité de l'enveloppe.

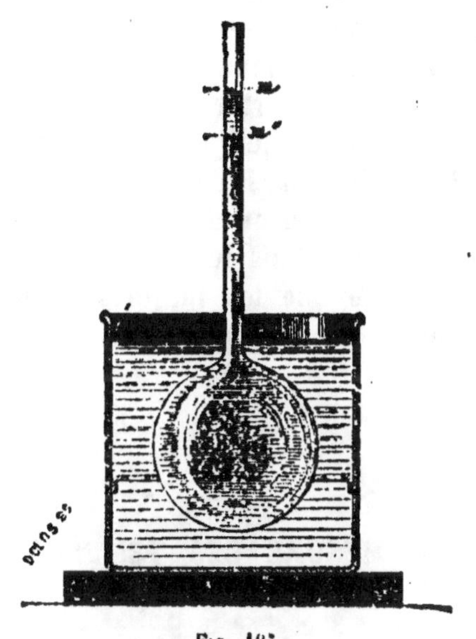

Fig. 165.

296. Dilatation des gaz. — La dilatation des gaz, encore beaucoup plus considérable que celle des liquides, est mise en évidence au moyen d'un tube horizontal fermé, vers le milieu de sa longueur, par un index de mercure, et soudé à un ballon plein d'air. Un léger accroissement de chaleur, comme celui que l'on détermine en approchant la main du ballon, provoque une dilatation suffisante pour chasser l'index et le projeter au dehors du tube. — Il importe de faire observer que l'action de la chaleur sur les gaz, en même temps qu'elle produit un accroissement de volume, augmente aussi ordinairement leur *force élastique*. Dans l'expérience précédente, la force élastique de l'air n'a pas changé, parce qu'elle fait constamment équilibre à la pression atmosphérique, mais il est facile de démontrer qu'elle subit une augmentation, si l'on empêche le volume gazeux de se dilater, par une résistance quelconque.

REMARQUES. — 1° Il est presque inutile de faire observer que les liquides et les gaz, comme les solides, se contractent par le refroidissement, et, à égalité de pression pour les gaz, qu'ils conservent un volume constant pour une même température.

2° Les résistances que les solides, les liquides et les gaz opposent à la dilatation sont loin d'être identiques, et cela tient au fait que la cohésion, très grande dans les premiers, est très faible dans les deux autres. Le travail *interne*, accompli par la chaleur pour écarter les molécules des solides, est donc considérable, tandis qu'il est peu marqué dans les liquides, et presque nul dans les gaz. En revanche, le travail *externe*, nécessaire pour vaincre la pression de l'air, est beaucoup plus grand dans ces derniers que dans les solides, à cause du grand accroissement de volume que les liquides et surtout les gaz subissent par l'action de la chaleur.

II. — MESURE DES TEMPÉRATURES. — THERMOMÉTRIE

297. Température d'un corps. — Il ne faut pas confondre la *température* d'un corps avec la *quantité de chaleur* que ce même corps contient. Celle-ci, comme nous le verrons plus loin, dépend de la nature du corps, et il arrive souvent qu'elle est différente d'une substance à l'autre, pour même température.

La *température* d'un corps peut se définir *la quantité de chaleur sensible qu'il contient à un moment donné.* C'est cette chaleur que le corps peut céder ou gagner, suivant qu'il est en présence d'autres corps plus froids ou plus chauds que lui, et qui produit sur nos organes les impressions connues de la chaleur. La température d'un corps s'élève, si la quantité de chaleur sensible augmente d'intensité, ce qui se trahit par sa dilatation; elle s'abaisse, au contraire, s'il perd de cette même chaleur sensible, en subissant une contraction correspondante. Il en résulte que la température d'un corps est caractérisée par un volume déterminé de ce corps. Deux corps sont donc à la *même température,* lorsque, mis en présence ou en contact, ils conservent leur état calorifique initial, et ne donnent lieu à aucun échange de chaleur.

298. Mesure des températures. — La température d'un corps ne peut s'évaluer que par les effets de la chaleur de ce dernier.

Il est évident que le contact de la main ne peut servir à cette mesure, parce que l'impression de chaleur ou de froid que l'on ressent est variable avec l'état calorifique de nos organes, et la plus ou moins grande conductibilité du corps touché. C'est ainsi qu'une eau tiède, par exemple, paraîtra froide ou chaude, lorsqu'on y plonge la main, si la température de celle-ci, avant l'expérience, était supérieure ou inférieure à celle de l'eau ; dans le premier cas, en effet, la main cédera de la chaleur à l'eau, et ressentira une sensation de froid ; dans le second, au contraire, elle en recevra une certaine quantité, et éprouvera, par suite, une impression de chaleur.

De même, une substance métallique, qui disperse avec facilité la chaleur dans toute sa masse, enlèvera plus de chaleur à nos organes qu'un morceau de bois, par exemple, dont le pouvoir conducteur est beaucoup plus faible.

Le moyen le plus simple d'évaluer la température des corps est d'étudier les *variations de volume* que la chaleur y détermine, puisque, comme nous venons de le dire, la température d'un corps est caractérisée par son volume ; si donc un corps possède une forme telle qu'on puisse mesurer avec précision ses variations de volume, on pourra, par ce moyen, évaluer ses variations de température.

299. Thermomètres. — On donne, en général, le nom de *thermomètres* à des instruments qui permettent d'apprécier les variations de température des autres corps.

Comme cette mesure est basée sur la dilatation, les thermomètres doivent avoir une forme appropriée à la mesure exacte des changements de volume ; il faut, de plus, que leur masse soit très faible, pour qu'ils modifient le moins possible, par les échanges de chaleur qui se produisent, la température des corps à étudier.

300. Choix de la substance thermométrique. — La plupart des corps se prêtent mal à la mesure des températures. Les solides, qui se dilatent trop peu, ne peuvent servir pour les températures ordinaires ; on emploie quelquefois des thermomètres à gaz, mais ces appareils exigent des corrections et des calculs assez compliqués. Dans la pratique, on choisit les liquides pour les mesures thermométriques, et, parmi ceux-ci, le mercure et l'alcool.

301. Thermomètre à mercure. — Le choix du mercure comme liquide thermométrique est justifié par plusieurs raisons : c'est d'abord un métal et un corps simple, ce qui fait qu'il est toujours, à l'état de pureté, identique à lui-même, et les différents échantillons sont comparables entre eux ; sa dilatation, de plus, est très régulière, et, comme il est bon conducteur de la chaleur, il prend rapidement la même température dans toute sa masse. Enfin, l'intervalle entre son point de congélation et son point d'ébullition est assez étendu pour lui permettre d'être employé dans les limites des températures usuelles.

Le thermomètre à mercure se compose d'un tube capillaire en verre, fermé à l'extrémité supérieure, et dont l'autre est soudée à un réservoir. Ce dernier et une partie du tube contiennent du mercure, et c'est par la dilatation et la contraction de ce liquide qu'on apprécie les températures auxquelles l'appareil est soumis. Cette mesure se fait au moyen d'une graduation empirique, dont le but est d'exprimer par des *chiffres* les températures qui correspondent à des volumes déterminés du mercure.

302. Construction d'un thermomètre à mercure. — Pour construire ce thermomètre, on commence par s'assurer que le tube choisi est bien *calibré*, c'est-à-dire qu'il a partout le même diamètre intérieur. S'il n'en était ainsi, des variations égales de volume, pendant la dilatation, ne correspondraient pas à des variations égales de longueur. On reconnaît que le tube est régulier en faisant mouvoir dans son intérieur, avec un jet d'air comprimé, une petite colonne de mercure dont la longueur ne doit pas sensiblement varier dans chacune de ses positions.

Fig. 166. Cela fait, on chauffe l'une des extémités du tube au chalumeau, et l'on souffle un réservoir dont le diamètre intérieur, du moins dans les instruments de précision, ne doit pas être plus large que le tube lui-même (*fig.* 166).

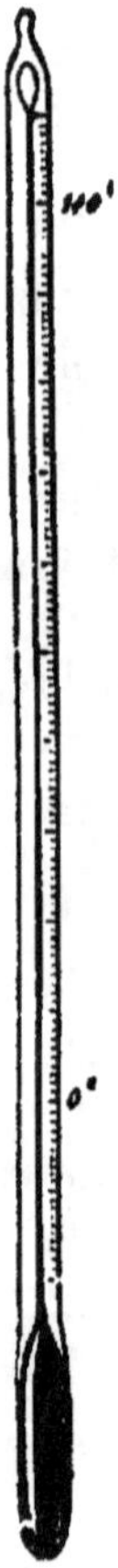

Remplissage du thermomètre. — On utilise la pression atmosphérique pour faire pénétrer le mercure dans le tube capillaire du thermomètre. Pour cela, on soude, à la partie supérieure du tube, une ampoule en verre terminée en pointe et de volume supérieur à celui du réservoir (*fig.* 167). Si l'on chauffe légèrement l'ampoule, une partie de l'air s'écoule par la pointe, et la force élastique de celui qui reste subit une certaine diminution; on renverse alors le thermomètre, on plonge la pointe dans du mercure sec et purifié (*fig.* 167), et la pression atmosphérique en fait pénétrer une certaine quantité dans l'ampoule. En répétant plusieurs fois cette opération, l'ampoule finit par contenir assez de mercure pour remplir le réservoir et la tige. A ce moment, on redresse le thermomètre, et l'on chauffe légèrement le réservoir inférieur ; l'air dilaté s'échappe à travers le mercure de l'ampoule, et le vide partiel qui se produit, en laissant refroidir, fait pénétrer un peu de mercure dans le tube, par l'effet

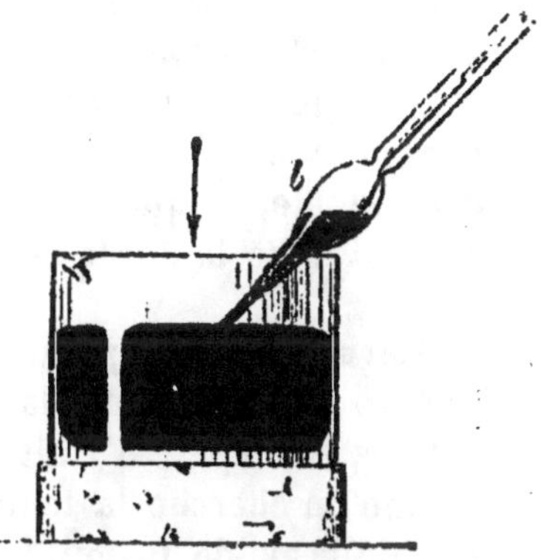

Fig. 167.

de la pression extérieure. Après une suite d'opérations de ce genre, le réservoir et le tube sont entièrement remplis. Avant de détacher l'ampoule par un trait de lime, on fait d'abord bouillir le mercure introduit, pour le débarrasser des bulles d'air et des gouttelettes d'eau, puis on le chauffe de nouveau pour qu'il en sorte une assez grande quantité; la température à laquelle on soumet alors l'appareil est supérieure à celles qu'il sera désormais appelé à mesurer. Il ne reste plus maintenant qu'à fermer l'extrémité du tube à la lampe, pendant qu'il est plein de mercure; par le refroidissement, ce liquide se contracte et laisse le vide par derrière lui, ce qui, on le conçoit sans peine, est absolument nécessaire. Il est important, enfin, de régler le volume du réservoir et du tube de telle façon que le mercure occupe une partie de ce dernier, à la température ordinaire.

303. Graduation. — Détermination des points fixes.
— Pour que les diverses températures, mesurées par le thermo-

mètre, soient caractérisées par des valeurs numériques, il faut une *graduation*, et celle-ci est basée sur des températures que tout le monde peut, en quelque sorte, apprécier, et qu'on peut reproduire facilement. On a choisi, comme *points fixes* du thermomètre, la température de la *glace fondante* et celle de la *vapeur d'eau bouillante*, sous 76 centimètres de pression. Les longueurs de la colonne mercurielle, correspondant à ces deux températures, constituent le *zéro* et le point 100.

La raison de ce choix est que la glace entre en fusion à une température invariable et qui reste constante tant que toute la masse n'est pas fondue ; on a également constaté que la température de la vapeur d'eau bouillante, sous pression de 76^c, est toujours la même, quelle que soit l'intensité du foyer qui fait bouillir le liquide, et que, de plus, cette température ne change pas pendant toute la durée de l'ébullition.

Détermination du point zéro. — On plonge le thermomètre dans un vase rempli de glace finement pulvérisée et tassée contre le tube, afin qu'il n'y ait pas interposition d'une gaine d'air. Comme on cherche la température de la glace en fusion et non celle de l'eau de fusion, on fait écouler celle-ci par une ouverture pratiquée au fond du vase. On voit alors le mercure baisser dans le tube et devenir bientôt stationnaire ; on marque 0° là où il s'est arrêté. Il est important que tout le mercure soit plongé dans la glace ; c'est pourquoi on doit disposer le thermomètre de telle façon que le mercure s'arrête un peu au-dessus du niveau de cette dernière, ce qui, de plus, permet de surveiller le mouvement de la colonne mercurielle et de constater le moment où elle cesse de se contracter.

Détermination du point 100. — On emploie pour cette détermination, comme l'indique la figure 168, un manchon central entouré d'une enveloppe métallique. On plonge le thermomètre dans la vapeur d'eau qui se dégage de la partie inférieure, et on le suspend à quelques centimètres du liquide. L'enveloppe extérieure, dans laquelle circule la vapeur, détermine une gaine chaude qui empêche l'air du dehors de refroidir la cheminée centrale ; un manomètre latéral sert à constater que la force élastique de la vapeur reste constamment égale à la pression atmosphérique. Comme dans le cas précédent, le mercure doit demeurer stationnaire un peu en dehors de l'appareil, afin que toute la colonne liquide soit plongée dans la vapeur. On marque alors 100 au point où s'arrête le mercure, pourvu, toutefois, que la pression extérieure soit de 76ᶜ. S'il en est autrement, on doit faire une correction d'après des tables spéciales, et l'on inscrit le chiffre correspondant à la pression au moment de l'expérience. Il y a, dans la température de la vapeur d'eau, une différence de 1° C. pour une augmentation ou une diminution de 27 millimètres dans la pression atmosphérique.

Il ne reste plus qu'à partager l'intervalle des deux points fixes en 100 parties égales, et chaque division constitue un *degré centigrade*.

Pour apprécier des températures plus élevées que celle du point 100 et plus basses que celle de la glace fondante, on trace, en-dessus et en-dessous de ces deux points, des divisions de même longueur. Les degrés de température au-dessus de zéro sont affectés du signe $+$, et ceux en-dessous de ce point, du signe $-$.

Fig. 168.

304. Différentes échelles thermométriques. — On distingue trois principales échelles thermométriques, l'*échelle centigrade*, l'*échelle Réaumur* et l'*échelle Fahrenheit*.

L'échelle *centigrade*, usitée en France et la plus employée dans les mesures scientifiques, est précisément celle dont nous venons de déterminer les points fixes, c'est-à-dire celle dans laquelle les températures de la glace fondante et de la vapeur d'eau bouillante correspondent à 0° et 100°.

Dans l'échelle *Réaumur*, le point fixe inférieur est le même que dans la première, mais la température de la vapeur d'eau bouillante est 80°, et l'intervalle entre les deux points fixes est divisé en 80 parties égales.

Enfin, le zéro de l'échelle *Fahrenheit* diffère de celui des deux précédentes : c'est la température d'un mélange, à poids égaux, de glace et de sel ammoniac; la température de la glace fondante correspond à 32°, et l'on marque 212° dans la vapeur d'eau bouillante.

Les relations qui unissent ces trois échelles sont faciles a établir. Si l'on prend le même point de départ, c'est-à-dire 0° dans les deux premières échelles et 32° dans la dernière, on voit que le même intervalle, entre deux températures extrêmes, est divisé respectivement en 100, 80 et 180 parties (212 — 32 = 180). Ces trois nombres sont entre eux comme 5, 4 et 9. Il suffit donc, pour convertir les degrés centigrades en degrés Réaumur, de multiplier les premiers par $\frac{4}{5}$, et, inversement, de multiplier les degrés Réaumur par $\frac{5}{4}$, pour obtenir la température exprimée en degrés correspondants de l'échelle centigrade.

Pour convertir les degrés centigrades ou Réaumur en degrés Fahrenheit, on multiplie les chiffres observés par $\frac{9}{5}$ ou $\frac{9}{4}$, suivant le cas, et l'on ajoute 32 au résultat. Enfin, si l'on veut passer de l'échelle Fahrenheit aux deux autres, on commence par retrancher 32, pour que le point de départ soit le même, et l'on multiplie le nombre obtenu par $\frac{5}{9}$ ou $\frac{4}{9}$.

Soit, par exemple, à convertir 50° C. en degrés Fahrenheit. On aura

$$50 \times \frac{9}{5} + 32 = 122° \text{ F.}$$

De même, 41° F. donnent, en degrés centigrades,

$$(41 - 32) \frac{5}{9} = 5° \text{ C.}$$

Remarques. — 1° Dans les mesures thermométriques de précision, on est obligé de vérifier de temps en temps la position du zéro, en plongeant l'instrument dans la glace fondante. Ce point, en effet, se déplace pendant quelques années ; ce phénomène s'explique par la dilatation énergique due à la température élevée à laquelle a été porté le réservoir, lors de la construction du thermomètre. Il en résulte une espèce de trempe du verre, et le réservoir ne reprend son volume primitif qu'après un temps assez long. Cette contraction progressive du réservoir a pour effet de faire remonter un peu le zéro, et les hauteurs lues de la colonne mercurielle sont un peu trop grandes.

2° La construction d'un thermomètre varie quelque peu, suivant l'usage auquel il est destiné et le genre de sensibilité que l'on veut obtenir. Si, en effet, un thermomètre doit indiquer très vite la température d'un milieu, on donne une faible capacité au réservoir, parce que l'équilibre de température avec les corps voisins se produit d'autant plus rapidement que la masse du mercure est plus petite. Si, au contraire, l'instrument doit enregistrer des fractions très petites de degré, il lui faut un gros réservoir et un tube à très petit diamètre intérieur ; de cette façon, les faibles variations de température se trahissent par un déplacement considérable de la colonne liquide.

305. Limites de l'emploi du thermomètre à mercure. — Il est évident que ce thermomètre ne peut servir à indiquer des températures supérieures au point d'ébullition et inférieures au point de congélation du mercure. Ce métal bout vers 360° C. (exactement 357°), et se solidifie à — 39°,5. Ces deux températures constituent donc les deux limites au delà desquelles l'instrument est inapplicable. En pratique, les thermomètres à mercure fournissent des indications peu précises au-dessus de 100° C. et au-dessous de — 36°. Le mercure, en effet, se dilate irrégulièrement au delà de 100°C., de même que les contractions qu'il éprouve, au-dessous de — 36°, sont loin d'être proportionnelles à l'abaissement de température.

306. Thermomètre à alcool. — On se sert souvent de l'alcool, ordinairement coloré en rouge avec de la teinture d'oseille, comme liquide thermométrique, surtout pour mesurer les basses températures, parce que ce liquide se congèle très difficilement.

La construction d'un thermomètre à alcool, quelque peu différente de celle d'un thermomètre à mercure, se fait de la manière suivante : on commence par dilater l'air contenu dans le réservoir en chauffant légèrement ce dernier, puis l'on plonge l'extrémité ouverte de la tige dans un bain d'alcool pur. On laisse refroidir, et le vide partiel, causé par la contraction de l'air, fait pénétrer un peu de liquide dans le réservoir. Pour achever le remplissage de l'appareil, on fait bouillir l'alcool introduit, ce qui a pour effet de chasser l'air par le dégagement des vapeurs, et l'on plonge une deuxième fois l'extrémité ouverte du tube dans l'alcool. Par le refroidissement, la condensation des vapeurs produit un vide suffisant pour que le réservoir et le tube se remplissent complètement. Il faut cependant débarrasser le réservoir d'une bulle gazeuse, issue de l'air primitivement en dissolution dans le liquide, et que la chaleur a fait dégager. On utilise, pour cela, la force centrifuge, en faisant tourner rapidement le thermomètre au bout d'une corde, et la rotation a pour effet de refouler le liquide dans le réservoir, tandis que la bulle d'air s'échappe par le tube. Enfin, après avoir fait sortir une partie de l'alcool introduit, en chauffant une dernière fois le réservoir, et on soude à la lampe, comme dans le thermomètre à mercure, avec cette différence, toutefois, qu'on doit y laisser un peu d'air, afin que la tension de celui-ci prévienne l'ébullition de l'alcool.

La graduation de ce thermomètre s'effectue par comparaison avec un bon thermomètre à mercure, excepté pour la détermination du zéro qui peut se faire directement dans la glace fondante. Une fois ce point inscrit, on plonge l'appareil à graduer, en même temps qu'un thermomètre à mercure, dans un bain dont on fait varier progressivement la température, et l'on marque sur le premier les chiffres indiqués par le second. L'alcool entre en ébullition à 78°,3 C., mais on ne prolonge pas la graduation au delà de 60° à 70°·

307. Thermomètres à maxima et à minima. — On emploie souvent, dans les stations météorologiques, des thermomètres qui indiquent la température la plus haute ou la plus basse à laquelle ces instruments ont été portés dans un intervalle de temps déterminé. Ce sont les thermomètres à *maxima* et à *minima*.

Le thermomètre à *maxima* de Butherford est un thermomètre

à mercure, et la tige, courbée à angle droit avec lo réservoir, est horizontale. On place, à l'extrémité de la colonne mercurielle, un petit index de fer qui vient en contact, mais sans adhérer, avec le ménisque convexe du mercure (*fig.* 169, A). Quand celui-ci se dilate, le cylindre de fer est repoussé, parce qu'il ne peut pas pénétrer dans la surface convexe du ménisque. Quand, au contraire, l'abaissement de température fait contracter la colonne liquide, le fer conserve sa position, et l'extrémité la plus rapprochée du réservoir indique la plus haute température subie par le thermomètre.

On se sert d'alcool pour le thermomètre à *minima*, et l'index est un petit cylindre d'émail (*fig.* 169, B) que l'on immerge dans le liquide, à l'extrémité de la colonne. L'alcool, en se dilatant, passe entre l'index et les parois du tube qui sont tous deux mouillés par le liquide, et l'émail reste là ; quand, au

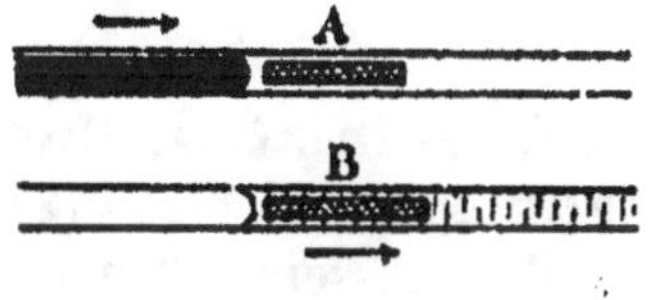

Fig. 169.

contraire, l'alcool se contracte, le cylindre ne peut pas traverser l'alcool, à cause de la convexité de la surface libre tournée vers lui, et il est entraîné, de sorte que son extrémité la plus éloignée du réservoir indique la plus basse température à laquelle a été soumis le thermomètre.

Ces deux instruments peuvent se placer sur un même support, et une seule échelle peut servir pour les deux, ce qui a l'avantage de faire connaître la différence entre les températures maximum et minimum d'une journée.

CHAPITRE II

ÉTUDE DES DILATATIONS

I. — DILATATION DES SOLIDES

308. Dilatation linéaire et dilatation cubique des solides. — L'on sait (203) que la dilatation *linéaire* d'un solide est l'accroissement de *longueur*, et la dilatation *cubique*, l'augmentation de *volume*, sous l'influence de la chaleur. Comme les différentes substances se dilatent inégalement, il importe de connaître avec exactitude les quantités dont varient les longueurs et les volumes pour un échauffement donné. C'est dans ce but qu'on a déterminé, par des méthodes précises, les *coefficients* de dilatation caractéristiques de chaque substance.

On appelle *coefficient de dilatation linéaire* l'allongement que subit l'*unité de longueur* d'une tige pour une élévation de température de 1°; on le représente par λ. Le *coefficient de dilatation cubique* d'un solide est l'augmentation de l'*unité de volume*, dans les mêmes circonstances, et on le désigne par K. — On prouve facilement que le coefficient de dilatation cubique est sensiblement triple du coefficient de dilatation linéaire.

309. Formules relatives aux dilatations des solides. — 1° Dilatation linéaire. — Soient l la longueur d'une tige à 0°, et λ le coefficient de dilatation de la substance qui la constitue; proposons-nous de calculer sa longueur l' à $t°$. Si l'on chauffe l'unité de longueur de cette tige de 0° à 1°, l'allongement qu'elle éprouve sera évidemment λ, et l'expérience fait voir qu'il est à peu près constant, pour une même élévation de température, entre 0° et 100°. L'allongement sera donc λt, si l'on chauffe de 0° à $t°$, et, pour l unités de longueur, il sera $\lambda t l$. La longueur l' à t aura alors pour expression

$$l' = l + \lambda t l,$$

ou

$$l' = l (1 + \lambda t). \qquad (1)$$

On donne au binôme $l + \lambda t$ le nom de *binôme de dilatation linéaire*, et l'on voit qu'il suffit de multiplier, par ce binôme, la longueur d'une barre à $0°$, pour avoir sa longueur l' à $t°$.

La formule (1), résolue par rapport à l, donne

$$l = \frac{l'}{1 + \lambda t}, \qquad (2)$$

expression qui permet de calculer la longueur à $0°$, quand on connaît la longueur à $t°$ et la valeur du coefficient λ.

Enfin, on peut calculer λ lorsque, par les mesures requises, on a déterminé l et l'. On obtient

$$\lambda = \frac{l' - l}{t l}. \qquad (3)$$

2° Dilatation cubique. — Soient V le volume d'un corps à $0°$, V' le volume à $t°$, et K le coefficient de dilatation cubique. Un raisonnement analogue au précédent fournit l'expression suivante :

$$V' = V (1 + K t). \qquad (1)$$

$1 + K t$ est le *binôme de dilatation cubique*. On obtient également les deux formules,

$$(2) \qquad V = \frac{V'}{1 + K t}, \qquad \text{et} \qquad K = \frac{V' - V}{t V}. \qquad (3)$$

310. Influence de la température sur la densité d'un corps. — On sait (95) que la densité d'un corps est la masse contenue sous l'unité de volume. Lorsqu'on chauffe un corps, la masse reste invariable, mais on augmente son volume, et la densité d'un centimètre cube de cette substance diminue avec l'élévation de température. Représentons par V et V' les volumes occupés par un corps à $0°$ et à $t°$, et par D et D' les densités de ce même corps, dans les mêmes conditions.

D'après la définition de la densité, on aura

$$D = \frac{M}{V},$$

et

$$D' = \frac{M}{V(1 + Kt)},$$

puisque, à t°, le volume V' est égal à $V(1 + Kt)$ [309, 2°, form. (1)]. On obtient donc

$$D' = \frac{D}{1 + Kt},$$

ce qui exprime qu'il suffit de diviser la densité à 0° par le binôme de dilatation cubique pour obtenir la densité à t°.

311. Détermination expérimentale du coefficient de dilatation linéaire des solides. — Les méthodes anciennes, comme celle de Lavoisier et Laplace, consistaient à amplifier les allongements dans un rapport connu ; actuellement, suivant la pratique, en France, du Bureau des poids et mesures, on détermine directement, au moyen de vis micrométriques, les accroissements de longueur subis par une barre que l'on chauffe à une température donnée. On a constaté que les coefficients de dilatation linéaire sont très petits, et que les allongements sont sensiblement proportionnels à l'élévation de température, entre 0° et 100°. Voici quelques résultats :

Substances	Coef. de dil. linéaire
Acier trempé	0,000013
Argent	0,000019
Cuivre rouge	0,000017
Laiton	0,000018
Or	0,000014
Zinc	0,000031

Parmi les métaux, le zinc a le plus grand coefficient de dilatation.

312. Applications et exemples. — Malgré la petitesse des coefficients des différents corps solides, les allongements subis

sous l'influence d'une température assez élevée, deviennent fort
appréciables, et l'on doit en tenir compte dans une foule de circonstances. C'est ainsi qu'on fait en sorte, dans l'installation
d'une ligne de chemin de fer, de ne pas mettre en contact les
tronçons de rails qui la composent, afin que ces tiges de fer
puissent se dilater librement lorsque leur température s'élève,
et qu'elles ne se courbent pas sous l'influence de la force énorme
de la dilatation. On observe la même prescription pour la disposition des poutres de fer qui entrent dans la construction des
ponts.

Les feuilles métalliques des toitures se gonflent lorsqu'elles
sont fixées par leur contour, et la même observation s'applique
aux grilles des fourneaux et aux poêles, dont les différentes
plaques ne sont pas également chauffées, et auxquelles on doit
donner un espace suffisant pour leur dilatation.

Les corps mauvais conducteurs de la chaleur, comme le verre,
éprouvent des dilatations locales qui peuvent amener la rupture,
lorsqu'ils sont chauffés rapidement en un point seulement de leur
surface; de même, si l'on projette quelques gouttes d'eau froide
sur la cheminée en verre d'une lampe allumée, la contraction
énergique qui se produit, aux points subitement refroidis, suffit
pour la faire éclater.

On utilise la contraction due au refroidissement dans le fret-
tage des roues de voitures ou des cercles à rebord des roues
des locomotives et des wagons. Les cercles de fer, de diamètre
primitivement inférieur à celui des roues qu'ils doivent solidifier, sont dilatés par la chaleur, et, une fois en place, enserrent
fortement le contour embrassé, par la force énorme de la contraction, lorsqu'on plonge le tout dans l'eau froide.

Enfin, la chaleur a pour effet d'allonger les pendules adaptés
aux horloges, et de rendre, par suite, les oscillations plus lentes;
le refroidissement, au contraire, agit en sens opposé, et l'on
remarque que les horloges retardent en été et avancent en hiver.
Pour des pendules formés d'une tige métallique et d'une lentille
pesante, la longueur du pendule simple synchrone est sensiblement égale à la distance qui sépare l'axe de suspension du
centre de la lentille. On construit alors des *pendules compensateurs*
dont le but est de rendre cette longueur indépendante de la
température; l'un des plus employés est la *pendule compensateur
à gril de Leroy*.

312 bis. Pendule compensateur à gril. — Cet appareil est fondé sur l'inégale dilatation des différents métaux. La lentille de ce pendule (*fig.* 170) oscille autour du point de suspension par l'intermédiaire d'une sorte de grillage formé de cinq tiges verticales d'acier et de quatre tiges de laiton. La figure montre que ces tiges sont liées, par des traverses horizontales, d'une manière telle que les premières *bcd* ne peuvent s'allonger que de haut en bas, et les autres *a'b'* de bas en haut ; la lentille restera toujours à une distance invariable du point de suspension, si les allongements en sens contraires ont même valeur. Pour atteindre ce résultat, il suffit de donner, aux tiges d'acier et de laiton, des longueurs inversement proportionnelles aux coefficients respectifs de dilatation.

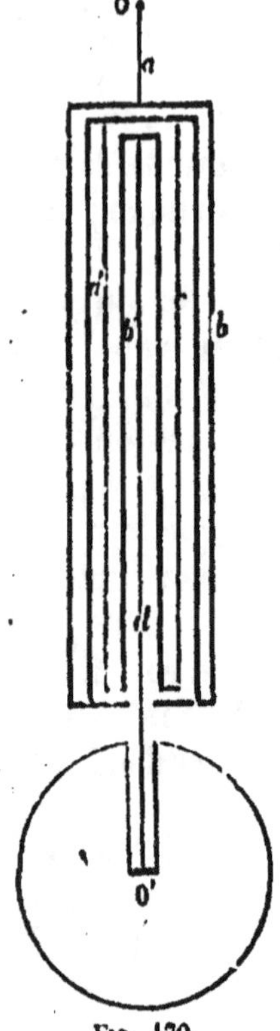

Fig. 170.

Représentons, en effet, par l, l', l'' les longueurs des tiges d'acier, et par λ et λ' les longueurs des tiges de laiton ; désignons, de plus, par f et c les coefficients de dilatation de l'acier et du laiton. Pour qu'il y ait compensation, il faut que l'on puisse écrire

$$(l + l' + l'')\, ft = (\lambda + \lambda')\, ct.$$

Ce résultat est obtenu pour toute température, puisque t disparaît. On tire de cette équation

$$\frac{l + l' + l''}{\lambda + \lambda'} = \frac{c}{f},$$

relation exprimant que les longueurs totales des tiges d'acier et de laiton doivent être inversement proportionnelles à leurs coefficients de dilatation.

II. — DILATATION DES LIQUIDES

313. Dilatation apparente et dilatation absolue des liquides. — On sait (295) que, dans les liquides, il y a lieu de distinguer la dilatation *apparente*, ou l'augmentation de volume mesurée sur le vase qui contient le liquide, et la dilatation *absolue*, c'est-à-dire l'accroissement réel de volume. On peut donc définir deux coefficients de dilatation : le *coefficient de dilatation absolue* est l'accroissement réel de l'unité de volume du liquide, pour une élévation de température de $1°$; le *coefficient de dilatation apparente* est la dilatation apparente, mesurée sur le vase, de l'unité de volume du liquide, quand la température s'élève de $1°$.

Le volume réel V' d'un liquide, dont le volume à $0°$ est V, et dont le coefficient de dilatation absolue est δ, sera donc, à $t°$,

$$V' = V(1 + \delta t),$$

tandis que le volume apparent V' du même liquide, pour un coefficient de dilatation apparente d, sera, à $t°$,

$$V' = V(1 + dt).$$

Un calcul très simple, sur lequel nous n'insisterons pas, permet de démontrer qu'on obtient le coefficient de dilatation absolue d'un liquide en ajoutant, au coefficient de dilatation apparente, le coefficient de dilatation du vase qui le contient.

La détermination expérimentale du coefficient de dilatation absolue du mercure a été effectuée par Dulong et Petit; Regnault a repris ces expériences, en modifiant l'appareil employé et en évitant plusieurs causes d'erreur. Le nombre trouvé est sensiblement $\frac{1}{5550}$.

Quant au coefficient de dilatation absolue des autres liquides, on peut le calculer en déduisant, du précédent, le coefficient de dilatation cubique de l'enveloppe; celui-ci une fois connu, il suffit, comme on vient de le voir, d'y ajouter le coefficient de dilatation apparente.

314. Maximum de densité de l'eau. — L'eau est le liquide qui offre, relativement à l'action de la chaleur, le plus d'intérêt. Contrairement aux autres liquides, dont la contraction et la densité augmentent progressivement avec le refroidissement, l'eau cesse de se contracter à 4° C., et c'est à cette température qu'elle présente le *maximum de densité*. Si la température continue à s'abaisser, l'eau se dilate jusqu'à son poids de congélation qui est à 0°. Ce phénomène particulier peut se démontrer expérimentalement au moyen de l'appareil de Hope.

Appareil de Hope. — C'est une éprouvette en verre remplie d'eau à la température ordinaire, et qu'on peut refroidir, un peu au-dessous du niveau supérieur, au moyen d'un manchon métallique M contenant de la glace (*fig.* 171).

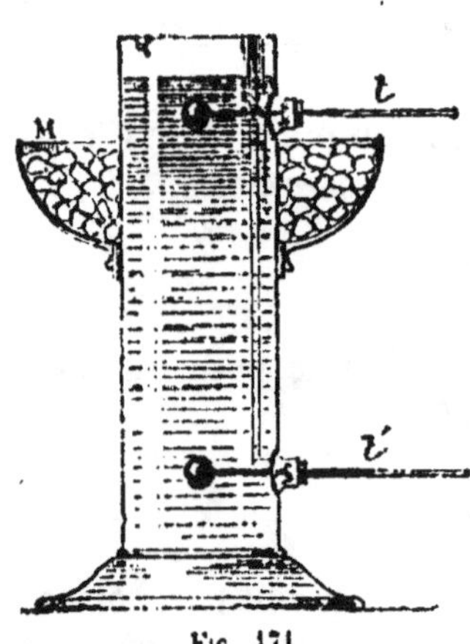

Fig. 171.

Deux thermomètres, qui passent par des ouvertures pratiquées dans la paroi, indiquent les températures des couches supérieures et inférieures de l'eau. Au début de l'expérience, les deux thermomètres marquent à peu près le même nombre de degrés; mais, après quelques instants, le thermomètre supérieur subissant peu de variations, on constate que l'autre se met à baisser rapidement, et finit par s'arrêter à 4° où il reste stationnaire. A partir de ce moment, le thermomètre supérieur commence à descendre et s'abaisse progressivement jusqu'à 0°. — L'eau refroidie a donc d'abord augmenté de densité, et s'est dirigée vers la partie inférieure du vase où elle conserve constamment une température de 4°. Mais, une fois que ce point a été dépassé, elle s'est dilatée et s'est portée aux parties supérieures de la masse liquide.

Ces résultats expliquent pourquoi les couches inférieures de l'eau, dans les lacs et les rivières, peuvent rester à 4°, par suite, à une température suffisante pour entretenir la vie des poissons, même lorsqu'elle se congèle à la surface.

III. — DILATATION DES GAZ

315. Dilatation des gaz sous pression constante. — Loi de Gay-Lussac. — Les gaz se dilatent beaucoup plus que les solides et les liquides ; la chaleur, de plus, a pour effet d'augmenter leur force élastique, lorsqu'un obstacle quelconque s'oppose à leur expansion.

Considérons d'abord le premier cas, et étudions la dilatation d'une masse gazeuse dont la pression reste invariable. Dans ces conditions, on appelle *coefficient de dilatation d'un gaz sous pression constante*, l'augmentation que subit l'unité de volume de ce gaz lorsqu'on élève sa température de 1°, la pression restant la même. Il importe de savoir si les gaz se dilatent régulièrement, ou, ce qui revient au même, s'il existe un coefficient invariable, indépendant de la température.

Gay-Lussac, après avoir soumis la question à l'expérience, a trouvé que le coefficient de dilatation des gaz est : 1° *indépendant de la température*, 2° *indépendant de la pression*, pourvu qu'elle demeure constante, 3° *indépendant de la nature du gaz étudié*, c'est-à-dire qu'il est le même pour tous les gaz. Ce dernier résultat constitue la *loi de Gay-Lussac* qui peut s'énoncer de la façon suivante : *tous les gaz ont sensiblement le même coefficient de dilatation.*

Il n'est que juste d'ajouter que cette loi n'est pas rigoureusement exacte, comme nous le verrons bientôt, mais elle peut pratiquement servir, dans les mêmes limites que la loi de Mariotte, pour une foule de problèmes relatifs aux dilatations des gaz.

316. Expériences de Gay-Lussac. — Ce physicien, pour démontrer la loi qui porte son nom, s'est servi d'un tube thermométrique à gros réservoir, rempli d'air desséché, et fermé par un bouchon mobile de mercure. Ce tube était d'abord placé dans une caisse contenant de la glace, et l'on observait le volume du gaz à 0°, au moyen d'une graduation en parties d'égale capacité tracée sur le tube. On remplaçait ensuite la glace par de l'eau que l'on chauffait graduellement à des températures progressives enregistrées par des thermomètres précis ; et l'on notait, pour chacune de ces températures, l'augmentation de volume de l'air telle qu'indiquée par le déplacement de l'index.

Ces expériences comportaient deux causes d'erreur en sens contraires, l'une provenant du fait que l'air, imparfaitement desséché, donnait naissance à de la vapeur d'eau qui refoulait l'index par sa force élastique et augmentait quelque peu la valeur du coefficient, l'autre tendant à diminuer cette même valeur, et due à cette circonstance que l'index de mercure, qui ne mouille pas le verre, ne fermait pas hermétiquement le tube. Ces mesures ont été reprises par Regnault, et l'on assigne, pour valeur du coefficient α de dilatation des gaz, sous pression constante, le nombre

$$\alpha = \frac{1}{273}, \qquad \text{ou} \qquad 0{,}00367.$$

Ce coefficient est très sensiblement exact pour l'air et les autres gaz difficilement liquéfiables.

317. Formules relatives à la dilatation des gaz. — On peut établir, relativement aux gaz, des formules analogues à celles que nous avons déjà énoncées pour les solides.

1° Désignons par V le volume d'un gaz à 0°, par V' son volume à $t°$, et par α le coefficient de dilatation des gaz sous pression constante. On aura évidemment, comme pour les dilatations linéaires des solides (309),

$$V' = V + V\alpha t,$$

d'où

$$V' = V (1 + \alpha t). \tag{1}$$

On donne à l'expression $1 + \alpha t$ le nom de *binôme* de dilatation des gaz sous pression constante.

2° Si l'on connaît le volume V' à $t°$, on peut déduire la valeur du volume V à 0° en résolvant la formule (1) par rapport à V

$$V = \frac{V'}{1 + \alpha t}, \tag{2}$$

il suffit donc, *pour ramener le volume* V' *à* 0°, de le diviser par le binôme $1 + \alpha t$.

3° Supposons maintenant que l'on fasse varier la pression que supporte la masse du gaz considéré. Si le volume du gaz à $t°$ est représenté par $V (1 + at)$, et que la pression correspondante est normale, c'est-à-dire est égale à 76 centimètres de mercure, le volume V', *à la même température*, mais sous une pression différente H, sera calculé, en appliquant la loi de Mariotte (201), par la relation

$$\frac{V'}{V (1 + at)} = \frac{76}{H},$$

d'où

$$V' = V (1 + at) \frac{76}{H}. \qquad (3)$$

4° On procède d'une manière analogue pour trouver le volume V d'un gaz à 0° et sous pression de 76 centimètres, quand on connaît son volume V' sous pression H et à $t°$. En effet, le volume V', ramené à 0°, devient

$$\frac{V'}{1 + at};$$

on aura donc

$$V = \frac{V'}{1 + at} \times \frac{H}{76}.$$

318. Relation des gaz parfaits. — Désignons par V le volume d'un gaz à $t°$ et sous la pression H, et par V' le volume du même gaz à $t'°$ et sous la pression H'. Ces deux volumes de la même masse gazeuse, ramenés à 0° et conservant leur pression, sont représentés (317,2°) par les expressions

$$\frac{V}{1 + at} \qquad \text{et} \qquad \frac{V'}{1 + at'}$$

Les températures étant identiques, la loi de Mariotte devient applicable, et l'on peut écrire

$$\frac{VH}{1 + at} = \frac{V'H'}{1 + at'}.$$

C'est ce qu'on appelle la *relation des gaz parfaits*, c'est-à-dire des gaz qui suivraient exactement les lois de Mariotte et de Gay-Lussac; elle fait voir, en effet, que les volumes sont en raison inverse des pressions, si la température est constante, et, d'autre part, que le volume d'un gaz, sous pression constante, croît comme le binôme de dilatation.

Beaucoup de gaz, en particulier l'air, l'azote, l'hydrogène, l'oxygène, se rapprochent de la condition de gaz parfaits, et on les considère comme tels dans la pratique, pourvu que la pression et la température ne dépassent pas les valeurs ordinaires.

319. Coefficient d'augmentation de pression. —

Quand la masse d'un gaz ne peut se dilater, l'action de la chaleur a pour effet d'augmenter sa force élastique. Dans ces conditions, on appelle *coefficient d'augmentation de pression*, ou *coefficient de dilatation à volume constant*, l'augmentation de pression que subit un volume quelconque d'un gaz dont la pression est égale à l'unité de force élastique, lorsqu'on élève la température de ce gaz de $1°$, le volume restant le même; on le désigne par β. Si l'on représente par H' la pression acquise à $t°$ par une masse gazeuse dont la force élastique à $0°$ est H, on obtient la formule

$$H' = H (1 + \beta t).$$

Le coefficient β est *pratiquement* égal à α pour les gaz difficilement liquéfiables, mais, pour les autres, comme l'acide sulfureux et l'acide carbonique, leur différence est plus sensible, de même que leur valeur est notablement plus grande. Enfin, il résulte des mesures de Regnault que les lois de Mariotte et de Gay-Lussac deviennent de plus en plus rigoureuses, quand la température s'élève et que la pression diminue, ce qui réalise d'autant plus exactement l'état de gaz parfait.

320. Poids spécifiques des gaz par rapport à l'air. —

Le *poids spécifique* ou la *densité* d'un gaz se mesure par rapport à l'air, et non par rapport à l'eau, comme pour les solides et les liquides, parce que, dans ce dernier cas, les nombres obtenus seraient trop faibles, et, de plus, les mesures expérimentales présenteraient des difficultés particulières; on ne fait cette détermination que pour l'air.

Le *poids spécifique d'un gaz par rapport à l'air* est le rapport entre le poids d'un volume quelconque de ce gaz et celui du même volume d'air, dans les mêmes conditions de température et de pression.

321. Détermination expérimentale. — Le moyen le plus naturel d'effectuer cette détermination, serait d'opérer de la même manière que pour les liquides et les solides, c'est-à-dire de peser successivement, au moyen du même ballon, un certain volume du gaz à étudier et un égal volume d'air, aux mêmes température et pression; puis d'exprimer le rapport des poids obtenus. Mais il se présente des difficultés pratiques considérables dont la principale est l'évaluation exacte du poids de l'air déplacé par le ballon. On ne peut plus, en effet, comme dans le cas des solides et des liquides, se contenter d'une certaine approximation, parce que le poids de l'air déplacé est du même ordre de grandeur que la quantité à mesurer; comme la poussée de l'air change, pendant la durée assez longue des expériences, avec la pression et la température, on doit en mesurer les variations successives avec exactitude. De plus, la surface extérieure du ballon se couvre d'humidité dont la quantité dépend de l'état hygrométrique de l'air, et qui peut varier dans l'intervalle de temps exigé par les expériences. Il y a donc plusieurs corrections à effectuer, et c'est pour les éliminer que Regnault a imaginé une méthode très ingénieuse que nous allons faire connaître très sommairement.

322. Méthode de Regnault. — Dans cette méthode, le gaz à étudier et l'air sont pesés tous deux à 0° et sous la pression de 76 centimètres de mercure ; la correction de la poussée de l'air est éliminée en équilibrant le ballon, non plus au moyen d'une tare ordinaire, mais avec un autre ballon, de même volume extérieur, et construit avec le même verre : c'est le *ballon-tare* (*fig.* 172). De cette manière, les deux ballons supportent, de la part de l'air, des poussées égales dans toutes les conditions successives de température et de pression, et, en outre, condensent à leur surface la même quantité d'eau. — Pour obtenir l'égalité rigoureuse des volumes extérieurs, on les remplit d'eau, et, après les avoir suspendus aux plateaux d'une balance, on les plonge dans l'eau. La différence des volumes est alors évaluée par le nombre de grammes qu'il faut ajouter, pour rétablir l'équilibre, au ballon qui subit la plus grande poussée. Il ne reste plus qu'à ajouter au plus petit ballon — celui qui s'était enfoncé le plus dans l'eau et qui constitue le *ballon-tare* — un tube de verre ayant pour volume extérieur un nombre de centimètres cubes égal au nombre de grammes dont nous venons de parler.

Une fois ce but atteint, on procède à la comparaison des poids du gaz à étudier et de l'air, en se servant du ballon qui ne contient pas de tube additionnel. On le plonge d'abord dans la glace fondante, on fait le vide, et l'on note la pression h du peu d'air qui reste ; on pèse le ballon, et l'on recommence l'opé-

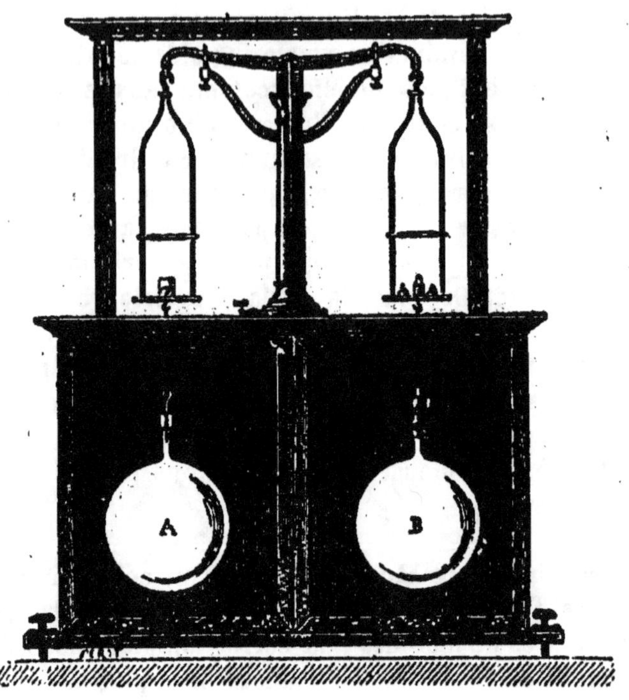

Fig. 172.

ration, après l'avoir rempli du gaz à étudier à 0° et sous la pression H donnée par un baromètre. La différence p des poids trouvés dans ces deux pesées donne le poids du gaz à 0° et sous la pression $H - h$. Son poids x, à la pression de 76 centimètres, sera, d'après la loi de Mariotte,

$$x = p\,\frac{76}{H - h}.$$

En procédant de la même façon pour l'air, on obtient un poids p', à 0° et sous la pression $H' - h'$, et le poids y du même volume d'air, à 0° et à la pression de 76 centimètres, est déterminé par la relation

$$y = p' \frac{76}{H' - h'};$$

le poids spécifique cherché est donc

$$D = \frac{x}{y},$$

ou

$$D = \frac{p}{p'} \times \frac{H' - h'}{H - h}.$$

REMARQUE. — La densité de l'air, à 0° et 76 centimètres, par rapport à l'eau à 4°, a été trouvée, suivant Regnault, égale à 0,001293, parce que le litre d'air, dans ces mêmes conditions, pèse 1^{gr},293. Il sera facile, dès lors, de déterminer les poids spécifiques des autres gaz par rapport à l'eau; il suffira de multiplier leur densité, rapportée à l'air, par celle que nous venons de donner pour l'air par rapport à l'eau.

CHAPITRE III

CHANGEMENTS D'ÉTAT SOUS L'INFLUENCE DE LA CHALEUR

I. — FUSION ET SOLIDIFICATION

323. Changements d'état. — L'action de la chaleur n'a pas seulement pour effet de dilater les corps, mais elle peut produire aussi différents phénomènes très importants que nous allons successivement passer en revue.

Les solides, chauffés à une température suffisante, finissent par perdre les propriétés caractéristiques qui constituent cet état physique, et se transforment en *liquides* : c'est le phénomène de la *fusion*. De même, les liquides, sous l'action de la chaleur, passent partiellement à l'*état gazeux*, en donnant naissance à des *vapeurs* : c'est la *vaporisation*.

Les phénomènes inverses se produisent lorsqu'on soumet un solide *fondu* ou un liquide *vaporisé* à un refroidissement convenable; on constate alors que le solide et le liquide primitifs sont régénérés par la *solidification* et la *liquéfaction*.

324. Fusion. — La *fusion* est le passage de l'état solide à l'état liquide *sous l'influence de la chaleur*. Ce phénomène est soumis aux lois suivantes :

Première loi. — *Tout corps solide, pour une pression invariable, fond à une température déterminée, caractéristique de cette substance et désignée sous le nom de point de fusion.*

C'est ainsi que la stéarine fond à 60°, la glace à 0°, le soufre à 111°, l'argent à 1000°, etc.

DEUXIÈME LOI. — *La température demeure invariable tant que toute la masse solide n'est pas fondue; quelle que soit la quantité de chaleur fournie au corps, la température du point de fusion ne peut être dépassée.*

Seulement, une source plus intense de chaleur a pour effet d'accélérer la fusion et d'élever ensuite la température, lorsque la liquéfaction est complète.

REMARQUES. — 1° La plupart des substances solides suivent les deux lois que nous venons de donner; elles ont un *point de fusion* parfaitement déterminé, et le changement d'état s'opère brusquement. Les différences dans les températures de fusion des corps peuvent servir de moyen d'analyse et permettent de constater certaines falsifications; dans le cas d'un mélange, la fusion a lieu successivement pour chacune des substances qui le composent. Il n'en est pas de même des *alliages*, dont les points de fusion sont plus bas que ceux des métaux qui les constituent. C'est ainsi que l'alliage de Darcet entre en fusion à 94°, tandis que le plomb, l'étain et le bismuth, dont il est formé, ne passent à l'état liquide qu'aux températures de 326°, 228° et 264°.

2° Certaines substances, comme les résines, la fonte de fer, la poix, le verre, etc., n'ont pas de température de fusion déterminée. L'action de la chaleur a pour effet de les ramollir graduellement, et de les rendre pâteux avant la fusion définitive : c'est ce qu'on appelle la *fusion vitreuse*, très caractéristique dans le verre et qu'on utilise dans l'opération du *soufflage*.

3° Un corps facilement décomposé par la chaleur ne peut être fondu. Tels sont le papier, la laine, les azotates métalliques, et la plupart des carbonates. Le carbonate de chaux peut cependant se fondre; il se transforme en marbre saccharoïde, lorsqu'on le chauffe en vase clos, la pression du gaz carbonique qui se dégage, au commencement de l'expérience, ayant pour effet de s'opposer à toute décomposition ultérieure.

4° Enfin, la haute température de l'arc électrique permet de fondre toutes les substances qui ne sont pas décomposées avant d'atteindre le point de fusion. Parmi les corps simples, le *carbone* est le seul qu'on n'a pu définitivement liquéfier.

Les corps difficilement fusibles portent le nom de substances *fixes* ou *réfractaires*.

325. Chaleur de fusion. — Nous avons vu, par la deuxième loi de la fusion, qu'il n'y a aucune élévation de température, même sous l'influence des sources de chaleur les plus intenses, dès que la liquéfaction est commencée, et qu'il en est ainsi pendant toute la durée du phénomène. Il en résulte évidemment que la chaleur, qui avait eu primitivement pour effet d'élever la température du solide jusqu'au point de fusion, est uniquement employée, dès que ce dernier est atteint, à opérer le travail de la fusion, c'est-à-dire à effectuer le changement d'état et à produire la désagrégation moléculaire, contre la résistance très grande de la cohésion qui caractérise l'état solide. Cette chaleur, insensible au thermomètre, disparaît donc en quelque sorte, puisque la température ne peut plus augmenter; elle est *transformée en travail*, et pourra réapparaître intégralement, comme nous le verrons bientôt, lors de la solidification du corps fondu. — On appelle *chaleur de fusion* la quantité de chaleur nécessaire pour fondre l'unité de poids d'une substance, sans élévation de température. Des procédés de mesure nous ferons constater plus loin que la chaleur de fusion est variable avec les différentes substances.

326. Solidification. — La *solidification* est le passage d'un corps de l'état liquide à l'état solide par le *refroidissement*. Ce phénomène s'observe non seulement dans les solides fondus, mais encore dans les liquides qui, comme l'eau, peuvent se solidifier sous l'influence d'une perte suffisante de chaleur. On peut énoncer, relativement à la solidification, les deux lois suivantes, analogues à celles de la fusion.

Première loi. — *Tout liquide se solidifie à une température déterminée, et celle-ci est la même que la température de fusion.*

C'est ainsi que l'eau se congèle à 0°, et l'on sait que cette température est celle de la fusion de la glace.

Deuxième loi. — *La température demeure constante pendant toute la durée de la solidification; elle ne peut s'abaisser, quel que soit le refroidissement, tant que toute la masse liquide n'est pas solidifiée.*

Remarques. — 1° Ces lois ne s'appliquent pas aux substances qui subissent la fusion *vitreuse*, et qui, comme le verre, se solidifient par degrés successifs.

2° La solidification est toujours accompagnée d'une *production* plus ou moins grande de chaleur; ce résultat s'explique par le fait que la chaleur de fusion *devient sensible* au moment du changement d'état, et empêche la température de s'abaisser au-dessous du point de solidification. Le corps fondu, en reprenant l'état solide, restitue donc la chaleur qui avait été employée à le fondre, et qui avait été transformée en travail mécanique (325); comme les molécules, écartées par la chaleur, se rapprochent les unes des autres jusqu'à leurs distances primitives sous l'influence de la cohésion, le travail effectué dégage une quantité de chaleur précisément égale à celle qui avait opéré la désagrégation.

3° Les températures de solidification sont très différentes d'un liquide à un autre; quelques-uns, comme l'eau et l'huile d'olive, se congèlent à une température relativement peu élevée, tandis que d'autres sont difficilement congelables. C'est ainsi que le mercure se solidifie à — 39°,5, l'alcool absolu, aux environs de — 90°, le chlore liquide, à — 75°, le sulfure de carbone, vers — 110°, etc.

4° Il est important de faire remarquer que la solidification suit rarement les lois que nous avons établies plus haut. Il arrive souvent qu'un liquide, sous l'influence de plusieurs causes diverses, peut être porté à une température beaucoup plus basse que son point de solidification, sans cesser d'être liquide : c'est le phénomène de la *surfusion*. On peut admettre que c'est, en quelque sorte, le cas général, et qu'il faut des précautions particulières pour qu'il ne se produise pas.

327. Surfusion. — Un liquide est en *surfusion* lorsqu'il demeure liquide à une température inférieure à son point normal de congélation. C'est ainsi que l'eau peut être refroidie lentement jusqu'à — 12°, sans se congeler. Il suffit, pour cela, de la préserver du contact de l'air par une couche d'huile, et de la mettre à l'abri de toute secousse extérieure, comme l'a fait Gay-Lussac, ou bien d'opérer avec des tubes très capillaires dans lesquels le mouvement des molécules ne peut s'effectuer librement, suivant le procédé de Despretz. Dans ces conditions, ce dernier physicien a constaté que la température de l'eau peut s'abaisser jusqu'à — 20°, sans qu'il y ait solidification, et que, de plus, l'eau restée liquide au-dessous de 0° continue à se dilater avec l'abaissement de température.

Toutefois, on peut faire cesser cet état d'équilibre instable qui caractérise la surfusion en agitant ou en faisant vibrer le vase qui contient le liquide surfondu : toute la masse se solidifie alors d'un seul coup, et le phénomène est accompagné d'un dégagement de chaleur qui fait remonter subitement la température jusqu'au voisinage du point de fusion normal. Cette production instantanée de chaleur, au moment de la solidification, provient de la transformation du travail moléculaire qui s'accomplit dans le passage à l'état solide. La presque totalité de la chaleur employée à fondre la substance devient subitement sensible, comme si elle s'était conservée à l'état latent dans le liquide surfondu.

Parmi les causes qui produisent le phénomène de la surfusion, on peut encore citer la présence de sels en dissolution dans le liquide : l'eau de mer, par exemple, ne se congèle qu'à $-2°,3$; il en est de même de l'absence d'air dissous dans l'eau.

On a constaté aussi une inertie moléculaire remarquable dans de fines gouttelettes d'eau, dans des globules très ténus de soufre et même d'argent fondus. C'est ce qui explique pourquoi une température de $-15°$ n'empêche pas la formation d'un épais brouillard.

Surfusion du phosphore. — L'expérience de Gernez permet de démontrer la surfusion du phosphore. Pour répéter cette expérience, on chauffe lentement un morceau de phosphore recouvert d'une couche d'eau, et on le fond à $44°,2$ en immergeant le tube qui le contient dans de l'eau à $45°$. On laisse ensuite refroidir très lentement, et l'on reconnaît que le phosphore reste surfondu jusqu'à $30°$, c'est-à-dire près de $15°$ au-dessous de son point normal de solidification. Pour faire solidifier subitement ce liquide et faire cesser d'un seul coup cet état d'équilibre instable, on agite brusquement le tube, et un thermomètre indique que la température remonte jusqu'au voisinage de $44°$.

Toutefois, l'agitation n'est pas toujours efficace. Dans ces conditions, on a recours à un procédé infaillible qui consiste à jeter dans le liquide en surfusion une parcelle solide de la même substance, et toute la masse se solidifie d'un seul coup ; on peut même se contenter d'introduire dans le liquide une baguette de verre dont l'extrémité a touché du phosphore. Un moyen identique est employé pour l'eau restée liquide au-dessous de $0°$; il suffit de laisser tomber un fragment de glace pour provoquer la congélation instantanée. — Il est important de faire remarquer que, dans ce procédé de solidification, c'est la *forme cristalline* de la parcelle projetée qui est la cause efficiente du phénomène, et non pas sa nature chimique ; un petit morceau de phosphore rouge ne fait pas cesser la surfusion du phosphore ordinaire, tandis que la solidification aurait lieu avec un cristal isomorphe.

328. Application de la surfusion. — Nous avons déjà dit (32) que, dans la solidification instantanée d'un liquide surfondu, la température remonte ordinairement jusqu'au voisinage du point de fusion. On peut tirer parti de cette particularité pour déterminer avec précision la température de ce dernier point. A cet effet, on fond le solide à étudier, on le laisse refroidir lentement pour obtenir la surfusion, et, lorsque la température s'est abaissée un peu au-dessous du point de fusion, on provoque la solidification brusque ; on constate alors que la température s'élève à un degré très rapproché du point de fusion, et l'on note cette température. On liquéfie de nouveau le solide formé et l'on fait solidifier à la température que l'on vient de trouver ; le thermomètre remonte encore un peu, et il arrive un moment où, après un certain nombre d'épreuves, on obtient une même température dans deux expériences consécutives : cette température est, avec une grande exactitude, le point de fusion cherché.

329. Changement de volume pendant la fusion et la solidification. — Pour le plus grand nombre des corps, il y a *augmentation du volume* et *diminution* de densité pendant la fusion ; d'autres, au contraire, comme l'eau, la fonte de fer, le bismuth, forment une catégorie particulière, et subissent une *contraction* qui augmente leur densité. Pour se rendre compte de ces faits, on chauffe des corps de ces deux catégories jusqu'à leur température de fusion, mais en ayant soin de ne produire la liquéfaction que d'une partie du solide. On remarque alors, dans la plupart des cas, que les fragments restés solides se tiennent au fond du vase, ce qui prouve que leur densité est *supérieure* aux parties liquéfiées, et que, par suite, la fusion a eu pour effet de provoquer une augmentation de volume. Si l'on répète l'expérience avec l'un des corps de la seconde catégorie, avec de la fonte de fer, par exemple, on voit les parties solides flotter à la surface du liquide formé ; il est, dès lors, évident qu'il y a eu contraction au moment de la fusion, puisque le liquide, à volume égal, est plus dense que le solide.

L'inverse des phénomènes précédents se produit au moment de la *solidification*. Presque toutes les substances se *contractent* et augmentent de densité, tandis que les corps de la seconde catégorie subissent une expansion, en prenant l'état solide. C'est en vertu de cette propriété que la fonte de fer reproduit si fidèlement les détails des moules dans lesquels elle se solidifie.

330. Congélation de l'eau. — L'accroissement de volume, au moment de la solidification, est surtout intéressante dans la formation de la glace, et cette expansion est accompagnée d'une force brisante considérable, lorsque le récipient qui contient l'eau ne permet pas à celle-ci de se dilater librement. Pour constater cette force d'expansion, on remplit complètement d'eau soit un vase en verre, soit un canon de pistolet hermétiquement clos, et on les plonge dans un mélange réfrigérant. Après quelques instants, les enveloppes sont brisées, au moment de la congélation, malgré la résistance quelquefois très grande des parois. Cette force brisante explique les dégats causés par la gelée sur les arbres, lorsque la sève se solidifie dans les vaisseaux capillaires, et sur les racines de l'herbe des champs, lorsque l'eau des pluies se transforme en glace dans les premières couches du sol.

Les avalanches sur le flanc des montagnes n'ont pas d'autre cause : l'eau qui s'infiltre dans les fissures des rochers se congèle pendant l'hiver, et disjoint d'énormes blocs qui se détachent ensuite, au printemps, lors de la fusion de la glace. Il en est de même des pierres poreuses, appelées pierres *gélives*, dont les différentes parties se séparent par la gelée des eaux d'infiltration. — La densité de la glace par rapport à l'eau est 0,920 ; c'est pourquoi elle flotte sur l'eau, et la congélation des fleuves et des rivières est limitée à leur surface.

331. Influence de la pression sur le point de fusion et de solidification. — Plusieurs expériences permettent de constater qu'une augmentation de pression modifie très peu le point de fusion des corps, sauf dans le cas de pressions énormes. Toutefois, la pression ne produit pas les mêmes effets sur les différentes substances. Pour la plupart des corps, c'est-à-dire pour ceux qui subissent un accroissement de volume en fondant, la température du point de fusion s'élève sous l'influence d'une forte compression, tandis que, dans les mêmes conditions, elle s'abaisse pour l'eau, la fonte de fer et le bismuth. Ce résultat était facile à prévoir et n'est qu'une conséquence de ce que nous venons de dire du changement de volume au moment de la fusion. Il est évident, en effet, qu'une augmentation de pression, dont la conséquence est de diminuer le volume des corps, doit rendre plus difficile la fusion des substances de la première catégorie, et s'opposer, dans une certaine mesure, à la dilatation qui caractérise leur passage à l'état liquide; on comprend également ment que cette même augmentation de pression, dans les corps de la seconde catégorie, ne peut que faciliter la diminution de volume qui accompagne leur fusion, et, par suite, abaisser leur point de fusion.

332. Résultats. — 1° Bunsen a trouvé que le point de fusion de la *paraffine*, qui est de 46°,3, sous la pression atmosphérique, s'élève à 46°,0, sous une pression de 100 atmosphères. L'on voit que, dans ces limites de pression, les variations du point de fusion sont très faibles; on les considère comme insensibles, sous l'influence des variations ordinaires de la pression atmosphérique.

2° L'abaissement du point de fusion de la glace a été étudié par sir William Thomson et Mousson. Le premier, au moyen d'un piézomètre, a constaté que la glace, sous une pression de 16 atmosphères, entre en fusion à — 0°,129; la variation, tout en étant sensible, est donc de très peu d'importance. — Au contraire, dans le cas des fortes pressions, la glace peut se liquéfier à — 20°, sous une pression de 13,000 atmosphères. Mousson se servait d'un tube d'acier très résistant P

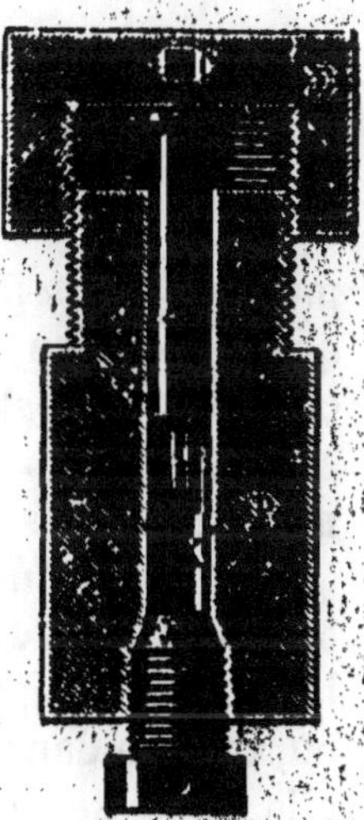

Fig. 173.

(*fig.* 173), fermé par une vis de pression E, et contenant de l'eau que l'on faisait congeler en plongeant l'appareil dans un mélange réfrigérant, à la température de — 20°. On disposait sur la glace un fragment de métal I; puis, en enfonçant la vis, on exerçait sur la glace une pression estimée à 13,000 atmosphères, et la fusion était rendue manifeste par le fait qu'on retrouvait le fragment I à la partie inférieure O du cylindre de glace, lorsqu'on supprimait la pression en desserrant la vis. La glace s'était donc liquéfiée à — 20°, puis l'eau de fusion s'était congelée de nouveau à l'ouverture de l'appareil.

333. Regel de la glace. — On désigne sous le nom de *regel* un phénomène particulier à la glace, et qui s'explique par l'abaissement du point de fusion de cette substance sous l'influence de la pression. On peut le constater par l'expérience suivante, due à Tyndall : on dispose un morceau de glace (*fig.* 174) sur deux supports, et on l'entoure, à sa partie supérieure, avec un fil de fer tendu par deux poids. On voit alors le fil traverser lentement la glace, et le chemin qu'il se trace, dans l'intérieur du bloc, se referme par derrière lui, de telle sorte qu'il est impossible de découvrir, en cassant le morceau après l'expérience, la moindre trace de la section effectuée par le fil. Ce phéno-

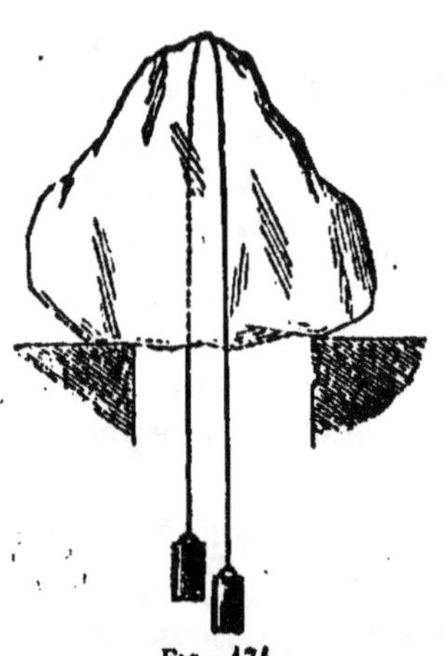

Fig. 174.

mène est dû au fait que la glace fond sous l'influence de la pression que le fil exerce ; l'eau de fusion passe au-dessus de ce dernier, et, comme elle n'est plus comprimée, et que, en outre, la température s'est abaissée par l'absorption de chaleur nécessaire au changement d'état, les deux parties séparées se soudent immédiatement.

Le phénomène du regel rend compte également de la plasticité apparente de la glace, en vertu de laquelle elle prend si facilement, par la pression, la forme des moules qui la contiennent, ou, comme dans les glaciers, la forme des vallées dans lesquelles elle s'entasse. Des morceaux de glace, en effet, que l'on comprime dans un moule, se divisent en fragments plus petits, la pression des surfaces en contact les fait fondre quelque peu, et l'eau de fusion, en se congelant dans les interstices, joue le rôle d'un ciment qui permet d'obtenir un bloc de glace homogène et transparent. C'est encore par le regel que l'on façonne des boules de neige, et celles-ci peuvent se transformer en glace par une pression suffisante.

334. Dissolution. — On entend par *dissolution* la liquéfaction d'un solide sous l'influence d'un liquide appelé *dissolvant*; elle peut se faire à toute température, et n'exige pas, comme la fusion, une quantité déterminée de chaleur capable de porter la substance à une température fixe. C'est ainsi que l'eau peut dissoudre un grand nombre de sels, le mercure dissout l'or et l'argent, et la benzine, les corps gras.

Lorsque la dissolution revêt les caractères d'un phénomène purement physique, c'est-à-dire lorsqu'elle ne se complique pas d'une action chimique entre le solide et le dissolvant, on constate, comme dans la fusion et pour les mêmes causes, une *absorption* de chaleur qui peut devenir considérable. S'il y a action chimique, celle-ci produit, de son côté, un dégagement de chaleur, et l'on observe alors la résultante des deux effets contraires. Dans certains cas, l'action chimique est prédominante, mais il arrive très souvent que son énergie est inférieure au travail physique de la dissolution, et il en résulte un abaissement de température.

335. Mélanges réfrigérants. — On nomme ainsi des mélanges de plusieurs substances qui produisent une absorption de chaleur, par suite de la *dissolution* ou de la *fusion* de l'une d'elles. Pour que le mélange se refroidisse par dissolution, il faut qu'un des deux corps qui le compose soit solide et se liquéfie par affinité chimique avec le liquide.

Un mélange réfrigérant ne peut abaisser la température au-dessous du point de congélation du liquide formé, après la dissolution du solide, puisque la solidification aurait pour effet de faire monter la température.

Un mélange de *sulfate de sodium* et l'acide chlorhydrique peut produire un froid de — 20°. De même, la dissolution de l'*azotate d'ammonium* dans son égal poids d'eau abaisse la température de 26°. Le refroidissement est encore plus grand avec un mélange de *chlorure de calcium* et de *neige;* le thermomètre baisse jusqu'à — 50°, et le mercure est congelé.

Enfin, on emploie souvent un mélange réfrigérant préparé avec du *sel marin* et de la *glace* pilée, et qui abaisse la température jusqu'à — 15°. Dans ces conditions, il y a deux causes d'absorption de chaleur, la *fusion* de la glace, accélérée par la présence du sel, et la dissolution de ce même sel dans l'eau qui provient de la fusion.

Remarque. — Dans l'expérience de la dissolution de l'azotate d'ammonium que nous venons de citer, nous avons vu que la solution aqueuse reste liquide beaucoup au-dessous de 0°. La présence d'un sel dissous dans l'eau a donc pour effet d'abaisser le point de congélation de ce liquide, et ce phénomène a donné naissance à une méthode, appelée *cryoscopie*, qui permet de mesurer le poids moléculaire d'une substance par l'abaissement du point de congélation qu'elle fait subir à l'eau dans laquelle elle est en dissolution. Raoult, l'auteur de ce procédé, a démontré que cet abaissement du point de congélation C est proportionnel au poids de la matière dissoute P, et inversement proportionnel au poids moléculaire M de cette substance, ce qui peut s'écrire de la façon suivante :

$$C = K \frac{P}{M},$$

K étant un facteur constant qui dépend du dissolvant.

336. Saturation. — Beaucoup de sels sont d'autant plus solubles dans un liquide que la température de ce dernier est plus élevée, mais, pour une température déterminée, la dissolution ne se fait pas indéfiniment, et il arrive un moment où tout excès de sel refuse de se liquéfier; on a alors une solution *saturée*, et la quantité de sel nécessaire pour produire cet état augmente généralement avec la température. Les solutions saturées permettent d'observer le phénomène de la *cristallisation*, c'est-à-dire la solidification régulière d'un sel sous des formes géométriques déterminées. Les *cristaux* se déposent soit par l'évaporation lente, soit par le refroidissement de la solution saline. Dans le premier cas, la diminution de poids du dissolvant ne permet plus à ce dernier de maintenir en dissolution une aussi forte quantité de sel, et l'excès se solidifie avec une grande régularité; dans le second, l'abaissement de température diminue généralement la solubilité du sel, et l'on obtient la cristallisation d'une partie du solide que le liquide ne peut plus dissoudre.

337. Sursaturation. — En refroidissant, avec certaines précautions, une solution saturée d'un sel dont la solubilité augmente avec la température, on observe un phénomène qui présente une grande analogie avec la *surfusion* et qu'on appelle la *sursaturation.* Malgré l'abaissement de température, on remarque que l'excès de solide dissous ne se dépose pas, et l'on obtient un liquide renfermant plus de solide en dissolution qu'il a coutume d'en contenir dans les conditions normales : c'est une solution *sursaturée.*

L'expérience se fait ordinairement avec du sulfate de soude. On dissout ce sel dans de l'eau bouillante, puis, lorsque l'ébullition a chassé l'air du ballon qui contient la solution *saturée,* on ferme avec un bon bouchon, et on laisse refroidir. Après quelque temps, on obtient une solution *sursaturée* que l'on peut faire solidifier subitement par simple contact de l'air, en retirant le bouchon. Si la sursaturation a été produite dans un tube fermé à la lampe, il suffit de casser le bout effilé pour provoquer la solidification instantanée, et le phénomène est accompagné, dans tous les cas, d'un dégagement sensible de chaleur.

Cette manière de procéder n'est pas toujours efficace ; dans ces conditions, on projette, comme pour la surfusion, un petit cristal du même sel dans la solution, et l'on voit la solidification se former autour du point touché et envahir rapidement toute la masse du liquide. Toutefois, l'expérience ne réussit pas avec un cristal de même composition chimique, mais de forme cristalline différente. C'est ainsi qu'une parcelle de sulfate anhydre ne fait pas cesser la sursaturation du sulfate de soude $SO^4Na^2 + 10H^2O$, parce que la forme cristalline n'est pas la même, tandis qu'un cristal isomorphe, une particule de chromate de soude, par exemple, agit immédiatement ; la forme cristalline est donc le facteur principal du phénomène.

On peut préparer des solutions sursaturées avec de l'acétate de soude, de l'hyposulfite de soude, de l'azotate de chaux, etc.

D'après Gernez, la cristallisation instantanée du sulfate de soude, par simple contact de l'air, est due aux particules de ce sel en suspension dans l'air, et l'expérience fait voir qu'elle ne se produit pas lorsqu'on recouvre l'ouverture du ballon avec un tampon de coton.

REMARQUE. — La cristallisation par l'intermédiaire d'un dissolvant constitue le procédé par *voie humide.* On peut aussi faire cristalliser un corps par *voie sèche* soit en le laissant refroidir lentement, après l'avoir fondu, soit par *sublimation,* c'est-à-dire en refroidissant une vapeur issue d'un solide volatil, comme l'arsenic, qui se solidifie directement sans passer par l'état liquide.

II. — VAPORISATION, TENSION DES VAPEURS

338. Vaporisation et vapeurs. — La *vaporisation* est le phénomène général du passage de *l'état liquide à l'état gazeux*; ce changement d'état, qui s'effectue sous l'influence de la chaleur, donne naissance à des corps aériformes, analogues aux gaz, et qu'on désigne sous le nom de *vapeurs.*

Tous les liquides ne se vaporisent pas avec la même facilité et n'exigent pas la même quantité de chaleur. Le plus grand nombre des liquides sont *volatils* et se transforment partiellement en vapeurs à toute température : tels sont l'eau, l'alcool et l'éther. D'autres, comme les huiles grasses, refusent constamment de se vaporiser, quelle que soit la température : ce sont les liquides *fixes.*

On appelle *force élastique* des vapeurs la pression qu'elles exercent sur les parois des vases qui les contiennent; comme celle des gaz, elle peut se mesurer par le poids d'une colonne mercurielle qui lui fait équilibre, et s'exprime de la même manière.

Nous allons étudier successivement la formation et la force élastique des vapeurs *dans le vide et dans les gaz.*

339. Formation des vapeurs dans le vide. — Pour observer la formation d'une vapeur dans le vide et se rendre compte de sa force élastique, on dispose, dans une même cuvette, deux tubes barométriques A et B (*fig.* 175); dans ce dernier, on fait pénétrer quelques gouttes d'un liquide volatil quelconque, et l'on constate qu'elles se réduisent instantanément en vapeur, dès qu'elles ont pénétré dans la chambre de Torricelli. L'on remarque, de plus, que la colonne mercurielle se déprime jusqu'au point N, ce qui prouve que la vapeur formée exerce sur le mercure une pression analogue à celle d'un gaz, et dont la valeur est mesurée, pour une température déterminée, par la différence *h* des hauteurs du mercure dans les tubes B et A. On constate, en outre, qu'une nouvelle quantité de liquide, introduite dans la même encointe, se vaporise également, et que le mercure subit une nouvelle dépression, accusant une augmentation de force élastique de la vapeur. — Si l'on répète cette expérience avec différents liquides, on obtient le même résultat, avec cette différence que la force élastique varie d'une vapeur à l'autre, pour même température.

On peut donc conclure de ces faits que la vaporisation *dans le vide* se fait *instantanément*, et que les vapeurs formées, du moins dans certaines limites que nous déterminerons ci-après, *se comportent comme des gaz*.

Fig. 175.

340. Différences entre les vapeurs non saturantes et les vapeurs saturantes. — 1° Les vapeurs non saturantes sont celles qui ne remplissent pas complètement l'espace où elles se trouvent, une nouvelle quantité de liquide peut encore se vaporiser dans leur masse, et leur force élastique, pour une même température, peut encore s'accroître.

Pour étudier les propriétés de ces vapeurs, on se sert de la cuvette profonde, déjà employée (202) dans la vérification de la loi de Mariotte, et l'on cherche comment varie la force élastique pour un volume donné. L'on fait passer, dans la chambre barométrique B (*fig.* 176), une petite quantité d'éther, la vapeur qui se forme instantanément déprime un peu la colonne mercurielle, et, en représentant par H la hauteur barométrique du moment, on a la force élastique de la vapeur par l'expression H-AC. Si alors on enfonce le tube dans la cuvette, ce qui a pour effet de comprimer la vapeur, on constate que la longueur AC de la colonne mercurielle diminue, c'est-à-dire que la force élastique H-AC *augmente*, ainsi que la densité. Après plusieurs expériences de ce genre, on vérifie, si le tube est gradué en parties d'égale capacité, que les volumes successivement occupés par la vapeur sont *en raison inverse* des pressions correspondantes, ou bien, que le produit du volume par la pression reste constant (*loi de Mariotte*). — Si maintenant on dilate la vapeur en soulevant le tube, son volume augmente, mais le mercure s'élève dans le tube, et la pression diminue sensiblement suivant la même loi.

Une vapeur non saturante obéit donc à la loi de Mariotte, et se comporte comme un gaz.

On vérifie, en outre, qu'une vapeur, tant qu'elle reste non saturante, obéit également à la loi de Gay-Lussac, à savoir que, pour une augmentation déterminée de température, elle se dilate comme les gaz, et possède le même coefficient de dilatation que l'air, c'est-à-dire $\frac{1}{273}$.

Il ne faut pas oublier que ces vapeurs ne présentent ces caractères qu'en autant que la pression qui s'exerce sur elles n'est pas trop considérable, parce qu'elles peuvent devenir saturantes par un excès de pression.

2° Vapeurs saturantes. — Une vapeur est *saturante* lorsque l'espace qui la contient refuse d'en recevoir davantage. Dans ces conditions, une nouvelle quantité du liquide générateur cesse de se vaporiser; une vapeur saturante est donc caractérisée par un *excès liquide*. C'est ce qui arrive lorsque, dans l'expérience précédente, on enfonce le tube au delà de certaines limites; à un moment donné, une partie de la vapeur se liquéfie, et ce qui persiste à l'état gazeux présente des propriétés tout à fait différentes de celles des vapeurs non saturantes.

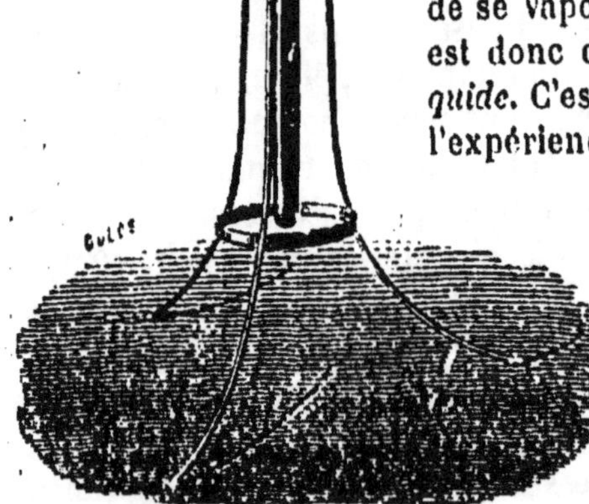

Fig. 170.

En effet, la pression H-AC reste invariable pour toute augmentation ou diminution de volume dans la masse gazeuse, ce que l'on constate en enfonçant et en soulevant le tube barométrique. Dans le premier cas, il y a liquéfaction d'une partie de la vapeur, et, dans le second, l'excès liquide se vaporise partiellement, de telle façon que la force élastique de la vapeur saturante, comme sa densité, ne subit aucune variation. Pour une température donnée, cette vapeur, tant qu'elle reste saturante, atteint la tension la plus grande qu'elle est susceptible de posséder : c'est la *tension maximum*. D'après ce que nous venons de voir, cette tension maximum est indépendante de la pression, mais elle augmente avec la température, comme il est facile de le démontrer par des expériences directes. Les vapeurs saturantes se distinguent donc nettement des vapeurs non saturantes et des gaz.

341. Forces élastiques maxima des différentes vapeurs. — Pour une même température, les forces élastiques maxima des vapeurs issues des différents liquides sont loin de présenter des valeurs identiques. Pour le démontrer, on dispose, sur la même cuvette, quatre tubes barométriques (*fig.* 177), et l'on sature les espaces vides des tubes D, E et F, le premier avec de la vapeur d'eau, le second avec de la vapeur d'alcool, et le troisième avec de la vapeur d'éther, tandis que la chambre barométrique du tube C reste vide. On constate alors que les vapeurs saturantes de ces différents liquides exercent des pressions inégales sur leur colonne mercurielle respective ; par les valeurs des dépressions observées, comparées à la hauteur du mercure dans le tube C, on trouve qu'à la température de 10°, les forces élastiques de l'éther, de l'alcool et de l'eau sont respectivement égales à 230, 24 et 9 millimètres.

Fig. 177.

342. Principe de Watt ou de la paroi froide. — Ce principe, dont nous retrouverons plusieurs applications dans la suite, peut s'énoncer de la façon suivante : lorsqu'une enceinte quelconque V (*fig*. 178) contient un liquide dont deux parties distinctes A et B ne sont pas à la même température, l'équilibre n'est possible à l'intérieur que si le liquide est complètement

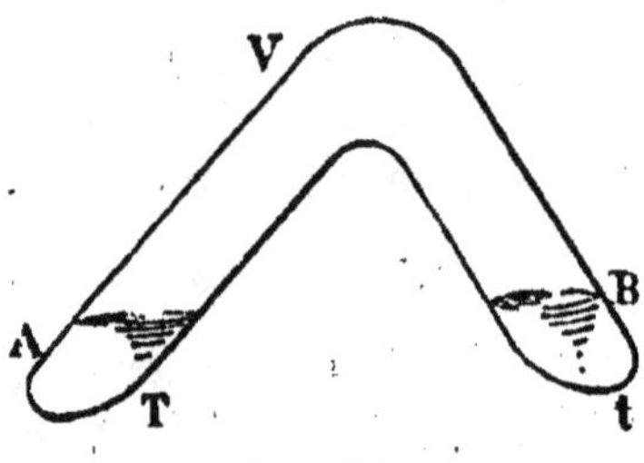

Fig. 178.

réuni dans la région la plus froide B du vase, et la force élastique de sa vapeur est alors égale à la tension maximum qui correspond à la température la plus basse. — Pour expliquer ce résultat très curieux, il suffit de considérer que le liquide de la région A, dont la température T est supérieure à la température t

du liquide en B, doit se vaporiser jusqu'à ce que sa vapeur ait acquis une tension maximum correspondant à la température T. Or, comme la pression de la vapeur, pour qu'il y ait équilibre, doit être la même en tous les points de l'enceinte, cette vapeur se précipite en B, où la force élastique de la vapeur, à la température t, lui est inférieure, pour y établir sa propre pression. Une partie de la vapeur se condense alors, puisque, dans cette région, sa force élastique doit correspondre à la température t. Il en résulte donc que tout le liquide de la région A va *distiller* vers B ; après un certain temps, il aura complètement disparu de la partie chaude pour se réfugier dans la partie froide, et la tension de la vapeur, dans tout le vase, sera celle qui correspond à la température la plus basse.

343. Tensions maxima de la vapeur d'eau à différentes températures. — Plusieurs physiciens, entre autres Dalton, Dulong et Arago, se sont occupés de cette question. L'appareil de Dalton, qui présentait plusieurs causes d'erreur, a été perfectionné par Regnault, et ce dernier savant a mesuré, avec une grande précision, les tensions maxima de la vapeur d'eau entre zéro et 60°. Le même physicien, pour les températures supérieures à 60°, a fait usage d'une autre méthode que nous ferons seule connaître, parce qu'elle peut s'appliquer à toute température.

Méthode de Regnault. — Elle est fondée sur le principe suivant que nous retrouverons plus loin dans l'étude de l'ébullition :

Lorsqu'un liquide bout à une certaine température, la tension maximum de sa vapeur, à cette température, est égale à la pression de l'atmosphère qui surmonte le liquide.

Pour démontrer ce principe, on introduit un peu d'eau dans la branche fermée et primitivement pleine de mercure d'un tube recourbé, comme celui de la figure 179, et on plonge ce dernier au sein de la vapeur qui s'échappe de l'eau en ébullition dans un ballon en verre. Les quelques gouttes introduites se vaporisent, et la pression exercée sur le mercure est suffisante pour porter les deux niveaux sur un même plan horizontal AB. La tension maximum de la vapeur d'eau, à la température de l'expérience et sous la pression atmosphérique qui s'exerce par l'ouverture du ballon, est donc égale à cette même pression.

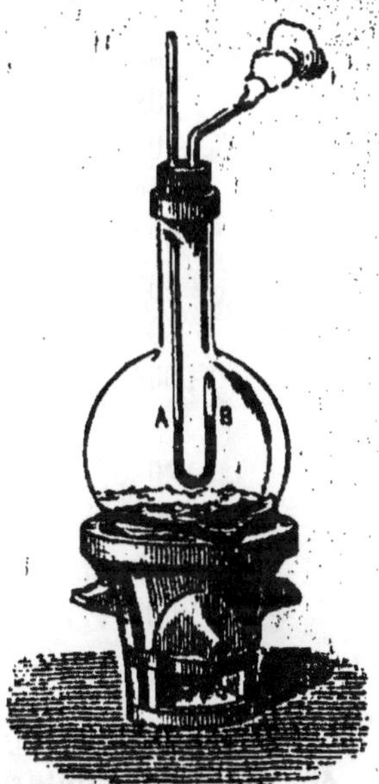

Fig. 179.

Regnault a appliqué ce principe en faisant bouillir de l'eau sous une pression *déterminée*, et en notant la température d'ébullition correspondant à cette pression.

Pour mesurer les tensions maxima de la vapeur d'eau au-dessus de 100°, on comprime de l'air au-dessus du liquide, à une pression mesurée par un manomètre à air libre. Celui-ci indique donc, d'après le principe énoncé plus haut, la force élastique de la vapeur d'eau, à la température d'ébullition de l'expérience, et il en est de même pour les différentes pressions auxquelles est soumis successivement le liquide.

Les tensions maxima de la vapeur d'eau au-dessous de 100° se déterminent d'une façon analogue, avec cette différence qu'on fait communiquer le récipient qui contient l'eau avec une machine pneumatique. A des degrés croissants de raréfaction, correspondent alors des températures d'ébullition de plus en plus basses, et la pression de l'air qui s'exerce à la surface de l'eau, mesurée par le manomètre de la machine pneumatique, exprime encore, comme dans le premier cas, la valeur de la force élastique correspondant à la température d'ébullition observée.

Regnault a dressé des tables de tensions de la vapeur d'eau depuis 0° jusqu'à 230°. Voici quelques-unes de ces tensions :

Températures.	Tensions en mill. de mercure.
0°...	4,60
10°..	9,16
15°..	12,70
30°..	31,55
40°..	54,91
60°..	148,70
100°.......................................	760,00 (1 atm.)

	Tensions en atmosphères.
120°.......................................	1,963
130°.......................................	2,671
150°.......................................	4,712
200°.......................................	15,380
230°.......................................	27,535

Les tensions maxima de la vapeur d'eau, au-dessous de 0°, ont été également déterminées par Regnault, en faisant congeler de l'eau dans un mélange réfrigérant à température connue. Voici quelques résultats :

Températures.	Tensions en mill. de mercure.
— 32°......................................	0,32
— 20°......................................	0,93
— 15°......................................	1,40
— 10°......................................	2,09
— 5°.......................................	3,11
— 1°.......................................	4,26

Ces quelques données montrent que la loi, suivant laquelle varient les forces élastiques de la vapeur d'eau, est loin d'être régulière : les tensions augmentent beaucoup plus vite que les températures.

344. Vaporisation dans les gaz. — Mélanges des gaz et des vapeurs. — Le phénomène de la vaporisation d'un liquide dans une atmosphère gazeuse est soumis aux lois suivantes :

Première loi. — *La vaporisation se fait lentement et non instantanément.*

Deuxième loi. — *La vapeur, considérée comme occupant seule le volume total de l'enceinte, se forme jusqu'à ce que sa force élastique maximum soit égale à celle qu'elle aurait dans le vide, à la même température.*

Cette loi, vérifiée par Gay-Lussac, démontre que la présence d'un gaz ne fait que *retarder* la vaporisation.

Troisième loi. — *La force élastique d'un mélange d'un gaz et d'une vapeur est égale à la somme des forces élastiques exercées par chacun d'eux, s'ils occupaient séparément tout le volume du mélange.*

Cette dernière loi n'est que la répétition de celle du mélange de plusieurs gaz (209).

Si la vapeur du mélange n'est pas saturante, elle se comporte comme un gaz, et suit, comme ce dernier, la loi de Mariotte. Si, au contraire, elle est à l'état de saturation, on obtiendra la pression finale du mélange en calculant la force élastique du gaz d'après la loi de Mariotte, et en y ajoutant la tension maximum de la vapeur dans le vide, à la même température.

III. — ÉVAPORATION ET ÉBULLITION

345. Évaporation. — C'est la vaporisation lente et spontanée d'un liquide par sa surface libre; elle peut se faire à toute température.

Dans une *atmosphère limitée*, l'évaporation se produit jusqu'à ce que la vapeur ait atteint sa *tension maximum*. Dans une *atmosphère illimitée*, au contraire, l'état de saturation n'est jamais réalisé, et la vaporisation se continue tant que le liquide n'est pas complètement disparu.

L'évaporation qui s'effectue à la surface des mers et des fleuves et la condensation des vapeurs dans les hautes régions de l'atmosphère expliquent la formation des nuages et des pluies. C'est aussi par évaporation que les objets imbibés d'eau et exposés à l'air finissent par devenir complètement secs.

346. Vitesse d'évaporation dans une atmosphère illimitée. — La *vitesse d'évaporation*, dans une atmosphère illimitée, est caractérisée par le *poids de vapeur* formée pendant l'unité de temps.

347. Causes qui font varier la vitesse d'évaporation. — Dans le cas particulier d'une atmosphère *non agitée* ou *en équilibre*, la vitesse d'évaporation dépend : 1° de la *tension* de la vapeur du même liquide, considérée dans l'atmosphère qui surmonte ce liquide ; 2° de la température du liquide et de l'atmosphère ; 3° de la valeur de la pression atmosphérique ; 4° de la grandeur de la surface exposée à l'évaporation ; 5° de la nature du liquide.

Ces différentes conditions peuvent s'exprimer par la formule

$$ P = K \frac{S}{H} (F - f), $$

dans laquelle P désigne la *vitesse* d'évaporation, K, un coefficient numérique qui dépend de la nature du liquide et qu'il faut augmenter, s'il y a un certain mouvement de l'atmosphère, S, la grandeur de la surface d'évaporation, H, la pression atmosphérique, F, la tension maximum de la vapeur à la température de l'expérience, et, enfin, *f*, la tension que cette vapeur possède déjà dans l'atmosphère, à la même température.

Cette formule fait voir les résultats suivants :

1° *La vitesse d'évaporation est proportionnelle à la grandeur S de la surface liquide exposée à l'atmosphère.* On constate, en effet, que l'eau disparaît plus vite dans un vase à large ouverture que dans une carafe ou une bouteille.

2° *Elle est en raison inverse de la pression H.* Dans le vide, l'évaporation paraît instantanée.

3° *Elle est sensiblement proportionnelle à l'écart de saturation* (F — *f*). L'évaporation de l'eau sera donc d'autant plus rapide que l'air extérieur sera plus sec, et d'autant plus lente que la vapeur d'eau déjà contenue dans l'atmosphère sera plus rapprochée de son point de saturation. Il est important de faire remarquer que l'évaporation d'un liquide n'est nullement gênée par la présence d'*une autre vapeur*. Dans l'air humide, l'éther s'évapore avec la même rapidité que dans l'air sec.

4° *La vitesse d'évaporation augmente avec la tension maximum F du liquide considéré.* C'est ainsi que l'alcool, pour même température, se vaporise plus vite que l'eau, et l'éther plus vite que l'alcool.

5° *L'élévation de température active la vitesse d'évaporation,* parce que l'effet de la chaleur est d'augmenter la force élastique maximum de la vapeur.

6° Enfin, *l'agitation de l'air favorise la vitesse d'évaporation,* par suite du renouvellement des masses d'air en contact avec le liquide, ce qui a pour effet d'en empêcher la saturation ; c'est ce principe que l'on applique lorsqu'on expose des objets mouillés à un courant d'air, pour les faire sécher plus rapidement.

348. Froid produit par l'évaporation. — L'étude de l'ébullition nous fera bientôt voir (352) que la vaporisation d'un liquide est toujours accompagnée d'une absorption plus ou moins grande de chaleur, et que cette chaleur est transformée en travail nécessaire pour effectuer, comme dans la fusion, le changement d'état. Il en est de même dans l'évaporation qui n'est, nous venons de le voir, qu'un mode particulier de vaporisation. Il en résulte cette conséquence importante que tout liquide qui s'évapore, sans qu'on lui fournisse aucune chaleur, doit nécessairement se refroidir. On constate, en effet, que l'abaissement de température augmente avec la vitesse d'évaporation, parce que la quantité de chaleur absorbée dépend du poids du liquide vaporisé. C'est pour cette raison qu'on peut produire un froid intense en activant l'évaporation, soit par la diminution de la pression au-dessus du liquide, soit par l'agitation de l'air.

Le froid produit par une évaporation rapide est mis en évidence par l'*expérience de Leslie.* Cette expérience consiste à faire le vide, le plus parfaitement que l'on peut, autour d'un disque de liège A (*fig.* 180) recouvert de noir de fumée, et sur lequel on a versé une petite quantité d'eau. Il se produit alors une évaporation très rapide, à cause de la diminution de la pression, et l'on maintient l'air constamment sec dans l'intérieur de la cloche, en faisant absorber les vapeurs qui se dégagent par de l'acide sulfurique concentré. Dans ces conditions, H et f (347) deviennent très petits, et le refroidissement est assez intense pour congeler l'eau. — Certains *congélateurs* fonctionnent d'après le même principe, et permettent d'obtenir une assez grande quantité de glace.

On produit, dans l'industrie, des températures extrêmement basses par l'évaporation des gaz liquéfiés ; on utilise, par exemple,

Fig. 180.

l'évaporation de l'ammoniaque liquide, et le froid produit peut devenir suffisant, comme nous le verrons dans la suite, pour liquéfier et solidifier les gaz.

L'impression de froid causée par l'évaporation d'un liquide très volatil, comme l'éther ou l'alcool, est plus intense que par l'évaporation de l'eau ; l'abaissement de température est encore plus énergique avec l'acide sulfureux liquide.

Les *alcarazas*, qu'on emploie pour rafraîchir l'eau potable, constituent une application du même phénomène. Ce sont des vases en terre poreuse à travers les parois desquels l'eau traverse pour s'évaporer ensuite à l'extérieur ; en plaçant l'appareil dans un courant d'air, la vitesse d'évaporation est accélérée et le froid produit est plus considérable. On obtient le même résultat en entourant une simple carafe pleine d'eau avec un linge que l'on maintient constamment mouillé.

349. Ébullition. — L'*ébullition* est la production *rapide* de bulles de vapeur dans la *masse même d'un liquide*, la température de ce dernier restant constante.

L'eau d'un vase, chauffée par la partie inférieure, monte à l'intérieur de la masse, tandis que l'eau plus froide et plus dense descend sur les côtés, et c'est par une circulation intérieure de cette sorte que tout le liquide participe à l'échauffement.

350. Différentes phases du phénomène de l'ébullition de l'eau. — On observe, en chauffant de l'eau à l'air libre dans un ballon de verre et par la partie inférieure, les phénomènes caractéristiques suivants :

Les premières bulles que l'on voit apparaître ne sont que des bulles *d'air dissous*, que l'élévation progressive de température fait dégager. Ces bulles, d'abord très petites, augmentent ensuite de volume, par le fait qu'elles se dilatent et qu'il se produit un commencement de vaporisation dans leur intérieur. Lorsque la température devient voisine de 100°, elles quittent le fond du vase, s'élèvent dans le liquide en diminuant de grosseur, et finissent par disparaître avant d'atteindre le niveau supérieur : c'est qu'elles sont constituées en grande partie par de la *vapeur*, et que le refroidissement qu'elles subissent, en rencontrant des couches d'eau plus froides, — ce qui rend leur force élastique inférieure à la pression qu'elles supportent — les fait condenser immédiatement. Le bruissement caractéristique, qu'on appelle le *chant* de l'ébullition, est le résultat de cette condensation. Enfin, lorsque toute la masse du liquide atteint 100°, les vapeurs ne peuvent plus se condenser, mais

Fig. 181.

le volume des bulles augmente progressivement, à mesure qu'elles s'élèvent, et l'ébullition proprement dite commence au moment où elles viennent crever à la surface.

351. Lois de l'ébullition. — PREMIÈRE LOI. — *Pour une pression déterminée, un même liquide bout toujours à la même température, qu'on appelle le point d'ébullition du liquide considéré.*

DEUXIÈME LOI. — *La force élastique de la vapeur, pendant l'ébullition, est égale à la pression que supporte le liquide.*

C'est la pression extérieure qui détermine le point d'ébullition ; la température de ce dernier est celle pour laquelle la *tension maximum* de la vapeur dégagée est égale à la pression de l'atmosphère qui surmonte le liquide. Nous avons vu plus haut (343) comment on démontre expérimentalement cette loi. Il est facile, d'ailleurs, de comprendre que les bulles de vapeur, pour se former dans la masse du liquide et venir se dégager à la surface, doivent être douées d'une force élastique égale à la résistance qu'elles rencontrent de la part de l'air.

TROISIÈME LOI. — *Pendant toute la durée de l'ébullition, pour une source quelconque de chaleur, la température du liquide reste constante.*

L'effet produit par une augmentation de chaleur n'est pas d'élever la température du liquide, mais d'activer la vaporisation.

352. Chaleur de vaporisation. — La troisième loi de l'ébullition, que nous venons d'énoncer, fait voir qu'il y a disparition, pendant toute la durée du phénomène, d'une grande partie de la chaleur fournie au liquide; elle devient, en quelque sorte, latente, et on la retrouve, comme nous le verrons bientôt, à l'état de *chaleur sensible*, en condensant la vapeur soit par refroidissement, soit par compression. On l'appelle *chaleur de vaporisation*. La chaleur du foyer, outre qu'elle doit élever la température du liquide jusqu'au point d'ébullition, doit aussi produire le changement d'état, c'est-à-dire le passage de l'état liquide à celui de vapeur; il y a donc deux travaux à accomplir, un travail *interne*, d'une part, de désagrégation moléculaire, et, d'autre part, un travail *externe* — le plus considérable des deux — pour vaincre la résistance de la pression atmosphérique. Cette résistance est déterminée par l'augmentation énorme de volume subie par un liquide qui se vaporise; sous la pression 76 et à 100°, un litre d'eau donne naissance à près de 1.700 litres de vapeur. Ces deux travaux ne peuvent être effectués sans absorption de chaleur, et l'on comprend facilement pourquoi, dans ces conditions, la température du liquide ne peut pas s'élever au-delà du point d'ébullition. Il y a donc une véritable *transformation* de chaleur en travail, et c'est pour cette raison qu'on appelle *chaleur de vaporisation* la quantité de chaleur nécessaire pour vaporiser, sans élévation de température, l'*unité de poids* d'un liquide.

Il résulte de ce que nous venons de dire que, sous la pression normale, la température d'un vase qui renferme de l'eau ne peut dépasser 100°, parce qu'il cède continuellement sa chaleur au liquide; on peut donc, d'après cela, faire bouillir de l'eau dans un cornet de papier.

353. Conditions qui font varier le point d'ébullition. — Plusieurs causes diverses peuvent faire varier la température d'ébullition. Nous ferons connaître successivement l'influence de la nature du liquide, des solides dissous, de la présence des gaz et de la pression.

354. Influence de la nature du liquide. — Comme la tension maximum des vapeurs, à égalité de température, varie d'un liquide à l'autre, tous les liquides, pour une même pression, ont un point d'ébullition particulier. Ainsi, sous pression normale, l'eau bout à 100°, l'éther ordinaire, à 35°,5, l'alcool absolu, à 78°,3, l'acide sulfurique, à 326°, etc.

355. Influence des solides dissous. — La présence de substances dissoutes dans un liquide a pour effet d'*élever* le point d'ébullition d'une manière d'autant plus marquée que la quantité de solide en dissolution est plus considérable. Sous la pression 76, l'eau de mer ne bout qu'à 103°,7, et la température d'ébullition d'une solution saturée de chlorure de calcium monte jusqu'à 180°.

Cette élévation du point d'ébullition dépend du poids moléculaire des solides dissous, et c'est grâce à cette propriété que Raoult a imaginé une nouvelle méthode, appelée *tonométrie*, servant à déterminer le poids moléculaire des substances dissoutes dans un liquide par la température d'ébullition.

Remarquons, toutefois, que la température seule de l'eau subit une augmentation; celle de la vapeur qu'elle laisse dégager ne dépasse pas 100°, si la pression reste normale. La température de la vapeur est constamment égale à celle de l'eau pure, et ne dépend que de la pression du moment. Nous avons vu plus haut (303) l'application de cette particularité dans la détermination du point 100 du thermomètre centigrade.

356. Influence de la présence des gaz. — La présence d'un gaz dans le liquide est nécessaire pour que l'ébullition puisse se produire. En effet, on remarque que, dans un liquide qui bout, les grosses bulles de vapeur ne partent pas indifféremment de tous les points du fond du vase, mais seulement de certains endroits particuliers : ce sont les points où il y a des *bulles d'air*. Comme ces bulles disparaissent après un certain temps d'ébullition, l'eau bout de plus en plus péniblement, il y a des soubresauts, et la température du liquide s'élève. Si alors on laisse tomber dans le vase des grains de limailles métalliques, qui entraînent de l'air adhérent à leur surface, il se produit aussitôt une ébullition vive et tumultueuse.

Expériences de Donny et de Dufour. — L'expérience de Donny, destinée à faire voir l'influence de l'absence d'air, se fait au moyen d'un tube de verre de la forme indiquée dans la figure 182. Après avoir lavé soigneusement l'intérieur du tube avec de l'acide sulfurique concentré, pour enlever toute trace de matières grasses, poussières et aspérités qui retiennent des bulles d'air, on y introduit de l'eau, on fait bouillir, et on ferme l'extrémité B à la lampe, lorsque les vapeurs ont chassé tout l'air. Si alors on chauffe cette eau, en plaçant la partie recourbée C dans un bain

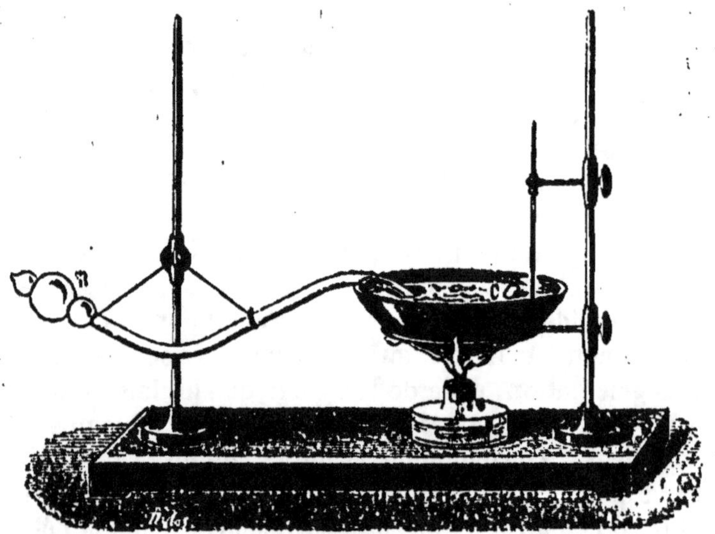

Fio. 182.

de chlorure de calcium, on constate que, même à de fortes températures, l'eau ne bout pas, bien que l'ébullition devrait se produire avant 100°, d'après le principe de la paroi froide (342). L'ébullition n'a lieu que vers 135°, ou, plutôt, il se forme, dans le liquide, une bulle de vapeur qui grossit progressivement et projette tout d'un coup le liquide avec violence vers les boules.

Des gouttes sphériques d'eau, en suspension dans un mélange convenable d'huile de lin et d'essence de girofle, peuvent subir une température considérable, sans bouillir; ces gouttes, en effet, ne sont pas en contact avec aucun vase dont les parois retiennent souvent de l'air adhérent. A 178°, elles disparaissent subitement avec explosion, phénomène qui n'a rien de commun avec l'ébullition ordinaire. On peut aussi provoquer une vaporisation instantanée en touchant ces gouttes avec une tige de verre, qui retient toujours des bulles d'air à sa surface.

Une autre expérience, due, comme la précédente, à Dufour, consiste à faire passer un courant électrique entre deux fils de platine plongeant dans une masse d'eau purgée d'air par une ébullition prolongée, et dont la température dépasse 100°; les quelques bulles de gaz, provenant de la décomposition de l'eau par le courant, provoquent une ébullition violente qui peut même projeter le liquide en dehors du vase.

Expérience de Gernez. — Gernez, pour démontrer la même vérité, faisait usage d'un matras soigneusement lavé (*fig.* 183), et contenant de l'eau dont l'ébullition était rendue difficile par le manque d'air. Il a constaté qu'il suffisait, à ce moment, d'introduire une petite cloche de verre pour

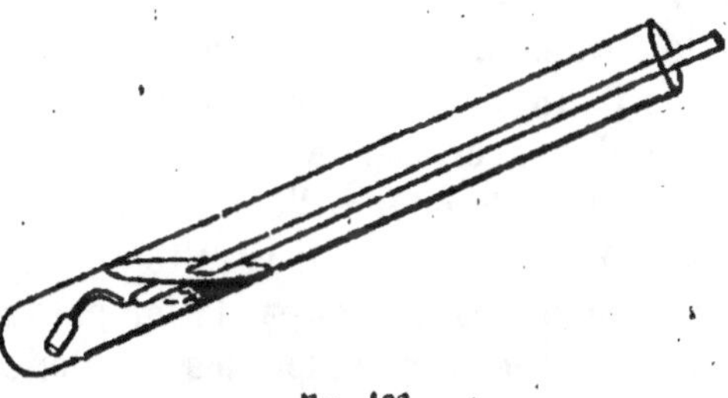

Fig. 183.

voir le liquide bouillir immédiatement, et les bulles de vapeur se dégager de la masse d'air contenue dans la cloche.

Gernez, en outre, a fait remarquer qu'il faut très peu d'air pour provoquer l'ébullition; on peut, en effet, l'entretenir pendant vingt-quatre heures avec 1 millimètre cube d'air, ce qui correspond à la production d'un demi-million de bulles de vapeur.

357. Conséquence du phénomène précédent. — Il résulte de ce que nous venons de voir que l'ébullition doit être considérée comme un *mode particulier* de vaporisation; c'est la production de vapeurs dans les petites atmosphères qui existent à l'état de *gaz libres* dans le liquide. Les vapeurs ne pourront jamais se former dans la masse même du liquide, mais seulement dans une atmosphère gazeuse. L'ébullition, comme l'*évaporation*, n'est donc rien autre chose que la *vaporisation dans un gaz*.

358. Influence de la pression. — La deuxième loi de l'ébullition (351) nous a appris que le point d'ébullition d'un liquide est celui pour lequel la tension maximum de la vapeur dégagée est égale à la pression que supporte ce liquide; il devient évident, dès lors, que la température d'ébullition doit varier avec la pression extérieure. C'est ainsi qu'on peut faire bouillir un liquide à une température quelconque, déterminée à l'avance; il suffit, pour cela, de donner à l'atmosphère extérieure une pression égale à la tension maximum de la vapeur à cette température. Si, par exemple, l'on raréfie l'air au-dessus d'une masse d'eau, on voit celle-ci entrer en ébullition à une température d'autant plus basse que la pression est plus faible. Dans le vide parfait, l'eau bout à zéro.

A la surface du globe, le point d'ébullition de l'eau s'abaisse lorsque l'*altitude* augmente, ce qui vérifie le principe que nous venons d'énoncer. Sur le Mont Blanc, l'eau bout à 84°; à Quito, capitale de l'Equateur, l'ébullition n'a lieu qu'à 91°,35, et au Puy-de-Dôme, à 95°. — Il résulte de ces faits qu'on peut *mesurer la hauteur des montagnes* par la température d'ébullition de l'eau, puisque, grâce aux tables des tensions maxima de la vapeur, cette température donne précisément la pression atmosphérique au sommet de la montagne, ce qui équivaut à une observation barométrique.

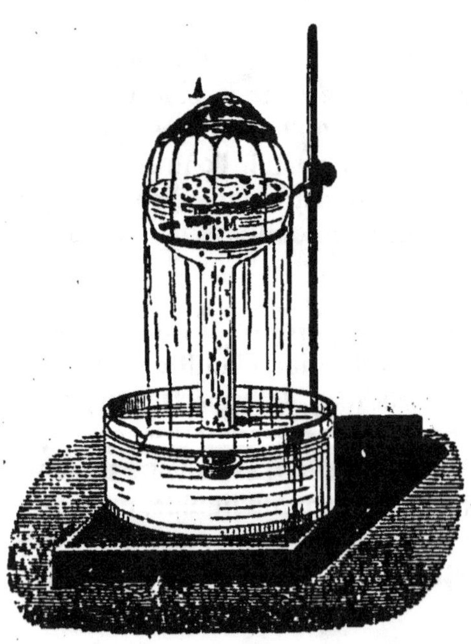

Fig. 184.

Expérience de Franklin. — L'abaissement du point d'ébullition par la diminution de la pression est mis en évidence par l'*expérience de Franklin*. — On prend un ballon à long col (*fig.* 184), à demi plein d'eau, et, quand tout l'air a été chassé par une ébullition prolongée, on le bouche, et on le retourne en plongeant le col dans l'eau d'un vase, pour intercepter le passage de l'air. L'eau cesse de bouillir, mais il suffit, pour provoquer de nouveau l'ébullition, de refroidir, avec de l'eau ou de l'alcool, la partie supérieure du ballon. — Le refroidissement a pour effet de condenser une partie de la vapeur d'eau accumulée au-dessus du liquide; la pression qui s'exerce sur celui-ci devient plus faible que la tension maximum de la vapeur, à la température de l'expérience, et une vive ébullition se manifeste immédiatement.

L'augmentation de pression produit l'effet contraire, et le point d'ébullition s'élève; c'est ainsi que l'eau ne bout qu'à 135°, sous 3 atmosphères de pression.

359. Vapeurs en vase clos. — On constate cette élévation du point d'ébullition lorsqu'on chauffe de l'eau dans un vase entièrement fermé; la vapeur ne peut plus s'écouler librement dans l'atmosphère, et elle s'accumule à la surface du liquide, où elle est saturante; la pression qui s'exerce sur l'eau devient égale à la tension maximum de cette vapeur, à la température de l'expérience, et cette force élastique s'ajoute à la pression de l'air.

L'ébullition est alors impossible, puisque la pression supportée par le liquide est *supérieure* à la tension maximum de la vapeur d'eau, et la température du liquide peut s'élever beaucoup au-delà de son point d'ébullition normal.

Marmite de Papin. — La production de vapeurs en vase clos est étudiée avec la *marmite de Papin*. C'est un vase métallique de forme cylindrique, à parois (*fig.* 185)

Fig. 185.

très résistantes, et muni d'un couvercle fortement maintenu en place par une vis de pression F. Une ouverture dans le couvercle, seule issue par où peut s'échapper la vapeur, est fermée par une *soupape de sûreté*, énergiquement assujétie par un levier L qu'on peut charger plus ou moins avec un poids mobile. Il est facile de placer ce poids au point voulu pour une pression permise, au-delà de laquelle la soupape se lève pour livrer passage à la vapeur.

Si la marmite est en partie pleine d'eau et qu'on place le tout sur un fourneau, on voit la température du liquide s'élever progressivement et dépasser bientôt 100°, sans qu'il y ait ébullition. Lorsque la charge de la soupape correspond à une pression de 6 atmosphères, la température de l'eau atteint 160°.

Pour provoquer l'ébullition, il suffit d'ouvrir la soupape. La vapeur s'élance alors avec force à l'extérieur, en se refroidissant sensiblement par suite de sa dilatation énergique ; pour une ouverture convenable de la soupape, la pression atmosphérique se rétablit à la surface du liquide, une ébullition tumultueuse se produit, et la température tombe rapidement à 100°.

La marmite de Papin porte aussi le nom de *digesteur ;* l'eau *surchauffée* acquiert des propriétés dissolvantes qu'elle n'a pas à la température normale d'ébullition. C'est ainsi qu'on se sert du digesteur pour ramollir les os et en dissoudre la gélatine; de même, l'eau surchauffée s'emploie pour extraire du bois les gommes et les matières résineuses.

360. Vaporisation totale. — Nous venons de voir que l'eau ne bout pas en vase clos ; cependant, si l'on charge la soupape d'un digesteur dont les parois sont suffisamment résistantes, on remarque que toute la masse de l'eau, à 365°, se vaporise brusquement, sans ébullition : c'est le phénomène de la *vaporisation totale*, et celle-ci a lieu à une température particulière pour chaque liquide. Cette température est de 31° pour l'acide carbonique liquide.

La vaporisation totale s'observe facilement avec un tube scellé contenant ce gaz liquéfié. A 0°, la pression, à l'intérieur du tube, est de 30 atmosphères : c'est la tension maximum de l'acide carbonique liquide à cette température. On plonge le tube dans une éprouvette remplie d'eau que l'on chauffe doucement. Vers 30°, on voit le liquide se dilater énormément, et la pression intérieure s'élève jusqu'à 95 atmosphères. Vers 31°, le niveau de la surface libre devient vague et indécis, et ne tarde pas à disparaître complétement. Si on laisse refroidir le tube, le gaz carbonique se liquéfie de nouveau ; sa condensation se manifeste d'abord par un léger brouillard, à l'endroit le plus refroidi, puis le liquide finit par se régénérer entièrement.

361. État sphéroïdal des liquides ou phénomènes de caléfaction. — On désigne sous le nom de *caléfaction* une série très curieuse de phénomènes qui se produisent lorsqu'on projette un liquide sur une surface métallique chauffée à une haute température. Le liquide passe alors, suivant l'expression de Boutigny, à l'*état sphéroïdal*, et l'on observe les phénomènes suivants :

1° Quelques gouttes d'eau, projetées sur une plaque métallique très chaude, au lieu de s'étaler et de mouiller cette dernière, se réunissent sous la forme d'un sphéroïde aplati, comme le mercure sur le verre et l'eau sur une surface grasse. Le globule, de plus, est animé d'un mouvement gyratoire très rapide, et présente l'aspect d'un polygone étoilé. Il se vaporise très lentement, en diminuant progressivement de volume, et finit par disparaître sans ébullition.

2° On constate, en outre, qu'il n'y a pas contact entre la goutte de liquide et la plaque chaude ; en effet, le globule ne traverse pas une plaque munie de petites ouvertures, et le courant d'une pile électrique reste *ouvert*, lorsque les fils communiquent, l'un avec le sphéroïde, l'autre avec la plaque elle-même. Enfin, un rayon de lumière peut se transmettre entre la plaque et un globule *opaque* à l'état sphéroïdal.

3° La caléfaction est possible pour tous les liquides, mais chacun d'eux exige une température particulière de la surface sur laquelle on le projette. Cette température est de 200° pour l'eau, et 134° pour l'alcool.

4° Si on laisse refroidir la plaque, il arrive un moment où l'état sphéroïdal devient impossible, le contact s'établit, et la goutte entre subitement en ébullition.

5° En plongeant le réservoir d'un thermomètre minuscule dans un liquide à l'état sphéroïdal, on s'aperçoit que la température du globule est inférieure à son point d'ébullition ; l'eau reste à 98°, l'alcool, à 75°,5, l'acide sulfureux liquide, un peu au-dessous de — 10°, ce qui permet de congeler de l'eau dans une goutte de cet acide à l'état sphéroïdal sur une plaque métallique chauffée au rouge.

362. Explication du phénomène de la caléfaction. — Les différentes particularités de la caléfaction ont été expliquées de la manière suivante :

Au moment où un liquide arrive au voisinage d'une surface surchauffée, la force élastique de la vapeur immédiatement produite forme un coussin gazeux qui s'oppose au contact. La vapeur dont le globule s'entoure, en se dégageant avec plus ou moins de régularité par la partie inférieure, est la cause des vibrations d'où résulte sa forme apparente.

Nous avons vu que la température du globule est constamment inférieure au point d'ébullition du liquide ; cette particularité peut s'expliquer par le fait que le défaut de contact avec la surface chaude ne permet à la goutte de ne s'échauffer que par rayonnement ; de plus, l'évaporation rapide sur toute sa surface la refroidit sans cesse.

Enfin, il peut se faire que la forme globulaire des liquides à l'état sphéroïdal soit le résultat des *forces capillaires*. Il est certain, comme l'a constaté Wolf, qu'une élévation de température *diminue* l'ascension de l'eau dans les tubes capillaires ; il est donc possible qu'elle finisse par s'arrêter pour faire place à une *dépression*. La conséquence naturelle de ce phénomène est que les surfaces surchauffées *ne sont plus mouillées* par les liquides ; ceux-ci sont terminés par un *ménisque convexe* et prennent la forme globulaire, avec dégagement constant de vapeurs entre le liquide et la plaque chaude. — On trouve, dans l'état sphéroïdal des liquides, la raison de plusieurs phénomènes remarquables. C'est ainsi qu'on peut passer le doigt mouillé, sans se brûler, à travers un jet de fonte en fusion, de même qu'on prétend expliquer, par la même cause, certaines explosions des chaudières à vapeur.

IV. — LIQUÉFACTION DES VAPEURS ET DES GAZ

363. Liquéfaction des vapeurs. — Les *vapeurs*, dans le sens ordinaire du mot, sont des liquides ou des solides réduits à la forme gazeuse sous l'influence de la chaleur. Dès lors, la *liquéfaction* ou *condensation* des vapeurs n'est rien autre chose que le retour de celles-ci à leur état habituel, dans les conditions ordinaires de température et de pression.

Deux causes permettent d'effectuer cette condensation : la *pression* et le *refroidissement*. Dans le premier cas, la force élastique maximum de la vapeur devient inférieure, pour une température donnée, à la pression qu'elle subit, et, dans le second, le refroidissement a pour effet de rendre cette même tension maximum également inférieure à la pression atmosphérique, ou à celle qui s'exerce au moment de l'expérience.

364. Dégagement de chaleur dans la condensation des vapeurs. — Nous avons vu plus haut (332) qu'un liquide absorbe de la chaleur pour se vaporiser, par suite de la transformation de celle-ci en travail de désagrégation moléculaire qui caractérise le changement d'état. Le phénomène inverse se produit dans la condensation, et l'on constate un dégagement considérable de chaleur, dû à la perte de force vive des molécules gazeuses. Bien plus, on vérifie qu'une vapeur, qui se condense dans de l'eau froide, restitue intégralement toute sa chaleur de vaporisation ; ce qui avait disparu comme chaleur sensible, pendant la vaporisation, apparaît sans aucune perte au moment de la condensation. La vapeur d'eau, comme toutes les autres, contient beaucoup de chaleur, et celle-ci peut être utilisée dans plusieurs circonstances. C'est ainsi qu'on emploie la vapeur d'eau, dans l'économie domestique et l'agriculture, pour la cuisson des aliments. — La chaleur dégagée par la condensation et la congélation de cette vapeur explique pourquoi la formation de la neige a pour effet de tempérer le froid de l'atmosphère.

365. Distillation. — La *distillation* constitue une application importante de la condensation des vapeurs. Elle consiste à vaporiser un liquide et à condenser ensuite sa vapeur, afin de le séparer d'autres liquides moins volatils mélangés avec lui, ou de le débarrasser des substances qu'il tient en dissolution. L'opération s'effectue avec un *alambic*, c'est-à-dire une chaudière dans laquelle on fait bouillir le liquide à distiller, et qui communique avec un tube enroulé en spirale, appelé *serpentin*. Comme celui-ci est constamment entouré d'eau froide, les vapeurs qui prennent naissance dans la chaudière se condensent immédiatement, et le liquide, débarrassé des substances étrangères, s'écoule par l'extrémité inférieure du serpentin. C'est par ce procédé que l'alcool, qui est plus volatil que l'eau, est extrait du vin et des liquides fermentés.

366. Liquéfaction des gaz. — Nous avons déjà dit (340) qu'il n'y a aucune différence essentielle entre les vapeurs et les gaz, mais que ces derniers sont considérés comme des vapeurs très éloignées de leur point de saturation, et qui affectent l'état gazeux dans les conditions normales de température et de pression. La liquéfaction des gaz exige donc un refroidissement ou une pression plus énergique que celle des vapeurs, et il arrive souvent qu'on est forcé de recourir aux deux effets combinés. Nous allons faire connaître très sommairement les principaux procédés employés par les différents physiciens.

367. Méthode de Faraday et Davy. — Ces deux expérimentateurs ont réussi à liquéfier le chlore, l'ammoniaque, l'acide sulfureux, l'hydrogène sulfuré, l'acide carbonique, en

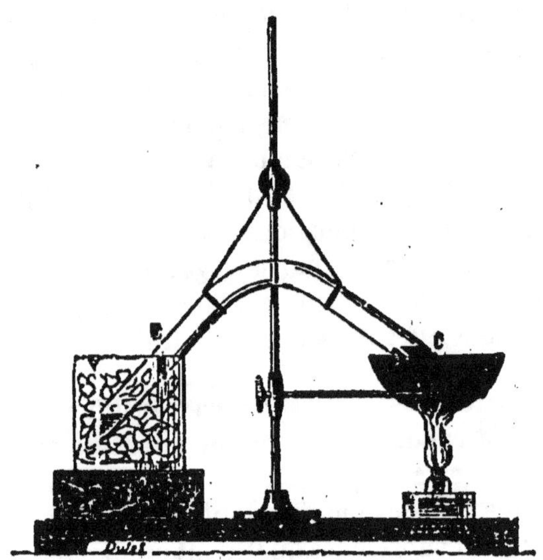

Fig. 186.

refroidissant ces gaz dans une enceinte fermée où ils se compriment par leur propre pression. Pour cela, ils plaçaient, dans la branche C (*fig.* 186) d'un tube fermé au deux bouts, les substances nécessaires à la préparation du gaz à liquéfier, tandis que l'autre branche plongeait dans un mélange réfrigérant. En chauffant la branche C, le gaz se dégageait et s'accumulait dans l'autre extrémité, et sa pression, jointe au refroidissement énergique, était suffisante pour en effectuer la liquéfaction; en effet, la tension maximum, à la température de la partie la plus froide du tube (342), était inférieure à la pression que le gaz exerçait lui-même.

Thilorier est parvenu à liquéfier l'acide carbonique par la compression seule, en produisant le gaz en vase clos. A 15°, la force élastique des vapeurs émises par ce liquide est de 50 atmosphères.

368. Point critique. — Il résulte des expériences d'Andrews sur l'acide carbonique que les pressions *les plus considérables* sont insuffisantes pour liquéfier les gaz, si ces derniers ne sont pas dans des conditions particulières de température. Au-dessus d'une certaine limite, appelée *point critique*, et qui diffère d'un gaz à l'autre, toute liquéfaction est impossible. C'est ainsi que l'acide carbonique refuse de se liquéfier, *quelle que soit la pression* qu'on exerce sur lui, si la température du gaz dépasse 31°. La température critique de l'azote est — 145°, celle de l'oxygène — 118° et celle de l'air — 140°. On constate, pour l'acide carbonique, que le fluide, qui remplit le tube où s'exerce la pression, paraît homogène dans toutes ses parties, lorsque la température est supérieure au point critique. En liquéfiant un peu de cet acide à une température inférieure à ce point, et en chauffant ensuite jusqu'à 31°,1, on voit disparaître peu à peu la surface qui sépare la partie liquide de la partie gazeuse, et le gaz finit par se régénérer entièrement.

On comprend maintenant pourquoi certains gaz, réputés permanents, n'ont pu être liquéfiés sous les plus fortes pressions : c'est qu'on ne les avait jamais refroidis jusqu'à leur température critique. Au-dessus de ce point, l'état gazeux est seul possible, et ce n'est qu'à une température inférieure que les gaz peuvent s'assimiler aux vapeurs.

369. Expériences de MM. Cailletet et Pictet. — C'est en tenant compte des considérations relatives au point critique que ces deux physiciens ont réussi à liquéfier les gaz permanents,

non pas toutefois à l'*état statique*, c'est-à-dire à l'état de liquides
qu'on peut conserver et sur lesquels on peut expérimenter, mais
plutôt, en quelque sorte, à l'*état dynamique*, c'est-à-dire dans un
état passager de liquides qui s'évaporent au moment de leur formation.

La méthode de M. Cailletet consiste à comprimer le gaz à liquéfier dans un tube capillaire A, au moyen d'une colonne de mercure refoulée par une pompe aspirante et
foulante (*fig.* 187). On peut porter la pression jusqu'à 300 atmosphères, mais elle
n'est pas destinée à produire directement
la liquéfaction ; celle-ci n'est effectuée que
par le seul refroidissement, en mettant
en œuvre un procédé très ingénieux qui
caractérise cette nouvelle méthode : le
refroidissement est provoqué par la *détente* brusque du gaz comprimé.

On sait qu'un gaz comprimé, dans l'expérience du *briquet à air* (9), s'échauffe
assez pour enflammer de l'amadou. L'effet
contraire se produit quand on diminue
brusquement la pression d'un gaz par
l'augmentation subite de son volume ;
cette *détente* énergique abaisse considérablement la température, et l'on calcule
qu'un gaz, à 0° et sous 300 atmosphères,
que l'on ramène brusquement à la pression atmosphérique, se refroidit jusqu'à
— 200°.

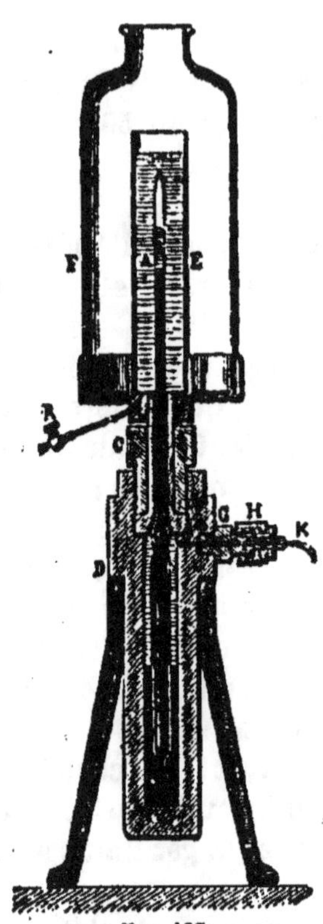

Fig. 187.

C'est ce que M. Cailletet a réalisé, en
1877, en provoquant, par l'ouverture rapide d'un robinet, une *détente* considé-
rable dans la masse du gaz comprimé. Il a vu alors le tube A se
remplir d'un brouillard épais, ce qui atteste un commencement
de liquéfaction ; le brouillard, toutefois, ne tarde pas à disparaître par l'action de la chaleur extérieure.

L'application de la *détente* a permis à M. Cailletet de liquéfier,
d'une façon non permanente, le *bioxyde d'azote*, porté d'abord à
— 11° et à 104 atmosphères, l'*oxygène* et l'*oxyde de carbone*, à
— 29° et à 300 atmosphères. La détente brusque de l'*azote*, à 13°

et sous 200 atmosphères, refroidit assez ce gaz pour produire la liquéfaction, et l'*hydrogène* se comporte de la même manière sous 300 atmosphères.

M. Pictet prétend aussi, dans la même année, avoir liquéfié l'oxygène et l'hydrogène, et même avoir solidifié ce dernier. Dans son appareil, basé sur le principe du *tube de Faraday*, le gaz se comprime par sa propre pression ; on y ajoute un refroidissement énergique, provoqué par la vaporisation de plusieurs gaz liquéfiés et par la détente du gaz comprimé. De graves causes d'erreur ont fait voir, quelques années plus tard, que les résultats de M. Pictet sont plus ou moins douteux.

370. Liquéfaction définitive des gaz. — La liquéfaction des gaz réputés permanents, sous forme de *liquides statiques*, a été effectuée, en 1883, par MM. Wroblewski et Olszewski, en augmentant le refroidissement, dans l'appareil Cailletet, au moyen de l'évaporation de l'éthylène *dans le vide*. C'est ainsi que ces deux expérimentateurs ont liquéfié facilement l'*oxygène*. Il en fut de même de l'*azote* et de l'*oxyde de carbone*, mais avec plus de difficulté et en modifiant un peu le mode opératoire.

Les expériences de M. Dewar, commencées en 1884, ont donné des résultats très nets. Ce physicien, au moyen d'un appareil construit d'après ses indications, est parvenu à liquéfier l'oxygène en utilisant tout simplement l'oxygène comprimé du commerce, par conséquent sans qu'il soit nécessaire de recourir à une pompe de compression. Le gaz est refroidi à — 70° par un mélange d'acide carbonique solide et d'alcool, puis se liquéfie par la *détente*. En abaissant la température du réfrigérant jusqu'à — 115°, le même savant a liquéfié l'*air*, ce qui lui a permis d'en extraire des traces d'*hélium*.

Enfin, M. Dewar est parvenu à liquéfier l'*hydrogène* en produisant un froid de — 205° avec de l'air liquide et en y ajoutant la détente du gaz comprimé à 180 atmosphères.

371. Solidification des gaz. — Les gaz peuvent aussi se solidifier sous l'influence d'un refroidissement énergique. L'*acide carbonique* se transforme en neige par la détente du gaz comprimé.

M. Dewar a réussi à solidifier l'air liquide, sous forme de gelée transparente, par la simple évaporation dans le vide. On obtient un résultat analogue en refroidissant l'air par l'hydrogène liquide, et ce procédé a été employé avec succès pour liquéfier l'hélium.

Enfin, d'autres gaz, comme l'*azote*, l'*oxyde de carbone*, le *protoxyde d'azote*, l'*éthylène*, peuvent prendre la forme solide, et présentent généralement l'aspect de la neige.

372. Liquéfaction industrielle de l'air. — Les méthodes employées dans l'industrie pour liquéfier l'air en grande quantité consistent toutes à refroidir le gaz au-dessous de son point critique, c'est-à-dire au-dessous de — 140°. On emploie surtout la *détente*, comme dans le procédé Linde, en Allemagne, et le procédé Tripler, aux États-Unis. Les machines industrielles peuvent fournir jusqu'à 60 kilogrammes d'air liquide par heure.

Dans certaines machines du système Linde, construites pour laboratoires, on détend l'air comprimé de 200 à 16 atmosphères, puis de 16 à 1 atmosphère; 5 0/0 environ du gaz se liquifie, lorsque le régime normal de la machine est atteint.

M. Georges Claude, à Paris, prétend avoir obtenu tout dernièrement des résultats très satisfaisants au moyen d'une machine à détente avec *travail extérieur ;* l'air, en se détendant, fait mouvoir un piston que l'on lubrifie avec de l'air liquide.

Pour conserver de l'air liquide à la pression atmosphérique, il faut le soustraire à l'action de la chaleur extérieure. On se sert ordinairement, suivant les indications de M. d'Arsonval, de vases à double enveloppe dans l'intervalle desquels on fait un vide le plus complet possible.

373. Expériences exécutées avec l'air liquide. — On peut faire avec l'air liquide, à cause de sa température extrêmement basse, une foule d'expériences très curieuses.

L'air liquide prend l'état sphéroïdal sur un morceau de glace ; il ne produit pas de sensation de froid très vive sur la main, à cause de l'absence de contact intime, ni de lésions dans l'estomac, parce que l'eau des tissus se transforme en glace et protège les parties sous-jacentes.

Une balle de caoutchouc, plongée dans l'air liquide, est rendue cassante comme du verre; l'alcool se congèle, les viandes, les œufs, deviennent durs et friables sous l'action du marteau, et il en est de même du fer. Une fine spirale de plomb acquiert assez de résistance pour soulever un poids de 1 kilogramme sans s'étirer. On peut, sous l'action de l'air liquide, fabriquer un marteau de mercure avec lequel on enfonce des clous.

Quand l'air liquide s'est évaporé pendant un certain temps, il a perdu plus d'azote que d'oxygène, parce que ce dernier est moins volatil, et le liquide contient alors jusqu'à 75 0/0 d'oxygène, avec les propriétés comburantes de ce gaz. Une bougie allumée provoque une vive explosion, lorsqu'on l'approche d'une éponge imbibée d'air liquide; celui-ci entretient avec éclat la combustion d'un charbon en ignition, mais la basse température du liquide *solidifie* l'acide carbonique qui provient de la combustion.

CHAPITRE IV

HYGROMÉTRIE

374. Humidité de l'air. — État hygrométrique. — L'air atmosphérique n'est jamais complètement sec; il contient toujours des quantités plus ou moins grandes de vapeur d'eau, suivant le lieu d'observation et l'époque de l'année. On constate, en effet, que cette vapeur se dépose sous forme de buée à la surface des corps froids, et que les sels *déliquescents*, exposés à l'air, augmentent de poids par suite de l'absorption de l'humidité de l'air.

L'hygrométrie est cette partie de la physique qui a pour objet de mesurer la quantité de vapeur d'eau contenue, à un moment précis, dans un volume d'air donné.

Il est important de remarquer que tous les phénomènes dus à la présence de la vapeur d'eau dans l'atmosphère dépendent, non pas précisément de la quantité *absolue* de cette vapeur, mais du *rapport* qui existe entre cette quantité et celle qui serait nécessaire pour *saturer* l'air, dans les conditions de l'expérience. L'air est dit *humide* quand la vapeur qu'il contient est près de son point de saturation, ce qui peut se réaliser avec une quantité relativement faible de vapeur, si, comme en hiver, la température est basse; au contraire, l'air est *sec*, si le point de saturation de la vapeur d'eau est éloigné, ce qui peut arriver avec une plus grande quantité de vapeur, lorsque, comme en été, la température est élevée : il faudra, dans ces conditions, un abaissement assez considérable de température pour en opérer la condensation. Par conséquent, ce qu'il faut connaître, ce n'est pas seulement la force élastique f de cette vapeur contenue dans l'air, mais le rapport $\frac{f}{F}$, F désignant la *tension maximun* de la vapeur, à la température du moment. L'air sera donc d'autant plus sec que cette fraction sera plus petite, et d'autant plus humide qu'elle sera plus rapprochée de l'unité. — C'est ce rapport $\frac{f}{F}$ qu'on appelle *état hygrométrique de l'air*, ou *fraction de saturation*.

On peut définir, d'après cela, l'état hygrométrique : *le rapport entre la force élastique de la vapeur d'eau, contenue actuellement dans l'air, et la force élastique de cette même vapeur, si elle était saturante à la même température.*

REMARQUE. — Evaluons la masse m de la vapeur d'eau contenue dans un volume V d'air, à la température t et à la pression H ; soit f sa force élastique. On aura

$$m = V \times a \times 0,622 \times \frac{f}{76} \times \frac{1}{1 + at}\ ^{(1)}.$$

La masse M de vapeur nécessaire pour saturer l'air, à la même température t, sera

$$M = V \times a \times 0,622 \times \frac{F}{76} \times \frac{1}{1 + at}.$$

Divisons membre à membre, et, après simplification, il vient

$$\frac{m}{M} = \frac{f}{F}.$$

On peut donc donner la définition suivante de l'*état hygrométrique* : *c'est le rapport entre la masse ou quantité de vapeur, contenue actuellement dans l'air, et la masse que cet air contiendrait, s'il était saturé à la même température.*

L'état hygrométrique se mesure au moyen d'instruments appelés *hygromètres*. Nous décrirons brièvement les principaux, savoir : *l'hygromètre chimique*, *l'hygromètre à cheveu*, *l'hygromètre à condensation*, et le *psychromètre*.

375. Hygromètre chimique. — Cette méthode, imaginée par Brunner, consiste à évaluer, en la faisant absorber par des

---

1. a est la masse d'un centimètre cube d'air, à 0° et 76, et est égal à 0,001293 ; le nombre 0,622 représente la densité de la vapeur d'eau par rapport à l'air.

substances chimiques, le poids de la vapeur d'eau que contient un volume déterminé d'air, ce qui permet de déduire ensuite l'état hygrométrique du moment.

On fait passer, au moyen d'un aspirateur, un volume connu d'air dans des tubes en **U** contenant des substances avides d'eau, comme du chlorure de calcium ou de la ponce sulfurique. L'air y abandonne complètement la vapeur d'eau qu'il contenait, et la masse de celle-ci est exactement représentée par l'excès de poids des tubes, si l'on a eu soin de les peser avant l'expérience. En désignant par p cet excès de poids, il ne reste plus qu'à calculer le poids P de la vapeur renfermée dans l'air *saturé* qui aurait traversé les tubes, et le rapport $\dfrac{p}{P}$ donne l'état hygrométrique cherché.

Ce procédé, quoique très précis, est loin d'être pratique, et son emploi est très limité; il faut, en effet, que l'opération se prolonge durant plusieurs heures, et l'on ne peut mesurer que l'état hygrométrique moyen pendant la durée de l'expérience.

376. Hygromètre à cheveu. — Cet appareil, dû à de Saussure, est un hygromètre *à absorption*, et constitue une application de cette propriété, connue de tout le monde, qu'ont certaines substances hygrométriques, en particulier les cheveux, de s'allonger ou de se raccourcir suivant qu'elles sont exposées à l'air humide ou à l'air sec.

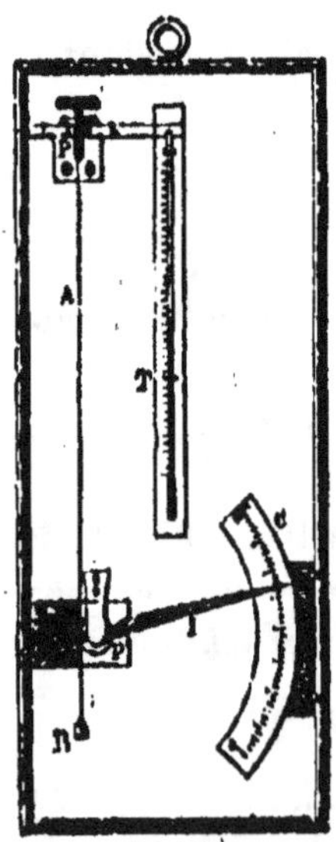

Fig. 188.

Cet hygromètre consiste en un cadre métallique (*fig.* 188) auquel on fixe, à la partie supérieure, un cheveu que l'on a eu soin de dégraisser dans une solution bouillante de carbonate de soude ou par une immersion de vingt-quatre heures dans l'éther sulfurique. Les variations de longueur du cheveu, causées par la plus ou moins grande humidité de l'air, font mouvoir une aiguille devant un cadran gradué, par la rotation d'une poulie sur la première gorge de laquelle l'extrémité inférieure du cheveu vient s'enrouler. Une diminution de longueur de celui-ci, provoquée par la sécheresse de l'air, fait monter l'aiguille, tandis qu'un fil de soie, supportant un poids

antagoniste et enroulé en sens contraire sur la deuxième gorge
de la poulie, fait descendre cette même aiguille, lorsque l'humidité de l'air allonge le cheveu.

Le point 100 de la graduation, ou *point de saturation*, est obtenu
en plongeant l'appareil dans une atmosphère saturée d'humidité; si l'on dessèche la même atmosphère avec du chlorure de
calcium, l'aiguille se porte à l'autre extrémité du cadran et y
détermine le *zéro* de la graduation, ou le *point de sécheresse abso-*
lue. L'intervalle entre ces deux points extrêmes est ensuite
divisé en 100 parties égales.

REMARQUE. — Les divisions d'un appareil gradué de cette façon
ne représentent pas l'état hygrométrique de l'air; ainsi, quand
la *fraction de saturation* est $\frac{1}{2}$, l'aiguille s'arrête à la division 72,
au lieu de 50. — Il faut que toutes les divisions soient déterminées
par des expériences séparées. Pour cela, on se sert d'une série
de cloches qui contiennent chacune un mélange d'eau et d'acide
sulfurique en proportions particulières, d'après le procédé de
Regnault, de façon à produire une atmosphère dont l'état hygrométrique est parfaitement calculé. Un tel mélange, en effet,
donne uniquement de la vapeur d'eau, et la tension maximum
de cette vapeur dépend de la quantité relative d'eau et d'acide
sulfurique; elle est inférieure à la tension maximum de la vapeur d'eau pure, et d'autant plus faible qu'il y a plus d'acide
dans le mélange. Une fois que l'on connaît la force élastique f de
la vapeur contenue dans la cloche, l'état hygrométrique s'obtient
en divisant f par la tension maximum F de la vapeur *saturée*, à
la température de l'enceinte en question. On y plonge alors
l'instrument, et l'on note le chiffre de la graduation qui correspond à cet état hygrométrique; on recommence ensuite l'opération pour les différents mélanges, ce qui exige une manipulation
très longue et très délicate.

Comme l'a constaté Regnault, cette graduation n'est exacte
que pour l'appareil qui la possède, et ne peut servir pour
d'autres. Avec des cheveux différents, il faut une graduation particulière pour chaque instrument. On a reconnu, en outre, que
l'état du cheveu se modifie par l'usage; un même appareil n'est
pas comparable à lui-même, ce qui comporte la nécessité de recommencer de temps en temps la graduation.

L'emploi de l'hygromètre à cheveu, comme appareil de mesure, est très restreint; on construit cependant des hygromètres dits de *précision*, dans lesquels le cheveu est enroulé sur un cadre, et qui ont la forme des baromètres anéroïdes. On s'en sert, en France, dans les usines où l'on fabrique les explosifs.

377. Hygromètre à condensation. — La méthode que l'on applique dans les *hygromètres à condensation* repose sur le principe suivant :

Lorsqu'on refroidit un mélange d'air et de vapeur, *dans une atmosphère illimitée*, la force élastique de cette vapeur, pendant le refroidissement, reste invariable; on comprend, en effet, qu'elle doit augmenter dans la même proportion, par la contration due au refroidissement, qu'elle diminue par abaissement de température, et il y a compensation.

Si donc on refroidit graduellement un vase quelconque à surface extérieure bien polie, la vapeur d'eau, contenue dans les couches d'air en contact avec ses parois, finit par devenir saturante, la condensation se produit, et un dépôt de rosée vient ternir légèrement la surface brillante du vase. À ce moment, la température de saturation de l'atmosphère est précisément celle des parois, et elle est indiquée par un thermomètre plongeant dans le liquide qui produit le refroidissement : c'est le *point de rosée*. Comme, pendant cette opération, la force élastique de la vapeur, dans le voisinage du vase, n'a pas variée, il suffira de consulter les tables des forces élastiques pour connaître la tension f de la vapeur correspondant à la température du point de rosée, et l'on aura, par suite, la force élastique de la vapeur contenue actuellement dans l'air.

Si l'on cherche, dans les mêmes tables, la force élastique F que posséderait la vapeur *saturante*, à la température de l'air ambiant, on aura les deux termes du rapport $\frac{f}{F}$, c'est-à-dire l'état hygrométrique de l'air.

Remarque. — Il est presque impossible, en pratique, de déterminer exactement la température t du point de rosée. En effet, la condensation de la vapeur d'eau se produit un peu après le moment où elle devient saturante. Il en résulte qu'à l'instant de l'apparition de la légère buée, la température de la surface polie, indiquée par le thermomètre, est inférieure à t; en outre, le dépôt de rosée n'est visible que lorsqu'il a une certaine épaisseur appréciable. Pour corriger l'erreur, on lit la température θ du thermomètre, au moment où l'on voit la rosée, et l'on cesse immédiatement de refroidir; quelques instants après, la buée se réchauffe et disparaît, on lit la température θ' (supérieure à t), et l'on prend la moyenne des deux lectures $\dfrac{\theta + \theta'}{2} = t$. L'erreur sera d'autant plus faible qu'il y aura moins de différence entre θ et θ', et l'hygromètre dont on dispose sera d'autant plus parfait que les deux températures, qu'il permet d'apprécier, seront plus près de l'égalité. — Ajoutons que le refroidissement doit être lent.

Laissant de côté l'hygromètre de Daniell qui n'est pas employé, nous ferons connaître sommairement les deux instruments qui appliquent avec le plus de précision la méthode que nous venons de décrire, c'est-à-dire l'hygromètre de Regnault et celui d'Alluard.

378. Hygromètre de Regnault. — Cet instrument est constitué essentiellement par deux dés d'argent à surface bien polie, et surmontés ordinairement de deux tubes en verre (*fig.* 189); à travers le bouchon qui ferme le premier tube M, passent un thermomètre très sensible et un tube de verre O, recourbé à angle droit au dehors, et dont l'autre extrémité aboutit au fond du dé. Un long tube de caoutchouc fait communiquer la partie supérieure de ce dé avec un aspirateur éloigné. Le deuxième dé, isolé du premier et de l'aspirateur, porte aussi un thermomètre comparable à celui du tube M; il est destiné à enregistrer la température de l'air extérieur.

Fonctionnement. — Le refroidissement du premier dé est produit par l'évaporation de l'éther dont il est rempli. Pour cela, on ouvre le robinet de l'aspirateur, et la diminution de pression, causée par l'écoulement de l'eau, force l'air à pénétrer dans l'appareil par le tube O et à s'écouler à travers la masse de l'éther dont il entraîne les vapeurs, et dans lequel il provoque une évaporation rapide. Le refroidissement de l'air extérieur est alors assez considérable pour que la vapeur qu'il contient devienne saturante, et celle-ci se condense sous forme de rosée, en ternissant la surface brillante du dé. On apprécie très bien le moment de l'apparition de la rosée par comparaison avec la surface du deuxième dé qui conserve son éclat. Enfin, une lunette, à champ assez étendu, permet de lire les indications des deux thermomètres à la fois.

L'hygromètre de Regnault remplit toutes les conditions d'un instrument de précision, et fait disparaître toute cause d'erreur.

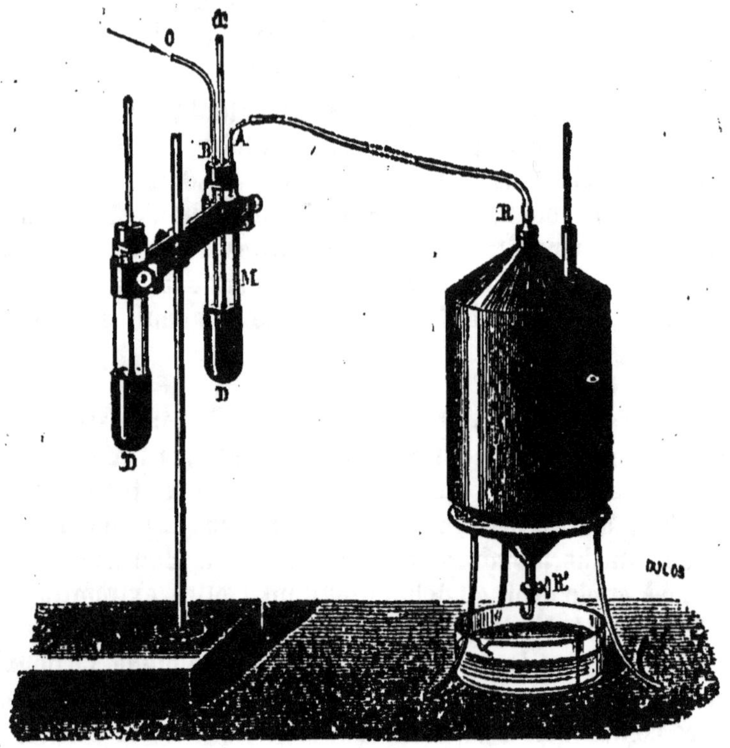

Fig. 189.

En effet, 1° l'opérateur est éloigné de l'appareil pendant la manipulation : sa présence ne peut donc pas altérer ni l'état hygrométrique de l'air, ni sa température ; 2° en réglant à volonté l'écoulement de l'eau, on est maître de la vitesse du refroidissement ; celle-ci doit être rapide au début de l'expérience, mais lente lorsque la rosée est sur le point de se produire ; 3° enfin, comme l'argent est bon conducteur de la chaleur, et que l'éther, agité par le courant d'air, est à la même température en tous ses points, le thermomètre indique bien la température de la surface métallique, et, par conséquent, celle de l'air qui l'avoisine.

379. Hygromètre d'Alluard. — Cet instrument est encore plus sensible que celui de Regnault, et c'est le plus employé. Le cylindre d'argent est remplacé par une surface plane S bien polie, en laiton doré (*fig.* 100); à une très petite distance, mais sans qu'il y ait contact, est disposée une lame de même métal qui l'entoure presque entièrement, et qui sert de point de comparaison. Le contraste est très frappant ; une surface plane est brillante dans toutes ses parties, tandis que l'éclat d'un cylindre est plus prononcé suivant une génératrice, et le reste est toujours plus ou moins obscur. Comme dans l'hygromètre de Regnault, le refroidissement est produit par l'évaporation de l'éther.

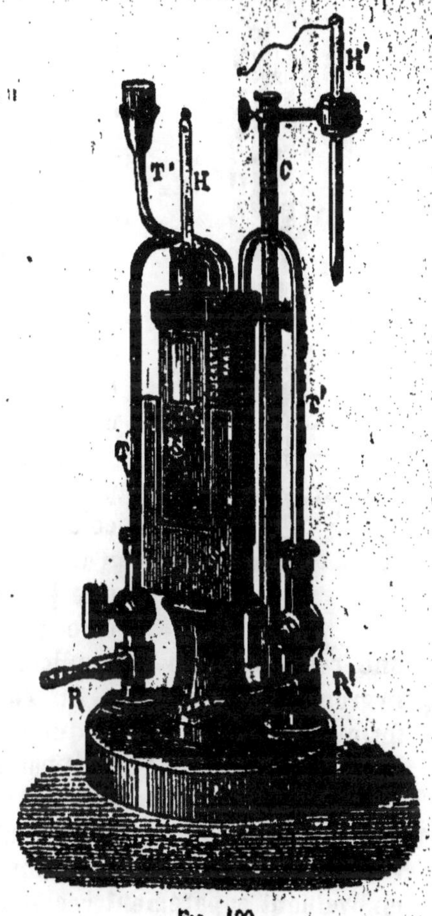

Fig. 100.

REMARQUE. — Ajoutons, pour compléter ce sujet, que, si l'air est agité, le dépôt de rosée peut ne pas se produire, parce que les couches d'air restent trop peu de temps en contact avec la surface refroidie.

Crova a construit un hygromètre dans lequel la condensation de la vapeur se fait à l'*intérieur* de l'appareil, ce qui rend les observations indépendantes de la vitesse du vent.

380. Psychromètre d'August. — L'état hygrométrique de l'air peut encore être déterminé par le *psychromètre*, en appliquant un principe tout à fait différent de ceux des autres instruments que nous venons de décrire.

L'on sait que la vitesse d'évaporation de l'eau est d'autant plus grande que l'air est plus sec (347). Or l'évaporation d'un liquide est une source de refroidissement. Si donc l'air est sec, l'évaporation sera très vive, et, par suite, le froid produit sera très accentué ; si, au contraire, l'air devient plus humide, l'évaporation sera plus lente, et le refroidissement moins considérable.

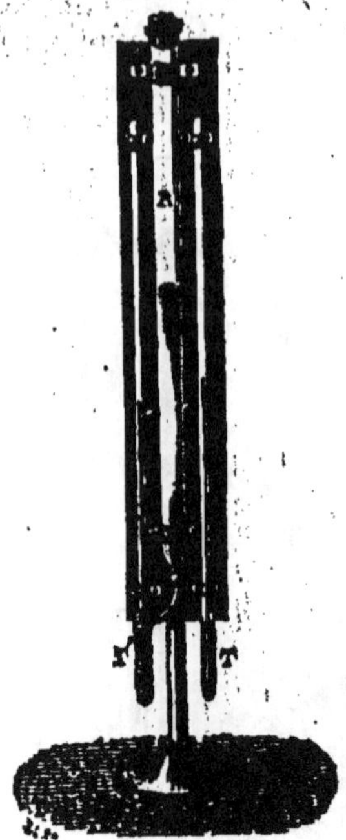
Fig. 101.

Pour appliquer ce principe, August se sert de deux thermomètres très sensibles et comparables entre eux (*fig.* 101). Tandis que l'un des thermomètres T doit rester sec, le réservoir de l'autre T' est maintenu dans un état constant d'humidité, au moyen d'une mousseline qui l'enveloppe et qui est reliée à un vase plein d'eau par une mèche de coton. L'eau, en s'évaporant, refroidit le thermomètre T', et celui-ci accuse une température qui diffère d'autant plus de celle du thermomètre T que l'évaporation est plus active, c'est-à-dire que l'air est plus sec. Il y a donc une relation entre les indications des thermomètres et l'état hygrométrique de l'air. On calcule celui-ci au moyen d'une formule basée sur le fait que le thermomètre mouillé ne baisse pas indéfiniment, mais finit par indiquer une température constante t' : c'est qu'à ce moment il reçoit par seconde, de l'air environnant, une quantité de chaleur égale à celle qu'il perd par l'évaporation, pendant le même temps. On trouvera la formule en évaluant séparément ces quantités de chaleur.

L'expérience a démontré que la quantité de chaleur reçue par un corps, placé dans une atmosphère dont la température diffère de la sienne, est proportionnelle à la *surface* de ce corps et à la *différence* des températures, pourvu que cette différence ne dépasse pas quelques degrés.

La quantité de chaleur reçue par un thermomètre de surface S sera donc

$$AS(t - t'),$$

A étant un facteur numérique.

D'autre part, pour évaluer la quantité de chaleur perdue par l'évaporation, rappelons que cette quantité est proportionnelle au poids d'eau évaporée dans une seconde, et ce poids, d'après Dalton, est proportionnel à la surface d'évaporation S, ainsi qu'à $F - f$ (F étant la tension maximum de la vapeur, à la température de l'eau qui s'évapore, c'est-à-dire à t', et f la force élastique actuelle de cette vapeur), enfin, en raison inverse de la pression atmosphérique H. On aura donc

$$K \frac{S}{H} (F - f),$$

K étant un facteur numérique. Il vient alors

$$AS (t - t') = K \frac{S}{H} (F - f).$$

S disparaît, et, faisant $\frac{A}{K} = C$, pour n'avoir qu'un seul facteur numérique, on obtient

$$C (t - t') = \frac{F - f}{H},$$

d'où

$$f = F - CH (t - t').$$

C, qui est toujours très faible, est un facteur constant pour chaque instrument; on le détermine d'avance au moyen de l'hygromètre à condensation qui permet de mesurer f.

Bien qu'il soit très employé dans les observations météorologiques, le psychromètre n'est pas un instrument de précision. Le facteur C, supposé constant, ne l'est pas du tout, mais sa valeur peut subir des variations, suivant que l'expérience se fait à l'intérieur du laboratoire ou à l'air libre, suivant que l'état hygrométrique est très faible ou très élevé, enfin suivant la vitesse des courants d'air.

381. Hygroscopes. — Les *hygroscopes* sont des appareils qui ne font qu'*indiquer*, par le déplacement d'une pièce mobile quelconque, la plus ou moins grande humidité de l'air. On leur donne plusieurs formes variées, soit celle d'une maisonnette à deux portes par lesquelles sortent ou entrent de petits person-

nages fixés aux extrémités d'un même levier, soit encore celle
d'un moine qui se couvre la tête d'un capuchon, lorsque l'air
devient humide. — Ces déplacements sont produits par des cordes
de boyau préalablement tordues, dont la tension tend à diminuer sous l'influence de l'humidité de l'air, tandis que la sécheresse a pour effet de l'augmenter. On fait mouvoir la partie
mobile de l'hygroscope, en attachant à celle-ci l'une des extrémités du boyau, pendant que l'autre est fixée d'une manière
invariable au reste de l'appareil. — Les hygroscopes ne servent
qu'à constater l'humidité ou la sécheresse *actuelle* de l'air, et,
sans être bien précis, ils présentent, en outre, l'inconvénient
d'obéir avec lenteur aux variations hygrométriques.

CHAPITRE V

CALORIMÉTRIE

382. Objet de la calorimétrie. — Nous avons déjà dit
(297) qu'il ne faut pas confondre la *température* d'un corps avec
la *quantité de chaleur* qu'il contient : il peut se faire, en effet,
que deux corps de nature différente contiennent des quantités
inégales de chaleur, tout en étant à la même température. C'est
ce que Tyndall a démontré en expérimentant avec des sphères
métalliques de même poids, mais de substance différente, et
chauffées à la même température dans un bain d'huile. Ce physicien a constaté, par la rapidité avec laquelle ces sphères s'en-
fonçaient ou traversaient un disque de cire, que le fer et le
cuivre contiennent plus de chaleur que l'étain, et que ce dernier,
à son tour, en possède plus que le plomb et le bismuth. Par conséquent, de même que deux substances, à égalité de volume,
n'ont pas même poids, de même aussi ces substances peuvent
contenir, à égalité de température, des quantités fort inégales de
chaleur. C'est ainsi qu'il faut donner trente-deux fois plus de
chaleur à l'eau qu'au même poids de mercure, pour produire la
même élévation de température, et que la chaleur nécessaire
pour chauffer 1 kilogramme de mercure de 0° à 07° n'élève la
température du même poids d'eau que de 3°.

La mesure de ces quantités de chaleur contenues dans les
corps, ou absorbées par eux, constitue l'objet de la *calorimétrie ;*
elle s'occupe aussi de déterminer les quantités de chaleur
absorbées par les *changements d'état*, comme dans la fusion et la
vaporisation, ou par les combinaisons chimiques.

383. Chaleurs spécifiques. — **Calorie.** — La *chaleur
spécifique* d'un corps est *la quantité de chaleur qu'il faut fournir à
1 kilogramme de ce corps pour élever sa température de 1°.*

L'unité adoptée pour la mesure des chaleurs spécifiques est la *calorie*, c'est-à-dire *la quantité de chaleur nécessaire pour élever de 1 degré la température de 1 kilogramme d'eau.* C'est ce qu'on appelle la *grande calorie*, qui sert souvent d'unité pratique. La *petite calorie* est *la quantité de chaleur qu'absorbe 1 gramme d'eau pour que sa température s'élève de 1°.*

384. Mesure de la chaleur absorbée ou perdue par les corps, pour une variation déterminée de température. — D'après ce qui précède, la quantité de chaleur nécessaire pour élever de 0° à 1° le poids de 1 kilogramme d'eau est précisément 1 calorie. Dès lors, la quantité de chaleur absorbée par un poids m d'eau, pour la même variation de température, sera m calories. Si l'on chauffe ce poids m d'eau de 0° à $t°$, le nombre de calories absorbées sera donc représenté par mt.

Soit maintenant à évaluer la quantité de chaleur nécessaire pour porter un poids M d'un corps quelconque de 0° à T°. Si ce corps avait même chaleur spécifique que l'eau, le nombre de calories absorbées serait MT; mais, si l'on désigne par C sa chaleur spécifique, ou, en d'autres termes, si ce corps demande C fois autant de chaleur que l'eau pour s'échauffer à la même température, le nombre de calories exigées sera évidemment MTC. — La quantité de chaleur perdue par un corps s'exprime de la même manière.

385. Mesure des chaleurs spécifiques par la méthode des mélanges. — Le principe de cette méthode consiste à admettre que la chaleur perdue par un corps que l'on plonge dans l'eau est gagnée par celle-ci, de sorte qu'il suffit d'exprimer ces conditions, en supposant, toutefois, qu'il n'y ait aucune perte, pour avoir une équation dans laquelle la chaleur spécifique est la seule inconnue.

Soit donc à déterminer la chaleur spécifique d'un corps de poids M que l'on chauffe à la température T, et soit C sa chaleur spécifique. On plonge le corps dans une masse d'eau de poids m, à la température t. Le corps se refroidit et l'eau se réchauffe jusqu'à ce que les deux soient à la même température *finale* θ. La température du corps s'est abaissée de T jusqu'à θ, par conséquent, le corps s'est refroidi de T — θ, et la *quantité de chaleur* qu'il a perdue, d'après ce que nous venons de voir précédemment, s'exprime par MC (T — θ).

D'autre part, l'eau, à la température initiale t, s'est réchauffée d'un nombre de degrés $\theta - t$ et a gagné une quantité de chaleur représentée par $m (\theta - t)$. On pourra donc poser l'équation :

$$MC (T - \theta) = m (\theta - t),$$

d'où

$$C = \frac{m (\theta - t)}{M (T - \theta)}.$$

Pratiquement, cette équation n'est exacte qu'en autant que toute la chaleur perdue par le corps est entièrement gagnée par l'eau. Mais il n'en est pas ainsi : le *calorimètre*, c'est-à-dire le vase qui contient la masse m d'eau, se réchauffe quelque peu, et il en est de même du thermomètre qui plonge dans l'eau et de la tige de verre qui sert d'agitateur. Si l'on désigne par m', m', m'' les poids du vase, du thermomètre et de l'agitateur, et par c', c', c'' les chaleurs spécifiques supposées connues de chacun d'eux, on aura l'équation suivante :

$$MC (T - \theta) = m (\theta - t) + m'c' (\theta - t) + m'c'' (\theta - t) + m''c'' (\theta - t).$$

Pour simplifier, on fait $m'c' + m'c' + m''c'' = \mu$, et la formule devient

$$C = \frac{(m + \mu) (\theta - t)}{M (T - \theta)}.$$

Le coefficient μ sert à *réduire le calorimètre en eau :* on remplace, en effet, le calorimètre et ses accessoires par un certain poids d'eau qui absorberait la même quantité de chaleur.

REMARQUE. — Comme le calorimètre se réchauffe un peu pendant l'expérience, il faut diminuer autant que possible les échanges de chaleur avec l'air extérieur. Pour cela, on fait usage d'un vase de laiton à parois très minces et reposant, à l'intérieur d'un deuxième vase de même métal, sur des fils de soie, ou mieux sur les sommets de trois cônes de liège. De cette façon, la perte par conductibilité est rendue peu sensible. On polit, de plus, la surface *extérieure* du premier vase, pour diminuer les pertes par rayonnement, et la surface intérieure du second, pour qu'elle renvoie par réflexion la chaleur qui tombe sur elle.

Enfin, on se sert d'un thermomètre très sensible, à réservoir relativement gros et à tige très fine, avec lequel on peut apprécier un 200ᵉ de degré ; la longueur d'un degré est de 4 à 5 centimètres sur la tige, cet intervalle est divisé en 10 parties égales, chacune de celles-ci en 5 parties, et l'on apprécie à l'œil 1/4 des dernières divisions.

Le corps à étudier, réduit en fragments, est chauffé dans une corbeille en fil de laiton au moyen d'un courant de vapeur, et l'on doit faire en sorte de plonger le tout très rapidement dans l'eau du calorimètre.

Les chaleurs spécifiques des liquides se déterminent par la même méthode. Il suffit de placer le liquide dans un vase en verre mince que l'on plonge ensuite, comme ci-dessus, dans le calorimètre.

386. Quelques résultats. — Le tableau suivant donne quelques résultats relatifs aux chaleurs spécifiques d'un certain nombre de solides et de liquides :

Substances.	Chal. spécif.	Substances.	Chal. spécif.
Argent	0,057	Or	0,032
Cuivre	0,095	Plomb	0,031
Eau	1,000	Platine	0,032
Étain	0,056	Soufre	0,176
Mercure	0,033	Zinc	0,093

Les chaleurs spécifiques augmentent avec la température, et elles sont plus grandes pour les corps à l'état liquide qu'à l'état solide.

En exceptant l'hydrogène, l'eau est la substance qui possède la plus grande chaleur spécifique et qui demande, par suite, le plus de chaleur pour s'échauffer à une température donnée. C'est ce qui explique pourquoi l'eau se réchauffe et se refroidit si lentement, et pourquoi la proximité des mers a pour effet de tempérer le climat de certains pays.

387. Mesure de la chaleur de fusion. — Nous avons déjà vu (325) que la chaleur de fusion d'un corps solide est la quantité de chaleur ou le nombre de calories qu'il faut fournir à 1 kilogramme de ce corps pour le fondre, *sans élévation de température*. Nous savons, en outre, que la chaleur qui disparaît pendant le changement d'état est intégralement restituée lorsque le corps fondu se solidifie. Cette dernière particularité va nous permettre de mesurer la chaleur de fusion au moyen de la méthode des mélanges.

Soient donc un poids M du corps à étudier, T sa température de fusion, C sa chaleur spécifique à l'état solide, et x sa chaleur de fusion cherchée ; désignons par m le poids de l'eau du calorimètre, par t sa température initiale, et par 0 la température *finale* de l'eau échauffée par le corps fondu que l'on verse dans le calorimètre. Le corps se refroidit de T à 0, et perd, par conséquent, une quantité de chaleur représentée par MC (T — 0) ; de plus, sa chaleur de fusion, qui devient sensible au moment de la solidification, sera Mx. D'autre part, m (0 — t) est la mesure de la quantité de chaleur gagnée par l'eau. On aura donc

$$MC (T — 0) + Mx = m (0 — t),$$

d'où

$$x = \frac{m (0 — t) — MC (T — 0)}{M}.$$

Remarque. — Si le corps est liquide à la température ordinaire, on emploie la même méthode, mais on commence par le solidifier avant de le jeter dans le calorimètre.

388. Mesure de la chaleur de vaporisation. — On appelle chaleur de vaporisation d'un liquide *le nombre de calories fournies à 1 kilogramme de ce liquide pour le faire passer, sans variation de température, à l'état de vapeur saturante.* La mesure de cette chaleur se fait encore par la méthode des mélanges et donne lieu à une formule analogue à celle qui exprime la chaleur de fusion. D'après le procédé de Despretz, la vapeur, formée dans une cornue, se condense dans un serpentin qui réchauffe l'eau du calorimètre. — La chaleur de vaporisation de l'eau, sous la pression 76, est de 537 calories.

CHAPITRE VI

PROPAGATION DE LA CHALEUR

I. — PROPAGATION DE LA CHALEUR PAR CONDUCTIBILITÉ

389. Conductibilité. — La *conductibilité* est la transmission de la chaleur, dans la masse des corps, par une communication du mouvement vibratoire calorifique de molécule à molécule. Certaines substances, comme les métaux, conduisent facilement la chaleur : on les appelle corps *bons conducteurs;* d'autres, au contraire, comme le verre, le bois, les liquides et les gaz, sont appelés *mauvais conducteurs*, et opposent à la transmission de la chaleur une résistance plus ou moins grande. Nous allons étudier rapidement la conductibilité des solides, des liquides et des gaz.

390. Conductibilité des solides. — Le pouvoir conducteur des différents solides, très variable d'une substance à l'autre,

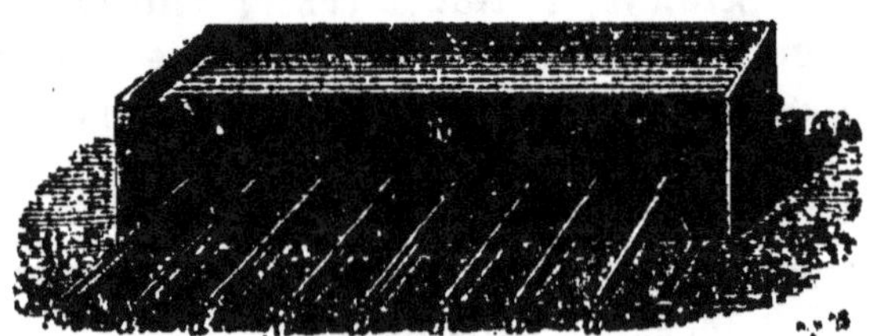

Fig. 102.

peut être mis en évidence, du moins d'une façon approximative, par l'expérience d'Ingenhousz. Cette expérience consiste à chauffer également, par l'une des extrémités, des tiges de différentes substances implantées dans la paroi d'une caisse métallique (*fig.* 102). On recouvre ces tiges d'une couche de cire, et l'on verse de l'eau bouillante dans la caisse. La cire, dans ces conditions, est fondue sur une longueur d'autant plus grande que les tiges sont meilleures conductrices de la chaleur. On constate, par ce moyen, que l'argent et le cuivre sont bons conducteurs, que le zinc et le plomb le sont moins, et que le verre et surtout le bois conduisent très mal la chaleur.

Les meilleurs conducteurs, après les métaux, sont le marbre et les pierres denses. Les substances organiques, comme le coton, la laine, la paille, etc., conduisent très mal. Cependant, on observe, pour le bois, une conductibilité un peu supérieure dans le sens des fibres.

391. Conductibilité des liquides et des gaz. — Le pouvoir conducteur des *liquides* est très faible. Pour s'en rendre compte, on chauffe un liquide par la partie supérieure de sa masse, afin que la chaleur ne puisse pas se propager autrement que par conductibilité. C'est ce qu'a fait Despretz, et ce physicien a constaté, par des thermomètres placés à différents niveaux, que la chaleur se propage réellement de proche en proche dans l'intérieur du liquide, mais avec une *grande lenteur*. On peut même faire bouillir de l'eau à la partie supérieure d'une éprouvette, sans que la température des couches inférieures du liquide soit sensiblement modifiée. — Le mercure, qui est un métal, présente une conductibilité supérieure à celle des autres liquides.

Les *gaz* ont un pouvoir conducteur encore plus faible que celui des liquides, et qu'on peut considérer comme sensiblement nul. Il faut, toutefois, pour constater ce fait, immobiliser la masse gazeuse, afin de prévenir la formation de courants intérieurs. Quand les molécules d'air ne peuvent se déplacer librement, elles constituent un écran presque parfait à la propagation de la chaleur. C'est ce qui explique le rôle des fourrures, des étoffes de laine, et de toutes les substances filamenteuses, dont les interstices sont occupées par de l'air qui ne peut que difficilement circuler. — L'hydrogène présente une conductibilité particulière qui le distingue nettement des autres gaz.

392. Convection. — On désigne sous le nom de *convection* un mode particulier de propagation de la chaleur dans les liquides et les gaz. Elle est la conséquence de la grande mobilité des molécules de ces fluides, et s'observe surtout quand on chauffe un liquide par la partie inférieure. Les molécules liquides, directement chauffées par contact, acquièrent une densité plus faible et s'élèvent au centre de la masse, tandis que les parties plus froides descendent sur les côtés, pour venir se chauffer à leur tour sur le fond du vase. Il en résulte une circulation intérieure par laquelle tout le liquide finit par subir directement l'influence de la source de chaleur. Un peu de sciure de bois, en suspension dans l'eau, suffit pour rendre sensibles les courants de convection.

Le même phénomène se produit dans les *gaz*. C'est pour cette raison que leur faible conductibilité ne peut se constater que si on les empêche, en les immobilisant, de s'échauffer par convection. C'est aussi pour la même cause que l'air d'une chambre, dans laquelle on allume un poêle, se réchauffe rapidement en ses différentes parties, par suite de l'ascension de l'air chaud continuellement remplacé par de l'air plus froid.

393. Applications et exemples des pouvoirs conducteurs des différents corps. — Le faible pouvoir conducteur du *verre* explique pourquoi on peut tenir une tige de cette substance par l'une de ses extrémités, pendant que l'autre est en fusion ; on fait une expérience analogue avec une tige de bois : c'est le cas des allumettes. Si, au contraire, on fait chauffer le bout d'une barre de fer, la chaleur ne tarde pas à se propager jusqu'à la main.

Les corps bons conducteurs, comme les métaux, produisent, à égalité de température, une impression de froid plus intense, lorsqu'on les touche avec la main, que ceux qui conduisent mal la chaleur, comme le bois. Dans le premier cas, en effet, la chaleur de la main se disperse dans la masse métallique, sans que la température de celle-ci s'élève sensiblement, tandis que, dans le second, cette chaleur, ne pouvant se propager dans la substance non conductrice, a pour effet d'échauffer les parties directement touchées.

Les doubles fenêtres doivent leur efficacité à la lame non conductrice d'air qu'elles emprisonnent ; elles empêchent, pendant l'hiver, la chaleur intérieure des maisons de se perdre à travers les carreaux, et arrêtent, pendant l'été, la chaleur extérieure du soleil.

On entoure avec de l'asbeste les chaudières des locomotives et les tuyaux qui contiennent de la vapeur. Enfin, citons, entre plusieurs autres exemples, la construction des *glacières* et des *voûtes de sûreté*. On emploie, dans ces deux cas, des doubles parois dans l'intervalle desquelles on met des substances qui conduisent mal la chaleur, comme de la sciure de bois, du charbon pulvérisé, de la paille, de l'asbeste, etc.

II. — PROPAGATION DE LA CHALEUR PAR RAYONNEMENT

394. Rayonnement de la chaleur. — On désigne sous le nom de *rayonnement* la propagation de la chaleur dans toutes les directions autour d'un corps chaud, sans échauffer sensiblement le milieu qu'elle traverse. C'est par rayonnement que la chaleur du soleil franchit les espaces célestes et parvient jusqu'à la terre, sans échauffer l'atmosphère. — On nomme *rayon de chaleur* toute direction suivant laquelle la chaleur se propage, et c'est là l'origine du nom de *chaleur rayonnante* donnée à ce mode de propagation.

395. Lois du rayonnement de la chaleur. — PREMIÈRE LOI. — *Le rayonnement se fait dans toutes les directions autour de la source de chaleur.* — Il est facile de vérifier cette loi avec un thermomètre, et de constater que celui-ci reçoit de la chaleur dans toutes les positions qu'on lui fait prendre autour du corps chaud.

DEUXIÈME LOI. — *Dans un milieu homogène, le rayonnement se fait en ligne droite.* — En effet, un écran que l'on place sur la ligne droite menée d'une source de dimensions restreintes au réservoir d'un thermomètre, suffit pour intercepter la chaleur rayonnante.

TROISIÈME LOI. — *La chaleur rayonnante se propage dans le vide comme dans l'air.* — Cette loi est évidente pour la *chaleur lumineuse*, c'est-à-dire celle qui jaillit du soleil et des corps en ignition ou incandescents, puisque les rayons calorifiques solaires ont traversé le vide des espaces planétaires avant d'arriver jusqu'à nous. — On démontre cette même vérité pour la *chaleur obscure*, à savoir celle qu'émettent les corps non lumineux, en plongeant dans de l'eau chaude un ballon dans lequel on a fait le vide barométrique, et qui contient à son centre le réservoir d'un thermomètre. On constate alors que ce dernier est immédiatement influencé, ce qui ne peut s'expliquer autrement que par la propagation de la chaleur rayonnante dans le vide, puisque la faible conductibilité du verre ne permet pas d'admettre une transmission aussi rapide par la tige du thermomètre.

QUATRIÈME LOI. — *La vitesse de propagation de la chaleur rayonnante dans le vide est égale à celle de la lumière* (environ 300.000 kilomètres par seconde).

396. Intensité d'une source de chaleur. — L'intensité d'une source de chaleur se mesure par *la quantité de chaleur que reçoit normalement l'unité de surface, à l'unité de distance.*

On peut énoncer, relativement à l'intensité de la chaleur rayonnante, les lois suivantes :

PREMIÈRE LOI. — *L'intensité de la chaleur, que reçoit normalement une surface, varie en raison inverse du carré de la distance qui la sépare de la source.* — Cette loi n'est vraie que pour les rayons calorifiques *divergents ;* nous la retrouverons plus tard en optique, où elle est démontrée d'une manière analogue pour les rayons lumineux.

DEUXIÈME LOI. — *L'intensité de la chaleur reçue et émise obliquement par l'unité de surface est proportionnelle au cosinus de l'angle formé par les rayons reçus ou lancés avec la normale à cette surface.* — C'est dans la direction normale qu'une surface chaude *rayonne* le plus de chaleur, et la quantité *reçue* sur une surface donnée est d'autant plus grande que les rayons calorifiques tombent plus perpendiculairement sur celle-ci. C'est pour cela que l'intensité de la chaleur rayonnée par le soleil croît avec la hauteur de cet astre au-dessus de l'horizon ; l'obliquité des rayons solaires est l'une des causes qui contribuent à abaisser la température du sol pendant l'hiver, quoique le soleil soit plus rapproché de la terre que pendant l'été.

397. Réflexion de la chaleur. — La *réflexion* de la chaleur est le phénomène qui se passe lorsqu'un rayon calorifique tombe sur une surface polie : comme les rayons sonores et lumineux, il prend une nouvelle direction déterminée par deux lois très simples que nous avons déjà énoncées en acoustique, et que nous retrouverons plus loin en optique. — Si l'on mène la normale NC (*fig.* 193) à la surface réfléchissante PQ, supposée horizontale, on appelle *angle d'incidence* l'angle ICN, formé par le rayon incident IC avec cette normale ; et *angle de réflexion* l'angle NCR, déterminé par le rayon réfléchi CR avec la même normale.

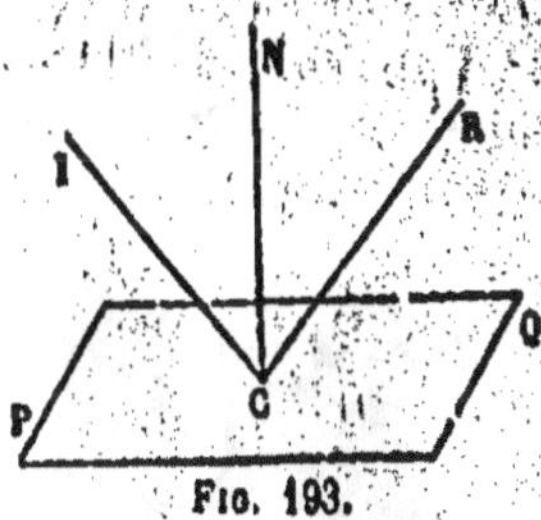

Fig. 193.

398. Lois de la réflexion de la chaleur. — Première loi. — *Les deux rayons incident et réfléchi sont dans un même plan perpendiculaire à la surface réfléchissante.*

Deuxième loi. — *L'angle d'incidence est égal à l'angle de réflexion.*

Vérification expérimentale. — Elle se fait avec l'*appareil de Melloni*, représenté dans la figure 194. L'organe essentiel de cet appareil est une pile *thermo-électrique* P, disposée sur une alidade mobile R et communiquant par deux fils avec un *galvanomètre* G. L'ensemble de la pile et du galvanomètre constitue le *thermo-multiplicateur de Melloni*. Ces deux appareils seront décrits plus tard en électricité ; il suffit de savoir, pour le moment, qu'un rayon de chaleur, qui tombe sur une des faces de la pile, donne naissance à un courant électrique dont l'effet est de faire dévier l'aiguille aimantée du galvanomètre. C'est par cette déviation plus ou moins grande que l'on apprécie l'intensité de la chaleur que la pile reçoit : on a reconnu, en effet, qu'il y a sensiblement proportionnalité entre l'angle de déviation et la quantité de chaleur rayonnée sur l'une des faces de la pile, pourvu, toutefois, que cette déviation ne dépasse pas certaines limites.

La figure 194 montre comment il faut disposer l'appareil de Melloni pour vérifier les lois de la réflexion de la chaleur. Une surface métallique MM', bien polie et orientée bien verticalement, est fixée sur un support horizontal O dont la circonférence est divisée en degrés. Les rayons calorifiques, issus de la source S et limités en un faisceau très délié par l'ouverture de l'écran E (l'écran E étant abaissé), tombent obliquement sur la plaque MM', et l'on cherche la direction des rayons réfléchis en plaçant la

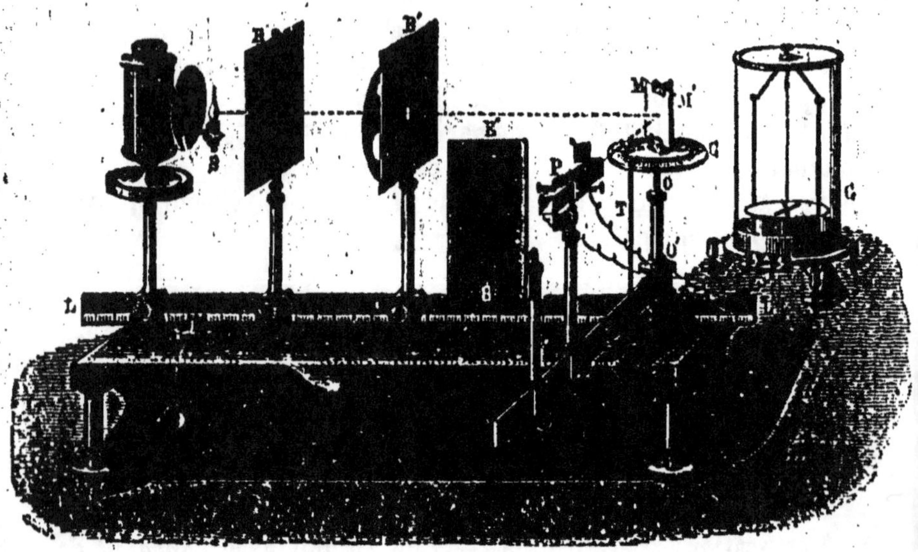

Fig. 194.

pile P, par le déplacement de l'alidade qui la porte, dans la position où le courant électrique qu'elle engendre produit le maximum de déviation dans l'aiguille du galvanomètre. On constate alors que les angles d'incidence et de réflexion, mesurés par la graduation du support horizontal, sont égaux, comme le veut la seconde loi de la réflexion. Le rayon incident est parallèle à la règle LL', appelée *banc de Melloni*, et le rayon réfléchi à l'alidade mobile. Ces deux rayons sont donc dans un même plan horizontal, perpendiculaire, par conséquent, à celui de la surface réfléchissante MM', ce qui vérifie la première loi, parce que S, MM' et P sont à la même hauteur au-dessus de la règle LL'.

REMARQUE. — L'expérience des *miroirs conjugués* que nous avons décrite en acoustique (240) réussit aussi bien avec des rayons calorifiques qu'avec des rayons sonores : elle prouve l'identité des lois de la réflexion de la chaleur, du son et de la lumière. Il suffit, pour s'en convaincre, de remplacer, à l'un des foyers, la source de lumière pour une corbeille pleine de charbons ardents, et, à l'autre foyer, le petit écran qui reçoit l'image du corps lumineux par un peu de coton-poudre. Ce dernier s'enflamme immédiatement, lorsque les axes des miroirs coïncident.

Les *miroirs ardents* constituent une application et, de plus, une vérification des mêmes lois. On appelle ainsi des miroirs métalliques concaves qui ont la propriété de faire converger à leur foyer, en même temps que la lumière, les rayons calorifiques parallèles à leur axe. Si l'on opère avec les rayons solaires, on peut produire une chaleur très intense, capable de fondre les métaux et même la silice.

399. Réflexion irrégulière ou diffusion. — Ce phénomène est commun à la chaleur et à la lumière, et on l'observe lorsque des rayons calorifiques tombent sur une surface dépolie ou sur des substances mates, comme le blanc de céruse, le papier, le bois, etc. Dans ces conditions, une partie de la chaleur ne semble pas suivre les lois de la réflexion que nous venons d'énoncer, mais se dispersent dans toutes les directions. Cette *diffusion* de la chaleur s'explique par le fait que les rayons calorifiques tombent en réalité sur un grand nombre de petits miroirs plans constitués par les nombreuses aspérités qui hérissent la surface dépolie. Comme ces petits miroirs sont orientés dans une infinité de directions différentes, la réflexion de la chaleur peut se faire régulièrement sur chacun d'eux, mais le résultat général est que les rayons se dispersent ou se *diffusent* dans tous les sens autour du point d'incidence. Il est facile de constater ce fait avec l'appareil de Melloni (*fig.* 194), lorsqu'on remplace la plaque métallique MM' par une surface rugueuse ; la déviation de l'aiguille du galvanomètre fait voir alors que la pile thermo-électrique reçoit de la chaleur dans plusieurs positions qu'on lui fait successivement prendre, en déplaçant l'alidade qui la porte.

III. — POUVOIRS RÉFLECTEUR, ABSORBANT, ÉMISSIF ET DIATHERMANE DES CORPS

400. Pouvoir réflecteur. — Le *pouvoir réflecteur* d'une surface est le *rapport de la chaleur réfléchie à la chaleur reçue*.

La détermination du pouvoir réflecteur des différentes substances se fait commodément avec l'appareil de Melloni. Pour cela, on place d'abord la pile dans la direction même de la règle LL' (*fig.* 104), ce qui permet d'évaluer l'intensité de la chaleur incidente; dans des expériences subséquentes, les surfaces à étudier sont disposées successivement en MM', afin que le faisceau calorifique se réfléchisse suivant les lois ordinaires, avant de tomber sur la pile que l'on met dans la direction des rayons réfléchis.

On a constaté, par cette méthode, que l'*argent* réfléchit 96 0/0 de la chaleur incidente, le *cuivre* et le *laiton* 93, le *platine* 83, et le *fer* 77. Les métaux, en général, ont un bon pouvoir réflecteur; celui du *verre* est faible, et celui du *noir de fumée* est nul.

On remarque que, dans le cas des substances transparentes, la quantité de chaleur réfléchie augmente avec l'angle d'incidence, tandis que cette particularité n'influence que peu le pouvoir réflecteur des métaux. — Ajoutons que la chaleur obscure se réfléchit plus facilement que la chaleur lumineuse.

401. Pouvoir absorbant. — C'est *le rapport entre la quantité de chaleur absorbée par un corps et la quantité de chaleur incidente*.

Les corps qui possèdent ce pouvoir au plus haut degré sont ceux qui réfléchissent et diffusent *le moins* la chaleur, et qui ne se laissent pas facilement traverser par les rayons calorifiques. La plus grande partie de la chaleur est arrêtée par ces substances et contribue généralement à les échauffer. Les *métaux*, qui ont un grand pouvoir réflecteur, absorbent peu la chaleur, tandis que le *noir de fumée*, dont le pouvoir réflecteur est nul et qui ne diffuse pas sensiblement la chaleur, absorbe, pour ainsi dire, celle-ci en totalité. D'après Melloni, il en est de même du *blanc de céruse*. Toutefois, le noir de fumée est la seule substance dont le pouvoir absorbant ne varie pas avec la *nature* des rayons calorifiques.

Une surface donnée absorbe d'autant plus de chaleur que l'angle d'incidence des rayons est plus petit; et, par suite, la quantité absorbée diminue avec leur obliquité.

On doit atténuer le degré de poli d'un vase dans lequel on veut faire bouillir de l'eau, afin d'augmenter le pouvoir absorbant; les cafetières recouvertes de noir de fumée exigent moins de chaleur que celles qui auraient conservé leur brillant; dans ce cas, en effet, une partie de la chaleur est réfléchie vers la source, et la quantité absorbée devient très faible.

402. Pouvoir émissif. — Le *pouvoir émissif* d'un corps se mesure ordinairement par comparaison avec celui du noir de fumée, qui possède à un très haut degré la propriété d'émettre

Fig. 195.

de la chaleur. C'est pour cette raison qu'on définit le pouvoir émissif d'une substance le *rapport de la quantité de chaleur émise à celle qu'émet le noir de fumée, à surface et à température égales.*

Le pouvoir émissif des corps, très variable avec la *température* et la *nature* des surfaces chaudes, se détermine avec l'appareil de Melloni auquel on donne la disposition de la figure 195. En

C'est un cube rempli d'eau bouillante et dont les faces, à l'exception d'une seule qui reste métallique, sont recouvertes respectivement de noir de fumée, de blanc de céruse, etc. ; la chaleur émise par les différentes surfaces est évaluée par la déviation du galvamomètre. — On constate alors que le *blanc de céruse* seul a un pouvoir émissif égal à celui du noir de fumée, et, par conséquent, égal à l'unité. Toutes les autres substances émettent moins de chaleur, et les métaux polis, en particulier, rayonnent d'autant moins que leur pouvoir réflecteur est plus grand. C'est ainsi que le pouvoir émissif de l'argent poli n'est que 0,025, tandis que celui de l'argent mat est 0,54 ; ceux de l'encre de Chine et de la gomme laque sont respectivement 0,85 et 0,72.

On a reconnu que les corps qui émettent beaucoup de chaleur sont ceux qui en absorbent le plus. On admet, en outre, que ces deux pouvoirs sont égaux pour des rayons de chaleur de même nature et pour un même corps.

On peut citer, comme application du pouvoir émissif, l'usage de recouvrir les poêles d'un enduit noir de plombagine. Les poêles brillants et ornés de plaques nickelées rayonnent très peu. Au contraire, on conserve très longtemps un liquide chaud, comme le thé et le café, en le plaçant dans des vases métalliques polis, parce que, dans ces conditions, le pouvoir émissif est faible.

403. Pouvoir diathermane. — Certaines substances se laissent facilement traverser par la chaleur ; d'autres, au contraire, sont opaques et n'en laissent peu ou rien passer : les premières sont appelées *substances diathermanes* et les autres *substances athermanes*. — On appelle *pouvoir diathermane* d'un corps, pour des rayons calorifiques de *nature déterminée*, le *rapport entre la quantité de chaleur transmise et la quantité de chaleur incidente*.

Les pouvoirs diathermanes des corps se mesurent avec le même appareil de Melloni. Les substances à étudier, taillées en plaques plus ou moins épaisses, sont placées verticalement sur le trajet des rayons calorifiques, et l'on note la déviation du galvanomètre, que l'on compare ensuite à celle qui se produit quand les rayons de la même source de chaleur tombent directement sur la pile, sans interposition d'aucun corps ; on obtient, de la sorte, le rapport qui caractérise le pouvoir diathermane de la substance soumise à l'expérience.

L'étude précise de la diathermanéité des corps exige certaines notions que nous ferons connaître plus tard en optique. Il suffira de savoir, pour le moment, que les radiations émises par le soleil, ou même par les sources artificielles de lumière, ne sont pas toutes de même nature ; les unes sont complètement obscures et ne contiennent que de la chaleur, tandis que les autres sont à la fois lumineuses et calorifiques, et constituent ce qu'on appelle la *chaleur lumineuse*. De même que la lumière blanche se décompose en une série de rayons diversement colorés, et pour lesquels les différentes substances sont *inégalement transparentes*, de même aussi les radiations calorifiques contiennent des rayons *inégalement transmissibles* à travers les différents milieux. C'est pour cette raison qu'il faut tenir compte, dans cette question de la transparence des corps pour la chaleur, non seulement de la nature et de l'épaisseur des plaques, mais encore de la nature des rayons incidents.

Les nombreuses expériences effectuées par les physiciens, et, en particulier, par Melloni, ont fait voir que le *verre*, transparent pour la chaleur lumineuse, est à peu près opaque pour la chaleur obscure. Cette particularité correspond au phénomène d'un verre coloré en rouge qui ne laisse passer que les rayons rouges et intercepte les autres. L'*alun* et l'*eau* se comportent à peu près de la même façon que le verre. Le *sel gemme* présente cette propriété remarquable de laisser passer toute la chaleur, tant obscure que lumineuse ; recouvert de noir de fumée, il arrête toute la chaleur lumineuse pour ne transmettre que la chaleur obscure, et il en est de même d'une solution d'*iode* dans le *bisulfure de carbone*.

On peut citer, parmi les substances diathermanes, l'air sec et les gaz simples ; les gaz composés sont athermanes. — On admet, enfin, que l'influence de l'épaisseur des lames se fait sentir surtout dans les couches superficielles, et que l'absorption de la chaleur n'est pas proportionnelle à l'épaisseur.

L'action de la *vapeur d'eau* sur la chaleur est particulièrement intéressante. Cette substance, diathermane pour la chaleur lumineuse, est opaque pour les rayons obscurs. Sa présence dans l'air a pour effet de protéger le sol contre les trop grandes ardeurs du soleil, pendant le jour, et elle retient, pendant la nuit, la chaleur obscure qui tend à se perdre par rayonnement. C'est pour cette raison que, dans les déserts où l'air est sec, la température peut baisser considérablement pendant la nuit, lorsqu'elle a été très élevée pendant le jour. On explique de la même façon la température assez haute que l'on peut obtenir dans les *serres vitrées*, parce que le verre, qui laisse passer la chaleur lumineuse du soleil, arrête ensuite les radiations obscures tendant à s'échapper des objets échauffés.

CHAPITRE VII

DIFFÉRENTS SYSTÈMES DE CHAUFFAGE

404. Principaux modes de chauffage. — On emploie principalement, pour le chauffage des lieux habités : 1° les *chemi-nées* ; 2° les *poêles* ; 3° la *vapeur* ; 4° l'*air chaud*, et 5° l'*eau chaude*. On utilise surtout la chaleur dégagée par la combustion du bois et du charbon, soit *directement*, comme dans les deux premiers systèmes, soit *indirectement*, c'est-à-dire par l'intermédiaire de l'air ou de l'eau, comme dans les trois autres.

La chaleur du combustible est loin d'être utilisée également dans ces différents modes de chauffage, mais chacun de ceux-ci présente des avantages et des inconvénients que nous allons faire connaître par une description sommaire de leur installation et de leur fonctionnement.

405. Chauffage par les cheminées. — Les *cheminées*, très employées dans les climats tempérés, comme dans l'Europe occidentale, sont tout simplement des foyers ouverts, légèrement enfoncés dans l'intérieur d'un mur, et communiquant avec l'atmosphère par un long tuyau qui sert à l'écoulement de la fumée, en produisant le tirage et en activant la combustion des matières enflammées. Le bois, employé comme combustible d'une cheminée, se place sur les *chenets;* le charbon est déposé dans des grilles métalliques.

406. Tirage des cheminées. — Les cheminées ne fonctionnent bien que s'il s'établit un bon *tirage*. — On entend par *tirage* des cheminées un écoulement continu et rapide de l'air des pièces à chauffer vers le tuyau et l'atmosphère, courant d'air en vertu duquel le foyer reçoit la quantité d'oxygène nécessaire à l'entretien du feu, et par lequel les produits de la combustion sont constamment refoulés vers l'extérieur. Les cheminées qui *fument* sont celles qui *tirent* mal, ce qui a lieu surtout lorsque les dimensions du tuyau ne permettent pas au courant d'air ascendant d'atteindre une vitesse suffisante.

Le tirage s'explique par la diminution de densité que la chaleur du foyer fait subir à la colonne d'air contenue dans le tuyau de la cheminée. La pression, dans ce dernier, devient alors plus faible que celle d'une colonne extérieure d'air froid de volume égal, et la colonne chaude tend à s'élever avec une force précisément égale à la différence de ces pressions. Le courant d'air qui passe sur le foyer, déterminé par le vide qui tend à se produire, sera donc d'autant plus rapide que cette différence sera plus grande, et, par suite, que la température de l'air dans le tuyau sera plus élevée et que le tuyau lui-même sera plus long. C'est pour cette raison qu'on augmente quelquefois la longueur des cheminées, en plaçant à leur partie supérieure des mitres coniques qui assurent une vitesse suffisante à la fumée.

407. Conditions d'un bon tirage. — Outre cette condition de longueur convenable que nous venons d'énoncer, il faut, pour avoir un bon tirage, que la section de la cheminée ait des dimensions proportionnées à celles du foyer, afin que le tuyau soit toujours complètement rempli par les gaz chauds; autrement, si la section est trop grande, il se forme des courants descendants. C'est pour éviter ce défaut que les longues cheminées sont plus étroites à la partie supérieure, parce que l'air, qui se refroidit en montant, occupe un volume de plus en plus petit.

Le courant d'air qui constitue le tirage deviendrait impossible, si la pièce à chauffer était hermétiquement close, et si l'air extérieur ne pouvait plus alimenter la cheminée. Dans ces conditions, celle-ci ne tarderait pas à *fumer* et le foyer à s'éteindre. Le renouvellement de l'air se fait suffisamment par les fissures des portes et des fenêtres.

Enfin, ajoutons que deux cheminées voisines doivent être indépendantes l'une de l'autre, parce que l'inégalité du tirage, dans deux tuyaux communiquant ensemble, donne naissance à des courants descendants, et fait fumer des cheminées qui auraient d'ailleurs la longueur voulue pour l'écoulement continu des produits de combustion.

408. Valeur économique des cheminées. — Le mode de chauffage par les cheminées est le plus imparfait de tous, au point de vue de l'économie et de l'utilisation du combustible : c'est celui qui répand le moins de chaleur. Le foyer, en effet, ne chauffe que par rayonnement, et la plus grande partie de la chaleur se perd par le tuyau dans l'atmosphère; la proportion de chaleur utilisée ne dépasse guère 10 à 12 0/0. Aussi, ce système ne peut convenir aux pays froids, dans lesquels, cependant, on l'emploie souvent comme ornement. — Toutefois, les cheminées présentent l'avantage de provoquer une ventilation énergique, et, à ce point de vue, elles constituent un mode de chauffage très salubre.

409. Chauffage par les poêles. — On utilise beaucoup mieux la chaleur du combustible avec les *poêles*. Ceux-ci, en effet, installés au milieu même d'une chambre, rayonnent dans toutes les directions, et, de plus, échauffent l'air qui les entoure par une véritable circulation que nous avons déjà appelée la *convection* (392). L'air, réchauffé par contact des plaques chaudes du poêle, s'élève en vertu de sa faible densité, et le vide, qui tend à se produire, provoque un mouvement de l'air plus froid par lequel toute la masse finit par passer près du foyer. — Les poêles présentent deux ouvertures, dont l'une, que l'on peut dégager à la partie inférieure, est la *prise d'air*, et l'autre, placée à la partie supérieure du foyer, communique avec une cheminée par un tuyau de tôle noircie; il s'établit alors un tirage analogue à celui des cheminées proprement dites et nécessaire à l'entretien de la combustion, ainsi qu'à une ventilation modérée. — Les poêles affectent des formes variées, suivant qu'on emploie le bois ou le charbon comme combustible.

Le chauffage par les poêles, surtout par les poêles à bois, est intermittent et très souvent excessif, mais il est économique. Il a, en outre, l'inconvénient de dessécher l'air et de présenter des dangers d'incendie, par l'inflammation, dans les cheminées et les tuyaux, de la suie et autres produits de la combustion. Ajoutons que les plaques de fonte chauffées au rouge se laissent traverser par certains gaz dangereux, entre autres par l'oxyde de carbone.

410. Chauffage par la vapeur. — Ce système de chauffage, assez répandu au Canada et dans quelques parties des États-Unis, n'est rien autre chose qu'une application de la condensation des vapeurs. La vapeur d'eau, produite dans des chaudières que l'on installe soit à l'extérieur, soit dans les caves des habitations, vient se liquéfier dans des tuyaux et les échauffe énergiquement en restituant sa chaleur de vaporisation. L'eau de condensation est ensuite aspirée par des pompes et revient à la chaudière. Ce mode de distribution de la vapeur exige quelquefois, comme dans les installations un peu anciennes, une pression assez forte de la vapeur d'eau. Dans certains systèmes modernes, qui donnent d'excellents résultats au point de vue de l'économie du combustible, et qu'on peut appeler *systèmes à vide*, on commence par faire un vide relatif, au moyen d'une pompe, dans les tuyaux de chauffage, de telle sorte qu'il suffit d'une pression à peine supérieure à la pression atmosphérique pour la distribution de la vapeur. L'eau de condensation, au moyen d'une soupape particulière, est aspirée vers la chaudière par l'effet du vide produit dans les tubes de retour.

Ce système de chauffage, parce qu'il dégage une chaleur très vive, est nécessairement intermittent; de plus, il dessèche l'air et ne produit aucune ventilation. Il convient surtout aux grands édifices, aux églises, aux serres, etc., et, dans le cas d'installations bien faites, il est assez économique.

411. Chauffage par l'air chaud. — Dans ce système, assez peu employé de nos jours, on fait arriver, au moyen de tuyaux placés dans les murs et qui débouchent à la partie inférieure des pièces, de l'air venant de l'extérieur et chauffé dans les caves de l'édifice. L'air froid entre par une ouverture appelée *prise d'air*, circule dans des tubes autour d'une fournaise, et s'élève ensuite en vertu de sa légèreté spécifique provoquée par l'élévation de température, de sorte qu'il s'établit un mouvement continu d'air chaud vers les pièces à chauffer. La ventilation est suffisante, lorsque la prise d'air est à l'extérieur et lorsqu'on établit des bouches de sortie à la partie supérieure des chambres.

Le chauffage par l'air chaud dessèche énormément l'air, et manque quelquefois de régularité, parce qu'il est affecté par la direction du vent; il arrive, en outre, que les matières organiques contenues dans l'air se carbonisent et répandent une odeur désagréable.

412. Chauffage par l'eau chaude. — Ce système consiste à échauffer des tuyaux, installés dans les différentes pièces d'un

édifice, par une circulation continue d'eau chaude, de telle sorte
que ces tuyaux, en nombre plus ou moins grand suivant la masse
d'air à chauffer, jouent le rôle des poêles ordinaires. Ce mouvement continu, par lequel l'eau refroidie est constamment remplacée par de l'eau plus chaude, est produit de la manière suivante : on fait communiquer directement, par un tuyau droit, la
partie supérieure d'une chaudière, où l'eau s'échauffe dans les
caves de l'édifice, avec un réservoir installé sous le toit, puis le
circuit est complété par une série de tubes qui débouchent dans
les différentes pièces, et qui viennent se souder à la partie
inférieure de la chaudière. Le mouvement circulatoire de l'eau
s'établit par la différence de densité entre l'eau contenue dans la
chaudière et celle plus froide qui occupe les autres parties du
circuit; la rupture d'équilibre qui en résulte donne naissance à
un courant ascendant d'eau chaude vers le réservoir supérieur,
et à un courant descendant pendant lequel l'eau se refroidit
en cédant sa chaleur aux tubes. Le réservoir supérieur, qui n'est
jamais complètement rempli, permet à l'eau de se dilater librement, et prévient les ruptures aux différents points de la canalisation.

L'installation d'un système de ce genre est quelque peu dispen-
dieuse, et, à cause de la grande chaleur spécifique de l'eau, ce
mode de chauffage fonctionne avec lenteur, c'est-à-dire que l'eau
demande beaucoup de chaleur pour s'échauffer à une température donnée, et conserve longtemps de la chaleur après l'extinction du foyer. Ce léger inconvénient est amplement compensé
par l'uniformité de la température que l'on obtient dans toutes
les parties d'un même édifice, et par la parfaite régularité du
chauffage.

CHAPITRE VIII

MACHINE A VAPEUR

413. Principe de la machine à vapeur. — L'on sait que la vapeur d'eau, chauffée à des températures progressivement croissantes, acquiert une tension qui augmente très rapidement avec la température ; à 180°, elle est déjà de 10 atmosphères. C'est par l'intermédiaire de cette force élastique que la machine à vapeur *transforme* la chaleur d'un combustible quelconque en travail mécanique. Sans entrer dans des détails qui nous entraîneraient trop loin, nous nous contenterons de décrire sommairement les organes essentiels de ces machines, et quelques-unes de leurs applications les plus importantes.

La machine à vapeur, dont les principaux perfectionnements sont dus à l'ingénieur écossais Watt, se compose de deux parties principales : le *générateur* de là vapeur et la *machine elle-même* où s'effectue la transformation en travail mécanique.

414. Chaudières des machines à vapeur. — On emploie deux espèces de *générateurs* ou de *chaudières* à vapeur : les *chaudières à bouilleurs* et les *chaudières tubulaires*.

La figure 196 représente une chaudière du premier type, très peu en usage aujourd'hui, et pour les machines fixes des usines seulement. Ce générateur est construit de façon à présenter une grande *surface de chauffe*, afin d'utiliser autant que possible la chaleur du foyer, avec production considérable de vapeur ; la quantité de vapeur dégagée est, en effet, proportionnelle à la chaleur reçue, et celle-ci, à son tour, est proportionnelle à la surface de chauffe. C'est pour cela qu'on associe à la chaudière proprement dite V, de forme cylindrique, à parois résistantes, et aux trois quarts remplie d'eau, deux ou plusieurs cylindres B et B', appelés *bouilleurs*, complètement pleins d'eau, et communiquant avec le générateur par des tubes verticaux. De cette manière, la flamme du foyer et les gaz chauds, par la disposition de la maçonnerie qui entoure le tout, ne peuvent se rendre à la cheminée qu'après avoir chauffé directement les bouilleurs et avoir circulé, en dessous de la chaudière, de gauche à droite, et, sur les côtés de celle-ci, de droite à gauche, comme l'indiquent les flèches.

Les *chaudières tubulaires*, dues à Marc Seguin, permettent d'obtenir une surface de chauffe beaucoup plus grande sous un volume

Fig. 196.

relativement restreint, et de produire, dès lors, très rapidement une quantité énorme de vapeur ; elles sont presque exclusivement employées de nos jours, et principalement dans les locomotives. Ces chaudières sont traversées de part en part par de nombreux tubes ouverts aux deux extrémités et constamment entourés d'eau. C'est par ces tubes que les gaz chauds du foyer se rendent à la cheminée, en provoquant une vaporisation très rapide de l'eau.

Différents accessoires des chaudières. — Les principaux sont indiqués dans la figure 196. En O est une *soupape de sûreté*, maintenue en place par un levier chargé d'un poids convenable P, et qui doit se soulever avant que la vapeur atteigne une force élastique dangereuse. En T' est un tube par où on introduit l'eau d'alimentation. Celle-ci se fait par des pompes mises en mouvement par la machine elle-même, ou encore principalement par l'*injecteur Giffard*, qui aspire l'eau d'un réservoir et la projette dans le générateur, en appliquant d'une façon très ingénieuse le principe des *trompes à eau*. On voit en T le tube qui conduit la vapeur à la machine, et en O' un *indicateur de niveau*. On emploie aussi des tubes en verre, disposés sur le côté de la chaudière, et communiquant avec l'intérieur par les deux extrémités : de cette manière, le niveau, bien visible dans le tube, est le même que dans la chaudière. Ce niveau ne doit pas baisser au delà d'une certaine limite, afin que la flamme du foyer ne chauffe que les parois de la chaudière directement baignées par l'eau ; autrement, le fer pourrait rougir et donner lieu à une production énorme de vapeur pendant l'alimentation. En outre, le volume de la vapeur au-dessus du liquide doit être assez considérable pour que la force élastique ne diminue pas trop brusquement pendant la dépense. S'il en était ainsi, il se produirait une ébullition rapide, dont l'effet serait de projeter des gouttes d'eau dans la machine.

Enfin, on ajoute un *manomètre métallique* indiquant à chaque instant la pression de la vapeur d'eau dans la chaudière.

415. Machine proprement dite et distribution de la vapeur. — Les figures 197 et 198 font comprendre facilement la manière dont la force élastique de la vapeur d'eau est utilisée à la production d'un travail mécanique. L'organe essentiel de la machine est le *cylindre* C (*fig.* 197) dans lequel la vapeur, arrivant par la *boîte à vapeur* V, donne à un piston P un mouvement régulier de va-et-vient. C'est ce qu'indique plus clairement la figure 198 qui représente une coupe du cylindre et de la boîte à vapeur V. On voit, par la position de la pièce creuse *p*, nommée *tiroir*, que la vapeur, arrivant de la chaudière par le tube V, se rend à la partie inférieure du cylindre par le canal I, et pousse le piston vers le haut, tandis que la vapeur contenue à la partie supérieure, de l'autre côté du piston, s'échappe par le canal I' jusqu'à l'ouverture *e* qui communique avec l'atmosphère. Supposons maintenant que le tiroir, se déplaçant vers le bas, ferme le conduit I et ouvre I'. La vapeur, dans ces conditions, pénètre au-dessus du piston, le pousse vers la partie inférieure, et la vapeur déjà entrée de ce côté s'écoule par le conduit I jusqu'à l'ouverture *e*, et ainsi de suite.

La vapeur est donc distribuée successivement de chaque côté du piston par le déplacement du tiroir, et elle lui donne un

Fig. 197.

mouvement alternatif qu'on transforme ensuite en mouvement circulaire.

Cette transformation se fait (*fig.* 197) au moyen d'une tige métallique B, appelée *bielle*, s'articulant, d'une part, sur l'extrémité de la tige T qui se déplace à frottement doux dans les glissières G et G', et, d'autre part, sur la *manivelle* M, fixée à *l'arbre de couche.* Il est facile ensuite de communiquer le mouvement circulaire de ce dernier à un mécanisme quelconque, en adaptant une courroie sur la roue R.

Quant au mouvement du tiroir, il est produit par la machine elle-même au moyen de *l'excentrique.* L'excentrique, comme on le voit dans la figure 199, est un disque métallique E fixé à l'arbre de couche A par un point qui n'est pas son centre; la tige du tiroir se termine par un collier K, également métallique, qui

Fig. 198.

entoure complètement l'excentrique, lorsque ce dernier tourne sur lui-même, en glissant dans l'intérieur du collier, il prend alternativement la position E et celle indiquée en traits pointil-

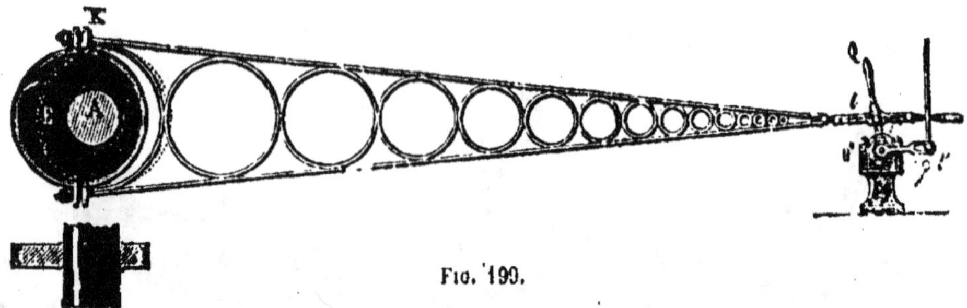

Fig. 199.

lés ; il en résulte un mouvement de va-et-vient du tiroir, par l'intermédiaire de leviers et de tiges. Le mouvement de ceux-ci, à cause de la disposition de l'excentrique, est toujours inverse de celui que la bielle imprime à la manivelle.

416. Régulateurs de mouvement. — Comme les machines à vapeur ne rencontrent pas toujours les mêmes résistances dans leur fonctionnement, il est nécessaire, pour obtenir un mouvement sensiblement uniforme, de régulariser la vitesse des organes par l'emploi d'appareils appelés *régulateurs de mouvement :* ce sont le *volant*, destiné à prévenir les changements *brusques* de vitesse causés par des variations subites dans la charge, et le *régulateur à boules*, dont le but est d'atténuer les variations *lentes* qui se font toujours dans le même sens pendant un certain temps.

Volant. — Le *volant* R (*fig.* 197) est une grande roue très pesante dont une grande partie de la masse est sur la circonférence, où la vitesse linéaire est la plus grande ; il est solidaire de l'arbre de couche et tourn. vec lui. Le volant constitue un véritable réservoir de force vive ; s'il y a diminution brusque dans la résistance que rencontre la machine, la vitesse tend à s'accélérer, mais l'excès du travail moteur sur le travail résistant est absorbé par le volant sous forme de force vive, ce qui a pour effet, à cause de la grande masse de celui-ci, de prévenir un accroissement trop rapide de cette vitesse. Lorsque au contraire il se produit une augmentation subite de résistance, la vitesse ne peut pas non plus diminuer rapidement, parce qu'une partie de la force vive emmagasinée dans le volant fournit pendant quelque temps une certaine quantité de travail.

Régulateur à boules ou à force centrifuge. — Cet appareil, destiné à prévenir les variations lentes de vitesse, se compose tout simplement de deux sphères métalliques pesantes, fixées à une espèce de parallélogramme articulé et animées d'un mouvement de rotation, par la machine elle-même, autour d'un axe vertical. Un accroissement de vitesse développe une force centrifuge qui écarte et soulève les boules, et ce mouvement, par une suite de leviers, agit sur une soupape qui diminue l'entrée de la vapeur. Les boules retombent et la soupape s'ouvre de nouveau lorsque la vitesse décroît. On emploie aussi des régulateurs à ressorts, installés sur le volant et qui agissent sur l'excentrique.

417. Condenseur. — Le *condenseur*, imaginé par Watt, a pour but de supprimer la pression atmosphérique qui s'exerce toujours sur l'une des faces du piston, lorsque le cylindre communique librement avec l'air extérieur, ce qui a pour effet de diminuer d'autant le travail de la machine. C'est un vase métallique entièrement clos, vide d'air, et maintenu à une basse température par l'injection, à son intérieur, d'une pluie d'eau froide. Si l'on fait communiquer le condenseur avec le cylindre par le tube *l* (*fig.* 198), la vapeur, qui vient de travailler en poussant le piston jusqu'au bout de sa course, va se condenser dans l'enceinte refroidie, en vertu du principe de Watt ou de la *paroi froide* (342), et acquiert une tension correspondante à cette basse température : la pression de la vapeur dans le cylindre peut descendre à quelques millimètres, au lieu de la pression atmosphérique.

Le condenseur permet donc d'augmenter la force d'une machine, mais il présente l'inconvénient d'en compliquer l'installation. En effet, la vapeur cède sa chaleur de vaporisation et réchauffe l'eau froide qu'on injecte dans le condenseur. Il faut donc que la machine fasse mouvoir deux pompes, la première pour refroidir le condenseur, et la seconde qui aspire constamment l'eau injectée et réchauffée, pour la renvoyer ensuite dans la chaudière. Cette dernière opération a l'avantage d'utiliser une partie de la chaleur de condensation de la vapeur.

418. Détente. — L'emploi de la *détente*, dû encore à Watt, consiste à ne faire arriver la vapeur, par une disposition particulière du tiroir, que pendant une *partie* (la moitié, le tiers, le cinquième, etc.) de la course du piston. La vapeur, introduite dans le cylindre et indépendante, dès lors, de celle de la chaudière, se *détend* en augmentant de volume, et fait rendre le piston jusqu'au bout de sa course, sous l'influence de sa force élastique.

Il est facile de comprendre les avantages de la détente, au point de vue de l'économie de la vapeur et du bon fonctionnement de la machine : on gagne, d'une part, le travail effectué par l'expansion de la vapeur, sans nouvelle dépense de celle-ci, et, d'autre part, à cause de la diminution de la vitesse qui résulte de la détente, on prévient les chocs du piston sur l'extrémité du cylindre. — Le travail d'une machine qui emploie la détente est nécessairement inférieur à celui que l'on obtiendrait si la vapeur arrivait dans le cylindre durant toute la course du piston, mais il diminue *beaucoup moins vite* que la quantité de vapeur économisée. La détente se fait quelquefois à $\frac{1}{5}$, $\frac{1}{10}$, et même à $\frac{1}{30}$, dans les machines modernes.

419. Classification des machines à vapeur. — Les différents types de machines se distinguent par la pression que la vapeur exerce dans la chaudière.

Dans les machines à *basse pression*, la force élastique de la vapeur est limitée à environ 2 atmosphères, ce qui exige l'emploi du condenseur. Ces machines ne sont plus employées de nos jours.

Une machine est dite à *moyenne pression*, lorsque la tension de la vapeur varie de 2 à 5 atmosphères.

Enfin, dans les machines à *haute pression*, les plus en usage aujourd'hui, la force élastique de la vapeur est supérieure à 5 atmosphères. — La substitution de l'acier au fer, dans la construction des chaudières, permet maintenant d'élever considérablement la tension de la vapeur, et celle-ci peut atteindre jusqu'à 175 livres par pouce carré. Dans un grand nombre de cas, il est avantageux de supprimer le condenseur, ce qui simplifie beaucoup l'installation d'une machine, et dispense de l'emploi des pompes nécessaires au fonctionnement de cet accessoire.

Dans certains types de machines modernes, appelées machines *compound*, la vapeur, dont la pression est très élevée dans la chaudière, subit plusieurs détentes successives avant d'arriver dans le condenseur, où elle ne possède plus que 4 à 5 livres de pression par pouce carré. La détente s'effectue successivement dans plusieurs cylindres de plus en plus vastes, associés au premier à haute pression, et dont les travaux s'ajoutent sur le même arbre de couche. On construit, d'après ce principe, des machines à *double*, *triple* et même à *quadruple expansion*, particulièrement employées dans les bateaux à vapeur. Elles réalisent un grand progrès dans l'utilisation de la force élastique de la vapeur.

420. Applications de la machine à vapeur. — Les applications de la machine à vapeur sont très nombreuses. Outre l'emploi qu'on en fait dans l'industrie pour faire mouvoir les mécanismes les plus variés, elle a profondément modifié et perfectionné l'art de la navigation par les *bateaux à vapeur*. Dans ces derniers, c'est la force de la vapeur qui met en mouvement les roues à aubes ou les hélices, en procurant une vitesse de déplacement inconnue jusqu'alors.

Les *locomotives* ne sont que des machines à vapeur qui se meuvent elles-mêmes et peuvent traîner de lourds wagons. Comme les roues, par lesquelles les locomotives reposent sur les rails, ne peuvent glisser, à cause du poids énorme qu'elles supportent, ces machines se déplacent de la longueur de la circonférence des roues motrices pour chaque tour complet. — Les locomotives fonctionnent sans condenseur, et l'on n'emploie, dans leur construction, que les chaudières tubulaires. Enfin, on active le tirage du foyer, insuffisant de lui-même à cause de la faible hauteur de la cheminée, en faisant pénétrer dans celle-ci la vapeur qui a déjà travaillé dans les cylindres. et dont la sortie, à chaque mouvement des pistons, produit une aspiration énergique.

421. Puissance et rendement d'une machine à vapeur. — La *puissance* d'une machine à vapeur est la quantité de travail qu'elle fournit pendant l'unité de temps. Le *cheval-vapeur*, c'est-à-dire le travail de 75 kilogrammètres par seconde, constitue l'unité *industrielle* de puissance. Le cheval anglais (horse-power) développe, pendant le même temps, 550 *pieds-livres*.

Dans le système C. G. S., l'unité *pratique* de puissance est le *watt*, c'est-à-dire 1 *joule* ou 10^7 ergs par seconde. Le cheval-vapeur français équivaut à 736 watts, ou 0,736 kilowatt.

Le rapport entre le travail utile produit par une machine et celui qui serait effectué par la transformation complète de la chaleur du combustible, pendant un temps donné, s'appelle le *rendement industriel* de cette machine. A raison des pertes considérables de chaleur par rayonnement, par la cheminée, par l'absorption qui résulte des résistances nuisibles inévitables, enfin par le fait qu'une partie de la chaleur est cédée au condenseur, on reconnaît que le rendement industriel de la machine à vapeur atteint rarement 10 0/0, et, le plus souvent, est inférieur à cette limite.

CHAPITRE IX

PRINCIPES DE THERMODYNAMIQUE

422. Production de chaleur et disparition d'énergie de mouvement dans les phénomènes mécaniques. — C'est un fait prouvé par l'expérience qu'il y a toujours production de chaleur, chaque fois qu'une certaine quantité d'énergie de mouvement ou de force vive disparaît ; en d'autres termes, toute absorption de travail mécanique donne naissance à une quantité correspondante de chaleur, de telle sorte qu'on admet, du moins dans la théorie dynamique de la chaleur (425), qu'il y a transformation d'énergie mécanique en énergie calorifique.

Si on laisse tomber un corps dénué d'élasticité sur un plan rigide, ce corps s'aplatit, et toute son énergie $\frac{1}{2} mv^2$, développée par la chute, disparaît comme énergie de mouvement. Or on constate que le corps s'*échauffe*, et que, de plus, d'élévation de température est d'autant plus grande que la hauteur de chute est elle-même plus considérable, c'est-à-dire que la quantité de chaleur produite croît avec la quantité de force vive disparue.

Le même résultat s'observe encore dans tous les phénomènes mécaniques, tels que le frottement, le choc, la percussion : la perte ou la diminution de force vive est toujours accompagnée de production de chaleur. Dès 1798, Rumford avait réussi à échauffer jusqu'à l'ébullition, dans l'espace de deux heures, 10 litres d'eau, par le frottement d'un cône d'acier tournant avec rapidité dans un deuxième cône creux de même métal. — C'est encore au frottement qu'est due la chaleur que la rotation des roues mal graissées des voitures développe dans les essieux ; il en est de même de l'inflammation du phosphore des allumettes. —

Tyndall est parvenu, en faisant tourner rapidement, dans une pince de bois fortement serrée, un tube de cuivre contenant de l'éther, à produire une chaleur suffisante pour vaporiser ce liquide ; la tension de la vapeur finit par projeter le bouchon qui ferme le tube.

La compression brusque d'un gaz dans un tube de verre épais (*briquet à air*) développe assez de chaleur pour enflammer de l'amadou. — Enfin la percussion et le choc produisent les mêmes effets. C'est ainsi qu'une balle de fusil, projetée avec force contre une surface résistante, se réchauffe quelquefois jusqu'à la fusion, par suite de la transformation de la force vive en chaleur ; pour la même raison, une masse de plomb s'échauffe sous le choc d'un marteau.

423. Transformation inverse de la chaleur en travail mécanique. — On constate facilement de plusieurs manières, en particulier dans la machine à vapeur, que la chaleur peut devenir la source d'un travail mécanique, par une transformation de l'énergie calorifique en énergie de mouvement. C'est ainsi que la chaleur C′, cédée au condenseur de cette machine, est toujours inférieure à la quantité C qu'il faut fournir à l'eau de la chaudière pour la faire passer de la température initiale à l'état de vapeur saturante. Si l'on désigne par C″ la chaleur perdue par rayonnement, des expériences précises, effectuées par Hirn, ont démontré qu'on a constamment

$$C > C' + C''.$$

On en conclut qu'une certaine quantité de chaleur disparaît pour produire le travail de la machine, et que celui-ci n'est que le résultat d'une transformation d'énergie.

La détente des gaz comprimés est, comme on le sait (369), une source considérable de refroidissement qu'on utilise principalement dans la liquéfaction des gaz. Dans ces conditions, c'est la chaleur du gaz lui-même qui se dépense pour accomplir le travail par lequel ce gaz, en augmentant de volume, repousse l'air extérieur.

424. Équivalent mécanique de la chaleur. — Les exemples que nous venons de citer font voir, en résumé, qu'une disparition d'énergie de mouvement est toujours accompagnée d'une production de chaleur, et inversement; de plus, la quantité de chaleur engendrée ou absorbée dépend de la quantité d'énergie mécanique mise en jeu.

On a pu démontrer, par des méthodes différentes et au moyen d'intermédiaires fort variés, qu'une quantité déterminée de chaleur donne toujours naissance à la même quantité de travail, et que, inversement, la même somme de travail engendre, dans tous les cas, le même nombre de calories. Il y a donc réellement *transformation* intégrale de chaleur en travail et de travail en chaleur. Dès lors, on appelle *équivalent mécanique de la chaleur* le travail mécanique, évalué en kilogrammètres ou en ergs, qui résulte de la transformation de 1 calorie (grande calorie). On désigne aussi sous le nom d'équivalent calorifique du kilogrammètre le *nombre de calories* que la transformation de ce travail peut produire.

Nous décrirons brièvement le procédé expérimental de Joule (1850), dont le but est de mesurer la quantité de chaleur dégagée

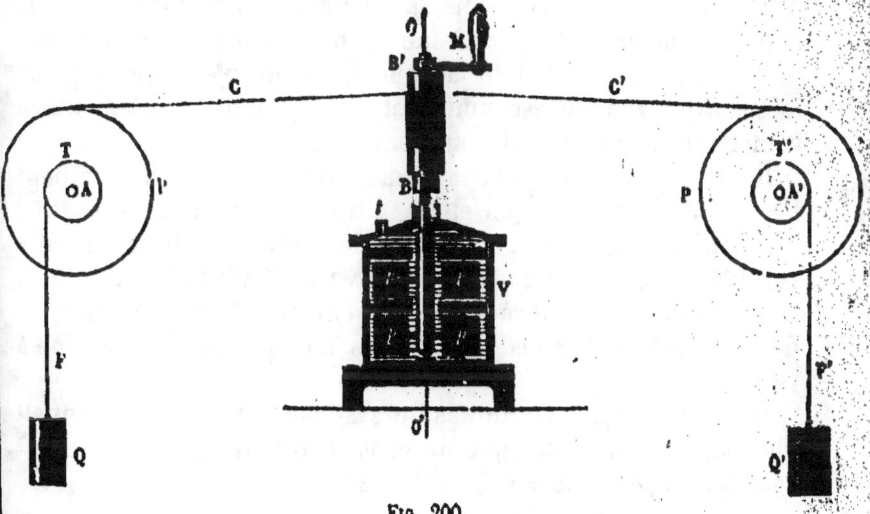

Fig. 200.

par un travail mécanique donné, et d'en déduire l'équivalent mécanique de la chaleur.

L'appareil de Joule (*fig.* 200) se compose d'un calorimètre V rempli d'eau, au sein de laquelle peut se mouvoir, par la rotation du cylindre BB', un axe vertical muni de palettes en laiton pp.

Ce mouvement est produit par la chute des poids QQ', par l'intermédiaire des poulies TT' et des cordes CC' qui s'enroulent sur le cylindre BB'.

Le mouvement de chute des poids, d'abord accéléré, finit par devenir uniforme, à cause du frottement des palettes contre l'eau, et, dès lors, l'accroissement de force vive disparue se retrouve sous forme de chaleur. En effet, on constate, par un thermomètre sensible et en répétant plusieurs fois l'expérience, que l'eau et le calorimètre se réchauffent de la température initiale t^o jusqu'à θ^o. Si l'on représente par p' le poids du calorimètre *réduit en eau*, la quantité de chaleur développée sera $p'(\theta - t)$. D'autre part, le travail moteur, déterminé par la chute des poids P d'une hauteur H, sera PH ; le rapport

$$\frac{PH}{p'\,(\theta - t)} = E$$

donnera l'équivalent mécanique de la chaleur, c'est-à-dire le nombre de kilogrammètres dont la transformation en chaleur dégage 1 calorie. — Toutefois, la valeur de E n'est précise que si l'on tient compte d'une certaine quantité d'énergie non transformée en chaleur, par le fait que les poids n'arrivent pas sur le sol avec une vitesse nulle, et qu'il y a des frottements à vaincre en dehors du calorimètre.

Joule, en opérant avec des liquides différents et en modifiant les conditions de ses expériences, a trouvé, dans tous les cas, que la valeur de l'équivalent mécanique de la grande calorie est environ 425 kilogrammètres, ou à peu près 1.300 pieds-livres.

Ce résultat, déjà trouvé théoriquement, en 1842, par le Dr Meyer, a été confirmé par les expériences de Hirn sur la machine à vapeur.

Si l'on fait usage des unités du système C. G. S., on reconnaît que l'équivalent mécanique de la *petite calorie* (du gramme) est égal à 4,17 *joules* ou $4,17 \times 10^7$ *ergs*.

425. Théorie dynamique ou mécanique de la chaleur. — Le fait de l'équivalence de la chaleur et du travail, indépendant de toute hypothèse déterminée sur la nature de la chaleur, a servi de base à l'énoncé d'une théorie moderne, appelée *théorie dynamique* ou *mécanique* de la chaleur, au moyen de laquelle les transformations réciproques dont nous venons de parler, s'expliquent par le principe de la *conservation de l'énergie* (66).

D'après cette théorie, la chaleur n'est qu'un mouvement vibratoire des molécules des corps; celles-ci sont animées de vibrations très rapides, par conséquent sont douées de *force vive*, qui devient la cause de la chaleur, et l'augmentation de température d'un corps n'est que le résultat d'un accroissement de vitesse de ces mouvements, de même que le refroidissement est dû à une perte de force vive vibratoire. Il en résulte que la chaleur n'est qu'une forme particulière d'*énergie*, et que chauffer un corps, c'est augmenter son *énergie actuelle*.

Ces mouvements moléculaires se communiquent à l'éther, y produisent des vibrations qui se propagent dans l'espace, et qui peuvent, en frappant les molécules des corps voisins, augmenter leur vitesse vibratoire, ce qui se trahit par une élévation de température. Les échanges de chaleur entre les corps ne sont, dès lors, que des échanges de mouvement, et l'on conçoit facilement les tranformations de chaleur en travail et de travail en chaleur : ce ne serait, dans cette théorie, qu'un changement de forme dans la manifestation de l'énergie.

OPTIQUE

CHAPITRE I

I. — PROPAGATION ET VITESSE DE LA LUMIÈRE

426. Lumière. — La *lumière* est la cause des sensations qui affectent l'œil et produisent le phénomène de la *vision;* l'on désigne sous le nom d'*optique* la partie de la physique qui a pour objet l'étude des phénomènes lumineux.

427. Hypothèse sur la nature de la lumière, théorie des ondulations. — La *théorie des ondulations*, due aux importants travaux de Huyghens, Young et Fresnel, ne se distingue qu'accidentellement de la *théorie dynamique de la chaleur*, et établit un lien intime entre cette dernière et la lumière. Comme la chaleur, la lumière, d'après cette hypothèse, est le résultat d'un mouvement vibratoire des molécules des corps, engendrant dans l'éther des ondes lumineuses *sphériques* qui se propagent avec une extrême rapidité; ce sont les vibrations de l'éther, provoquées par ce mouvement oscillatoire, qui se communiquent à la rétine de l'œil et produisent la sensation de la vision. Les ondes lumineuses et calorifiques sont de même nature, et sont douées des mêmes propriétés essentielles; dans les deux cas, il y a communication de mouvement des corps vibrants à l'éther et de l'éther aux corps environnants. La vitesse vibratoire seule, et, par suite, la longueur d'ondulation sont différentes: les vibrations qui engendrent la chaleur, plus lentes que les autres, ne produisent aucun effet sur la partie sensible de l'œil, et ne donnent lieu à aucun phénomène lumineux ; ceux-ci, au contraire, sont le résultat d'ondes plus courtes, causées par des vibrations plus rapides.

Ces considérations font voir qu'il y a une grande analogie entre le mode de propagation de la lumière et celui du son. Toutefois, il importe de signaler une différence essentielle qui distingue nettement ces deux mouvements vibratoires. Les molécules d'air, ébranlées par les vibrations d'un corps sonore, se déplacent *dans le sens même* du rayon sonore, tandis que, dans la théorie des ondulations, les particules d'éther vibrent *perpendiculairement* à la direction suivant laquelle la lumière se propage ; en un mot, les vibrations lumineuses sont *transversales*, d'une manière analogue aux mouvements des molécules d'eau sur le passage d'une vague.

428. Corps lumineux et éclairés. — Les corps, au point de vue de la production de la lumière, se divisent en corps *lumineux* et corps *éclairés*. Les premiers sont ceux qui, comme le soleil et les corps incandescents, produisent eux-même de la lumière ; les autres, comme le plus grand nombre des substances matérielles, ne peuvent agir sur l'œil que s'ils reçoivent et renvoient de la lumière émise par une source quelconque. Les corps *éclairés* deviennent alors visibles et se comportent comme de véritables sources de lumière, mais ils sont invisibles dans l'obscurité.

429. Corps transparents, translucides et opaques. — Au point de vue de l'action de la lumière sur les corps, ceux-ci peuvent constituer trois séries distinctes. La première série comprend les corps qui, comme l'eau et le verre, se laissent facilement traverser par la lumière, et qui permettent de distinguer nettement la forme des objets à travers leur substance : on les appelle *corps transparents*. — D'autres, nommés *corps translucides*, sont plus difficilement traversés par la lumière, de telle sorte qu'on ne peut pas distinguer, à travers leur épaisseur, le contour des objets : tels sont le verre dépoli, le papier huilé. — Enfin, on désigne sous le nom de *corps opaques* ceux qui constituent, comme les métaux, les pierres, un obstacle parfait au passage de la lumière. Il convient toutefois de faire observer que les corps opaques, réduits en feuilles suffisamment minces, finissent par devenir translucides et mêmes transparents : telles sont les feuilles d'or et les sections destinées aux préparations microscopiques.

430. Loi de la propagation de la lumière. — *Dans un milieu transparent et homogène, c'est-à-dire qui a même nature et même densité dans toutes ses parties, la lumière se propage en ligne droite.*

Pour le prouver, il suffit de regarder un point lumineux, une étoile par exemple, au travers d'un tube cylindrique dont les bases sont percées d'un petit trou. On constate alors que l'étoile n'est visible que si elle est sur le prolongement de la droite joignant les deux ouvertures; un petit écran, placé sur cette ligne, intercepte immédiatement la lumière de l'astre.

On appelle *rayon lumineux* toute droite mathématique suivant laquelle la lumière se propage, et *faisceau lumineux* l'ensemble d'un grand nombre de rayons émanant d'une même source; si la section d'un faisceau est très petite, ce dernier prend le nom de *pinceau* lumineux. Il ne faut pas oublier qu'un rayon de lumière n'est qu'une pure conception géométrique et n'a rien de matériel.

431. Ombre et pénombre. — *L'ombre* est l'endroit de l'espace complètement privé de lumière par suite de l'interposition d'un corps opaque sur le passage des rayons lumineux.

Théorie géométrique des ombres. — 1° *Cas d'un point lumineux.* — Imaginons une sphère opaque AB (*fig.* 201) placée à quelque distance d'un point lumineux

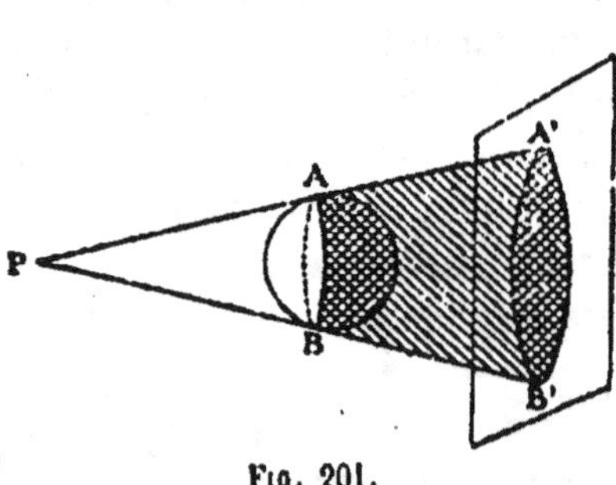

Fig. 201.

P. Les limites de l'ombre portée par cette sphère sont comprises dans la surface conique dont le sommet est en P, et dont la base s'appuie, en A'B', sur un écran situé de l'autre côté du corps opaque. Ce cône est engendré par la révolution de la droite PA, prolongée indéfiniment, et restant toujours tangente à la sphère pendant le mouvement. Tout point, situé en arrière de la sphère AB et dans l'intérieur de la surface conique PA'B', ne peut recevoir aucune lumière de la source P, puisqu'aucun rayon rectiligne ne peut joindre ces deux points sans être intercepté par la sphère. Au contraire, tout point extérieur à la surface conique qui constitue l'ombre reçoit directement et sans obstacle les rayons lumineux de P. Dans ces conditions, il se forme sur l'écran un cercle A'B' complètement privé de lumière, et dont les limites avec la partie éclairée sont très nettes.

2° *Cas d'une source lumineuse à dimensions appréciables.* — Considérons (*fig.* 202) une sphère lumineuse S placée à quelque distance d'un corps opaque A, également sphérique. Il est facile de

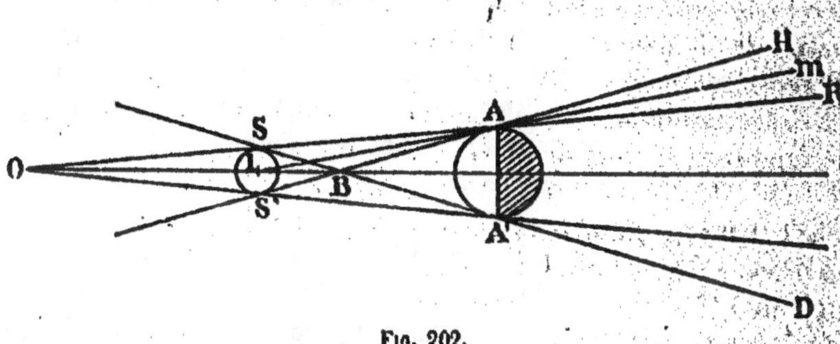

Fio. 202.

voir qu'aucun rayon de lumière, issu de la source SS', ne peut pénétrer dans l'intérieur de la surface conique située au delà du corps opaque par rapport à la source, et engendrée par la révolution de la tangente SA, commune aux deux sphères : cette surface constitue l'*ombre pure.* — Il n'en est pas de même de la surface conique HBD, intérieurement circonscrite aux deux sphères et dont le sommet est en B. Si l'on trace la droite *im*, l'on constate que le point *m* reçoit la lumière de la partie de la surface lumineuse située au-dessus du point *i*. La quantité de lumière reçue dans le cône HBD sera alors d'autant plus grande que le point *m* s'éloignera davantage des limites de l'ombre pure; au delà de H, tous les points de l'espace sont en pleine lumière, puisqu'on peut les joindre par une droite à tous les points de la source. Au contraire, une faible portion de SS' peut envoyer de la lumière dans le voisinage de R. Cette surface conique, qui enveloppe l'ombre absolue et qu'on peut considérer comme un mélange variable d'ombre et de lumière, s'appelle la *pénombre.* Si l'on coupe le cône extérieur HBD avec un écran en HD, on obtient un cercle complètement obscur, entouré d'un anneau moins sombre dont l'éclat, d'abord faible, va en augmentant peu à peu, de sorte que le passage de l'ombre à la pleine lumière se fait graduellement. — Les ombres produites par le soleil, les bougies et, en général, par le plus grand nombre des sources lumineuses, sont de cette nature.

L'arc électrique donne des ombres *dures* avec une pénombre presque insensible.

REMARQUE. — Il arrive rarement que la partie d'un corps opaque, opposée à la source qui l'éclaire, soit complètement privée de lumière. Par suite de la réflexion sur les corps environnants, il pénètre toujours un peu de lumière dans l'ombre, de telle sorte que cette partie est constamment quelque peu éclairée. Ce phénomène, que l'on constate tous les jours, est désigné sous le nom de *reflet*.

432. Effets produits par les petites ouvertures. — La propagation rectiligne de la lumière rend compte du phénomène qui se passe lorsqu'on pratique une très petite ouverture dans la paroi d'une chambre noire. On aperçoit alors, sur un écran opposé à l'ouverture et indépendamment de la *forme* de celle-ci, les images *renversées* des objets extérieurs, avec des dimensions d'autant plus petites que l'écran est plus près de l'orifice. En effet, les rayons divergents, issus du point A de l'objet AB (*fig.* 203) et passant par l'ouverture O, vont former en *a* une tache lumineuse qui est la base d'un cône dont le sommet est en A, et dont le contour extérieur est déterminé par la forme de l'ouverture ; il en sera donc de même de la forme de la tache *a*. Un raisonnement semblable s'applique aux autres points de l'objet AB. Il en résulte qu'il se forme en *ab* une série de petites taches lumineuses, disposées suivant la position de l'objet extérieur, et qui en reproduisent en quelque sorte l'image.

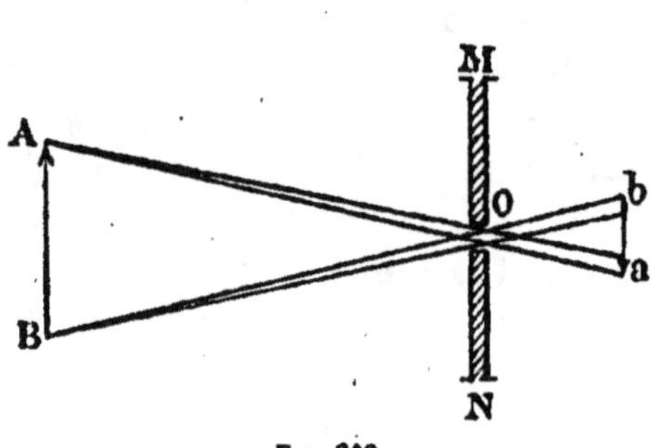

Fig. 203.

La seule inspection de la figure fait voir que les images sont renversées et que leur forme ne dépend pas de celle de l'ouverture, si cette dernière est très petite ; dans ce cas, en effet,

les taches lumineuses, assimilables à des points, n'empiètent
pas les unes sur les autres et ne produisent pas d'images con-
fuses, comme cela arriverait avec des ouvertures trop grandes ou
un écran trop éloigné. Par contre, les images formées par les
très petites ouvertures sont peu éclairées.

Les interstices qui se produisent entre les feuilles des arbres
donnent lieu souvent à des phénomènes du même ordre, et
laissent voir, sur le sol, l'image ordinairement elliptique du soleil,
à cause de l'obliquité des rayons. De même, le disque échancré
de cet astre, dans les éclipses partielles, et les différentes phases
de la lune se projettent en quelque sorte sur un écran, au
moyen d'une petite ouverture pratiquée dans une feuille de carton.

433. Vitesse de la lumière. — Contrairement aux idées de
Descartes, la vitesse de la lumière n'est pas infinie, c'est-à-dire
que ce mouvement vibratoire, comme le son, ne se propage pas
instantanément. Toutefois, la vitesse de la lumière est telle qu'il
faut avoir recours aux distances astronomiques pour la mesurer
directement : tel est le procédé de Rœmer. Ce physicien, en 1677,
s'est servi de l'observation des éclipses du premier satellite de
Jupiter, pour mesurer le temps employé par la lumière à franchir le diamètre de l'orbite terrestre. Cette mesure manquait un
peu d'exactitude, parce que la distance parcourue n'était pas évaluée avec toute la précision désirable.

En 1849, Fizeau, au moyen de roues dentées, a déduit cette
même vitesse du temps exigé par la lumière pour parcourir deux
fois la distance qui sépare Suresnes de Montmartre, et Foucault
(1862), sans sortir de son laboratoire, a résolu le problème avec
un miroir tournant. Enfin, les expériences de Fizeau, reprises par
M. Cornu (1874), ont donné, pour la vitesse de la lumière dans
le vide, 300.400 kilomètres par seconde ; on admet pratiquement
300.000 kilomètres, c'est-à-dire environ 62.100 lieues anglaises.

La grande vitesse de la lumière permet de nous rendre compte
des distances astronomiques. C'est ainsi que la lumière, qui franchit en $8^m,18^s,3$ la distance qui sépare le soleil de la terre, prend
plus de trois années à venir des étoiles les plus rapprochées.

II. — INTENSITÉ DES SOURCES LUMINEUSES
PHOTOMÉTRIE

434. Photométrie. — La *photométrie* est cette partie de l'optique qui a pour objet la mesure et la comparaison des intensités des différentes sources lumineuses.

435. Intensité d'une source lumineuse. — L'*intensité* d'une source lumineuse est l'*éclairement* produit sur une surface orientée perpendiculairement aux rayons émis, à l'unité de distance.

On entend par *éclairement*, la *quantité d'énergie lumineuse* qui arrive sur l'unité de surface pendant l'unité de temps.

436. Principes fondamentaux de la photométrie. — La photométrie repose sur deux propositions que nous allons démontrer.

Première proposition. — *Les éclairements, produits par une même source lumineuse sur deux écrans placés à des distances différentes de la source, sont en raison inverse des carrés de ces distances.*

Considérons (*fig.* 204) une source de lumière O placée au centre des deux sphères S et S′ de rayons R et R′. Comme la lumière se propage sous forme d'ondes sphériques, la quantité d'énergie lumineuse M, émise pendant l'unité de temps, sera la même sur la surface totale de chacune des deux sphères S et S′, du moins si l'on suppose qu'il n'y a aucune absorption dans le milieu traversé par les rayons.

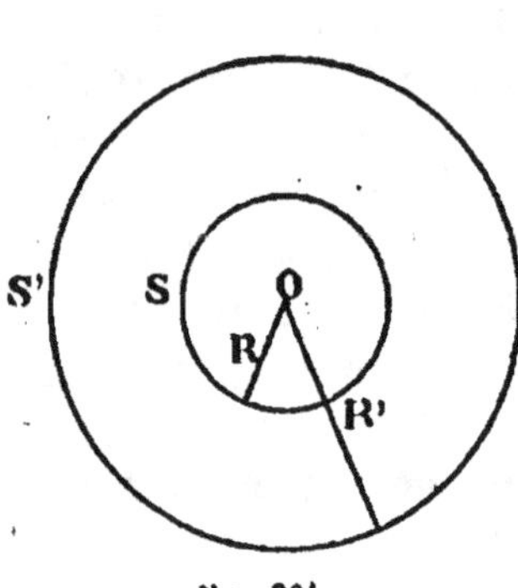

Fig. 204.

Les quantités d'énergie lumineuse reçues, pendant l'unité de temps, par l'unité de surface de chacune d'elles, c'est-à-dire les éclairements produits e et e', seront donc

$$e = \frac{M}{4\pi R^2} \qquad \text{et} \qquad e' = \frac{M}{4\pi R'^2}.$$

Ces deux expressions, divisées membre à membre, donneront

$$\frac{e}{e'} = \frac{R'^2}{R^2},$$

proportion qui exprime la loi énoncée.

DEUXIÈME PROPOSITION. — *Les intensités de deux sources lumineuses qui, placées à des distances différentes d'une même surface, produisent séparément des éclairements identiques, sont proportionnelles aux carrés des distances de ces sources à la surface considérée.*

Cette deuxième proposition, qui n'est que la déduction de la précédente, constitue la base de la photométrie.

Considérons deux sources lumineuses d'intensités I et I', situées respectivement à des distances R et R' d'un écran sur lequel elles produisent séparément le même éclairement e. D'après la proposition précédente, l'éclairement produit par chacune des sources sur l'unité de surface, aux distances R et R', sera

$$e = \frac{I}{R^2} \qquad \text{et} \qquad e = \frac{I'}{R'^2}.$$

Par conséquent

$$\frac{I}{R^2} = \frac{I'}{R'^2}, \qquad \text{ou} \qquad \frac{I}{I'} = \frac{R^2}{R'^2}.$$

437. Photomètres. — Les *photomètres* sont des instruments qui servent à comparer les intensités de deux sources lumineuses. Ils sont, pour la plupart, une application directe de la seconde proposition que nous venons de démontrer. On fait produire par les deux sources à comparer, en les plaçant à des distances différentes, le même éclairement sur des parties voisines d'un même écran : le rapport des intensités est alors égal à celui des carrés de ces distances.

438. Photomètre de Foucault. — Il se compose (*fig.* 205) d'un écran translucide PP' en porcelaine ou en verre enduit de collodion. Les deux sources à comparer, A et B, sont disposées de chaque côté d'un écran opaque RS' qu'on peut mouvoir à volonté, et qu'on approche à une certaine distance de PP'. Dans ces conditions, chaque moitié de l'écran translucide n'est éclairée que par la source qui lui correspond, et l'on peut réduire à une ligne

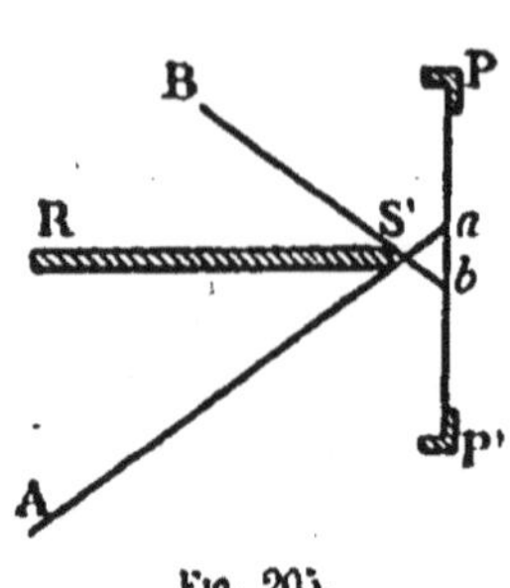

Fig. 205.

géométrique la portion *ab* qui reçoit de la lumière des deux sources, en déplaçant convenablement l'écran RS'. On approche alors ou on éloigne l'une des sources jusqu'à ce qu'on ait obtenu l'égalité d'éclairement dans les deux surfaces adjacentes P*b* et P'*a*. La juxtaposition parfaite des deux surfaces rend cette appréciation facile à faire. Il ne reste plus, dès lors, qu'à mesurer les distances respectives des sources à l'écran PP', et le rapport des carrés donne le rapport des intensités.

439. Photomètre de Rumford. — Ce photomètre se compose d'une tige verticale T (*fig.* 206) placée devant un écran translucide E. Les deux sources L et L' produisent chacune une ombre

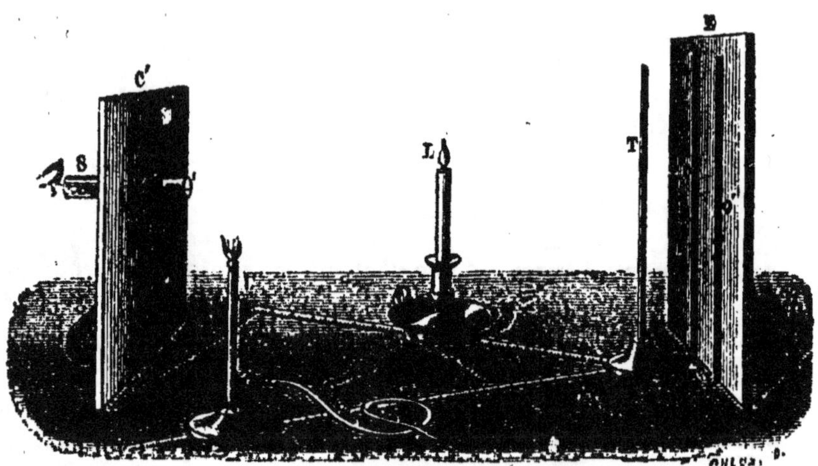

Fig. 206.

de la tige sur l'écran, mais l'ombre O', portée par la source L, ne reçoit de la lumière que de L', et l'ombre O, projetée par L', n'est éclairée que par L. On obtiendra donc deux régions également éclairées en déplaçant convenablement la source la plus intense, et le rapport des carrés des distances à l'écran fournira, comme dans l'appareil précédent, le rapport des intensités.

Pour juger avec plus de perfection de l'égalité d'éclairement,
on dispose les sources d'une manière telle que les ombres se
touchent. Toutefois, cette appréciation présente quelque difficulté, surtout si les lumières à comparer n'ont pas même couleur; cette dernière remarque s'applique également aux autres
photomètres.

Remarque. — La mesure pratique de l'intensité d'une source
lumineuse ne peut s'effectuer qu'en autant qu'on la compare à
l'intensité d'une autre source, prise comme *unité*.

On employait autrefois, en France, la lampe Carcel brûlant
42 grammes d'huile de colza épurée à l'heure. L'*unité absolue*
adoptée aujourd'hui est celle de M. Violle : c'est l'intensité de la
lumière émise normalement par un centimètre carré de platine
fondu à la température de solidification; l'*unité pratique* est la
bougie décimale, c'est-à-dire la vingtième partie de l'unité absolue,
environ $\frac{1}{10}$ de Carcel. En Allemagne, l'étalon légal est la lampe
Hefner, à l'acétate d'amyle. La bougie *anglaise* (*Standard candle*),
adoptée au Canada, est une bougie de blanc de baleine d'un
sixième de livre, brûlant 120 grains à l'heure.

CHAPITRE II

RÉFLEXION DE LA LUMIÈRE

I. — LOIS DE LA RÉFLEXION

440. Réflexion régulière de la lumière. — Lorsqu'un rayon de lumière rencontre un corps opaque à surface plane et bien polie, l'expérience montre que ce rayon cesse de se propager en ligne droite et change brusquement de direction, pour revenir dans le milieu où il se propageait. Ce phénomène s'appelle la *réflexion régulière de la lumière*.

441. Lois de la réflexion régulière de la lumière. —

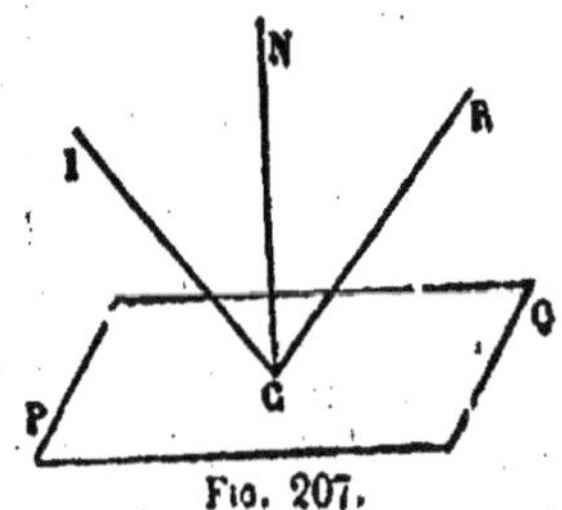

Fig. 207.

Soient la surface plane réfléchissante PQ (*fig.* 207) et IC la direction d'un rayon lumineux tombant obliquement sur cette surface ; ce rayon prend, après réflexion, la direction CR. On appelle *angle d'incidence* l'angle ICN que forme le rayon incident IC avec la normale NC à la surface réfléchissante, et *angle de réflexion* l'angle NCR, déterminé par la même normale et le rayon *réfléchi* CR ; enfin, le plan qui passe par le rayon incident IC et la normale NC s'appelle le *plan d'incidence*.

PREMIÈRE LOI. — *Le rayon incident et le rayon réfléchi sont dans un même plan perpendiculaire à la surface réfléchissante ; en d'autres termes, le rayon réfléchi reste dans le plan d'incidence.*

DEUXIÈME LOI. — *L'angle de réflexion est égal à l'angle d'incidence.*

442. Vérification expérimentale. — Les lois de la réflexion de la lumière, démontrées par l'étude de leurs conséquences, se vérifient approximativement, dans les cours de physique, au moyen de l'appareil de Silberman (*fig.* 208). — Un rayon de lumière, recueilli par le miroir *m* mobile à l'extrémité de l'alidade S, est dirigé, en passant par une petite ouverture du disque opaque qui ferme le tube *i*, sur le miroir horizontal A placé au centre du cercle vertical gradué MN. L'alidade mobile R porte un œilleton, muni également d'une petite ouverture, et destiné à recevoir le rayon réfléchi sur le miroir A; de plus, les axes des tubes *i* et *d* sont dans un même plan parallèle à celui

Fig. 208.

du cercle vertical. Or, on constate, en déplaçant l'alidade R, que l'œil, placé à l'extrémité de celle-ci, reçoit le rayon réfléchi dans l'ouverture *d*, lorsque les angles *d*cB et Rc*i* sont égaux, ce que vérifie la seconde loi.

Quant à la première, elle est démontrée par le fait que les rayons incident et réfléchi, qui passent par les ouvertures *i* et *d*, sont dans un même plan *vertical*, lequel contient la normale au miroir A, et, de plus, est perpendiculaire au plan de ce dernier.

443. Réflexion à la surface des corps transparents. — La quantité de lumière réfléchie par une surface métallique bien polie est sensiblement indépendante de la valeur de l'angle d'incidence. Les choses se passent autrement lorsque la lumière tombe sur un corps poli *transparent*, comme une lame de verre. Dans ces conditions, on constate que la proportion de lumière réfléchie est d'autant plus considérable que l'angle d'incidence est plus fort; si celui-ci est très faible, la plus grande partie des rayons sont *transmis*, c'est-à-dire traversent le milieu transparent suivant des lois que nous ferons connaître plus loin. C'est le contraire qui a lieu lorsque l'angle d'incidence augmente ; si ce dernier est voisin de 90°, la proportion de lumière transmise est presque nulle et la lame transparente se comporte comme une surface métallique polie.

444. Réflexion irrégulière ou diffusion de la lumière. — Lorsque la lumière tombe sur une surface polie, les rayons réfléchis prennent une seule direction, déterminée par les lois que nous venons d'énoncer : c'est la *réflexion spéculaire*. — Il n'en est pas de même, lorsqu'un faisceau lumineux rencontre une surface non polie ou rugueuse. Dans ce cas, les rayons réfléchis se *diffusent* dans toutes les directions, comme s'ils n'obéissaient plus aux lois ordinaires de la réflexion. C'est pour cela qu'on a donné à ce phénomène le nom de *réflexion irrégulière*. Mais cette expression est impropre : la diffusion de la lumière est due à la réflexion *régulière* des rayons sur les nombreuses petites surfaces planes dont se compose une lame dépolie, et qui sont orientées dans tous les sens possibles. Les choses se passent alors comme si un corps de cette nature était lumineux par lui-même, et c'est grâce à la diffusion qu'il devient visible.

On ne peut constater la présence d'une surface bien polie et parfaitement nette, parce qu'elle ne fait que réfléchir, dans une direction déterminée, les rayons qu'elle reçoit, en reproduisant les images des objets d'où ils partent. Si, au contraire, on fait entrer, par une petite ouverture, un faisceau de rayons parallèles dans une chambre noire, une surface dépolie sur laquelle ils tombent devient immédiatement visible, et la chambre s'illumine par l'effet de la diffusion qui envoie les rayons réfléchis dans toutes les directions. Il suffit de projeter une légère buée ou une fine poussière sur un miroir pour que la diffusion nous permette de l'apercevoir. — C'est encore par diffusion que les poussières en suspension dans l'air s'illuminent sous le passage d'un faisceau de lumière, et que les ombres ne peuvent se former, lorsque la lumière est éparpillée dans toutes les directions par les nuages.

II. — MIROIRS PLANS

445. Miroirs. — On donne le nom de *miroir* à toute surface polie qui reproduit les images des objets éclairés ou lumineux, par suite de la réflexion régulière des rayons que ceux-ci envoient. On en construit de plusieurs sortes, suivant la forme de la surface réfléchissante. — Un *miroir plan* est une surface plane qui réfléchit régulièrement la lumière.

446. Image d'un point. — On appelle *image d'un point lumineux* le point de rencontre des rayons réfléchis ou de leurs prolongements. Dans le premier cas, l'image est *réelle* et on peut la recevoir sur un écran; dans le second, l'image est *virtuelle*, il est impossible de la recevoir sur un écran, mais elle est vue par l'œil qui reçoit l'impression des rayons réfléchis, comme s'ils venaient directement du point où apparaît l'image. — Les images formées par les *objets* lumineux ou éclairés se définissent de la même manière, puisqu'elles ne sont que la réunion des images produites par les différents points de ces objets.

447. Images dans les miroirs plans. — 1° Image d'un point lumineux. — Considérons le miroir plan MN (*fig.* 209) et un point lumineux placé en A.

Supposons que le plan de la figure soit un plan normal au miroir et contenant les rayons issus du point A, ainsi que les normales BP et AI. Le rayon AB, qui tombe obliquement sur le miroir, se réfléchit suivant les lois ordinaires, et prend la direction BC, de l'autre côté de la normale BP au point d'incidence. Prolongeons le rayon BC en arrière

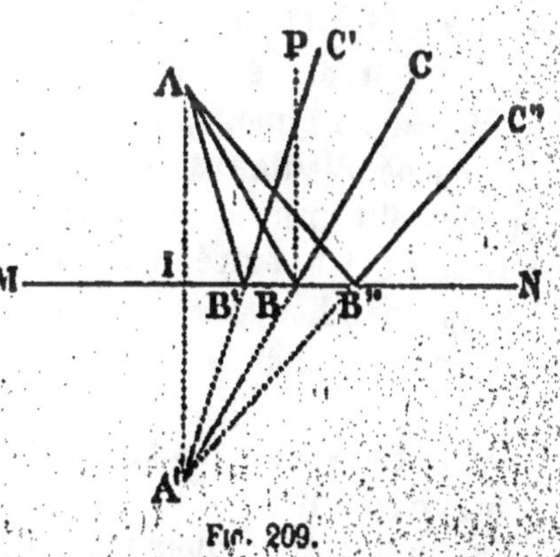

Fig. 209.

du miroir, jusqu'à sa rencontre en A' avec le prolongement de la perpendiculaire AI. L'égalité des triangles rectangles AIB et A'IB montre que AI est égal à A'I. On prouve d'une manière analogue que les prolongements de tous les autres rayons réfléchis, qui s'en vont en divergeant, se rencontrent au même point A'. L'*image* du point A se forme donc en A', et ce point est obtenu graphiquement en prolongeant, derrière le miroir, la normale AI d'une *longueur égale à elle-même*. — Cette image est donc *virtuelle*, et le point A' où elle apparaît est le *symétrique* du point A par rapport au miroir. L'œil, qui subit l'impression du faisceau divergent réfléchi, voit le point A en A', comme si ce dernier était la source lumineuse elle-même; il le voit dans la direction des *derniers rayons qui arrivent*.

2° Image d'un objet. — L'image de l'objet AD, placé devant le miroir MN (*fig.* 210), s'obtient en cherchant les images des points extrêmes A et D. Les rayons issus de ces deux points se réfléchissent sur le miroir, et leurs prolongements vont rencontrer, comme dans le cas précédent, les perpendiculaires AA' et DD' aux joints A' et D'. L'image sera donc en A'D', *droite*, *virtuelle*, *de même grandeur* que l'objet, et *symétrique* de celui-ci par rapport au miroir; mais l'image et l'objet ne sont pas ordinairement superposables. C'est ainsi que, dans la reproduction de la figure d'une personne, l'image de l'œil droit est un œil gauche, et inversement.

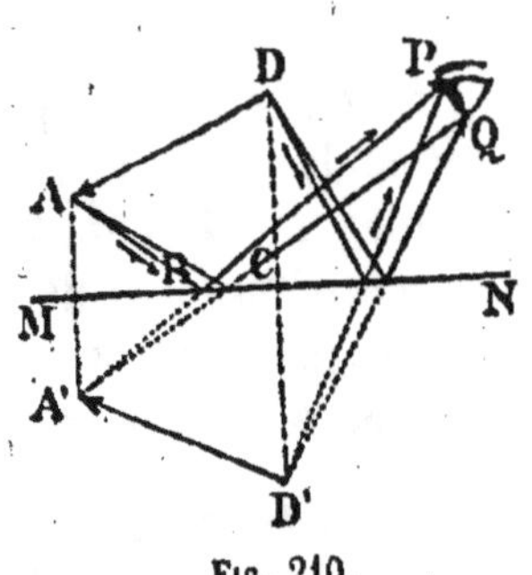

Fig. 210.

L'on voit, en résumé, qu'il suffit, pour trouver la position et la grandeur de l'image, d'abaisser, des points extrêmes de l'objet, des perpendiculaires que l'on prolonge d'une longueur égale en arrière du miroir. La ligne qui joint les extrémités de ces perpendiculaires donne l'image cherchée.

448. Rayons incidents convergents. — Si les rayons qu'on fait tomber sur un miroir plan sont rendus *con-*

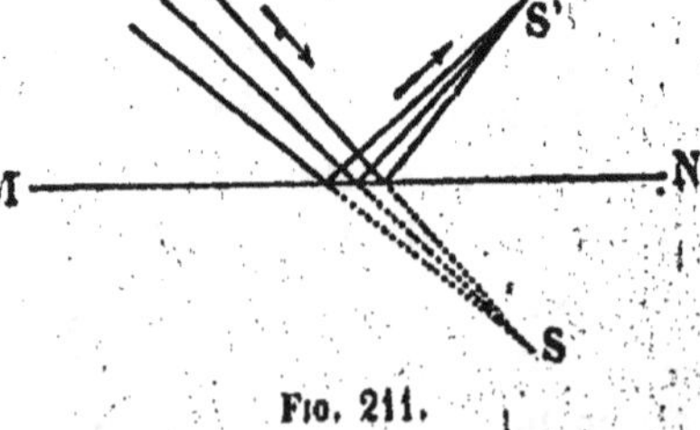

Fig. 211.

vergents par une lentille ou un miroir concave, on constate que ces rayons *restent convergents* après leur réflexion, et vont se réunir en S' (*fig. 211*), *symétrique* de S par rapport au miroir. S' est une image *réelle* qu'on peut recevoir sur un écran, et le point S, où les rayons iraient converger sans l'interposition du miroir, se nomme un *point lumineux virtuel*.

On voit qu'un miroir plan ne modifie pas la *nature* d'un faisceau lumineux, puisque celui-ci reste convergent ou divergent et, par suite, parallèle, après la réflexion ; la *direction* seule est changée.

449. Images données par deux miroirs rectangulaires. — La figure 212 montre qu'un observateur, au point O, peut voir trois images d'un objet A, placé entre deux miroirs rectangulaires M et N : la réflexion sur le miroir N produit une première image en A', tandis qu'une deuxième en A' est donnée par le miroir M, puis une double réflexion en H fournit la troisième image A". Ces trois images et l'objet sont disposés sur les sommets d'un rectangle dont le centre coïncide avec l'intersection H des deux miroirs, dans le plan de ce rectangle.

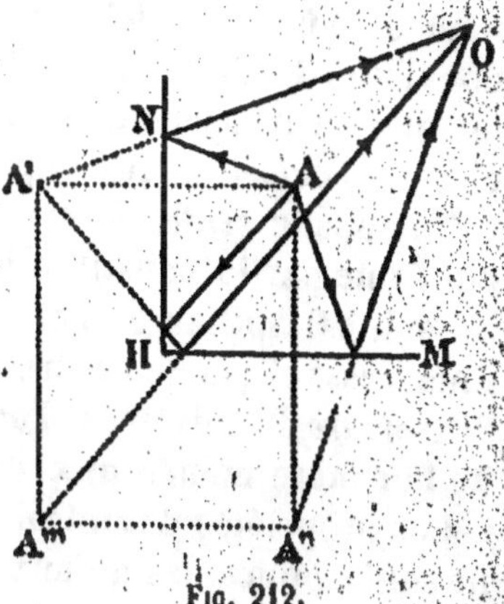

Fig. 212.

REMARQUE. — Si l'angle des miroirs est plus petit que 90°, le nombre des images augmente, mais la condition nécessaire, pour obtenir des images bien nettes et en nombre limité, est que cet angle soit contenu un nombre *pair* de fois dans 360°, c'est-à-dire qu'il soit l'angle au centre d'un polygone régulier d'un nombre *pair* de côtés. Si on compte le point lumineux pour une image, on obtient une image dans chaque angle.

Le *kaléidoscope* de Brewster est fondé sur ce principe ; il permet d'apercevoir des images qui présentent la symétrie hexagonale, au moyen de deux miroirs qui forment un angle de 60°. Chacun des fragments de verre coloré, que l'on place à l'une des extrémités du tube contenant ces miroirs, produit six images (y compris l'objet), lorsqu'on regarde par l'autre extrémité. En secouant le tube, on réalise des figures d'une grande variété et qui présentent toujours la même symétrie.

Un objet, placé entre deux miroirs parallèles dont les faces réfléchissantes se regardent, produit un nombre illimité d'images, mais l'éclat de celles-ci diminue progressivement, à cause des pertes que subissent les rayons lumineux à chaque réflexion.

III. — MIROIRS SPHÉRIQUES

450. Miroirs sphériques. — Définitions. — On donne le nom de *miroirs sphériques* à des portions de surfaces sphériques dont l'une des faces réfléchit la lumière. Ces miroirs sont *concaves*, lorsque la surface polie est à l'*intérieur*, et *convexes*, lorsque celle-ci est à l'*extérieur* de la sphère.

On appelle *centre de courbure* le centre C (*fig.* 213) de la sphère dont une partie constitue le miroir, et *centre de figure* ou *sommet* le point O, milieu de l'arc MN; l'*axe principal* est la droite indéfinie passant par le centre de figure et le centre de courbure, et l'*ouverture* du miroir est l'angle MCN que forment les deux rayons de la sphère menés aux deux extrémités de l'arc MN.

Les propriétés des miroirs sphériques, que nous allons étudier, ne sont applicables qu'aux miroirs de *petite ouverture*, et les tracés géométriques qui les déterminent sont contenus dans un même plan passant par l'axe principal, et appelé *section principale*. — Enfin, un miroir sphérique est assimilable à un grand nombre de petits éléments plans perpendiculaires aux rayons de la sphère dont le miroir fait partie, et les choses se passent comme si les rayons lumineux tombaient sur le *plan tangent* au point d'incidence.

451. Miroirs concaves. — 1° Foyer principal. — Considérons (*fig.* 213) la section MN d'un miroir concave, menée par l'axe principal CO, et soit, dans ce plan, le rayon RI parallèle à cet axe. La droite IC, joignant le centre de courbure C au point d'incidence I, n'est rien autre chose que la normale en ce point, et l'angle i est l'angle d'incidence. Le rayon réfléchi, d'après les lois ordinaires de la réflexion, détermine un angle $r = i$, et va rencontrer l'axe principal au point F, puisque ce rayon reste dans le plan d'incidence qui contient le rayon RI et la normale IC.

Il est facile de démontrer que le joint F est *au milieu* de la longueur OC. En effet, à cause de l'égalité des angles FIC et ICF (puisque RIC = ICF comme alternes-internes et $r = i$, d'après les lois de la réflexion), le triangle IFC est isocèle, et IF = FC.

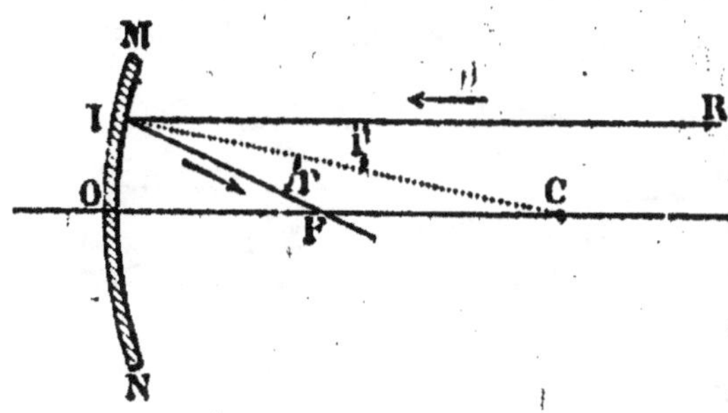

Fig. 213.

Or, dans les miroirs de petite ouverture, IF = OF. Donc OF = FC, et, par suite, le point F est au milieu de OC. — On prouverait d'une façon analogue que les autres rayons parallèles à l'axe principal vont tous se rencontrer au même point F; c'est le *foyer principal* du miroir, et il est toujours *réel*. — La longueur OF s'appelle la *distance focale principale* et a pour valeur la moitié du rayon de courbure OC.

Les lois de la réflexion s'appliquent également à un point lumineux situé en F, et l'on voit que les rayons, issus de ce point, s'en vont, après réflexion, *parallèlement* à l'axe principal.

2° Foyers conjugués. — Supposons un point lumineux (*fig.* 214) situé en L sur l'axe principal, au delà du centre de courbure, et émettant sur le miroir MN des rayons *divergents*. Le rayon LI, comme tous ceux qui partent du point L, prend, après réflexion en I, la direction I*f*, et coupe l'axe principal au point *f*. On donne aux points L et *f* le nom de *foyers conjugués*, parce qu'ils sont *réciproques*, c'est-à-dire que, le point lumineux étant placé en L ou en *f*, l'un est l'image de l'autre. — Il est évident que le point *f* sera situé plus près du centre de courbure que le foyer principal F, parce que l'angle d'incidence LIC — et, par suite, l'angle de réflexion — est plus petit que RIC, pour lequel le rayon réfléchi aboutit au point F.

Comme l'angle d'incidence LIC diminue à mesure que L se rapproche de C, *f* doit aussi s'en rapprocher; lorsque cet angle sera nul, L coïncidera avec C et l'image se fera sur le point lumineux. Au contraire, *f* s'éloigne de C lorsque L s'en éloigne lui-même, et l'image se fait en F, si le point L est à l'infini,

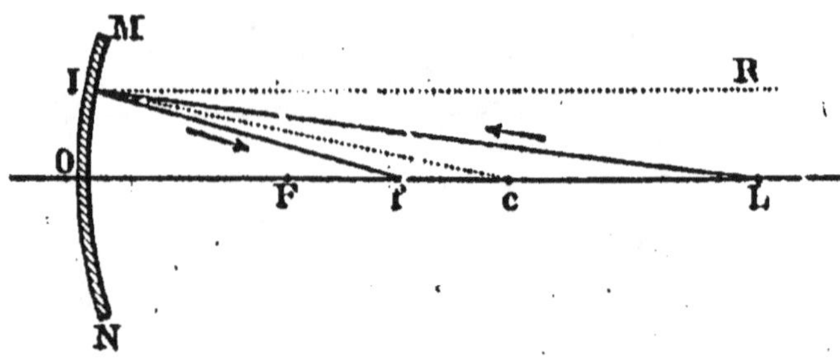

Fig. 214.

c'est-à-dire lorsque les rayons incidents sont parallèles à l'axe principal.

D'après ce que nous venons de dire de la réciprocité des points *f* et L, le foyer d'un point lumineux, placé entre le centre de courbure et le foyer principal, sera d'autant plus loin de C que le point en question sera plus près de F. S'il est situé en ce point même, les rayons réfléchis sont parallèles et le foyer est rejeté à l'infini.

3° **Foyer virtuel.** — Considérons, enfin, un point lumineux I, situé (*fig.* 215) entre le miroir et le foyer principal. Le rayon LI

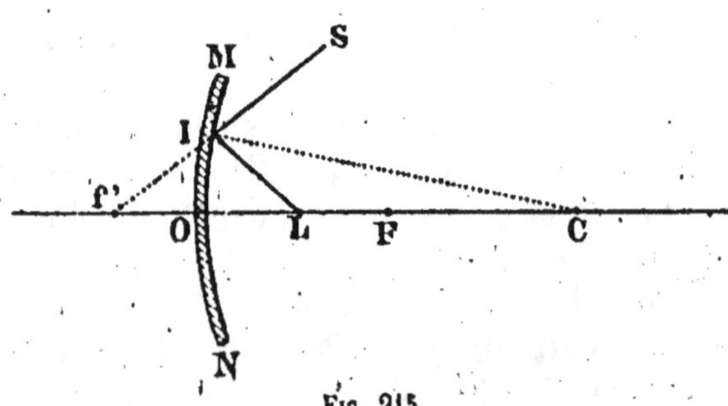

Fig. 215.

fait évidemment avec la normale IC un angle d'incidence plus

grand que si le rayon émanait du point F. Or on a vu que,
dans ce dernier cas, les rayons réfléchis sont parallèles à l'axe
principal. L'angle de réflexion CIS, égal à LIC, donnera donc au
rayon réfléchi une direction *divergente* par rapport à l'axe principal. Ce raisonnement s'applique à tous les autres rayons issus
du point L, et, dès lors, la rencontre des rayons réfléchis
devient impossible. Il n'y a plus de foyer réel, mais le *prolongement* du rayon réfléchi IS va rencontrer l'axe principal au
point *f*, en arrière du miroir : c'est le foyer *virtuel* conjugué du
point L ; il peut être vu par un observateur qui reçoit les rayons
réfléchis, comme si le point lumineux était en *f*.

452. Image d'un objet. — Pour trouver l'image d'un
objet placé devant un miroir concave, il suffit de chercher les
foyers des points qui le constituent.

1º **Images réelles.** — Soit à construire l'image de l'objet AB
(*fig.* 216) situé au-delà du centre de courbure et perpendiculaire à
l'axe principal. Pour cela, traçons la droite AC que l'on pro-

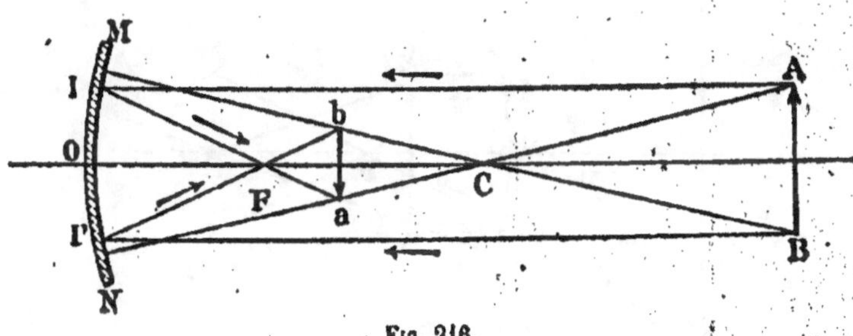

Fig. 216.

longe jusqu'au miroir ; tout rayon lumineux qui suit cette ligne se
réfléchit dans sa propre direction, puisqu'elle est normale au
miroir, et elle doit, par suite, contenir l'image du point A. Cette
droite, qui jouit, relativement au point lumineux A, des propriétés de l'axe principal, s'appelle l'*axe secondaire* de ce point.
Le rayon AI, mené parallèlement à l'axe principal, va passer,
après réflexion, par le foyer principal et rencontre l'axe secondaire en *a* qui est le foyer du point A. En traçant l'axe secondaire du point B et le rayon BI', parallèle à l'axe principal, on
trouve, d'une manière analogue, que le foyer de B est en *b*.
L'image de l'objet AB est donc en *ab*, entre le foyer principal et

le centre de courbure ; elle est *renversée, réelle* et *plus petite que l'objet*. Si l'objet était en *ab*, l'image serait en AB, *plus grande que l'objet, renversée* et *réelle*.

Quant aux grandeurs relatives de l'image et de l'objet, *ab* diminue et se rapproche du foyer principal, quand l'objet AB s'éloigne du centre de courbure, et, inversement, se rapproche de ce point et augmente de grandeur, lorsque AB s'en approche lui-même. — Au point C, l'image et l'objet sont de même grandeur. Les mêmes considérations s'appliquent au cas où l'objet est en *ab* : son image AB s'approche ou s'éloigne, en même temps qu'elle diminue ou grandit, à mesure que *ab* s'approche ou s'éloigne lui-même du point C. — Si l'objet est dans le plan focal principal, les rayons réfléchis des deux points A et B s'en vont parallèlement à leurs axes secondaires, et l'image est rejetée à l'infini.

2° Images virtuelles. — Plaçons, enfin, l'objet en AB (*fig.* 217), en deçà du foyer principal. Les axes secondaires des points A et

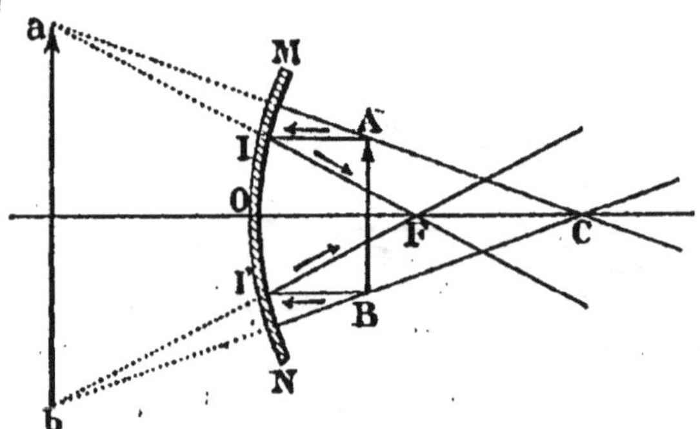

Fig. 217.

B sont les lignes AC et BC que l'on prolonge convenablement en arrière du miroir. Choisissons les rayons AI et BI', parallèles à l'axe principal ; les rayons réfléchis vont passer par le foyer principal, et, comme ils sont divergents par rapport aux axes secondaires de leurs points d'origine respectifs, ils ne permettent pas la formation d'images réelles. Les prolongements seuls des rayons réfléchis coupent les axes secondaires en *a* et *b*, derrière le miroir. L'image est donc en *ab, droite, virtuelle*, et d'autant *plus grande* par rapport à l'objet et d'autant *plus éloignée* du miroir que l'objet est plus rapproché de F. — Cette construction fait comprendre pourquoi les miroirs concaves sont employés comme *miroirs grossissants.*

REMARQUE. — Les résultats que nous venons d'obtenir par des tracés géométriques se vérifient facilement par l'expérience, en se servant d'une bougie comme objet lumineux et en recevant les rayons réfléchis sur un écran. On constate que les images réelles varient de grandeur et de position, lorsqu'on déplace convenablement l'écran et la bougie l'un par rapport à l'autre. L'image réelle qui apparaît sur un écran est vue dans toutes les directions par un effet de diffusion. Si, en supprimant l'écran, les rayons réfléchis arrivent directement dans l'œil d'un observateur, celui-ci voit alors dans l'espace ce qu'on appelle une *image aérienne,* comme s'il y avait, à cet endroit, un véritable objet lumineux.

453. Formules des miroirs concaves. — 1° Il est facile d'exprimer par une formule très simple les positions relatives d'un point lumineux et de son image, situés tous deux sur l'axe principal. Si l'on représente par f la distance focale principale, par p la distance du point lumineux, et par p' celle de son image du miroir, on arrive, par le calcul, à la formule suivante

$$\frac{1}{p} + \frac{1}{p'} = \frac{1}{f}.$$

La discussion de cette formule permet d'obtenir la position de l'image, lorsqu'on connaît la distance focale principale du miroir, et qu'on fait varier la position du point lumineux ou de l'objet. Si l'on obtient pour p' une valeur négative, comme cela arrive dans le cas d'un objet placé en deçà du foyer principal, on constate, par les tracés géométriques, qu'il s'agit, dans ces conditions, d'une image *virtuelle* située en arrière du miroir; la valeur de p' est donc comptée en sens contraire des distances positives, à partir du point O (*fig.* 215).

2° En représentant par i la grandeur de l'image et par o celle de l'objet, on démontre également que leurs dimensions relatives sont déterminées par la formule

$$\frac{i}{o} = \frac{p'}{p},$$

qui permet de calculer la grandeur et la position de l'image, quand on connaît la grandeur et la position de l'objet.

454. Miroirs convexes. — Foyers. — Comme nous l'avons déjà vu (450), la surface polie d'un miroir *convexe* est à l'*extérieur* de la sphère dont le miroir fait partie. La recherche des foyers et des images se fait d'une façon analogue et d'après les mêmes principes que dans les miroirs concaves.

1° Foyer virtuel principal. — Soient le miroir convexe MN (*fig*. 218) et le rayon AI parallèle à l'axe principal. Ce rayon,

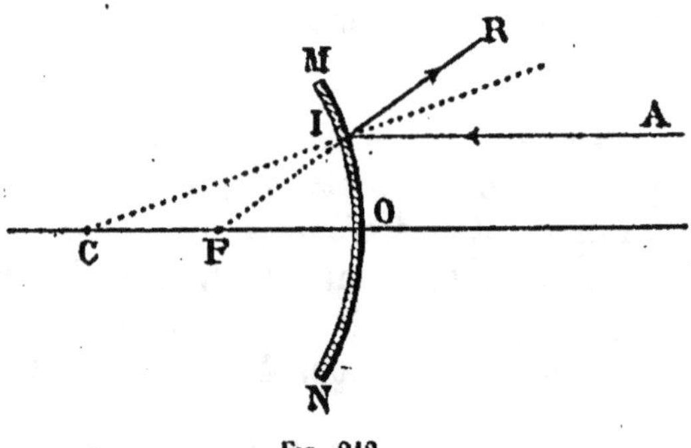

Fig. 218.

incident en I, se réfléchit suivant les lois ordinaires de la réflexion, et prend la direction IR, *divergente* par rapport à l'axe principal ; il n'y a donc pas de rencontre possible avec ce dernier, mais le *prolongement* du rayon réfléchi va couper cet axe au point F situé en arrière du miroir : c'est le *foyer principal virtuel*, et, comme dans les miroirs concaves et par un raisonnement analogue, on démontre qu'il est *au milieu* de la distance CO, du moins dans les miroirs de petite ouverture. Il en est de même des autres rayons parallèles à l'axe principal, de sorte que le faisceau divergent qu'ils produisent semble avoir son sommet en F, et fait voir un point lumineux, en cet endroit, à tout observateur qui reçoit le faisceau.

2° Foyers virtuels conjugués. — Un point L (*fig*. 219), situé sur l'axe principal, produit des rayons divergents dont les prolongements rencontrent l'axe principal en f, entre F et le sommet O du miroir : c'est le *foyer conjugué virtuel* du point L ; il est

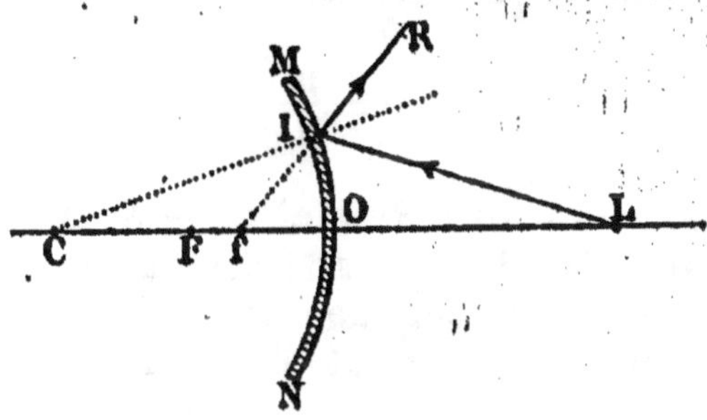

Fɪɢ. 219.

d'autant plus près du miroir que le point L s'en rapproche davantage sur l'axe principal.

455. Image d'un objet. — La construction des images se fait d'une manière analogue à celles des miroirs concaves.

Traçons les axes secondaires CA et CB (*fig.* 220) des points extrêmes de l'objet AB, puis les rayons AI et BI', parallèles à

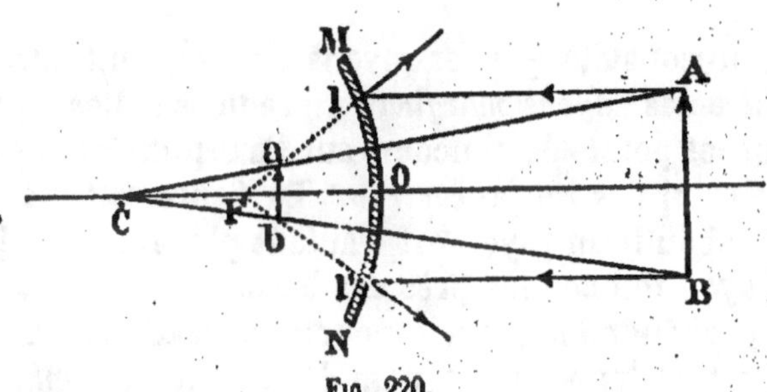

Fɪɢ. 220.

l'axe principal. Les prolongements des rayons réfléchis, qui doivent passer par le foyer principal F, rencontrent les axes secondaires en a et b ; l'image semble donc se former en ab, elle est *droite, virtuelle* et *plus petite que l'objet*.

456. Formules des miroirs convexes. — On démontre, de la même manière que pour les miroirs concaves, que les positions relatives d'un objet et de son image s'expriment par la formule

$$\frac{1}{p'} - \frac{1}{p} = \frac{1}{f}$$

Le rapport de la grandeur de l'image à celle de l'objet se détermine également par l'expression

$$\frac{i}{o} = \frac{p'}{p}.$$

457. Aberration de sphéricité. — Nous avons supposé, dans la construction des foyers et des images donnés par les miroirs concaves, que *l'ouverture* de ces derniers ne dépassait pas un petit nombre de degrés. Si l'ouverture du miroir est trop

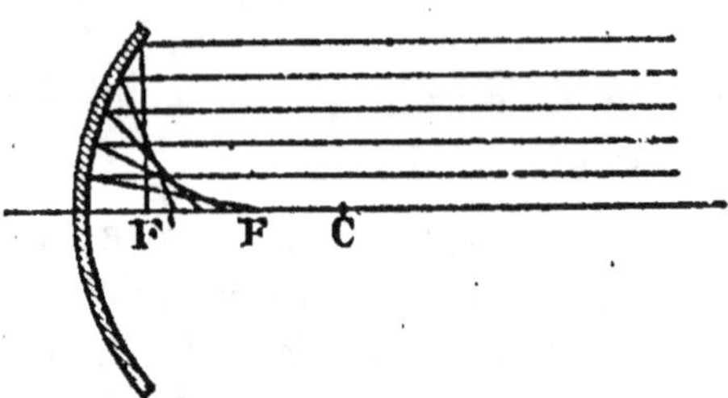

Fig. 221.

grande, on constate que les rayons qui tombent sur les bords, c'est-à-dire les *rayons marginaux*, produisent des rayons réfléchis dont les points de concours sur l'axe principal ne coïncident pas avec celui des *rayons centraux*. La figure 221 montre que le foyer où aboutit un rayon est d'autant plus rapproché du miroir que ce rayon tombe plus près des bords de la surface réfléchissante. Ce phénomène, qui a pour effet d'altérer la netteté des images, est désigné sous le nom d'*aberration de sphéricité*, et là longueur FF' s'appelle l'*aberration longitudinale;* elle est négligeable dans les miroirs de petite ouverture. — On voit, de plus, que les rayons réfléchis se coupent deux à deux en donnant naissance, par la disposition de leurs points d'intersection, à une surface brillante nommée *caustique par réflexion*.

Un miroir qui ne présente pas d'aberration, c'est-à-dire qui ne donne qu'une image pour tous les rayons issus d'un point, est dit *miroir aplanétique*. C'est le cas des miroirs plans, des miroirs sphériques de très petite ouverture, et même des miroirs sphériques quelconques, pour les rayons émis du centre de courbure, parce que ces derniers, tombant normalement sur la surface réfléchissante, reviennent dans leur propre direction.

Un miroir *parabolique*, c'est-à-dire engendré par la révolution d'une parabole autour de son axe AB (*fig.* 222), est parfaitement aplanétique. Un faisceau de rayons parallèles ne produit qu'un

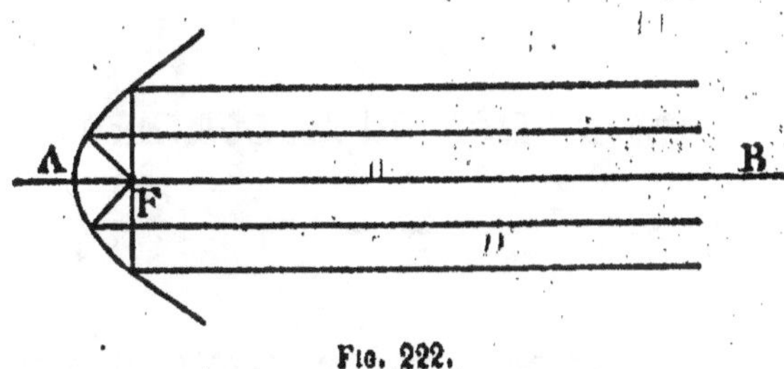

Fig. 222.

seul point lumineux au foyer du miroir, et, inversement, tout point lumineux placé en F donne naissance, après réflexion sur la surface polie, à un faisceau rigoureusement parallèle à l'axe.

CHAPITRE III

RÉFRACTION DE LA LUMIÈRE

I. — LOIS DE LA RÉFRACTION SIMPLE

458. Réfraction de la lumière. — La *réfraction* de la lumière est la *déviation* éprouvée par les rayons lumineux, lorsqu'ils traversent *obliquement* la surface de séparation de deux milieux transparents de densité différente.

Le rayon incident SI (*fig.* 223), qui se propage dans le premier milieu, et la normale IM à la surface qui le sépare du second, déterminent le *plan d'incidence*; l'angle SIM, ou l'angle *i*, s'appelle l'*angle d'incidence*, et l'angle OIN ou *r*, formé par le rayon réfracté IO avec la normale MN, est l'*angle de réfraction*.

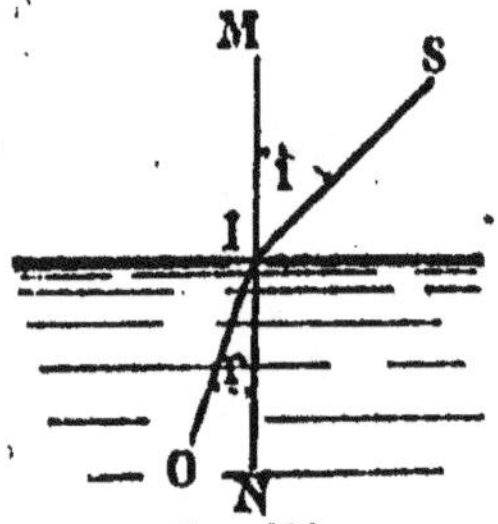

Dans le cas indiqué par la figure 223, le rayon réfracté se rapproche de la normale, et l'angle de réfraction est plus petit que l'angle d'incidence. On exprime ce résultat en disant que le second milieu est plus *réfringent* que le premier. Lorsque le rayon réfracté forme un angle plus grand que l'angle d'incidence et s'écarte de la normale, le second milieu est dit moins *réfringent*.

Fig. 223.

459. Lois de la réfraction simple ou lois de Descartes. — PREMIÈRE LOI. — *Le rayon incident et le rayon réfracté sont dans un même plan perpendiculaire à la surface de séparation des deux milieux; en d'autres termes, le rayon réfracté reste dans le plan d'incidence.*

DEUXIÈME LOI. — *Pour deux milieux déterminés, le rapport entre le sinus de l'angle d'incidence et le sinus de l'angle de réfraction est constant, quel que soit l'angle d'incidence.*

On aura donc $\frac{\sin i}{\sin r} = n$: c'est ce qu'on appelle l'*indice de réfraction* du deuxième milieu, c'est-à-dire de celui dans lequel se fait la réfraction, par rapport au premier. L'indice de réfraction de l'eau par rapport à l'air est $\frac{4}{3}$, celui du verre, dans les mêmes conditions, est $\frac{3}{2}$. Ces chiffres expriment le rapport des vitesses de la lumière dans les deux milieux, et ceux-ci, ordinairement, sont d'autant plus réfringents qu'ils sont plus denses (¹).

460. Vérification expérimentale. — Elle se fait au moyen de l'appareil de Silberman (*fig.* 224) que nous avons déjà employé pour vérifier les lois de la réflexion, avec cette différence qu'on remplace le miroir par une cuve cylindrique à moitié pleine d'eau, de telle sorte que la surface libre du liquide passe par le centre C du cercle. Le rayon incident est dirigé par le miroir M suivant l'alidade AP', en passant par l'ouverture I d'un tube fixé à la partie supérieure de celle-ci, et tombe obliquement sur la surface du liquide au centre C. L'angle ACN est donc l'angle d'incidence. Le rayon lumineux se réfracte en passant

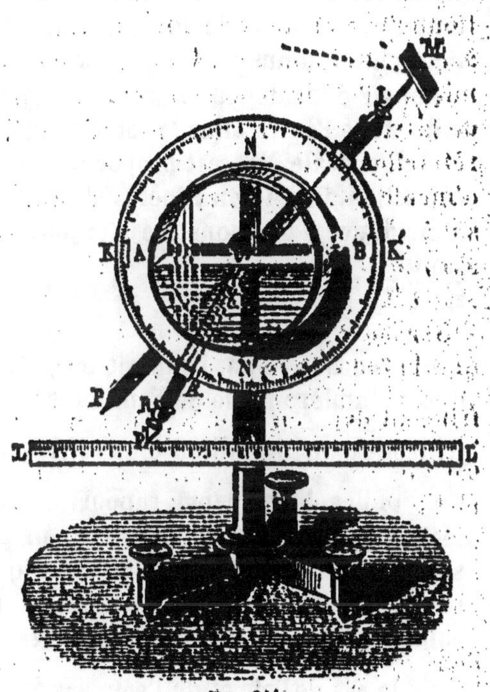

Fig. 224.

dans l'eau, et l'on cherche sa direction en déplaçant l'alidade P jusqu'à ce que l'œil le reçoive par l'ouverture du tube R. L'angle de réfraction est alors P'CN'. Il n'y a pas de nouvelle réfraction lorsque la lumière sort de la cuve d'eau, parce que les rayons se dirigent suivant un rayon de cercle et tombent perpendiculairement sur la paroi.

La *première loi* est prouvée par le fait que l'œil, placé en R, reçoit le rayon réfracté par l'ouverture du petit tube ; d'après la construction même de l'appareil, les ouvertures des deux tubes sont dans un même plan parallèle à celui du cercle gradué, et, par suite, perpendiculaire à la surface de l'eau.

Pour vérifier la seconde, on soulève la règle horizontale LL' jusqu'à ce qu'elle touche à l'extrémité P de l'alidade PA. La distance de P à la verticale NN', mesurée par la règle, est proportionnelle au sinus de l'angle PCN', égal comme opposé au sommet à l'angle d'incidence. On abaisse ensuite la règle jusqu'à l'extrémité P' de l'autre alidade, et la longueur qui sépare le point P' de la verticale NN' est proportionnelle au sinus de l'angle de réfraction. Or, si l'on répète cette mesure pour plusieurs angles d'incidence, on constate toujours la constance du rapport

$$\frac{\sin i}{\sin r} = n.$$

REMARQUE. — Dans l'expérience précédente, nous avons supposé que la lumière passe de l'air dans l'eau, d'un milieu moins réfringent dans un milieu plus réfringent. Dans ce cas, $\frac{\sin i}{\sin r} = n$ est l'indice de l'eau par rapport à l'air. Le même appareil permet de constater que la lumière, en passant de *l'eau dans l'air*, suit le chemin inverse, mais identique au premier ; l'angle de réfraction est plus grand que l'angle d'incidence. Ce phénomène constitue la *loi du retour inverse des rayons*. L'*indice de retour*, dans le cas de l'air et de l'eau, est donc $\frac{\sin i}{\sin r} = \frac{1}{n} = \frac{3}{4}$.

461. Effets de la réfraction. — 1° Réfraction atmosphérique. — La densité des différentes couches dont l'atmosphère est constituée augmente à mesure que celles-ci sont plus rapprochées du sol. Il en résulte qu'un rayon lumineux, venant d'un astre A (*fig.* 225), se réfracte à chaque passage d'une couche dans une autre de densité plus grande, et cette série de déviations, dans le même sens a pour effet de faire paraître l'astre A en A'. Pour la même cause, les astres paraissent soulevés, à l'horizon, au-dessus de leur position naturelle. La réfraction atmosphérique se fait surtout sentir pour les points situés très près de l'horizon. C'est pour cela qu'on peut apercevoir le soleil avant son lever réel; une fois au-dessus de l'horizon, son disque paraît quelquefois elliptique, parce que la réfraction est plus considérable pour les rayons issus de la partie inférieure que pour ceux de la partie supérieure du disque, ce qui diminue apparemment la longueur de son diamètre vertical.

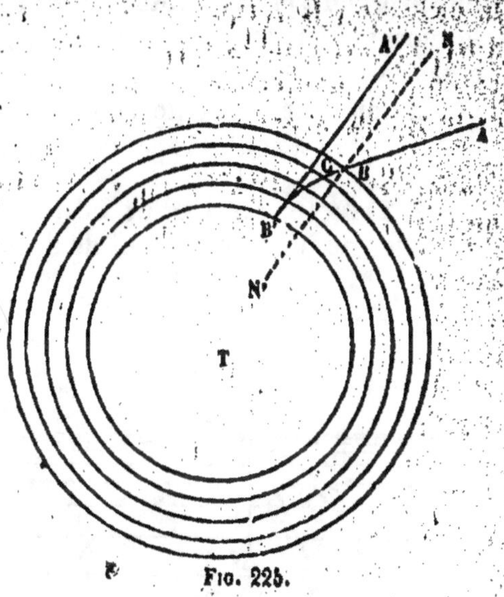

Fig. 225.

2° C'est par un effet de réfraction que les objets paraissent agités à la surface du sol. Il arrive quelquefois, au printemps, que l'air encore froid est chauffé à sa partie inférieure par contact du sol, lorsque celui-ci reçoit les rayons d'un soleil déjà ardent. Cet air chaud s'élève en vertu de sa légèreté, et est remplacé par des parties plus froides, de sorte qu'il s'établit un mouvement circulatoire qui fait varier constamment la densité de l'air en un point déterminé de l'espace. Les rayons lumineux, qui traversent cet air de densité variable, subissent alors des réfractions différentes, et c'est ce qui produit l'agitation apparente des objets.

3° Il est difficile, à cause de la réfraction, de juger de la profondeur d'une rivière dont le lit est

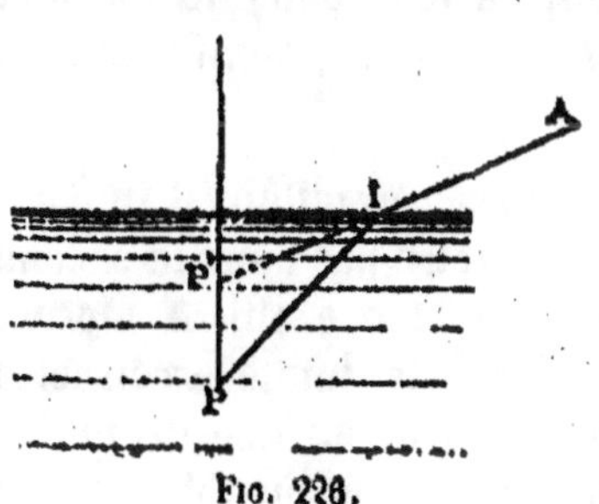

Fig. 226.

rendu visible par la limpidité de l'eau. Un rayon lumineux émis par un objet P (fig. 226) se réfracte en I, en s'éloignant de la normale, et prend la direction IA, lorsqu'il pénètre dans l'air; un observateur qui reçoit ce rayon voit l'objet P en P'. Cet effet ne se produit pas si l'observateur est placé dans la direction de la normale à la surface du liquide, parce que, dans ce cas, il n'y a pas de déviation. — Citons, enfin, l'apparence que présente un bâton dont une partie de la longueur est plongée dans l'eau : cette partie est soulevée par la réfraction, et le bâton paraît brisé.

462. Angle limite et réflexion totale. — Considérons

un rayon de lumière passant de l'eau dans l'air, c'est-à-dire dans un milieu moins réfringent. Si l'on augmente progressivement la valeur de l'angle d'incidence, on constate que l'angle de réfraction croît plus vite que ce dernier, et il arrive un moment où, pour un certain angle SIN (*fig.* 227), l'angle de réfrac-

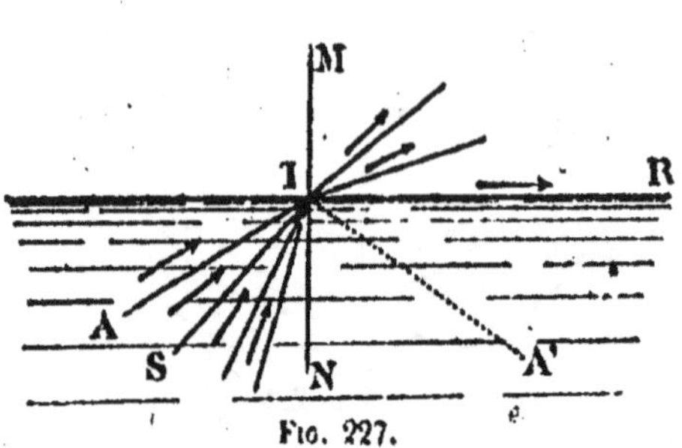

Fig. 227.

tion est égal à 90°, c'est-à-dire que le rayon réfracté sort en rasant la surface du liquide suivant IR. On donne à cet angle particulier SIN, variable avec les différents milieux, le nom d'*angle limite*, au-delà duquel toute réfraction est impossible. Il est d'environ 48°, lorsque la lumière passe de l'eau dans l'air, et de 41° 48', du verre dans l'air.

Si l'angle d'incidence AIN vient à dépasser l'angle limite, toute la lumière, sans aucune absorption, revient dans le premier milieu suivant IA', et subit la *réflexion totale*, comme sur un miroir plan parfait.

Remarque. — Dans le phénomène de la réfraction, il importe d'observer que toute la lumière ne pénètre pas dans le second milieu, sauf dans le cas d'un angle d'incidence nul. A mesure que cet angle augmente, la proportion de lumière réfractée diminue, et l'autre partie se réfléchit sur la surface du milieu transparent (443). La réfraction est presque insensible lorsque l'angle d'incidence atteint l'angle limite, c'est-à-dire lorsque le rayon réfracté rase la surface de séparation des deux milieux, tandis que la presque totalité de la lumière subit la réflexion.

463. Théorie succincte du mirage. — Les lois de la réfraction, comme l'a montré Monge, permettent de rendre compte d'un phénomène curieux qui s'observe dans les plaines sablonneuses fortement chauffées par le soleil, particulièrement en Égypte, et qui fait voir les images renversées des objets éloignés, comme s'ils se réfléchissaient sur une surface d'eau tranquille : c'est le phénomène du *mirage*, qu'il ne faut pas confondre avec la réflexion spéculaire à la surface d'un lac ou d'une rivière.

Pour que le mirage se produise, il faut que l'air des couches inférieures de l'atmosphère soit plus chaud et, par suite, moins dense et moins réfringent que celui des couches plus élevées, ce qui peut se réaliser par le fait que l'air se réchauffe principalement par contact du sol et se dispose, dans un état d'équilibre instable, en une série de couches dont la température décroît progressivement (*fig.* 228). Il en résulte qu'un rayon lumineux, émis par

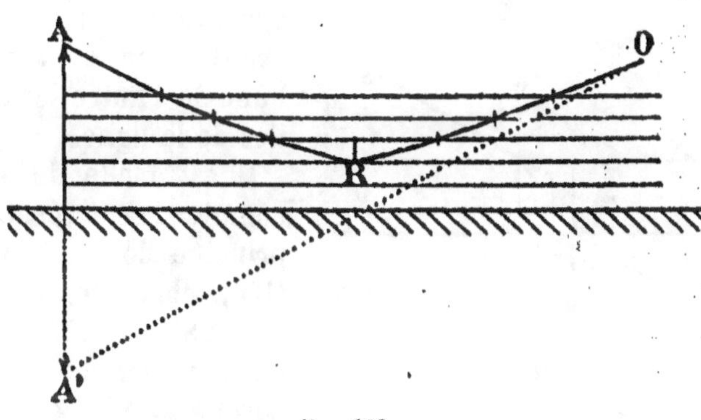

Fig. 228.

le point A d'un objet quelconque, subit une série de réfractions qui l'éloigne de la normale aux différents points d'incidence, à mesure qu'il traverse des masses d'air de plus en plus chaudes. Il arrive alors que l'angle limite est dépassé, et le rayon, en éprouvant la *réflexion totale* en R, vient frapper, en O, l'œil d'un observateur éloigné, après s'être réfracté en sens inverse dans des couches de plus en plus froides, suivant la ligne RO, symétrique de AR. Les choses se passent donc comme si le rayon de lumière était émis directement par un point A', symétriquement placé par rapport à A, et l'objet semble se réfléchir sur une nappe liquide, ce qui fait croire à la présence de l'eau là où il n'y en a pas.

La réfraction de la lumière, par une disposition inverse des couches d'air, fait quelquefois apparaître les objets soulevés au-dessus du niveau réel qu'ils occupent. Ce phénomène se produit lorsque les couches inférieures de l'atmosphère sont refroidies et deviennent plus denses que les couches plus élevées, soit à cause du contact de l'eau, soit sous l'influence d'un vent frais superficiel. Les rayons lumineux se réfractent et se réfléchissent totalement sur une masse d'air supérieure, en donnent lieu au *mirage inverse*, assez fréquemment observé sur les rives et le littoral des îles du Saint-Laurent.

464. Milieu transparent à faces parallèles. — L'expérience démontre que, si l'on regarde obliquement une ligne noire sur une partie de laquelle on pose une lame de verre à faces parallèles, les rayons lumineux qui traversent cette lame

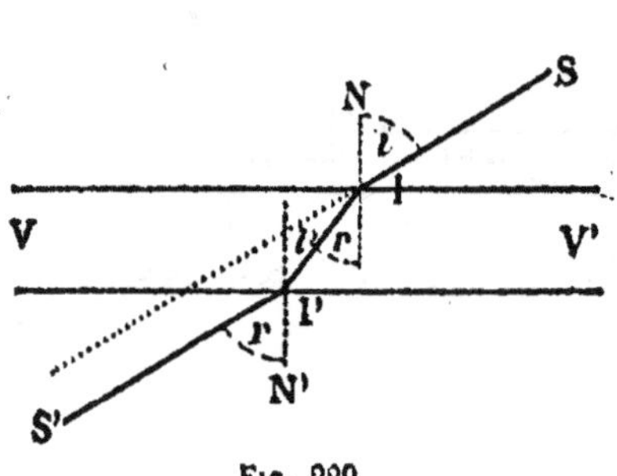

Fig. 229.

éprouvent un *déplacement* ayant pour effet d'éloigner l'une de l'autre les deux parties de la ligne.

Il est facile de se rendre compte de ce résultat par le principe de la réversibilité (460, remarque). En effet, un rayon SI (*fig.* 229) se réfracte dans la lame de verre à faces parallèles VV', en faisant un angle de réfraction r dont la valeur est déterminée par l'indice *n du verre par rapport à l'air*. Or l'on sait que l'indice de l'*air par rapport au verre* est $\frac{1}{n}$; et, dès lors, l'angle de réfraction, pour la lumière qui émerge du verre, sera égale à *i*. Il en résulte que les rayons, en sortant en I', s'éloignent de la normale N' d'une quantité angulaire r' précisément égale à celle de l'angle *i*, et que, par conséquent, les rayons SI et I'S' sont *parallèles*. Il n'y a donc pas de *déviation*, mais les rayons sont seulement *déplacés latéralement* d'une quantité d'autant plus grande que la lame est plus épaisse.

II. — PRISMES

465. Définitions. — On appelle *prisme*, en optique, un milieu transparent à faces planes non parallèles. — L'angle dièdre A (*fig.* 231) est l'*angle réfringent* du prisme, et l'*arête* de celui-ci est la ligne d'intersection des deux surfaces planes inclinées l'une sur l'autre. On appelle *base* du prisme une troisième face plane parallèle à l'arête ; le solide géométrique déterminé par ces trois faces est un prisme triangulaire droit (*fig.* 230) dont toute section, menée perpendiculairement à l'arête, est un triangle ABC qu'on nomme *section principale* (*fig.* 231) ; c'est dans cette dernière que nous étudierons la marche des rayons lumineux.

466. Marche des rayons lumineux dans un prisme. — Les lois de la réfraction font voir et l'expérience vérifie qu'un rayon de lumière qui traverse un prisme est dévié *deux fois* vers la base de ce prisme.

Fig. 230.

Considérons (*fig.* 231) la section principale ABC d'un prisme dont l'angle réfringent est A. Un rayon incident SI, en passant de l'air dans le verre, se réfracte une première fois en I, en se rapprochant de la normale NP, et se propage dans le prisme suivant II', direction qui varie avec l'indice de réfraction de la substance qui constitue le milieu réfringent. En I' le rayon, passant du verre dans l'air, s'écarte de la normale N'P par une nouvelle réfraction, et sort suivant I'S'. Le rayon incident, qui aurait suivi la direction SS' sans l'interposition du prisme, est donc dévié deux fois vers la base BC de la valeur angulaire S'DS'. C'est cet angle S'DS', déterminé par la direction du rayon émergent avec celle du rayon incident, qu'on appelle *angle de déviation*, désigné par D. — L'effet d'un prisme est de faire paraître les objets relevés vers le sommet A ; un observateur qui reçoit en S' un rayon émis par un point lumineux placé en S, voit ce dernier

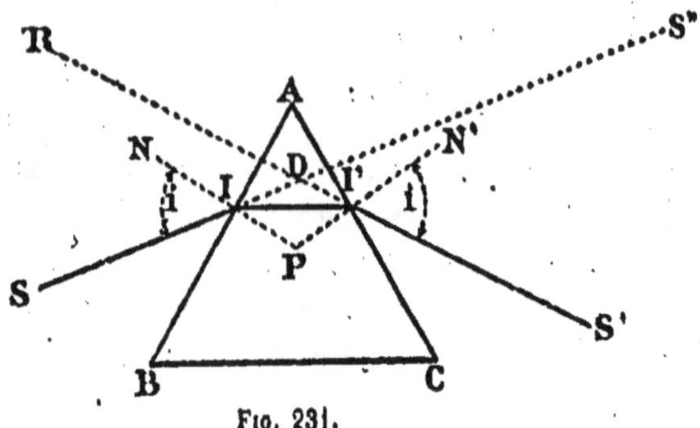

Fio. 231.

en R, dans la direction RS' des rayons qui arrivent directement en son œil ; R est donc une image *virtuelle* de S, puisque RI' est le *prolongement* de rayon réfracté I'S'.

467. Étude expérimentale de la déviation. — On démontre par le calcul que la déviation des rayons lumineux, de couleur déterminée, dépend de l'*angle d'incidence* sur la face d'entrée, de l'*indice de réfraction*, c'est-à-dire de la substance du prisme, et de l'*angle réfringent*. Si l'on représente ces trois quantités par i, n et A, on voit que la déviation D est une fonction de ces trois variables

$$D = f(n, A, i).$$

Pour le démontrer expérimentalement, on ne modifie qu'une seule de ces quantités à la fois, et l'on examine la variation correspondante de D.

1° **Variation de D avec l'indice de réfraction n du prisme.** — On fait usage du *polyprisme*, c'est-à-dire d'une série de prismes de mêmes dimensions mais de substance différente, et disposés de manière à ne former qu'un seul solide géométrique. — On fait alors arriver, sur l'une des faces du polyprisme, un faisceau de rayons parallèles qui forment, par conséquent, le même angle d'incidence avec les normales aux plans de tous les prismes élémentaires; on constate que la déviation change d'un prisme à l'autre, et qu'elle augmente avec la valeur des différents indices de réfraction.

2° Variation avec l'angle A du prisme. — L'expérience se fait avec un prisme liquide à *angle variable*. Celui-ci est constitué par un vase (*fig.* 232) qui contient de l'eau, et dont les faces latérales, munies de glaces planes glissant avec facilité entre deux cloisons métalliques parallèles, peuvent s'incliner plus ou moins l'une par rapport à l'autre. On fait alors arriver un rayon lumineux sur l'une des faces, et, pour ne pas altérer l'angle d'incidence, on déplace seulement la face de sortie des rayons. En recevant ceux-ci sur un écran, on constate que la déviation est d'autant plus considérable que l'angle du prisme est lui-même plus fort.

Fig. 232.

3° Variation avec l'angle d'incidence *i*. — Enfin, la déviation varie avec la valeur de l'angle d'incidence, mais elle ne se fait pas toujours dans le même sens. Pour le faire voir, on reçoit un faisceau lumineux monochromatique (d'une seule couleur) sur un prisme, et l'on fait diminuer l'angle d'incidence en tournant le prisme sur lui-même. On constate alors, par le déplacement de l'image sur un écran, que la déviation décroît d'abord avec l'angle d'incidence, puis, si l'on tourne toujours dans le même sens, on voit l'image s'arrêter pendant quelques instants et revenir en sens contraire; la déviation cesse donc de diminuer et passe par un *minimum*, pour croître ensuite d'une manière continue. — Le *minimum de déviation* a lieu lorsque la position du prisme est telle que l'on ait $i = i'$ (*fig.* 231).

468. Prisme à réflexion totale. — Considérons le prisme ABC (*fig.* 233) dont la section principale est un triangle rectangle isocèle. Un rayon incident SI, tombant normalement sur la face AB, ne subit pas de déviation et rencontre la face BC sous un angle d'incidence I'I'N = 45°. Or l'angle limite du verre dans l'air est égal à peu près à 42°. L'angle d'incidence en I' est donc

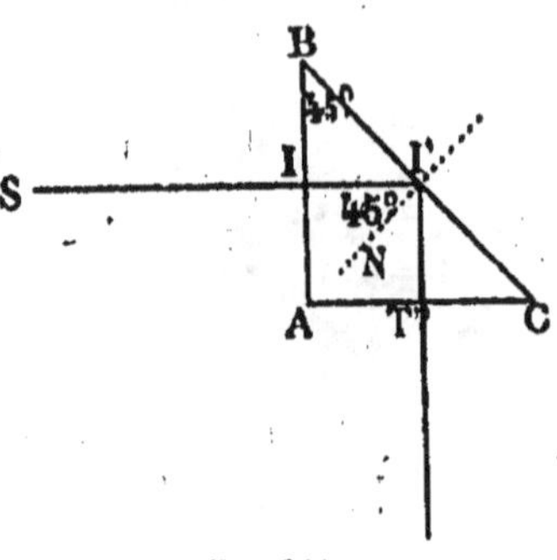

Fig. 233.

supérieur à ce dernier, et toute réfraction devient impossible. Le rayon lumineux se *réfléchit totalement*, en faisant un angle de *réflexion* égal à 45°, et tombe, par suite, perpendiculairement sur AC, de sorte qu'il sort sans changer de direction. Les choses se passent donc comme s'il y avait en BC un miroir plan incliné à 45° sur la direction du rayon incident. — Dans certains instruments d'optique, les *prismes à réflexion totale* remplacent avantageusement les miroirs métalliques dont les surfaces s'oxydent assez rapidement. — Pour un prisme d'indice déterminé, il suffit, pour qu'il y ait réflexion totale, que l'angle réfringent soit plus grand que le double de l'angle limite. Un prisme de verre, analogue au précédent, se comporte comme un miroir pour tous les rayons qui font avec la normale I'N un angle supérieur à 42°.

III. — LENTILLES

469. Lentilles sphériques. — Ce sont des milieux transparents terminés par deux faces sphériques; quelquefois, une seule des faces est une portion de sphère et l'autre est plane.

470. Différentes espèces de lentilles. — On en distingue deux espèces principales : les *lentilles convergentes* et les *lentilles divergentes*. Les premières ont la propriété de rendre plus convergents ou moins divergents les rayons lumineux qui les traversent; on leur donne trois formes particulières (*fig.* 234) : A est une lentille *biconvexe*, B une lentille *plan-convexe*, et C une lentille *concave-convexe* appelée *ménisque convergent*. Ces lentilles sont caractérisées par le fait que le centre est plus épais que les bords.

Dans les lentilles divergentes, les rayons lumineux, à la sortie, sont plus divergents ou moins convergents qu'à l'entrée, et le

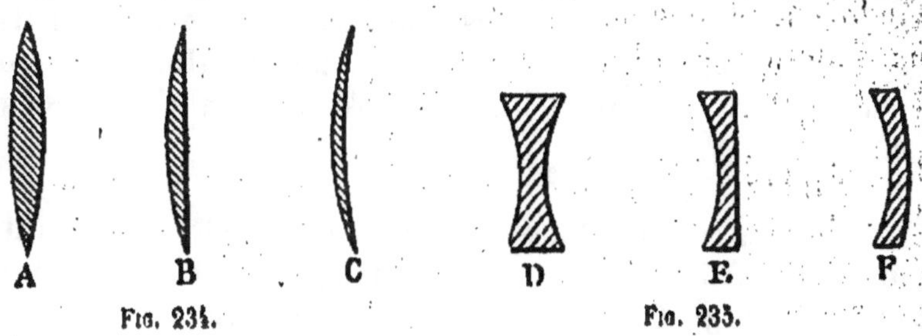

Fig. 234.　　　　　　　　　Fig. 235.

centre est plus mince que les bords. Les principales formes employées sont (*fig.* 235) la lentille *biconcave* D, la lentille *plan-concave* E, et la lentille *convexe-concave* F, appelée *ménisque divergent*.

Dans une lentille à deux surfaces sphériques, on appelle *centres de courbure* (*fig.* 236) les points C et C′, centres des sphères dont les faces font partie, *axe principal* la droite passant par ces deux points, et *section principale* tout plan passant par l'axe principal.

Les constructions que nous allons faire, pour la détermination des foyers et des images, s'appliquent aux rayons voisins de l'axe principal et transmis dans les lentilles très minces.

471. Lentilles convergentes. — 1° **Foyer principal.** — Soit la section principal LL′ (*fig.* 236) d'une lentille biconvexe dont les faces ont même rayon de courbure, et supposons un rayon RI, parallèle à l'axe principal. Ce rayon se réfracte deux fois en traversant la lentille, comme si les courbes aux points d'incidence et d'émergence étaient remplacées par

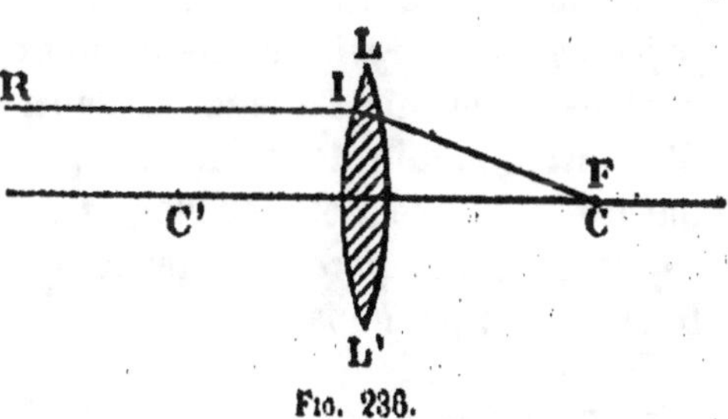

Fig. 236.

des plans tangents inclinés l'un sur l'autre, et va rencontrer l'axe principal en F. Il en est de même sensiblement de tous les autres rayons parallèles à l'axe principal, et le point F, où ils vont tous converger, est désigné sous le nom de *foyer principal réel*, lequel coïncide, dans les lentilles ordinaires de crown-glass, avec le centre de courbure C. La *distance focale principale*, c'est-à-dire la distance qui sépare le point F de la lentille, est d'autant plus courte que la lentille est plus convergente ; elle varie aussi avec l'indice de réfraction. — Un point lumineux situé en F donne naissance, après réfraction, à un faisceau parallèle à l'axe principal.

2° Foyers conjugués. — Supposons (*fig.* 237) un point lumineux L, placé au delà de F sur l'axe principal, et émettant des rayons divergents, tels que LI, par rapport à cet axe. Ce rayon LI détermine un angle d'incidence, au point I, plus grand que si le

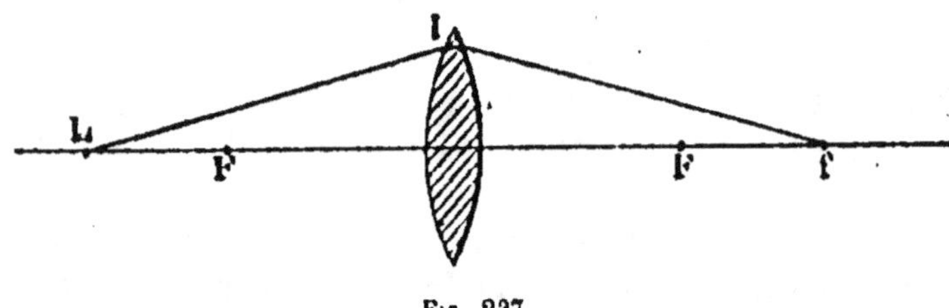

Fig. 237.

rayon était parallèle à l'axe principal ; dès lors, l'angle de réfraction est lui-même plus grand que dans le premier cas, et le rayon émergent va couper l'axe principal en *f*, au delà de F ; *f* est le point de concours de tous les rayons émis de L, et constitue son *foyer conjugué réel*. Les deux points *f* et L sont *réciproques*, et l'un peut devenir l'image de l'autre. Le foyer conjugué *f* sera d'autant plus loin de la lentille que le point L s'en rapprochera davantage. Si ce dernier vient à coïncider avec F, le foyer *f* est rejeté à l'infini, parce que les rayons réfractés deviennent parallèles à l'axe principal.

3° Foyer virtuel. — Enfin, si le point lumineux L passe en deçà du foyer principal (*fig.* 238), le rayon LI, malgré les deux réfractions dans le même sens en I et en I', sort encore en divergeant par rapport à l'axe principal, et ne peut déterminer la formation d'aucun foyer réel ; le prolongement du rayon réfracté I'R va couper l'axe principal, du même côté de la lentille que le

point lumineux, au point f' qui est le *foyer virtuel conjugué* de L ;
il est d'autant plus éloigné de F, que le point L en est plus rapproché.

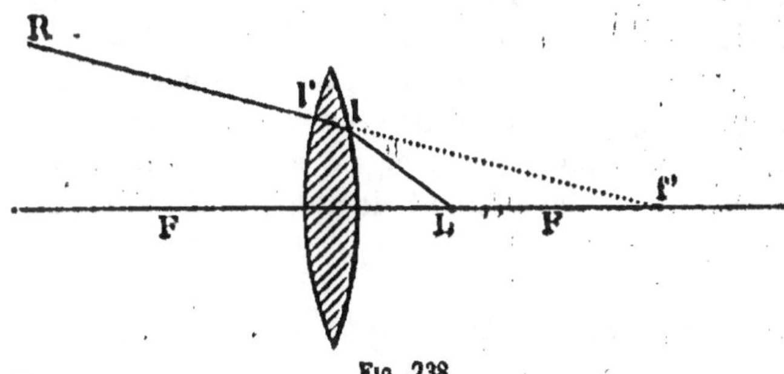

Fig. 238.

472. Construction des images. — 1° **Images réelles.** —
Soit l'objet AB (*fig.* 239) placé perpendiculairement à l'axe principal et au delà du point F. Il suffit, pour construire l'image, de
déterminer les foyers des points extrêmes A et B de l'objet, tous

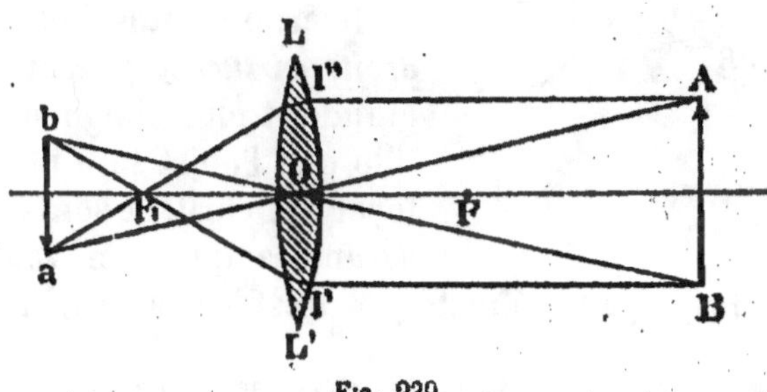

Fig. 239.

deux situés en dehors de l'axe principal. Traçons d'abord la ligne
AO, joignant le point A de l'objet au *centre optique* O de la lentille.
On appelle ainsi un point fixe situé au milieu de la longueur FF',
pour les lentilles à faces sphériques de même courbure, et tel
que les rayons lumineux qui passent par ce point subissent un
léger déplacement latéral, insensible dans les lentilles minces,
mais n'éprouvent pas de déviation. La ligne AO s'appelle l'*axe
secondaire* du point A. Tout rayon de lumière qui se propage suivant AO et son prolongement est donc un rayon sensiblement
rectiligne, et il contient, en un certain point de sa longueur,
l'image du point A. — Le rayon AI', parallèle à l'axe principal, ira

après réfraction, passer par le point F' et rencontrera l'axe secondaire au point *a* qui sera le foyer conjugué de A. Un raisonnement analogue permet de construire en *b* l'image du point B, sur l'axe secondaire BO de ce dernier point. L'image de l'objet sera donc en *ab*, *renversée*, *réelle* et plus *petite* que l'objet, si celui-ci est au delà du *double* de la distance focale principale. A ce point déterminé, l'image sera de même grandeur que l'objet et à égale distance de la lentille; si l'objet est en deçà de cette limite, l'image s'éloigne en augmentant de dimensions, et est rejetée à l'infini, quand l'objet est en F.

2° **Images virtuelles.** — Considérons un objet AB situé entre le foyer principal et la lentille (*fig.* 240). Les axes secondaires des

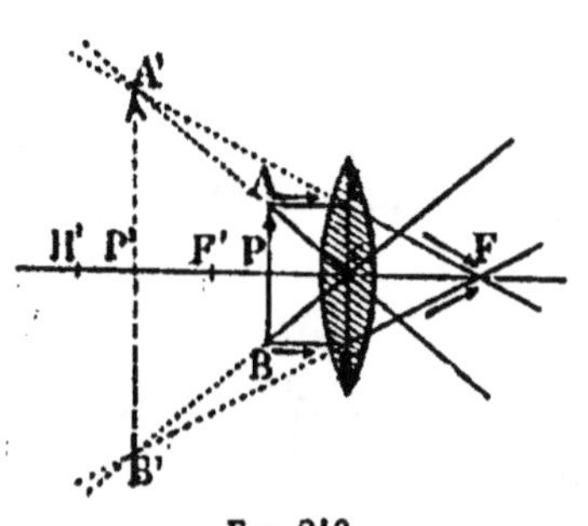

Fio. 240.

points A et B, sont divergents par rapport aux rayons réfractés issus de A et de B, parallèlement à l'axe principal; les prolongements seuls de ces rayons réfractés pourront rencontrer les axes secondaires et déterminer une image en A'B', *droite*, *virtuelle*, et d'autant plus grande et plus éloignée de la lentille que l'objet sera plus près du foyer principal. Ce sont ces images agrandies que l'on voit lorsque l'œil reçoit les rayons réfractés, et c'est le cas de la *loupe* (494).

REMARQUE. — Comme dans le cas des miroirs concaves, les images réelles formées par les lentilles convergentes peuvent être reçues sur un écran, et l'on vérifie les résultats précédents en faisant varier convenablement la position d'un objet lumineux et celle de l'écran par rapport à la lentille; on peut aussi voir des images *aériennes*.

473. Lentilles divergentes. — 1° **Foyer principal virtuel.** — Soit la section principale MN d'une lentille biconcave (*fig.* 241); supposons un rayon SI parallèle à l'axe principal et incident en I. Ce rayon, comme sur un prisme dont le sommet serait tourné vers l'axe principal, se réfracte deux fois, en I et en I', et prend la direction I'R, divergente par rapport à cet axe. Le rayon réfracté, prolongé du côté de la lumière incidente, rencontre l'axe principal au point F qu'on appelle *foyer principal virtuel* de la len-

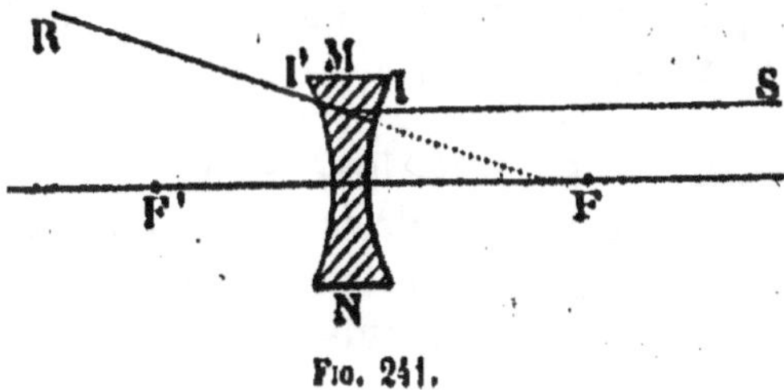

Fig. 241.

tille ; c'est le point de rencontre de tous les rayons parallèles à SI.

2° **Foyers conjugués virtuels.** — Supposons un point lumineux L (*fig.* 242) situé au delà de F, sur l'axe principal. Le rayon

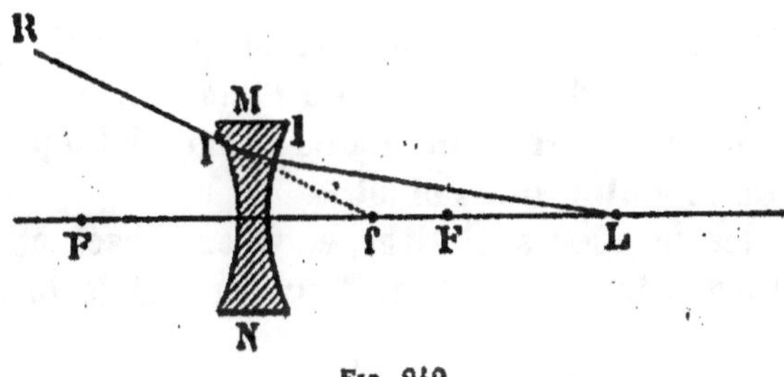

Fig. 242.

divergent LI prend, après deux refractions dans le même sens, la direction I'R dont le prolongement, du même côté de la lentille que le point L, rencontre l'axe principal au point *f*, entre la lentille et F, et qu'on appelle le *foyer conjugué virtuel* de L. Les points *f* et L sont réciproques.

474. Construction des images. — Considérons un objet AB perpendiculaire à l'axe principal (*fig.* 243). La construction de l'image se fait comme dans les lentilles convergentes. Les rayons incidents AI et BI' donnent des rayons

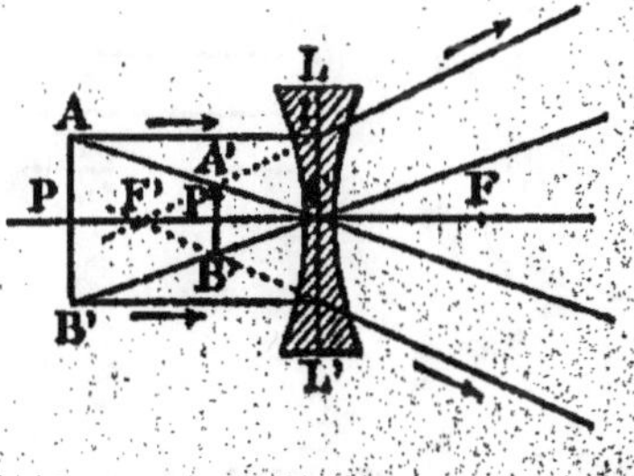

Fig. 243.

réfractés divergents dont les prolongements rencontrent les axes secondaires respectifs des points A et B en A' et B', où apparaît l'image ; elle est *virtuelle, droite* et *plus petite que l'objet*. Cette image est vue par un observateur qui reçoit le faisceau réfracté, comme si l'objet était en A'B'.

475. Formules des lentilles. — Un calcul, analogue à celui qu'on emploie pour les miroirs, permet d'énoncer deux formules établissant les positions relatives des objets et des images. On a, pour les lentilles convergentes,

$$\frac{1}{p} + \frac{1}{p'} = \frac{1}{f},$$

et, pour les lentilles divergentes,

$$\frac{1}{p'} - \frac{1}{p} = \frac{1}{f},$$

dans lesquelles f désigne la distance focale principale, p et p' les distances respectives de l'objet et de l'image à la lentille. Une valeur négative de p' correspond à une image virtuelle située du même côté de la lentille que l'objet.

De même, les grandeurs relatives, en valeur absolue, de l'image et de l'objet s'expriment, dans les deux cas, par la formule

$$\frac{i}{o} = \frac{p'}{p}.$$

476. Aberration de sphéricité. — Les lentilles *à court foyer* donnent lieu à un phénomène d'aberration analogue à

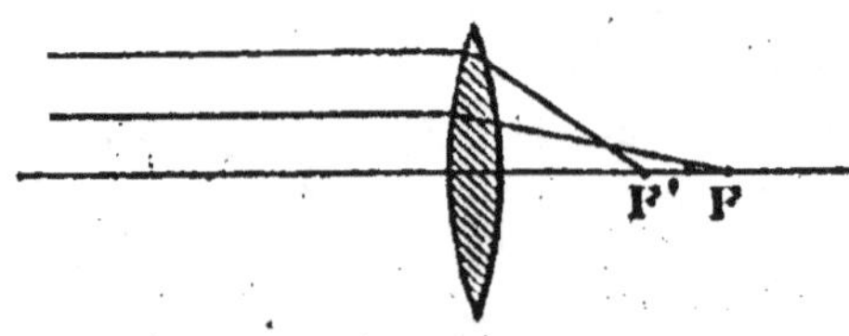

Fig. 244.

celui des miroirs concaves de grande ouverture. Les rayons marginaux, après réfraction, rencontrent l'axe principal plus près de la lentille que les rayons centraux (*fig.* 244), de sorte que l'image d'un point lumineux n'est plus un point unique : c'est *l'aberration de sphéricité* ; elle augmente lorsque la distance focale principale diminue, et elle a lieu pour les rayons parallèles comme pour les rayons divergents par rapport à l'axe principal. La longueur FF' s'appelle *aberration longitudinale*. Les rayons réfractés produisent des *caustiques par réfraction* analogues aux caustiques par réflexion (457). On corrige l'aberration en interceptant les rayons marginaux avec un diaphragme opaque.

CHAPITRE IV

DISPERSION DE LA LUMIÈRE

I. — CONSTITUTION DE LA LUMIÈRE BLANCHE

477. Décomposition de la lumière blanche, dispersion. — Un faisceau de lumière *blanche*, comme celle du soleil, n'est pas seulement dévié deux fois vers la base d'un prisme, mais il s'épanouit dans le sens perpendiculaire aux arêtes de ce dernier et produit sur un écran une tache allongée diversement colorée : c'est le phénomène de la *dispersion* de la lumière. Un seul rayon S! (*fig.* 245) donne naissance à une infinité de rayons réfractés dont

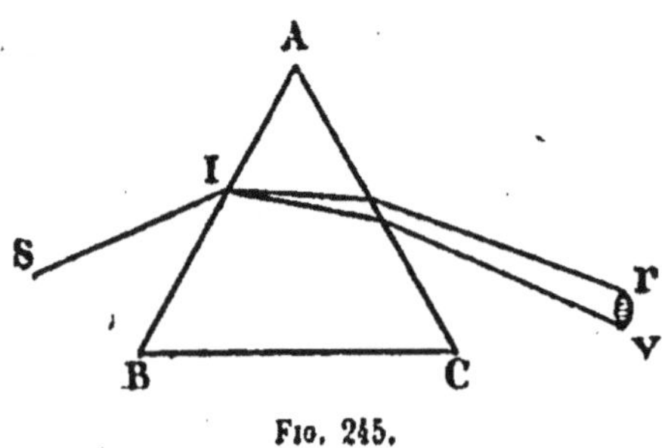

Fig. 245.

les couleurs varient insensiblement en se fondant, pour ainsi dire, les unes dans les autres, depuis les rayons les plus déviés jusqu'à ceux qui le sont le moins. On constate que les premiers sont *violets* et les moins déviés sont *rouges*. Les différentes couleurs qui se séparent dans le prisme constituent le *spectre solaire* ; les teintes contenues dans ce dernier sont en nombre incalculable.

D'après une classification fort arbitraire, on range les couleurs du spectre en sept groupes principaux dont il est difficile d'indiquer les lignes de démarcation. Ces couleurs sont, à partir de la plus réfrangible,

Violet, indigo, bleu, vert, jaune, orangé, rouge.

478. Hypothèse de Newton. — D'après Newton, la lumière blanche n'est pas *simple*, mais se compose d'une infinité de rayons *simples* ou *monochromatiques* ayant des couleurs diverses et doués de *réfrangibilité différente*; une même substance n'a pas le même indice de réfraction pour tous les rayons, mais chacun d'eux est diversement *dévié* suivant sa couleur; l'indice est *minimum* pour le rouge et *maximum* pour le violet. Les différences entre les indices extrêmes sont ordinairement assez restreintes et varient avec la nature du prisme : c'est ainsi que le sulfure de carbone produit un spectre 4 fois plus étalé que le verre ordinaire. C'est ce qu'on exprime en disant qu'une substance est plus *dispersive* qu'une autre.

On comprend, dès lors, comment un prisme produit une décomposition de la lumière. Les rayons colorés, dont la superposition constitue la lumière blanche, subissent des déviations différentes à cause de leur inégale réfrangibilité, et se séparent plus ou moins à la sortie du prisme. On aura donc une série indéfinie de rayons émergents qui empiètent plus ou moins les uns sur les autres; la séparation sera d'autant plus parfaite, c'est-à-dire que le spectre sera d'autant plus pur, que le faisceau incident sera plus étroit et la substance du prisme plus dispersive.

479. Vérification expérimentale. — Cette manière de voir de Newton se démontre par l'expérience en effectuant une espèce d'*analyse* de la lumière blanche, et, par une sorte de *synthèse*, en provoquant la récomposition de cette même lumière.

1° Décomposition de la lumière blanche. — Il est facile de prouver que les couleurs du spectre sont *simples* et possèdent chacune une réfrangibilité déterminée.

On reçoit sur un écran E (*fig.* 246) un faisceau réfracté par le prisme A et produisant un spectre *vr*.

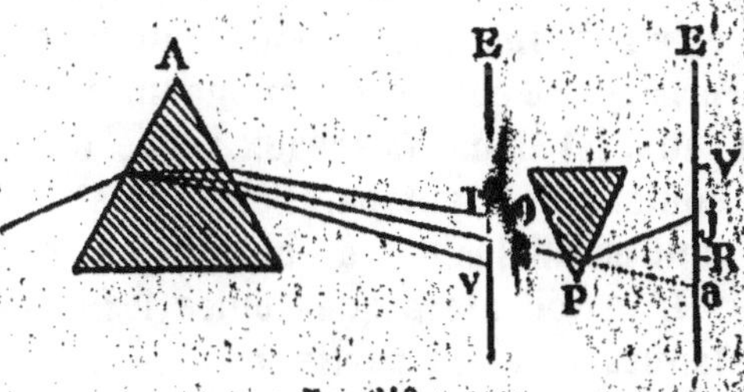

Fig. 246.

Une petite ouverture O laisse passer un rayon d'une seule couleur, et celui-ci se trouve, par suite, isolé des autres entre les deux écrans E et E'. On pourra donc, en tournant le prisme A, pour amener sur l'ouverture O toutes les parties du spectre, étudier séparément les différentes couleurs.

Sans l'interposition du prisme P, les rayons qui passent par l'ouverture O donneraient en *a* une image colorée, en jaune par exemple. Si ces rayons traversent le prisme P, on constate que l'image se fait en *j* et qu'elle conserve la même couleur, ce qui prouve qu'il n'y a pas eu une nouvelle décomposition, et que, par suite, cette couleur est *simple*. Le même résultat s'observe pour les autres couleurs, mais celles-ci sont inégalement déviées, les rayons rouges en R et les rayons violets en V, ce qui démontre l'*inégale réfrangibilité* des différentes teintes.

2° Recomposition de la lumière blanche. — On prouve que les différentes couleurs forment de la lumière blanche par leur superposition, en faisant usage de deux prismes de même angle réfringent et de même matière, mais disposés en sens inverse l'un de l'autre (*fig.* 247). — Considérons la marche des rayons

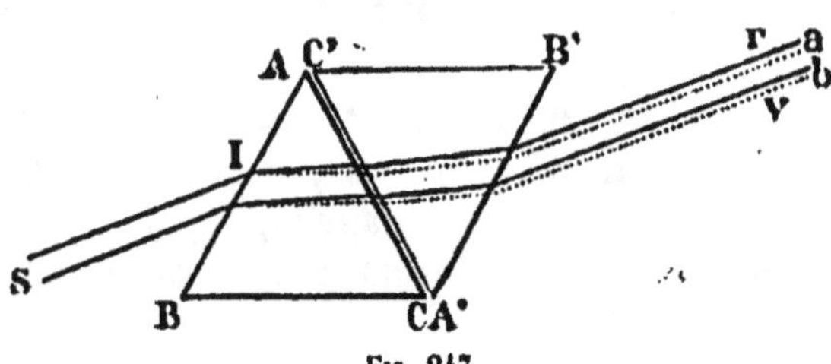

Fig. 247.

extrêmes rouges et violets, superposés dans le faisceau blanc SI, et en occupant tous deux toute la largeur. L'ensemble des deux prismes se comporte comme un milieu à faces parallèles, et, par suite, les deux faisceaux rouge et violet, ainsi que les autres couleurs, sortent parallèlement au faisceau incident SI, en restant parallèles entre eux.

L'on voit alors que toutes les couleurs du spectre sont contenues dans la partie commune *ab* du faisceau émergent, et l'expérience vérifie qu'on obtient, en coupant le faisceau avec un écran, une image blanche bordée de rouge *r*, en haut, et de violet *v*, en bas.

On observe aussi une image blanche sur un écran convenablement placé en faisant converger en un point, par une lentille, des différents rayons colorés séparés par un prisme. Un miroir concave produit le même résultat.

Enfin, le *disque de Newton* permet d'effectuer la superposition des sensations produites sur la rétine de l'œil par les rayons colorés, sans que ceux-ci se superposent réellement.

Cet appareil consiste en un disque de carton sur lequel on a collé des secteurs dont les teintes sont dans l'ordre des différentes réfrangibilités, et avec une largeur proportionnelle à chaque couleur du spectre. Supposons d'abord qu'il n'y ait qu'un seul secteur coloré en rouge, et qu'on fasse tourner le disque très rapidement. D'après le principe qu'une impression sur la rétine persiste au moins $\frac{1}{10}$ de seconde après la cause qui l'a produite, la sensation de la lumière rouge sera continue, si le secteur passe, en un point déterminé du disque, après des intervalles de temps un peu inférieurs à $\frac{1}{10}$ de seconde; de plus, le disque paraîtra uniformément coloré dans toute sa surface, parce que, pour la même raison, les sensations des diverses positions occupées par le secteur ne s'effacent pas immédiatement.

Si maintenant toutes les couleurs du spectre sont peintes sur le disque, les sensations provoquées par chacune d'elles seront continues et superposées en même temps sur la rétine, ce qui a pour effet, comme l'expérience le prouve, de faire paraître le disque sensiblement *blanc*.

480. Couleurs complémentaires. — Deux couleurs sont dites *complémentaires*, lorsque la superposition des lumières qui les composent donne l'impression de la lumière blanche. Si, par exemple, on isole une couleur quelconque d'un spectre, le mélange des autres produira une teinte qui sera la couleur complémentaire de la couleur isolée, puisque, en l'ajoutant aux autres, on obtiendrait évidemment du blanc. — Le bleu est complémentaire de l'orangé, le rouge du vert et le violet du jaune. Les couleurs complémentaires peuvent donc être *simples* ou *composées*. — Il importe de remarquer que les mélanges des pigments colorés, employés en peinture, ne produisent pas les mêmes résultats que les mélanges des lumières de couleurs correspondantes, à cause de certains phénomènes d'absorption dans la masse de ces pigments. C'est ainsi qu'un mélange de peintures bleue et jaune produit une coloration verte, parce que les rayons verts sont les seuls qui ne soient pas éteints.

481. Cause de la coloration des corps. — Une lumière monochromatique, qui tombe sur un corps *opaque* non poli, se partage généralement en deux parties dont l'une est *absorbée* par le corps, et l'autre, après avoir pénétré quelque peu dans l'intérieur, est *diffusée* dans toutes les directions. Or la proportion de lumière diffuse, pour un même corps, varie avec les différentes radiations du spectre; si ce corps est éclairé avec de la lumière blanche, chacune des radiations sera diffusée comme si elle était seule et dans la même proportion. Un corps paraîtra donc avoir la couleur de la lumière qu'il diffuse en plus grande quantité : il sera rouge si, toutes les autres radiations étant absorbées, il ne diffuse que de la lumière rouge. Un corps paraît *blanc*, lorsqu'il réfléchit également tous les rayons de la lumière blanche qu'il reçoit, et *noir*, s'il n'en renvoit aucun; il paraîtra également *noir*, s'il ne réfléchit que les radiations rouges et qu'on l'éclaire avec de la lumière verte. En général, les corps ne diffusent pas qu'une seule espèce de rayons, mais un mélange qui leur donne une teinte particulière se rapprochant plus ou moins des couleurs simples.

Quant aux corps *transparents*, l'œil reçoit la lumière qu'ils laissent passer, et ces substances paraissent avoir la couleur des rayons transmis et non absorbés. C'est ainsi qu'une lame de verre, éclairée avec de la lumière blanche, paraîtra rouge, lorsqu'elle n'est traversée que par les radiations rouges, pendant que les autres sont éteintes; si toutes les radiations sont également transmises, le verre est *incolore*. Un objet *vert* paraît *noir*, si on le regarde à travers une lame rouge, puisque les rayons verts qu'il rayonne sont absorbés; les objets blancs, dans les mêmes conditions, paraissent *rouges*, parce que les radiations de cette couleur, contenues dans la lumière, sont transmises par le verre.

482. Longueurs d'onde des différentes radiations. — Il est essentiel de faire remarquer qu'on définit fort mal une radiation par sa couleur, parce que chaque teinte contient, en réalité, une infinité de radiations inégalement déviées par un prisme. Les radiations sont plus exactement caractérisées par leur *longueur d'onde*, de même que deux sons de hauteur différente se distinguent l'un de l'autre par les longueurs d'onde qui résultent du nombre des vibrations.

Les longueurs d'onde des différentes radiations lumineuses étant très petites, on les exprime en *millièmes de millimètre* ou *microns* désignés par la lettre μ. C'est ainsi que les derniers rayons visibles de la partie rouge du spectre correspondent à une longueur d'onde $0^\mu,75$, et le violet extrême à $0,^\mu40$. Les couleurs du spectre ne diffèrent donc les unes des autres que par la longueur d'onde, c'est-à-dire par la *vitesse vibratoire* de l'éther.

483. Aberration de réfrangibilité. — Nous avons vu plus haut que l'indice de réfraction d'une substance déterminée varie avec la couleur ou la longueur d'onde de la lumière qui la traverse; il en résulte que la distance focale principale d'une lentille est différente pour chaque couleur, et que les rayons violets, les plus réfractés, forment un foyer v plus rapproché de la lentille que celui des rayons rouges r (*fig.* 248). Les foyers des

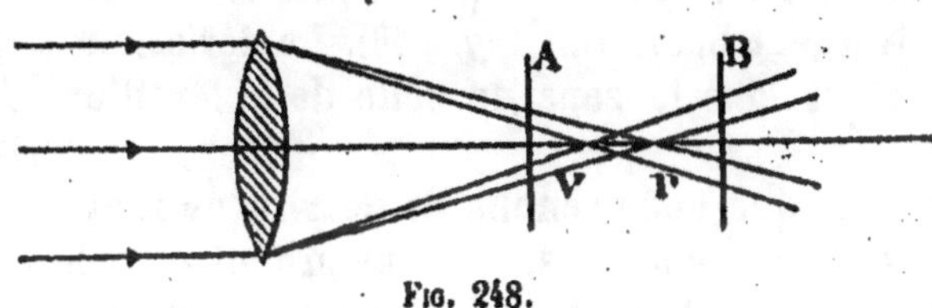

Fig. 248.

autres couleurs sont distribués entre v et r, suivant la réfrangibilité des rayons, de sorte qu'un point lumineux unique donne réellement naissance à sept foyers d'autant plus séparés les uns des autres que la substance de la lentille est plus dispersive. Ce phénomène est désigné sous le nom *d'aberration de réfrangibilité*, dont l'effet est de donner aux images des contours irisés et d'en détruire la netteté. Si l'on coupe, en effet, le faisceau réfracté avec un écran en A, on voit une surface blanche entourée d'un cercle rouge, tandis qu'en B l'irisation du contour est violette.

484. Achromatisme. — Le but de l'*achromatisme*, dans les prismes et les lentilles, est de faire disparaître, autant que possible, les colorations, sans détruire tout à fait la déviation. Le principe sur lequel s'appuie ce problème est que, contrairement aux idées de Newton, la dispersion n'est pas proportionnelle à la

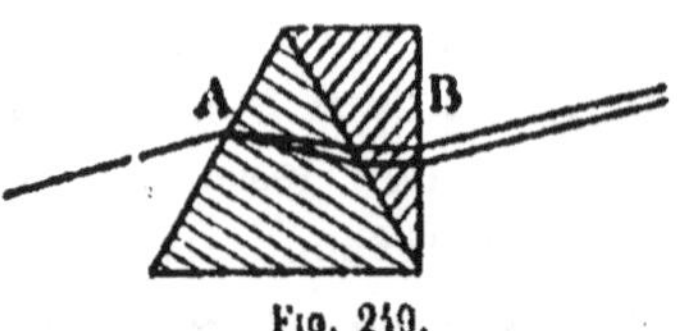

Fig. 249.

déviation. C'est ainsi que la dispersion produite par le *flint-glass* (verre contenant de l'oxyde de plomb) est à peu près deux fois plus grande que celle du *crown-glass* (verre sans plomb), tandis que les deux indices de réfraction diffèrent peu l'un de l'autre. La *dispersion* produite par le prisme de crown A (*fig.* 249) sera donc neutralisée par le prisme de flint B, d'angle réfringent deux fois plus petit, et tourné en sens inverse, tandis que toute la *déviation* de A n'est pas détruite par l'autre. Dans ces conditions, les rayons violets et rouges émergent parallèlement les uns aux autres, et la déviation, diminuée, il est vrai, par le prisme B, n'en persiste pas moins dans l'ensemble des deux milieux réfringents.

On procède de la même manière pour les lentilles, en superposant un verre convergent A, en crown, et un verre divergent B, en flint (*fig.* 250). La déviation qui subsiste est dans le sens de celle de la lentille convergente.

Fig. 250.

Les procédés que nous venons de décrire ne font disparaître que deux couleurs, et, pour produire l'achromatisme parfait, il faudrait autant de prismes ou de lentilles qu'il y a de teintes. En pratique, l'irisation disparaît, pour ainsi dire, complètement avec trois verres qui neutralisent le rouge, le jaune et le violet.

II. — SPECTRES DES DIFFÉRENTES SOURCES DE LUMIÈRE
ANALYSE SPECTRALE

485. Spectroscope. — On appelle *spectroscope* un appareil qui permet d'étudier la composition de la lumière émise par une source quelconque, et qui donne une image virtuelle du spectre qu'elle produit.

Un spectroscope comprend d'abord un *collimateur* R, c'est-à-dire un tube muni d'une fente verticale O (*fig.* 251) devant laquelle on place la lumière à analyser. L'espace qui sépare cette fente de la lentille I. est égal à la distance focal de celle-ci, de sorte que les rayons lumineux sont convertis en un faisceau parallèle. Ces rayons sont reçus sur un prisme ABC qui les dévie et les disperse.

A l'émergence, ils tombent sur la lentille L' d'une *lunette*

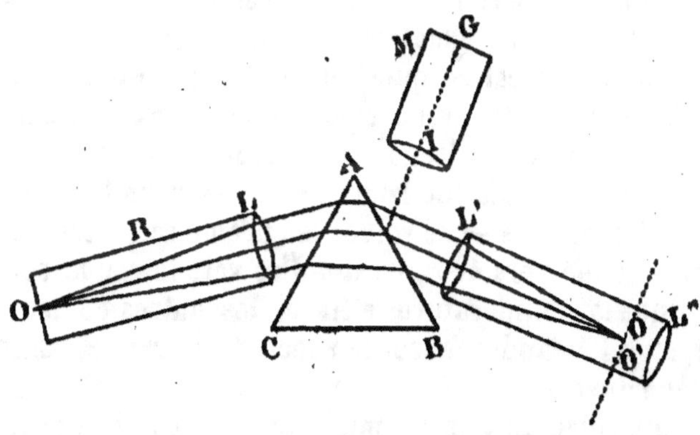

Fig. 251.

astronomique qui les concentre à son foyer. Comme les rayons des diverses couleurs prennent des directions différentes après leur passage dans le prisme, on obtient en OO', dans le plan focal de la lentille, une série d'images de la fente, en nombre égal à celui des radiations simples de la lumière à étudier, en un mot, on obtient le *spectre* de cette lumière ; la lentille L' en donne une image virtuelle et agrandie. Enfin, pour repérer les positions des couleurs, on fait usage du *micromètre* M qui sert à projeter, à l'endroit où se forme le spectre, l'image réelle d'une lame de verre portant une graduation G à traits très rapprochés et vivement éclairés. L'échelle divisée G est dans le plan focal de la lentille *l*, les rayons parallèles qui en sortent se réfléchissent sur la face AB du prisme et pénètrent dans la lunette astronomique par la lentille L', comme ceux qui viennent du collimateur ; on voit donc à la fois, avec la lentille L'', les images superposées du spectre et de la graduation.

Pour que les radiations soient bien séparées les unes des

autres, on fait ordinairement usage d'un prisme à angle réfringent de 60°, placé au minimum de déviation, et de substance très dispersive. Quelquefois, afin d'augmenter la dispersion, on se sert de plusieurs prismes à travers lesquels passent successivement les rayons lumineux.

486. Spectres des corps solides incandescents. — Les *solides* et les *liquides* incandescents, examinés au spectroscope, donnent un *spectre continu*, c'est-à-dire qui possède les sept couleurs, ou, plus exactement, toutes les espèces de radiations lumineuses. C'est ce que l'on constate en décomposant la lumière Drummond (cône de chaux rendu incandescent par le chalumeau au gaz d'éclairage et à l'oxygène), celle de l'arc électrique ou des fils de platine rougis, etc. Les radiations rouges — les moins réfrangibles — se voient les premières, lorsqu'un corps solide est chauffé vers 450°, c'est-à-dire vers le rouge sombre; à mesure que la température s'élève, les autres couleurs apparaissent, et, à l'incandescence, le spectre observé est complet. Le phénomène inverse a lieu lorsque la température diminue : c'est le *violet* qui disparaît le premier, et le *rouge* le dernier. Les solides incandescents produisent donc une lumière qui contient *toutes les longueurs d'onde visibles*, sans discontinuité. Au-dessous de 450°, les radiations émises n'agissent pas sur la rétine; les ondes sont trop *longues* pour engendrer de la lumière et ne produisent que de la chaleur.

Les flammes des bougies, des lampes et des becs de gaz se comportent comme des solides et donnent des spectres continus, à cause des particules solides de carbone contenues dans la flamme et dont l'incandescence est la source de leur pouvoir éclairant.

487. Spectres des vapeurs et des gaz incandescents. — Les vapeurs et les gaz incandescents donnent des spectres tout à fait différents de ceux des solides. Au lieu d'une bande continue diversement colorée, on ne voit que des *lignes* ou *raies* brillantes, relativement peu nombreuses et de positions très variables, pendant que le reste du spectre demeure obscur. De plus, ces lignes brillantes sont *colorées* des teintes correspondantes aux positions qu'elles occupent dans le spectre. Ces résultats font voir que les vapeurs incandescentes ne produisent que *certaines longueurs d'onde*, *différentes et caractéristiques* pour chaque substance. C'est ainsi qu'un sel de sodium, vaporisé dans la flamme peu éclairante d'un bec Bunsen, produit deux lignes jaunes très rapprochées et toujours situées dans le jaune orangé. Comme tous les sels de sodium font voir ces mêmes traits brillants, on en conclut qu'ils caractérisent *la nature du métal*. Les longueurs d'onde correspondant à ces deux lignes sont respectivement $0^\mu,5896$ et $0^\mu,5890$.

Les sels de *thallium* donnent une raie *verte* très brillante $(0^\mu,535)$, les sels de *potassium*, deux raies dont l'une est dans l'*extrême rouge* $(0^\mu,768)$ et l'autre dans l'*extrême violet* $(0^\mu,404)$.

Les lignes brillantes des métaux difficilement réductibles en vapeurs s'observent au moyen de l'arc électrique dont la température élevée est suffisante pour opérer la volatilisation; elles sont beaucoup plus nombreuses que celles des métaux alcalins et alcalino-terreux.

Quant aux gaz, on les rend incandescents en les soumettant à l'action de décharges électriques dans des tubes fermés et sous une faible pression.

Ces résultats semblent prouver que les atomes de chaque substance possèdent une période particulière et constante de vibration qui varie d'une espèce d'atomes à l'autre, et dont l'effet est de donner naissance à la longueur d'onde caractéristique de la substance donnée, c'est-à-dire à une couleur déterminée.

488. Analyse spectrale. — Le fait que les vapeurs métalliques et les gaz incandescents produisent des spectres de lignes caractéristiques diversement colorées, et dont la position peut être localisée par le micromètre du spectroscope, constitue une méthode d'analyse extrêmement sensible appelée *analyse spectrale* et imaginée par Kirchhoff et Bunsen. Il suffit de plonger, dans la flamme pâle d'un bec Bunsen placé devant le collimateur de l'appareil, un fil de platine humecté d'une solution saline, pour voir apparaître immédiatement les raies brillantes de l'élément métallique contenu dans le sel à étudier. La sensibilité de cette méthode est quelquefois trop grande : c'est ainsi que, pour produire les deux traits de sodium, il suffit, d'après Kirchhoff et Bunsen, qu'il arrive dans la flamme une quantité évaluée à *un trois milliardième* de gramme. Aussi ces lignes apparaissent-elles toujours.

L'analyse spectrale a permis de découvrir, par l'apparition de lignes brillantes nouvelles, plusieurs corps simples encore inconnus, tels que le *rubidium* et le *cœsium* (Kirchhoff et Bunsen), le *thallium* (Crookes), le *gallium* (Lecoq de Boisbaudran), l'*indium*, etc. L'analyse spectrale du soleil a fait connaître la présence de l'hélium que l'on a découvert ensuite, en même temps que l'*argon*, parmi les substances terrestres.

489. Raies du spectre solaire. — Si l'on examine la lumière du soleil avec un bon spectroscope, on s'aperçoit que le spectre qu'elle produit est sillonné, perpendiculairement à su longueur, de nombreuses lignes noires diversement placées. Avec certains procédés spéciaux, on peut obtenir un spectre très étalé, et, dès lors, le nombre des raies noires atteint plusieurs milliers. C'est ce qu'on appelle un *spectre renversé*, et les choses se passent comme s'il y avait certains degrés de réfrangibilité, certaines longueurs d'onde qui manquaient dans la lumière solaire. Ces raies noires portent le nom de *lignes de Fraunhofer;* ce dernier en a compté plus de 600 et en a formé des groupes désignés par les lettres A, B, C, D, etc. (*fig.* 252). De plus, le même phy-

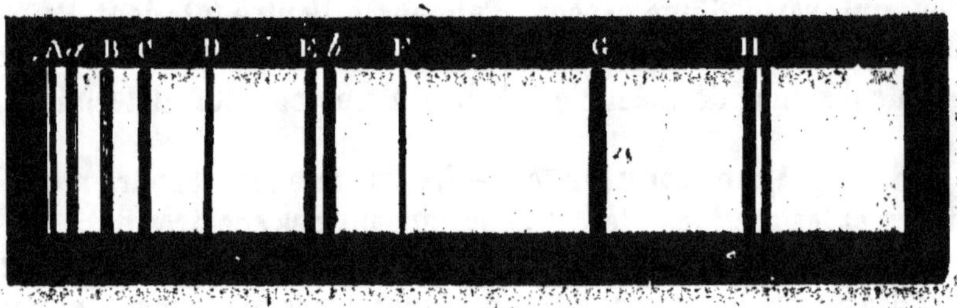

Fig. 252.

sicien a constaté le premier que la position d'un grand nombre de ces lignes coïncidait avec les traits brillants produits par les substances métalliques; c'est ainsi, par exemple, que la double ligne D du spectre solaire occupe exactement la même position que la double ligne jaune de la vapeur de sodium, et il en est de même pour les nombreuses lignes brillantes données par le fer vaporisé dans l'arc électrique.

490. Renversement des raies. — **Analyse spectrale du soleil.** — On est parvenu à expliquer la présence des raies

noires du spectre solaire par l'expérience dite du *renversement
des raies*. — Si l'on reçoit sur un prisme la lumière intense de
l'arc électrique, on obtient un spectre continu comme celui de
tous les solides incandescents; mais si ces rayons, avant d'atteindre le prisme, traversent une flamme qui contient de la
vapeur incadescente de sodium, on voit apparaître, dans le spectre
continu, une *ligne sombre* à l'endroit précis où le sodium seul
eût produit une ligne jaune : c'est un spectre *renversé*, et ce résultat s'explique par la généralisation du principe, démontré pour la
chaleur, de l'égalité des pouvoirs émissif et absorbant. D'une
manière générale, tout corps a la propriété d'*absorber* les radiations de même longueur d'onde que celles qu'il émet lui-même;
par conséquent, le sodium, qui produit des radiations jaunes,
pourra absorber les radiations de même couleur, tandis qu'il sera
sans effet sur les autres. On comprend, dès lors, que la région du
spectre, correspondant aux longueurs d'onde éteintes, ne
reçoit plus les radiations accoutumées; elle n'est éclairée que
par les rayons provenant de la flamme de sodium dont la température — et, par suite, l'intensité de la lumière — est inférieure
à celle de l'arc électrique ; l'absorption n'est pas compensée, et
la région dont il s'agit apparaît *plus sombre* que les parties voisines, par un effet de contraste. Cet effet, toutefois, n'est sensible
que si la source de lumière blanche est très intense et le reste du
spectre très brillant.

Cette expérience du renversement des raies jette une vive
lumière sur l'origine des lignes noires du spectre solaire. La
coïncidence remarquable de ces lignes avec les raies brillantes
des spectres métalliques nous conduit à admettre que le soleil se
compose : 1° d'une partie centrale solide ou liquide, et portée à
l'incandescence : c'est la *photosphère*, qui produit le spectre coloré continu, et joue le rôle de l'arc électrique dans l'expérience
précédente; 2° d'une atmosphère incandescente, appelée *chromosphère*, dont les vapeurs en ignition, à travers lesquelles la lumière
doit passer, produisent les lignes noires dans les régions du
spectre où elles auraient donné des traits brillants, si elles
eussent été seules.

Les observations effectuées pendant l'éclipse totale de soleil,
en 1870, ont confirmé cette manière de voir. La lumière de la
chromosphère seule, alors que le disque obscur de la lune inter-
ceptait celle de la photosphère, produisit des spectres de lignes

brillantes occupant exactement les endroits des lignes noires du spectre ordinaire.

On a reconnu, d'après cette méthode, que la chromosphère contient un grand nombre des éléments métalliques terrestres à l'état de vapeurs, comme le sodium, le baryum, le fer, le nickel, etc. L'étude spectroscopique des *protubérances* solaires a prouvé qu'elles sont composées de *jets d'hydrogène* contenant de l'*hélium*.

REMARQUES. — 1° La largeur et l'intensité de certaines raies sombres du spectre solaire augmentent avec l'épaisseur de la couche d'air que les rayons traversent, par exemple, lorsque le soleil est voisin de l'horizon, et diminuent, au contraire, lorsque l'observation se fait sur une montagne. Ces lignes sont dues à l'absorption de certaines longueurs d'onde par la vapeur d'eau de l'atmosphère. — D'autres raies sont indépendantes de la position de l'observateur et de celle du soleil; on les attribue à l'oxygène de l'air. On donne à ces deux espèces de lignes particulières le nom de *raies telluriques*.

2° La lumière de la *lune* et des *planètes* produit le même spectre que celui du soleil, ce qui prouve que ces astres nous envoient de la lumière solaire réfléchie. — La plupart des *étoiles*, au contraire, donnent des spectres analogues à celui du soleil, mais dont les raies noires sont différentes. On doit en conclure que ce sont des corps lumineux par eux-mêmes et qui présentent une constitution physique du même caractère que celle de l'astre radieux. — Les *nébuleuses résolubles*, c'est-à-dire celles que le télescope *résout* en étoiles séparées, donnent des spectres rappelant celui du soleil, tandis que les nébuleuses *non résolubles* ne laissent voir que des *lignes brillantes* attestant la présence de l'*hydrogène* et de l'*azote*, ce qui fait supposer qu'elles sont constituées par des gaz incandescents.

491. Radiations infra-rouges et ultra-violettes. — L'étude calorifique d'un spectre au moyen d'instruments thermo-métriques très sensibles, comme une pile thermo-électrique ou le bolomètre de Langley, conduit à des résultats remarquables. On a reconnu, en effet, que la chaleur, sensiblement nulle dans le violet, va en augmentant à mesure qu'on se rapproche du rouge. C'est ce qu'indique la figure 283 dans laquelle les ordonnées représentent l'intensité calorifique. On voit aussi qu'il existe des radiations calorifiques encore plus intenses *au delà du rouge*, dans la partie invisible du spectre. Ce sont des radiations, *moins réfrangibles* que les précédentes, dont les longueurs d'onde peuvent aller jusqu'à 20μ, et qui n'affectent pas la rétine, puisque les rayons visibles correspondent à des longueurs d'onde qui ne dépassent pas $0^\mu,75$. Les radiations calorifiques invisibles portent le nom de *rayons infra-rouges*.

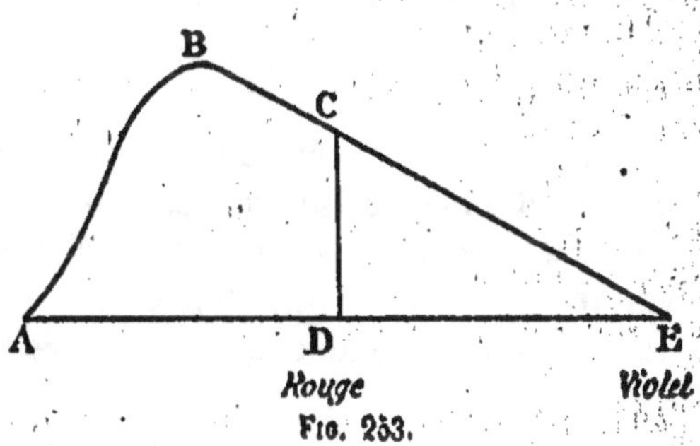

Fig. 253.

Il est important de faire remarquer que les différentes radiations ne sont pas également transmises par les corps transparents. Tandis que le *sel gemme* laisse passer toutes les longueurs d'onde lumineuses et calorifiques, le verre est *athermane* pour les rayons obscurs et transmet les rayons visibles plus réfrangibles. C'est ce qui explique pourquoi les glaces des serres chaudes, qui laissent passer les rayons lumineux, arrêtent les radiations invisibles de plus grandes longueurs d'onde rayonnées par les plantes et le sol.

Les rayons violets, presque complètement privés de chaleur, sont doués d'une activité chimique particulière, laquelle, nulle dans le rouge, est très faible dans l'orangé et commence à devenir appréciable dans le jaune. Bien plus, cette activité chimique se prolonge *au delà du violet*, où elle augmente d'intensité. C'est ce qu'on reconnaît en remplaçant la pile thermo-électrique, dans l'étude d'un spectre, par un papier sensible employé en photographie. Le sel d'argent se décompose même où il n'y a pas de lumière. Ces radiations, *plus réfrangibles* que les rayons visibles et de longueurs d'onde *plus petites*, sont désignées sous le nom de radiations *ultra-violettes*. L'intensité de l'action chimique peut se représenter par une courbe analogue à celle de la figure 253, commençant en D et se prolongeant, au delà de E, d'une longueur à peu près égale à celle de la partie visible. Certaines longueurs d'onde des rayons ultra-violets descendent jusqu'à $0^\mu,1$.

On remarque aussi que les vapeurs incandescentes de certains métaux, tout en donnant des lignes brillantes dans le spectre visible, produisent également des *raies actives* dans l'ultra-violet; tels sont le magnésium, le zinc et l'aluminium.

Ce qui précède fait voir que les longueurs d'onde des radiations observées sont comprises entre $0\mu,1$ et 20μ; il est possible, cependant, qu'il en existe d'autres au delà de ces limites. C'est ainsi que les *rayons X*, que nous étudierons en électricité, seraient placés du côté du violet, et correspondraient à des longueurs d'onde de l'ordre des centièmes de microns; de même, au delà des rayons infra-rouges, avec des longueurs d'onde variant entre plusieurs mètres et quelques millimètres, on assignerait une place aux *radiations électriques hertziennes*.

492. Identité des trois espèces de radiations. — D'après ce que nous venons de voir, certaines parties du spectre visible possèdent trois espèces de radiations; les rayons jaunes, par exemple, produisent une élévation de température, affectent la rétine de l'œil et décomposent les sels d'argent. On admet que ces trois variétés de rayons ne sont pas de nature différente; il n'y a qu'une seule espèce de radiations produisant des *effets différents*, suivant la nature des corps sur lesquels elles tombent. On est conduit à admettre cette hypothèse par le fait qu'il est impossible de séparer les uns les autres les rayons calorifiques, lumineux et chimiques. Ils obéissent de la même manière aux lois de la réflexion, de la réfraction et de l'absorption par les milieux transparents; dans ce dernier cas, en particulier, l'absorption se fait dans la même proportion pour les trois espèces de radiations.

On peut donc admettre que les différentes radiations ne diffèrent que par leur réfrangibilité et non par leur nature. Le fait que les rayons infra-rouges sont invisibles ne détruit pas cette hypothèse; on a prouvé, en effet, que ces radiations sont absorbées par les liquides de l'œil et ne peuvent donner de sensation lumineuse.

493. Phosphorescence et fluorescence. — Quelques substances, comme les sulfures de baryum, de strontium et de calcium, émettent de la lumière longtemps après qu'elles ont été éclairées par le soleil; pour d'autres, au contraire, l'émission ne dure que quelques instants. Ce phénomène constitue la *phos-*

phorescence. Les substances phosphorescentes ont la propriété de diminuer la réfrangibilité de certaines radiations, et, en particulier, des rayons violets et ultra-violets. Ces derniers, par l'action de ces corps, sont, pour ainsi dire, *convertis en rayons violets visibles,* et ces substances émettent de la lumière verte, lorsqu'on les a éclairées avec de la lumière violette. L'on voit qu'il ne faut pas confondre la phosphorescence avec la lumière émise dans l'obscurité par le phosphore : celle-ci, en effet, est le résultat d'une oxydation lente, tandis que la phosphorescence est un phénomène de transformation de certaines radiations. — D'autres corps, comme le verre d'urane, les dissolutions de sulfate de quinine, le spath fluor, ne produisent pas de lumière après la suppression de la source éclairante : ces substances sont dites *fluorescentes* et n'agissent que pendant l'éclairement. Plongées dans le spectre ultra-violet, elles deviennent subitement lumineuses et émettent des rayons verts, comme si les rayons invisibles subissaient une diminution de réfrangibilité.

CHAPITRE V

INSTRUMENTS D'OPTIQUE

I. — INSTRUMENTS A IMAGES VIRTUELLES

494. Microscope simple ou loupe. — La loupe est une lentille convergente à court foyer qui donne des images virtuelles et agrandies des petits objets placés en deçà de son foyer principal. La figure 254 indique la marche des rayons lumineux et la

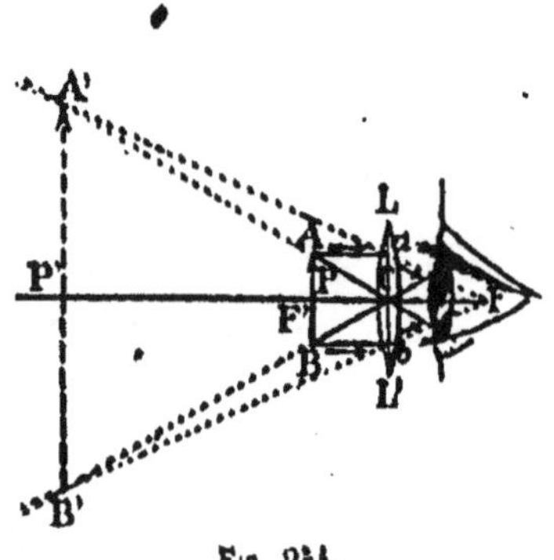

Fig. 254.

position de l'image par rapport à celle de l'objet : c'est la construction ordinaire des images virtuelles dans les lentilles convergentes (472, 2). L'œil qui reçoit les rayons réfractés voit l'objet agrandi en A'B', comme si ces points étaient la source des rayons lumineux. Comme les différents observateurs ne voient pas distinctement aux mêmes distances, il faut, pour que l'image soit perçue nettement, qu'elle se forme à la distance minimum de vue distincte (513), c'est-à-dire à 20 centimètres environ ou 8 pouces pour un œil normal. Ce résultat est obtenu en déplaçant convenablement la lentille par rapport à l'objet : c'est ce qu'on appelle *mettre au point*. Lorsqu'une loupe est fixée à un support métallique qu'on peut approcher ou éloigner à volonté de l'objet à examiner, l'appareil ainsi constitué porte le nom de *microscope simple*. On y ajoute un miroir concave destiné à concentrer une forte lumière sur l'objet.

495. Grossissement de la loupe. — C'est le rapport entre les *diamètres apparents* (¹) de l'image et de l'objet, vus tous les deux à la distance minimum de vue distincte. Comme les diamètres apparents, pour une même distance, sont dans le même rapport que les dimensions absolues, le grossissement peut se définir encore : le rapport entre une dimension linéaire de l'image et la dimension correspondante de l'objet.

Si l'on représente par D la distance minimum de vision distincte et par f la distance focale principale de la lentille, on trouve, par le calcul, que le grossissement peut s'exprimer très sensiblement par la formule

$$G = \frac{D}{f}. \qquad (1)$$

On voit, par conséquent, que le grossissement augmente avec la distance minimum de vision distincte de l'observateur, et qu'il est d'autant plus grand que la lentille est *à plus court foyer*.

496. Puissance de la loupe. — On vient de voir que le grossissement dépend de la distance minimum de vision distincte, quantité essentiellement variable avec les observateurs. Le grossissement définit donc très mal les qualités d'une loupe. C'est pour cela qu'on fixe la valeur d'une lentille par un élément caractéristique qu'on appelle la *puissance*, et qu'on exprime par

$$P = \frac{1}{f}; \qquad (2)$$

c'est l'inverse de la distance focale principale de la lentille ; celle-ci sera donc d'autant plus *puissante* qu'elle sera à plus court foyer. La puissance peut se définir, en comparant les formules (1) et (2) : l'angle sous lequel on voit l'image d'un objet de longueur 1, quand elle se fait à la distance minimum de vision distincte.

497. Microscope composé. — Le *microscope composé*, destiné, comme la loupe, à faire voir les détails des petits objets,

---

1. On appelle *diamètre apparent* d'un objet l'angle sous lequel cet objet est vu à une distance déterminée de l'œil. Cet angle est sensiblement en raison inverse de la distance de l'œil à l'objet, et ce dernier paraît d'autant plus petit qu'il est plus éloigné.

comprend deux systèmes convergents. Une première lentille, à *court foyer* et appelée *objectif*, est placée près de l'objet à examiner et en donne une image *aérienne* et *agrandie;* on regarde cette image avec une deuxième lentille *à foyer plus long* et appelée *oculaire*. La figure 255 indique la marche des rayons lumineux.

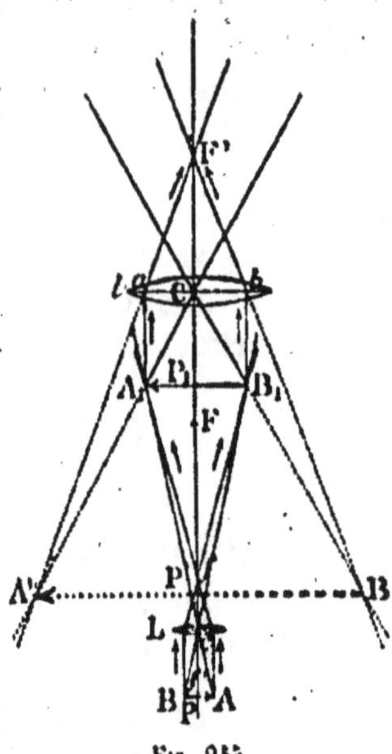

Fig. 255.

L'objet AB est placé *un peu au delà* du foyer principal f' de l'objectif L; la distance de cette lentille à l'oculaire l est calculée de telle sorte que l'image *aérienne, renversée et agrandie* A_1B_1, produite par l'objectif, vienne se former entre l'oculaire et son foyer principal F. L'oculaire agit donc comme une loupe ordinaire et fait voir en A'B' une image *virtuelle, agrandie et droite* de A_1B_1, mais renversée par rapport à l'objet AB.

498. Grossissement du microscope composé. — Il se définit, comme celui de la loupe, par le rapport des *diamètres apparents* de l'objet et de l'image, vus tous deux à la distance minimum de vision distincte. Le calcul prouve que le grossissement total est égal *au produit du grossissement de l'objectif par celui de l'oculaire.*

Le grossissement du microscope composé peut se mesurer expérimentalement au moyen de la *chambre claire de Nachet*. Les rayons lumineux, issus d'une échelle P divisée en millimètres (*fig.* 256), se réfléchissent totalement sur le prisme *abc* et arrivent à l'œil après une deuxième réflexion sur le miroir *mn*, tandis que l'œil voit en même temps et sensiblement à la même distance, par l'ouverture de ce miroir,

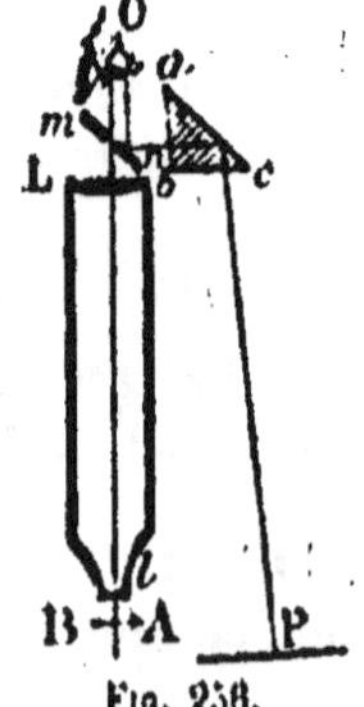

Fig. 256.

l'image d'un micromètre AB placé devant l'objectif du microscope et divisé en centièmes de millimètre. Les divisions de l'échelle P sont couvertes par celles du micromètre, et si, par exemple, le grossissement est suffisant pour qu'une de ces divisions se superpose exactement à 5 millimètres de l'échelle, un centième de millimètre, vu dans le microscope, a le même diamètre apparent que 5 millimètres vus directement à la distance minimum de vision distincte; le grossissement sera donc 500. Dans les bons microscopes, il peut aller jusqu'à 3000. — Un prisme à deux réflexions totales peut remplacer le prisme *abc* et le miroir *mn*.

La chambre claire de Nachet permet aussi de dessiner l'objet que l'on examine; il suffit de suivre, avec un crayon, les contours de l'image qui apparaît sur une feuille de papier placée en P.

499. Description sommaire du microscope. — L'objectif O et l'oculaire O' (*fig.* 257) sont fixés aux deux extrémités d'un tube métallique qui peut glisser facilement dans l'intérieur d'un anneau T. La mise au point se fait en faisant mouvoir, d'abord à la main, l'ensemble des deux verres par rapport à l'objet situé sur le *porte-objet* P, et l'on termine l'opération en tournant la vis V qui permet de provoquer des déplacements très faibles et très réguliers du tube OO'. L'image réelle A₁B₁ (*fig.* 255) peut alors se former à la distance requise de l'oculaire

Fig. 257.

pour que l'image virtuelle A'B' soit à la distance minimum de vision distincte de l'observateur.

Les objets à examiner sont des sections minces, transparentes ou à peu près, disposées entre deux lames de verre. Le miroir M sert à les éclaircir par dessous, à travers l'ouverture du porte-objet; dans le cas où la préparation serait opaque, on l'éclaire par dessus au moyen d'une lentille.

L'*objectif* du microscope est toujours constitué par plusieurs lentilles achromatiques, moins convergentes qu'une lentille unique, mais dont les grossissements s'ajoutent et dont le but est de supprimer les aberrations de réfrangibilité et de sphéricité. L'*oculaire* se compose de deux verres dont le premier est appelé *lentille oculaire* et l'autre *lentille de champ;* celle-ci a pour effet d'augmenter le *champ* du microscope, c'est-à-dire l'étendue des parties visibles de l'objet.

500. Applications du microscope. — Il est presque inutile d'insister sur les applications nombreuses du microscope. Tout le monde sait, en effet, l'usage qu'on en fait en zoologie, en médecine, en botanique, pour examiner les détails des tissus organiques, des cellules animales et végétales, etc. Ces différentes sciences lui doivent de précieuses découvertes; il fournit aussi à l'industrie de puissants moyens pour découvrir les nombreuses falsifications des farines, du café, de la moutarde, etc. Signalons encore l'étude microscopique des cristaux, des minéraux, etc.

501. Lunette astronomique. — La *lunette astronomique,* contrairement au microscope, est destinée à l'observation des objets très éloignés et, en particulier, des astres, c'est-à-dire

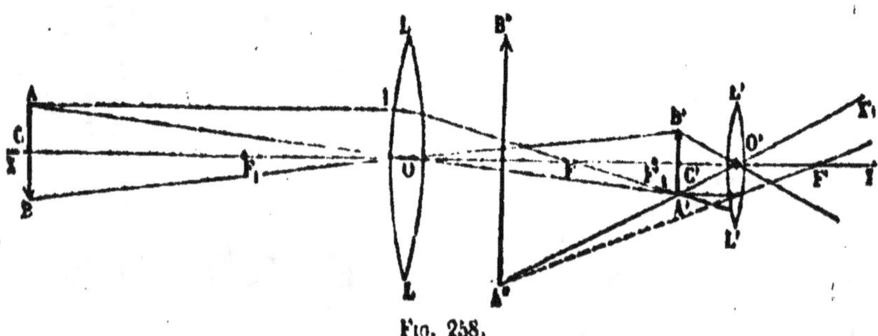

Fig. 258.

d'objets de grandes dimensions dont on ne peut s'approcher pour les examiner en détail. Elle comprend deux verres convergents, un *objectif à grand diamètre et à long foyer,* et un *oculaire* plus petit et à *court foyer*. Ces deux systèmes convergents sont fixés dans un tube très long et construit de manière que l'oculaire puisse se déplacer par rapport à l'objectif pour la *mise au point*.

La figure 258 indique la marche des rayons dans la lunette astronomique.

L'objectif L produit, très peu au delà de son foyer, une image *réelle*, très *petite* et *renversée* A'B' d'un objet éloigné dont chaque point envoie un faisceau de rayons parallèles entre eux. Cette image aérienne est examinée avec l'oculaire L' qui en donne une image A'B' *virtuelle*, *agrandie* et *droite* par rapport à A'B', mais *renversée* par rapport à l'objet. — Dans le cas d'un œil normal, l'image virtuelle est à l'infini et les foyers des deux lentilles se confondent exactement.

502. Grossissement. — C'est le rapport entre le diamètre apparent de l'image, vue dans l'instrument, et le diamètre apparent de l'objet, vu directement ; ce rapport équivaut sensiblement au quotient de la distance focale de l'objectif par la distance focale de l'oculaire, c'est-à-dire

$$G = \frac{F}{f}.$$

Il est donc préférable de donner à l'objectif un très long foyer, et de diminuer autant que possible celui de l'oculaire. A cause des aberrations, il vaut mieux ne pas trop diminuer la distance focale de ce dernier pour augmenter plutôt celle de l'objectif, ce qui suppose un tube très long. C'est pour cette raison que l'objectif est une lentille à grand diamètre, parce que ce dernier croît avec la distance focale ; les grandes dimensions de cette lentille sont nécessaires pour recevoir la plus grande quantité possible de lumière. L'objectif de la grande lunette de l'observatoire de Lich, en Californie, avec laquelle on a découvert le cinquième satellite de Jupiter, a 36 pouces de diamètre, et celui de la lunette de l'Université de Chicago, 40 pouces. Dans les grands instruments, la distance focale est égale à 20 ou 25 fois le diamètre de la lentille.

L'objectif se compose de deux lentilles dont l'une, en crown, est convergente, et l'autre, en flint, est divergente, de manière à former un système achromatique. L'oculaire, également achromatique, doit avoir une surface plus petite que celle de l'objectif, à cause de l'exiguïté de la distance focale.

503. Réticule. — On appelle *axe optique* de la lunette astronomique la droite qui joint le centre optique de l'objectif avec le point de croisement de deux fils très fins, rectangulaires l'un sur l'autre, et formant le *réticule*. Ces fils sont tendus dans l'ouverture d'un diaphragme qui a pour but de supprimer, pour obtenir une plus grande netteté, les images des points incomplètement éclairés. Le diaphragme, placé dans le plan focal de l'objectif, limite le *champ*, c'est-à-dire l'étendue de l'espace visible dans la lunette.

Le réticule permet d'étudier le mouvement des astres et de mesurer leur distance angulaire. Si l'on oriente la lunette de telle sorte que l'image d'une étoile coïncide avec le point de croisement des fils du réticule, cette étoile se trouve alors dans la direction de l'axe optique de la lunette, ce qui constitue la *ligne de visée*, et détermine parfaitement la position de l'instrument par rapport au point visé.

504. Chercheur. — Le champ d'une lunette est d'autant plus étroit que le grossissement est plus considérable. Il en résulte qu'il est difficile de trouver un astre déterminé et de l'amener dans le champ de l'instrument. C'est pour cela qu'on adapte, sur le tube principal, une petite lunette à faible grossissement et à champ étendu; on l'appelle un *chercheur*, et son axe optique est parallèle à celui de la lunette astronomique. Lorsque le centre du réticule du chercheur coïncide avec l'image de l'astre, ce dernier se trouve dans le champ de la lunette principale.

505. Lunette terrestre. — La *lunette terrestre* n'est rien autre chose qu'une lunette astronomique à laquelle on ajoute un système de deux lentilles convergentes, placées entre l'objectif et l'oculaire, et destinées à *redresser* les

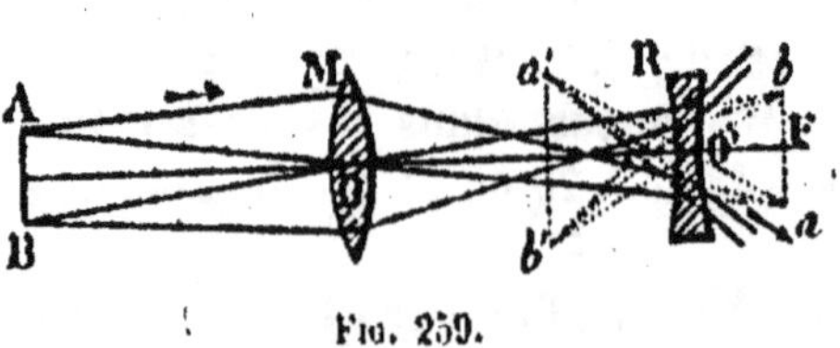

Fig. 259.

images. Celles-ci perdent un peu de leur éclat, à cause de l'absorption de lumière par les verres redresseurs.

Dans la lunette de Galilée, l'oculaire est divergent et redresse lui-même les images.

La figure 259 montre que des rayons tels que AM, qui auraient formé une image réelle en *a*, sont réfractés par la lentille divergente R, et arrivent à l'œil comme s'ils partaient de *a'*. En associant deux lunettes de Galilée, une pour chaque œil, on obtient la *lorgnette de spectacle*, avec laquelle les images sont mieux éclairées et la sensation du relief plus parfaite.

506. Télescopes. — Les *télescopes* sont des instruments dont l'objectif est un *miroir concave*. Nous décrirons sommairement le *télescope de Newton*, avec les modifications effectuées par Foucault, et celui d'*Herschel*.

507. Télescope de Newton. — Le *télescope de Newton* se compose d'un miroir métallique concave M (*fig.* 260) placé au fond d'un tube dont l'ouverture est tournée vers l'objet à obser-

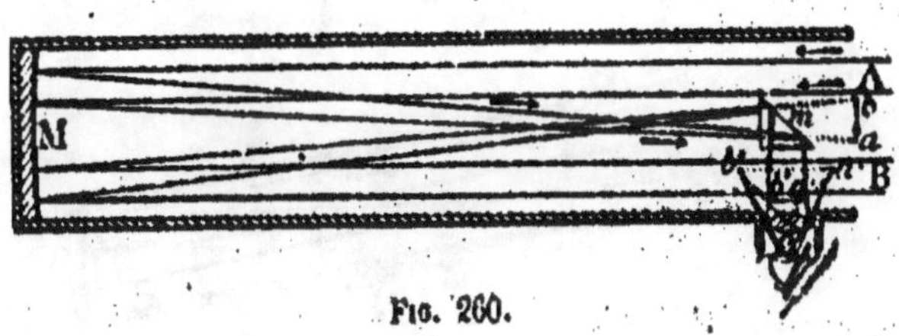

FIG. 260.

ver. Les rayons parallèles qui viennent d'un astre se réfléchissent sur le miroir et tendent à produire en *ab* une image réelle et renversée de l'objet. On empêche cette image de se former en plaçant sur le passage des rayons un prisme à réflexion totale *m* qui les dévie en *a'b'*, en deçà du foyer principal d'une lentille oculaire *o* ; celle-ci, disposée sur le côté du tube, fait voir une image *virtuelle* et *agrandie* de l'astre en *a'b''*, dans une direction perpendiculaire à celle des rayons lumineux incidents sur le miroir. — Le grossissement, dans ce télescope, est le même que celui de la lunette astronomique, c'est-à-dire qu'il est égal au rapport entre la distance focale du miroir et celle de l'oculaire.

Foucault a fait subir au télescope de Newton d'importantes modifications qui l'ont rendu moins dispendieux et plus pratique. Ce physicien a remplacé les miroirs de bronze poli, qu'on employait autrefois, par des miroirs de verre argenté. Les premiers,

en effet, outre qu'ils étaient très lourds, avaient l'inconvénient de
se ternir par l'action de l'air, ce qui exigeait un nouveau polis-
sage, et, par suite, pour conserver la courbure du miroir, un
travail long et délicat. Les miroirs de Foucault, au contraire, tail-
lés une fois pour toutes et de forme empirique presque parabolique, pour supprimer complètement l'aberration de sphéricité,
sont recouverts d'une couche d'argent très mince que l'on peut
toujours remplacer sans modifier la surface du verre. Il suffit de
la dissoudre dans l'acide azotique et d'en déposer une autre que
l'on polit ensuite facilement. Ces miroirs, qui peuvent avoir quelquefois de grandes dimensions, réfléchissent jusqu'à 95 0/0 de la
lumière incidente. — Comme dans la lunette astronomique,
l'oculaire se compose toujours de plusieurs lentilles achromatiques.

508. Télescope d'Herschel. — Comme on le voit dans la
figure 261, les rayons lumineux, dans ce télescope, se réfléchissent sur un miroir concave dont l'axe est incliné par rapport à la direction de la lumière incidente. Les rayons réfléchis

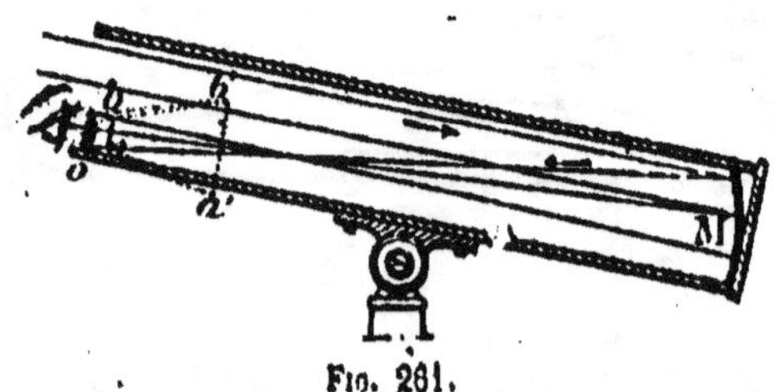

Fig. 261.

tombent directement sur un système convergent qui laisse voir
une image virtuelle et amplifiée de l'objet. Les télescopes de ce
genre, à cause de la position de l'observateur, doivent toujours
avoir de grandes dimensions; celui de lord Rosse possède un miroir dont le diamètre mesure 6 pieds et la distance focale
53 pieds.

II. — INSTRUMENTS A IMAGES RÉELLES

509. Chambre obscure. — La *chambre obscure* est une application du phénomène des petites ouvertures dont nous avons déjà parlé plus haut (432). Elle se compose d'une boîte (*fig.* 262) munie d'une ouverture LL' dans laquelle on dispose une lentille convergente C. Si l'objet AB est situé au delà de la distance focale de cette lentille, il se formera, sur l'écran qui occupe le fond de la chambre, une image réelle et renversée A'B' de l'objet extérieur. La *mise au point* s'obtient en déplaçant convenablement

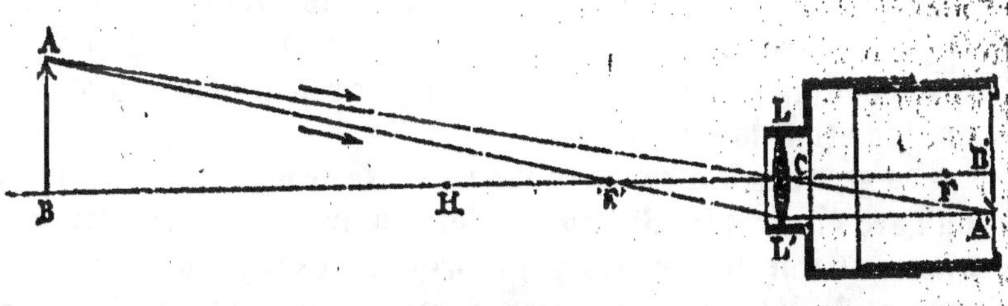

Fig. 262.

l'écran au moyen d'un tirage. L'image sera d'autant plus petite et plus rapprochée que l'objet sera plus éloigné de la chambre. La lentille C permet d'augmenter les dimensions de l'ouverture, et contribue à accroître la netteté et le coloris des images.

Si l'on veut dessiner l'image de l'objet AB, on dispose, au fond de la chambre obscure, un miroir plan incliné à 45° qui a pour effet de réfléchir les rayons lumineux à angle droit de leur première direction, et de provoquer la formation de l'image sur une lame de verre dépoli placée à la partie supérieure de la boîte, et protégée contre la lumière diffuse par une planchette en bois. Une feuille de papier à calque permet alors de suivre avec un crayon les contours de l'image.

510. Lanterne magique. — La *lanterne magique* est un appareil destiné à projeter sur un écran les images agrandies d'objets transparents fortement éclairés. Elle se compose essentiellement d'une lentille convergente G (*fig.* 263) placée à l'extrémité d'un tube que l'on adapte à une boîte close de toutes parts et contenant une source intense de lumière. En V, un peu au delà de la distance focale de la lentille C, est un dessin transparent

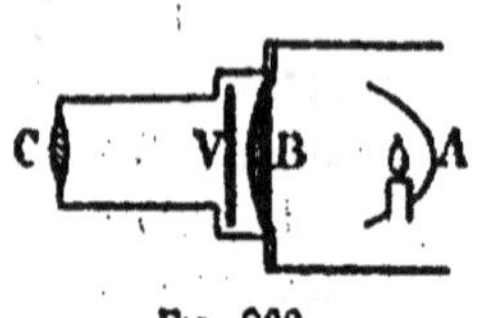

Fig. 263.

que l'on veut projeter; par cette disposition, on en obtiendra, sur un écran convenablement éloigné, une image *réelle*, *renversée* et d'autant plus agrandie et plus éloignée que l'objet sera plus près du foyer principal de la lentille. L'éclat de l'image tend à diminuer à mesure qu'elle s'agrandit, parce que la lumière qui éclaire le dessin se trouve répartie sur une surface de plus en plus grande; c'est pour cela que l'on concentre sur l'objet la lumière d'une source très intense au moyen d'une deuxième lentille B, appelée *condenseur*, et placée très près du dessin. Tous les points de celui-ci ont leur foyer conjugué sur l'écran, et la mise au point exacte s'effectue en déplaçant la lentille C.

Les grandes lanternes sont éclairées par la lumière Drummond ou l'arc électrique. Si l'on emploie la lumière d'une lampe, on ajoute un miroir concave A qui projette les rayons sur le *condenseur* et de là sur l'objet transparent. Pour obtenir des images droites, il suffit de renverser les dessins.

511. Microscopes solaire et photo-électrique. — Ces deux appareils sont des applications de la lanterne magique. Ils ont pour but de projeter sur un écran les images d'objets microscopiques fortement éclairés soit par la lumière du soleil, soit par l'arc électrique. La lentille est remplacée par un système convergent à très court foyer, constitué par trois lentilles analogues aux objectifs des microscopes.

Le microscope solaire comprend un miroir disposé à l'extérieur d'une chambre noire et recueillant les rayons du soleil pour les réfléchir ensuite sur le condenseur de l'appareil, ce qui exige l'emploi d'un héliostat, à cause du changement continuel de direction des rayons solaires. Le microscope photo-électrique, qui ne présente pas cet inconvénient, est d'un usage plus répandu et d'un emploi plus commode.

Ces deux appareils servent à montrer à un nombreux auditoire les détails de très petits objets, comme les globules du sang, les animalcules microscopiques, etc.

512. Principes de la photographie. — La chambre obscure a pris une grande importance depuis l'invention de la *photographie*. On désigne sous ce nom l'art de fixer, par l'action des rayons lumineux sur certaines substances chimiques, les images inaltérables des objets. C'est donc une application de l'*activité chimique* de certains rayons du spectre solaire, en particulier des rayons violets et ultra-violets.

Les procédés actuels comprennent deux opérations : 1° obtenir une *épreuve négative*, c'est-à-dire dont les parties brillantes correspondent aux parties sombres de l'objet, et inversement ; 2° fixer sur papier une *épreuve positive* qui représente l'objet lui-même avec ses teintes réelles.

1° **Épreuve négative.** — On se sert d'une plaque de verre recouverte d'une mince couche de gélatine qui tient en suspension du bromure d'argent sensible à la lumière (gélatino-bromure). Cette plaque, que l'on doit soustraire à l'action de la lumière, excepté des rayons rouges, et que l'on fixe dans un châssis sous un écran mobile, est placée au fond d'une chambre obscure (*fig.* 262) et substituée à une lame de verre dépolie qui a servi à la mise au point. De cette façon, les rayons lumineux, issus d'un objet placé en face de l'appareil photographique, viennent dessiner, lorsqu'on enlève l'écran mobile et l'obturateur de la lentille, une image réelle de l'objet sur la plaque sensible, et y produisent des décompositions chimiques qui la fixe. Le sel d'argent, en effet, est *réduit*, et il se forme de l'argent métallique noir très divisé aux endroits où la lumière agit. Ces endroits correspondent évidemment aux parties les plus brillantes de l'objet, tandis que les demi-teintes et les ombres se trahissent par une précipitation restreinte ou nulle du métal.

Toutefois, cette action de la lumière n'est pas suffisante pour faire apparaître l'image, surtout si le temps de pose ne dépasse pas une fraction de seconde. On la *développe* au moyen de certains composés, appelés *révélateurs*, dont la propriété est de *continuer* la réduction du sel d'argent et de *révéler* l'image. On emploie comme révélateurs les sels ferreux, l'acide pyrogallique, l'hydroquinone, l'amidol, etc. Les parties qui ont subi l'action de la lumière noircissent dans ces substances et produisent l'épreuve négative.

Une deuxième opération est le *fixage* de l'image. Elle consiste à dissoudre dans l'hyposulfite de soude le bromure d'argent non attaqué et qui noircirait à la lumière. Il ne reste plus alors qu'à laver à grande eau et à laisser sécher. On obtient un *cliché négatif* sur verre, inaltérable à la lumière, et avec lequel on peut tirer un nombre indéfini d'épreuves positives sur papier.

2° **Épreuve positive.** — On place sous le cliché négatif une feuille de papier sensibilisé au chlorure d'argent, et l'on expose à la lumière. Les noirs du négatif interceptent la lumière, tandis que celle-ci traverse facilement le verre aux endroits où il n'y a pas d'argent métallique opaque, de sorte qu'on obtient, sur le papier sensible, une épreuve négative du cliché, par conséquent, *positive* par rapport à l'objet photographié. On fixe ensuite cette image en lavant très longtemps dans un bain d'hyposulfite de soude.

L'image obtenue est brun jaunâtre; pour lui donner du *ton*, on substitue, par le *virage*, un dépôt d'or au dépôt d'argent. Il suffit pour cela de plonger l'épreuve dans du chlorure d'or avec de l'hyposulfite de soude; ce sel dissout l'argent, et il se forme un précipité très divisé d'or qui donne à l'image une teinte plus agréable. Le virage et le fixage se font quelquefois dans une seule opération.

513. L'œil. — L'œil, au point de vue optique, n'est rien autre chose qu'un instrument à images réelles, et se comporte comme une chambre obscure.

L'œil humain est un globe à peu près sphérique de 23 millimètres de diamètre environ. La partie antérieure seule est transparente et se nomme la *cornée* C (*fig.* 264). Le globe de l'œil se divise en deux parties : la *chambre antérieure* P, remplie par l'*humeur aqueuse*, et la *chambre postérieure* V, contenant une substance gélatineuse appelée *humeur vitrée*. Les indices de réfraction de ces deux humeurs, très voisins l'un de l'autre, sont respectivement 1,337 et 1,338. Les deux chambres sont séparées par le *cristallin* L dont la forme est celle d'une lentille biconvexe à courbures inégales, la surface postérieure étant la plus bombée. L'indice de réfraction de la substance compacte qui constitue le cristallin est sensiblement 1,454.

Une partie du cristallin est cachée par une membrane colorée I qu'on nomme l'*iris*, et qui donne à l'œil sa couleur caractéristique. L'iris joue le rôle d'un diaphragme dont l'ouverture, variable avec plusieurs circonstances diverses d'éclairement et de distances aux objets extérieurs, constitue la *pupille*, et permet aux rayons lumineux de pénétrer dans l'œil.

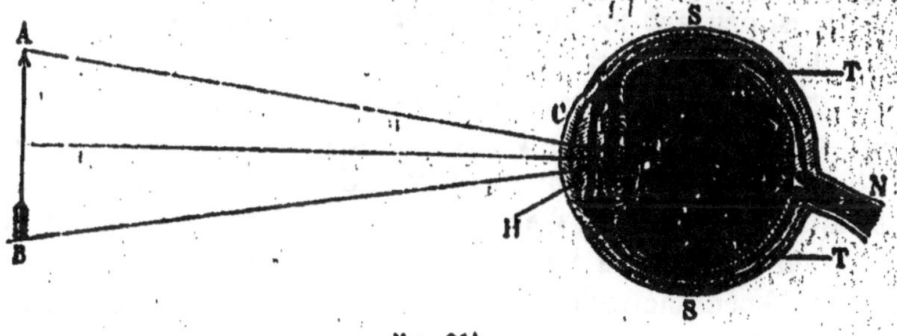

Fig. 264.

Enfin, en N, est le *nerf optique* dont l'épanouissement sur le fond de l'œil, sous forme de membrane très fine, porte le nom de *rétine* : c'est la partie sensible de l'œil.

Marche des rayons lumineux. — L'œil peut s'assimiler à une chambre obscure dont la lentille est formée par la courbure de la cornée, le cristallin et les autres substances réfringentes. L'ensemble de ces milieux transparents constitue un système convergent ayant son centre optique en O, un peu en arrière du cristallin. Les rayons émis par les différents points d'un objet AB (*fig.* 264) subissent plusieurs réfractions qui les rendent convergents, et contribuent à la formation, sur l'écran rétinien, d'une image *réelle ab*, *renversée* et *plus petite* que l'objet. Cette image est *au point* pour chaque perception nette d'un objet. Nous nous contenterons, pour expliquer pourquoi l'on voit les objets dans leur véritable position, de constater ce *fait* que toute impression, qui nous fait voir un objet situé *en haut* ou *à droite*, est le résultat d'une excitation de la partie *inférieure* ou *gauche* de la rétine.

Nous venons de voir que le cristallin ne concourt pas seul à la formation des images sur la rétine ; bien plus, la plus grande déviation des rayons lumineux est effectuée par la courbure de la cornée.

Accommodation. — L'expérience prouve que l'œil peut voir nettement des objets situés à des distances très différentes, ce qui exige un mécanisme particulier par lequel se fait la *mise au point*. Helmholtz a démontré expérimentalement que l'*accommodation* aux distances se fait par une contraction du cristallin qui le rend plus convergent à mesure que les objets se rapprochent; il en résulte que les objets, à des distances fort variables, peuvent former des images nettes sur la rétine et provoquer une vision distincte.

La mise au point a cependant une limite, parce que la courbure du cristallin ne peut augmenter indéfiniment. On appelle *distance minimum de vision distincte* la distance minimum au delà de laquelle il n'y a plus d'accommodation et, par conséquent, plus de vision nette. Cette distance varie avec les individus, et elle est de 15 à 20 centimètres (6 à 8 pouces environ) pour un œil normal.

Un *œil myope* est un œil trop convergent pour sa profondeur; il ne voit pas les objets éloignés, et peut, par accommodation, percevoir nettement des objets plus rapprochés que l'œil normal. Ce défaut se corrige avec une lentille divergente. Pour l'œil *presbyte*, au contraire, par suite d'une diminution de la faculté d'accommodation, la distance minimum de vision distincte s'accroît beaucoup, et quelquefois jusqu'à 1 mètre. Les presbytes doivent se servir, pour voir les objets rapprochés et, en particulier, pour lire, de lentilles convergentes.

514. Vision binoculaire. — Cause du relief apparent des corps. — Lorsqu'on regarde un objet rapproché avec les deux yeux, les axes de ces organes convergent vers l'objet en formant un angle appréciable, et il en résulte une impression unique qui nous fait voir un seul objet. Cet angle des axes optiques varie avec la distance du point considéré, et devient nul dans le cas de grandes distances. Mais il est facile de se convaincre que l'aspect d'un objet rapproché change sensiblement, lorsqu'on l'examine avec l'un ou l'autre œil. L'œil droit qui regarde un cube voit en raccourci la face de droite, sans voir la face de gauche, et l'œil gauche voit un peu de la face de gauche, sans rien voir de la face de droite. L'impression simultanée de ces deux images légèrement dissymétriques est l'une des causes de la sensation du *relief*, ou de ce qu'on pourrait appeler la *solidité* des corps à trois dimensions. La difficulté d'apprécier les distances avec un seul œil est rendue manifeste, lorsqu'on tente d'*enfiler une aiguille* sans le secours des deux yeux.

Cette explication semble confirmée par le *stéréoscope* au moyen duquel on reproduit presque complètement la sensation du relief.

Cet appareil, dû à Brewster, se compose (*fig.* 265) de deux lentilles convergentes *m* et *n* ([1]) placées en face de deux dessins ou deux photographies A et B légèrement différentes du même objet, mais tels que vus séparément par chaque œil. Les rayons lumineux, issus respectivement de A et de B, subissent une déviation égale dans les lentilles, et chaque œil, ne voyant que l'image qui lui correspond, reçoit une impression lumineuse comme si les rayons partaient de C. C'est là où se fait la superposition des images, et l'on reproduit, en quelque sorte, les circonstances qui accompagnent la vision de l'objet lui-même avec les deux yeux ; la sensation du relief est alors très prononcée.

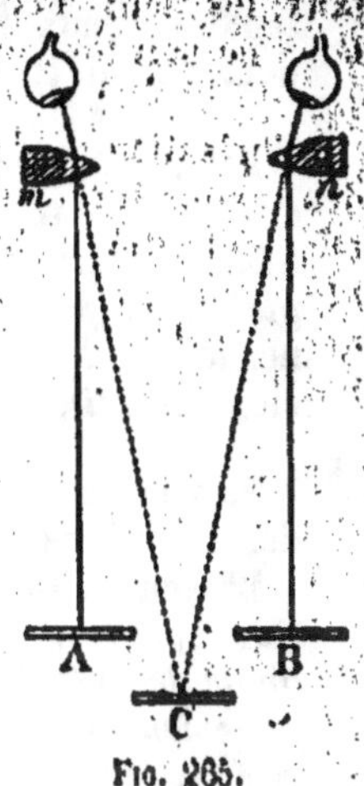

Fig. 265.

N. B. — Pour nous conformer au programme de l'Université Laval, il est nécessaire de décrire sommairement le phénomène de la *double réfraction*, et de donner quelques définitions relatives à la *polarisation de la lumière*. Nous nous contenterons de répondre directement et sans aucun détail aux questions proposées, dont le développement appartient plutôt aux traités de physique supérieure.

Double réfraction. — C'est le phénomène qui se passe lorsqu'un rayon de lumière, traversant certains milieux cristallisés, donne naissance à *deux rayons réfractés*. La double réfraction a pour cause une inégale densité de l'éther dans deux directions différentes à l'intérieur d'un corps biréfringent. Cette inégalité produit deux ondes lumineuses dont l'une se propage plus vite que l'autre. — L'un des rayons réfractés suit les lois de la réfraction simple : c'est le *rayon ordinaire*; l'autre n'est pas soumis à ces lois et s'appelle le *rayon extraordinaire*. L'angle de ces deux rayons varie avec l'incidence, et les directions suivant lesquelles il est nul ont été nommées *axes optiques*.

Comme les rayons ordinaire et extraordinaire n'ont pas le même indice de réfraction, on donne le nom de *cristaux négatifs* à ceux pour lesquels l'indice du rayon ordinaire est le plus grand; tels sont le spath d'Islande, le rubis, le saphir, le mica, etc.; ceux dont l'indice du

1. Les deux verres convergents *m* et *n* sont ordinairement les deux moitiés d'une même lentille.

30

rayon extraordinaire est le plus considérable se nomment *cristaux positifs*, comme le quartz, le zircon, la glace, etc. Dans certains cristaux, les deux rayons sont extraordinaires, c'est-à-dire qu'aucun des deux ne suit les lois de Descartes.

Polarisation de la lumière. — La polarisation est une modification des rayons lumineux par laquelle toutes les molécules de l'éther qu'ils affectent vibrent dans un même plan : c'est le cas de la lumière *complètement polarisée*; si une partie seulement des vibrations lumineuses est ramenée dans un même plan, la lumière est dite *partiellement polarisée*.

Plan de polarisation. — C'est le plan perpendiculaire à la direction des vibrations lumineuses.

Lorsqu'un rayon lumineux tombe sur certaines surfaces réfléchissantes, comme le verre noir, sous un angle déterminé qu'on appelle *angle de polarisation* (35° 25' pour ce verre), le rayon réfléchi est *complètement polarisé* dans le plan d'incidence; il sera *partiellement polarisé*, si l'angle d'incidence n'est pas l'angle de polarisation.

La lumière qui traverse obliquement une lame transparente est *partiellement polarisée* dans un plan perpendiculaire au plan d'incidence. Une série de *réfractions* dans une *pile de glaces* permet d'obtenir une polarisation plus complète. — Un prisme biréfringent de spath d'Islande, traversé par la lumière, donne deux rayons complètement polarisés à angle droit.

ÉLECTRICITÉ ET MAGNÉTISME

CHAPITRE I

ÉLECTRICITÉ STATIQUE

I. — ÉLECTRISATION PAR FROTTEMENT. — LOIS DES ATTRACTIONS ET RÉPULSIONS ÉLECTRIQUES

515. Définition et rôle de l'électricité. — On donne le nom d'*électricité* à une forme particulière sous laquelle se présente l'*énergie ;* celle-ci, lorsqu'elle revêt la forme électrique, se manifeste par une foule de phénomènes, tels que des attractions et des répulsions, des combinaisons et des décompositions chimiques, des effets magnétiques, etc. L'électricité est donc la cause, encore inconnue dans sa nature, d'une nouvelle classe de phénomènes fort variés, susceptibles de nombreuses applications industrielles et qu'on appelle *phénomènes électriques*.

Cette nouvelle forme de l'énergie est douée de qualités qui la rendent précieuse: non seulement l'électricité est le résultat de la transformation des autres espèces d'énergie, c'est-à-dire des énergies mécanique, calorifique et chimique, mais encore elle peut elle-même se transformer, avec la plus grande facilité, en travail, en chaleur et en énergie chimique. Bien plus, — et c'est là son rôle essentiel — l'électricité est l'*agent de transformation de l'énergie*. C'est ainsi, par exemple, que le travail mécanique que l'on fournit à un générateur d'électricité se transforme en chaleur et en lumière, dans le cas de l'éclairage, par l'intermédiaire de l'énergie électrique.

516. Électrisation par frottement. — Si l'on frotte une tige de verre avec un morceau de drap sec, ou un bâton de résine avec une peau de chat, l'on constate que ces substances acquièrent une nouvelle propriété qui les rend capables d'attirer les corps légers, comme des débris de paille, des brins de

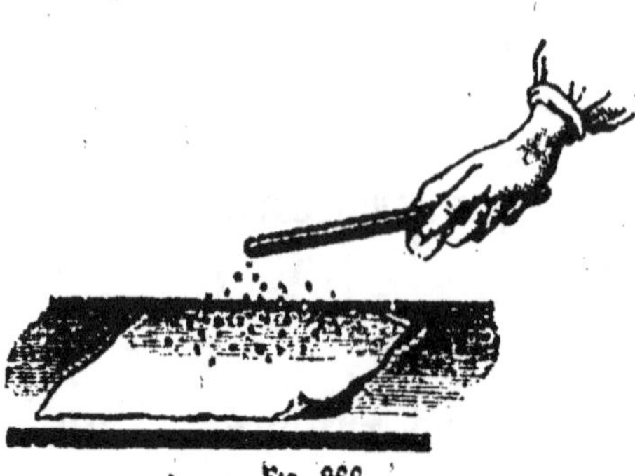

Fig. 266.

papier, etc. (*fig.* 266). Cette propriété attractive a reçu le nom d'*électricité* [1] ; les corps qui la possèdent s'appellent *corps électrisés*, et ceux sur lesquels on ne constate aucune trace d'électrisation sont dits à l'*état neutre*. Cette première manifestation de l'énergie électrique remonte à Thalès de Milet qui vivait 600 ans avant Jésus-Christ, et qui avait reconnu la propriété attractive dans l'ambre jaune. C'est là l'origine du mot *électricité*, du grec ἤλεκτρον, ambre.

Depuis ce temps, on a démontré que *tous les corps* peuvent s'électriser par frottement non seulement d'un solide, mais encore d'un liquide ou d'un gaz ; toutefois, pour le constater, il faut tenir compte de la manière dont se comportent les différentes substances vis-à-vis de la propriété électrique.

517. Corps bons et mauvais conducteurs. — Isolants. — On appelle *corps bons conducteurs* de l'électricité ceux qui permettent à la charge électrique, développée ou déposée en un point, de se propager avec facilité sur toute la surface du corps : tels sont les métaux, le corps humain, le sol, les pierres, etc. ; dans les corps *mauvais conducteurs*, au contraire, une charge électrique ne se répand pas dans les parties voisines, mais demeure localisée aux endroits où le frottement lui a donné naissance : le verre, l'ébonite, et surtout le soufre et la paraffine sont des mauvais conducteurs.

Il est facile de comprendre maintenant pourquoi on n'avait pas réussi primitivement à électriser les substances métalliques par frottement ; c'est que la charge développée se perdait immédia-

1. On donne également le nom d'*électricité* à la partie des sciences physiques qui s'occupe de cette classe de phénomènes.

tement par le corps de l'opérateur et le sol. Il suffit, pour constater que tous les corps peuvent acquérir la propriété électrique, de fixer une tige de métal à un manche en verre que l'on tient à la main. Dans ces conditions, le métal, isolé de l'expérimentateur et du sol, s'électrise très facilement.

Cette expérience fait voir que les substances non conductrices jouent le rôle d'*isolants*, et servent, par suite, non seulement à constater le développement de l'électricité, mais encore à en prévenir la déperdition. On isole un conducteur soit en le faisant supporter par des pieds en verre, soit en le suspendant par des fils de *soie*, soit encore en le plaçant sur un gâteau de paraffine, etc.

L'air, tous les gaz et toutes les vapeurs, y compris la vapeur d'eau, sont classés parmi les substances isolantes. Toutefois, on remarque que les corps perdent rapidement leur charge lorsqu'ils sont plongés dans l'air humide ; l'on sait maintenant que la déperdition n'est pas due à la vapeur d'eau, mais bien à la couche *d'eau liquide* qui se condense sur les supports en verre. On rend ce dernier moins hygroscopique et plus isolant en le recouvrant d'un vernis à la gomme laque.

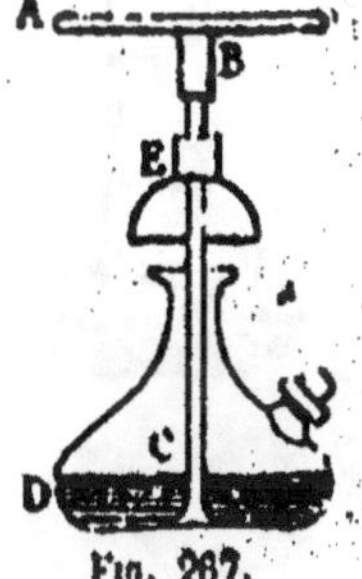

Fig. 267.

Le support isolant de M. Mascart (*fig.* 267) a pour but de prévenir le dépôt de gouttelettes d'eau. Le disque métallique A, destiné à recevoir les corps que l'on veut isoler du sol, est supporté par une tige de verre C dont l'extrémité inférieure plonge dans de l'acide sulfurique concentré contenu dans le vase D. De cette façon, l'air intérieur reste constamment sec, et la communication avec le sol est supprimée d'une manière aussi parfaite que possible.

REMARQUE. — Aucun corps ne constitue un isolant absolument parfait, et la charge électrique finit toujours, après un temps plus ou moins long, par disparaître à peu près complètement. On en conclut que la distinction entre corps conducteurs et non conducteurs n'est pas rigoureuse. Tous les corps sont quelque peu conducteurs de l'électricité ; seulement, cette propriété, chez les différentes substances, varie dans des limites très étendues.

518. Électrisation par contact. — On constate expérimentalement qu'un corps électrisé peut transmettre sa charge à tout autre corps *par simple contact*. Si les corps que l'on fait toucher ensemble sont conducteurs, la charge électrique envahit uniformément la surface des deux corps, tandis que, pour les corps non conducteurs, l'électricité ne se communique qu'aux points directement touchés.

519. Attractions et répulsions électriques. — Deux espèces d'électricité. — Pour étudier de plus près les propriétés des corps électrisés, on fait usage du *pendule électrique* (*fig.* 268), c'est-à-dire d'une balle de sureau suspendue à un support de verre T par un fil de soie : ce n'est donc rien autre chose qu'un corps léger isolé du sol, et libre de se déplacer, comme un pendule, sous l'influence d'une force extérieure.

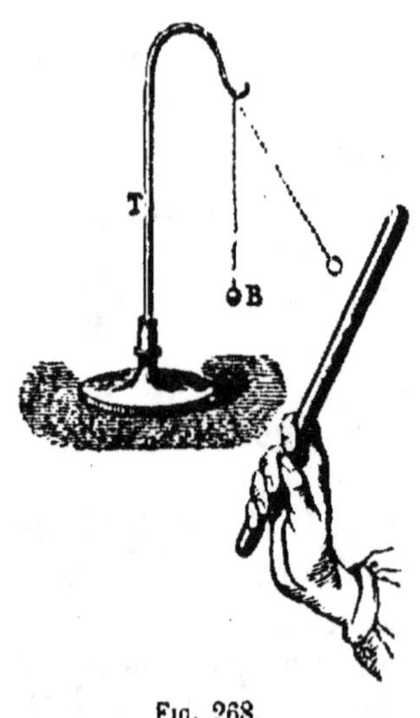

Fig. 268.

Si l'on approche du pendule un bâton de verre que l'on a frotté avec de la soie, on constate une *vive attraction*, la balle B se précipite vers la tige de verre, mais en est aussitôt *repoussée* après qu'il y a eu contact, c'est-à-dire lorsque le verre a cédé au sureau une partie de son électricité. On observe le même phénomène d'une attraction suivie d'une répulsion, lorsqu'on approche d'un autre pendule un bâton de résine électrisé avec une peau de chat.

Les choses changent complètement, si l'on place le bâton de résine dans le voisinage du premier pendule électrisé par le verre : ce pendule, repoussé par le verre, est alors *attiré* par la résine, de même que le second pendule, repoussé par la résine, est *attiré* par le verre. Ces phénomènes nous permettent de conclure que l'électricité du verre n'est pas *de même espèce* que celle de la résine. Bien plus, tous les corps se comportent soit comme la résine, soit comme le verre : ils repoussent l'un des pendules et attirent l'autre, ou inversement. Il en résulte donc qu'il existe *deux espèces d'électricités*, mais qu'il ne peut y en avoir plus que deux.

On désignait primitivement ces deux espèces sous les noms d'électricité *vitrée* et d'électricité *résineuse*; nous verrons plus loin pourquoi on les appelle maintenant électricité *positive*, celle du verre, et électricité *négative*, celle de la résine.

Remarquons, enfin, que la balle de sureau est repoussée par le verre ou par la résine, lorsqu'elle a partagé la charge de ces corps, tandis qu'un pendule, électrisé par le verre, est *attiré* par la résine, et inversement. C'est ce qu'on exprime en disant que *les charges de même nom* (toutes deux positives ou négatives) *se repoussent et les charges de noms contraires s'attirent.*

520. Développement simultané des deux espèces d'électricités. — C'est un fait prouvé par l'expérience que deux corps qui frottent l'un sur l'autre s'électrisent tous les deux et prennent des charges de *noms contraires ;* de plus, les quantités développées sur chaque corps sont *égales* entre elles. On opère ordinairement en frottant l'un contre l'autre deux disques, l'un de verre et l'autre de métal, supportés par des manches isolants. Le frottement a pour effet de charger le verre *positivement* et le métal *négativement ;* on le prouve en approchant séparément les deux disques d'un pendule électrique : celui-ci, repoussé par le métal, est attiré par le verre. L'action sur le pendule sera nulle si les disques sont en contact, ce qui indique que les charges contraires sont *équivalentes.*

Ces phénomènes ne sont qu'un cas particulier de ce fait général qu'une espèce d'électricité ne se développe *jamais seule,* mais que les charges positive et négative, et en quantités égales, apparaissent toujours simultanément (1).

521. Lois des attractions et des répulsions électriques. — 1° **Loi des distances.** — Les expériences que nous

---

1. Le signe de la charge d'un corps peut varier avec la nature du corps frottant. C'est ainsi que le verre poli s'électrise *négativement,* lorsqu'on le frotte avec une peau de chat, et *positivement,* lorsqu'on emploie une étoffe de laine. Dans la liste suivante, chaque corps s'électrise *positivement,* s'il est frotté avec l'un de ceux qui suivent, et *négativement,* avec ceux qui précèdent : *poil de chat vivant, verre poli, étoffe de laine, papier, soie, résine, verre dépoli, soufre, métaux.*

L'état de la surface d'un corps a aussi une influence marquée sur le signe de la charge développée : le verre, par exemple, qui s'électrise *négativement* lorsqu'il est dépoli, prend une charge *positive* quand il est poli.

venons de décrire, au sujet des attractions et des répulsions des corps électrisés, ne nous disent rien de l'intensité des forces développées, ni de la manière dont ces forces varient avec la distance et avec la quantité d'électricité que possèdent deux points matériels en présence. Le problème a été résolu par le physicien français Coulomb, au moyen d'un appareil particulier appelé *balance de Coulomb*. Ce dernier a étudié les attractions et les répulsions qui s'exercent entre deux balles de sureau dont l'une est fixe, tandis que l'autre est à l'extrémité d'une aiguille de gomme laque suspendue horizontalement à un fil d'argent très ténu.

Les actions électriques se mesurent par l'angle de torsion du fil, au moyen d'une graduation en degrés inscrite sur la cage de verre qui contient les deux balles de sureau. Coulomb, après de nombreuses expériences très délicates, a énoncé la *première loi* suivante :

Les attractions et les répulsions électriques varient en raison inverse des carrés des distances, c'est-à-dire que si la distance entre deux corps électrisés devient deux fois plus petite, la force répulsive ou attractive, suivant les signes des charges en présence, devient quatre fois plus grande ; elle serait seize fois plus considérable, si la distance était réduite au quart, etc.

2° **Masse électrique. — Loi des masses. —** Comme la nature de l'électricité nous est complètement inconnue, il faut mesurer les charges électriques par leurs effets, c'est-à-dire par les attractions et les répulsions qu'elles déterminent. C'est ainsi que, par définition, la *quantité* d'électricité, ou la *masse* électrique, sera 2, 3, 4... fois plus grande, si l'attraction ou la répulsion, mesurée par la balance de Coulomb, devient 2, 3, 4... fois plus considérable, et l'on appellera *quantités* ou *masses égales* celles qui, dans les mêmes conditions de charge et de distance, produisent des effets identiques. Il en résulte que la force de répulsion, qui s'exerce entre deux masses m et m', sera proportionnelle à m et à m', puisqu'une masse quelconque m produirait sur m' un effet m fois plus grand qu'une autre masse que l'on prendrait pour unité ; il en serait de même de l'action de m' sur m. D'où la *seconde loi* suivante, vérifiée par l'expérience :

Les attractions et les répulsions électriques sont proportionnelles aux produits des quantités ou des masses électriques en présence.

En représentant la distance par d, les deux lois de Coulomb peuvent s'énoncer analytiquement par la formule suivante:

$$f = K \frac{\pm \, mm'}{d^2},$$

K étant un facteur de proportionnalité. On voit, dans cette formule, que $+ mm'$ correspond à une répulsion et $- mm'$ à une attraction.

522. Unités de masse. — L'unité de masse est choisie de telle sorte que K soit égal à 1. Si les masses m et m' sont égales, on aura $m = 1$, lorsque $f = 1$ et $d = 1$. Comme, dans le système C. G. S., l'unité de force est la dyne, *l'unité électrostatique C. G. S. de quantité ou de masse* pourra se définir : *la quantité d'électricité qui, agissant sur une masse égale, placée à un centimètre de distance, la repousse avec une force égale à une dyne.*

Cette unité, très peu commode parce qu'elle est trop petite, est remplacée par *l'unité pratique* appelée le *coulomb : c'est la quantité d'électricité qui est égale à* 3×10^9 *unités électrostatiques* C. G. S.

523. Origine des dénominations : électricité positive et électricité négative. — Soient m et m' les quantités de deux charges d'électricité de même nom, et supposons, après avoir mis en contact les corps qui les contiennent, qu'on mesure la charge qui résulte de leur addition. On constate alors que la charge totale est $m \times m'$. Si m et m' sont des noms contraires, on trouve que la charge de l'ensemble est $m - m'$. Il en résulte que les masses électriques sont des grandeurs de nature différente qui s'ajoutent algébriquement comme si elles étaient de même nature. L'une de ces charges est alors appelée *positive* et désignée par le signe $+$, et l'autre *négative*, avec le signe $-$.

II. — DISTRIBUTION DE L'ÉLECTRICITÉ
INFLUENCE ÉLECTRIQUE

524. L'électricité se localise à la surface des conducteurs. — Il est facile de démontrer par l'expérience que l'électricité, dans tout conducteur en équilibre, *ne se manifeste qu'à la surface extérieure.*

1° On emploie, en premier lieu, une *sphère métallique creuse* (*fig.* 269) percée d'une ouverture O et portée par un pied isolant en verre. On électrise cette sphère, soit à l'extérieur, soit à l'intérieur, au moyen d'une source quelconque d'électricité, et l'on étudie sa charge avec le *plan d'épreuve.* Ce dernier est une petite surface plane de clinquant P fixée à l'extrémité d'une tige isolante; ce plan métallique, posé à plat sur le conducteur, se substitue à la surface touchée et prend la charge de la région considérée, lorsqu'on l'éloigne normalement du conducteur. Cette charge est ensuite évaluée avec la balance de Coulomb.

Fig. 269.

On constate alors qu'il n'y a aucune trace d'électricité à l'*intérieur* de la sphère, et que toute la charge est localisée à l'*extérieur*.

2° On se sert aussi de *deux hémisphères* B et C, que l'on appuie exactement sur la sphère électrisée A (*fig.* 270). Après avoir séparé les hémisphères, comme l'indique la figure, on vérifie, par les moyens ordinaires, que la sphère A n'est plus électrisée, mais que toute sa charge se manifeste sur l'*extérieur* des hémisphères B et C.

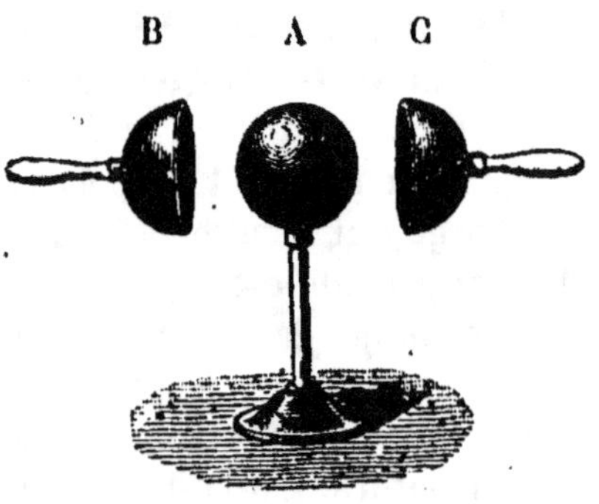

Fig. 270.

3° Le même phénomène a lieu avec un conducteur discontinu, comme une cage en fils métalliques. Une charge quelconque, communiquée par une machine électrique, agit sur des corps légers *extérieurs*, comme des pendules électriques, des filaments de papi   etc., tandis qu'elle est sans action sur tout objet *intérieur*.

Il résulte de tous ces faits qu'un conducteur creux peut s'assimiler à un conducteur plein, et qu'une sphère de bois, recouverte d'une mince feuille métallique, produit le même effet qu'une sphère massive.

525. Distribution de l'électricité suivant la forme des conducteurs. — Si l'on étudie, au moyen du plan d'épreuve et de la balance de Coulomb, la distribution d'une charge électrique à la surface d'un conducteur, on constate que cette charge, suivant la *forme* de ce dernier, n'est pas toujours la même aux différents points de cette surface.

On a reconnu, tout d'abord, que la charge se distribue d'une manière *uniforme* sur la surface d'une *sphère*, c'est-à-dire qu'il y a même quantité d'électricité sur chaque unité de surface.

Sur un *ellipsoïde* ou un conducteur de forme *ovoïde*, la quantité par unité de surface est d'autant plus grande que la région étudiée est plus rapprochée du sommet du grand axe.

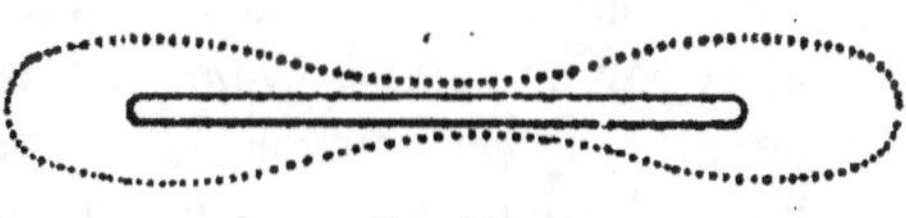

Fig. 271.

Sur un *disque plan*, la charge augmente près des bords du disque : c'est ce qu'indique la figure 271 ; la surface en pointillé serait la *couche représentative* de la charge électrique aux différentes régions du disque. — Il est facile de voir que, pour une sphère électrisée, la couche d'équilibre aura partout la même épaisseur.

526. Densité électrique. — La *densité électrique*, en un point d'un conducteur, est la quantité d'électricité qui recouvre l'unité de surface autour du point considéré ; elle est évidemment uniforme sur toute la surface d'une sphère, et varie proportionnellement aux longueurs des axes, dans un conducteur allongé.

527. Pression électrostatique. — Considérons la charge électrique en un point déterminé d'un conducteur électrisé en équilibre. Cette charge sera évidemment soumise aux répulsions de toutes les masses de même nom qui recouvrent les parties voisines du conducteur. Il en résulte donc, en chaque point, une force qui tend à repousser la couche électrique vers l'extérieur et qui presse sur l'air environnant. C'est précisément cette pression, égale à celle que l'air non conducteur exerce contre cette force d'expansion, que l'on appelle *pression électrostatique ;*

on démontre qu'elle est *normale* à la surface du conducteur et qu'elle est proportionnelle au carré de la densité en chaque point.

528. Pouvoir des pointes. — Un conducteur terminé par une pointe peut s'assimiler à un ellipsoïde très allongé. D'après ce que nous venons de dire, la densité et surtout la pression deviennent très grandes à l'extrémité de la pointe, et ne tardent pas à surpasser la résistance que l'air oppose à l'expansion de la couche électrique. L'électricité s'échappe alors par la pointe et le conducteur se décharge complètement. Si le conducteur fournit lui-même ou reçoit une charge continue d'électricité, il se produit un flux constant que l'on peut comparer à l'écoulement d'un liquide par un orifice percé dans la paroi d'un vase.

Dans l'obscurité, cet écoulement d'électricité est rendu visible par une petite *aigrette violacée*, s'il s'échappe de l'électricité positive, et par un *point brillant*, si c'est de l'électricité négative.

De plus, le *pouvoir des pointes* peut donner lieu à un déplacement de matière que l'on désigne sous le nom de *vent électrique*. L'air, en effet, électrisé par le flux qui s'écoule de la pointe, est repoussé constamment à mesure qu'il se renouvelle, et il se produit un courant d'air dans le même sens que le flux élec-

Fig. 272.

trique. Ce vent électrique trouble et peut même éteindre la flamme d'une bougie que l'on place dans le voisinage d'une pointe. Une pointe mobile est déplacée par l'effet de la répulsion qui s'exerce entre l'air électrisé et sa propre charge : c'est l'expérience du *tourniquet électrique* (*fig.* 272). Le système de tiges métalliques recourbées et terminées en pointe se met à tourner en sens inverse du courant d'air, lorsqu'on le fait communiquer avec une source quelconque d'électricité.

Enfin, on utilise le pouvoir des pointes pour la précipitation des fumées et des poussières en suspension dans l'air. Il suffit de placer en regard deux systèmes de pointes chargées d'électricités de noms contraires, pour que les particules, repoussées par les unes, se précipitent sur les autres.

529. Force électrique en un point. — Lignes de force. — Nous avons vu plus haut que les corps électrisés agissent les uns sur les autres, se repoussent ou s'attirent suivant les signes des charges en présence, en un mot, donnent lieu à des déplacements, malgré l'effet de la pesanteur. L'action électrique est donc une *force*, et toute masse électrique, placée dans le voisinage d'un conducteur électrisé, est soumise aux forces émanant des masses de ce conducteur. On appelle, dès lors, *force électrique en un point de l'espace* la valeur de la résultante des actions qui s'exercent sur une masse positive, égale à l'unité, et placée en ce point.

Supposons l'unité de masse électrique positive dans le voisinage d'un corps électrisé. Il est évident qu'elle va se mouvoir sous l'influence de la force qui s'exerce au point de l'espace où elle est située, et qu'elle va se déplacer dans la direction de cette force, en décrivant une droite, si la force s'agite toujours dans la même direction. En général, cette dernière varie en grandeur et en direction, et la masse décrit une courbe qui, en chacun de ses points, reste *constamment tangente* à la direction de la force.

Cette courbe a reçu le nom de *ligne de force*. Elle représente la direction et le sens suivant lesquels s'exercent les actions électriques ; elle serait figurée par la trajectoire que décrirait une molécule sans masse, chargée positivement, et obéissant à l'action de la force électrique. — On est convenu de supposer, autour d'un conducteur électrisé, un nombre d'autant plus grand de ces lignes de force que la charge du conducteur est plus considérable.

Comme une molécule positive est repoussée par un conducteur électrisé positivement et attirée par une charge négative, on en conclut que les lignes de force, dans le premier cas, *sortent* du conducteur et agissent de dedans en dehors, tandis que, dans le second, elles aboutissent normalement au corps électrisé.

La région de l'espace, dans laquelle se font sentir les lignes de force d'un conducteur, s'appelle le *champ électrostatique* de ce conducteur ; théoriquement, on le considère comme infini, quoique, en pratique, les forces électriques finissent bientôt par devenir insensibles.

530. Électrisation par influence. — Outre le développement d'électricité par frottement et par contact, il existe un troisième mode d'électrisation qu'on appelle l'*influence électrique* : c'est le développement d'électricité, sur un conducteur à l'état neutre, par le seul fait du voisinage d'un corps électrisé.

Supposons une sphère A (*fig. 273*) chargée positivement. Si, dans l'intérieur de son champ électrique, on fait pénétrer un conducteur BC à l'état neutre, ce dernier devient lui-même la source de lignes de force, et la divergence des doubles pendules B et C indique qu'il s'est électrisé sous l'influence de la sphère A. Au moyen d'une tige de verre électrisée, on constate, de plus, que l'extrémité B, la plus rapprochée du corps influençant, est électrisée *négativement*, c'est-à-dire qu'elle contient une charge de *nom contraire* à celle de la source A, tandis que l'extrémité C possède une charge de même signe. Tout se passe donc comme si l'influence de la sphère A avait pour effet de décomposer l'électricité neutre du corps *influencé*, et d'attirer, d'une part, la charge de nom contraire le plus près possible, en repoussant, d'autre part, celle de même nom à l'extrémité opposée.

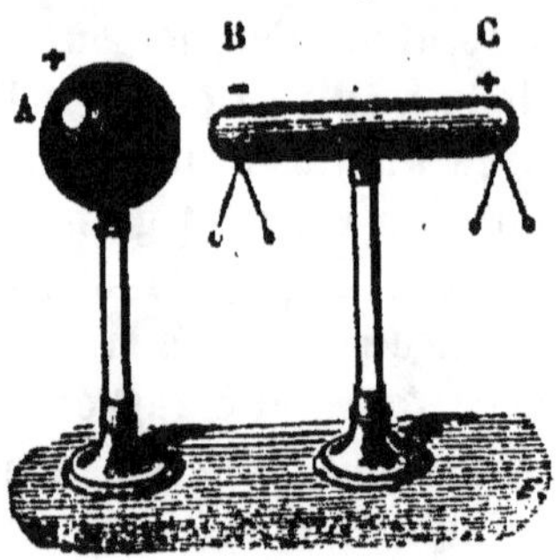

Fig. 273.

Les quantités d'électricité qui se manifestent sur le cylindre soumis à l'influence n'ont pas partout la même valeur; celle-ci est maximum aux deux extrémités et est nulle en une certaine ligne, plus rapprochée de B que de C, qu'on appelle la *ligne neutre*. De plus, les charges de noms contraires sont *égales* entre elles; il suffit, pour s'en rendre compte, de soustraire le cylindre à l'influence de la sphère : on constate alors que toute trace d'électrisation disparaît et que tout repasse à l'état neutre.

Ajoutons, enfin, que l'influence est indépendante de l'état primitif d'électrisation du corps influencé; celui-ci s'électrise comme s'il était à l'état neutre, et les charges développées ne font que s'ajouter à celles qui existaient déjà. — Le corps influençant est appelé quelquefois *inducteur*, et celui qui subit l'influence se nomme aussi *induit*.

Le phénomène de l'influence est modifié, si l'on fait communiquer le cylindre BC avec le sol, pendant qu'il est sous l'influence de A, en le touchant, par exemple, avec le doigt *en un point quelconque* de sa surface. Dans ces conditions, la charge de *même nom* que celle de A, repoussée le plus loin possible, disparaît complètement, tandis que l'autre est maintenue par l'attraction d'une charge de nom contraire, et le cylindre reste, pour un corps inducteur positif, chargé d'*électricité négative*, lorsqu'on l'éloigne de ce dernier.

Un corps électrisé par influence peut, à son tour, électriser un conducteur voisin, et quand sa charge aura été utilisée d'une manière quelconque, en recevoir un nombre indéterminé, *sans rien enlever* à la sphère influençante A. L'énergie électrique, toutefois, que l'on développe sur l'induit, provient de la transformation du travail mécanique nécessaire à l'éloignement du conducteur influencé contre les attractions électriques.

Remarquons, enfin, que l'influence électrique varie avec la distance des conducteurs en présence, et avec la nature du milieu isolant, c'est-à-dire du *diélectrique.*

531. Explication de l'attraction des corps légers. — Le phénomène de l'influence rend compte de l'attraction des corps légers et des pendules électriques. Si, en effet, on approche un bâton de verre électrisé positivement d'une balle de sureau suspendue par un fil isolant, cette balle s'électrise par influence, et, comme la charge négative se *porte* aux régions les plus voisines du corps influençant, l'attraction, qui résulte des charges de noms contraires en présence, l'emporte sur la répulsion de l'électricité positive. L'effet est plus sensible lorsque le pendule n'est pas isolé, parce que, dans ces conditions, la charge positive s'écoule dans le sol. L'on voit que, dans ces phénomènes, *l'influence précède toujours l'attraction.*

533. Électroscope à feuilles d'or. — *L'électroscope à feuilles d'or* est un appareil très sensible qui permet de reconnaître : 1° si un corps est électrisé ; 2° le signe de sa charge.

Il se compose essentiellement de deux feuilles d'or LL (*fig.* 274) fixées à l'extrémité inférieure d'une tige métallique. Cette tige, qui se termine à sa partie supérieure par un bouton B, passe par la tubulure d'une cloche de verre reposant sur un plateau métallique et dont l'air intérieur est desséché avec du chlorure de calcium.

Si l'on approche du bouton B un corps électrisé positivement, ce dernier agit par influence sur le conducteur neutre constitué par la tige et les feuilles ; la charge négative est attirée vers le bouton, et les feuilles reçoivent toutes deux une charge positive qui les fait diverger.

Pour reconnaître la nature de l'électricité qui charge un corps donné, on commence par l'approcher lentement de l'électroscope. Pendant que l'influence s'exerce, on touche un instant le bouton avec le doigt, ce qui a pour effet de rejeter dans le sol l'électricité de même nom que celle du corps à étudier; les feuilles retombent, puis on retire le doigt et on éloigne le corps électrisé. Les feuilles divergent de nouveau, parce que la charge *de*

Fig. 274.

nom contraire à celle du corps approché s'est distribuée sur toute la surface de la tige et des feuilles. A ce moment, on approche *très lentement* et *de loin* un corps chargé d'électricité connue, un bâton de résine, par exemple, chargé négativement. Celui-ci, par l'influence qu'il provoque, repousse l'électricité négative sur les feuilles d'or; si, dès lors, la divergence *augmente*, on est sûr que les feuilles possédaient déjà une

charge *négative*, par conséquent que la charge du corps à étudier était *positive*.

Si, au contraire, on approche de l'électroscope un corps électrisé positivement, on constate que la divergence *diminue*, puisque la charge positive, qu'il repousse dans les feuilles, a pour effet de neutraliser en partie l'électricité négative qu'elles possédaient déjà. Les feuilles peuvent se décharger complètement, reprendre une charge positive et diverger de nouveau, si l'on continue d'approcher le corps électrisé; par conséquent, lorsque ce dernier possède une charge de *même signe* que celle du corps qui a chargé l'électroscope, il y a un *rapprochement* des feuilles d'or suivi d'une *divergence*. Comme l'appareil est très sensible, il faut avoir soin d'approcher le corps électrisé *très lentement*, parce que, sans cette précaution, la première phase de l'expérience passerait inaperçue, et l'on ne verrait qu'une divergence des feuilles.

On peut aussi procéder autrement et donner d'abord à l'électroscope une charge de signe connu; on approche ensuite le corps à étudier. La divergence des feuilles augmente, lorsque ce corps a la même électricité que celle des feuilles. Si les charges sont de signes contraires, on observe un rapprochement jusqu'au contact, puis une divergence.

REMARQUE. — On ajoute à l'électroscope des tiges métalliques TT (*fig.* 274) appelées *bornes;* elles ont pour but, en premier lieu, d'augmenter la divergence des feuilles, par le fait que l'influence de celles-ci développe sur les bornes des charges de noms contraires; elles empêchent, en outre, les feuilles de se coller sur les parois du verre, dans le cas d'une divergence trop grande.

III. — POTENTIEL ÉLECTRIQUE

533. Définition du potentiel par l'électromètre. — L'électroscope à feuilles d'or devient un *électromètre,* si l'on peut, par un dispositif approprié, mesurer l'angle d'écart des feuilles. Dans ces conditions, il est utile pour définir un état particulier des corps électrisés qu'on appelle le *potentiel.*

Soit un conducteur électrisé communiquant par un fil fin et long, pour éviter l'influence, avec le bouton d'un électroscope ainsi modifié. L'expérience prouve que l'angle de divergence des feuilles est *toujours le même,* pour un conducteur déterminé, quel que soit le point du corps d'où part le fil.

Si, par exemple, le conducteur est *isolé,* chargé par contact et de forme ellipsoïdale, la divergence des feuilles est *indépendante du point touché* par le fil, bien que, comme nous le savons déjà, la densité ne soit pas la même aux différentes régions du corps. Il en sera de même, si le fil part de l'*intérieur* où le plan d'épreuve ne décèle aucune trace d'électricité. On constate, de plus, que l'électricité qui charge les feuilles est *de même nature* que celle du conducteur à étudier, et que des divergences, correspondant à des charges 2, 3, 4 fois plus grandes, sont la mesure de charges 2, 3, 4 fois plus considérables du conducteur.

Lorsqu'un corps isolé est soumis à l'influence d'une source quelconque, l'on sait que les deux électricités contraires se manifestent aux extrémités de ce corps et sont séparées par une ligne neutre. Si, alors, on fait communiquer avec l'électromètre, par le même fil long et fin, *un point quelconque* de ce corps influencé, l'on obtient encore le même résultat : l'angle d'écart des feuilles est constant *dans tous les cas*, même lorsque le fil part de la ligne neutre, et les feuilles se chargent de la même électricité que celle du corps influençant. Si ce dernier communique avec l'électromètre, le signe de la charge des feuilles est encore *le même*, mais la divergence *augmente*. Que le fil parte du corps influençant ou influencé, on obtient des divergences qui correspondent à des charges 2, 3, 4 fois plus grandes, si l'on double, triple ou quadruple la charge du premier, ce qui a pour effet d'augmenter dans la même proportion la densité sur le second.

Enfin, lorsque le fil fait communiquer avec l'électromètre un corps influencé relié au sol, l'écart des feuilles devient *nul*, quelle que soit la charge de la région touchée par le fil.

En un mot, la divergence des feuilles, indépendante du point touché sur un conducteur et du signe de la charge en ce point, est caractéristique de ce qu'on peut appeler l'*état électrique* de ce conducteur, placé dans les conditions que nous venons de supposer. C'est cet état électrique qui a reçu le nom de *potentiel* du conducteur considéré. Il correspond à l'état calorifique que nous avons appelé la *température* d'un corps et qui est caractérisé par l'indication du thermomètre. Le potentiel est à la *quantité d'électricité* ce que la tempéra'ure est à la *quantité de chaleur*.

Pour représenter *numériquement* les potentiels, on opère comme pour les températures. De même que le zéro du thermomètre correspond à la température de la glace fondante, et que l'on compte positivement les te apératures plus élevées et négativement celles qui sont inférieures à ce point, de même aussi le potentiel *zéro* est celui qui ne produit aucune divergence des feuilles d'or, c'est-à-dire est celui du *sol*, et l'on choisit comme unité de potentiel celui qui correspond à un angle d'écart déterminé, 1 degré par exemple. Le potentiel sera *positif* ou *négatif* suivant le signe de l'électricité qui charge les feuilles. Un corps sera à un potentiel 1, lorsqu'il produira la divergence choisie pour l'unité, et il sera 2, 3, 4, lorsque cette divergence deviendra 2, 3, 4 fois plus grande, de sorte que les potentiels seront représentés arbitrairement par des *nombres*, de même que les températures sont caractérisées par des degrés.

534. Cas de deux conducteurs électrisés en communication lointaine. — Si l'on fait communiquer par un fil métallique deux conducteurs au *même potentiel*, c'est-à-dire qui produisent séparément la même divergence des feuilles d'un électromètre, on constate qu'il n'y a *rien de modifié* dans l'état électrique des deux corps, et qu'il ne passe rien de l'un vers l'autre. C'est ce qu'on exprime en disant qu'ils sont en *équilibre électrique*.

Il n'en est pas de même lorsque les deux corps sont à des *potentiels différents*. Si l'on étudie l'état électrique qui les caractérise, après les avoir fait communiquer ensemble, on observe qu'il est passé de l'électricité *positive* de celui qui était au potentiel *le plus élevé* sur celui dont le potentiel était *le plus bas*. Le transport d'électricité cesse quand les conducteurs prennent un potentiel *égal* et intermédiaire entre les potentiels primitifs. De plus, la transmission d'électricité n'est due qu'à la *différence* de potentiel, et non aux quantités ou aux densités électriques. Si les potentiels des conducteurs sont tous deux négatifs et inégaux, celui dont la valeur serait, par exemple, —5, cède de l'électricité *positive* à celui dont le potentiel serait —8, puisque la différence est $+3$. — La différence de potentiel entre deux corps électrisés, c'est-à-dire la cause qui produit le mouvement d'électricité de l'un vers l'autre, a reçu le nom de *force électromotrice*.

535. Analogies calorifiques et hydrauliques. — Nous savons que deux corps à la même température sont en équilibre calorifique, et qu'il ne se produit, dans ces conditions, aucun échange de chaleur. Si, au contraire, les températures sont différentes, le corps dont la température est la plus élevée cède de la chaleur à l'autre, jusqu'à ce que l'équilibre s'établisse. Il y a, toutefois, une différence essentielle avec le phénomène électrique que nous étudions. La température d'un corps, en effet, indépendante de sa forme et de la position des corps voisins, varie, en outre, avec la masse de ce corps et la quantité de chaleur qu'il reçoit ; le potentiel, au contraire, ne dépend pas de la masse du conducteur électrisé, mais de *sa forme extérieure* et de la position des corps voisins.

Deux conducteurs au même potentiel peuvent encore se comparer à deux réservoirs communiquant ensemble et dans lesquels le niveau de l'eau est le même. Si les niveaux sont différents, l'on sait qu'il y a déplacement de liquide du niveau le plus élevé vers l'autre. C'est à cause de cette analogie qu'on appelle aussi le potentiel *niveau électrique*.

536. Définition du potentiel par le travail électrique.
— Nous savons qu'un corps électrisé engendre, dans le milieu où il est placé, un *champ électrique* en chaque point duquel on peut démontrer l'existence d'une *force* déterminée en grandeur et en direction. Il en résulte que tout déplacement d'une masse électrique, dans le champ d'un conducteur, fait produire aux forces électriques un certain *travail* positif ou négatif, suivant que les forces agissent dans le même sens ou en sens contraire du mouvement.

Il y a donc, dans un conducteur électrisé, une certaine *capacité de travail* ou *énergie potentielle*, comparable à celle d'une masse d'eau contenue dans un réservoir élevé.

Si l'on considère le cas d'un conducteur relié au sol, on démontre que le travail effectué par les forces électriques, pendant le transport de l'unité de masse électrique jusqu'au sol, est indépendant du point choisi sur le conducteur et du point d'arrivée sur le sol.

De plus, ce travail augmente proportionnellement à la grandeur des masses électriques en présence, et, par suite, aux forces en chaque point du champ. Il se comporte donc comme les indications d'un électromètre, et peut, par conséquent, servir à définir le potentiel.

Le potentiel, en un point d'un champ électrique, sera, dès lors, *le travail effectué par la force électrique, quand on transporte l'unité de masse positive de ce point jusqu'au sol.* Cette définition est plus précise et moins arbitraire que la première, puisqu'elle permet de mesurer le potentiel en *unités absolues*, c'est-à-dire en *ergs*; elle a, de plus, l'avantage de s'appliquer non seulement au potentiel d'un conducteur, mais à celui d'un point quelconque du champ de ce dernier. Le potentiel sera positif, si le travail est effectué par la force elle-même; il sera négatif, lorsqu'il faut accomplir un travail contre la force.

537. Surfaces équipotentielles ou surfaces de niveau. — Les points de l'espace au même potentiel déterminent des *surfaces de niveau électrique* ou *surfaces équipotentielles;* elles jouissent de la propriété que la force électrique, en un point quelconque d'une telle surface, est normale à cette dernière.

538. Expression du travail électrique. — Supposons un conducteur maintenu à un potentiel constant V; cette valeur exprime le travail effectué par l'unité de masse électrique positive, lorsqu'elle s'écoule dans le sol. Pour une masse M, dans les mêmes conditions, le travail T sera M fois plus grand, et l'on aura

$$T = MV.$$

S'il s'agit du transport d'une masse M d'une surface de niveau de potentiel V à une autre surface de potentiel inférieur V', l'expression devient

$$T = M (V - V').$$

Ces deux formules sont analogues à celles qui mesurent le travail effectué par la chute d'un liquide dont le niveau est constamment renouvelé : ce travail sera PH, si un poids P de liquide tombe de la hauteur H, et P (H — H'), si la chute s'arrête au niveau H', au lieu d'atteindre le sol.

539. Unités de potentiel. — L'unité C. G. S. de potentiel peut se définir : *le potentiel d'un point tel que le transport, de ce point au sol, de l'unité C. G. S. de masse électrique exige un travail égal à 1 erg.*

Si, dans cette définition, on prend le *coulomb* comme unité pratique de quantité et le *joule* comme unité de travail, on pourra définir l'*unité pratique de potentiel : le potentiel d'un point tel que le transport de 1 coulomb de ce point jusqu'au sol exige un travail de 1 joule.* On lui donne le nom de *volt*, et sa valeur est

$$\frac{1}{300} \text{ ou } \frac{1}{3 \times 10^2} \text{ d'unité C. G. S.}$$

IV. — CAPACITÉ ÉLECTRIQUE. — CONDENSATEURS

540. Capacité d'un conducteur. — Si plusieurs conducteurs, de formes et de dimensions variées, reçoivent successivement une même quantité d'électricité, on constate que ces conducteurs ne sont pas, en général, portés *au même potentiel*; il faut, pour atteindre ce résultat, des charges inégales, de même que l'on doit, à cause des chaleurs spécifiques différentes, fournir plus de chaleur à 1 kilogramme d'eau qu'au même poids de mercure pour les élever tous deux à la même température.

La forme et les dimensions des conducteurs permettent donc d'introduire une nouvelle grandeur électrique qu'on appelle la *capacité électrique*; de même qu'il faut d'autant plus d'eau, pour élever le *niveau* dans un vase, que celui-ci est plus large, de même aussi la capacité électrique est d'autant plus considérable que le conducteur exige une quantité plus grande d'électricité pour élever le potentiel à une valeur déterminée.

La capacité d'un conducteur peut donc se définir : *la quantité d'électricité qu'il faut lui fournir pour augmenter son potentiel d'une unité, dans les conditions où il est placé.*

L'on sait que le potentiel V d'un conducteur est proportionnel à la charge électrique M; dès lors, en désignant par C le facteur de proportionnalité, on aura

$$M = CV,$$

d'où

$$C = \frac{M}{V} :$$

c'est l'expression analytique de la *capacité*.

541. Influence des corps voisins sur la capacité. — La capacité électrique, qui présente quelque analogie avec la chaleur spécifique ou *capacité calorifique*, en diffère, toutefois, par des particularités essentielles. La capacité calorifique d'un corps ne dépend que de la *nature* et du *poids* de ce corps; la capacité électrique d'un conducteur, au contraire, est indépendante de la *masse* et du *poids* de ce dernier, et varie, de plus, avec la *position* et la *forme* des corps voisins.

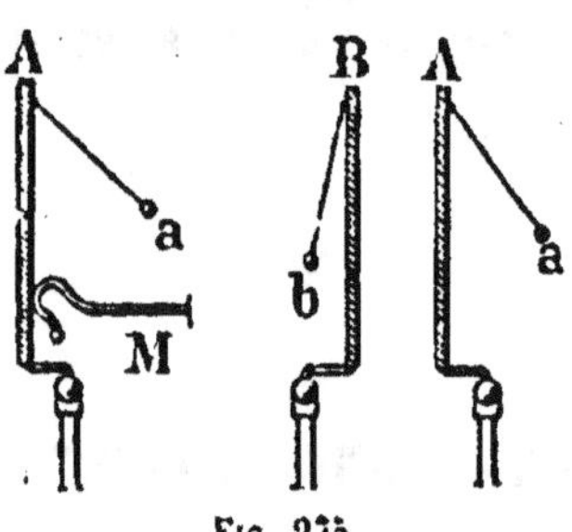

Fig. 275.

Supposons un plateau métallique isolé A (*fig.* 275) communiquant, par la tige M, avec une source quelconque d'électricité. Ce plateau se charge au même potentiel que celui de la source, et l'on voit diverger le pendule électrique *a*, ce qui constitue une certaine mesure du potentiel. Si alors on approche de A un deuxième plateau isolé B, la divergence du pendule *a* diminue aussitôt, et d'autant plus que B est plus rapproché. On en conclut que le *potentiel* de A a diminué, ce qui prouve que sa *capacité s'est accrue*, puisque le potentiel, pour même quantité, est devenu inférieur à celui de la source et qu'une nouvelle charge est nécessaire pour rétablir le niveau électrique.

La capacité de A augmente encore, lorsqu'on fait communiquer B *avec le sol*, ce qui se trahit par une nouvelle diminution dans la divergence du pendule *a*. Enfin, le phénomène s'accentue davantage, si l'on introduit une lame isolante de verre entre les deux plateaux. De plus, la nature de l'isolant, c'est-à-dire du *diélectrique*, exerce une influence considérable; la capacité du plateau A devient plus grande avec une lame de mica qu'avec une lame de verre, et, en général, lorsque les plateaux sont plus rapprochés et que la lame isolante est plus mince. Nous donnerons l'explication de ces phénomènes, lorsque nous établirons la théorie des condensateurs.

542. Unités de capacité. — L'unité électrostatique C. G. S. de capacité est celle d'un conducteur qu'une quantité d'électricité égale à l'unité C. G. S. de quantité porte à un potentiel égal à l'unité C. G. S. de potentiel. En effet, dans la formule $M = CV$, C sera égal à 1, lorsqu'on aura $M = 1$ et $V = 1$.

L'unité pratique est appelée le *farad*, en mémoire de Faraday : c'est la capacité d'un conducteur qu'une quantité égale à 1 *coulomb* porte à un potentiel égal à 1 *volt;* sa valeur est $3^2 . 10^{11}$ unités électrostatiques C. G. S. Le farad, qui correspond à une capacité énorme, est remplacé, dans la pratique, par le *microfarad* qui équivaut à 10^{-6} farad (millionième partie d'un farad), et est égal à $3^2 . 10^5$ unités C. G. S. Le microfarad représente la capacité d'une sphère, située dans un milieu indéfini, et de 9.000 mètres de rayon.

543. Condensateurs. — On donne le nom de *condensateurs* à des deux systèmes de deux conducteurs disposés de telle façon que la capacité de l'un d'eux soit considérablement augmentée.

La figure 276 représente un condensateur à *plateaux mobiles*, ou *condensateur d'Æpinus.*

Considérons les deux plateaux A et B, désignés sous le nom *d'armatures.*

Le plateau A, appelé *collecteur*, est mis en communication avec une machine électrique, tandis que B, le *condenseur*, est relié au sol par un fil conducteur.

Éloignons d'abord le collecteur du reste de l'appareil; il se charge alors jusqu'à ce que son potentiel, déterminé par sa capacité propre, soit égal à celui de la machine, et l'on voit diverger le pendule conducteur qu'il porte. Si, après qu'on a supprimé la communication avec la machine, on approche de A le condenseur B, ce dernier subit l'influence de A à travers le diélectrique C, et des charges de noms contraires s'accumulent sur les faces internes des plateaux, de chaque côté de la lame de verre, le condenseur B perdant dans le sol la charge de même nom que celle de A.

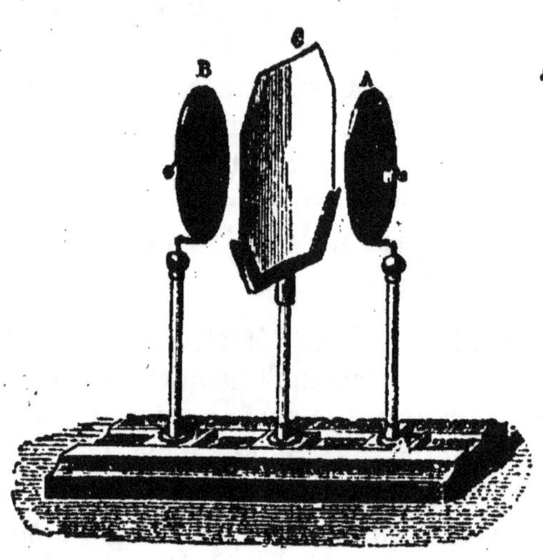

Fig. 276.

Comme, à raison de cette nouvelle distribution de la charge, l'électricité quitte la face externe du collecteur, la divergence du pendule devient plus petite; le potentiel, *pour une même charge*, diminue donc, et, par conséquent, la capacité *augmente*. Si, en effet, dans la formule $M = CV$, M reste constant, C varie en raison inverse de V.

Dans ces conditions, si l'on relie de nouveau le collecteur à la machine, il est évident qu'il devra en recevoir une nouvelle charge pour que le potentiel primitif soit rétabli; on voit remonter le pendule, et l'on a, de cette façon, *condensé* une charge M′ plus grande que M, puisque, pour une même valeur de V, la capacité C s'est accrue. D'ailleurs, le même phénomène d'influence à travers l'isolant s'est produit de nouveau, et deux charges de noms contraires, supérieures à celles de la première expérience, se sont accumulées sur les faces internes des armatures. Si l'on isole alors le condensateur de la machine et du sol, et si l'on éloigne les plateaux l'un de l'autre, les deux pendules divergent fortement, les charges se distribuent sur toute la surface des conducteurs, et comme, dès lors, les capacités sont ramenées à leur valeur primitive, le potentiel des nouvelles charges devient beaucoup plus grand qu'avant la condensation. La tension des électricités contraires peut devenir assez forte pour percer la lame isolante.

On ne peut pas charger indéfiniment un condensateur avec une charge donnée. Il n'y a pas, en effet, égalité rigoureuse entre les charges condensées sur les deux plateaux ; la charge du collecteur n'est neutralisée qu'en partie par celle du condenseur. L'excès d'électricité, qui fait diverger plus fortement le pendule du collecteur, se nomme *électricité libre*, et son potentiel finit par égaler celui de la machine : on a alors atteint la limite de charge.

On appelle *force condensante* le rapport $\frac{c'}{c}$ entre la capacité d'un conducteur qui communique avec la source, lorsqu'il fait partie d'un condensateur, et celle qu'il possède lorsqu'il est seul.

Pour une lame isolante de même nature et de même épaisseur, la capacité du collecteur augmente proportionnellement *à sa surface;* elle varie *en raison inverse* de l'*épaisseur* de l'isolant, si la surface du collecteur reste constante. On pourra donc condenser une quantité énorme d'énergie électrique soit en augmentant la surface des plateaux, soit en diminuant l'épaisseur du diélectrique.

544. Différentes formes de condensateurs. — Bouteille de Leyde. — Outre le condensateur d'Æpinus que nous venons de décrire, on emploie quelquefois une simple lame de verre sur les faces de laquelle on colle des feuilles minces d'étain, la surface de celles-ci, pour prévenir toute communication, étant inférieure à celle de la lame isolante : c'est le *carreau fulminant.*

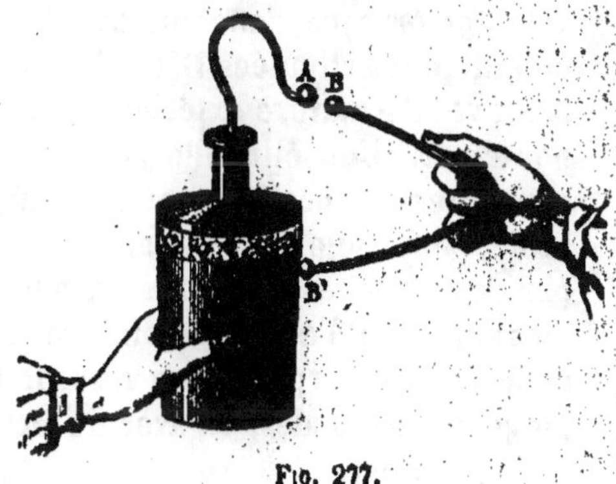

Fig. 277.

Lorsqu'on veut obtenir une grande surface et une grande capacité sous un volume restreint, on empile des feuilles d'étain séparées par des feuilles de mica ou de papier paraffiné ; les feuilles de rang pair, communiquant ensemble, constituent l'une des armatures, et celles de rang impair, l'autre armature de ce condensateur.

La forme la plus employée est celle de la *bouteille de Leyde* (*fig.* 277). C'est une bouteille ordinaire dont la surface extérieure est en partie recouverte d'une lame d'étain, et dont l'intérieur est rempli de feuilles d'or ou de clinquant : ce sont les *armatures* du condensateur. Une tige métallique, recourbée à l'extérieur et terminée par un bouton, passe à travers le bouchon et plonge dans les feuilles de l'intérieur.

La partie supérieure de la bouteille et le goulot sont vernis à la gomme laque, afin d'isoler plus parfaitement les armatures. Lorsque le goulot est assez large, on remplace les feuilles de clinquant par une lame d'étain que l'on colle sur la surface interne de la bouteille. Une bouteille de Leyde de grandes dimensions porte le nom de *jarre*.

545. Charge et décharge de la bouteille de Leyde.

— On charge une bouteille de Leyde en approchant d'une machine électrique le bouton de la tige qui communique avec l'armature interne, pendant qu'on tient la bouteille par l'armature externe ; celle-ci, dans ces conditions, est reliée au sol par l'intermédiaire du corps de l'expérimentateur. Il se condense alors des charges égales et de noms contraires sur les armatures.

Il y a deux manières de décharger une bouteille de Leyde. La *décharge brusque* s'effectue avec un *excitateur* à deux branches métalliques articulées B, B' (*fig.* 277) dont l'une est mise en contact avec l'armature extérieure, et dont l'autre est approchée du bouton A. Une étincelle jaillit en AB, et les deux électricités contraires se recombinent presque complètement. Il est préférable, pour isoler parfaitement l'opérateur, de tenir l'excitateur par des manches en verre. En tenant la bouteille d'une main et en approchant l'autre (la jointure du doigt) du bouton, la décharge se fait par le corps, et l'on ressent une vive commotion dans les poignets, les coudes, et, avec de fortes bouteilles, dans les épaules et la poitrine.

On peut aussi décharger une bouteille *lentement* ; on la place sur un gâteau de résine et on touche successivement les deux armatures, en commençant par celle qui a servi de collecteur. On en tire chaque fois une petite étincelle, et, si le condensateur est muni de pendules électriques, on voit chacun de ceux-ci diverger successivement, quand on touche l'armature opposée.

La *décharge lente* est utilisée dans l'expérience de Franklin (*fig.* 278). La balle métallique isolée C est placée entre les sphères A et B reliées aux armatures d'une bouteille chargée. La balle est alors attirée puis repoussée successivement par les sphères, et la bouteille se décharge lentement par une série d'étincelles. Si

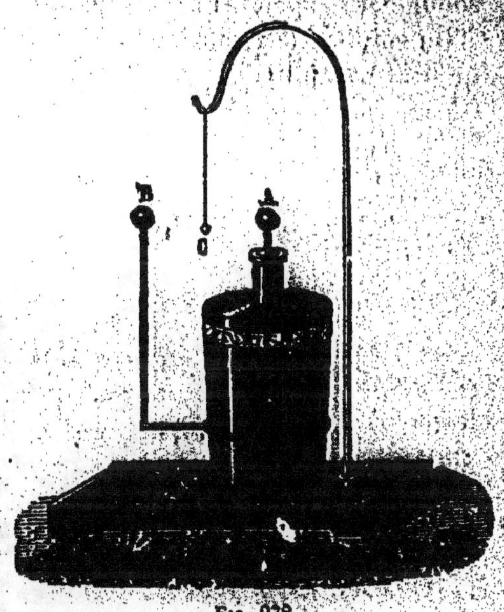

Fig. 278.

l'on remplace les boutons par des timbres, on a le *carillon de Franklin*, tandis que l'appareil porte le nom d'*araignée de Franklin*, si le fil supporte une balle de sureau munie de légers filaments.

546. Batterie électrique. — On appelle *batterie électrique* la réunion de plusieurs jarres de Leyde groupées de manière à obtenir une capacité plus grande. Suivant le but que l'on veut atteindre, on associe les batteries en *surface* ou en *cascade*.

On adopte le groupement en surface lorsque, pour une source de potentiel déterminé, on veut en obtenir la plus grande charge possible. Pour cela, on doit augmenter la capacité du système condensateur. Comme il est dangereux de diminuer l'épaisseur de l'isolant au delà de certaines limites, parce que la pression électrostatique percerait la lame de verre, on préfère augmenter la surface des armatures; on dispose alors plusieurs jarres dans une même caisse, et l'on fait communiquer ensemble toutes les armatures intérieures par des tiges qui se terminent en D (*fig.* 279), tandis que les armatures extérieures sont en contact avec une lame d'étain qui recouvre le fond de la caisse et aboutit à la poignée A. Comme chacun de ces condensateurs est sans influence sur son voisin, la capacité de la batterie est égale à la somme des capacités des bouteilles.

On emploie le groupement en *cascade*, lorsqu'un condensateur ne peut pas supporter le potentiel de la charge dont on dispose. On fait alors communiquer l'armature extérieure d'une première

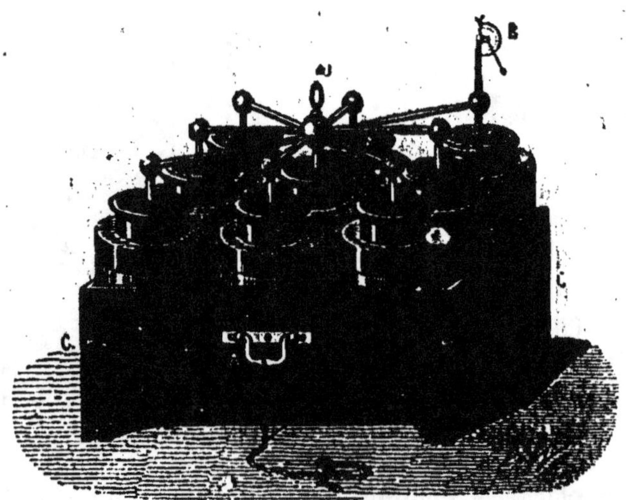

Fig. 279.

bouteille avec l'armature intérieure d'une deuxième, l'armature extérieure de celle-ci avec l'armature intérieure d'une troisième, et ainsi de suite, l'armature extérieure de la dernière communiquant avec le sol, et l'armature intérieure de la première avec la machine.

Dans ces conditions, chaque bouteille ne supporte que la $n^{\text{ième}}$ partie de la différence de potentiel de toute la chaîne, pour un nombre n de bouteilles, c'est-à-dire que le potentiel se partage entre les bouteilles successives.

547. Rôle de la lame isolante. — Pouvoir inducteur spécifique. — La lame isolante d'un condensateur n'a pas seulement pour effet de séparer les deux armatures l'une de l'autre, mais elle joue un rôle important dans le phénomène de la condensation de l'électricité. La capacité, en effet, varie avec la *nature* de l'isolant, et l'on constate qu'il faut, lorsqu'on change de diélectrique, des quantités différentes d'électricité pour élever un condensateur *au même potentiel*, ce qui prouve que l'influence exercée à distance par des charges électriques ne dépend pas seulement des masses et des distances, mais aussi de la *nature* de l'isolant qui les sépare. C'est ainsi que la capacité d'un condensateur *à lame d'air* est 5 à 6 fois plus petite que celle d'un condensateur de mêmes dimensions, mais dont le diélectrique serait une lame de *verre*. La capacité serait encore plus grande avec une lame de *mica*.

On appelle *pouvoir inducteur spécifique* d'un diélectrique le rapport $\frac{C'}{C}$ des capacités de deux condensateurs de mêmes dimensions, dont le second serait à lame d'air, et l'autre à lame également épaisse du diélectrique considéré; en d'autres termes, c'est le nombre par lequel on doit multiplier la capacité C du second pour obtenir la capacité C' du premier. Le pouvoir inducteur spécifique de l'air est donc 1, et les pouvoirs de tous les isolants connus sont plus grands que celui de l'air.

548. Charges électriques sur l'isolant. — Tout se passe, dans un condensateur, comme si les charges des noms contraires, au lieu d'être localisées sur les faces internes des armatures,

Fig. 280.

étaient appliquées *sur la lame isolante*. On démontre ce phénomène par l'expérience de la *bouteille démontable* (*fig.* 280). C'est une bouteille de Leyde dont les armatures peuvent se séparer du diélectrique. Celui-ci est un vase en verre I pouvant entrer dans le vase métallique B, et l'armature intérieure est un troisième vase A muni d'une tige recourbée. On charge la bouteille, lorsqu'elle est disposée comme on le voit à droite de la figure, et on la porte sur un gâteau isolant. On la démonte ensuite, et l'on décharge séparément chaque armature par le fait qu'on les saisit à la main pour les éloigner du vase en verre. Une fois la bouteille reconstituée, on en tire une forte étincelle. Les charges contraires étaient donc localisées sur les deux faces de l'isolant.

549. Charges résiduelles. — Une seule décharge brusque ne suffit pas pour ramener un condensateur à l'état neutre, mais l'expérience prouve qu'on peut encore en tirer plusieurs étincelles de plus en plus faibles. La première décharge n'a donc pas mis en mouvement toute l'électricité condensée sur l'isolant, mais la bouteille, après quelques instants de repos, s'est, pour ainsi dire, rechargée d'elle-même, en donnant lieu à une nouvelle différence de potentiel progressivement décroissante sur ses armatures. Ce résultat laisse croire que les charges électriques pénètrent dans l'intérieur du verre, et y sont retenues par la mauvaise conductibilité de l'isolant. La première décharge est due aux électricités de la surface, tandis que les autres proviendraient des *charges résiduelles* existant à l'intérieur. Comme on le voit, l'isolant est loin de jouer un rôle passif; d'après les idées modernes, au contraire, le diélectrique serait le siège des actions électriques.

Fig. 281.

550. Électroscope condensateur. — Cet appareil, dû à Volta, n'est rien autre chose qu'un électroscope à feuilles d'or muni d'un condensateur de grande capacité. Pour cela, on remplace le bouton supérieur par un plateau métallique recouvert d'une mince couche de vernis (*fig.* 281); un second plateau, également vernissé et supporté par un manche en verre, peut s'appliquer sur le premier. Les deux couches de vernis jouent le rôle de diélectrique; comme elles sont très minces, la capacité du système est considérable, et il faut une quantité assez grande d'électricité pour que le niveau électrique devienne égal à celui d'une source de très faible potentiel.

La source à étudier étant reliée au plateau P', on touche P, puis, après avoir supprimé toute communication, on soulève le plateau supérieur. Les feuilles d'or, qui reçoivent alors une partie de la charge condensée dans la couche de vernis, s'écartent facilement l'une de l'autre, et l'on peut, de cette sorte, obtenir une divergence avec des charges trop faibles pour agir sur un électroscope ordinaire.

V. — MACHINES ÉLECTROSTATIQUES

551. Machines électriques. — On donne le nom de *machines électriques* à des sources ordinairement continues d'électricité, produites par des moyens électrostatiques. Elles ont pour but d'*élever* et de *maintenir* des conducteurs à des potentiels déterminés, malgré le travail qu'elles peuvent effectuer et la dépense qui en est le résultat.

Les machines électriques sont de deux sortes : les machines à *frottement* et les machines à *influence* ou *induction*. Nous ne décrirons que les deux plus simples, la *machine de Ramsden* et l'*électrophore*.

552. Machine à frottement de Ramsden. — Elle se compose d'un grand plateau de verre PP' (*fig.* 282) qui passe à frottement et à contact bien assuré, pendant sa rotation autour de son axe, entre deux paires de coussins de cuir, BB et B'B', recouverts d'*or mussif* (bisulfure d'étain) et placés aux extrémités d'un même diamètre vertical: c'est l'organe producteur de l'électricité. A la hauteur du diamètre horizontal du plateau, sont disposés des cylindres creux en laiton C et C', reliés par le conducteur A, isolés du sol par des pieds en verre, et terminés à l'autre extrémité par des *mâchoires* F, F' munies de pointes devant lesquelles se déplace le plateau pendant sa rotation. Ces cylindres constituent

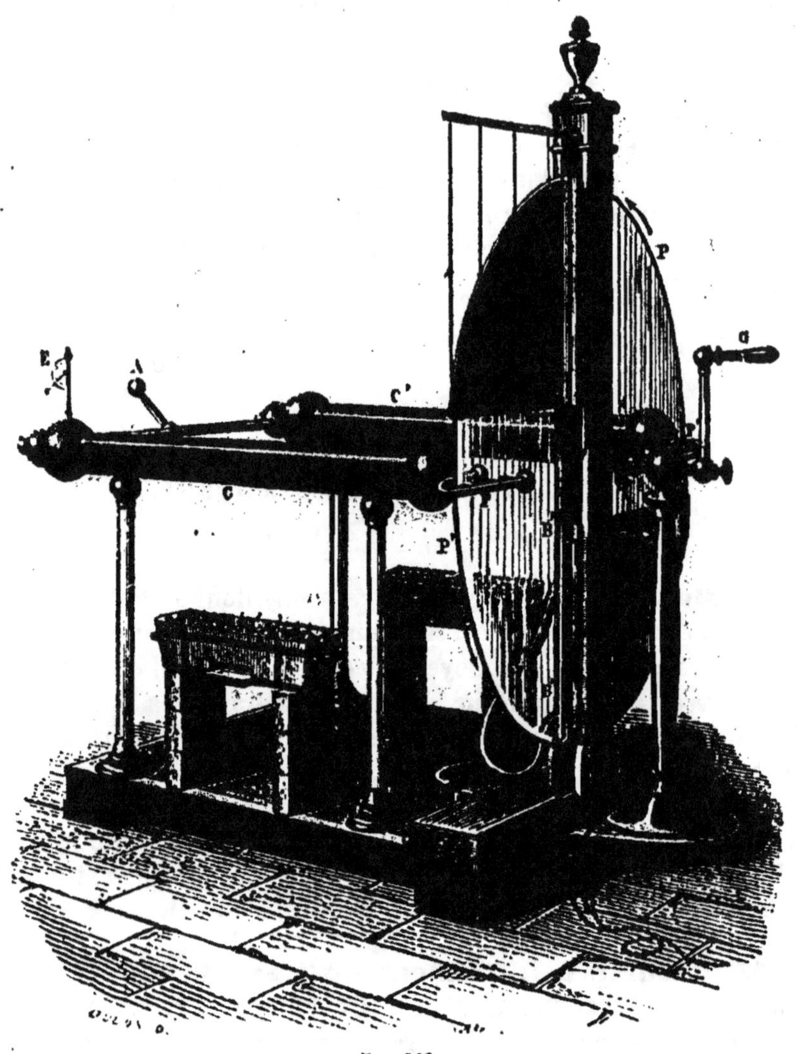

Fig. 282.

le *collecteur* de la machine. Une chaîne métallique fait communiquer les coussins avec le sol.

Le fonctionnement de cette machine est facile à comprendre. Le frottement, ou plutôt le contact plus intime qu'il détermine, suivant les théories actuelles, électrise le verre *positivement* et les coussins *négativement*, et cette dernière charge s'écoule aussitôt dans le sol par la chaîne. Après un quart de tour, les quadrants de verre D et D', chargés positivement, passent devant les pointes F et F'. L'*influence électrique* décompose l'électricité neutre du collecteur, repousse la charge positive et attire la charge négative qui s'écoule par les pointes et ramène le verre à l'état neutre. Ces quadrants neutres, après un demi-tour, s'électrisent de nouveau en frottant sur les coussins, le même phénomène d'influence se produit aux mâchoires, et il se développe sur le collecteur une nouvelle quantité d'électricité positive, égale à celle qui est apportée par le verre. — Si l'on approche la main du collecteur, l'influence repousse dans le sol l'électricité de même nom et attire celle du nom contraire, de sorte que, à une distance qui dépend du potentiel, la combinaison des deux électricités s'effectue avec production d'étincelles.

Cette machine, telle que décrite, ne donne que de l'électricité positive. On pourrait cependant recueillir simultanément les deux charges en faisant communiquer un deuxième collecteur avec les coussins ; la machine serait alors *à deux pôles*. — La divergence d'un pendule électrique E sert à mesurer le potentiel développé sur le collecteur. Ce potentiel ne croît pas indéfiniment, malgré la rotation continue du plateau ; la limite est atteinte, lorsque des étincelles jaillissent entre les coussins et les mâchoires. Ordinairement, il y a assez de déperdition par l'humidité de l'air pour que le potentiel reste inférieur à cette limite.

Le *débit* de la machine, c'est-à-dire la *quantité développée par seconde* sur le collecteur, est assez faible et se manifeste par le *nombre* d'étincelles qu'on en peut tirer. On démontre qu'il est proportionnel à la *vitesse de rotation* du plateau, et qu'il dépend de la *nature* des coussins.

L'énergie électrique qui apparaît sur le collecteur ne provient pas du travail dépensé à vaincre le frottement du plateau sur les coussins ; elle est le résultat de la transformation de l'énergie mécanique nécessaire pour combattre les attractions des charges de noms contraires qui se développent par le frottement.

553. Machine à influence. — Électrophore. — L'*électrophore* est constitué essentiellement par un gâteau de résine GG' (*fig.* 283) coulé dans un moule F, et qu'on électrise *négativement* en le battant avec une peau de chat; on applique alors sur la résine un disque en bois recouvert d'une feuille d'étain et muni d'un manche isolant en verre.

La charge négative de la résine agit par *influence* sur le disque métallique, repousse l'électricité de même nom à la partie supérieure, et attire la charge positive sur la face inférieure. A cause de la mauvaise conductibilité de la résine et du fait que le disque ne touche le gâteau que par un petit nombre de points, la charge positive n'est pas neutralisée par l'électricité de nom contraire de

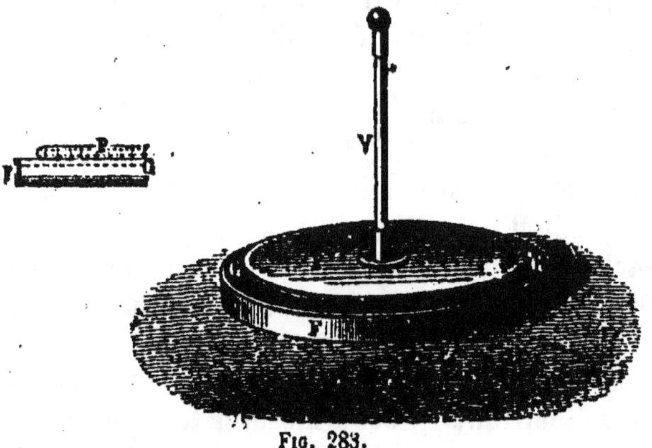

Fig. 283.

la source, et l'on a sur le disque les deux espèces d'électricité. Pour n'en conserver qu'une seule, on fait écouler la charge négative dans le sol en touchant le disque avec le doigt, on le soulève ensuite, et la charge positive se répand sur toute sa surface.

L'électrophore permet de développer sur le plateau une quantité illimitée d'électricité, en répétant indéfiniment l'expérience précédente, et cela, *sans rien enlever* à la charge de la résine. L'énergie qui apparaît provient de la transformation du travail dépensé pour soulever le plateau contre les attractions des charges de noms contraires en regard.

Remarques. — 1° Les machines à influence des laboratoires, comme celles de Holtz et de Wimshurst, sont beaucoup plus compliquées, et fournissent, par la rotation de plusieurs plateaux d'ébonite ou de verre, au nombre de 6 à 10 dans les grandes machines, un débit relativement très grand, avec production de fortes et longues étincelles. De plus, elles développent les deux

espèces d'électricités. On les emploie actuellement pour la production des rayons X et dans l'électrothérapie.

2° Les machines électrostatiques présentent ce caractère particulier que les charges développées possèdent un potentiel très
élevé avec peu de quantité. Il faut un potentiel d'environ
5.000 volts pour produire une étincelle de 1 millimètre de longueur, et 100.000, pour des étincelles de 10 centimètres.

VI. — EFFETS DES DÉCHARGES ÉLECTRIQUES

554. Énergie des décharges électriques. — La charge
électrique d'un conducteur accomplit un travail en s'écoulant
dans le sol, et nous avons vu (536) que c'est par ce moyen que
l'on évalue le potentiel de ce conducteur. Ce dernier possède
donc de l'*énergie*, et celle-ci est égale au travail qu'il a fallu
dépenser pour électriser le corps.

On démontre que l'énergie d'un conducteur, de même que le
travail d'électrisation, est représentée par la formule

$$W = \frac{MV}{2},$$

M et V désignant la charge et le potentiel du conducteur.
Comme on a M = CV (540), l'expression de l'énergie de décharge,
en fonction de la capacité, devient

$$W = \frac{CV^2}{2}.$$

Dans un condensateur, cette formule représente l'énergie du
collecteur ; V désigne alors le potentiel de la source qui l'a chargé.
Il en résulte que l'énergie augmente avec la capacité du condensateur et le potentiel de la source. Comme cette énergie est dépensée dans la décharge, on se sert, pour l'accroître d'un système
de grande capacité et d'une source à haut potentiel. C'est ce qui
explique pourquoi les décharges des condensateurs et surtout
des batteries montées en surface produisent des effets beaucoup

plus énergiques que les machines ordinaires ou les simples conducteurs électrisés.

555. Décharges conductive et disruptive. — Lorsqu'on décharge une bouteille de Leyde ou une batterie avec un excitateur, on remarque qu'une étincelle jaillit avant qu'il y ait contact entre les deux armatures. Dans ces conditions, une partie de l'énergie de la décharge est dépensée *dans l'étincelle*, et l'autre dans l'excitateur. Si l'on dispose les choses de telle sorte que l'étincelle absorbe la plus grande partie de l'énergie, on a alors la *décharge disruptive ;* on lui donne le nom de *décharge conductive*, lorsque la majeure partie de l'énergie est absorbée par le conducteur.

556. Décharge conductive. — **Effets calorifiques de la décharge.** — L'énergie d'une *décharge conductive* se dépense à vaincre la résistance qu'un conducteur oppose au déplacement de l'électricité ; elle apparaît alors sous forme d'*énergie calorifique*,

Fig. 284.

et celle-ci lui est équivalente. La résistance d'un conducteur par lequel s'effectue la décharge peut se mesurer par la quantité de chaleur qui apparaît, et l'on démontre que cette résistance dépend de la *nature* du conducteur, qu'elle est proportionnelle à sa *longueur* et qu'elle est en raison inverse de sa *section.*

Si l'on tend un fil fin de platine entre deux conducteurs métalliques assez gros, la presque totalité de l'énergie de décharge se dépense dans la partie du circuit qui offre le plus de résistance, et l'on voit le fil rougir et quelquefois se fondre. Un fil de fer, dans les mêmes conditions, tombe en gouttelettes incandescentes qui se transforment en oxyde magnétique. Un fil d'or se volatilise, et les vapeurs formées, en se refroidissant, se condensent en poudre très fine.

La volatilisation de l'or est mise en évidence dans l'expérience classique du *portrait de Franklin*. On place sur un morceau de soie blanche un carton dans lequel on a découpé le portrait de Franklin (*fig.* 284), et l'on étend sur ce dernier une feuille d'or qui communique avec les lames d'étain B, B'; on recouvre avec les lames A, A', et l'on serre le tout fortement dans une presse, comme on le voit à la gauche de la figure. Si alors on fait passer la décharge d'une batterie par les conducteurs B, B', la feuille d'or se volatilise et va imprimer, à travers les découpures du carton, le portrait de Franklin sur la soie.

La volatilisation d'un fil métallique est toujours accompagnée d'une petite explosion causée par un ébranlement violent de l'air. L'expérience porte le nom de *torpille électrique*, lorsqu'on immerge le fil dans l'eau. A cause de l'incompressibilité du liquide, la secousse est suffisante pour briser le vase.

Citons encore, comme effet calorifique de l'étincelle, l'inflammation de l'éther, du coton-poudre, du gaz d'éclairage, etc.

557. Décharges dans les corps mauvais conducteurs. — Effets mécaniques. — La résistance au passage de l'électricité devient énorme, lorsque la décharge d'une bouteille de Leyde et surtout d'une batterie se fait à travers les corps mauvais conducteurs : l'énergie électrique se transforme alors presque en entier en *énergie mécanique* qui se manifeste par des ruptures, des déchirements, etc. C'est ce qu'on démontre par les expériences du *perce-carte* et du *perce-verre*.

Les deux armatures d'une bouteille de Leyde (*fig.* 285) sont mises en communication, l'une avec la tige B terminée en pointe, et l'autre, par l'intermédiaire de la chaîne C, avec une deuxième tige effilée T. L'étincelle, pour jaillir entre les deux pointes, doit traverser une carte T ou une lame de verre. Si cette dernière est assez épaisse, il arrive que la décharge contourne le verre. Dans ce cas, on immerge la pointe supérieure dans une goutte d'huile, ou bien on l'entoure d'un mélange de résine et de cire,

Les décharges des fortes batteries peuvent percer des lames de verre de plusieurs centimètres d'épaisseur; on obtient des résultats analogues avec les grandes machines électriques munies de condensateurs ; les machines ordinaires produisent des effets moins marqués.

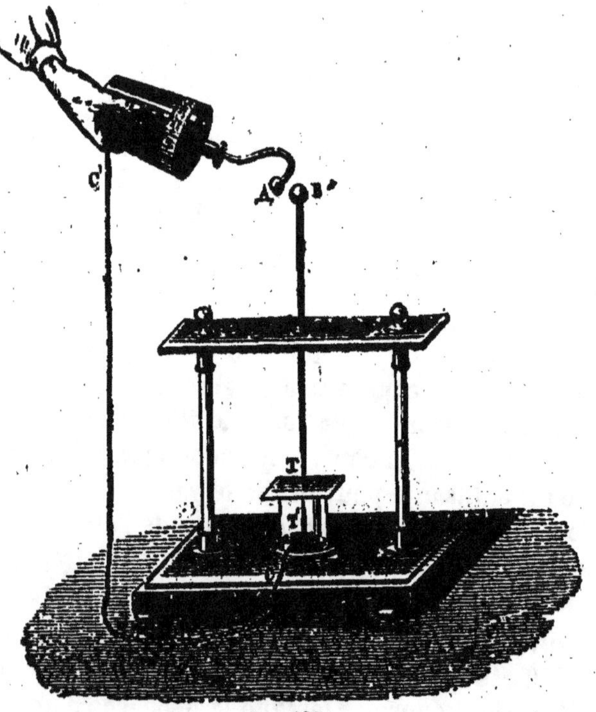

Fig. 285.

Remarque. — Il arrive assez fréquemment que la décharge se propage à la surface des mauvais conducteurs, lorsque, par exemple, il existe une grande différence de potentiel entre les armatures d'une bouteille de Leyde. Les électricités contraires se combinent par la surface du verre en produisant un crépitement particulier. On constate que la surface d'une lame de verre subit des modifications que l'on rend visibles en y projetant une légère buée. On donne le nom de *figures roriques* aux traces que l'on voit apparaître sur la lame isolante.

558. Décharge disruptive. — Effets lumineux. — La *décharge disruptive*, le principal effet lumineux de l'électricité statique, se présente sous la forme d'*étincelles*, d'*aigrettes* et de *lueurs*; dans ce cas, la majeure partie de l'énergie électrique se dépense *en dehors* des conducteurs.

1° **Étincelle.** — La décharge prend le nom d'*étincelle* lorsqu'elle s'effectue dans l'air à la pression ordinaire, entre deux conducteurs assez rapprochés l'un de l'autre. L'aspect de l'étincelle varie suivant la distance explosive; sous forme d'un trait rectiligne très épais, quand elle est courte et que la capacité des conducteurs est grande, l'étincelle devient plus grêle, puis cesse d'être rectiligne pour jaillir en zigzags, et, enfin, affecte la forme d'une ligne brisée d'où s'échappent des ramifications, lorsqu'on diminue la capacité et qu'on augmente progressivement sa longueur. Au delà d'une certaine limite, elle disparaît et fait place à l'*aigrette*.

Si l'on examine la lumière de l'étincelle au spectroscope, on reconnaît les raies caractéristiques des métaux qui constituent les électrodes entre lesquelles elle jaillit; l'on voit en même temps les spectres des gaz qu'elle traverse. La température de l'étincelle est donc suffisante pour volatiliser et porter à l'incandescence des particules arrachées aux conducteurs; de plus, on a observé qu'elle possède très souvent un caractère *oscillatoire*, c'est-à-dire que la décharge se fait alternativement dans un sens et dans l'autre, et avec une grande rapidité. Si l'étincelle jaillit entre deux conducteurs dont l'un est en argent et l'autre en or, le transport des particules dans les deux sens se manifeste par le fait que l'on trouve, après l'expérience, des traces d'or sur l'argent et des traces d'argent sur l'or. — Quant au bruit sec qui accompagne l'étincelle, il est causé par un ébranlement violent de l'air.

2° **Aigrette.** — L'*aigrette* est la décharge disruptive, dans l'air, à la pression ordinaire, entre deux conducteurs très éloignés. Elle présente, sur le conducteur *positif*, la forme d'une houppe violacée très pâle, avec pédoncule lumineux; elle forme, au contraire, une espèce de gaine et semble partir de tous les points de l'électrode *négative*. L'aigrette porte aussi le nom d'*effluve*, et c'est une décharge obscure privée de chaleur.

3° **Lueur.** — On désigne sous le nom de *lueur* la décharge dans les *gaz raréfiés*; on l'étudie avec les *tubes de Geissler*. Ce sont des tubes de formes très variées dans lesquels la pression ne dépasse pas quelques millimètres (*fig.* 286). La décharge se fait entre deux fils de platine soudés aux extrémités du tube, et les lueurs colorées qui prennent naissance, au moment du passage de l'électricité, semblent se propager du fil positif au fil négatif. A cette extrémité, on voit une espèce de gaine lumineuse qui entoure l'électrode, tandis que l'extrémité du fil positif est brillant comme une étoile. On observe, de plus, que les colorations des lueurs varient avec la *nature des gaz* contenus dans le tube, avec la *pression* et la *densité* du courant de décharge, c'est-à-dire

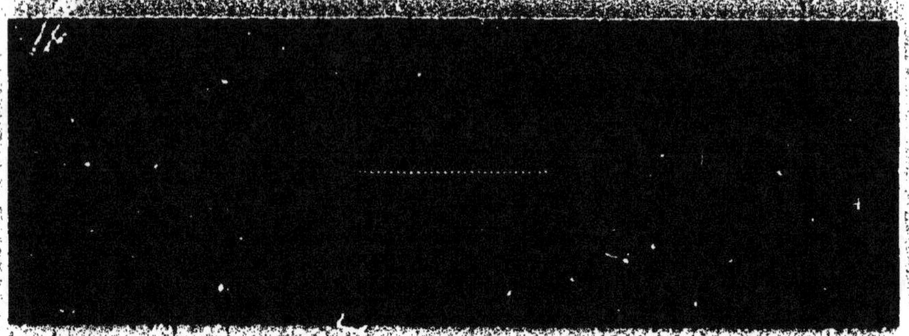

Fig. 286.

avec la quantité d'électricité par unité de surface dans un temps donné. C'est dans la partie rétrécie du tube que la densité est la plus grande, quoique la quantité soit la même partout; aussi les teintes, dans cette région considérée, ne sont pas les mêmes qu'aux extrémités du tube.

Avec un vide suffisant, le tube de Geissler présente des *stratifications* perpendiculaires à l'axe et tournant leurs concavités vers le fils positif. Elles sont soumises à l'action des conducteurs voisins et changent de formes, lorsqu'on approche la main.

Enfin, les lueurs provoquent la *fluorescence* de certaines substances. Si la paroi du tube est recouverte de sels d'urane, ou encore, si on l'entoure avec certains liquides, on voit apparaître une belle fluorescence. — On constate, au spectroscope, que les colorations des lueurs sont indépendantes de la substance des électrodes, et ne varient qu'avec la nature des gaz contenus dans le tube.

REMARQUE. — Les décharges des machines statiques donnent naissance, dans l'air suffisamment raréfié, au phénomène des *rayons cathodiques* et des *rayons X*. Nous étudierons ces nouveaux effets au chapitre des bobines d'induction qui les produisent au même degré.

559. Actions chimiques des décharges électriques. — Les décharges électriques peuvent produire certaines *actions chimiques* variées, suivant qu'on emploie l'étincelle ou l'aigrette. L'effet de l'*étincelle* est assez complexe; elle semble agir à la fois par sa *haute température* et par sa *nature électrique*. Comme un corps enflammé, elle effectue la combinaison d'un mélange d'hydrogène et d'oxygène. Si l'étincelle éclate dans un vase qui contient le mélange et qu'on ferme avec un bouchon, la vapeur d'eau formée acquiert une tension suffisante pour projeter le bouchon au loin : c'est l'expérience du *pistolet de Volta*.

Dans d'autres cas, il faut employer une longue série d'étincelles. Un mélange d'azote et d'oxygène produit, dans ces conditions, des traces de peroxyde d'azote; on obtient également de l'ammoniaque avec un mélange d'azote et d'hydrogène. Un grand nombre d'étincelles peut aussi décomposer l'ammoniaque et l'acide carbonique en leurs éléments.

L'*aigrette* ou l'*effluve* produit des résultats différents; comme elle est sensiblement à la température ordinaire, elle agit par sa *nature électrique*. C'est au moyen de l'effluve que l'on transforme l'oxygène en ozone.

560. Actions physiologiques des décharges. — L'action de l'électricité sur le corps humain varie avec l'énergie de la décharge, et celle-ci dépend, comme on l'a vu, de la chute de potentiel et de la quantité mise en mouvement. Les machines électriques, qui donnent de longues étincelles, ne produisent pas, en général, de très fortes commotions, parce que la quantité est trop faible. Il n'en est pas de même des étincelles beaucoup plus courtes mais plus nourries des bouteilles de Leyde, et surtout des batteries. Ces décharges, même sur une longue chaîne de personnes, sont souvent dangereuses et quelquefois mortelles, à cause de la grande différence de potentiel et de la quantité considérable mise en jeu.

Ajoutons qu'une décharge brusque produit des effets plus intenses qu'en décharge lente. On peut atténuer les commotions des batteries, à égalité d'énergie reçue, en se servant d'une corde mouillée qui prolonge la durée de la décharge.

CHAPITRE II

ÉLECTRICITÉ DYNAMIQUE

I. — LES PILES

561. Électricité dynamique. — On donne le nom d'*électricité dynamique* à cette partie de la science électrique qui s'occupe du *mouvement* de l'électricité dans les conducteurs, ainsi que des effets produits par ce qu'on est convenu d'appeler le *courant électrique.* — Nous étudierons d'abord l'une des principales sources du courant, c'est-à-dire la *pile voltaïque.*

562. Pile voltaïque. — Considérons (*fig.* 287) un vase rempli d'eau acidulée avec de l'acide sulfurique, et dans laquelle plongent deux lames métalliques, l'une de zinc Z et l'autre de cuivre C. On relie, par des fils de cuivre, la plaque C au sol et le zinc au plateau supérieur P' d'un électroscope condensateur. — On constate alors, en procédant comme il a été indiqué précédemment (550), que le plateau supérieur se charge *négativement.* Si, au contraire, le zinc est au sol et le cuivre en communication avec l'électroscope, on reconnaît que ce dernier reçoit de l'électricité *positive.* Les extrémités des lames où sont fixés ces deux fils de cuivre s'appellent les *pôles,* et les moyens ordinaires permettent de démontrer que le cuivre est à un potentiel *positif* et le zinc à un potentiel *négatif.* — Cette différence de potentiel ne s'observe pas seulement avec le cuivre et le zinc; deux lames quelconques, inégalement attaquées par le liquide, présentent le même phénomène. Si l'on réunit l'un à l'autre le pôle positif et le pôle négatif par un fil métallique, les deux électricités contraires dont ils sont chargés se recombinent par le conducteur;

Il y a *chute* du potentiel le plus élevé vers le potentiel le plus bas, et il s'établit dans le fil un mouvement d'électricité qu'on appelle un *courant électrique*. — L'appareil que nous venons de décrire porte le nom d'*élément de pile voltaïque*, ou *couple de Volta*.

La cause qui produit la différence de potentiel aux pôles de la

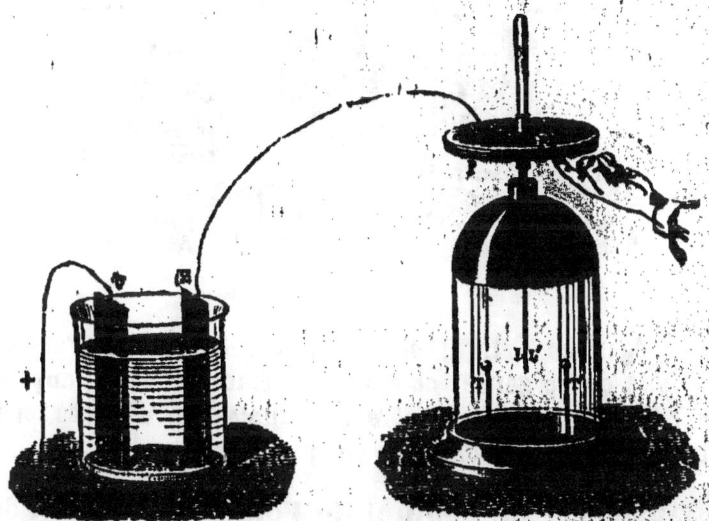

Fig. 287.

pile s'appelle *force électromotrice*; elle est mesurée par cette différence même; et, dans la pratique, se confond souvent avec elle.

L'expérience a fait voir que la différence de potentiel aux pôles d'un couple voltaïque est indépendante de la *forme* et de la *grandeur* des lames; elle ne dépend pas non plus de leur distance ni de leur charge absolue. Elle ne varie qu'avec la *nature* des lames et du *liquide* dans lequel elles plongent.

On voit qu'un couple voltaïque est un *générateur* d'électricité qui provoque une différence de potentiel, et, de plus, la *maintient* constante, malgré la chute qui se produit le long du conducteur qui relie ses pôles. C'est l'*action chimique*, développée par le contact d'un des métaux avec le liquide, qui est la source de l'énergie électrique; c'est aussi cette même action chimique qui prévient l'égalisation du potentiel en rétablissant la différence primitive.

On donne plus particulièrement le nom de *pile* à plusieurs

couples voltaïques ou *hydro-électriques* associés en *série*, c'est-à-dire lorsque le cuivre C (*fig.* 288) du premier est en contact avec le zinc Z' du deuxième, et ainsi de suite de vase en vase. Le dernier cuivre constitue le pôle positif en P, et le premier zinc Z est

Fig. 288.

le pôle négatif en N. La différence de potentiel aux pôles extrêmes d'une pile de ce genre, comme l'a démontré Volta, augmente proportionnellement *au nombre* des couples, en d'autres termes, est la *somme* des différences de chaque élément.

563. Théorie du contact de Volta. — L'invention de la pile est née d'une discussion fameuse entre Volta et Galvani, au sujet de l'électricité animale. Galvani, dans ses expériences sur une grenouille récemment tuée, avait obtenu de vives contractions, en faisant communiquer, au moyen d'un arc métallique constitué par deux métaux, les nerfs lombaires avec les muscles cruraux, et attribuait ce phénomène à l'électricité inhérente à l'animal, sans donner aux métaux d'autre rôle que celui d'*excitateur*. Volta, au contraire, soutenait que l'électricité qui produisait les contractions avait sa source dans le contact des deux métaux, de sorte que le corps de la grenouille ne servait que d'électroscope sensible.

C'est à la suite de cette controverse célèbre que Volta énonça le principe que l'on a complété ensuite de la manière suivante :

Le contact de deux substances de nature différente engendre une différence de potentiel qui varie avec la nature et la température de ces substances, mais qui ne dépend pas de la grandeur ni de la forme des surfaces en contact, ni enfin de la valeur absolue du potentiel sur chacun des corps.

Cette différence de potentiel peut se développer au contact

d'un solide et d'un liquide, mais elle est plus faible qu'avec deux solides.

Si l'on soude, les uns au bout des autres, une série de conducteurs solides, l'expérience prouve que la différence de potentiel entre deux substances *différentes* qui terminent la chaîne est indépendante des corps intermédiaires, et qu'elle est la même que s'il y avait contact direct.

Lorsque les deux extrémités de la série sont constituées par le *même métal*, la différence de potentiel est égale à zéro. — Ces résultats sont désignés sous le nom de *loi des contacts successifs*.

Toutefois, la différence de potentiel n'est pas nulle, s'il y a des *liquides conducteurs* dans une chaîne dont les deux extrémités sont formées par un même métal. — Cette particularité, d'après Volta, explique le fonctionnement du couple hydro-électrique de la figure 287. Comme on soude un fil de cuivre à la lame de zinc, on détermine alors la série *cuivre*, *zinc*, *eau acidulée*, *cuivre*. Le fil de cuivre soudé au zinc prend un potentiel *négatif*, et l'autre un potentiel *positif*. Ce résultat est dû au fait que le contact d'un solide avec un liquide peut aussi déterminer une différence de potentiel. Dans le cas présent, la force électromotrice qui domine prend sa source dans le contact du zinc avec l'eau acidulée, et la force électromotrice réelle de l'élément est la somme algébrique des forces électromotrices qui résultent de trois contacts.

Pour démontrer sa théorie du contact, Volta a imaginé la *pile à colonne* ou *pile de Volta*. Elle se compose d'une série de doubles disques, cuivre et zinc, soudés ensemble, empilés les uns sur les autres (*fig. 289*), et séparés par des rondelles de draps mouillées avec de l'eau acidulée. Cette pile fournit un courant qui s'affaiblit très vite, lorsqu'on réunit les deux pôles extrêmes par un fil conducteur. C'est cette disposition qui a fait donner le nom de *pile* à ce générateur d'électricité et à toutes ses modifications.

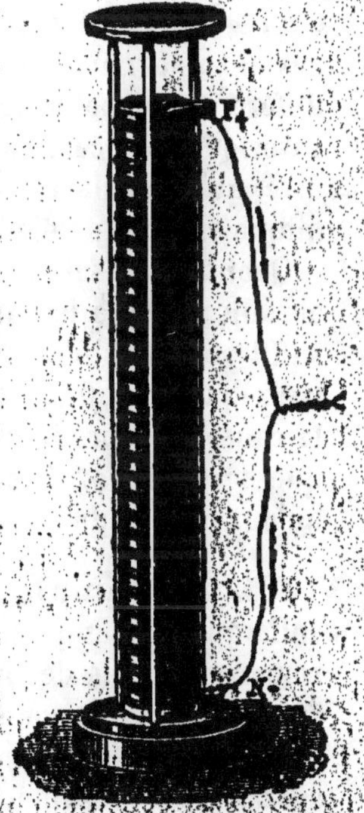

Fig. 289.

564. Théorie chimique de la pile. — D'après cette théorie, la différence de potentiel qui se manifeste aux pôles d'une pile n'est pas due au contact, mais à l'*action chimique* qui s'exerce entre l'un des métaux et le liquide. Le zinc, attaqué par l'acide sulfurique, se charge *négativement* et l'eau acidulée *positivement*; la lame de cuivre, sur laquelle l'acide n'a pas d'action, ne fait que recueillir la charge de ce dernier. Si alors on relie les deux lames métalliques par un fil conducteur, il y aura courant du potentiel le plus élevé vers le potentiel le plus bas, c'est-à-dire du *cuivre vers le zinc*, en dehors de la pile, tandis que le circuit se complète, dans l'intérieur du vase, par un courant du zinc vers le cuivre. Il est donc nécessaire d'employer deux métaux dont l'un n'est pas attaqué par l'acide ou qui le sont *inégalement*, et le pôle positif correspond toujours au métal *inactif*. Comme dans des vases communiquants à niveaux différents, le potentiel, quand on ferme le circuit, tend à s'égaliser, mais l'action chimique, c'est-à-dire la décomposition de l'acide sulfurique par le zinc, devient une nouvelle source d'énergie électrique qui rétablit la différence de potentiel initiale, et se manifeste dans le circuit extérieur par certains phénomènes particuliers. On peut donc dire qu'une pile est un appareil qui transforme l'énergie chimique en énergie électrique.

Quoi qu'il en soit de ces deux théories, on peut admettre comme certain : 1° que le contact de deux corps de nature différente suffit pour établir une différence de potentiel ; 2° que les actions chimiques engendrent de l'électricité. Si ces actions ne sont pas la cause de la production du courant, il est nécessaire d'admettre que les effets extérieurs de ce dernier ne peuvent s'effectuer qu'aux dépens de l'énergie chimique développée dans les couples.

565. Zinc amalgamé. — Si, dans la construction d'une pile voltaïque, on emploie une lame de zinc chimiquement pur, on remarque que la décomposition de l'acide n'a lieu qu'en *circuit fermé*, c'est-à-dire lorsqu'on réunit les pôles par un fil conducteur. Le zinc impur du commerce, au contraire, est attaqué en *circuit ouvert* et se consume en pure perte, lorsque la pile ne travaille pas. On obvie à cet inconvénient en faisant usage de *zinc amalgamé*, c'est-à-dire d'une lame de zinc que l'on a frottée avec du mercure. Dans ces conditions, le métal n'est attaqué qu'en circuit fermé et se comporte comme du zinc pur.

566. Polarisation de la pile. — On constate, dans une pile en activité, que l'hydrogène, qui prend naissance par la décomposition de l'acide sulfurique avec formation de sulfate de zinc, se porte exclusivement sur la lame positive, et ne tarde pas à l'entourer d'une véritable gaine gazeuse; la force électromotrice diminue rapidement et disparaît même complètement. L'hydrogène, en effet, modifie la nature du contact du solide avec le liquide, augmente la résistance intérieure, et, de plus, agit comme métal oxydable, en produisant une force électromotrice de sens contraire à celle qui détermine le courant principal de la pile. Ce phénomène a reçu le nom de *polarisation*, et les différentes modifications de la pile n'ont d'autre but que d'obtenir des couples *non polarisables*, par l'élimination de la couche d'hydrogène.

567. Pile de Daniell. — Dans l'*élément Daniell*, la couche nuisible d'hydrogène est remplacée par un dépôt de cuivre. Cet élément se compose d'un vase V (*fig.* 290) contenant de l'eau acidulée à $\frac{1}{10}$ d'acide sulfurique, dans laquelle plonge une lame épaisse de zinc amalgamé Z enroulée en cylindre. À l'intérieur de ce cylindre, on place un vase en terre poreuse rempli d'une dissolution de sulfate de cuivre et contenant une lame de cuivre C. À la fermeture du circuit, l'action chimique transforme le zinc en sulfate avec dégagement d'hydrogène, lequel tend à se déposer sur la lame de cuivre à travers la cloison poreuse, parce que celle-ci est rendue suffisamment conductrice par l'imbibition des liquides. L'hydrogène alors décompose le sulfate de cuivre, et le cuivre métallique, mis en liberté, se dépose sur la lame positive; le radical SO^4, en se combinant avec l'hydrogène, régénère l'acide décomposé, et, comme ce dernier repasse dans le vase extérieur, la dissolution acidulée ne subit aucune altération. — En résumé, le zinc se substitue au cuivre dans un sulfate.

Fig. 200.

La force électromotrice de l'élément Daniell, environ $1^{volt},08$, est très constante; il suffit de prévenir l'appauvrissement de la solution de sulfate de cuivre par l'addition de cristaux. La polarisation est donc évitée d'une manière à peu près complète, parce que chaque métal plonge toujours dans une dissolution de son sulfate.

L'*élément Callaud* est une modification très ingénieuse de la pile Daniell. Pour diminuer la résistance intérieure, on supprime le vase poreux, et les dissolutions de sulfate de cuivre et d'eau acidulée (ou de sulfate de zinc), superposées dans le même vase, se séparent par leur différence de densité, la première étant la plus lourde. On plonge une lame de cuivre dans le sulfate du même métal, et on la fait communiquer avec l'extérieur par un fil métallique isolé à la gutta-percha. Le pôle négatif est un cylindre de zinc immergé, à la partie supérieure du vase, dans l'eau acidulée. — L'élément Callaud, très employé en Amérique pour les télégraphes, produit des courants constants pendant plusieurs mois, et ne demande d'autre soin que d'ajouter des cristaux de sulfate de cuivre et un peu d'eau, pour remplacer celle qui disparaît par évaporation.

568. Pile de Bunsen. — Cette pile a même forme extérieure que celle de Daniell (*fig.* 201). Le pôle négatif est encore un cylindre

Fig. 291.

de zinc plongeant dans de l'eau acidulée à l'acide sulfurique, mais la lame de cuivre est remplacée, dans le vase poreux, par un prisme de charbon de cornue, et le sulfate de cuivre par de l'acide azotique : c'est le dépolarisant. Ce dernier *brûle* l'hydrogène et l'empêche de se déposer sur l'électrode positive. — Le courant de cette pile est moins constant que celui de l'élément Daniell, parce que l'acide sulfurique disparaît peu à peu et que l'acide azotique se transforme en vapeurs nitreuses ; en revanche, sa force électromotrice ($1^{volt},9$), est presque le double.

569. Pile Leclanché. — Dans l'*élément Leclanché*, le liquide excitateur est du chlorydrate d'ammoniaque dans lequel plonge un crayon de zinc : c'est le pôle *négatif*. L'*électrode positive* est un prisme de charbon entouré, dans un vase poreux, d'un dépolarisant *solide* au bioxyde de manganèse. L'action chimique détermine la formation d'un chlorure de zinc qui se dissout, et d'un dégagement d'hydrogène qui se combine avec une partie de l'oxygène du bioxyde. — La dépolarisation est loin d'être complète et le courant s'affaiblit très vite, quand la pile travaille trop longtemps ; mais elle se régénère par le repos, et, par suite, convient très bien aux services intermittents, comme ceux des téléphones, des sonneries électriques, etc.

Une modification de l'élément Leclanché consiste à supprimer le vase poreux. On comprime, sur la lame de charbon, un aggloméré dépolarisant P (*fig.* 202) constitué par du bioxyde de manganèse, du char-

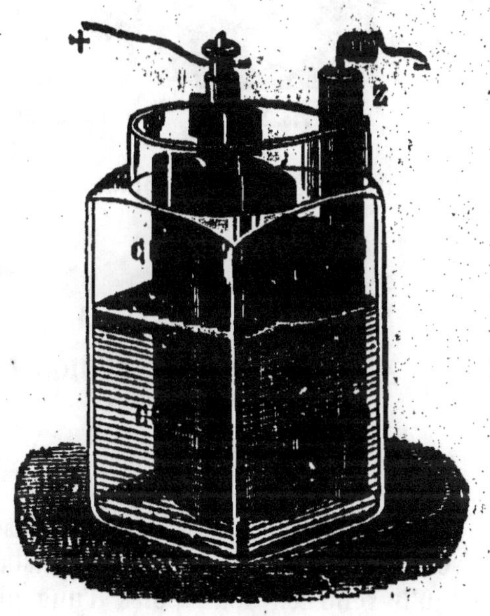

Fig. 202.

bon, de la gomme laque et du bisulfate de potasse. La tige de zinc Z est séparée du dépolarisant par une lame de bois S, et le tout plonge dans le liquide excitateur. — La force électromotrice de l'élément Leclanché est d'environ $1^{volt},48$.

570. Pile à un seul liquide dépolarisant. — **Pile au bichromate de potasse.** — Cet élément, appelé encore *pile* *de Grenet*, est caractérisé par le fait que le dépolarisant est dissous dans le liquide excitateur lui-même (*fig.* 293). Celui-ci est de l'eau acidulée, comme précédemment, et la substance en dissolution est du *bichromate de potasse*, sel très riche en oxygène. C'est dans ce liquide que l'on plonge deux lames de charbon CC' communiquant ensemble, et une lame de zinc Z qu'on abaisse dans la solution, lorsqu'on veut se servir de la pile. L'action chimique provoque un dégagement d'oxygène avec production d'un alun de chrome. — La force électromotrice de cette pile est d'environ 2 volts par couple. Le courant, assez constant au début, s'affaiblit peu à peu, à mesure que le bichromate se décompose.

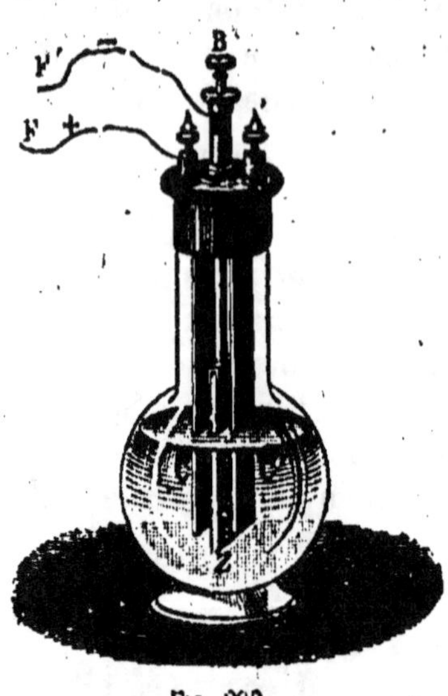

Fig. 293.

II. — LE COURANT ÉLECTRIQUE

574. Courant électrique. — Le *courant électrique*, encore inconnu dans sa nature, est la cause des propriétés particulières et des modifications que l'on constate dans un conducteur, lorsqu'il relie les deux pôles d'une pile ou d'un générateur quelconque d'électricité. Il peut se comparer, sans toutefois conclure à l'identité, à un *courant* d'eau dans un tube. Cette analogie hydraulique, comme nous le verrons dans la suite, est précieuse pour faire comprendre les éléments constitutifs d'un courant électrique.

Au point de vue des actions d'un courant, il importe de lui donner un sens. On convient d'appeler *sens* d'un courant la direction suivant laquelle l'électricité se déplace pour aller, à l'extérieur de la pile, du pôle positif au pôle négatif. Comme il se produit des effets particuliers dans l'intérieur de la pile, le dépôt d'hydrogène, par exemple, sur la lame positive; on en conclut que le courant *se ferme* sur lui-même, et qu'il se propage, au milieu du liquide, de l'électrode négative vers l'électrode positive.

L'expérience montre, enfin, qu'il n'y a, en aucun point du circuit, accumulation d'électricité; une section quelconque d'un circuit fermé est toujours traversée par la même quantité d'électricité.

572. Éléments d'un courant. — Dans tout courant électrique, il y a trois choses à considérer : 1° la *force électromotrice*, appelée encore *pression* du courant; 2° l'*intensité* ; 3° la *résistance* opposée par le circuit parcouru. Les analogies hydrauliques dont nous venons de parler vont nous permettre de faire facilement saisir la signification que l'on attache à ces trois grandeurs électriques.

1° Force électromotrice. — La force électromotrice résulte de la différence de potentiel aux pôles d'une pile; c'est elle qui pousse, pour ainsi dire, l'électricité dans le conducteur, de même que la pression d'une masse d'eau est produite par la *hauteur* de chute ou la différence des niveaux du point de départ et du point d'arrivée. Le rôle d'une pile est d'*élever* une certaine quantité d'électricité à un *potentiel* déterminé, comme une machine hydraulique, une pompe par exemple, élève une certaine quantité d'eau à une certaine *hauteur*. Dans les deux cas, il y a production d'*énergie potentielle*; c'est par la *chute de potentiel* et par la *chute de l'eau* que s'effectuent la dépense et la transformation de cette énergie.

Dans le cas particulier des piles, la force électromotrice dépend uniquement de la *nature* des matières qui la constituent; elle est indépendante de la forme, de la grandeur et du volume des substances en contact. Ces trois facteurs, toutefois, influent sur la résistance, et, par suite, sur l'intensité du courant.

La force électromotrice se mesure en *volts*. Le volt est sensiblement la force électromotrice d'un élément Daniell.

2° Intensité. — Une chute d'eau n'est pas seulement caractérisée par la hauteur de chute, mais encore par la *quantité* d'eau qui tombe par seconde. Il en est de même pour le courant électrique. Dès lors, une *chute d'électricité* sera caractérisée par une certaine *quantité* d'électricité tombant d'un certain potentiel.

On appelle *intensité* d'un courant la quantité d'électricité qu'il transporte par seconde. L'unité pratique d'intensité de courant a reçu le nom d'*ampère;* c'est l'intensité d'un courant qui transporte par seconde l'unité de quantité, c'est-à-dire un *coulomb.*

L'intensité d'un courant s'appelle encore le *débit*, analogue au débit d'une conduite d'eau.

La quantité de *travail* qu'une pile est susceptible de fournir, pendant l'unité de temps, mesure la *puissance* de cette pile. Si l'on désigne par E la force électromotrice, le circuit, pendant une seconde, est parcouru par un courant d'intensité I, en d'autres termes, une quantité égale à I subit, pendant ce temps, une chute de potentiel égale à E. Or, de même que l'énergie développée par une chute d'eau est égale au produit du poids de l'eau par la hauteur de chute, de même aussi le travail électrique résulte du produit de l'intensité par la chute de potentiel. L'énergie électrique disponible sera donc EI : c'est la *puissance* de la pile. Si l'on exprime E en volts et I en ampères, la puissance EI sera mesurée en *watts.* Le *watt*, unité pratique de puissance, est donc égal à 1 *volt multiplié* par 1 *ampère.*

3° Résistance. — L'on sait qu'un courant d'eau qui circule dans une conduite éprouve une certaine résistance dont la cause est le frottement de l'eau contre les parois; il en est de même de l'électricité, et pour des raisons presque identiques. Tout se passe comme si le courant électrique avait à vaincre, en se déplaçant dans un conducteur, la *résistance* d'un frottement. De plus, la résistance, dans les deux cas, produit un dégagement de chaleur.

L'expérience démontre que la résistance d'un conducteur est proportionnelle à sa *longueur l*, en raison inverse de sa *section s*, et dépend de sa *nature.* Si l'on désigne par K la résistance d'un fil d'une substance déterminée, d'une longueur égale à l'unité et ayant l'unité de section, la résistance totale s'exprime par la formule

$$R = K\frac{l}{s}.$$

Le facteur K s'appelle la *résistance spécifique* de la substance considérée.

L'unité pratique de résistance est l'*ohm :* c'est la résistance d'un conducteur dans lequel une force électromotrice de 1 volt, produit un courant d'intensité égale à 1 ampère ; ou, encore, c'est la résistance d'une colonne de mercure, à 0°, de 106,3 centimètres de longueur et de 1 millimètre carré de section.

Pour la commodité des mesures pratiques, on évalue les résistances avec des fils de maillechort bien isolés et enroulés sur des bobines de bois ; on fait varier la longueur et la section de ces fils de manière à déterminer des résistances de 1, 2, 3, 10..., 100 ohms. Ces bobines, groupées ensemble dans une même boîte, constituent ce qu'on appelle une *boîte de résistances*. A l'aide de chevilles métalliques, on peut introduire la résistance que l'on veut dans un circuit parcouru par un courant. Un conducteur quelconque, soumis à l'expérience, aura même résistance que les bobines qui pourraient lui être substituées, sans modifier l'intensité du courant.

573. Loi d'Ohm. — Cette loi établit une relation simple entre la force électromotrice, l'intensité d'un courant et la résistance du circuit ; en voici l'énoncé :

L'intensité I d'un courant est proportionnelle à la force électromotrice E et en raison inverse de la résistance R du circuit. R désigne la résistance *totale* des conducteurs interpolaires et de la pile.

On peut donc écrire

$$I = \frac{E}{R},$$

ou

$$E = RI.$$

Si l'on prend sur un conducteur, parcouru par un courant de 1 ampère, deux points séparés par une résistance de 1 ohm, la différence de potentiel entre ces points sera de 1 volt : c'est la définition pratique du volt.

574. Groupement des éléments d'une pile. — Suivant le mode de travail qu'une pile doit produire, on peut grouper les différents éléments qui la constituent de trois manières principales, soit en *série* ou en *tension*, soit en *batterie* ou en *surface*, soit enfin en *séries parallèles*. Nous allons voir, en appliquant la loi d'Ohm, comment varie l'intensité du courant dans le circuit extérieur, suivant le système adopté.

1º **Groupement en série ou en tension.** — C'est le groupement que nous avons déjà indiqué plus haut (562) : chaque pôle positif communique avec le pôle négatif de l'élément suivant. Dans ce cas, la différence de potentiel entre les deux pôles extrêmes est égale à la *somme* des différences de potentiel de chaque élément ; elle sera nE, pour un nombre n de couples. — Désignons par R la résistance du circuit extérieur et par r celle de chaque élément. Comme la résistance d'un conducteur est proportionnelle à sa longueur, l'ensemble de la pile se comporte comme un conducteur n fois plus long, en d'autres termes, chaque élément ajoute sa résistance dans l'ensemble de la pile. La résistance intérieure totale est donc nr, et la formule d'Ohm devient :

$$I = \frac{nE}{R + nr}.$$

Si la résistance R du fil interpolaire est infiniment grande par rapport à celle de la pile, comme cela arrive dans les longues lignes télégraphiques, on peut négliger nr vis-à-vis de R, et l'on a :

$$I = \frac{nE}{R}.$$

L'intensité, dans ce cas, est donc proportionnelle au *nombre* des éléments employés.

Si, au contraire, la résistance extérieure R est négligeable vis-à-vis de la résistance de la pile, comme en galvanoplastie, la formule devient :

$$I = \frac{nE}{nr} = \frac{E}{r},$$

c'est-à-dire que l'intensité est indépendante du nombre des couples, et qu'un seul élément est aussi efficace que plusieurs ; ce mode de groupement, dans ces conditions, n'est d'aucune utilité.

2º **Groupement en batterie ou en surface.** — On réunit, d'une part, tous les pôles positifs en A, et, d'autre part, tous les pôles négatifs en B (*fig.* 294); les deux points A et B sont les pôles de la pile, ce qui équivaut à un seul élément de surface *n* fois plus grande et dont la force électromotrice est E, puisqu'elle est indépendante de la surface des électrodes (572). La quantité d'électricité fournie est égale à la *somme* des quantités développées par chaque élément; c'est pour cela que cette pile est dite *montée en quan-tité.*

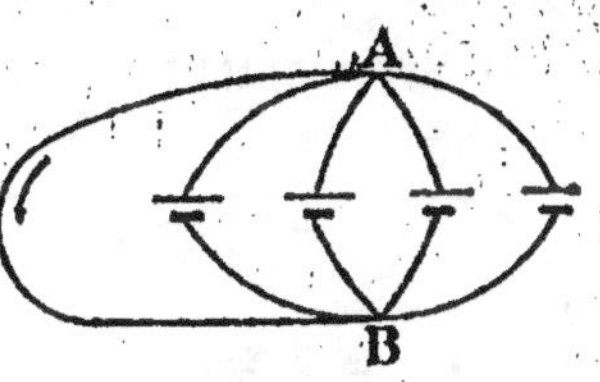
Fig. 294.

L'ensemble se comporte comme un conducteur de section *n* fois plus large, et, dans ce cas, la résistance intérieure sera $\frac{r}{n}$. On aura alors, pour valeur de l'intensité du courant :

$$I = \frac{E}{R + \frac{r}{n}},$$

ou

$$I = \frac{nE}{r + nR}.$$

Considérons deux cas extrêmes, comme précédemment.

Si la résistance extérieure est infiniment grande par rapport à celle de la pile, *r* devient négligeable vis-à-vis de nR, et il vient :

$$I = \frac{nE}{nR} = \frac{E}{R},$$

c'est-à-dire que I est indépendant du nombre des éléments.

Si, au contraire, la résistance extérieure R est très petite vis-à-vis de *r*, on aura :

$$I = \frac{nE}{r},$$

expression qui indique que l'intensité augmente proportion-nellement au *nombre* des éléments employés.

L'on voit que, dans le cas de grandes résistances extérieures, comme dans les installations télégraphiques, il y avantage à employer le groupement en *tension*, tandis que pour la galvanoplastie où cette résistance est très faible, il vaut mieux se servir du groupement en *quantité* ou en *batterie*.

3° Groupement en séries parallèles ou groupement mixte. —

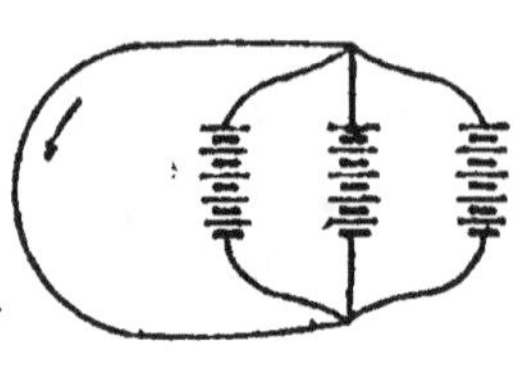

Fig. 295.

Ce mode consiste à associer plusieurs groupes en série, puis, tous les groupes, considérés comme une pile unique, sont réunis en batterie (*fig.* 295).

Dans ce cas, le calcul démontre que l'intensité du courant interpolaire est maximum quand la résistance extérieure est égale à la résistance intérieure. — D'une manière générale, on doit adopter le mode de groupement avec lequel cette égalité est le plus parfaitement réalisée.

III. — EFFETS CALORIFIQUES DES COURANTS

575. Chaleur produite dans les conducteurs. — Loi de Joule. — L'expérience montre que les courants électriques ont la propriété d'échauffer les conducteurs qu'ils traversent. C'est ainsi que le courant d'une forte pile peut rougir et même fondre un fil de fer qui relie ses pôles. Cette énergie calorifique développée dans les fils est le résultat de la transformation de l'énergie électrique, et cette dernière, comme on le sait, provient de l'énergie chimique de la pile.

Si le courant électrique n'accomplit aucun travail en dehors de la pile, toute son énergie apparaît sous forme de chaleur. Joule, au moyen d'expériences calorimétriques, a démontré la loi suivante :

L'énergie calorifique dégagée dans un conducteur, pendant l'unité de temps, est égale au produit du carré de l'intensité du courant par la résistance du conducteur, ce qui s'exprime par la formule

$$J = I^2 R.$$

Remarques. — 1° Supposons une succession de fils de nature différente, placés bout à bout et réunissant les deux pôles d'une

forte pile. Ces fils sont alors parcourus par le même courant, et
ne diffèrent que par leur résistance. Il en résulte, d'après la loi
de Joule, que la plus grande quantité de chaleur sera développée
dans les fils dont la résistance est la plus considérable. C'est
ainsi que le platine, qui conduit moins bien l'électricité que l'argent, s'échauffe plus rapidement que ce dernier métal, pour une
même longueur et une même section.

Les fils fins sont aussi ceux qui s'échauffent le plus, parce que
d'une part, la résistance varie en raison inverse de la section,
et, d'autre part, parce que, à cause de la plus faible quantité de
matière, l'élévation de température est plus grande pour même
quantité de chaleur.

2° Lorsqu'un fil est le siège d'un courant, la quantité de chaleur produite pendant l'unité de temps est constante. Toutefois,
la température du fil ne s'élève pas indéfiniment, parce qu'une
partie de la chaleur est perdue par rayonnement. Or cette quantité perdue augmente à mesure que la température s'élève, tandis
que la quantité gagnée reste toujours la même. Il arrive donc un
moment où ce qui est gagné, pendant l'unité de temps, est égal
à ce qui est perdu, et la température cesse d'augmenter.

3° Nous verrons plus loin comment on applique la loi de Joule
dans l'éclairage et la métallurgie électriques. La production de
chaleur est due ou bien à l'augmentation de résistance que l'on
provoque en un point déterminé du circuit, ou encore par l'emploi de courants de grande intensité.

**576. Cas où le courant accomplit un travail exté-
rieur. — Force contre-électromotrice.** — Nous venons
de voir que, si le courant d'une pile, en circuit fermé, n'accomplit aucun travail extérieur, toute l'énergie électrique est dépensée sous forme de chaleur dans le circuit. Or l'on sait que
l'énergie de la pile, ou sa *puissance*, est représentée par EI. On
aura donc, d'après la loi de Joule,

$$EI = I^2R.$$

Ceci posé, considérons le cas où le courant effectue un travail
extérieur, par exemple, fait tourner un moteur en AB (*fig.* 296). Il
est évident que ce travail va absorber une partie de l'énergie de
la pile, et que l'intensité générale du courant va diminuer dans

le circuit. Si l'on représente par I' cette nouvelle intensité et par T le travail accompli par unité de temps, on pourra écrire

$$EI' = I'^2R + T. \tag{1}$$

En désignant par r la résistance entre A et B, la différence de potentiel, d'après la loi d'Ohm, devrait être $I'r$ entre ces deux points. Or l'expérience démontre qu'il n'en est pas ainsi, et que la différence mesurée surpasse cette dernière d'une quantité e telle, que l'on ait

$$eI' = T.$$

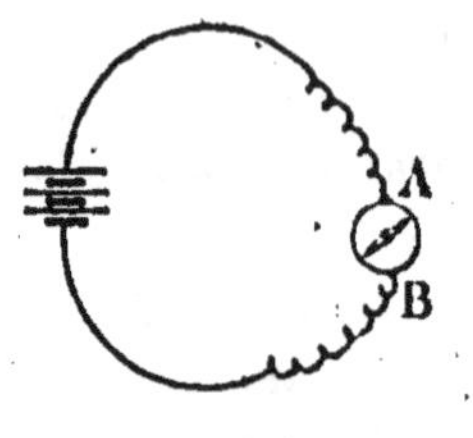

Fig. 296.

Remplaçons T, dans la formule (1), par cette dernière valeur et il vient

$$EI' = I'^2R + eI',$$

ce qui donne, en divisant par I',

$$E = I'R + e,$$

d'où

$$I' = \frac{E - e}{R}.$$

Donc, lorsqu'un courant effectue un travail entre deux points A et B de son circuit, les choses se passent, pour la valeur de l'intensité, comme s'il se développait, entre ces deux points, une force électromotrice égale à e et de *sens contraire* à celle de la pile : c'est ce que l'on désigne sous le nom de *force contre-électromotrice.*

IV. — EFFETS CHIMIQUES DES COURANTS

577. Électrolyse. — Si l'on fait passer le courant d'une pile dans un liquide quelconque autre que le mercure, on observe que ce liquide ne se comporte pas comme un simple conducteur ; ou bien le courant ne s'établit pas, si le liquide est un isolant parfait, ou bien ce dernier, dans un grand nombre de cas, est *décomposé* par le passage de l'électricité. Ce phénomène, étudié en détail par Faraday, a reçu le nom d'*électrolyse*. — On nomme *électrodes* les conducteurs, fils ou lames métalliques, entre lesquels le courant circule dans le liquide; l'électrode relié au pôle *positif* de la pile s'appelle l'*anode*, et l'autre, venant du pôle *négatif*, la *cathode*. Enfin, le liquide lui-même qui subit l'action chimique du courant porte le nom d'*électrolyte*.

578. Phénomènes généraux de l'électrolyse des composés binaires et ternaires. — On peut résumer les principaux phénomènes de l'électrolyse de la manière suivante :

1° Les liquides à l'état de pureté, tels que l'eau, l'éther, l'alcool, etc., se comportent comme des isolants parfaits. Les électrolytes les plus importants sont les sels métalliques en dissolution ou en fusion.

2° On ne voit apparaître les éléments de la décomposition d'un électrolyte que *sur la surface des électrodes*, et il n'y a aucune trace d'action chimique dans la masse même du liquide.

3° Quand un sel se décompose, le *métal* apparaît uniquement sur l'*électrode négative*, c'est-à-dire la *cathode*, et le *radical*, quel qu'il soit, sur l'*électrode positive* ou sur l'*anode*. D'une manière plus générale, le métal se dépose sur l'électrode par où *sort* le courant, et le radical sur celle par où il *entre*. C'est ce que l'expérience prouve dans la décomposition des composés *binaires*, tels que les oxydes, les chlorures, les sulfures, etc. Dans le cas des chlorures, on constate un dégagement de chlore à l'anode, s'il ne se produit aucune action chimique perturbatrice.

Si l'électrolyte est un composé *ternaire*, comme un sulfate, la décomposition se fait toujours en deux parties : le métal va à la cathode et le *radical composé* à l'anode. Toutefois, le phénomène se complique ordinairement d'*actions secondaires* indépendantes du courant.

Supposons, par exemple, que l'on se serve, pour l'électrolyse du sulfate de cuivre, de deux électrodes en platine. Le cuivre se dépose sur l'électrode négative, et le radical SO^4 tend à apparaître sur l'anode. Mais ce radical ne peut exister à l'état de SO^4; il y a décomposition ultérieure en $SO^3 + O$, l'oxygène se dégage sur l'électrode positive, et SO^3, en fixant une molécule d'eau, donne naissance à de l'acide sulfurique H^2SO^4.

L'électrolyse du *sulfate de potasse*, K^2SO^4, donne lieu à *deux* actions secondaires. Les réactions à l'anode sont les mêmes que pour le sulfate de cuivre, mais le métal K, à la cathode, décompose l'eau de la dissolution et produit KOH + H, c'est-à-dire de la potasse avec dégagement d'hydrogène. — L'expérience se fait d'ordinaire en faisant passer le courant dans une dissolution de sulfate de potasse additionnée d'un peu de sirop de violettes et placée dans un tube en **U**

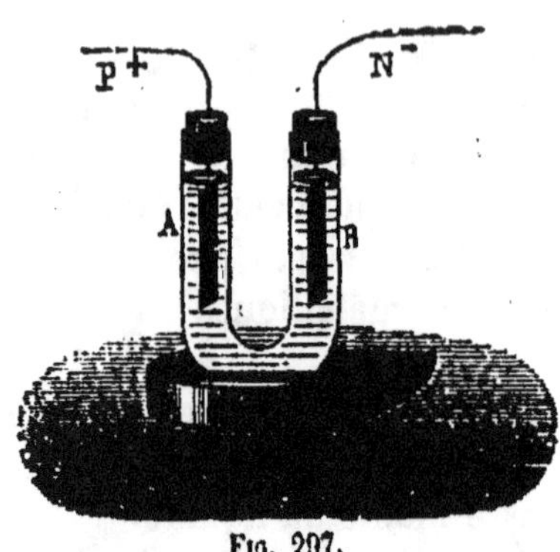

Fig. 297.

(*fig.* 297). Aussitôt qu'on ferme le circuit de la pile, la dissolution, par l'action de l'acide sulfurique formé, rougit à l'électrode positive, tandis qu'elle verdit à l'électrode négative par l'action de la potasse.

Si l'on fait passer un courant à travers une solution de *chlorure de potassium*, le chlore, mis en liberté, décompose l'eau à l'anode, pour s'emparer de l'hydrogène, et il se forme de l'acide chlorhydrique et de l'oxygène. Celui-ci, toutefois, ne se dégage pas entièrement, mais une partie se porte sur le chlore pour former des composés oxygénés, en particulier de l'acide hypochloreux.

4° Supposons, enfin, que, dans l'électrolyse du sulfate de cuivre, on emploie une *lame de cuivre* comme électrode *positive*. Pendant que le cuivre du sulfate se dépose, comme précédemment, sur la cathode, le radical SO⁴, en se combinant avec le cuivre de l'anode, reproduit une quantité de CuSO⁴ précisément égale à celle qui disparaît par la décomposition électrolytique; la dissolution cuivrique, dans ces conditions, est *régénérée* continuellement et garde le même degré de concentration. Tout se passe donc comme si le cuivre était transporté, par le travail du courant, *de l'anode à la cathode*. L'électrode positive, qui semble *se dissoudre* dans l'un de ses sels, porte le nom d'*anode soluble*.

579. Décomposition de l'eau. — L'action chimique des courants a été démontrée, pour la première fois, par la décomposition de l'eau. On se sert, pour cela, d'un appareil particulier appelé *voltamètre*, parce qu'il peut servir, comme son nom l'indique, à mesurer le courant.

Le voltamètre se compose (*fig.* 298) d'un vase V contenant de

l'eau acidulée avec de l'acide sulfurique ou rendue alcaline par de la potasse; au-dessus de deux lames de platine LL' qui servent d'électrodes, on renverse deux éprouvettes pleines du même liquide. La décomposition commence dès qu'on établit le cou-
rant, et l'on ne tarde pas à voir les électrodes se couvrir de bulles gazeuses qui se dégagent ensuite dans les éprouvettes correspondantes. L'analyse prouve que l'une contient de l'hydrogène H et l'autre de l'oxygène O, et l'on reconnaît que le volume du premier gaz, à pression égale, est double de celui du second.

Toutefois, il faut admettre que l'eau n'est pas décomposée par le courant, mais que le véritable électrolyte est l'*acide sulfurique*, qui était censé jouer un rôle pure-

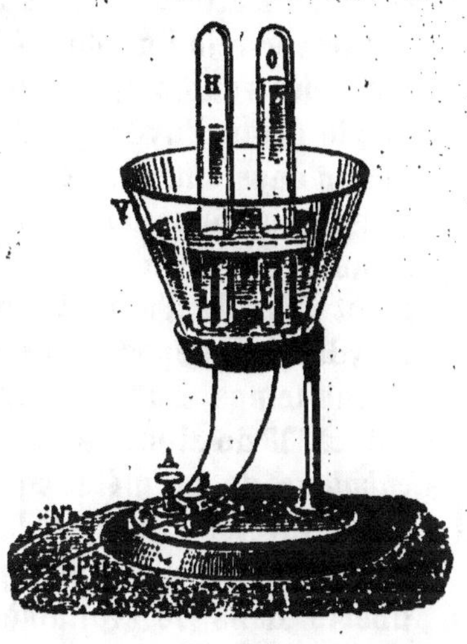

Fig. 208

ment conducteur. En effet, la décomposition de $H^2 SO^4$ donne H^2 à la cathode, et SO^4, se dédoublant en $SO^3 + O$, produit à l'anode un dégagement d'oxygène, pendant que l'acide est régénéré aux dépens de l'eau. — On obtient un résultat analogue avec de l'eau alcaline.

580. Lois quantitatives de l'électrolyse ou lois de Faraday. — Le phénomène de l'électrolyse est soumis aux deux lois suivantes, énoncées par Faraday :

PREMIÈRE LOI. — *Les poids des éléments déposés et de l'électrolyte décomposé sont proportionnels aux quantités d'électricité qui ont tra-versé le liquide.*

DEUXIÈME LOI. — *Lorsque plusieurs électrolytes sont traversés par le même courant, les poids des divers éléments mis en liberté sont entre eux comme les équivalents chimiques de ces substances.*

Ces équivalents sont exprimés en grammes et rapportés à l'hydrogène que l'on prend comme unité.

REMARQUES. — 1° La première loi montre que la même quantité d'électricité décompose toujours le même poids d'un électrolyte quelconque; ce poids ne dépend ni de la différence de potentiel entre les électrodes, ni de la surface de ces dernières, ni de la nature du courant (courant continu ou momentané, comme celui des batteries), mais uniquement de la *quantité* d'électricité qui traverse le liquide. — Si l'on fait passer un courant à travers plusieurs voltamètres installés dans le même circuit, on constate que le poids d'hydrogène déposé, pendant le même temps, est le même dans chacun d'eux.

2° Supposons qu'on place, dans le même circuit, un voltamètre à eau et une série de cuves électrolytiques contenant respectivement des sels d'argent, de cuivre, de zinc, etc. Pour 1 gramme d'hydrogène déposé dans le voltamètre, on trouve, pendant le même temps, qu'il se dépose 108 grammes d'argent, 31,5 de cuivre, 33 de zinc, etc. Ces nombres représentent les *équivalents chimiques* de ces métaux par rapport à l'hydrogène. — Un phénomène inverse s'observe dans la pile qui fournit le courant; dans chacun de ses éléments, pour 1 gramme d'hydrogène mis en liberté dans le voltamètre, on constate la disparition de 33 grammes dans *chaque lame de zinc*, pour former du sulfate de zinc avec l'acide qui l'attaque.

Il résulte aussi des expériences de Faraday que le dégagement de 1 gramme d'hydrogène, de même que le dépôt de 108 grammes d'argent, de $31^{gr},5$ de cuivre, etc., exige le passage de 96,600 coulombs; par conséquent, 1 coulomb mit en liberté $\dfrac{1}{96,600}$ gramme d'hydrogène, $\dfrac{108}{96,600}$ gramme d'argent, $\dfrac{31,5}{96,600}$ gramme de cuivre, etc. Ces fractions représentent ce qu'on appelle les *équivalents électrochimiques* de ces substances. On peut donc définir l'équivalent *électrochimique* d'un corps simple, *le poids de ce corps séparé par le passage de l'unité de quantité d'électricité.*

Il est facile maintenant de définir *pratiquement* l'unité de quantité ou le *coulomb* : c'est la quantité d'électricité qui met en liberté $\dfrac{108}{96,600}$ gramme d'argent, ou sensiblement 1 milligramme d'argent (exactement $0^{gr},001118$); par suite, l'*ampère* sera l'*intensité* d'un courant qui dépose le même poids par *seconde*.

3° Si une même quantité d'électricité passe successivement dans des dissolutions de KCl, $BaCl^2$, Fe^2Cl^6, $SnCl^4$, la quantité décomposée de ces électrolytes est déterminée par le *radical* en combinaison avec le métal, et la quantité de chlore mise en liberté sera la même pour chacun d'eux. C'est ainsi qu'un nombre déterminé de coulombs, qui décompose 1 molécule de KCl, décompose, dans le même temps, $\frac{1}{2}$ molécule de BaCl², $\frac{1}{6}$ de

Fe²Cl⁶, $\frac{1}{4}$ de SnCl⁴.

581. — Piles secondaires. — Nous venons de voir (579) que les électrodes d'un voltamètre traversé par un courant se recouvrent d'un dépôt gazeux, hydrogène à l'électrode négative et oxygène à l'électrode positive; on remarque, en outre, que le courant s'affaiblit progressivement. Supposons maintenant qu'on supprime la pile et qu'on réunisse les électrodes par un fil conducteur; on constate, dans ces conditions, que le voltamètre se comporte comme une véritable pile, et que l'altération subie par les lames de platine donne naissance à un courant de *sens contraire* à celui qui avait traversé l'appareil. Cette modification qui s'effectue dans le voltamètre s'appelle la *polarisation des électrodes*, et le courant inverse engendré a reçu nom de *courant secondaire;* le voltamètre lui-même devient une *pile secondaire*, et la force électromotrice produite se nomme *force électromotrice de polarisation.*

Le développement de cette force électromotrice n'est qu'un cas particulier de ce fait général (576) que tout travail extérieur d'un courant produit une *force contre-électromotrice* qui l'affaiblit, et cette force se constate toujours, soit que le courant effectue un travail mécanique, soit un travail électrochimique. Dans le voltamètre, c'est la force contre-électromotrice qui subsiste après la rupture du courant principal, et c'est elle que l'on appelle *force électromotrice de polarisation.* Le courant secondaire, engendré par cette dernière force, tend à provoquer un dépôt d'hydrogène sur l'électrode que le courant principal avait primitivement couverte d'oxygène, et inversement; les dépôts gazeux sont détruits peu à peu, l'hydrogène et l'oxygène, en se recombinant ensemble, forment la même quantité d'eau que celle qui avait été décomposée, de sorte que la quantité d'électricité qui passe dans le courant secondaire est égale à celle qui avait produit la polarisation.

On voit donc qu'un voltamètre constitue une véritable *pile à gas* dans laquelle l'énergie électrique est emmagasinée sous forme d'énergie chimique, puis est restituée à la suppression du courant principal.

Remarque. — Le phénomène de la polarisation des électrodes explique maintenant ce que nous avons appelé plus haut la *polarisation de la pile* (566). Une pile, en effet, peut être considérée comme un voltamètre à électrodes dissemblables, et l'électrolyse se produit dans l'intérieur par le fait qu'elle est traversée par le courant qu'elle engendre elle-même; la polarisation, comme dans un voltamètre, donne lieu à un courant dirigé en sens contraire du courant principal, et ce dernier, par suite, s'affaiblit très vite. Nous avons vu comment on détruit la polarisation des piles par l'emploi des substances dépolarisantes. Dans les piles secondaires, au contraire, on cherche à l'utiliser, et c'est là le principe des *accumulateurs*.

582. Accumulateurs. — On appelle *accumulateurs* des piles secondaires dans lesquelles on emmagasine de grandes quantités d'énergie électrique par la polarisation d'électrodes particulières.

La polarisation dépend essentiellement d'une *altération* plus ou moins profonde des électrodes. Or cette altération, purement superficielle sur des électrodes de platine, devient considérable, comme Planté l'a démontré, sur des lames de plomb, de sorte que ces dernières peuvent emmagasiner des quantités très grandes d'énergie électrique; de plus, la force électromotrice, avec cette modification, est relativement très élevée.

Les accumulateurs Planté sont constitués (type primitif) par deux grandes lames de plomb enroulées l'une sur l'autre et séparées par des bandes de caoutchouc; celle qui communique avec le pôle positif de la pile de charge s'appelle l'*électrode positive*, et l'autre

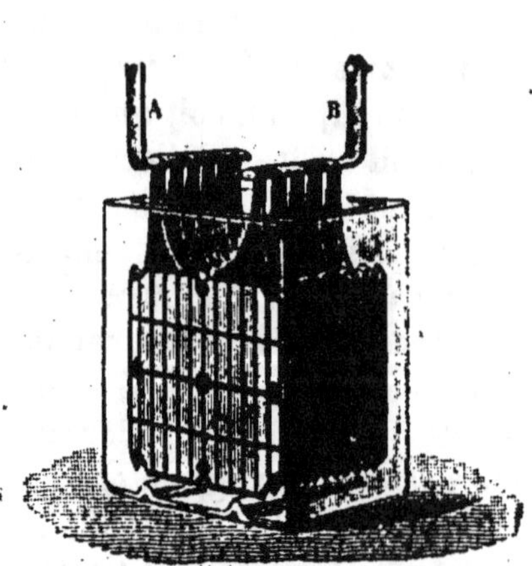

Fig. 209.

l'électrode négative. — On emploie maintenant un certain nombre de plaques rectangulaires disposées dans un même vase, et qui plongent dans de l'eau acidulée par de l'acide sulfurique (*fig.* 299). Les plaques de rang pair communiquent ensemble et forment en A l'électrode positive, tandis que les plaques de rang impair, également réunies, constituent l'électrode négative. Pour prévenir le contact entre les plaques de noms contraires, ce qui produirait des *courts-circuits* et provoquerait une décharge en pure perte, on les sépare par des bandes de caoutchouc.

Réactions chimiques des accumulateurs. — Les réactions chimiques qui s'opèrent dans un accumulateur, et qui sont l'origine du courant secondaire engendré, peuvent s'expliquer de la manière suivante : le courant de *charge*, ordinairement celui d'une machine dynamo-électrique à courant continu, décompose l'acide sulfurique, et l'hydrogène, mis en liberté, pénètre par occlusion dans la lame *négative*, pour se dégager ensuite quand l'accumulateur est complètement chargé ; le plus fréquemment, l'hydrogène réduit la lame négative, parce que le plomb employé est toujours plus ou moins oxydé.

L'électrode *positive*, qui reçoit l'oxygène, se couvre d'une couche d'oxyde de plomb *puce* (peroxyde de plomb), ainsi appelé à cause de sa couleur. En résumé, les altérations subies par les lames consistent en une *réduction* à l'électrode négative et une oxydation à l'électrode positive.

Si maintenant, après avoir supprimé le courant, on relie les pôles de l'accumulateur par un fil conducteur, la force électromotrice de polarisation donne naissance à un courant de l'électrode positive vers l'électrode négative, inverse, par suite, dans le circuit extérieur, au courant de charge ; les électrodes gardent donc leur polarité, c'est-à-dire que l'électrode d'entrée, pendant la charge, devient l'électrode de sortie, pendant la décharge. Il se produit alors des actions chimiques inverses, les combinaisons effectuées par le courant de charge se détruisent, et l'oxyde de plomb de la lame positive se décompose, tandis que la lame négative s'oxyde ; toutefois, à cause de la présence de l'acide sulfurique du bain, les électrodes se transforment toutes deux en sulfate de plomb, et la dissolution tend à devenir à l'état d'eau pure. Quand les dépôts sont complètement détruits et que les lames sont devenues semblables, il n'y a plus de différence de potentiel et le courant s'arrête : l'accumulateur est alors déchargé. Lorsqu'on le charge de nouveau, le courant décompose le sulfate de plomb, la lame négative redevient plomb métallique, la lame positive se couvre d'oxyde de plomb PbO^2, et l'acide sulfurique de la dissolution est régénéré. Comme ce dernier résultat a pour effet d'augmenter la densité du liquide, on peut, avec un densimètre, évaluer approximativement le degré de charge.

Formation d'un accumulateur. — Planté a reconnu qu'une série de charges et de décharges améliorait un accumulateur. Il est encore préférable de charger alternativement en sens contraires, ce qui a pour effet d'oxyder et de réduire successivement les deux électrodes. L'action chimique, par ce moyen, pénètre plus avant dans les plaques, et il se forme une couche spongieuse de plomb qui augmente l'étendue de la surface active ; c'est ce qu'on appelle *former* un accumulateur. Cette formation, qui donne d'excellents résultats, a l'inconvénient d'exiger deux mois d'opération et d'être, par suite, assez coûteuse.

Formation artificielle. — Elle a pour but d'obtenir des couches actives par des moyens étrangers au passage souvent répété et interverti d'un courant. Les plaques, dans leur forme la plus employée, se composent de deux grilles soudées ensemble et emprisonnant des pastilles d'oxyde de plomb. Les électrodes, par cet artifice, contiennent donc à l'avance la matière active toute préparée. Les grillages, pour en assurer la solidité et les rendre plus inaltérables, sont construits en alliage de plomb et d'antimoine, l'on comprime des pastilles de minium au pôle positif et de la litharge au pôle négatif, et l'accumulateur se *forme* par un seul passage du courant. Ce dernier a pour effet d'oxyder davantage le minium et de le transformer en oxyde puce, pendant que la litharge donne naissance à du plomb poreux. — Les plaques négatives peuvent durer dix ans environ, et les plaques positives deux ou trois années.

REMARQUE. — Les accumulateurs à formation artificielle sont plus économiques que les autres, et, de plus, sont plus légers, pour même *capacité* électrique, c'est-à-dire pour même quantité d'énergie emmagasinée. Toutefois, ils ont l'inconvénient d'être plus fragiles, en ce sens que les chocs extérieurs, comme dans les tramways, font détacher les pastilles; celles-ci, en faisant communiquer les plaques de noms contraires, déchargent l'appareil par courts-circuits. Ils sont, en outre, sensibles aux *chocs électriques*, aux à-coups fréquents et aux brusques variations dans la décharge. — On les emploie surtout pour les services réguliers, et lorsqu'on peut exercer une surveillance continuelle.

Dans le cas contraire, on tend à revenir au type Planté, c'est-à-dire aux accumulateurs *à formation naturelle*. On augmente alors autant que possible la surface de contact entre les plaques et le liquide; cette surface peut aller jusqu'à 20 ou 30 décimètres carrés par kilogramme de plomb.

583. Rendement d'un accumulateur. — On appelle *rendement* d'un accumulateur le rapport entre l'énergie qu'il fournit dans la période de décharge et celle qu'il a fallu dépenser pour le charger. Cette dernière se divise en deux parties : l'une qui produit la polarisation et l'autre qui est absorbée sous forme de chaleur. On peut atténuer considérablement cette perte en rendant la résistance intérieure aussi faible que possible par le rapprochement des plaques. L'accumulateur, pendant la décharge, fournit une quantité d'énergie égale à celle qui a été dépensée pour la polarisation; seulement, une partie est perdue sous forme de chaleur dans l'intérieur de l'élément, et la partie utilisable n'apparaît que dans le circuit extérieur. En résumé, le nombre de coulombs fournis par un accumulateur est sensiblement égal à celui qu'on lui a donné pour le charger.

La force électromotrice d'un accumulateur est environ 2^{volts},2 par couple; elle ne dépend que de la nature des plaques et du liquide.

Dans les bons accumulateurs, 1 kilogramme de plomb emmagasine 10,000 à 20,000 coulombs, ce qui fait 3 à 6 *ampères-heure* (quantité d'électricité correspondant à un courant de 1 ampère qui traverse un circuit pendant une heure).

584. Usages des accumulateurs. — Ces appareils servent assez souvent dans la traction électrique, les automobiles et dans certaines installations d'éclairage électrique. — On les emploie aussi pour régulariser le courant variable de certaines machines industrielles. Un excès de courant est lancé dans une batterie d'accumulateurs, et celle-ci, pendant une diminution, supplée à l'énergie qui fait défaut : c'est exactement, comme on le voit, le rôle d'un *volant*. — Enfin, les accumulateurs réalisent, dans une certaine mesure, le transport de l'énergie électrique à domicile.

585. Galvanoplastie. — On désigne sous le nom de *galvanoplastie* le procédé par lequel on provoque, au moyen d'un courant électrique, la formation de dépôts adhérents de différents métaux, en particulier, des dépôts de *cuivre*; c'est une application très importante du phénomène de l'électrolyse, et on l'emploie, dans l'industrie, soit pour recouvrir certains objets, tels que médailles, statues, etc., d'une couche persistante de cuivre, d'or, d'argent, etc., soit encore pour la *reproduction* d'empreintes, de planches gravées, etc. Ces différentes opérations, suivant la nature du métal soumis à l'électrolyse, constituent le *cuivrage*, la *dorure*, l'*argenture* et le *nickelage* galvanoplastiques.

Pour obtenir de bons résultats, il est essentiel de régler convenablement la force électromotrice, et la *densité* du courant, c'est-à-dire la quantité d'électricité par unité de surface du corps à recouvrir, pendant l'unité de temps; il faut aussi tenir compte de la nature du sel métallique à employer et de la concentration du bain électrolytique.

586. Cuivrage. — Lorsqu'on veut reproduire le relief d'un objet, d'une médaille, par exemple, il faut commencer par faire un moule en *creux*, en comprimant sur l'objet de la gutta-percha légèrement ramollie par une douce chaleur. Cette substance durcit par le refroidissement et contient, dès lors, une empreinte très fidèle et très riche en détails. On recouvre le moule de plombagine pour le rendre conducteur, et on le plonge dans une cuve particulière remplie d'une solution acide de sulfate de cuivre. Les moules, quelquefois en assez grand nombre dans le même bain métallique, sont reliés au pôle négatif d'une pile ou d'une dynamo, tandis que les électrodes positives (anodes solubles) sont constituées par des lames de cuivre, c'est-à-dire du métal même à déposer; de cette manière, la concentration du bain reste constante. Dès que le courant est établi, le cuivre du sulfate se dépose sur les moules, et l'on poursuit l'opération jusqu'à ce qu'on ait obtenu l'épaisseur de métal voulue.

L'intensité du courant doit être bien réglée. Le dépôt est cristallin, lorsque le courant est trop faible; il est, au contraire,
pulvérulent, si le courant est trop intense. Il importe que le
dépôt métallique s'accroisse avec lenteur, et, dans ce but, on
commence l'opération par un courant faible dont on augmente
peu à peu l'intensité.

On emploie beaucoup, dans l'industrie, le procédé que nous
venons de décrire pour la reproduction des médailles, des sta-
tuettes, et surtout des gravures sur bois dont on fait des clichés
en cuivre que l'on peut renouveler à volonté. Pour leur donner
plus de solidité, on les revêt soit avec de l'alliage des caractères
d'imprimerie, soit avec du fer ou du platine.

S'il s'agit seulement de recouvrir un objet d'une couche de
cuivre, on procède d'une manière analogue, en plaçant l'objet à
la cathode d'un bain de sulfate de cuivre dont l'anode est une
lame du même métal.

Un autre procédé consiste à opérer dans l'intérieur même d'un
élément Daniell dont le zinc (*fig.* 300) plonge dans l'eau acidulée

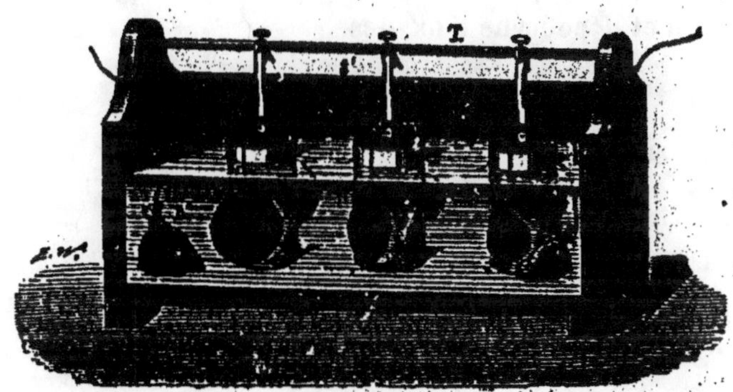

Fig. 300.

contenue à l'intérieur d'un vase poreux. L'objet à cuivrer prend
la place de l'électrode positive (électrode de sortie), et l'on met
la pile en court-circuit; il ne reste plus qu'à entretenir la même
concentration dans le bain cuivrique, en ajoutant des cristaux de
sulfate.

Les opérations galvanoplastiques exigent des précautions très
délicates sur lesquelles nous ne pouvons insister.

587. Argenture, dorure et nickelage. — Les dépôts
d'argent et d'or s'effectuent essentiellement de la même manière,

La préparation de la surface des objets à argenter ou à dorer est très importante. On traite d'abord par la potasse, puis par l'acide sulfurique étendu; on décape ensuite avec de l'acide azotique, et l'on termine par l'amalgamation au moyen d'une immersion dans un bain de bioxyde de mercure.

Le bain électrolytique, pour l'*argenture*, est un cyanure double d'argent et de potassium, et l'on se sert d'une anode soluble en argent pur. La force électromotrice du courant employé est d'environ 2 ou 3 volts, avec une intensité de 30 ampères par mètre carrés. — Pour la *dorure*, le bain est du cyanure double de potassium et d'or.

Ce procédé s'applique très bien à la dorure du cuivre, de l'argent, du laiton, du maillechort; d'autres métaux, comme le zinc, le fer, l'étain, le plomb, doivent être préalablement recouverts de cuivre.

Pour le nickelage, on emploie un bain de sulfate double de nickel et d'ammonium presque neutre ou légèrement acidulé. La surface de l'objet à nickeler doit être bien polie, dégraissée avec soin et dépourvue d'oxydes.

CHAPITRE III

COURANTS THERMO-ÉLECTRIQUES

588. Courants thermo-électriques. — On donne le nom de *courants thermo-électriques* à des courants qui prennent naissance lorsqu'on chauffe l'une des soudures d'un circuit métallique formé par deux métaux de nature différente.

La production de courants par la chaleur, sans l'intervention d'actions chimiques, a été découverte par Seebeck, en 1821. La disposition expérimentale imaginée par ce physicien consiste en un circuit formé d'une lame d'antimoine AA′ (*fig.* 301) soudée, aux deux extrémités, à un barreau de bismuth BB′; l'ensemble de ces deux métaux détermine un rectangle, dans l'intérieur duquel on dispose une aiguille aimantée mobile sur un pivot vertical. L'appareil étant orienté parallèlement au méridien magnétique, on chauffe l'une des soudures A, pendant que

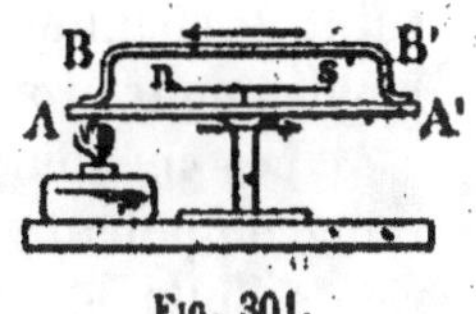

Fig. 301.

l'autre est maintenue à la température ordinaire; on constate aussitôt une déviation de l'aiguille aimantée, et cette déviation, comme nous le verrons plus loin dans l'électromagnétisme, démontre la production d'un courant électrique qui va du bismuth vers l'antimoine, à travers la soudure chaude. On obtiendrait un courant de sens inverse en laissant la soudure A à la température ordinaire, et en refroidissant A′ avec de la glace.

Remarques. — 1° Le phénomène de la thermo-électricité n'est pas particulier au bismuth et à l'antimoine; il se produit également avec tous les autres métaux. Dans un circuit constitué par du cuivre et du fer, le courant va du premier au second par la soudure chauffée; on exprime ce résultat en disant que le cuivre est *positif* par rapport au fer. L'intensité des courants thermo-électriques varie avec la nature des métaux employés, pour même différence de température ; c'est le couple *antimoine-bismuth* qui donne les meilleurs résultats.

2° On a établi la liste suivante des différents métaux, commençant par le bismuth et se terminant par l'antimoine, et tellement disposée que, dans un couple formé par chacune des substances et l'une quelconque de celles qui suivent, le courant se propage du premier vers le second, en passant par la soudure chaude :

Bismuth	Or
Platine	Argent
Plomb	Fer
Étain	Zinc
Cuivre	Antimoine.

3° On peut obtenir des courants thermo-électriques au moyen d'un seul métal dont deux parties successives présentent une différence de structure ; c'est ce qui arrive avec un fil de laiton écroui dont une partie a été recuite, tandis que l'autre a gardé la structure et la dureté acquises par le passage à la filière. Il suffit de chauffer le point de séparation des deux parties dissemblables pour provoquer un courant électrique.

4° Les phénomènes thermo-électriques prouvent que la différence de potentiel au contact de métaux différents, dans la théorie de Volta, dépend de la température. La source de l'énergie électrique développée réside dans la transformation directe de l'énergie calorifique.

589. Phénomène de l'inversion. — L'expérience démontre que, si l'on élève la température de la soudure chaude, celle de la soudure froide restant constante, l'intensité du courant, *pour certains couples*, augmente progressivement avec cette température. Mais ce n'est pas ce qui arrive dans le plus grand nombre des cas ; pour le couple cuivre-fer en particulier, l'intensité cesse de croître lorsque la température atteint 274°. Au delà de cette limite, le courant diminue et finit par changer de sens : c'est le phénomène de l'*inversion*, et il se produit à des températures variables, suivant la nature des métaux employés.

590. Piles thermo-électriques. — La force électromotrice des couples thermo-électriques est toujours beaucoup plus faible que celle des éléments hydro-électriques. Pour une différence de température de 1° C. entre les soudures, la force électromotrice du couple bismuth-antimoine n'est que $\frac{1}{20,000}$ de volt. Jusqu'à vers 100°, elle est proportionnelle à la différence des températures; par suite, une différence de 100° produirait une force électromotrice de $\frac{1}{200}$ de volt.

Toutefois, ces couples peuvent donner des courants très sensibles et d'intensité notable, par le fait que la résistance intérieure est presque nulle, à cause du pouvoir conducteur des métaux et de l'absence de liquide.

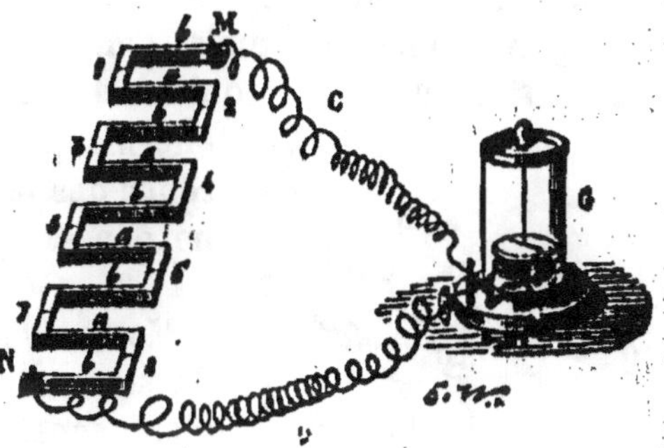

Fig. 302.

On augmente considérablement la force électromotrice des courants thermo-électriques en groupant plusieurs couples en série (*fig.* 302); on forme alors des *piles thermo-électriques* dans lesquelles, sous un volume très restreint, on peut réunir un grand nombre d'éléments. La force électromotrice d'une pile de ce genre est proportionnelle au nombre de couples.

591. Mesure de températures. — Les piles thermo-électriques sont précieuses pour l'étude de la chaleur rayonnante ; celle que l'on emploie le plus, comme nous l'avons déjà vu (398), fait partie du *thermo-multiplicateur de Mellont.*

Cette pile se compose (*fig.* 303) d'une série de barreaux d'antimoine et de bismuth, présentant, d'un côté, toutes les soudures de rang impair, et, de l'autre, celles de rang pair, et l'ensemble de la pile, de forme

Fig. 303.

parallélipipédique, est enchâssé dans une enveloppe métallique; les deux barreaux extrêmes communiquent avec les bornes d'un galvanomètre par l'intermédiaire des tiges T et T'. La moindre différence de température entre les deux faces de la pile suffit pour faire dévier sensiblement l'aiguille du galvanomètre. Dans les galvanomètres actuels, l'angle d'écart est proportionnel à l'intensité du courant qui les traversent, et cette intensité est elle-même proportionnelle à la différence des températures, pourvu qu'elle ne dépasse pas 100°.

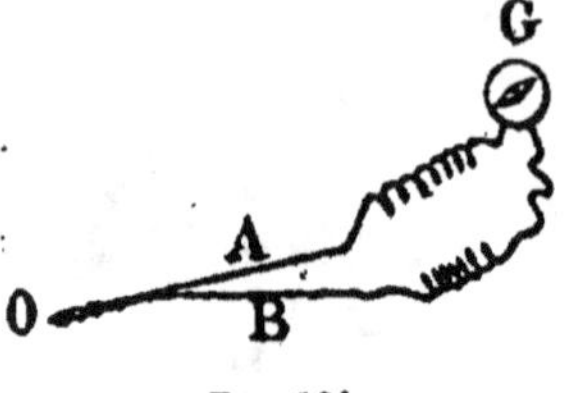

Fig. 304.

Mesure des températures élevées. — On se sert, dans ce but, d'un seul élément constitué par des fils de platine pur et platine rhodié enroulés en O, (*fig.* 304), et dont les extrémités libres sont reliées à un galvanomètre. Ce couple permet de mesurer des températures très élevées qui peuvent aller jusqu'à 1200°, au moyen d'une courbe que l'on détermine par plusieurs expériences préalables.

Mesure des faibles températures. — Pour les températures comprises entre 0° et 100°, on fait usage de l'*aiguille thermo-électrique* de Becquerel (*fig.* 305). Cet appareil comprend deux couples identiques, cuivre et fer, placés *en opposition* dans le même circuit; dans ces conditions, le galvanomètre reste au zéro lorsque les deux soudures sont à la même température. On place donc l'un des couples dans le milieu à explorer, et l'on plonge l'autre dans un bain dont la température est déterminée avec un thermomètre. La température cherchée

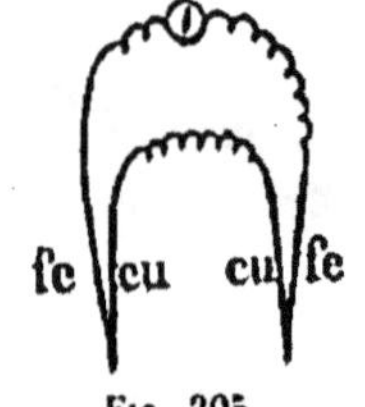

Fig. 305.

sera celle du bain, lorsqu'on aura fait varier cette dernière jusqu'à ce qu'on ramène le galvanomètre au zéro.

CHAPITRE IV

MAGNÉTISME

I. — PROPRIÉTÉS DES AIMANTS

592. Aimants naturels et aimants artificiels. — Les premiers phénomènes magnétiques ont été étudiés dans la *pierre d'aimant*. On appelle ainsi certains échantillons d'oxyde de fer, Fe^3O^4, dont la propriété caractéristique est d'attirer le fer ; ce sont les *aimants naturels*. Cet oxyde de fer était désigné par les anciens sous le nom de *magnes lapis*, et c'est là l'origine du mot *magnétisme* donné à l'ensemble des phénomènes qui découlent des propriétés particulières de la pierre d'aimant.

L'action magnétique est très irrégulièrement distribuée sur la surface d'un aimant naturel ; il suffit, pour s'en convaincre, de le rouler dans de la limaille de fer, et l'on voit celle-ci adhérer de préférence en certains points de l'aimant, à l'exclusion des autres ; aussi ces aimants ne sont jamais employés, et on leur substitue avec avantage les *aimants artificiels*, c'est-à-dire des barreaux d'acier, cylindriques ou prismatiques (*fig.* 306), de forme généralement allongée, qui ont reçu le pouvoir d'attirer la limaille soit par frottement avec une pierre d'aimant ordinaire, soit — et avec une bien plus grande énergie — par un procédé électrique.

Fig. 306.

593. Pôles et ligne neutre d'un aimant. — La propriété attractive d'un barreau aimanté se manifeste surtout en certains points déterminés. La limaille de fer, en effet, adhère de préférence aux deux extrémités (*fig*. 306) et y forme des espèces de houppes: ce sont les *pôles* de l'aimant, et ils sont séparés par un espace où l'action magnétique est sensiblement nulle. On appelle *ligne neutre*, dans les barreaux ordinaires, le milieu N de l'intervalle compris entre les deux pôles.

594. Distinction des pôles.

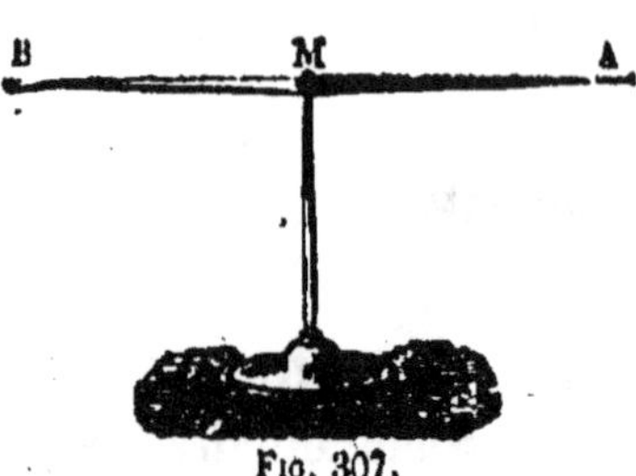

Fig. 307.

— Au point de vue de l'attraction de la limaille de fer, les pôles d'un aimant paraissent identiques. Toutefois, il est facile de constater qu'ils se distinguent nettement l'un de l'autre. Un barreau en forme d'aiguille aimantée (*fig.* 307), libre de se mouvoir horizontalement sur un pivot, prend toujours, sous l'action de la terre, la *même direction* dans l'espace, et il tend à y revenir si on l'écarte de sa position d'équilibre; il se place invariablement dans la direction à peu près *nord-sud*. L'une des extrémités, et toujours la même, se dirige constamment vers le nord: c'est le *pôle nord* de l'aimant; l'autre extrémité s'appelle le *pôle sud*.

595. Actions réciproques des deux pôles.

— Considérons deux aiguilles aimantées, prenant toutes deux la même orientation sous l'influence de la terre.

Si l'on approche l'une de l'autre les deux extrémités qui se dirigent vers le *nord*, on constate une *répulsion*, et il en est de même des deux extrémités qui se dirigent vers le *sud*. Si, au contraire, on place un *pôle nord* dans le voisinage d'un *pôle sud*, il y a *attraction*. On exprime ces résultats en disant que *les pôles de même nom se repoussent et les pôles de noms contraires s'attirent*.

Il y a donc, dans un aimant, deux pôles d'espèce différente; de plus, il ne peut y en avoir *moins que deux*, et c'est ce que prouve l'expérience des *aimants brisés*. Si, en effet, on divise en deux parties une tige d'acier aimantée, on obtient *deux aimants complets* ayant chacun ses deux pôles de noms contraires, et cela, aussi loin que se poursuive la division.

596. Loi des actions magnétiques ou loi de Coulomb.

— Les actions magnétiques sont soumises à la loi suivante, dite *loi de Coulomb*, dont l'énoncé est identique à celui qui exprime la loi des actions électriques :

Les forces attractives ou répulsives qui s'exercent entre deux pôles sont proportionnelles aux masses magnétiques et en raison inverse du carré de leur distance.

. Cette loi peut s'exprimer par la formule

$$f = \pm \frac{mm'}{d^2}.$$

La quantité de magnétisme ou la *masse* contenue dans un pôle ne peut se définir que par son action; une masse magnétique sera, par exemple, 2, 3, 4... fois plus grande qu'une autre, si elle produit, sur un même pôle, une attraction ou une répulsion 2, 3, 4... fois plus forte. Dès lors, l'unité de masse magnétique, dans le système C. G. S., sera celle qui, agissant sur une masse égale placée à un centimètre de distance, la repousse avec une force égale à une dyne.

Les masses magnétiques s'ajoutant comme les quantités algébriques, on est convenu de faire précéder du signe + la masse magnétique *nord*, et du signe — celle du pôle *sud*. D'après la loi de Coulomb, + *mm'* signifie une *répulsion*, et — *mm'*, une *attraction*.

597. Aimants et substances magnétiques. — Il importe d'établir une distinction entre les *aimants* et les *substances magnétiques*. Ces dernières, comme le fer doux et, à un degré bien moindre, le nickel et le cobalt, sont susceptibles d'être attirées par l'aimant, mais ne possèdent pas de pôles; elles attirent indifféremment les deux pôles d'une aiguille aimantée, tandis qu'un barreau d'acier attire l'un des pôles de la même aiguille et repousse l'autre.

598. Aimantation par influence. — Une substance magnétique, située à une petite distance d'un aimant, acquiert aussitôt la propriété d'attirer la limaille de fer; elle devient elle-même, par suite, un véritable aimant avec ses deux pôles et sa ligne neutre; de plus, l'extrémité de l'aimant inducteur la plus rapprochée possède un pôle de nom contraire à celui qui a pris naissance dans la substance magnétique. Il y a alors attraction, et l'aimant nouvellement formé se précipite sur celui qui lui a communiqué les propriétés magnétiques : c'est l'*aimantation par influence*, et celle-ci, comme on le voit, *précède toujours l'attraction*.

Le morceau de fer influencé, à son tour, agit sur les corps magnétiques voisins, de telle sorte qu'on pourra former un véritable chapelet (*fig.* 308) dont les parties s'attirent mutuellement.

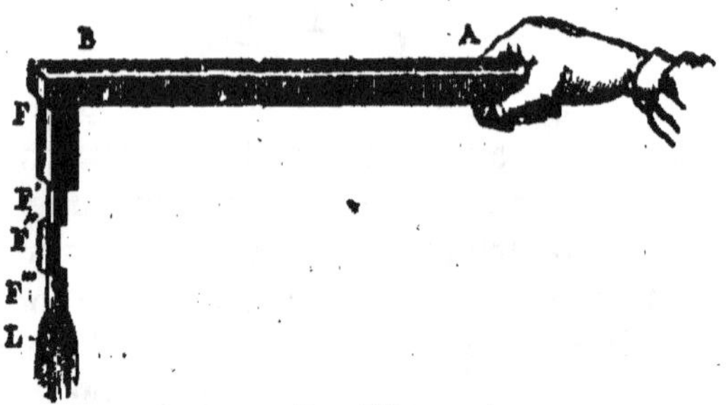

Fig. 308.

L'attraction de la limaille de fer est un phénomène de ce genre ; les différents grains deviennent de petits aimants, lorsqu'on approche un barreau aimanté.

599. Spectre magnétique. — Si l'on place, au-dessus d'un barreau aimanté, un carton saupoudré de fine limaille de fer,

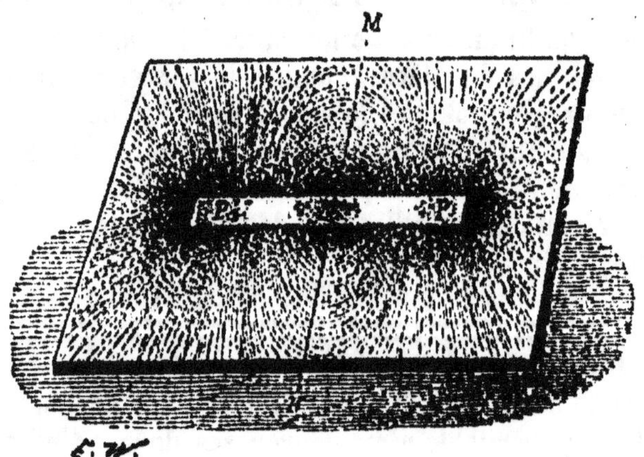

Fig. 309.

on voit, en imprimant de légères secousses au carton, que les grains de la limaille se disposent suivant des lignes courbes très régulières (*fig.* 309); ces lignes semblent *sortir* du pôle nord pour *entrer* au pôle sud, et leur ensemble constitue un *spectre* ou *fantôme magnétique.*

600. Champ magnétique, lignes de force. — Plaçons, dans le voisinage d'un barreau, une petite aiguille aimantée *sn* (*fig.* 310) mobile autour de son centre ; on constate alors qu'elle s'oriente d'une manière déterminée, et qu'elle se dispose toujours tangentiellement à la courbe tracée par les grains de limaille, au point de l'espace où elle se trouve. Il existe donc, autour d'un aimant, des forces capables d'agir sur cette aiguille et tangentes à la courbe en chaque point. Ces courbes

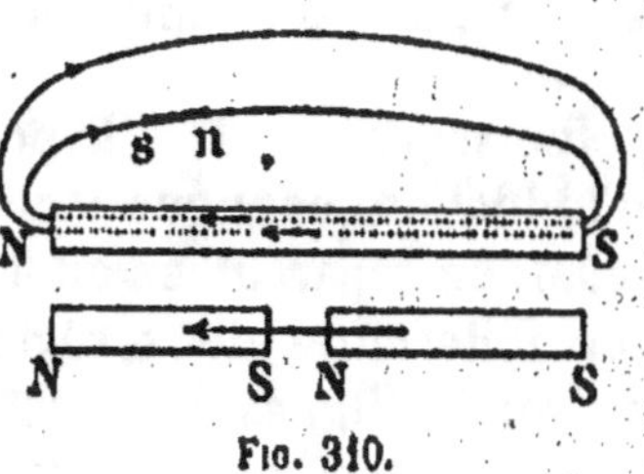

Fig. 310.

sont appelées *lignes de force*, et ce sont tout simplement *les directions suivant lesquelles s'exerce l'action magnétique*, dans le voisinage d'un barreau aimanté. Les lignes de force sont, pour ainsi dire, matérialisées par les grains de limaille d'un spectre magnétique, et ce dernier en indique le nombre, la position et l'orientation.

La région de l'espace où il existe des lignes de force, c'est-à-dire la sphère d'activité dans les limites de laquelle l'action d'un aimant se fait sentir, a reçu le nom de *champ magnétique*. Le seul aspect des lignes de force d'un champ permet de faire connaître la grandeur et la direction des forces magnétiques en chaque point de ce champ.

On remarque que, dans un spectre magnétique, les lignes de force sont plus nombreuses, plus resserrées les unes contre les autres, aux endroits du champ où la force magnétique est la plus grande, en particulier aux deux extrémités du barreau. On peut donc définir la grandeur de l'action magnétique par le nombre de lignes qui traverse l'unité de section d'un champ.

L'expérience prouve, de plus, que le pôle *sud s* de l'aiguille aimantée *sn* (*fig.* 310) est toujours dirigé vers le pôle *nord* de l'aimant NS, et le pôle *nord n* vers le pôle *sud* S. Ce résultat permet de donner un *sens* conventionnel aux lignes de forces ; ces dernières sont censées se propager du pôle nord vers le pôle sud, en passant par l'extérieur, et il est naturel d'admettre qu'elles forment un *circuit fermé* et se dirigent, à l'intérieur de l'aimant, du pôle sud vers le pôle nord (*fig.* 310) ; on les appelle alors *lignes d'induction*. L'action d'un aimant, l'attraction de la limaille, en particulier, ne se manifeste qu'aux endroits où les lignes de force *sortent* et où elles *entrent :* ce sont les *pôles* de l'aimant, et les lignes restent complètement inactives tant qu'elles sont confinées à l'intérieur.

REMARQUES. — 1° L'hypothèse des lignes de force et des lignes d'induction explique facilement l'expérience des *aimants brisés* (595) ; en séparant, en effet, un aimant en deux parties distinctes, on détermine deux régions par lesquelles peuvent sortir et entrer les lignes de force qui existaient à l'intérieur (*fig.* 310). C'est pour cette raison que l'on voit apparaître de nouveaux pôles avec leurs propriétés caractéristiques.

2° Il en est de même de l'aimantation par influence. Un morceau de fer doux (fer très pur et recuit avec soin) devient un aimant, si on le place dans un champ de lignes de force magnétiques. Il se forme un pôle nord là où les lignes, après s'être frayé un chemin dans le fer, sortent à l'extérieur, et un pôle sud là où elles pénètrent dans le barreau.

601. Aimants en fer à cheval. — Circuits magnétiques fermés. — La disposition des lignes de force varie avec la forme d'un aimant. En étudiant le champ au moyen de spectres

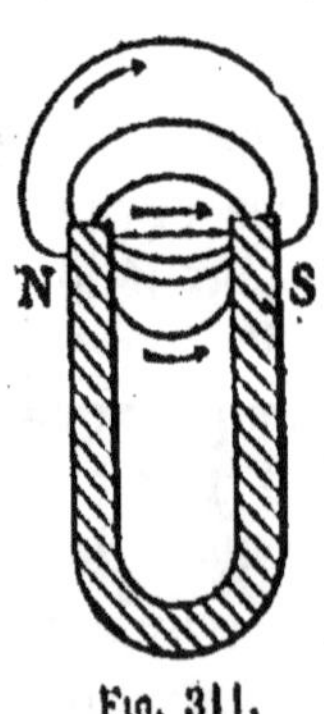

Fig. 311.

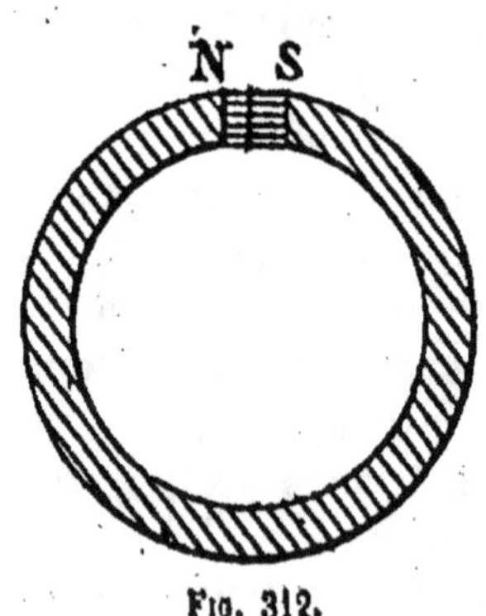

Fig. 312.

magnétiques, on remarque que, dans un aimant en fer à cheval (*fig.* 311), les lignes de force sont beaucoup plus resserrées dans la région comprise entre les deux pôles. Si l'on modifie la forme du barreau en rapprochant davantage les pôles l'un de l'autre et en lui donnant la forme d'un anneau à peu près complet (*fig.* 312), presque toutes les lignes sont droites, et il s'en échappe bien peu dans le voisinage des sections N' et S. Lorsqu'enfin ces dernières viennent en contact, les lignes d'induction circulent toujours à l'intérieur, mais il n'y a plus de pôles et ce système n'a plus d'action sur la limaille de fer : c'est ce qu'on appelle un *circuit magnétique fermé*. Toutefois, un anneau continu de ce genre n'en est pas moins resté un aimant, et, si on le divise en deux moitiés, on voit apparaître quatre pôles là où les lignes de force peuvent sortir et entrer.

602. Perméabilité magnétique. — Si l'on place un morceau de fer doux dans un champ de lignes de forces, celles-ci, qui se seraient développées dans l'air en courbes plus ou moins éloignées les unes des autres, se déforment au voisinage du fer, et viennent presque toutes passer par celui-ci qui leur offre un chemin plus facile (*fig.* 313). Cette propriété de se laisser facilement traverser par les lignes de force s'appelle la *perméabilité magnétique*, et le fer, d'après l'expérience que

Fig. 313.

nous venons de citer, est plus *perméable* que l'air ; c'est ce qui explique pourquoi le fer s'aimante si facilement par influence. Les lignes de force, en outre, ne laissent, pour ainsi dire, aucune trace de leur passage dans cette substance, et celle-ci, après qu'elle a été soustraite à l'influence du champ, ne conserve qu'une faible aimantation qu'on désigne sous le nom de *magnétisme rémanent*.

L'acier trempé, au contraire, offre une grande résistance au passage des lignes de force et l'influence se fait péniblement ; mais l'aimantation, une fois développée, se conserve en presque totalité, ce qui revient à dire que le magnétisme rémanent est considérable. Cette grande résistance à l'aimantation, ainsi qu'à sa disparition subite, a été appelée très improprement *force coercitive*, et c'est grâce à cette force, très grande dans l'acier, que l'on peut construire des aimants artificiels. Comme on le voit, l'acier, au point de vue magnétique, se distingue nettement du fer.

603. Procédés d'aimantation. — L'aimantation la plus énergique et la plus régulière est provoquée, comme nous le verrons plus loin, par les courants électriques. — Parmi les procédés purement magnétiques, nous décrirons sommairement ceux de la *simple touche* et de la *touche séparée*.

Procédé de la simple touche. — Ce procédé consiste à frotter le barreau que l'on veut aimanter avec l'un des pôles d'un aimant déjà formé (*fig.* 314). Il faut frotter sur toute la longueur et toujours dans le même sens, de A vers B par exemple, en ayant soin

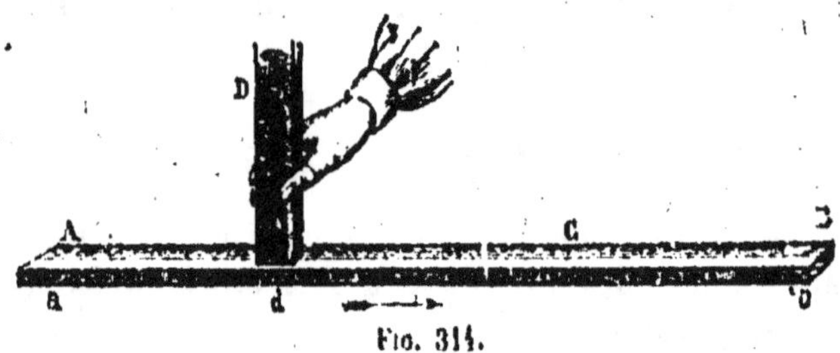

Fig. 314.

de recommencer l'opération un assez grand nombre de fois et sur toutes les faces du barreau à aimanter. Ce dernier est dit *saturé*, lorsqu'on lui a communiqué toute l'aimantation qu'il est susceptible de prendre. Par ce procédé, on développe, à l'extrémité B, la dernière touchée, un pôle de *nom contraire* à celui de l'aimant D qui détermine l'aimantation.

Procédé de la touche séparée. — On commence par placer le barreau à aimanter sur les pôles de noms contraires de deux aimants AM et BM' (*fig.* 315), séparés par une cale de bois L. On

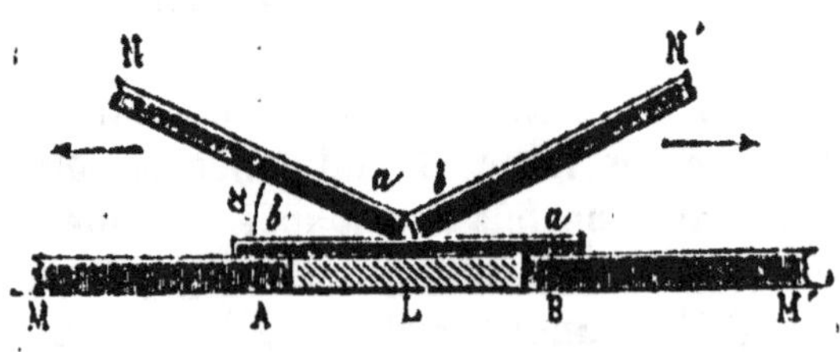

Fig. 315.

prend ensuite deux aimants, les pôles de noms contraires en regard, et, après les avoir inclinés à 30° environ, on les fait frotter, en sens inverse, du milieu vers les extrémités, puis l'on revient au milieu, sans frotter, pour recommencer la même opération un certain nombre de fois sur toutes les faces du barreau. Les pôles développés aux extrémités de ce dernier sont toujours de *noms contraires* aux pôles frottants.

Cette manipulation demande quelques précautions, si l'on ne veut pas provoquer des *pôles intermédiaires* dans la longueur du barreau; on les appelle des *points conséquents*.

Remarque. — Les aimants en fer à cheval sont ordinairement constitués par des faisceaux de lames distinctes et aimantées séparément. Un aimant de ce genre est plus énergique que s'il était d'une seule pièce. Ce résultat est dû au fait que l'aimantation se produit surtout sur la surface extérieure des lames d'acier, et pénètre lentement à l'intérieur.

604. Conservation des aimants. — On remarque que l'aimantation de l'acier trempé ne se conserve pas indéfiniment, mais tend à disparaître peu à peu. On se rend compte de ce phénomène par l'*action démagnétisante* qu'un barreau exerce sur lui-même. Dans un aimant rectiligne, en effet, les lignes de force, qui sortent du pôle nord, tendent aussi à se propager dans toutes les directions et, par suite, dans l'intérieur même du barreau. Ces lignes, de sens contraire aux lignes d'induction, ont pour effet de neutraliser quelque peu l'aimantation et de l'affaiblir à la longue. — Pour conserver un aimant, il faut donc *supprimer les pôles* par l'emploi des *circuits magnétiques fermés*. C'est pour cette raison qu'on relie les pôles d'un aimant en fer à cheval par une pièce de fer doux, appelée *armature*, qui a pour fonction de fermer le circuit magnétique (*fig.* 316). — Il est avantageux aussi de suspendre un certain poids à l'armature. Dans ces conditions, la *force portante* de l'aimant s'accroît, et ce dernier finit par supporter des charges beaucoup supérieures aux premières : c'est ce qu'on appelle *nourrir un aimant*.

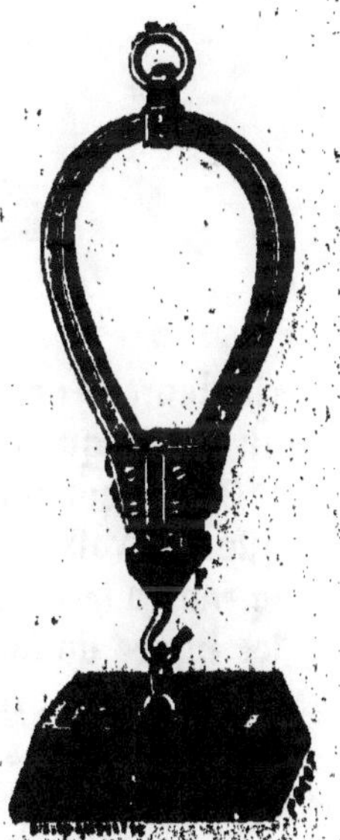

Fig. 316.

On conserve les aimants rectilignes en les plaçant deux par deux, les pôles de noms contraires en regard, et les extrémités réunies par des armatures en fer doux.

II. — MAGNÉTISME TERRESTRE

605. Champ terrestre. — Nous avons vu (594) qu'une aiguille aimantée, libre de se mouvoir dans un plan horizontal, prend une direction déterminée sous l'influence de la terre. L'expérience suivante est une image frappante du phénomène de l'orientation d'un aimant à la surface du globe : si l'on place une aiguille aimantée dans le champ magnétique d'un puissant barreau (*fig.* 317), on voit aussitôt cette aiguille demeurer inva-

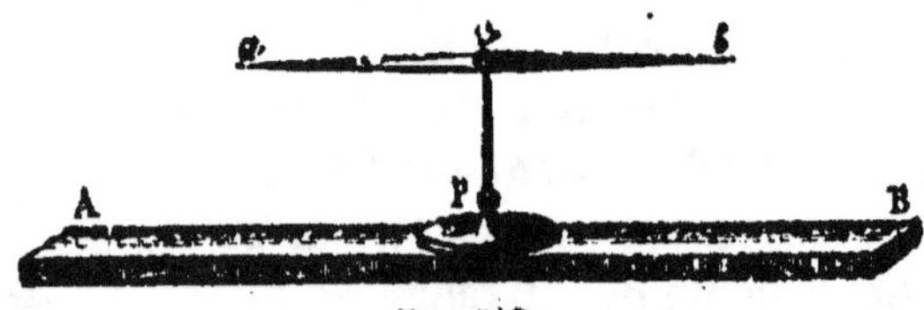

Fig. 317.

riablement parallèle à l'aimant AB, malgré les changements de direction qu'on peut lui faire subir.

On en conclut que la terre se comporte comme un aimant et que son voisinage est un véritable *champ magnétique* qu'on appelle le *champ terrestre;* l'aiguille aimantée s'oriente de telle sorte que les lignes de force de ce champ entrent par le pôle sud et sortent par le pôle nord, ce qui détermine le sens de ces lignes. Le champ terrestre, dans un espace restreint de la surface de la terre, est considéré comme *uniforme,* c'est-à-dire que les lignes de force sont *équidistantes* et *parallèles.*

606. Action de la terre sur l'aiguille aimantée. — Si l'on place une aiguille aimantée sur un flotteur, on constate qu'elle ne prend aucun mouvement de translation sous l'influence de la force magnétique terrestre. Ce résultat prouve que celle-ci n'a pas de composante *horizontale*. Il n'y a pas non plus de composante *verticale*, puisque le poids d'un barreau n'augmente pas par l'aimantation. Il faut donc admettre que la terre ne fait que *diriger* l'aiguille aimantée, et que les pôles de l'aimant sont soumis à des forces *égales*, *parallèles et de sens contraires*, l'une appliquée au pôle nord et l'autre au pôle sud. Ce système de forces, que nous avons appelé un *couple* en mécanique, n'a d'autre effet que de faire tourner l'aiguille aimantée jusqu'à ce qu'elle s'oriente dans la direction du champ terrestre.

607. Direction de la force magnétique du champ terrestre. — La direction de la force due au champ terrestre se déduit de la mesure de deux angles que l'on appelle la *déclinaison* et *l'inclinaison*.

Déclinaison. — La *déclinaison magnétique* d'un lieu est l'angle déterminé par le méridien magnétique et le méridien astronomique de ce lieu; elle est *orientale*, lorsque l'extrémité nord de l'aiguille aimantée est à l'*est* du méridien astronomique, et *occidentale*, quand elle est à l'*ouest*; la déclinaison est *nulle*, lorsque les deux méridiens coïncident.

On appelle *méridien magnétique* d'un lieu le plan vertical passant par la direction que prend l'aiguille aimantée sous l'action du champ terrestre en ce lieu.

Inclinaison. — C'est l'angle que fait, avec l'horizon, une aiguille aimantée mobile, dans le plan du méridien magnétique, autour d'un axe horizontal qui passe par son centre de gravité; en d'autres termes, c'est l'angle que fait, avec l'horizon, la direction de la force magnétique terrestre. L'inclinaison est *positive*, quand le *pôle nord* de l'aiguille est en-dessous de l'horizon; elle est *négative*, quand c'est le *pôle sud*.

Comme on le voit, la déclinaison fait connaître la position du méridien magnétique, et l'inclinaison la direction de la force terrestre dans le plan de ce méridien.

La déclinaison, à Québec, le 16 septembre 1887, était de 17°12'14" ouest, et l'inclinaison, 76°5'.

608. Boussoles de déclinaison et d'inclinaison. — Une

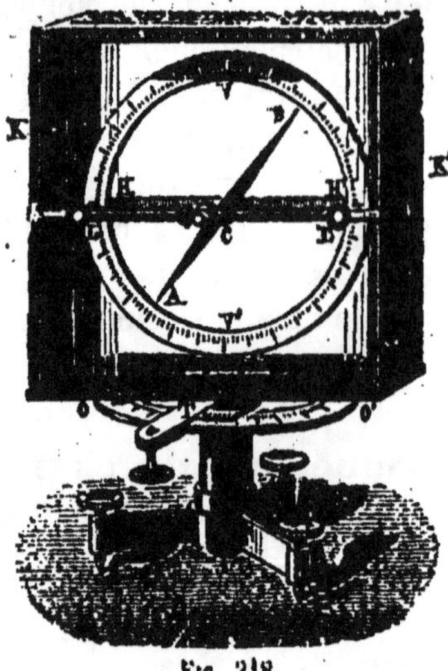

Fig. 318.

boussole de déclinaison est constituée essentiellement par une aiguille aimantée mobile *seulement* dans un plan horizontal. On détermine la position du méridien astronomique au moyen d'une lunette.

Dans la *boussole d'inclinaison* (*fig.* 318), l'aiguille aimantée est mobile autour d'un axe horizontal qui passe par son centre de gravité; elle se meut alors dans un plan vertical VV' orienté suivant le méridien magnétique, et, comme l'aiguille est soustraite à l'action de la pesanteur, elle prend la direction de la force magnétique au point de la terre où elle est installée.

609. Boussole marine. — La *boussole marine*, qui sert à diriger les navigateurs, est une aiguille de déclinaison placée dans une boîte cylindrique qui occupe toujours une position horizontale, grâce à une suspension à la Cardan (*fig.* 319). On fixe sur l'aiguille un mince disque de mica sur lequel sont tracés les degrés et les demi-degrés du cercle, ainsi qu'une figure étoilée appelée *rose des vents;* les pôles nord et sud de l'ai-

Fig. 319.

guille sont indiqués par les lettres N et S. Dans l'intérieur de la boîte, est gravé un trait, nommé *ligne de foi*, qui coïncide avec la quille du navire. Si la déclinaison du lieu est connue, le navigateur voit exactement la route que suit le navire en observant l'angle que fait l'aiguille aimantée avec la ligne de foi.

610. Déclinaison et inclinaison en divers lieux de la terre. — Les mesures relatives à la distribution du magnétisme

terrestre à la surface du globe ont donné les résultats suivants :

La déclinaison et l'inclinaison sont fort différentes suivant les points de la terre où on les observe. On appelle *lignes isogones* des lignes que l'on fait passer par tous les points de même *déclinaison*; elles ressemblent quelque peu aux méridiens géographiques. On obtient les *lignes isoclines* en joignant tous les points de même *inclinaison*; celles qui passent par les points de même *intensité magnétique* ont reçu le nom de *lignes isodynamiques*. Les lignes isoclines ont grossièrement la forme des parallèles terrestres.

On appelle *équateur magnétique* une ligne qui passe par tous les points de la terre où l'inclinaison est nulle; cette ligne ne coïncide pas avec l'équateur géographique, mais s'en écarte plus ou moins de chaque côté des deux points où elle le coupe. En tout point de l'équateur magnétique, l'aiguille d'inclinaison se tient horizontale. De part et d'autre de cette limite et à mesure qu'on se rapproche des pôles géographiques, l'inclinaison augmente progressivement. Il existe deux points où elle est égale à 90° : ce sont les *pôles magnétiques*; l'un est situé au nord de l'Amérique, vers le 75° degré de latitude nord, et l'autre au sud de l'Australie, vers le 72° degré de latitude sud. En ces deux points, l'aiguille d'inclinaison est verticale, et celle de déclinaison n'est plus dirigée par la terre.

611. Variations du champ terrestre au même lieu. — Les éléments du magnétisme terrestre subissent des variations importantes que l'on peut comprendre sous deux catégories distinctes : les *variations périodiques* et les *variations accidentelles*.

Variations périodiques. — Les variations à *longue période* des constantes magnétiques semblent s'expliquer par une rotation uniforme de la ligne des pôles magnétiques autour de la ligne des pôles géographiques, rotation qui s'effectue dans une période d'environ sept cent trente ans. La déclinaison, à Paris, a cessé d'être orientale pour devenir nulle en 1666; depuis cette époque, elle est occidentale et redeviendra nulle vers l'an 2031. A Québec, la déclinaison occidentale va en diminuant et tend à devenir orientale. On constate aussi une diminution analogue dans la valeur de l'inclinaison.

Les éléments magnétiques, et surtout la déclinaison, subissent des variations de période beaucoup plus courte, appelées variations *diurnes*. On a observé que la déclinaison passe par deux maxima et deux minima en vingt-quatre heures. Quant aux causes de ces variations, elles sont plus ou moins obscures, et l'on croit qu'elles ont une relation avec le mouvement apparent du soleil et de la lune.

Variations accidentelles. — Ces variations sont produites par des phénomènes d'ordre magnétique ou électrique; elles ont une relation remarquable avec les aurores boréales, et accompagnent les perturbations, appelées *orages magnétiques*, qui se font sentir simultanément sur une grande portion de la surface terrestre.

CHAPITRE V

ÉLECTROMAGNÉTISME

I. — ACTIONS RÉCIPROQUES DES COURANTS ET DES AIMANTS. — LOIS D'AMPÈRE

612. Électromagnétisme. — On donne le nom d'*électro-magnétisme* à cette partie de la science électrique qui s'occupe des relations du magnétisme et de l'électricité dynamique. L'on doit à Œrsted, physicien de Copenhague, les premiers principes de cette science dont les plus importants développements ont été fournis par Ampère et Faraday.

613. Action d'un courant sur un aimant. — Expérience d'Œrsted. — Si l'on dispose, au-dessus d'une aiguille aimantée en équilibre (*fig.* 320), un conducteur rectiligne traversé

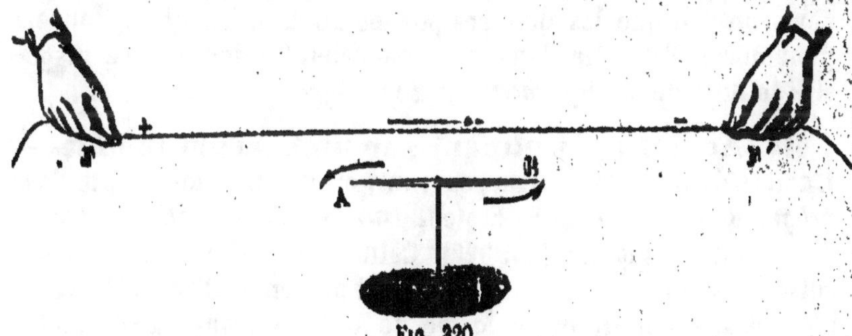

Fig. 320.

par un courant, on constate aussitôt une *déviation* de l'aiguille aimantée; cette dernière tend à se mettre *en croix* avec la direction du courant. Le sens de la déviation est déterminé par une règle mnémonique très simple, appelée *règle d'Ampère :* imaginons un observateur couché le long du fil, de telle façon qu'en regardant l'aiguille aimantée le courant lui entre par les pieds et lui sorte par la tête; le *pôle nord* de l'aiguille, dans ces conditions, sera dévié à sa *gauche*; c'est ce qu'on appelle simplement la *gauche* du courant.

La déviation de l'aiguille s'accroît avec l'intensité du courant, et peut, par suite, lui servir de mesure. Cette propriété a été utilisée dans la construction des *galvanomètres*, appareils que nous décrirons plus loin et qui servent à indiquer le passage d'un courant, ainsi que sa direction et son intensité.

L'action du courant sur l'aimant est plus énergique, si, au lieu d'un seul fil rectiligne situé dans son voisinage, on enroule

Fig. 321.

celui-ci plusieurs fois autour d'un cadre au centre duquel on place l'aiguille aimantée (*fig.* 321). En appliquant la règle d'Ampère, on voit que les diverses parties du fil agissent de concert pour dévier l'aiguille dans le même sens. On donne à ce dispositif le nom de *multiplicateur* de Schweigger.

614. Action d'un aimant sur un courant mobile. — L'action d'un aimant sur un courant, en d'autres termes, la *réciproque* de l'expérience d'OErsted, est mise en évidence au moyen d'un courant mobile (*fig.* 322). Celui-ci est attiré ou repoussé suivant le pôle de l'aimant qu'on lui présente. D'après la règle d'Ampère, un courant, en forme de cadre rectangulaire, tend à se mettre en croix avec l'aimant, le pôle nord de ce dernier étant toujours à la gauche du courant. C'est en plaçant le barreau dans l'intérieur du cadre que l'effet est maximum, parce que les actions des différentes parties du fil sont concordantes.

Remarque. — La règle d'Ampère a été énoncée d'une manière plus générale, en fonction du champ magnétique seulement, par

Clerk Maxwell. D'après ce savant, un cadre mobile, parcouru par un courant, s'oriente, sous l'influence d'un champ voisin, dans une direction telle que le flux magnétique qui le traverse soit le

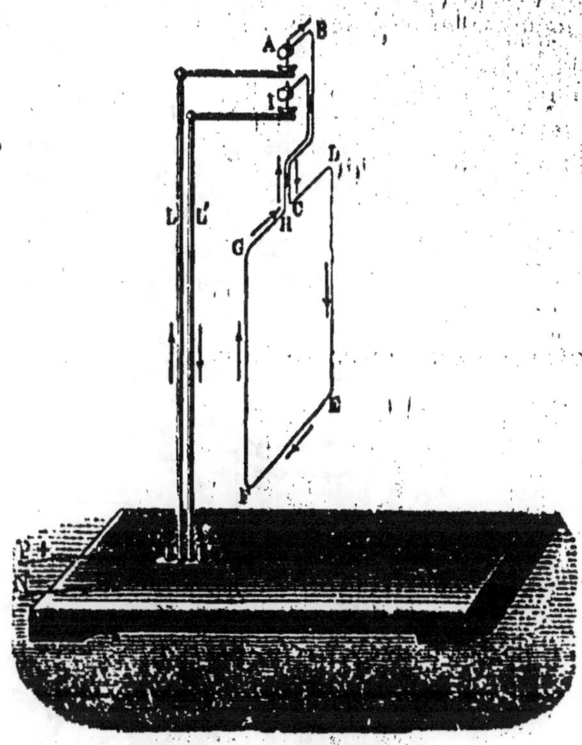

Fig. 322.

plus grand possible ; ou encore, le cadre se place dans une position telle qu'il absorbe, dans la surface qu'il limite, le plus grand nombre de lignes de force.

618. Action de la terre sur un circuit fermé. — L'expérience démontre qu'un circuit fermé, parcouru par un courant, et libre de se mouvoir autour d'un axe vertical (*fig.* 322), prend une direction déterminée sous l'influence du champ terrestre, absolument comme une aiguille aimantée. Son plan se dispose perpendiculairement à celui du méridien magnétique. Un cadre, ou tout circuit fermé, se comporte donc comme un aimant dont l'axe lui serait perpendiculaire. Il en résulte que ce circuit possède une *face nord*, celle qui se dirige vers le nord, et une *face sud*, celle qui est orientée dans la direction diamétralement opposée. Si l'on examine le sens du courant qui circule dans le cadre, on reconnaît qu'un observateur, qui regarde le *pôle nord* du circuit fermé, voit le courant tourner en *sens contraire* au mouvement des aiguilles d'une montre, et dans *ce sens même*, pour le *pôle sud*.

En appliquant la règle de Maxwell, on constate que la position du cadre est telle qu'il absorbe, *par sa face négative ou sud*, le plus grand nombre de lignes de force du champ terrestre. Il en est de même de tout circuit fermé, libre de se mouvoir dans un champ magnétique quelconque. Nous verrons plus loin, dans l'étude des moteurs électriques, une importante application de cette règle.

616. Actions des courants sur les courants. — Lois

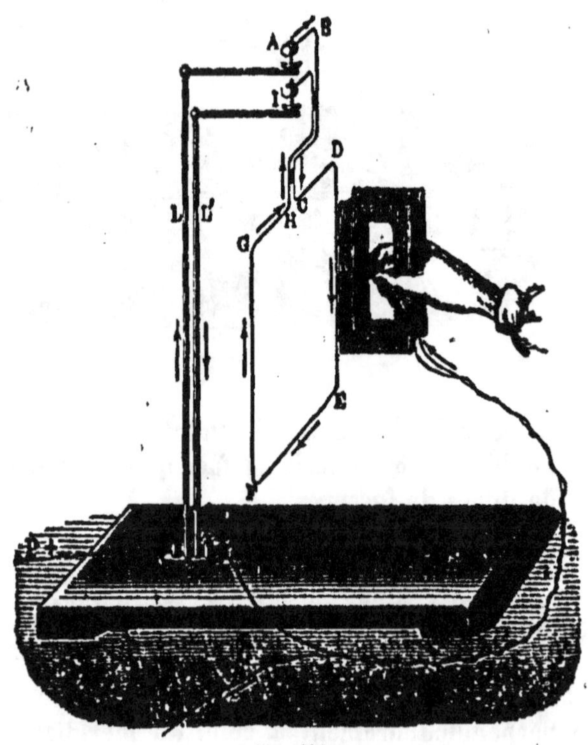

Fig. 323.

d'Ampère. — Ampère, le premier, découvrit qu'un courant mobile était mis en mouvement à l'approche d'un courant fixe.

L'étude détaillée de ce phénomène lui a permis d'énoncer les lois remarquables connues sous le nom de *lois d'Ampère*, et qu'on peut vérifier au moyen de cadres mobiles.

Si l'on approche d'un courant mobile vertical (*fig.* 323) un cadre entouré d'un conducteur faisant plusieurs tours, pour augmenter l'effet, et de façon que ce cadre, dans la partie la plus voisine, soit *parallèle* au fil mobile, on constate qu'il y a *attraction*, si les courants sont de *même sens;* s'ils sont de *sens contraires*, il y a *répulsion*. On énonce ce résultat par la loi suivante :

PREMIÈRE LOI. — *Deux courants parallèles s'attirent, s'ils sont de même sens, et se repoussent, s'ils sont de sens contraires.*

Lorsque deux courants font un angle entre eux, celui qui est mobile se déplace de manière à devenir parallèle à l'autre et de même sens. D'où la loi :

DEUXIÈME LOI. — *Deux courants angulaires s'attirent, lorsqu'ils s'approchent ou s'éloignent tous les deux du sommet de l'angle, et se repoussent, quand l'un s'approche de ce sommet pendant que l'autre s'en éloigne.*

L'expérience prouve aussi que l'action d'un conducteur replié sur lui-même est nulle sur un fil mobile, ce qui s'exprime comme suit :

TROISIÈME LOI. — *Deux courants égaux, parallèles et de sens contraires exercent sur un circuit mobile des actions égales et de sens contraires.*

Il en est de même, si l'un des courants revient en s'enroulant autour du premier : c'est ce qu'on appelle un courant *sinueux* (*fig.* 324).

QUATRIÈME LOI. — *Un courant sinueux a la même action extérieure qu'un courant rectiligne terminé aux mêmes extrémités.*

FIG. 324.

Cette dernière loi n'est rigoureuse qu'en autant que les sinuosités sont assez petites et que le fil sinueux ne s'enroule pas autour du conducteur droit.

617. Champs magnétiques produits par les courants. — Les actions mutuelles des courants et des aimants, ainsi que des courants entre eux, nous conduisent à admettre qu'un courant électrique produit autour de lui un *champ magnétique* entièrement identique à celui des aimants et doué des mêmes propriétés essentielles ; cette identité absolue est mise en évidence par les spectres magnétiques déterminés par les courants. Les lois d'Ampère s'expliquent donc par des actions magnétiques résidant dans le milieu qui entoure les conducteurs.

Arago, en 1820, constata le premier qu'un fil, traversé par un courant, peut attirer la limaille de fer, et chaque parcelle, suivant la règle d'Ampère, se dispose perpendiculairement au conducteur.

Supposons maintenant un carton saupoudré de limaille et traversé perpendiculairement à son plan par un fil droit communiquant avec les pôles d'une pile. En imprimant de légères secousses au carton, on voit les grains de limaille prendre la forme de *circonférences concentriques* (*fig*. 325) ; c'est une espèce de tourbillon magnétique dont le sens de rotation est facile à déterminer par une règle mnémonique appelée *règle du tire-bouchon :* le sens

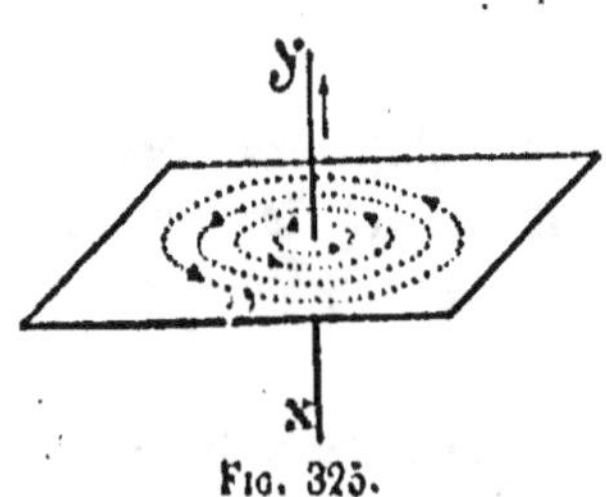

Fig. 325.

suivant lequel il faut faire tourner un tire-bouchon pour qu'il progresse dans le sens du courant, donne le sens de la rotation des lignes de force qui enveloppent le conducteur.

Considérons, en outre, un circuit circulaire parcouru par un courant et disposé normalement au plan de la figure (*fig*. 326). Le spectre magnétique, déterminé par ce circuit, fait voir que les lignes de force, aux extrémités supérieure et inférieure d'un axe vertical, sont circulaires et dans un plan normal à celui du cadre. Ces lignes se déforment, à mesure qu'elles s'éloignent de ces deux régions, et finissent par devenir droites au centre du cercle. Le sens de ces lignes ou du champ magnétique

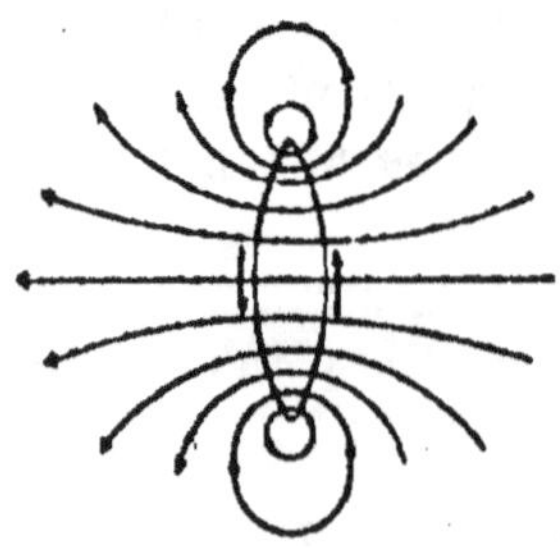

Fig. 326.

engendré par le courant circulaire est celui suivant lequel progresse un tire-bouchon que l'on fait tourner dans le sens du courant. Comme on le voit, les deux faces d'un circuit fermé

peuvent s'assimiler aux deux pôles d'un aimant par où sortent
et entrent des lignes de force magnétiques.

La ressemblance entre le champ magnétique d'un aimant et
celui d'un fil enroulé en spirale
(*fig.* 327) est encore plus frappante.

On constate, en effet, qu'une
hélice de ce genre possède,
comme un barreau aimanté,
des pôles de noms contraires à
ses deux extrémités. Le *pôle
nord* de la spirale est à la *gauche*

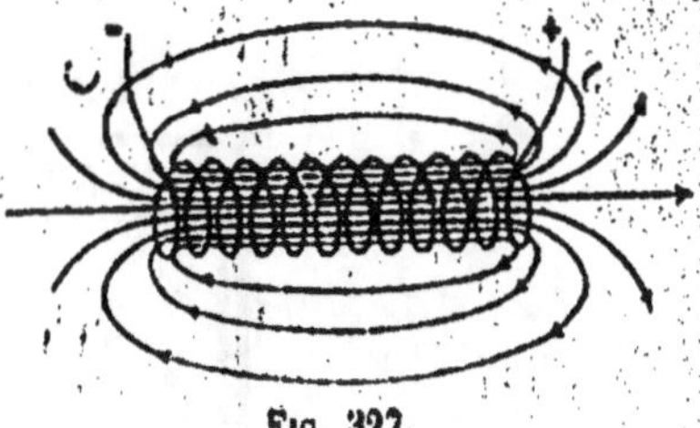

FIG. 327.

d'un observateur fictif placé dans le sens du courant, et regardant
dans l'intérieur de cette bobine ; ou bien encore, on verrait, en
regardant un *pôle nord* de l'extérieur, circuler le courant en
sens inverse au mouvement des aiguilles d'une montre.

De plus, en explorant le champ magnétique à l'intérieur de
l'hélice, on reconnaît que les lignes de force forment des circuits
fermés, ce que nous avions déjà supposé pour les aimants. Ces
lignes circulent du pôle sud vers le pôle nord, à l'intérieur,
sortent par ce dernier, et, après s'être épanouies en courbes
extérieures, rentrent par le pôle sud. Les lignes de force, à l'intérieur, constituent un champ magnétique *uniforme*, c'est-à-dire,
du moins à quelque distance des extrémités, qu'elles sont parallèles entre elles et à l'axe de la spirale.

618. Solénoïde. — Ampère a appelé *solénoïde* l'ensemble de
petits courants circulaires, égaux en surface et en intensité,
équidistants et parallèles, ayant chacun son centre sur une ligne
commune qu'on désigne sous le nom de *directrice* du solénoïde.

Un solénoïde n'a pas d'existence réelle ; c'est une pure conception. En pratique, on peut réaliser un pareil système, qu'on appelle quelquefois *cylindre électromagnétique*, en enroulant un fil
en hélice, comme on voit en AB (*fig.* 328), de manière à former
des spires équidistantes, et en ramenant les deux extrémités du
fil jusqu'au centre du cylindre. On démontre que le fil de retour
détruit l'effet du courant sinueux déterminé par les spires, et
qu'il reste un ensemble de courants parallèles.

Le champ magnétique engendré par un solénoïde est identique
à celui d'une spirale et d'un aimant ; les lignes de force sortent

par le pôle nord et entrent par le pôle sud, en formant un circuit magnétique fermé. Comme dans le cas d'une spirale ou
d'une bobine, le pôle nord est à la *gauche* de l'observateur d'Am-

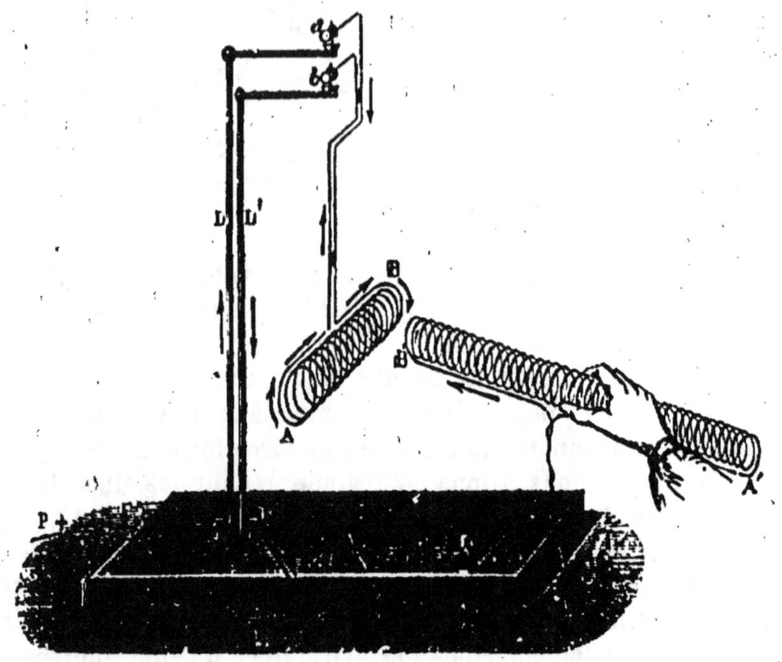

Fig. 328.

père qui regarderait dans l'intérieur du cylindre, lorsqu'il se
place dans le sens du courant.

**619. Actions mutuelles des solénoïdes, des aimants
et des courants.** — 1° Un solénoïde en équilibre et libre de se
mouvoir dans un plan horizontal (*fig.* 328) s'oriente comme une
aiguille aimantée sous l'influence du champ terrestre, et se dispose parallèlement au méridien magnétique, dès qu'il est traversé par un courant. Si alors on regarde de l'extérieur l'extrémité qui se dirige vers le nord, et qui est toujours la même pour
un sens déterminé du courant, on voit celui-ci circuler *en sens
contraire* au mouvement des aiguilles d'une montre.

2° Lorsqu'on approche un barreau aimanté d'un solénoïde,
une des extrémités est attirée par l'un des pôles de l'aimant, et
l'autre est repoussée. Réciproquement, une aiguille aimantée,

suivant la nature des pôles en regard, est attirée ou repoussée par un solénoïde.

3° Les mêmes actions attractives et répulsives s'observent avec deux solénoïdes (*fig.* 328); ils se comportent, l'un vis-à-vis de l'autre, comme deux aimants.

4° Enfin, un solénoïde est dévié par un courant rectiligne parallèle à son axe; il tend, comme dans l'expérience d'Œrsted, à se mettre en croix avec le courant.

620. Théorie d'Ampère sur le magnétisme. — Un fait important se détache nettement des phénomènes que nous venons d'étudier : c'est l'identité des actions produites par les courants et par les aimants. Il est donc naturel d'attribuer les deux ordres de phénomènes à une seule et même cause. C'est là l'origine de la théorie d'Ampère sur le magnétisme.

D'après ce savant, tous les phénomènes magnétiques doivent s'expliquer par des courants électriques. Ampère admet donc qu'un courant électrique circule autour des molécules des substances magnétiques, ou plutôt dans la molécule elle-même. Avant l'aimantation, ces courants sont enchevêtrés et se font dans des sens différents, de sorte qu'ils se détruisent mutuellement et n'ont pas de résultante. L'approche d'un aimant ou d'un courant électrique a pour effet de les orienter dans le même sens et dans des plans parallèles; il en résulte alors qu'un barreau de fer ou d'acier peut s'assimiler à un faisceau de solénoïdes dont l'ensemble se comporte comme un solénoïde unique.

Un barreau aimanté, d'après cette théorie, serait donc entouré d'un courant circulaire dans toute sa longueur, et le pôle nord, comme dans un solénoïde, serait à la gauche de ce courant. En regardant, de l'extérieur, le pôle nord d'un aimant, l'imagination voit ce courant tourner en sens inverse au mouvement des aiguilles d'une montre.

Cette théorie, en tous points conforme à l'expérience, rend parfaitement compte des propriétés des aimants, ainsi que des actions qu'ils exercent soit sur d'autres aimants, soit sur les courants et les solénoïdes. Toutefois, elle ne donne pas l'origine de ces courants particulaires que l'on fait circuler autour des molécules des corps magnétiques.

II. — AIMANTATION PAR LES COURANTS
ÉLECTRO-AIMANTS

621. Aimantation par les courants. — Nous avons vu plus haut qu'un courant électrique engendre un champ magnétique au même titre qu'un aimant; il devra donc se produire, dans le voisinage d'un courant, le même phénomène d'influence que dans le champ d'un aimant, c'est-à-dire que les substances magnétiques devront nécessairement s'aimanter. C'est ce qu'Arago a constaté en plongeant un fil électrique dans de la limaille de fer. On observe, de plus, qu'un barreau d'*acier* acquiert les propriétés magnétiques, lorsqu'on le met en croix avec un courant, le pôle nord de cet aimant étant toujours à la gauche du courant.

L'aimantation est beaucoup plus énergique, lorsqu'on place le barreau d'acier dans l'intérieur d'une hélice ou d'une bobine (*fig.* 329), et elle augmente avec le nombre des spires. On remarque, en outre, que les pôles développés dans l'acier sont disposés de la

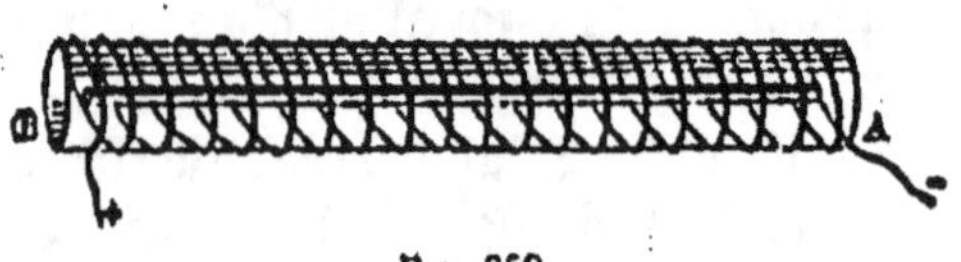

Fig. 329.

même manière que ceux de la spirale elle-même. Un observateur, regardant les extrémités de celle-ci, verrait le courant circuler dans le sens des aiguilles d'une montre, pour un pôle *sud*, et dans le sens contraire, pour un pôle *nord*. La nature des pôles développés dans le barreau dépend donc uniquement du

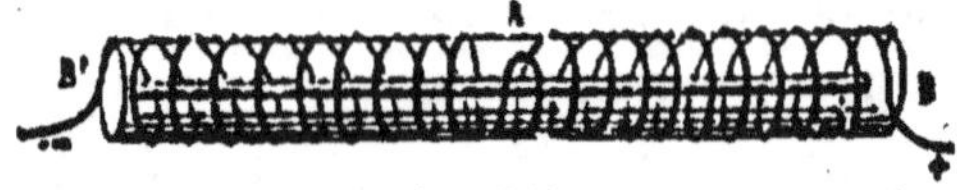

Fig. 330.

sens de l'enroulement, ou plutôt, du sens suivant lequel circule le courant. C'est pour cela qu'on peut développer des *points conséquents* en changeant le sens de l'enroulement (*fig.* 320).

C'est au moyen de courants électriques intenses que l'on provoque une aimantation beaucoup plus énergique que par les procédés purement magnétiques.

622. Aimantation du fer doux. — Électro-aimants.
— A cause de sa grande *perméabilité magnétique*, une tige de fer
doux, que l'on place dans le champ intérieur d'une bobine, offre
aux lignes de force un passage facile; celles-ci s'y concentrent en
grand nombre et le barreau s'aimante énergiquement; l'aimantation, toutefois, au lieu d'être permanente comme celle de l'acier,
disparaît aussitôt que le courant cesse de passer.

On donne le nom d'*électro-aimants* à un noyau de fer entouré
d'une bobine magnétisante. Outre qu'ils permettent de réaliser la
construction d'appareils beaucoup plus puissants que les aimants
permanents d'acier, les électro-aimants ont la propriété caractéristique et très importante de constituer
des aimants *temporaires*, c'est-à-dire que
l'aimantation du noyau, pourvu qu'il ne
soit plus trop long et qu'il soit de fer
très pur, est entièrement *subordonnée*
au courant qui alimente la bobine magnétisante.

Fig. 331.

On donne le plus souvent aux électro-
aimants la forme de fer à cheval (*fig.* 331).
L'enroulement du fil, qui ne se fait que
sur les extrémités des *noyaux*, est disposé
de façon à obtenir des pôles de noms
contraires en A et en B. On verrait, en
regardant les pôles de l'extérieur, circuler les courants en sens
contraires l'un de l'autre; en un mot, on observe l'enroulement
que l'on obtiendrait, si on l'eût fait dans le même sens d'un
bout à l'autre du noyau, avant de le courber pour lui donner
la forme de fer à cheval.

623. Armatures des électro-aimants. — Un électro-
aimant en forme de fer à cheval n'est complet qu'en autant
qu'on place en regard de ses pôles une pièce de fer doux qu'on
appelle son *armature*. Celle-ci, en venant en contact avec les
pôles de l'électro-aimant, réalise un circuit magnétique fermé;
les lignes de force, qui sortent du pôle nord, gagnent le pôle
sud en passant par l'armature. S'il n'y a pas contact, une légère
couche d'air interrompt le circuit : c'est ce qu'on appelle l'*entre-
fer*. L'épaisseur plus ou moins grande de cette lame d'air produit une diminution très rapide dans l'action de l'électro-aimant

sur son armature. L'air étant plusieurs centaines de fois moins perméable aux lignes de force que le fer, la *réluctance*, suivant l'expression adoptée, devient considérable, et il en résulte une réduction notable de l'aimantation des noyaux.

624. Puissance d'un électro-aimant. — La force avec laquelle l'armature d'un électro-aimant est attirée dépend de plusieurs circonstances diverses. L'effort qu'il faut faire, pour effectuer la séparation de l'armature contre l'attraction magnétique, caractérise ce qu'on désigne sous le nom de *force portante* de l'électro-aimant. On constate que la puissance de ce dernier est proportionnelle à l'*intensité* du courant qui circule dans les bobines, et au *nombre de tours* effectués par le fil. Si l'on représente par *m* la quantité de magnétisme développé, par I l'intensité du courant, et par N le nombre des spires, on peut résumer les conditions précédentes par la formule

$$m = a\mathrm{IN},$$

a étant un facteur constant qui dépend de la quantité, de la qualité et de la forme du fer qui constitue les noyaux. Le produit IN de l'intensité du courant par le nombre de spires s'appelle les *ampère-tours* de la bobine. La formule précédente indique donc que la puissance d'un électro-aimant, du moins jusqu'à une certaine limite, est proportionnelle aux ampère-tours.

625. Magnétisme rémanent. — On remarque que les électro-aimants gardent toujours, après le passage du courant, une légère aimantation qu'on a désignée sous le nom de *magnétisme rémanent;* ce dernier existe surtout dans le fer qui n'est pas chimiquement pur. Dans ces conditions, l'armature reste adhérente aux pôles de l'électro-aimant, mais toute trace d'aimantation disparaît, lorsqu'on ouvre le circuit en détachant l'armature. On évite l'adhérence qui persiste après la suppression du courant par l'interposition d'une feuille de papier entre l'armature et les pôles.

CHAPITRE VI

INDUCTION

I. — LOIS FONDAMENTALES DE L'INDUCTION

626. Courants d'induction. — On donne le nom de *courants d'induction* à des courants instantanés qui se développent dans des circuits métalliques sous l'influence des courants électriques ou des aimants.

Imaginons deux circuits fermés, placés dans le voisinage l'un de l'autre et parallèles entre eux, du moins dans une partie de leur longueur (*fig.* 332), et supposons, de plus, que l'un d'eux contienne une source quelconque de courant électrique, une pile P, par exemple, dont on puisse faire varier l'intensité à volonté; l'autre circuit est relié aux deux bornes d'un galvanomètre G. Faraday, en 1831, a découvert que toute *variation* dans le courant du premier circuit, ou tout mouvement relatif des deux fils, provoque le développement d'un courant électrique dans le circuit voisin, comme l'indique la déviation du galvanomètre G. Le courant qui prend naissance sous l'influence de l'autre s'appelle *courant induit*, et celui qui provoque l'induction se nomme *courant inducteur*.

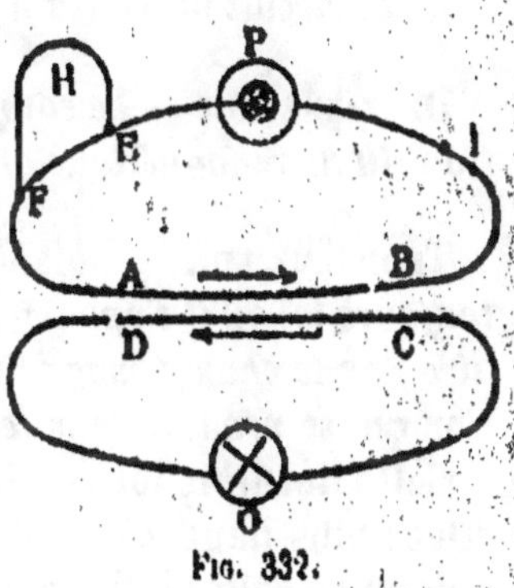

Fig. 332.

Chaque fois que le courant inducteur *commence, s'approche* ou *augmente d'intensité*, il produit dans le circuit voisin un courant induit de *sens inverse* au sien; lorsqu'au contraire le courant inducteur *cesse, s'éloigne* ou *diminue* d'intensité, le courant induit est *direct*, c'est-à-dire *de même sens* que celui qui le provoque.

Puisque les courants électriques engendrent des champs magnétiques identiques à ceux des aimants, on doit s'attendre à ce que ces derniers développent aussi des courants d'induction. Si, en effet, on substitue un aimant au circuit inducteur, on constate la production de courants induits dont le sens est déterminé par l'augmentation ou la diminution de l'intensité du champ inducteur, par le mouvement d'approche ou d'éloignement du barreau aimanté, ou enfin par la nature des pôles en mouvement.

627. Lois de l'induction par les courants et les aimants. — Les résultats précédents peuvent s'interpréter d'une manière plus générale et qui embrasse, d'un seul coup, l'ensemble des phénomènes.

La production des courants d'induction se réduit, comme cause unique, à la *variation du champ magnétique*, émanant soit d'un courant, soit d'un aimant, qui traverse le circuit soumis à l'influence, ce qu'on peut exprimer par les trois lois suivantes :

PREMIÈRE LOI. — *Toute variation du champ magnétique, quelle que soit son origine, qui traverse l'intérieur d'un circuit fermé, produit dans ce circuit un courant d'induction.*

DEUXIÈME LOI. — *Le courant induit ne dure que pendant la variation du flux magnétique qui traverse le circuit.*

TROISIÈME LOI. — **Loi de Lenz.** — *Le sens du courant induit est toujours tel qu'il s'oppose, par son action électromagnétique, c'est-à-dire par le champ magnétique qu'il engendre lui-même, à la variation qui se produit dans le champ inducteur.*

Cette dernière loi rend compte des expériences que nous avons citées plus haut (626). Si, en effet, le courant d'induction prend naissance sous l'influence d'un champ qui *diminue*, il devra tendre à *contrarier* cette diminution, c'est-à-dire à l'augmenter, en produisant un champ magnétique de *même sens*; s'il y a *augmentation* dans le champ inducteur, le courant induit, par son action électromagnétique, s'opposera à cet accroissement, en créant un flux magnétique de *sens contraire*.

Enfin, si la variation est due à un *déplacement relatif* des deux circuits, le courant induit devra s'opposer à ce déplacement. Or nous savons que deux courants parallèles et de sens contraires se repoussent; il en résulte qu'un courant induit, engendré par le *rapprochement* des circuits, doit être de *sens contraire* au courant inducteur, puisqu'il doit s'opposer à la cause de sa production, c'est-à-dire au mouvement d'approche.

628. Vérification expérimentale. — Les expériences suivantes, dues à Faraday, démontrent les principaux phénomènes de l'induction :

Les deux bornes d'un galvanomètre G (*fig.* 333) sont reliées à une bobine creuse B dans laquelle des courants induits pourront

Fig. 333.

se développer ; une deuxième bobine A, alimentée par la pile V, peut s'introduire dans la première, mais sans communiquer avec elle, et sert de circuit inducteur.

Dès que le courant est établi, la déviation du galvanomètre indique aussitôt la production d'un courant dans la bobine B. Le galvanomètre, en outre, revient tout de suite au zéro, ce qui prouve que le courant induit ne dure que pendant la *variation* du champ magnétique engendré par le courant inducteur.

Si l'on interrompt brusquement le courant de la pile, l'on constate encore un courant induit, mais de sens contraire au précédent.

Il en sera de même, si l'on introduit brusquement la bobine A dans B, ou si on la retire avec rapidité.

Les courants induits sont plus intenses, lorsqu'on place un noyau de fer doux dans la bobine inductrice; celui-ci s'aimante par le passage du courant, et les champs magnétiques produits, toujours de même sens, ajoutent leurs effets inducteurs.

Enfin, on obtient encore des courants induits en introduisant ou en retirant rapidement un barreau aimanté de la bobine B.

629. Courants de Foucault. — Les courants induits peuvent aussi se développer dans des masses métalliques de formes quelconques et se fermer sur eux-mêmes dans l'intérieur du métal. On démontre ce phénomène en faisant tourner un disque de cuivre entre les pôles d'un électro-aimant. Le mouvement se fait avec facilité tant qu'aucun courant ne circule dans les bobines de l'appareil. Dès que les noyaux s'aimantent, le disque s'arrête presque instantanément. Des courants tourbillons qui se développent dans ce disque s'opposent, d'après la loi de Lenz, à la cause qui les produit, c'est-à-dire au mouvement de rotation, et agissent, par suite, à la façon d'un *frein magnétique*. On leur a donné le nom de *courants de Foucault*, et ce dernier physicien a fait remarquer qu'ils produisent un dégagement de chaleur dans le métal; cette chaleur provient de la transformation de l'énergie mécanique absorbée en énergie calorifique.

630. Force électromotrice d'induction. — La force électromotrice d'un courant induit, assimilable à celle d'un courant ordinaire de durée égale, s'appelle la *force électromotrice d'induction*. Le calcul démontre qu'elle est proportionnelle à la *vitesse de variation* du flux inducteur.

631. Self-induction, extra-courant. — Faraday a découvert qu'un courant dont l'intensité varie donne naissance à un courant d'induction *dans son propre circuit*, et de sens tel qu'il s'oppose à la variation considérée. Ce phénomène d'induction d'un courant sur lui-même s'appelle *self-induction*, et le courant induit développé a reçu le nom d'*extra-courant*.

La self-induction se manifeste surtout dans les circuits qui contiennent des bobines et des électro-aimants. Le sens de l'extra-courant est soumis à la loi de Lenz; si l'on ferme le circuit, l'extra-courant de fermeture sera de *sens inverse* au courant principal, puisqu'il doit contrarier son établissement dans le circuit, de même qu'il s'oppose à son augmentation. Si, au contraire, on ouvre le circuit, le courant ne peut cesser subitement, parce qu'il induit un extra-courant *de même sens* que lui qui tend à le prolonger, ou à le renforcer, s'il décroit. Il en résulte que l'étincelle d'*ouverture* sera plus forte que l'étincelle de *fermeture*; à l'ouverture du circuit, en effet, l'extra-courant s'ajoute au courant principal, tandis que, à la fermeture, ces deux courants se retranchent.

La self-induction peut se comparer au frottement qui contrarie le mouvement des corps; c'est une véritable *inertie électrique*, analogue à l'inertie mécanique.

II. — BOBINE D'INDUCTION. — TRANSFORMATEURS

632. Bobine de Ruhmkorff. — La *bobine de Ruhmkorff* a pour but, au moyen de l'induction électrique, de transformer un courant de *grande intensité* et de *faible tension* en un courant de *faible intensité* et de *haute tension*, de manière à pouvoir répéter toutes les expériences d'électricité à haut potentiel; cet appareil est donc un *transformateur*, qui ne saurait rien produire ni créer de lui-même, mais qui ne fait que changer le mode de manifestation de l'énergie électrique.

La bobine de Ruhmkorff se compose essentiellement d'un noyau de fer doux, ou plutôt d'un faisceau de fils de fer isolés, sur lequel on enroule un premier fil, gros et court, appelé *fil primaire*, et destiné à recevoir le courant qu'on veut transformer. Le *circuit secondaire*, formé d'un fil très long et très fin, est enroulé autour du premier, en ayant soin d'isoler parfaitement le premier circuit du second, ainsi que les différentes spires des deux fils.

Comme le courant qui circule dans le fil primaire est généralement un courant continu, celui d'une pile ou d'un accumulateur, par exemple, il faut, pour que l'induction se produise et qu'il se développe des courants dans le circuit secondaire, interrompre continuellement le courant inducteur. A chaque ouverture et fermeture de ce dernier, des courants induits, alternativement directs et inverses, prennent naissance dans le fil secondaire. A cause de la résistance due à la longueur et à la finesse de ce fil, les courants d'induction seront de faible intensité, mais de potentiel très élevé, de telle sorte que si l'on ménage une interruption s (*fig.* 334) entre les deux extémités du fil induit, des étincelles pourront jaillir à travers l'air.

Fig. 334.

Dans cette transformation effectuée par l'intermédiaire de l'induction, l'énergie électrique n'a pas sensiblement varié. Si l'on représente par E et I la force électromotrice et l'intensité du courant primaire, et par E' et I' celles du courant secondaire, on constate que l'on obtient à peu près

$$EI = E'I'.$$

Seulement, comme la résistance du fil long et fin réduit considérablement la valeur de I', il faut nécessairement que E' augmente dans de grandes proportions.

L'on sait, en outre, que la force électromotrice d'induction est proportionnelle à la vitesse de variation du flux magnétique inducteur. Il importe donc que l'interruption du courant primaire soit très rapide. La figure 334 représente en D l'interrupteur à mercure de Foucault. Il se compose d'un levier MD

pouvant osciller par la flexion de la lame élastique EF. L'extrémité M porte une armature de fer doux, tandis que l'autre est
armée d'une pointe C plongeant dans du mercure recouvert d'alcool. Le courant qui suit le chemin indiqué par les flèches,
pénètre dans le fil primaire en G, après avoir passé par le mercure
et la tige C. A ce moment, l'armature M est attirée, la lame élastique s'incline, et la pointe C, en sortant du mercure, interrompt
le courant dans l'alcool. Le noyau de fer doux se désaimante
alors, et l'élasticité de la lame EF fait plonger de nouveau la
pointe C dans le mercure, et ainsi de suite à chaque oscillation.
Cet appareil produit une interruption très brusque, parce que
l'alcool est un excellent diélectrique.

On emploie souvent, dans les grosses bobines, des interrupteurs
séparés que l'on alimente avec un courant auxiliaire, ou encore,
par un dispositif approprié, avec le courant inducteur lui-même.

On augmente beaucoup la force électromotrice d'induction dans
le fil secondaire, lorsqu'on place un condensateur de grande
capacité dans le circuit inducteur, de part et d'autre de l'interrupteur. Ce condensateur, imaginé par Fizeau, est logé dans le
socle de l'appareil et se compose de feuilles d'étain et de papier
paraffiné superposées. Il a pour effet, en se chargeant, d'empêcher l'extra-courant de rupture, qui s'ajoute au courant principal,
de jaillir sous forme d'étincelle à l'interruption et de prolonger l'aimantation du noyau de fer doux, ce qui diminuerait la
vitesse de variation du flux inducteur. Le condensateur, en se
déchargeant de lui-même dans le fil primaire, produit un courant de sens inverse qui détruit l'aimantation et augmente, par
suite, la tension des courants induits.

633. Courants de la bobine de Ruhmkorff. — D'après
les lois de l'induction, on doit recueillir, aux deux bornes du circuit secondaire, des courants dont le sens est périodiquement
renversé, puisque ces courants prennent naissance à l'ouverture
et à la fermeture du circuit primaire par le jeu de l'interrupteur.
Toutefois, si l'on écarte suffisamment les extrémités du fil secondaire, on constate que les courants induits *directs*, c'est-à-dire de
même sens que le courant inducteur, traversent plus facilement
la couche d'air que les autres, et il arrive un moment, pour une
certaine longueur de décharge, où ces courants peuvent seuls se
frayer un chemin.

Les étincelles des grosses bobines de Ruhmkorff sont longues et bruyantes, quoiqu'un peu grêles ; elles peuvent atteindre facilement 45 centimètres de longueur, et produisent des effets calorifiques, lumineux et physiologiques plus considérables que ceux des machines statiques, à cause de l'importance du débit.

On peut condenser l'étincelle des bobines d'induction en plaçant une batterie de condensateurs en dérivation de chaque côté des bornes entre lesquelles elle jaillit. La décharge se fait lorsque le condensateur a accumulé une grande quantité d'électricité, et les étincelles deviennent plus rares, mais plus bruyantes et plus nourries.

Une interruption assez longue du circuit induit permet d'employer la bobine à charger une batterie électrique : il suffit, pour cela, de faire communiquer l'une des extrémités du fil induit avec l'une des armatures, et l'autre avec la seconde armature de la batterie, pourvu qu'il y ait une solution de continuité sur le trajet. Dans ces conditions, le condensateur se charge après quelques étincelles.

634. Rayons cathodiques et rayons X. — Nous avons déjà vu (558) l'effet de la décharge électrique à haute tension dans les tubes de Geissler ; la bobine de Ruhmkorff en produit de semblables, et nous n'y reviendrons pas.

Rayons cathodiques. — Si, dans un tube de Geissler, on pousse le vide jusqu'à quelques millionièmes d'atmosphère (tube de Crookes), la décharge électrique d'une bobine ou d'une machine statique change totalement d'aspect ; les lueurs disparaissent presqu'en entier, l'espace obscur de la cathode (électrode négative) remplit presque tout le tube, et il part de cette dernière des rayons rectilignes dont la direction est indépendante de la position de l'anode, et qui ont la propriété de rendre le verre fluorescent là où ils viennent le frapper : ce sont les *rayons cathodiques*.

Beaucoup d'autres substances s'illuminent par l'action des rayons cathodiques. La fluorescence de l'émeraude est cramoisie, celle du rubis est rouge, celle du diamant, la plus intense, est d'un vert clair, etc.

Les rayons cathodiques sont arrêtés dans leur marche par les métaux ; une croix en aluminium produit une ombre sur le fond du tube. Ils sont, de plus, sensibles à l'aimant : celui-ci les attire ou les repousse, suivant le pôle approché. Enfin, les rayons cathodiques peuvent produire des effets mécaniques et faire tourner de légers moulinets placés sur leur passage ; ils produisent aussi une élévation de température en frappant les parois du tube ; le verre peut s'échauffer jusqu'à la fusion.

Rayons X. — Les rayons cathodiques, après avoir frappé une matière solide quelconque, la paroi du tube de Crookes, par exemple, donnent naissance à d'autres rayons, de nature encore inconnue, qui se propagent à l'intérieur du tube en partant de la partie frappée : on les a appelés *rayons X* ou *rayons de Roentgen*, du nom du physicien de Wurtzbourg qui les a remarqués le premier. On emploie souvent, pour les produire, une ampoule comme celle représentée dans la figure 335. Les rayons cathodiques, issus du miroir concave M, viennent frapper une

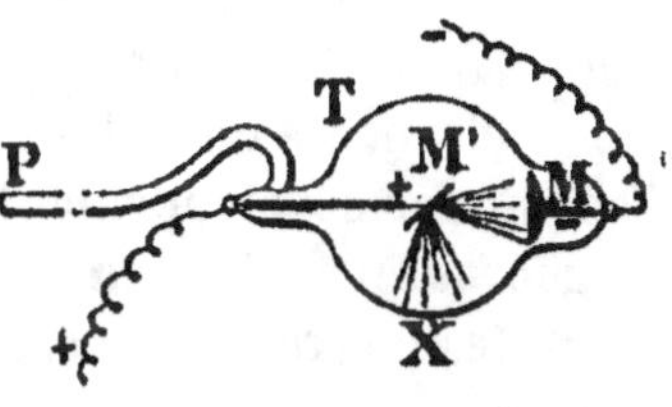

Fig. 335.

lame de platine M' inclinée à 45°. C'est là que les rayons X prennent naissance ; ils traversent ensuite le verre et se propagent finalement à l'extérieur.

Les différentes substances ne se laissent pas également traverser par les rayons X ; le verre et surtout les métaux opposent une grande résistance, et l'on a reconnu tout dernièrement que l'opacité des substances métalliques augmente avec la valeur des *poids atomiques*. Ces rayons passent facilement à travers le diamant, le bois, l'air, le papier, etc., ainsi qu'à travers certains corps opaques pour les rayons lumineux, tandis que certaines substances transparentes à la lumière les arrêtent plus ou moins. Ils se propagent en ligne droite, sont invisibles pour l'œil humain, impressionnent les plaques photographiques, excitent la fluorescence de certains composés, comme le *platinocyanure de baryum*, enfin, traversent les muscles des hommes et des animaux, tandis qu'ils sont interceptés en grande partie par les os. Ils ne sont ni réfléchis, ni réfractés, ni polarisés, comme les rayons lumineux, ne sont pas déviés par l'aimant, et possèdent la curieuse propriété de décharger les corps électrisés.

L'épreuve photographique qu'on obtient au moyen des rayons X porte le nom de *radiographie* ; s'il s'agit de la main que l'on interposé entre une plaque photographique enveloppée de papier noir et un ampoule à rayons X, on obtient une radiographie qui fait voir l'ombre ou la silhouette des os, du moins dans l'épreuve positive sur papier, parce que les os sont plus opaques que la chair.

On peut observer directement l'intérieur de la main ou du corps humain en se servant d'un écran fluorescent, que l'on construit en tamisant du platinocyanure de baryum sur une feuille de carton; cet examen constitue la *radioscopie*. Elle permet de voir le squelette osseux, sous forme d'ombres, au milieu des autres parties qui se laissent plus facilement traverser. Les applications médicales, au point de vue du diagnostic, sont de la plus haute importance. C'est ainsi que l'on peut constater la présence de corps étrangers dans l'organisme, apercevoir des anévrismes de l'aorte, des développements anormaux du cœur, etc. — On distingue aussi facilement, au moyen des rayons X, les diamants vrais des pierres fausses.

635. Transformateurs proprement dits. — Les transformateurs industriels ont pour but, par l'intermédiaire des lois de l'induction, de transformer les courants alternatifs, en leur donnant une nouvelle force électromotrice et une nouvelle intensité. Comme dans la bobine d'induction, la transformation se fait toujours dans des conditions telles que l'on ait à peu près

$$EI = E'I';$$

seulement, elle s'opère ordinairement en sens inverse, c'est-à-dire que l'on transforme un courant de faible intensité et de haute tension en un courant de faible force électromotrice et de grande intensité. Pour obtenir ce résultat, on fait passer le courant à transformer dans un circuit constitué par un fil long et fin, tandis que le circuit secondaire est à fil gros et court. Dans les types de transformateurs à noyau de fer doux, on enroule l'une à côté de l'autre une bobine primaire et une bobine secondaire, et l'on répète la même succession jusqu'à ce que l'anneau de fer, qui réalise un circuit magnétique fermé, soit complètement couvert par ces deux espèces de bobines. Le courant alternatif, par le fait que son intensité varie continuellement et qu'il change de sens un nombre de fois très grand par seconde, produit dans le noyau un flux magnétique variable qui engendre des courants induits dans les bobines secondaires; ces courants seront de grande intensité et de faible potentiel, si le circuit induit est à fil gros et court. En général, les valeurs relatives de E et de I dépendent du nombre de spires dans les deux circuits, puisque la force électromotrice dépend du nombre de ces spires; quant à l'intensité, elle varie en sens inverse de la force électromotrice.

On construit aussi un autre type de transformateurs dits à *enveloppe* de fer doux, c'est-à-dire que les deux circuits, enroulés ensemble, constituent le noyar de l'appareil autour duquel on dispose un cylindre en fil de fer. Dans les deux genres d'appareils, il n'y a pas d'interrupteur, à cause de l'emploi des courants alternatifs, de sorte qu'ils ne contiennent aucune pièce mobile.

Dans la pratique, la transformation ne se fait pas sans pertes, à cause de l'échauffement des fils et des courants de Foucault dans l'anneau de fer. On arrive cependant, dans les appareils bien construits, à un rendement de 95 0/0.

REMARQUE. — Les transformateurs sont précieux pour la distribution de l'énergie électrique à longue distance. On démontre, en effet, qu'il y a avantage de se servir, dans ce cas, de courants à potentiel très élevé.

Supposons, par exemple, qu'on veuille transporter une énergie EI de 50,000 watts. La distribution pourra se faire avec un courant de 500 volts et 100 ampères, ou bien avec une intensité de 10 ampères sous 5,000 volts. Or, dans le premier mode de distribution, l'intensité I est 10 fois plus grande que I', dans le second, et l'on sait que les pertes sont deus à une production de chaleur égale, suivant la loi de Joule, à I^2R, pendant l'unité de temps.

On aura donc $I^2 = 100\ I'^2$. Si l'on veut limiter la perte à $\frac{1}{10}$ de 50,000 watts, on doit avoir :

$$I^2R = 5000, \qquad \text{et} \qquad I'^2R' = 5000,$$

d'où,

$$R = \frac{5000}{I^2}, \qquad \text{et} \qquad R' = \frac{5000}{I'^2},$$

c'est-à-dire

$$R' = \frac{5000 \times 100}{I^2}.$$

La résistance, dans le second mode, peut donc être 100 fois plus grande que dans le premier. On pourra donc se servir d'un fil 100 fois plus léger, beaucoup plus fin, et, par suite, 100 fois moins dispendieux.

Pour arriver à ce résultat, on installe, à la station de départ, un premier transformateur qui élève le potentiel et diminue l'intensité, et c'est ce courant qui se propage dans le fil de ligne. A la station d'arrivée, un deuxième transformateur, fonctionnant à l'inverse du premier, élève l'intensité du courant et ramène la force électromotrice à une valeur moyenne qui permet d'utiliser l'énergie électrique pour les usages ordinaires.

CHAPITRE VII

. GALVANOMÈTRES

636. Définition et principe des galvanomètres. — On donne le nom de *galvanomètres* à des appareils qui servent à révéler l'existence d'un courant électrique et à en mesurer l'intensité. On parvient à ce résultat soit par la déviation d'une aiguille aimantée, comme dans l'expérience d'Œrsted (613), soit par le mouvement d'un courant mobile dans un champ magnétique fixe.

Dans les premiers types de galvanomètres, on enroule le fil, destiné à recevoir le courant que l'on veut mesurer, autour d'un cadre analogue au multiplicateur de Schweigger, et l'on place une aiguille aimantée dans son intérieur. On emploie, dans les appareils modernes, de petites aiguilles, et l'on dispose les choses de telle sorte que les deux pôles se déplacent dans un champ magnétique uniforme; il importe aussi de n'observer que de petites déviations.

L'aiguille est alors soumise à deux champs rectangulaires et uniformes, l'un créé par le passage du courant, et l'autre dû au magnétisme terrestre. Chaque pôle de l'aiguille est sollicité par deux forces rectangulaires qui donnent, d'après la règle du parallélogramme des forces, une résultante dans la direction de laquelle l'aimant vient se placer. Si les déviations sont très petites, les intensités des courants qui circulent dans le cadre sont proportionnelles aux *tangentes* des déviations. Comme les tangentes, dans ces conditions, se confondent avec les arcs, les intensités sont mesurées par les déviations elles-mêmes. Il faut recourir aux graduations empiriques, lorsque le champ magnétique du courant n'est pas uniforme.

Remarques. — 1° Pour observer de très petites déviations, on emploie la méthode dite de Poggendorff; elle consiste à placer un petit miroir sur le fil suspenseur de l'aiguille, et à mesurer, sur une règle graduée les déviations amplifiées par la réflexion d'un rayon lumineux.

2° Le calcul démontre que la sensibilité d'un galvanomètre est proportionnelle à l'intensité du champ créé par le courant à mesurer, et en raison inverse de la valeur de l'action directrice de la terre.

On donne des formes particulières aux cadres pour augmenter l'action du courant. Quant à l'influence de la terre, on la diminue soit en employant un *aimant compensateur* que l'on peut approcher plus ou moins de l'aiaimant mobile et qui détermine un champ de sens contraire à celui de cette dernière, soit au moyen d'un système *astatique d'aiguilles aimantées*. Deux aiguilles AB et A'B' (*fig.* 336), reliées invariablement l'une à l'autre par une tige métallique, sont disposées de telle façon que les pôles de noms contraires soient en regard. L'action de la terre est nul sur un tel système, mais, comme l'une des aiguilles est toujours un

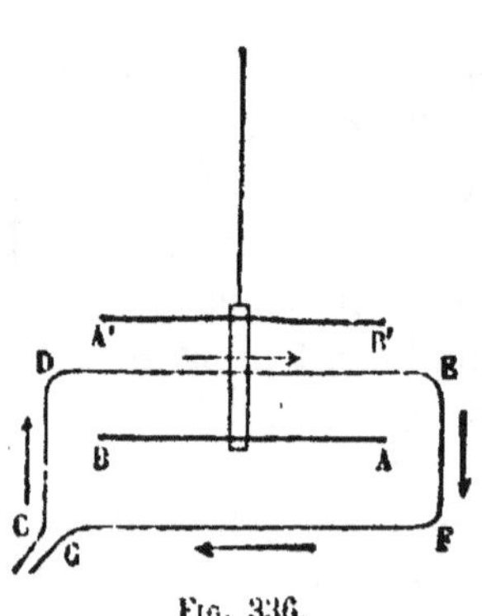

Fig. 336.

peu plus aimantée que l'autre, l'ensemble est encore faiblement dirigé par la terre, et le moindre courant suffit pour effectuer une forte déviation. Si l'on enroule le fil autour de l'aiguille inférieure seulement (*fig.* 336), on reconnaît, en appliquant la règle d'Ampère, que toutes les actions des différentes parties du fil sont concordantes, sauf celles des parties DC, GF et FE sur l'aiguille supérieure; mais ces actions sont amplement compensées, à cause de la proximité de A'B',

par l'action de DE, de sorte que la présence de l'aiguille supérieure a pour effet, en définitive, de diminuer l'influence de la terre et d'augmenter celle du courant.

3° L'aiguille supérieure se meut ordinairement au-dessus d'un disque de cuivre, afin d'amortir les oscillations qui font que le système mobile ne revient au zéro qu'après un temps plus ou moins long. Le mouvement oscillatoire de l'aimant a pour effet de développer dans le cuivre des courants de Foucault qui s'opposent à la cause de leur production.

4° Dans le galvanomètre de lord Kelvin, le plus sensible que l'on connaisse et très employé pour les mesures précises, chaque aiguille (*fig.* 337) est entourée d'une bobine, et le courant circule en sens contraire dans les deux enroulements. De cette façon, le système astatique tend à être dévié du même côté.

5° Ordinairement, on réduit l'intensité du courant à mesurer, pour n'obtenir que de faibles déviations, en ne laissant passer dans le galvanomètre qu'une fraction connue de ce courant. A cet effet, on emploie un *shunt*, c'est-à-dire une dérivation constituée par des bobines de fils plus ou moins résistants que l'on installe entre les bornes du galvanomètre.

Fig. 337.

637. Galvanomètre Desprez-d'Arsonval. — Dans cet appareil, le champ magnétique est fixe et le courant est mobile.

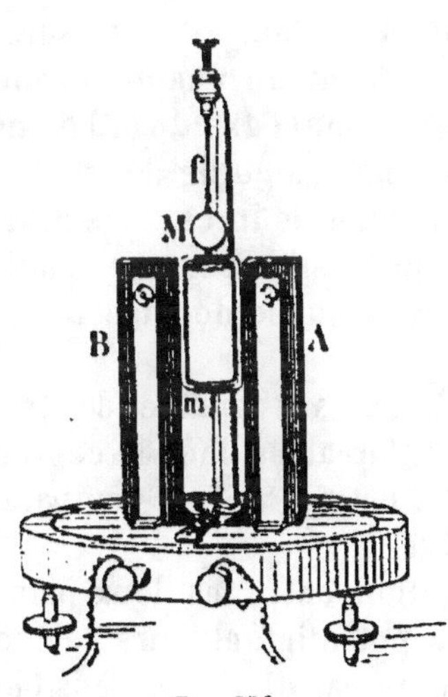

Fig. 338.

Il se compose d'un aimant énergique en fer à cheval (*fig.* 338) entre les pôles duquel est disposé un fil en forme de cadre rectangulaire *m* suspendu par un fil d'argent *f*. Le courant, dont on veut mesurer l'intensité, est lancé dans ce cadre qui devient, dès lors, un circuit fermé mobile dans un champ magnétique; il tend donc à se mettre en croix avec la direction du champ, de façon, d'après la règle de Maxwell, à absorber le plus grand nombre de lignes de force par sa face négative. La déviation du cadre est limitée par la torsion du fil d'argent, et, pour de petites déviations, que l'on mesure par la méthode du rayon lumineux, l'intensité du courant est sensiblement proportionnelle à la tangente de l'angle d'écart.

Cet appareil possède la précieuse propriété d'être *apériodique*, c'est-à-dire que le partie mobile n'oscille pas après l'interruption du courant, mais revient immédiatement à la position d'équilibre. Il suffit, pour atteindre ce but, de mettre le cadre en court-circuit avec un fil de résistance faible ; le déplacement du cadre dans un champ magnétique intense engendre des courants d'induction qui amortissent complètement les oscillations.

638. Ampèremètres et voltmètres. — Dans l'industrie, on mesure directement l'intensité des courants et la différence de potentiel entre deux points au moyen d'appareils particuliers appelés *ampèremètres* et *voltmètres;* ils ne diffèrent les uns des autres que par la longueur et la section des fils employés pour leur construction.

Ces instruments se composent (*fig.* 339) de deux aimants NS et

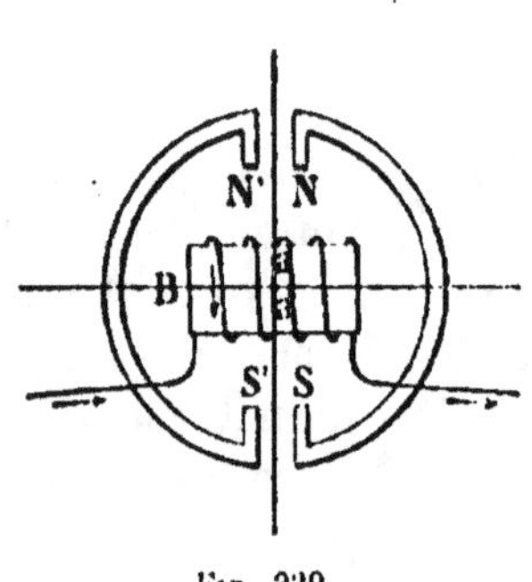

Fig. 339.

N'S' dans le champ magnétique desquels on place un petit barreau de fer doux *aa'*; ce dernier s'aimante par influence et s'oriente dans la direction du champ. Le barreau est placé à l'intérieur d'une bobine B dans laquelle on fait passer le courant à mesurer. Celui-ci, en créant un champ magnétique dirigé suivant l'axe de la bobine, tend à entraîner l'aiguille de fer dans le sens des lignes de force, et la déviation est rendue visible par une aiguille solidaire du barreau mobile intérieur, et qui se déplace devant un cadran gradué.

Les bobines des *ampèremètres* sont à fil gros et court, et de résistance pratiquement nulle ; elles sont intercalées dans le courant même à mesurer. Le cadran est gradué en *ampères* par comparaison avec un voltamètre à azotate d'argent.

Les *voltmètres* se placent en dérivation entre les deux points dont on veut mesurer la différence de potentiel, et leurs bobines sont à fil très long et très fin, afin de ne pas diminuer sensiblement la différence de potentiel à évaluer. Comme la résistance de la bobine est constante, c, dans la formule d'Ohm $c = ir$, est proportionnel à i, et, par suite, à la déviation.

CHAPITRE VIII

UNITÉS ÉLECTROMAGNÉTIQUES

639. Unités électriques. — L'on sait que les unités *fondamentales* du système C. G. S. sont le centimètre, le gramme et la seconde. Les grandeurs électriques sont reliées aux grandeurs mécaniques en partant d'un point de départ qui est, dans le *système électromagnétique*, le plus important et le plus en usage, la quantité de magnétisme telle que définie par les lois de Coulomb. Les unités de ce système portent le nom d'unités *dérivées* C. G. S. Toutefois, ces unités sont ou trop grandes ou trop petites par rapport aux quantités que l'on mesure ordinairement dans l'industrie et dans le cours des expériences. C'est pour remédier à cet inconvénient que l'on a adopté des unités *pratiques;* ces dernières sont des multiples ou des sous-multiples des premières, et l'on choisit ceux qui conviennent le mieux aux grandeurs à évaluer. Nous donnerons de nouveau, pour la commodité de l'étude, les définitions des principales unités *dérivées* et *pratiques*, dont nous avons déjà eu l'occasion de parler dans les différentes parties de l'électricité.

1° **Unité C. G. S. de résistance.** — C'est la résistance d'un conducteur qui, traversé par un courant ayant l'unité C. G. S. d'intensité pendant 1 seconde, dégage une quantité de chaleur équivalente au travail mécanique de 1 erg.

L'unité *pratique* de résistance est l'*ohm*, dont la valeur est 10^9 unités C. G. S. de résistance. C'est la résistance d'une colonne de mercure pur, à 0°, de 106,3 centimètres de longueur et de 1 millimètre carré de section.

2° **Unité C. G. S. de force électromotrice.** — C'est la différence de potentiel qui existe aux extrémités d'un conducteur ayant l'unité C. G. S. de résistance, parcouru par l'unité C. G. S. de courant.

Le *volt*, unité *pratique* de force électromotrice, vaut 10^8 unités C. G. S. de force électromotrice ou de différence de potentiel. Il est à peu près représenté par la force électromotrice d'un élément Daniell.

3° **Unité C. G. S. d'intensité.** — L'unité C. G. S. électromagnétique *d'intensité* est l'intensité d'un courant de longueur égale à 1 centimètre, qui exerce sur un pôle d'aimant ayant *l'unité de masse magnétique*, situé à 1 centimètre dans une direction normale au courant, une force égale à 1 *dyne*.

L'unité *pratique* d'intensité de courant a été appelée *ampère*; sa valeur est 10^{-1} d'unité C. G. S. C'est l'intensité du courant produit dans une force électromotrice de 1 *volt* dans un conducteur présentant une résistance de 1 *ohm*.

4° L'unité *pratique* de *puissance* est le *watt*; le watt vaut 10^7 unités C. G. S. d'énergie, ou 10^7 ergs développés par seconde. C'est environ le dixième d'un kilogrammètre par seconde.

5° Le *coulomb*, unité *pratique* de *quantité* d'électricité, est la quantité mise en jeu, pendant une seconde, dans un courant de 1 ampère.

6° L'unité *pratique de capacité*, ou le *farad*, est celle d'un condensateur qui se charge de 1 coulomb, lorsqu'on établit, entre ses armatures, une différence de potentiel égale à 1 volt.

On emploie, en pratique, le *microfarad*, ou la millionième partie du farad.

CHAPITRE IX

MACHINES MAGNÉTO ET DYNAMO-ÉLECTRIQUES

—

I. — MACHINES A COURANTS CONTINUS ET A COURANTS ALTERNATIFS

640. Définitions et classification des machines d'induction. — On donne le nom générique de *machines d'induction* à des appareils qui transforment, par l'intermédiaire de l'induction, l'énergie mécanique en énergie électrique.

Ces machines se divisent en machines *magnéto-électriques* et *dynamo-électriques*, suivant que le système inducteur est un *aimant permanent* ou un *électro-aimant*.

Les machines dynamo-électriques, en particulier, peuvent produire des *courants continus* ou des *courants alternatifs*.

Nous nous occuperons d'abord des machines à courants continus. Le principe du fonctionnement est le même, que la machine soit magnéto ou dynamo-électrique ; les dernières ne diffèrent des autres que par la production du champ magnétique inducteur.

641. Principe des machines d'induction à courants continus. — Les machines magnéto ou dynamo-électriques se composent essentiellement de trois parties : l'*inducteur*, l'*induit* et le *collecteur*.

Dans les machines Gramme, que nous choisirons comme types, l'induit est constitué par un anneau de fer doux pouvant tourner, par une force mécanique quelconque, entre les pôles d'un aimant ou d'un électro-aimant (*fig.* 340). Cet anneau s'ainuante par influence et présente toujours, malgré sa rotation, des pôles *n* et *s* de noms contraires à ceux de l'aimant inducteur.

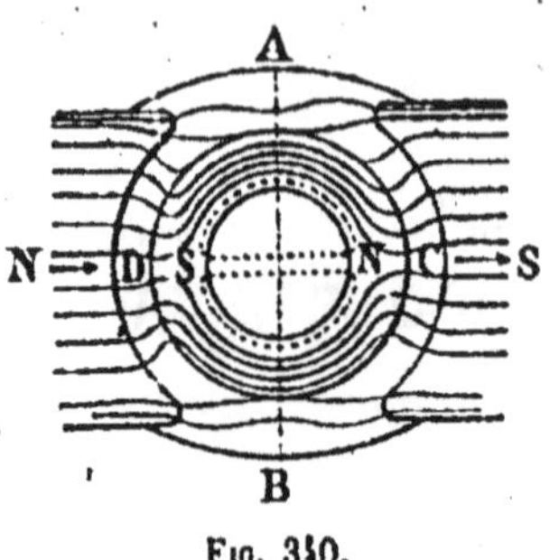

Fig. 340.

A cause de la grande perméabilité du fer, les lignes de force, comme l'indique la figure, passent en grande partie par l'anneau et se concentrent principalement dans la section AB, tandis qu'un très petit nombre se propage à l'extérieur ou par la pièce de bois qui occupe l'intérieur. Au point de vue de la disposition et de la concentration des lignes de force, tout se passe donc comme si l'anneau restait immobile. De plus, ce dernier est aussi rapproché que possible des pièces polaires, afin de diminuer l'*entrefer*, c'est-à-dire l'espace d'air qui les sépare.

La figure 341 donne une idée de l'enroulement du fil induit autour de l'anneau. Le fil est disposé sous forme de bobines formées de nombreuses spires bien isolées les unes des autres. Dans la figure 341, on n'a représenté qu'une seule spire par bobine. Ces bobines sont construites de telle façon que l'extrémité du fil, terminant la première, est soudée au bout du fil qui commence la suivante ; le conducteur qui recouvre tout l'anneau constitue donc un circuit fermé sur lui-même. Chaque soudure

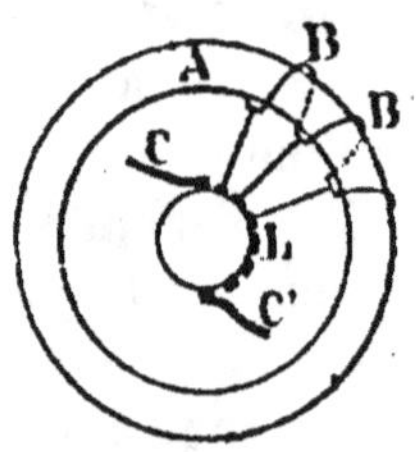

Fig. 341.

communique métalliquement avec des lames de cuivre, vues suivant une section en L, isolées les unes des autres par des bandes de mica, et qui forment, par leur ensemble, un cylindre appelé *collecteur*. En deux points opposés de ce collecteur, s'appuient des *balais* C et C' en fils de cuivre ; ils constituent les bornes du circuit extérieur.

Fonctionnement. — Pour expliquer la production et le sens des courants induits qui se développent dans les bobines, il revient au même de supposer ces dernières glissant sur l'anneau immobile, ou l'anneau en rotation et entraînant les spires ; dans les deux cas, en effet, le champ conserve toujours une forme invariable, et les pôles développés dans le fer sont toujours aux mêmes points de l'espace.

Supposons, pour plus de simplicité, une seule spire glissant
sur l'anneau fixe, et occupant successivement les positions 1, 2,
3 et 4, dans le champ magnétique de l'anneau (*fig.* 342). En M, le
flux magnétique qui traverse la spire est *maximum*, et diminue
pour devenir *nul* en n, puisque, à cet endroit, la spire est dans le
plan des lignes de force ; de n à M', le flux augmente, redevient
maximum en M', puis décroît de M'
en s où il passe par un minimum,
pour augmenter ensuite jusqu'à sa
première valeur en M.

La spire 1, en se rapprochant de
M, est traversée par un flux croissant. Le courant induit qui se développe doit produire un champ de
sens contraire au flux inducteur, et,
par suite, d'après la règle du tire-
bouchon, le courant circule dans
le sens de la flèche. De M en n, le
flux décroît, le champ engendré par

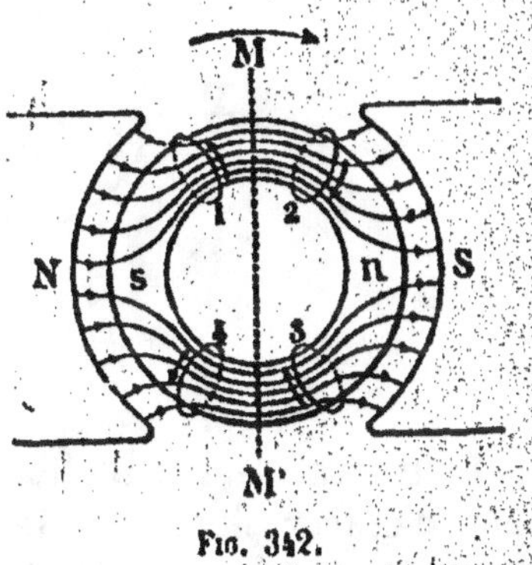

Fig. 342.

la spire doit être de même sens, et le courant, par conséquent,
doit se faire dans le sens indiqué également par la flèche 2.

En poursuivant le même raisonnement pour les autres positions, on reconnaît que toutes les spires, situées à droite de la
ligne MM', sont parcourues par des courants de même sens, et
que celles situées à gauche engendrent des courants de sens
contraire aux premiers. Le changement de sens se fait lorsque
les spires passent par la section MM' de l'anneau ; à ces deux
endroits, le flux qui traverse les spires est maximum, mais la
variation est sensiblement nulle, et il n'y a pas de force électromotrice d'induction. Cette ligne MM' s'appelle la *ligne neutre*. Au
contraire, c'est en n et en s que le champ varie le plus vite et que
l'induction est maximum.

Les sommes des courants développés de chaque côté de la
ligne neutre étant égales, par raison de symétrie, ces courants
se détruiraient sans cesse, si le fil qui constitue les bobines se fermait sur lui-même ; ce serait le cas de deux piles égales P et P'
montées en opposition, quand le fil AB est supprimé (*fig.* 343).
Mais si on fixe les deux extrémités d'un circuit extérieur à deux
balais qui relient les deux lames du collecteur correspondant aux
points M et M' (*fig.* 342) de la ligne neutre, les courants engendrés

dans les deux moitiés de l'anneau s'ajoutent dans ce circuit, comme
ils s'ajoutent pour les piles P et P' (*fig.* 343), lorsqu'on unit les
points A et B par un conducteur. On obtiendra alors des courants
continus, sans être toutefois rigoureusement uniformes.

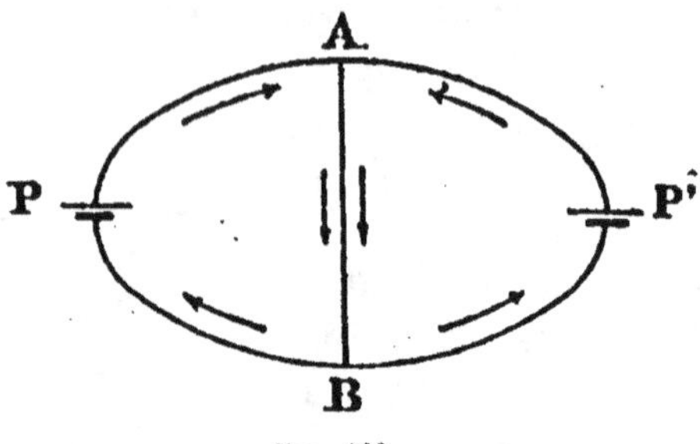

Fig. 343.

Remarque. — Les limites de cet ouvrage ne nous permettent
pas d'entrer dans les détails de construction des machines
magnéto et dynamo-électriques. Nous n'avons décrit que les
parties essentielles, nécessaires pour faire comprendre le principe de ces appareils, et nous laisserons de côté l'étude des machines magnéto-électriques qui n'ont pas, pour ainsi dire, d'applications industrielles.

Ajoutons, toutefois, que l'anneau Gramme n'est pas le seul
employé. On se sert souvent d'induits sphériques et d'induits à
disques, ainsi que de l'induit à tambour de Siemens. Ce dernier
est un cylindre en fer doux sur lequel le fil, sectionné en bobines,
est enroulé parallèlement à l'axe. Les induits à anneau et à tambour ne sont jamais d'une seule pièce, afin d'éviter les courants
de Foucault. L'anneau Gramme est formé de fils de fer, et les
induits à tambour de feuilles de tôle isolées les unes des autres.

642. Machines industrielles. — Les différents types de
machines dynamo-électriques, employées dans l'industrie, sont
très nombreux. La figure 344 représente, à titre d'exemple, la
machine Gramme désignée sous le nom de *type supérieur*. Les
pièces polaires de l'électro-aimant inducteur sont situées à la
partie supérieure et entourent presque complètement l'anneau.
Celui-ci, en tournant, entraîne le collecteur, composé d'autant de
lames qu'il y a de bobines dans l'induit, et les courants engendrés sont recueillis par deux paires de balais en fils de cuivre.

Enfin le fil excitateur de l'électro-aimant est enroulé à la partie inférieure des noyaux de fer. Les machines de ce genre peuvent développer, suivant leurs dimensions, des courants dont les

Fig. 311.

intensités varient de 600 à 1.000 ampères, avec une force électro-motrice de 110 à 2.000 volts.

643. Modes divers d'excitation. — Il est indispensable, dans les machines dynamo-électriques, d'exciter les électro-aimants par un courant quelconque.

Le système le plus pratique est : utiliser une partie ou tout le courant produit par l'induit lui-même. Quand on dirige tout le courant de l'armature (induit) dans l'électro-aimant, on a l'*excitation en série*, c'est-à-dire que le fil extérieur, l'induit et l'inducteur ne constituent qu'un seul circuit. La machine s'*amorce* grâce au magnétisme rémanent qui existe toujours dans les noyaux. Les courants développés sont faibles au début, mais, en circulant dans le fil de l'électro-aimant, ils augmentent l'aimantation des noyaux, jusqu'à ce que la machine ait atteint son régime régulier. Ces machines présentent l'inconvénient de ne pouvoir s'amorcer, si la résistance extérieure est trop grande.

Dans d'autres types de machines, comme celle d'Edison, l'inducteur ne reçoit qu'une dérivée du courant engendré par l'armature : c'est l'*excitation en dérivation*.

Enfin, dans d'autres machines appelées *machines compound*, l'inducteur reçoit simultanément le courant principal et un courant dérivé : c'est l'*excitation compound*, qui produit d'excellents résultats.

Ces différents types de machines portent le nom d'*auto-excitatrices*.

644. Machines à courants alternatifs ou alternateurs. — Un courant alternatif est celui qui change de *signe*, c'est-à-dire de sens, un certain nombre de fois par seconde. Une machine dynamo-électrique sans collecteur est forcément un alternateur, puisque chaque bobine, en traversant alternativement des champs qui croissent et décroissent, devient chaque fois le siège d'un renversement de courant.

Les types d'alternateurs industriels sont très nombreux. Nous ne décrirons, pour faire comprendre l'origine des courants alternatifs, que la machine Gramme à induit fixe.

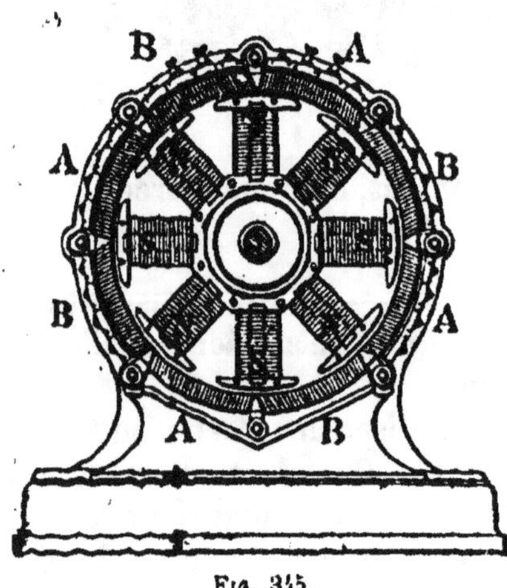

Fig. 345.

Cette machine se compose d'un tambour cylindrique (*fig.* 345) en fer doux recouvert de nombreuses spires de fils de cuivre qui se divisent en huit bobines enroulées alternativement en sens contraires. Ces bobines constituent l'induit, et ses deux extrémités aboutissent aux bornes du circuit extérieur. L'inducteur mobile se compose de huit électro-aimants dont les pôles, par un enroulement convenable du fil, sont alternativement nord et sud. Ces électro-aimants sont excités par une petite machine dynamo-électrique à courant continu, montée ordinairemet sur le même arbre que celui autour duquel tourne l'inducteur.

Pendant le mouvement de rotation de ce dernier, le flux magnétique induit dans le noyau circulaire, entraîné par les pôles des électro-aimants, traverse les différentes bobines et engendre des courants d'induction dans les spires. Il est facile de comprendre que, à un même instant, toutes les bobines A occupent la même position par rapport aux pôles N, et il en est de même des bobines B par rapport aux pôles S. Les forces électromotrices d'induction sont donc de sens contraires dans les deux séries A et B, mais, comme les enroulements de deux bobines consécutives sont faits en sens inverses, les forces électromotrices s'ajoutent au même instant dans l'ensemble de toutes les spires. Après un huitième de tour, les pôles N se sont substitués aux pôles S, et, à ce moment, les forces électromotrices sont toutes de sens contraire aux précédentes. Le courant change donc huit fois de sens dans l'intervalle d'une rotation de l'inducteur.

Comme les bobines induites sont fixes, on peut les grouper en série ou en batterie, comme les piles, et les courants produits seront à haut potentiel ou à grande intensité. — Les alternateurs industriels fournissent des courants dont le sens change de 100 à 150 fois par seconde.

REMARQUES. — 1° Dans plusieurs types d'alternateurs, l'induit est mobile et l'inducteur est fixe. Dans ce cas, les deux extrémités du fil induit communiquent à deux anneaux isolés l'un de l'autre et fixés sur l'arbre. Deux balais qui frottent sur ces anneaux servent de bornes au circuit extérieur.

2° L'intensité d'un courant alternatif varie à chaque instant. On appelle *intensité efficace* celle d'un courant continu qui dégagerait la même quantité de chaleur dans le même temps et dans le même conducteur.

645. Usages des courants alternatifs. — Les courants alternatifs sont employés pour les usages où l'on utilise le pouvoir calorifique des courants, parce que la quantité de chaleur développée, I^2R, est indépendante du signe du courant. En outre, on produit plus facilement, avec des alternateurs, des potentiels élevés qu'avec les machines à courants continus ; en effet, la force électromotrice d'induction est d'autant plus grande que la machine tourne plus vite. Dans le cas de grandes vitesses, une machine à courants continus produirait des étincelles désastreuses aux balais, ce qui ne peut arriver dans les alternateurs, parce qu'ils n'ont pas de collecteur. Ces machines se prêtent donc merveilleusement au transport de l'énergie à distance, puisque, comme nous l'avons prouvé plus haut en parlant des tranformateurs, il y a avantage, dans la solution de cet important problème, de se servir de courants à haut potentiel.

II. — MOTEURS ÉLECTRIQUES

646. Réversibilité des machines magnéto et dynamo-électriques. — Une machine magnéto ou dynamo-électrique, dont l'armature est mise en mouvement par une force mécanique quelconque, engendre des courants induits et réalise la solution du problème de la transformation de *l'énergie mécanique en énergie électrique*. Dans ces conditions, la machine fonctionne comme *génératrice*.

Si l'on fait passer, dans l'armature d'une dynamo, un courant quelconque suffisamment intense, on constate que l'armature se met à tourner et peut mettre en mouvement, au moyen de courroies, les différents appareils employés dans l'industrie ; la machine électrique fonctionne alors comme *réceptrice* et devient un *moteur électrique*, en transformant de *l'énergie électrique en énergie mécanique*.

Les machines dynamo-électriques sont donc *réversibles*, et c'est dans cette transformation réciproque des deux espèces d'énergies, obtenue par l'intermédiaire de ces machines, que consiste le principe de la *réversibilité*.

647. Sens de la rotation de l'armature d'un moteur électrique. — Considérons (*fig.* 342) l'armature d'une dynamo dans laquelle on fait passer un courant dans le sens indiqué par les flèches. Il est facile de voir, en appliquant la règle de Maxwell, que les différentes spires de l'anneau tendent à tourner dans le même sens. La spire 2, par exemple, ira se placer en M, dans le plan MM', parce que c'est à cet endroit où elle embrassera le plus grand nombre de lignes de force par sa face négative. De même, la spire 1 ne sera en équilibre stable qu'en M', pour la même raison. La même règle, appliquée à toutes les spires, démontre que ces dernières tendent à se mouvoir dans le même sens, et que ce sens est *contraire* à celui qui est indiqué par la flèche en M. L'anneau tournera donc en *sens inverse* de celui qu'on devrait lui donner pour que la machine, fonctionnant comme génératrice, engendre un courant de même direction que celui qui l'alimente, quand on l'utilise comme réceptrice.

648. Avantages des moteurs électriques. — Les moteurs électriques sont très répandus dans l'industrie. L'une des principales applications est le *transport de la force motrice à distance* au moyen d'un fil conducteur, ce qui permet d'utiliser les sources mécaniques naturelles, comme les pouvoirs hydrauliques, qui se perdraient autrement, à cause de leur éloignement des centres industriels. Il suffit d'installer une *génératrice* près de la chute d'eau, et l'énergie électrique engendrée se transforme, à l'autre extrémité du fil, en travail mécanique, par le mouvement de la *réceptrice*.

Ajoutons qu'un même courant électrique peut faire mouvoir un grand nombre de moteurs dans la même usine, ce qui supprime l'installation coûteuse et compliquée des arbres de couche, poulies, courroies, etc. En outre, ces moteurs sont indépendants les uns des autres, et peuvent être intercalés ou isolés à volonté de la canalisation.

Les *tramways électriques* constituent une importante application des moteurs électriques, et remplacent avantageusement la traction pour les chevaux. Le courant de la génératrice, arrivant par un fil aérien, comme dans le système à *trolley*, ou par l'un des rails, fait tourner un moteur installé sous la voiture ; ce mouvement est ensuite communiqué aux roues motrices.

CHAPITRE X

QUELQUES APPLICATIONS DE L'ÉLECTRICITÉ

I. — ÉCLAIRAGE ÉLECTRIQUE

649. Éclairage par incandescence. — Ce mode d'éclairage électrique est une application de la loi de Joule, c'est-à-dire des effets calorifiques des courants. Ceux-ci, en traversant des conducteurs très résistants, peuvent produire une quantité de chaleur suffisante pour les rendre incandescents.

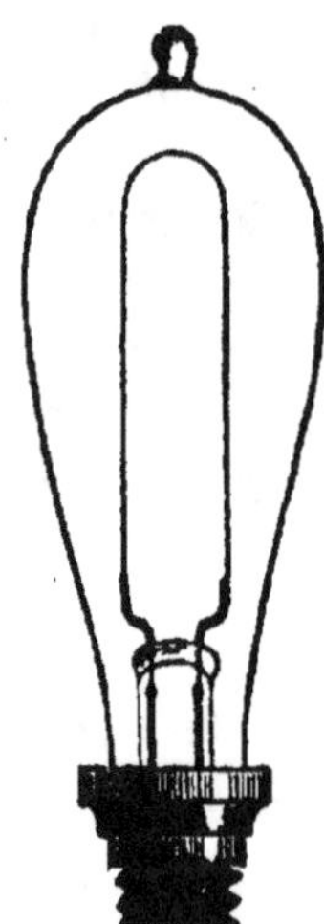

Fig. 346.

Les lampes *à incandescence* ont toutes à peu près la même forme. Elles se composent (*fig.* 346) d'un filament de charbon provenant de la calcination de certaines espèces de bambous du Japon, et auquel on donne la forme de fer à cheval allongé ou d'une boucle. Ce filament est placé dans un globe de verre dans lequel on a fait un vide aussi parfait que possible, pour que le charbon ne brûle pas ; ses deux extrémités sont soudées à deux électrodes de platine qui communiquent, l'une avec le support de l'ampoule, et l'autre avec une tige métallique placée au centre du socle. Lorsqu'on fait passer un courant dans la lampe, le filament devient d'autant plus lumineux que le courant est plus intense.

Les lampes employées ordinairement exigent un courant de 0,5 d'ampère sous 108 à 110 volts. Pour qu'elles soient indépendantes les unes des autres dans une même installation, on les monte en *dérivation* entre deux conducteurs qui partent de la génératrice, et l'on emploie des machines à potentiel constant et à intensité variable. Le voltmètre du tableau de distribution doit indiquer constamment 110 volts, tandis que l'ampèremètre accuse une augmentation d'environ $\frac{1}{2}$ ampère pour chaque lampe allumée.

650. Lampes à arc. — Si l'on établit un courant suffisamment intense dans un circuit contenant deux crayons de charbon qui se touchent, ce courant continue de passer, lorsqu'on éloigne quelque peu les charbons, en donnant une lumière éblouissante qu'on appelle l'*arc électrique*. Le carbone des crayons est vaporisé par la haute température que développe l'énergie électrique, et le courant est, pour ainsi dire, transporté sur un pont de vapeurs incandescentes. L'arc électrique n'est rien autre chose qu'une étincelle de rupture renforcée par la self-induction, et les charbons sont, en quelque sorte, prolongés par l'air chaud et les parcelles solides transportées par le courant.

La production de l'arc électrique a été réalisée pour la première fois par sir Humphry Davy, en 1813, au moyen de deux tiges horizontales de charbon de bois communiquant avec une pile de Volta de 2.000 éléments. Le nom d'*arc électrique* provient du fait que, dans cette expérience, l'espèce de flamme qui jaillit entre les charbons se courbait en forme d'*arc*, sous l'influence d'un courant d'air chaud ascendant. On se sert toujours maintenant de charbons verticaux.

Pour étudier l'arc directement, on projette l'image agrandie des charbons sur un écran, au moyen d'une lentille. On constate alors que l'arc est bien moins lumineux que les pointes des charbons ; celui par lequel arrive le courant, c'est-à-dire le charbon positif, est plus brillant que le négatif et sur une plus grande longueur. D'après M. Violle, la température du charbon positif et de l'arc est d'environ 3500° ; celle du charbon négatif serait de 2500°. Quelle que soit l'intensité du courant et la différence de potentiel aux extrémités de l'arc, quelle que soit aussi la valeur de l'énergie dépensée, la température du charbon positif ne s'élève jamais au-dessus de 3500° ; elle est déterminée par l'ébullition du carbone ; de plus, la molécule de carbone se dédouble.

On remarque qu'il y a transport de particules de charbon dans les deux sens, mais surtout dans le sens du courant, c'est-à-dire

38

du charbon positif au négatif. Dans l'air, les charbons se consument ; le charbon positif brûle environ deux fois plus vite que l'autre. L'usure des charbons est égale, si l'on allume l'arc avec des courants alternatifs. Avec des courants continus, le charbon positif se creuse en forme de cratère, et l'autre prend la forme d'une pointe.

Si l'on opère dans le vide, les deux charbons prennent encore la forme de cratère et de pointe, ce qui prouve le transport de particules du positif au négatif.

Une interruption très courte, inférieure à 0″,05, n'empêche pas l'arc de se rallumer, même si le courant change de sens, ce qui permet d'employer des courants alternatifs. Ces courants produisent une lumière aussi fixe que les courants continus, mais font entendre un bourdonnement dont la hauteur dépend du nombre des alternances de la machine.

L'arc électrique engendre une force contre-électromotrice d'environ 30 volts. Enfin, l'arc se comporte comme un courant mobile sensible à l'aimant.

Les charbons employés couramment dans l'industrie se composent d'une pâte formée de coke bien pur en poudre, de noir de fumée calciné et d'un sirop de sucre et de gomme ; après compression et passage à la filière, on sèche et on durcit à haute température.

On fait beaucoup usage, du moins pour le charbon positif, de crayons à *mèche* qui contiennent à l'intérieur une substance conductrice ayant pour effet de donner un cratère plus régulier.

En Amérique, les charbons sont fabriqués avec du coke de pétrole, et l'on emploie aussi des charbons recouverts d'un dépôt galvanique de cuivre, afin d'augmenter leur conductibilité.

L'arc électrique, pour une intensité lumineuse de près de 1.000 bougies, demande un courant de 15 ampères sous 50 volts, ce qui fait une puissance de 750 watts, environ un cheval-vapeur. Les lampes à arc sont placées ordinairement en série, et l'on a soin de ménager un circuit dérivé qui empêche toutes les lampes de s'éteindre, à l'extinction de l'une d'elles.

Régulateurs. — Chaque lampe à arc doit être munie d'un mécanisme particulier qui rapproche les charbons à mesure qu'ils se consument : c'est le rôle des *régulateurs*. Ces derniers sont très nombreux et se composent, pour la plupart, d'un électro-aimant monté en dérivation aux bornes de l'arc, et faisant mouvoir les charbons, ou simplement le charbon positif, lorsque la résistance du circuit principal varie. L'on comprend, en effet, que l'intensité du courant qui circule dans le circuit dérivé est en raison inverse de celui qui alimente le foyer lumineux. Pratiquement, avec un bon régulateur, les charbons sont en contact avant le passage du courant, s'éloignent à une distance convenable à la fermeture du circuit, obéissent aux variations d'intensités, et, en cas d'extinction, rétablissent le courant par un nouveau contact.

651. Avantages de la lumière électrique. — Le premier avantage de ce mode d'éclairage est l'intensité de la lumière. Les lampes à arc conviennent tout particulièrement à l'éclairage des villes, des grandes pièces, des magasins, etc.

Pour même intensité de lumière, l'éclairage électrique est celui qui dégage le moins de chaleur. Au point de vue hygiénique, il est de beaucoup préférable aux autres systèmes; la combustion du charbon, dans l'arc électrique, n'est, en effet, qu'un phénomène secondaire, et le globe fermé des lampes à incandescence ne permet aucun dégagement d'acide carbonique, ni aucune absorption d'oxygène. Ces lampes, de plus, ne répandent aucune fumée ni aucune odeur désagréable.

La supériorité de l'éclairage électrique se recommande encore par la facilité de l'allumage, la suppression des dangers d'incendie, du moins dans les installations bien faites, la fixité de la lumière dans les lampes à incandescence, etc. Enfin, la lumière de l'arc voltaïque se rapproche beaucoup plus que les autres de la lumière solaire, et les couleurs des objets qu'elle éclaire sont beaucoup moins altérées.

II. — SOUDURE ET MÉTALLURGIE ÉLECTRIQUES

652. Soudure électrique. — On désigne sous le nom de *soudure électrique* le procédé par lequel on utilise la haute température de l'arc électrique pour la soudure autogène des métaux,

Pour souder, par exemple, deux tiges de fer bout à bout, on fait passer un courant très intense capable de produire la fusion des surfaces en contact; il ne reste plus qu'à presser fortement les pièces l'une contre l'autre, et l'on obtient continuité parfaite des deux tiges. En opérant rapidement, la chaleur ne se développe, pour ainsi dire, qu'aux points de contact des pièces, ce qui permet de souder un outil sans le détremper. On peut, avec l'arc voltaïque, souder cuivre sur cuivre, laiton sur laiton, sans l'intermédiaire d'aucun alliage. On a réussi, par ce procédé, à souder des arbres de couche des bateaux à vapeur, des rails de chemins de fer, des pièces d'embranchement, etc.

Comme, d'après la loi de Joule, la chaleur dégagée par un courant augmente comme le carré de l'intensité, on se sert de courants alternatifs que l'on transforme, à l'aide de transformateurs, de manière à obtenir, avec un courant primaire de 20 ampères et de 600 volts, un courant induit de 1 volt et de 12.000 ampères. On emploie même, dans l'industrie américaine, des courants de 200.000 ampères.

Pour souder les plaques de tôle des bouilloires à vapeur, ou des tuyaux de plomb, on fait communiquer les plaques en contact ou le tuyau avec le pôle négatif de la machine électrique, tandis que l'autre est relié à un charbon que l'on promène sur les surfaces à souder. On se sert aussi de l'arc voltaïque pour percer les plaques métalliques.

653. Métallurgie électrique. — On désigne sous le nom de *métallurgie électrique* l'extraction des métaux, leur affinage et la formation de leurs alliages et carbures, au moyen de l'électricité.

La métallurgie par *voie humide* ne se distingue pas de la galvanoplastie : l'énergie électrique agit directement sur les composés à l'état de sels dissous, pour en opérer la décomposition.

La métallurgie par *voie sèche* comprend deux procédés : ou bien on électrolyse les minerais rendus fluides par la fusion, ou bien encore on utilise la haute température de l'arc voltaïque pour produire des réactions *électrothermiques*.

Les *fours électriques* sont les appareils employés dans le procédé par voie sèche; ils ont pour but de concentrer, dans un espace très restreint, une quantité énorme de chaleur due à l'énergie d'un courant extrêmement intense, afin d'obtenir des réactions chimiques à haute température. M. Moissan se sert de deux électrodes horizontales en charbon, dont les extrémités sont disposées en regard l'une de l'autre dans une cavité creusée au centre d'un bloc de chaux vive. C'est au moyen de ces fours électriques que ce savant a réussi, avec un courant de 450 ampères sous 70 volts et une température de 3000 à 3500°, à produire les carbures métalliques, ainsi que la fusion et la volatilisation des métaux les plus réfractaires.

La métallurgie par la chaleur est employée particulièrement, en Amérique, pour l'extraction de l'aluminium. On se sert de la boxite, c'est-à-dire un oxyde d'aluminium, comme minerai. Ce dernier est concassé et mélangé avec du charbon et placé dans des augets dont l'intérieur est recouvert de poussière de charbon. Un courant d'une intensité énorme passe à travers le minerai en jaillissant entre deux ou plusieurs grosses électrodes de charbon. L'aluminium réduit est recueilli au fond de l'auget. Si l'on mélange du cuivre avec le minerai, on obtient du bronze d'aluminium.

On extrait aussi l'aluminium en électrolysant la cryolithe, c'est-à-dire du fluorure double d'aluminium et de sodium. Le courant, au moyen de deux électrodes de charbon, opère la fusion du minerai, et l'aluminium, mis en liberté, se rend au fond de la cuve qui tient lieu d'électrode négative. D'un autre côté, le fluor tend à se dégager sur le pôle positif, mais il se combine avec de l'alumine qu'on ajoute au minerai en proportions convenables, et produit de nouveau du fluorure d'aluminium.

La métallurgie électrique s'applique à l'extraction d'un grand nombre de métaux, tels que l'or, le platine, le palladium, l'irridium, etc.

654. Chauffage électrique. — La production de la chaleur par l'électricité, conformément à la loi de Joule, est utilisée dans le chauffage et la cuisine électriques. Tous les appareils fondés sur ce principe se composent de fils résistants, comme des fils de maillechort, de ferro-nickel, etc., en contact avec une surface conductrice de la chaleur dont ils sont isolés électriquement ; les fils sont entourés d'amiante, de mica ou de porcelaine. On construit des poêles électriques pour tramways, des chauffe-assiettes pour les restaurants, des poêles à frire, des fers à repasser, etc. La chaleur communiquée aux plaques métalliques provient de la résistance que les fils peu conducteurs opposent au passage du courant.

III. — TÉLÉGRAPHE, TÉLÉPHONE ET MICROPHONE

655. Télégraphe électrique. — Le télégraphe est l'une des applications les plus importantes des électro-aimants. Nous ne décrirons que le télégraphe Morse, le plus employé en Amérique.

Le télégraphe Morse comprend : 1° une pile électrique ; 2° un *manipulateur*, destiné à produire les signaux convenus ; 3° un *récepteur* qui enregistre les signaux et dont l'organe essentiel est un électro-aimant ; enfin 4° un fil conducteur ou *fil de ligne*, reliant la station de départ à la station d'arrivée.

1° **Pile.** — On fait usage ordinairement d'une pile composée d'éléments Callaud montés en série.

2° **Manipulateur.** — Le *manipulateur* sert à fermer et à ouvrir successivement le courant de la pile, de façon à lancer dans la ligne une série de courants de durée variable. Il se compose (*fig.* 347) d'un levier AB dont l'axe, autour duquel il bascule,

Fig. 347.

communique avec la ligne L, tandis que la pile, par le fil P, est reliée au bouton métallique E. Le fil R établit la communication avec le récepteur dont chaque station est munie. Il suffit d'appuyer le doigt sur l'extrémité A du manipulateur pour que le contact en E fasse communiquer l'un des pôles de la pile avec le fil de ligne; lorsqu'on cesse la pression en A, le ressort r soulève le levier et ouvre le circuit.

3° **Récepteur.** — Le *récepteur* Morse (*fig.* 348) se compose d'un électro-aimant E dont les bobines (au nombre de deux ordinairement) sont parcourues par le courant qui vient par le fil de ligne et qui s'écoule ensuite dans le sol. Cet électro-aimant peut attirer l'armature de fer doux A, placée à l'une des extrémités d'un

Fig. 348.

levier DA mobile autour d'un axe horizontal O, et qui s'en tient écartée, quand il ne passe aucun courant, par le jeu d'un ressort antagoniste r. L'extrémité D du levier porte une pointe qui vient presser la bande de papier XY sur une molette m enduite d'encre d'imprimerie; on peut aussi supprimer la molette et se contenter des empreintes que la pression de la pointe détermine sur la bande de papier. Un mécanisme d'horlogerie fait mouvoir cette bande, d'un mouvement uniforme, entre les deux cylindres a et b.

Il est facile de comprendre maintenant le jeu de cet appareil. L'électro-aimant du récepteur reste inactif tant qu'aucun courant ne circule dans les bobines pour aimanter les noyaux; mais, dès qu'on appuie le doigt sur le manipulateur, le contact qui en résulte ferme le circuit, le courant s'établit dans la ligne ainsi que dans les bobines du récepteur, et les noyaux, en s'aimantant, attirent l'armature de fer doux en faisant basculer le levier. si, au contraire, on supprime le contact au manipulateur, le courant cesse, et les noyaux se désaimantent presque instantanément; l'armature de fer doux n'est plus attirée, et le ressort antagoniste fait basculer le levier en sens contraire.

Les mouvements du levier sont donc entièrement subordonnés à ceux du manipulateur, et l'on pourra, de cette manière, communiquer à distance, au moyen d'un alphabet particulier qui n'est rien autre chose qu'une combinaison variée de signaux plus ou moins longs, s'imprimant sur le papier sous forme de *points et de lignes*.

Un télégraphiste exercé n'est pas obligé de se servir de la bande de papier, mais il juge facilement, par le bruit de l'armature, de la longueur des signaux et de leur combinaison.

4° **Ligne**. — On se servait autrefois d'un fil de retour pour compléter le circuit de la pile. On n'emploie actuellement qu'un seul conducteur, ce qui diminue de moitié la résistance de la ligne et le prix de l'installation. Le pôle négatif de la pile communique avec le sol, ainsi que l'extrémité du fil de ligne enroulé sur l'électro-aimant du récepteur. Dans ces conditions, la terre se comporte comme un conducteur de dimensions infinies et de résistance nulle; les extrémités des fils qui communiquent avec le sol, aux deux stations, sont au potentiel zéro, et tout se passe comme s'ils étaient en contact, c'est-à-dire comme si le circuit se complétait pas la terre. Pour avoir une *bonne terre*, on relie les fils à de larges plaques métalliques plongeant dans l'eau d'un puits.

Les fils employés dans les lignes aériennes sont ordinairement en fer galvanisé, afin d'éviter l'oxydation; on leur donne un diamètre de 4 millimètres, et ils présentent une résistance de 10 ohms par kilomètre. On emploie quelquefois des fils télégraphiques en bronze phosphoreux dont la tenacité se rapproche de celle du fer et la conductibilité électrique de celle du cuivre. Les fils des lignes aériennes ne sont recouverts d'aucune substance isolante; pour les isoler du sol, on les fait reposer sur des poteaux de bois munis de pièces en verre ou en porcelaine.

Les fils souterrains sont recouverts d'une couche épaisse de gutta-percha, afin d'éviter toute déperdition par le sol.

656. Télégraphie sous-marine. — Les câbles sous-marins doivent être isolés de l'eau ; ils se composent d'un faisceau de plusieurs fils de cuivre entourés d'une couche de gutta-percha que l'on protège extérieurement par une enveloppe en fils de fer. Ce câble se comporte comme un condensateur de grande capacité, dont le fil intérieur forme une des armatures, tandis que l'autre est constituée par les fils de fer extérieurs. Dans ces conditions, la vitesse de transmission est loin d'être instantanée, parce que le courant doit d'abord charger le condensateur avant de parvenir à l'extrémité de la ligne ; ce courant, d'abord très faible à la station d'arrivée, augmente ensuite d'intensité, puis décroît jusqu'à zéro, ce qui exige un intervalle de temps égal à huit secondes, pour le câble transatlantique.

Ce phénomène de condensation ne permet pas de se servir d'électro-aimants pour les appareils récepteurs. On fait usage maintenant du *siphon recorder* de Lord Kelvin.

Cet appareil, d'une extrême sensibilité, se compose essentiellement d'un cadre très mobile suspendu dans un champ magnétique intense, comme dans le galvanomètre Despretz-d'Arsonval (637). Ce cadre, dans son mouvement à droite ou à gauche, suivant le sens du courant qui le traverse, entraîne un tube de verre très ténu *cd* (*fig.* 349), recourbé deux fois dans le même sens, et dont l'extrémité *c* plonge dans une cuvette contenant de l'encre, tandis que l'autre extrémité *d* peut osciller devant une bande de papier RP qui se déplace d'un mouvement uniforme. On fait usage d'encre électrisée, afin que les gouttelettes, en se repoussant mutuellement,

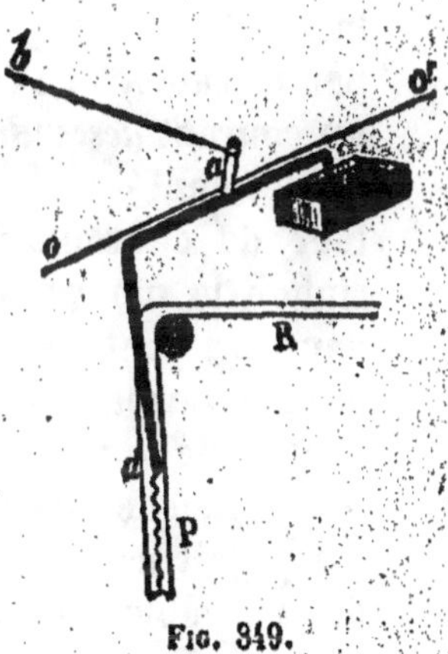

Fig. 349.

s'écoulent avec régularité. Les oscillations du siphon déterminent alors, sur le papier, une ligne sinueuse P dont les sinuosités se combinent, comme les points et les lignes, pour constituer l'alphabet de Morse.

Voici maintenant comment on installe une ligne transatlantique, d'après le système de Varley :

Le câble CC (*fig.* 350) est relié, à ses deux extrémités, aux armatures extérieures *b* et B de deux condensateurs de capacité comparable à celle du câble lui-même. Lorsqu'on agit sur le manipulateur M, le pôle positif de la pile P charge l'armature *a* d'électricité positive; celle-ci, agissant par influence, attire une charge négative sur *b* et repousse dans B, à travers le câble, une quantité égale d'électricité positive. Cette dernière, par le même phénomène d'influence, attire une charge négative sur A, et, de cette manière, un courant *ascendant* traverse le récepteur R, en faisant dévier le cadre et le siphon dans un certain sens.

Lorsqu'on interrompt la communication au manipulateur, l'ar-

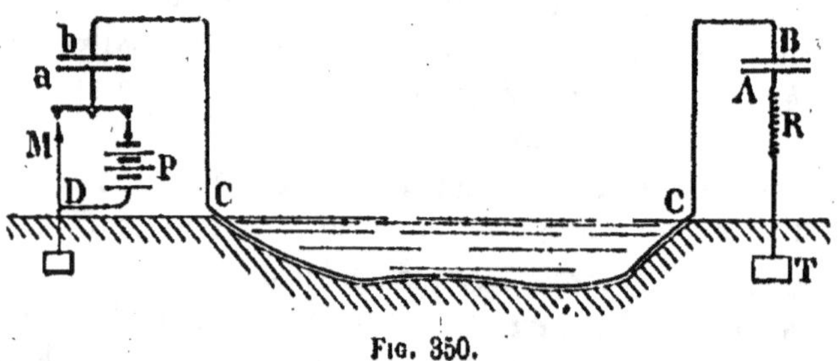

Fig. 350.

mature *a* se décharge dans le sol, la charge de B s'écoule sur *b* par le câble, et l'électricité de A, en s'écoulant en T, produit un courant *descendant* dans le récepteur. R. On peut donc, par le mouvement du manipulateur, alimenter le galvanomètre récepteur de courants de sens inverses, et, par suite, donner au siphon le mouvement oscillatoire dont nous avons parlé plus haut. On peut aussi faire communiquer, par le jeu du manipulateur, l'armature *a* soit avec le pôle positif, soit avec le pôle négatif de la pile, de façon à produire le mouvement de droite ou de gauche du siphon.

On fait usage d'une pile très faible, et les courants lancés dans le câble doivent être de très courte durée, si l'on veut obtenir des effets d'une grande netteté.

657. Téléphone de Bell. -- Le téléphone a pour but de transmettre, au moyen de l'électricité, les sons à de grandes distances, et constitue une application très importante de l'induction.

Le téléphone Graham Bell se compose d'un barreau d'acier aimanté AB et d'une bobine CD enroulée autour de l'un de ses pôles. Les extrémités du fil de cette bobine aboutissent aux

bornes E et F par lesquelles s'établit la communication à distance avec un appareil semblable. Près du pôle A du barreau
aimanté, est placée une lame mince en fer, fixée en GH au fond
d'une embouchure K; l'ensemble de ces
organes est disposé dans l'intérieur d'une
monture en bois L (*fig.* 351).

Supposons deux appareils téléphoniques reliés entre eux par des fils conducteurs. Si l'on parle devant l'embouchure de l'un d'eux, la plaque élastique,
en entrant en vibration, s'approche et
s'éloigne successivement du barreau aimanté; ces mouvements déterminent
une variation dans l'aimantation de ce
dernier, et, par suite, une variation du
flux magnétique qui traverse la bobine.
Celle-ci sera donc le siège de courants
d'induction qui se propagent dans le fil
de la ligne, et vont ensuite circuler dans
la bobine de l'appareil récepteur. Ces
courants produisent alors des variations
dans l'aimantation du barreau récepteur,

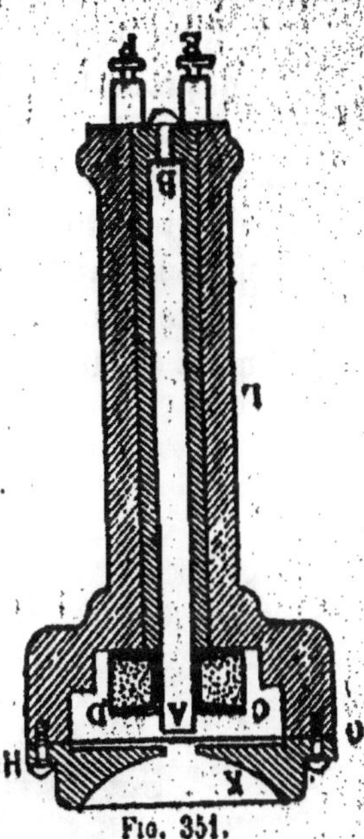

Fig. 351.

et celui-ci, par des attractions d'intensités correspondantes, fait
exécuter à la plaque de fer un mouvement vibratoire identique à
celui de la première lame. Une oreille, placée près de l'appareil
récepteur, entendra donc les sons émis dans le voisinage de
l'autre.

658. Microphone de Hughes. — Les vibrations de l'appareil récepteur, dans le téléphone de Bell, sont d'amplitude beaucoup plus restreinte que celles que l'on produit à l'autre extrémité
de la ligne. Cela tient au fait que l'intensité des courants téléphoniques est extrêmement faible. Aussi, la reproduction des sons
ne se fait qu'à une petite distance.

On augmente considérablement l'intensité des sons en plaçant
le téléphone dans le circuit d'une pile, et en ajoutant un nouvel
appareil qu'on appelle un *microphone.*

Le microphone de Hughes, dans sa forme primitive, se compose (*fig.* 352) de deux morceaux de charbon B et C creusés de
cavités dans lesquelles s'engagent les extrémités taillées en

pointe d'un crayon de charbon A. Ce dernier est légèrement mobile et peut se déplacer quelque peu sous l'influence des vibrations extérieures.

Les sons produits dans le voisinage font vibrer la planchette D, et les vibrations, en se communiquant au crayon mobile A, ont pour effet de faire varier les contacts et, par suite, la résistance du circuit et l'intensité du courant de la pile P. Ces variations d'intensité, en modifiant l'aimantation du téléphone T, engendrent des mouvements de la plaque qui reproduisent les vibrations émises devant le microphone. Les sons produits sont plus

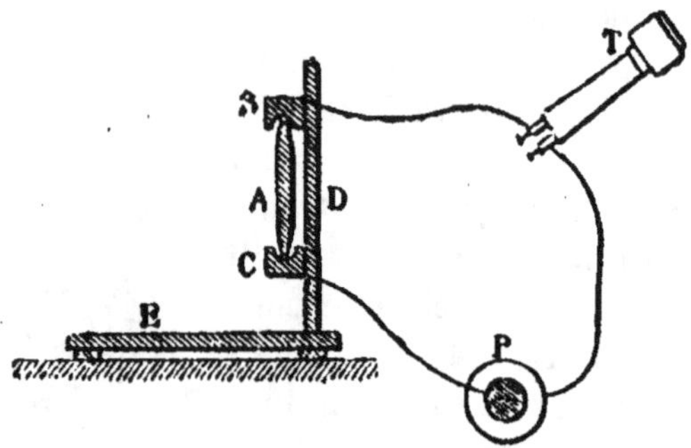

Fig. 352.

intenses qu'avec le téléphone employé seul, mais ne peuvent pas encore être entendus à une grande distance. Si la résistance de la ligne est très grande, les variations de résistance du microphone deviennent insensibles, c'est-à-dire qu'elles sont très faibles par rapport à la résistance totale du circuit, et modifient très peu l'intensité du courant.

Dans les installations modernes, on a effectué un grand perfectionnement par l'usage d'une bobine d'induction. Le circuit de la pile comprend : 1° une plaque vibrante devant laquelle on parle ; 2° un microphone ; 3° le primaire d'une bobine d'induction constitué par un fil gros et court, par suite, de faible résistance ; le fil secondaire, enroulé par dessus le premier, est long et fin, et communique avec la ligne dont l'extrémité opposée est reliée à un téléphone récepteur et à la terre, comme à la station de départ.

Dans ces conditions, les variations de résistance, causées dans le microphone par les vibrations de la plaque métallique, deviennent une proportion notable de la résistance totale du circuit de la pile, et il en résulte des variations considérables dans l'intensité du courant qui circule dans le primaire de la bobine. Les courants induits, dans le secondaire, auront alors une grande force électromotrice, et les sons perçus dans le téléphone récepteur gagneront beaucoup en netteté et en intensité.

659. Lignes téléphoniques. — L'installation des lignes téléphoniques exige des précautions plus grandes que celle des lignes télégraphiques, parce que les variations d'intensité, dues aux causes extérieures, peuvent facilement devenir égales aux variations produites par le téléphone lui-même. C'est ainsi qu'on entend des bruits dans le recepteur, lorsque les joints mal fixés des fils de ligne, jouant le rôle de microphone, se déplacent par l'action du vent. Les variations du magnétisme terrestre et celles des lignes télégraphiques voisines produisent le même effet perturbateur. Si l'on se sert du sol comme fil de retour, les actions chimiques qui se produisent à la surface des plaques de terre engendrent aussi des variations dans l'intensité du courant. Pour téléphoner à de grandes distances, on renonce à la terre comme conducteur de retour; on emploie deux fils que l'on dispose parallèlement et très près l'un de l'autre, afin de réduire la surface du circuit qu'ils déterminent, et on les croise à tous les supports. Enfin, dans les lignes souterraines, on les enroule l'un sur l'autre. Il est avantageux aussi de se servir de fils de bronze qui attirent moins les lignes de force des champs extérieurs que les fils de fer. Les communications téléphoniques ne dépassent pas 500 kilomètres avec des fils de fer, et peuvent atteindre 3.000 avec des fils de bronze.

660. Ondes hertziennes et télégraphie sans fil. — L'on sait que les décharges des condensateurs sont ordinairement *oscillantes*. Hertz, au moyen d'un condensateur particulier à faible capacité et à faible self-induction, a obtenu des oscillations extrêmement rapides.

Deux sphères métalliques S et S' (fig. 353), munies de tiges terminées par des boutons B et B', sont reliées aux extrémités du fil secondaire d'une bobine d'induction R. Chaque fois qu'il se développe un courant induit dans la bobine, les armatures S et S' de cette espèce de condensateur sont portées à des potentiels contraires, et produisent une étincelle entre B et B'. Celle-ci rend conducteur le chemin qu'elle a tracé, et c'est à travers cette étincelle que se fait la décharge oscillante. Ce mouvement vibratoire électrique, comme Hertz l'a démontré, engendre, dans le milieu environnant, des *ondes électriques*, appelées *ondes hertziennes*, qui offrent des traits frappants de ressemblance avec les ondes lumineuses ; comme ces dernières, elles subissent la réflexion, la réfraction, l'interférence

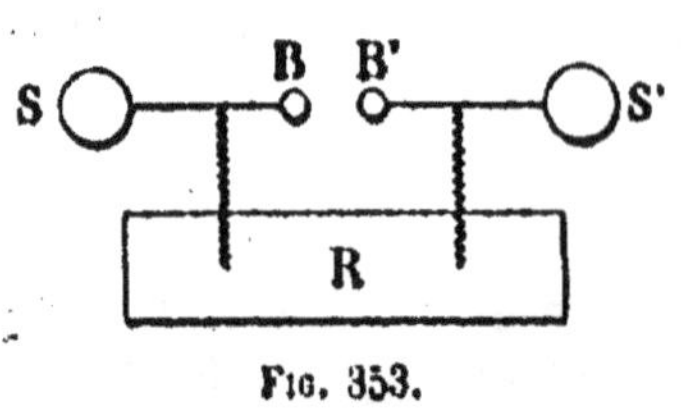

Fig. 353.

et la polarisation. L'éther est le milieu qui transmet les deux espèces d'ondes, et la vitesse de propagation dans l'air, identique à la vitesse dans un fil, est aussi celle de la propagation de la lumière dans le vide, c'est-à-dire environ 300.000 kilomètres par seconde. Les corps isolants, quels qu'ils soient, se laissent traverser par les ondes hertziennes, mais les métaux les interceptent ; lorsque ces ondes frappent une feuille métallique, elles se réfléchissent comme les ondes lumineuses.

Principe de la télégraphie Sans fil. — La découverte des *radioconducteurs*, faite en 1890 par M. Ed. Branly, professeur à l'Institut Catholique de Paris, a permis d'établir des communications électriques à distance, sans l'intermédiaire de fils conducteurs.

Un radioconducteur, appelé aussi *cohéreur*, se compose d'un tube de verre V (*fig.* 354) dans l'intérieur duquel deux tiges métalliques *a* et *b* compriment très légèrement de la *limaille métallique m*. Les tiges *a* et *b*

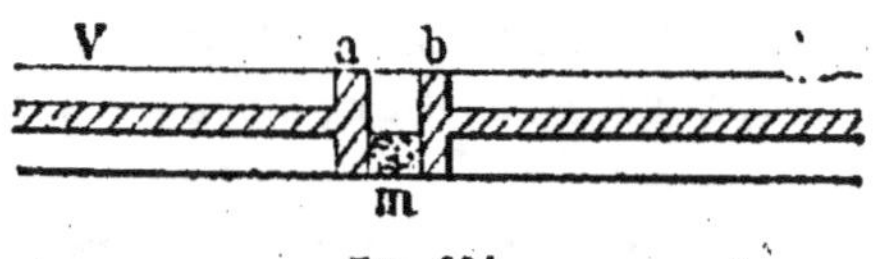

Fig. 354.

sont intercalées dans le circuit d'un élément de pile avec un galvanomètre ou une sonnerie électrique. Pour une pression convenable de la limaille, le courant de la pile ne passe pas, c'est-à-dire que la limaille se comporte comme un corps non conducteur, et le galvanomètre n'accuse aucune déviation, ou la sonnerie reste silencieuse. Mais dès qu'une étincelle d'un oscillateur de Hertz jaillit dans le voisinage et que les ondes électriques qui en résultent viennent frapper le tube à limaille, on constate que celle-ci livre aussitôt passage au courant, comme si elle était devenue brusquement conductrice; le galvanomètre indique une déviation ou la cloche électrique résonne. De plus, cette conductibilité persiste après l'émission des étincelles de l'oscillateur. Il suffit d'un *choc* sur le tube à limaille pour le ramener à sa résistance primitive.

Le radioconducteur joue donc le rôle de l'électro-aimant des autres systèmes de télégraphie; de même que ce dernier est subordonné au courant lancé par le manipulateur et devient inactif à l'ouverture du circuit, de même aussi le radioconducteur permet de rendre sensibles, même à travers les obstacles, tous les effets d'une pile locale dans le circuit de laquelle il est intercalé, lorsqu'il est frappé par les ondes hertziennes, tandis qu'il cesse de fonctionner et redevient susceptible d'en recevoir de nouvelles, lorsque le choc l'a ramené à son état primitif.

Le fonctionnement du radioconducteur de Branly, appelé *cohéreur* par Lodge, n'est pas interprété de la même manière par ces deux physiciens. Il paraît indispensable que les grains de limaille soient recouverts d'une légère couche d'oxyde qui s'oppose au passage du courant. Branly admet, par l'action des ondes hertziennes, une modification du diélectrique qui sépare les grains de limaille, tandis que ces ondes, d'après Lodge, font jaillir, entre les grains, des étincelles qui perforent la couche d'oxyde et détachent des particules plus petites qui se soudent sous forme de ponts conducteurs; le choc aurait pour effet de faire écrouler ces ponts, et de rétablir l'état primitif.

Quoi qu'il en soit, le radioconducteur Branly est l'organe essentiel de la télégraphie sans fil, et ce dernier physicien doit être considéré comme le véritable initiateur de ce mode de communication à distance.

La *station de départ* se compose d'un oscillateur de Hertz qui émet des ondes électriques dans l'espace, et avec lequel on peut reproduire l'alphabet de Morse, au moyen d'émissions de durée variable. Ces ondes, à la *station d'arrivée*, agissent sur un tube à limaille intercalé dans le circuit d'une pile avec un récepteur Morse ordinaire; celui-ci fonctionnera donc chaque fois que les ondes, en frappant le radioconducteur, permettront au courant de la pile de passer. De plus, ce même courant, par le jeu d'un électro-aimant, fait mouvoir un petit marteau dont le choc a pour effet de rétablir la résistance primitive jusqu'à l'arrivée de nouvelles ondes.

Des appareils de ce genre ont été perfectionnés par Popoff et principalement par Marconi. Au moyen d'organes particuliers, et surtout avec des *antennes* très longues aux deux stations, on peut communiquer à des distances considérables.

MÉTÉOROLOGIE ET CLIMATOLOGIE

CHAPITRE I

NOTIONS DE MÉTÉOROLOGIE

I. — MÉTÉORES AÉRIENS

661. Définition et division de la météorologie. — La
météorologie est cette partie de la physique qui étudie les *météores*,
c'est-à-dire les phénomènes d'origines variées qui se passent dans
l'atmosphère. Nous verrons sommairement: 1° les phénomènes
qui dépendent de la *chaleur*, à savoir les *météores aériens* et les
météores aqueux ; 2° les phénomènes qui dépendent de l'*électricité*
et de la *lumière*, c'est-à-dire les *météores électriques* et les *météores*
lumineux.

662. Définition et causes générales des vents. —
Les vents sont des courants aériens qui se déplacent à la surface
de la terre. Les directions suivant lesquelles ils soufflent, du
moins les principales, sont au nombre de huit, c'est-à-dire, le
nord, le *nord-est*, l'*est*, le *sud-est*, le *sud*, le *sud-ouest*, l'*ouest* et le
nord-ouest. Les marins distinguent d'autres directions intermédiaires qui portent le nombre à 32 et dont le tracé sur un cercle
est désigné sous le nom de *rose des vents ;* chacune des directions
est appelée un *rhumb.*

La direction des vents qui rasent la surface de la terre s'observe au moyen des girouettes ou par le mouvement des fumées ;
celle des vents qui règnent à de grandes hauteurs se détermine
par le déplacement des nuages.

La principale cause des vents est l'inégale distribution de la chaleur dans les couches atmosphériques.

Lorsqu'une masse d'air s'est échauffée au contact du sol, l'élévation de température a pour effet de diminuer sa densité; elle s'élève donc, comme les gaz chauds des cheminées, et le vide relatif qui en résulte produit une aspiration déterminant un courant horizontal des régions froides vers les régions plus échauffées. Ces courants d'air, à cause de leur origine, ont été appelés *vents d'aspiration*. En même temps, les courants ascendants se dilatent à mesure qu'ils s'élèvent; leur température s'abaisse, et, lorsque leur force ascensionnelle devient nulle, ils se répandent latéralement, en produisant des courants horizontaux très élevés qui soufflent en sens contraire des premiers, c'est-à-dire des régions chaudes vers les régions froides: on les désigne sous le nom de *vents d'impulsion*.

La condensation d'une grande quantité de vapeur en pluie peut aussi produire des courants aériens. L'on sait, en effet, que l'eau occupe un volume environ 1700 fois plus petit que celui de la vapeur qui lui a donné naissance. Il se forme donc un vide plus ou moins prononcé qui détermine l'*appel* des masses d'air voisines.

Enfin, toute cause produisant une différence de pression entre deux masses d'air voisines peut devenir la cause d'un déplacement d'une partie de l'atmosphère. C'est ainsi qu'un air chargé d'humidité, étant moins dense que de l'air sec, devient un centre d'aspiration et, par suite, l'origine d'un vent.

REMARQUE. — Le vent de *nord-est* du Canada doit être classé parmi les vents d'aspiration. La propagation de ce courant aérien se fait en sens contraire de sa direction à la surface du sol; par un mécanisme analogue à celui de la transmission des ondes raréfiées du son, le mouvement aérien se produit d'abord dans le voisinage du centre d'appel, et de là, de proche en proche, dans les régions de plus en plus éloignées. C'est ce qui explique pourquoi ce vent, dont l'origine est dans l'ouest, souffle d'abord à Montréal, puis à Québec, et enfin à Rimouski et dans le bas du fleuve.

683. Vents réguliers. — Les *vents réguliers*, connus encore sous le nom de *vents alizés*, sont des courants aériens dont la direction reste constante pendant toute l'année. Ils s'observent dans la zone torride, et soufflent du *nord-est* au *sud-ouest*, dans l'hémisphère boréal, et du *sud-est* au *nord-ouest*, dans l'hémisphère austral; leur influence se fait sentir jusqu'au 30ᵉ degré de latitude, de chaque côté de l'équateur.

On explique la formation et la direction de ces vents par l'aspiration constante qui résulte, dans les régions équatoriales, de l'échauffement de l'air à la surface des continents et des mers. Cet échauffement continuel de l'air, auquel vient s'ajouter la production énorme de vapeur d'eau due à l'évaporation de la mer, a pour effet de faire naître un mouvement ascensionnel de l'atmosphère, et, par suite, un vide relatif qui détermine l'appel des masses environnantes. Il se produit un courant d'air froid qui tend à se diriger, dans chaque hémisphère, des pôles vers l'équateur. Mais la rotation de la terre de l'ouest à l'est ne permet pas à ces courants de suivre la direction d'un méridien. Comme les masses d'air, entraînées par la terre, tournent d'autant plus vite qu'elles sont plus rapprochées de l'équateur, les courants, attirés du nord vers le sud, rencontrent des couches atmosphériques qui se déplacent plus vite qu'eux de l'ouest à l'est, et subissent un retard par rapport à ces dernières, de sorte qu'ils prennent une orientation inverse du mouvement de la terre; dirigés d'abord du nord vers le sud, ces courants s'infléchissent vers le *sud-ouest*, dans l'hémisphère boréal, et vers le *nord-ouest*, dans l'hémisphère austral, en donnant naissance, par leur combinaison au voisinage de l'équateur, à un vent qui souffle complètement vers l'*ouest*.

Les masses aériennes, soulevées à l'équateur, se répandent latéralement, lorsque leur température s'abaisse, et constituent les *contre-alizés supérieurs*, soufflant en sens inverse des alizés ordinaires. On observe la direction des contre-alizés par le mouvement des nuages élevés; ces courants supérieurs finissent par s'abaisser, dans l'hémisphère nord, vers le 30ᵉ degré de latitude. La surface terrestre où se fait l'ascension des masses d'air est appelée la *région des calmes équatoriaux*. Il se produit un effet analogue, mais moins bien caractérisé, aux endroits des tropiques où les contre-alizés s'abaissent verticalement vers la terre : c'est la région des *calmes tropicaux*.

664. Vents périodiques. — Les *vents périodiques* sont des vents qui conservent une direction constante soit pendant toute une saison, soit aux mêmes heures de la journée.

Moussons. — Ces vents périodiques, observés surtout dans la mer des Indes, soufflent pendant six mois dans une direction, et pendant les six autres mois dans le sens contraire. Ils sont causés par l'inégale température de la terre et de la mer. En été, le sol, qui s'échauffe plus que l'eau, détermine un mouvement ascendant de la masse d'air qui l'avoisine, et il en résulte un vent dirigé *de la mer vers la terre;* la *mousson du printemps* commence à se faire sentir au moment où l'élévation de température est plus considérable sur terre que sur mer, c'est-à-dire au mois d'avril, et souffle jusqu'au mois d'octobre. A ce moment, la mousson du printemps est remplacée par la *mousson d'automne* qui souffle de la terre vers la mer, parce que celle-ci, se refroidissant moins vite, est plus échauffée que le continent.

On observe aussi des moussons sur les côtes d'Afrique, dans la mer Antilles et dans le golfe du Mexique.

Simoun. — Le *simoun* est un vent brûlant qui souffle du sud vers le nord dans le désert du Sahara. Il soulève et transporte à de grandes distances les sables du désert. En Algérie et en Italie, on l'appelle le *sirocco*, et il prend le nom de *khamsin* en Égypte.

Brises. — Les *brises* peuvent être considérées comme des vents périodiques. Ce sont des courants aériens qui se produisent dans deux directions opposées, à des heures déterminées de la journée, et qui soufflent sur le littoral de la mer, de celle-ci vers la terre, pendant le jour, et de la terre vers la mer, pendant la nuit. La *brise de mer* commence au lever du soleil et atteint son intensité maximum vers trois heures de l'après-midi ; elle décroît ensuite et se change en *brise de terre,* après le coucher du soleil. La vitesse de cette brise de nuit est à peu près maximum au moment où le soleil se lève.

La cause des brises de terre et de mer se rattache au fait général de l'inégal échauffement du sol et de l'eau. La terre s'échauffe plus que l'eau pendant le jour, et se refroidit plus vite par rayonnement pendant la nuit. Il se produit donc une différence de température dans l'air qui avoisine la terre et la mer, la plus élevée des deux températures variant, pour un même endroit, avec l'heure de la journée. Comme les courants aériens se font de la région la plus froide vers la région la plus chaude, la brise, pendant le jour, soufflera donc de la mer vers la terre; et, pendant la nuit, en sens opposé.

Les brises sont moins régulières dans nos contrées qu'entre les tropiques ; sur les côtes du Groënland, elles sont difficiles à observer.

665. Vents variables. — Ce sont des vents qui soufflent tantôt dans une direction, tantôt dans une autre, et qui obéissent à des causes purement locales. Ils prédominent dans nos latitudes, et, en général, les vents sont d'autant plus irréguliers qu'on s'éloigne davantage des tropiques pour se rapprocher des pôles. La direction des vents accidentels varie avec la position géographique et les conditions particulières de chaque pays. En Angleterre, dans le nord de la France et en Allemagne, la prépondérance est en faveur des vents de sud-ouest, et, en général, et comme direction moyenne, les vents d'ouest dominent dans la partie septentrionale de l'Europe occidentale, à cause de l'influence du contre-alizé; ce sont, au contraire, les vents du nord qui soufflent de préférence dans la partie méridionale, par exemple, en Italie et en Espagne, par suite, sans doute, de la haute température des plaines de l'Afrique.

Les vents qui prédominent davantage et presque exclusivement à Québec sont les vents de nord-est et de sud-ouest, surtout au printemps. La persistance de ces deux vents s'explique par la configuration du pays, et celle-ci rend aussi compte du fait que la direction des vents n'est pas la même aux différentes régions de la province. Peu sensible dans la Beauce, le vent de nord-est ne l'est pas du tout au Saguenay, et beaucoup moins à Montréal qu'à Québec.

Québec est au point de rencontre d'un double entonnoir marin et terrestre, déterminé par la position du fleuve Saint-Laurent et l'orientation des chaînes de hauteurs. C'est pour cette raison que les vents superficiels, en suivant les reliefs du pays, prennent les directions indiquées plus haut. La différence de température des deux entonnoirs explique la prédominance du vent de nord-est à Québec, pendant la saison du printemps.

666. Cyclones. — Les *cyclones* se partagent en deux classes : les cyclones *tropicaux* et les cyclones *extra-tropicaux*. Les premiers prennent naissance dans la zone torride, en dehors de la région des calmes équatoriaux, et les autres se manifestent dans la zone tempérée. Ces deux catégories de perturbations atmosphériques se ressemblent par certains caractères, mais diffèrent notablement dans les causes qui les produisent.

Cyclones tropicaux. — Ce sont d'immenses tourbillons aériens dont le diamètre varie entre cent et trois cents milles, formés par un grand nombre de courants élémentaires qui se dirigent en spirale de la périphérie vers le centre ; leur ensemble tourne, dans l'hémisphère boréal, en sens opposé au mouvement des aiguilles d'une montre. Dans les régions qui avoisinent le centre du tourbillon, le vent devient un véritable ouragan auquel rien ne résiste.

D'énormes amas de nuages, qui se résolvent en pluie torrentielle, accompagnent toujours les cyclones. Le baromètre, qui avait subi une légère hausse au passage de la zone extérieure du cyclone, baisse ensuite jusqu'au centre, tandis que le vent et la pluie augmentent d'intensité. Au centre même, tout vent disparaît en même temps que la pluie, et il n'est pas rare que les nuages se dissipent partiellement et laissent voir un coin du ciel : c'est l'*œil de la tempête.* Quand arrive l'autre moitié du tourbillon, la direction du vent saute tout à coup à 180° de sa direction primitive ; l'ouragan fait rage de nouveau et la pluie recommence, avec moins de violence toutefois. Le baromètre monte peu à peu, le ciel s'éclaircit, le cyclone est passé, et un brillant soleil vient éclairer les ruines qui jalonnent la marche de la terrible perturbation atmosphérique.

Ces gigantesques tornades se meuvent lentement (cinq à six milles à l'heure) à la surface de la terre. Elles suivent à peu près les directions des grands courants aériens dans lesquels elles se produisent. Les cyclones se dirigent donc d'abord vers le nord-ouest, en partant des régions de basse latitude. Après avoir atteint la hauteur de la Floride, leur course oblique vers le nord. Elle prend bientôt la direction du nord-est et la conserve jusqu'à l'épuisement complet de la tempête. C'est là la direction générale de la circulation aérienne, dans la partie de l'hémisphère boréal occupée par l'Amérique.

La cause de ces cyclones est l'échauffement exagéré de certaines portions de l'atmosphère situées en dehors des calmes tropicaux. L'air surchauffé, presque saturé de vapeur d'eau, s'élève dans les hautes régions atmosphériques, et les parties voisines de la masse aérienne sont poussées de tous les côtés vers ce vide relatif qui tend à se produire. Mais comme, dans l'hémisphère boréal, tout corps en mouvement à la surface de la terre est toujours dévié vers la droite de sa trajectoire, et cela à cause de la rotation de la terre, ces courants latéraux élémentaires ne peuvent pas suivre une ligne droite. Ils n'arrivent donc au centre de faible pression qu'après avoir décrit des spirales plus ou moins longues, suivant la valeur de la force qui les fait mouvoir et la latitude du lieu où ils se produisent. De là le tourbillonnement de l'ensemble de la masse d'air, dans le sens indiqué plus haut.

Ces détails ne s'appliquent qu'aux cyclones qui prennent naissance aux environs des Antilles ou dans le golfe du Mexique. Ce sont d'ailleurs les seuls qui nous intéressent. Ils s'avancent vers la côte américaine, la suivent sur une certaine longueur et achèvent de dissiper leur énergie dans les latitudes élevées de l'océan Atlantique. On observe des cyclones analogues dans l'océan Indien, dans la mer de Chine, etc. Tout en ressemblant beaucoup aux cyclones américains dans leurs lois générales, ils présentent plusieurs différences de détails causées par les conditions particulières des milieux où ils se font sentir.

Cyclones extra-tropicaux. — Ces cyclones sont, eux aussi, des mouvements tourbillonnants. La direction de leurs courants élémentaires est absolument identiques à celle des cyclones tropicaux ; on peut en dire autant du sens de rotation de l'ensemble. Ils originent dans les parties occidentales de notre continent, et possèdent un mouvement de déplacement bien accentué vers l'est ou le nord-est. Toutefois, les déviations de cette direction générale sont assez nombreuses. Dans le Canada oriental, ils suivent presque toujours la direction de la vallée du Saint-Laurent. Leur approche se trahit par l'apparition de nuages très élevés (cirrus) qui recouvrent peu à peu le ciel en partant de l'ouest. Le vent de nord-est commence alors et augmente jusqu'au centre. Le thermomètre monte, pendant que le baromètre baisse, à mesure que le centre se rapproche. La pluie, d'abord fine et légère, augmente bientôt et tombe pendant des journées entières. Au moment où le centre passe au-dessus de nos têtes, le calme se se fait, et, quelques heures après, le vent souffle du sud-ouest, le ciel s'éclaicit, le baromètre monte et le thermomètre baisse. Nous traversons alors la seconde moitié du cyclone. La première moitié avait donné la pluie; la seconde ramène le beau temps.

Les dimensions des cyclones extra-tropicaux sont énormes. On en voit souvent qui couvrent tout l'espace compris entre les grands lacs canadiens et Terre-Neuve. Leur forme, moins régulière que celle des cyclones tropicaux, est le plus souvent elliptique; leur déplacement, plus rapide que celui des premiers, peut dépasser trente milles à l'heure.

Tous nos gros mauvais temps sont dus au passage de tourbillons cycloniques plus ou moins prononcés. Voilà pourquoi ces mauvais temps (vent de nord-est et pluie battante) commencent à se faire sentir dans la région de Montréal avant de parvenir à celle de Québec.

Bien que les mouvements de convection de l'air surchauffé puissent jouer un certain rôle dans la production des cyclones extra-tropicaux, ce rôle doit être très restreint, en hiver surtout qui est par excellence la saison de nos tempêtes cycloniques. Aussi s'accorde-t-on à les regarder plutôt comme des remous se produisant entre les courants circompolaires qui constituent la grande circulation atmosphérique de notre hémisphère.

667. Anticyclones. — Les anticyclones sont intimement liés aux cyclones, et leur succèdent le plus souvent. Les cyclones sont caractérisés par un centre de *faible pression atmosphérique*, vers lequel les masses d'air latérales se dirigent avec une vitesse plus ou moins grande, en décrivant des courbes plus ou moins prononcées, suivant la valeur du gradient([1]) barométrique. Les anticyclones, au contraire, sont caractérisés par des centres de *haute pression*, à gradient peu incliné; les courants d'air, toujours faibles, s'en éloignent. S'il y a des vents superficiels, ils sont assez faibles et soufflent en sens contraire des vents cycloniques; le ciel est pur et la température est basse. En hiver, nous les appelons des *vagues de froid*.

C'est donc un état atmosphérique opposé à celui des cyclones, et voilà pourquoi on les a appelés *anticyclones*. Ils suivent généralement les cyclones dans leur déplacement vers l'est ou le nord-

1. Profil schématique des valeurs de la pression barométrique en différents points de l'atmosphère.

est, et ils arrivent à leur suite dans les régions polaires; par conséquent, toute explication qu'on pourra donner des cyclones extra-tropicaux devra servir à faire comprendre la théorie des anticyclones.

668. Tornados. — Les *tornados* sont des cyclones de petites dimensions et les plus dangereux, parce que l'énergie de la masse d'air en mouvement est concentrée sur une petite surface. On les observe dans la région des calmes équatoriaux, et le mouvement giratoire qui les caractérise, probablement dû à la même cause, est analogue à celui des cyclones. Les tornados existent aussi dans nos latitudes, où ils causent souvent des effets mécaniques considérables.

II. — MÉTÉORES AQUEUX

669. Nuages. — Les *nuages* sont le résultat de la condensation de la vapeur d'eau qui s'élève du sol et qui se précipite sous forme de gouttelettes très ténues, sous l'influence de la température plus basse des régions supérieures de l'atmosphère. Les *brouillards* ne sont rien autre chose que des nuages qui se forment près de la surface du sol; ils portent le nom de *brumes*, lorsqu'ils sont très épais. Les brouillards et les brumes troublent la transparence de l'air, et peuvent même, comme à Londres, à Paris et à Amsterdam, produire l'obscurité en plein jour.

Différentes formes des nuages. — Les nuages, malgré leurs formes très variées, peuvent se rapporter à quelques types principaux :

1° On appelle *cumulus* de gros nuages à contours arrondis, et présentant, à la partie inférieure, une surface à peu près plane et horizontale. On les désigne quelquefois sous le nom de *nuages d'été*, parce qu'ils se forment plus fréquemment dans cette dernière saison qu'en hiver. Il arrive souvent qu'ils disparaissent dans l'intervalle d'une journée, mais ils annoncent la pluie ou des orages, lorsque leur nombre augmente ou lorsqu'ils sont accompagnés de cirrus à leur sommet.

2° Les *stratus* sont des cumulus qui offrent à l'horizon l'aspect de bandes horizontales étroites. Leur hauteur est moins considérable que celle des cumulus, et on les observe surtout en automne, au moment du coucher du soleil.

3° Les *nimbus* sont les nuages de pluie; ils n'affectent aucune forme particulière, leur couleur est d'un gris sombre et leur étendue sur le ciel est souvent considérable. On admet que les gouttelettes d'eau qu'ils contiennent sont plus volumineuses que celles des cumulus; ils sont aussi plus rapprochés du sol.

4° On désigne sous le nom de *cirrus* de petits nuages très élevés présentant la forme de filaments laineux. Ils atteignent quelquefois la hauteur de 9.000 à 10.000 mètres. On a souvent constaté, dans les ascensions aérostatiques, qu'ils se composent de petits prismes de glace en suspension dans l'atmosphère. Ils annoncent souvent la fin du beau temps.

Les nuages, en général, ne sont pas toujours à la même hauteur au-dessus du sol. L'on sait que les brouillards rasent la surface de la terre, tandis que les nuages proprement dits peuvent atteindre des hauteurs qui varient entre 1,200 à 12,000 mètres.

Formation des nuages. — On peut attribuer la formation des nuages à toute cause qui produit le refroidissement d'une masse d'air contenant de la vapeur d'eau voisine de son point de saturation; la condensation en gouttelettes a lieu lorsque la tension maximum est atteinte.

Parmi les causes de refroidissement de la vapeur d'eau, on peut citer, en premier lieu, l'abaissement progressif de température dans les régions élevées de l'atmosphère. La vapeur d'eau qui se dégage d'un sol humide ou de la surface des mers et des fleuves, sous l'influence de la chaleur solaire, subit, en venant en contact avec des couches d'air plus froides, un refroidissement capable de produire la saturation, et, par suite, la condensation en gouttelettes.

La dilatation que subit un courant d'air chaud et humide, par le seul fait de la force expansive de la vapeur, produit un froid assez intense pour provoquer la condensation de la vapeur d'eau. Pour une raison analogue, la présence d'une chaîne de montagnes, en forçant l'air humide de s'élever, amène la formation de nuages et la chute de la pluie. Un phénomène de ce genre se passe dans l'ouest des États-Unis; la pluie tombe sur le versant ouest des Montagnes Rocheuses, tandis que l'air reste sec et le ciel serein dans les plaines situées du côté opposé.

Enfin, mentionnons, comme cause de la formation de nuages, le mélange d'un courant d'air chaud et humide avec un air plus froid. C'est pour cette raison que l'air plus froid des latitudes tempérées condense, dans l'Europe occidentale, la vapeur d'eau des vents humides du sud et du sud-ouest.

Suspension des nuages. — Les gouttelettes très fines des nuages flottent dans l'atmosphère d'une manière analogue aux poussières impalpables soulevées par les vents. On admet que les nuages sont soutenus à distance du sol par l'action des courants d'air chaud ascendants.

Toutefois, la suspension des nuages n'est habituellement qu'apparente ; ces derniers tombent réellement, mais avec une grande lenteur. Il arrive le plus souvent que les parties inférieures, en rencontrant des couches d'air plus chaudes que celles dans lesquelles elles ont pris naissance, repassent à l'état de vapeur, et le nuage, dissous, pour ainsi dire, par le bas, se reforme à la partie supérieure. C'est ce qui explique l'immobilité des nuages et la forme horizontale de la partie inférieure des cumulus, tandis que les autres parties subissent des changements continuels de forme.

670. Pluie. — La pluie est le résultat de la liquéfaction de la vapeur d'eau au sein d'un nuage ; le poids des gouttes devient trop considérable pour que ces dernières puissent rester en suspension par l'effet des courants d'air ascendants ; elles tombent alors sur le sol, et c'est la chute de ces gouttelettes qui constitue la pluie.

La pluie est très fine lorsque les gouttelettes formées traversent un air à peu près sec, à cause de l'évaporation superficielle qui se produit à leur surface. Si, au contraire, l'air des régions inférieures contient de la vapeur voisine de son point de saturation, les gouttes de pluie condensent une partie de cette vapeur et grossissent à mesure qu'elles tombent.

On admet que la pluie ne préexiste pas dans les nuages, mais qu'elle tombe au moment de la formation des gouttes liquides.

La quantité d'eau qui tombe dans les différents pays est très variable, et dépend de plusieurs circonstances locales. En général, la quantité de pluie augmente à mesure qu'on se rapproche de l'équateur; ce fait s'explique par la vaporisation abondante qui s'opère, dans les pays chauds, à la surface des eaux et du sol humide.

Au Canada, la quantité d'eau qui tombe par année, y compris la neige, varie entre 24 et 30 pouces; elle est évaluée à 36 pouces, en Europe, et à 12 pieds, pendant l'espace de six mois, dans la région de l'Himalaya.

671. Serein. — Le *serein* est une pluie très fine dans un ciel sans nuages, il tombe, pendant quelques instants, à la fin de journées chaudes et humides et provient de la condensation des vapeurs, au coucher du soleil, dans les couches inférieures de l'atmosphère.

672. Rosée. — On appelle *rosée* des gouttelettes d'eau qui se déposent sur les corps exposés à l'air pendant les belles nuits d'été. La rosée n'est donc pas de l'eau qui tombe des nuages, mais elle provient de la condensation de l'humidité de l'air qui environne les objets. Par suite du rayonnement nocturne, les corps se refroidissent plus vite que l'air ambiant, et leur température peut s'abaisser de 5 à 6 degrés au-dessous de celle de l'atmosphère. La vapeur d'eau, dans ces conditions, atteint son point de saturation et se dépose, sur les objets refroidis, sous forme de gouttelettes d'autant plus abondantes que le refroidissement a été plus prononcé. C'est ce qui se passe, comme nous l'avons vu plus haut, dans l'hygromètre à condensation.

Cette théorie fait voir que l'abondance du dépôt de rosée est subordonné aux causes du refroidissement des corps à la surface du sol.

1° La rosée se dépose de préférence sur les corps dont le pouvoir émissif est considérable, parce que, dans ceux-ci, le refroidissement dû au rayonnement est plus intense. Tels sont le gazon, les plantes, le sol, etc.

2° Le dépôt de rosée est faible sur les corps abrités par un obstacle qui leur cache une partie du ciel, par exemple sur les objets placés près des édifices ou sous des arbres; le refroidissement, dans ce cas, est limité par une certaine quantité de chaleur provenant de l'abri.

3° La rosée est abondante lorsque l'air est un peu agité, à

cause du renouvellement de la vapeur d'eau au-dessus des corps refroidis; si, au contraire, le vent est fort, les objets sont échauffés par son contact, et, de plus, le refroidissement de la vapeur n'a pas le temps de se produire, et la production de la rosée devient impossible.

4° Enfin, la rosée ne se dépose pas, ou très peu, lorsque le ciel est couvert d'épais nuages. Dans ce cas, en effet, le rayonnement du sol est faible, parce que les nuages jouent le rôle d'abri; de plus, ces derniers rayonnent vers le sol et empêchent les corps de se refroidir. On voit que la production de rosée est un signe de beau temps, tandis que l'absence de condensation de la vapeur, qui coïncide souvent avec un ciel couvert, peut annoncer de la pluie.

On attribue maintenant une proportion notable de la rosée à un phénomène de *transpiration végétale*.

673. Gelée blanche. — La *gelée blanche* ou le *givre* est un dépôt de glace, à structure cristalline, qui résulte de la congélation des vapeurs contenues dans l'air. La gelée blanche s'observe surtout au printemps et en automne, pendant les nuits sereines, et se forme lorsque la température des arbres, du gazon et des autres objets exposés à l'air descend au-dessous de 0°. L'humidité de l'air se congèle alors directement sous forme de petits cristaux, sans passer par l'état liquide. Les causes qui déterminent la formation du givre sont les mêmes que celles qui président à la précipitation de la rosée, pourvu qu'elles engendrent un refroidissement plus accentué.

La gelée blanche produit souvent des effets désastreux sur les jeunes bourgeons des arbres, et les fait *roussir*. Le refroidissement causé par le rayonnement nocturne est souvent attribué, par le préjugé populaire, à l'influence de la lune qui brille de tout son éclat dans les nuits sans nuages; pour cette raison, on appelle *lune rousse* celle qui commence en avril pour se terminer en mai. Il est inutile de faire observer que la lune n'intervient en aucune manière dans la production du phénomène des gelées dangereuses à la végétation.

674. Neige. — **Grésil.** — **Verglas.** — Lorsque, dans la région des nuages, la température descend à 0° ou au-dessous de 0°, la vapeur d'eau, au lieu de former de la pluie, passe directement à l'état solide sous forme d'aiguilles de glace ; la *neige* n'est rien autre chose que le groupement de ces cristaux. Les flocons de neige affectent des formes très remarquables qui s'effectuent suivant des lois géométriques bien définies. Le plus souvent, les groupements des aiguilles de glace se présentent sous l'aspect d'étoiles à six branches, auxquelles se fixent des aiguilles plus petites, et dont les formes, d'une rare beauté, sont très nombreuses et très variées.

La quantité de neige qui tombe sur le sol est variable avec la latitude du lieu et l'altitude au-dessus du niveau de la mer. Elle augmente à mesure qu'on se rapproche des pôles ; sur les hautes montagnes, même sous l'équateur, il existe des neiges perpétuelles.

Le *grésil* est formé de petites aiguillettes de glace confusément agglomérées les unes contre les autres, et qui résultent de la congélation de fines gouttelettes d'eau.

Le *verglas* provient de la congélation de la pluie, lorsque celle-ci tombe sur des corps dont la température est au-dessous de 0°. Il se présente sous l'aspect d'une couche de glace unie et transparente, recouvrant le sol et les objets. Le verglas se forme lorsque la pluie vient à tomber après une période de froid. Il arrive souvent que les gouttelettes d'eau sont à l'état de surfusion, dans un air dont la température est inférieure à 0° ; la congélation n'a lieu qu'au moment où l'eau s'étale sur les objets.

La glace formée disparaît soit par le dégel, soit par évaporation. — Le verglas est souvent funeste aux arbres dont il brise les branches sous le poids de la couche de glace.

III. — MÉTÉORES ÉLECTRIQUES ET LUMINEUX

675. Électricité habituelle de l'atmosphère et des nuages. — On a reconnu, en utilisant le pouvoir des pointes, et surtout avec des appareils à écoulement qui réalisent des pointes parfaites, que l'air, même par un temps serein, est constamment électrisé, et que tout conducteur, placé à l'air libre, est soumis à une influence électrique, comme dans le voisinage d'un corps électrisé. On a constaté, de plus, que la distribution du potentiel en différents points de l'atmosphère est variable avec l'état du ciel. Dans un ciel calme et pur, le potentiel va en croissant avec l'altitude, et sa valeur est à peu près proportionnelle à la hauteur au-dessus du sol. La variation du potentiel, environ 100 à 200 volts par mètre dans un air sec, ne suit aucune loi précise, quand le ciel est nuageux; la distribution dépend alors du degré d'humidité de l'air, ainsi que de la position et des charges électriques des nuages.

Le potentiel de l'air est toujours *positif* et celui du sol *négatif*, sauf dans certains cas exceptionnels. L'air se comporte donc comme un champ électrique dans lequel les conducteurs peuvent s'électriser par influence.

Quant à l'origine de l'électricité de l'atmosphère, elle est encore très problématique, et aucune théorie ne l'explique complètement.

Électrisation des nuages. — Non seulement l'atmosphère, mais encore les nuages se comportent comme des conducteurs électrisés produisant de puissants effets d'influence sur les corps éloignés. C'est ce qu'a démontré Dalibard, en 1752, d'après les indications de Franklin, en installant une longue tige de fer isolée du sol, et terminée en pointe à la partie supérieure. L'influence d'un nuage orageux attira la charge de nom contraire qui s'écoula par la pointe, tandis que celle de même nom fut repoussée à l'autre extrémité. On peut alors faire jaillir des étincelles en approchant de cette dernière un conducteur relié au sol. Franklin lui-même, au moyen d'un cerf-volant muni d'une pointe, obtint le même résultat, lorsque la corde de chanvre, qui retenait l'appareil dans la direction d'un nuage orageux, fut rendue conductrice par une légère pluie.

Ces expériences démontrent l'identité des phénomènes de la foudre et de ceux de l'électricité. On se rend compte de l'électrisation des nuages et des signes des charges qu'ils peuvent contenir par le fait qu'ils se forment au sein d'une atmosphère dont les hautes régions sont chargées d'électricité positive.

L'influence doit donc développer de l'électricité négative à la partie supérieure, pendant que l'électricité positive est repoussée à la partie inférieure.

L'influence peut aussi prendre son origine dans la charge négative du sol; comme précédemment, la partie inférieure sera positive et la partie supérieure négative. Si alors la charge positive disparaît en partie, soit par une communication momentanée avec le sol, comme dans le voisinage d'une montagne, soit par la chute de la pluie, il ne reste plus qu'un nuage chargé *négativement*.

Un courant d'air peut séparer un nuage électrisé en deux parties distinctes, et donner naissance à deux masses dont l'une sera positive et l'autre négative. Enfin, un nuage, qui communique pendant quelques instants avec le sol, peut s'électriser par l'influence d'un autre nuage déjà électrisé, et prendre une charge de signe contraire.

Il résulte de cette manière de voir que des nuages *positifs* et *négatifs* peuvent se trouver en présence dans l'atmosphère, et donner lieu à des décharges électriques soit entre eux, soit avec le sol. Ce sont ces décharges, dont les effets sont les mêmes, à l'intensité près, que ceux des machines électriques, qu'on appelle la *foudre*.

676. Éclairs et tonnerre. — On appelle *éclairs* le phénomène lumineux produit par les étincelles qui jaillissent entre deux nuages électrisés, ou entre un nuage et le sol.

La *durée* de l'éclair est extrêmement courte; elle est inférieure à un millionième de seconde, et ne peut pratiquement être mesurée.

La *longueur* de l'éclair peut atteindre plusieurs lieues, ce qui s'explique par le fait qu'elle jaillit au milieu d'un grand nombre de corps conducteurs, comme des gouttes d'eau qui tombent et des portions de nuages détachés. La série d'étincelles qui éclatent entre tous ces conducteurs, comme dans les tubes étincelants, prend l'aspect d'une étincelle unique de grande longueur.

La *forme* de l'éclair est, le plus souvent, celle d'un zigzag, comme les étincelles des fortes machines électriques. Les éclairs qui jaillissent au-dessous de l'horizon, ou qui sont masqués par des nuages, ne produisent que des lueurs plus ou moins vagues, illuminant le ciel pendant un temps très court.

Tonnerre. — Le tonnerre n'est que le bruit produit par les couches d'air que l'éclair ébranle violemment. La grande différence entre la vitesse de la lumière et celle du son explique pourquoi le bruit du tonnerre se fait ordinairement entendre quelques secondes après l'apparition de l'éclair; l'intervalle de temps qui s'écoule entre la vision de la lumière et l'audition du son dépend de la distance qui sépare l'endroit où la foudre éclate et le lieu d'observation.

On explique le *roulement* caractéristique du tonnerre par la réflexion du son, comme dans les pays de montagnes, sur les reliefs du sol. Mais la cause principale de ce phénomène est étrangère à ces sortes d'échos; on l'attribue à des décharges simultanées qui s'effectuent entre plusieurs nuages situés à des distances différentes de l'observateur, ce qui a pour effet de prolonger le bruit qui accompagne la production des éclairs.

677. Effets de la foudre. — Les effets de la foudre sont les mêmes, mais beaucoup exagérés, que ceux des étincelles électriques ordinaires.

La foudre peut produire des effets *mécaniques* considérables : elle brise les arbres, détruit les édifices, et sa puissance s'exerce surtout sur les corps mauvais conducteurs. La chaleur développée par la foudre produit souvent la fusion et la volatilisation des métaux; l'on sait aussi qu'elle détermine des incendies. Enfin, les commotions violentes dues à la foudre sont suffisantes pour causer la mort.

Il peut arriver que des êtres vivants soient foudroyés sans que la foudre les atteigne : c'est le phénomène du *choc en retour*. Il est causé par le passage subit d'un état électrique à l'état neutre, par l'effet d'une décharge se faisant à une certaine distance. C'est ce qui arrive lorsqu'une charge considérable, développée par l'influence d'un nuage orageux dans le corps d'un homme ou d'un animal, passe subitement dans le sol, au moment où l'influence cesse soudainement de se faire sentir.

678. Paratonnerres. — Les paratonnerres, imaginés par Franklin, sont des conducteurs métalliques terminés en pointes à la partie supérieure, et communiquant intimement avec le sol à la partie inférieure. Afin d'éviter l'oxydation, la pointe est ordinairement en cuivre doré; elle doit être assez forte pour n'être pas fondue par les décharges de la foudre, et la tige doit être assez puissante et métalliquement continue depuis la pointe jusqu'au sol. Il faut que le contact de la tige avec un sol humide soit aussi parfait que possible; c'est pour cette raison qu'elle est ramifiée à sa partie inférieure, et chaque branche se termine par une plaque métallique plongeant dans l'eau. Il faut avoir soin, afin d'éviter les décharges latérales, de relier les tiges des paratonnerres aux pièces métalliques importantes de l'édifice sur lequel elles sont installées; elles doivent aussi communiquer métalliquement entre elles, lorsqu'il y en a plusieurs sur un même corps de logis. Un paratonnerre mal installé constitue plutôt un danger qu'une protection.

Le mode d'action d'un paratonnerre est facile à comprendre. Sous l'influence d'un nuage orageux, la tige métallique s'électrise par influence, et l'électricité contraire à celle du nuage, en s'écoulant par la pointe, produit un flux constant, visible dans l'obscurité sous forme d'aigrette lumineuse, et qui neutralise silencieusement la charge du nuage. Le paratonnerre, en utilisant le *pouvoir des pointes*, joue donc un rôle *préventif*. Il *préserve* ainsi l'édifice sur lequel il est installé, lorsque la foudre éclate entre ce dernier et le nuage électrisé. La charge électrique, en effet, frappera de préférence le paratonnerre qui lui offre le chemin le plus facile, et qui est la partie la plus saillante de l'édifice.

Un autre système, appelé *paratonnerre à réseau*, consiste à entourer l'édifice à protéger par un réseau métallique à larges mailles. On munit les parties saillantes de l'édifice de petits faisceaux de pointes, et la partie inférieure de chaque tige communique avec le sol. Comme on le voit, ce système, dû à Melsens, n'est qu'une application du principe que la charge électrique se distribue à l'extérieur des conducteurs, et n'exerce aucune influence sur les corps placés à l'intérieur, lors même que le conducteur n'est pas continu.

679. Orages d'été. — Les orages d'été se produisent le plus souvent l'après-midi ou le soir des journées chaudes et humides. De gros cumulus s'amoncellent en un point de l'horizon, vers l'ouest, si l'orage doit passer au-dessus du lieu d'observation. Leur hauteur peut atteindre quatre ou cinq milles. De légers cirrus, formés de cristaux de neige, couronnent leur sommet. Bientôt ces cumulus flottant à l'horizon laissent échapper un rideau gris, zébré de traînées plus ou moins foncées :

c'est la pluie qui s'en échappe. Ils arrivent toujours précédés d'une forte bourrasque de vent. La pluie tombe à très gros grains et par torrents ; le tonnerre retentit de tous les côtés, puis, après un intervalle de temps relativement court, le vent s'affaiblit, la pluie diminue peu à peu pour cesser bientôt tout à fait, et le soleil brille à l'ouest, tandis que le nuage orageux s'enfuit du côté de l'est, rougi par les reflets du soleil couchant.

Ces orages sont restreints et leur largeur ne dépasse guère quelques milles ; mais ils peuvent parcourir de longues distances avant de s'épuiser. Quelquefois des trombes les accompagnent, ainsi que des chutes de grêle plus ou moins abondantes.

Sans aucun doute, les nuages orageux sont causés par des mouvements de convection de l'atmosphère, mouvements qui résultent du réchauffement excessif de certaines parties de la surface terrestre. C'est ce qui explique pourquoi ils sont constitués par des cumulus à têtes arrondies, et pourquoi ils n'apparaissent que l'après-midi, alors que le soleil a chauffé fortement le sol ; ceux qui arrivent dans la soirée ou la nuit viennent de très loin et sont en retard.

Leur déplacement vers un point quelconque de l'est trouve une explication bien simple dans le fait que ces orages sont nécessairement entraînés par la circulation aérienne générale qui, dans notre pays, se fait de l'ouest vers l'est, ou du sud-ouest vers le nord-est.

Les orages d'été diffèrent complètement des cyclones. Ils sont moins étendus, durent moins longtemps, n'ont dans leur ensemble aucun mouvement tourbillonnant, et, enfin, se déplacent avec une vitesse beaucoup plus grande ; cette dernière peut atteindre cinquante milles à l'heure.

Les relations de ces orages avec les centres cycloniques ne sont pas encore bien connues. On croit pouvoir affirmer qu'ils se produisent de préférence dans la partie sud-ouest de la dépression barométrique, à une certaine distance du centre. Ajoutons, de plus, que ces orages se forment souvent en l'absence de tout cyclone.

680. Grêle. — La *grêle*, qu'il ne faut pas confondre avec le grésil, est constituée par des morceaux de glace, le plus souvent arrondis, et formés, quand ils affectent la forme sphéroïdale, d'un noyau blanc opaque entouré de couches concentriques quelquefois alternativement opaques et transparentes. Le volume des grêlons est assez variable; parfois ils atteignent la grosseur d'un œuf de poule et très fréquemment celle d'une noisette.

La grêle tombe pendant les orages d'été, et sa durée ne dépasse pas 15 minutes. Les nuages qui contiennent de la grêle laissent voir des traînées grisâtres.

On remarque que la grêle tombe pendant l'orage, mais jamais après qu'il est passé; l'orage se calme avant la chute des grêlons, pour recommencer ensuite. On croit que les grêlons se forment peu de temps avant leur chute, et, en général, leur volume augmente avec la température de l'air. Les dégâts qu'ils causent aux moissons et aux arbres sont souvent désastreux.

Il est difficile d'expliquer le séjour des grêlons dans les nuages orageux, et l'origine du froid nécessaire à leur formation. Plusieurs physiciens supposent que l'électricité joue un certain rôle dans la production du phénomène.

681. Trombes. — Les *trombes* sont des amas de vapeurs animées très souvent d'un mouvement giratoire extrêmement rapide; elles traversent les couches inférieures de l'atmosphère avec une vitesse variable, et produisent des effets mécaniques considérables. Leur puissance dévastatrice est suffisante pour détruire des édifices, engloutir des navires, etc. Les trombes sont généralement accompagnées de puissants phénomènes électriques, chute de grêle, éclats de la foudre, etc.

L'approche d'une trombe, en particulier sur mer, est manifestée par un nuage sombre que l'on voit s'abaisser sous forme d'un cône dont le sommet finit par atteindre le sol ou la mer.

La largeur des trombes est inférieure à celle des tornados, et leur parcours offre un développement de quelques kilomètres seulement; de même, leur durée est assez restreinte. Mais la violence de ces puissants météores est énorme; les mouvements tourbillonnants qu'ils déterminent soulèvent des poids quelquefois très lourds et les transportent à de grandes distances, en dévastant tout sur leur passage.

La cause des trombes est loin d'être connue; un grand nombre de physiciens leur assignent une origine électrique.

682. Aurore boréale. — On appelle *aurore boréale* un phénomène lumineux très remarquable qui apparaît le soir dans les hautes régions atmosphériques, et qui se manifeste principalement dans les pays voisins des pôles terrestres. Les formes de l'aurore polaire sont très variées; on voit quelquefois un arc lumineux dont la concavité est tournée vers la terre et d'où s'échappent des traînées diversement colorées, animées de mouvements bizarres, et qui finissent par atteindre le sol. Ces bandes lumineuses gardent toujours une orientation remarquable par rapport au méridien magnétique, ce qui fait croire que le phénomène des aurores serait de nature électrique ou magnétique, d'autant plus que leur apparition produit des perturbations dans les aiguilles aimantées et les fils télégraphiques, au point que toute communication électrique devient quelquefois impossible. On croit que l'aurore polaire est produite par des décharges électriques dans les gaz raréfiés des hautes régions atmosphériques, décharges qui rappelleraient les lueurs que l'on observe dans les tubes de Geissler.

683. Arc-en-ciel. — L'*arc-en-ciel* est l'un des principaux météores lumineux; voici comment il peut se produire :

S'il arrive qu'un nuage se résolve en pluie, et que cette pluie reçoive les rayons directs du soleil, un observateur, convenablement placé, pourra voir, sur les gouttes de pluie, une large bande teintée des couleurs spectrales, avec le rouge en dehors et le violet en dedans : c'est l'*arc-en-ciel*. Son ouverture est de 40° pour le violet et de 42° 30' pour le rouge, son centre étant sur le prolongement de la ligne qui passe par le soleil et l'œil de l'observateur. Il n'est pas rare qu'on aperçoive un second arc, plus pâle, extérieur au premier, et ayant le même centre. Ses couleurs sont disposées en sens inverse, et l'angle qui correspond au rouge est de 50°, tandis que celui du violet est de 54°.

Il suit de là que, pour une observateur en plaine, l'arc-en-ciel n'est visible que le soir et le matin, le soir, du côté de l'est, et le matin, du côté de l'ouest; Si le soleil est à l'horizon, le demi-cercle sera complet, sinon, on n'en verra qu'une partie plus ou moins grande du côté du sommet. Quand la hauteur du soleil dépasse 42°, l'arc intérieur est invisible; si elle atteint 54° et plus, l'apparition du second arc devient elle-même impossible.

L'arc-en-ciel est le résultat de la réflexion totale, de la réfraction et de la dispersion des rayons solaires qui tombent sur les gouttes de pluie. L'explication complète de ce phénomène est quelque peu compliquée, et exige une connaissance assez étendue des lois de l'optique.

La lune, comme le soleil, peut produire des arcs-en-ciel; mais ils sont naturellement beaucoup plus pâles.

Les *halos* sont des météores, analogues aux arcs-en-ciel, produits par la réfraction et la dispersion de la lumière dans les prismes de glace des cirrus.

CHAPITRE II

NOTIONS DE CLIMATOLOGIE

684. Climats. — L'on sait que la distribution de la chaleur est fort inégale à la surface du globe. On pourrait croire, si l'on ne tient compte que de l'inclinaison des rayons solaires par rapport à la surface du sol, et de la longueur relative des jours et des nuits, que la température moyenne de l'année doit croître régulièrement à mesure qu'on s'éloigne des pôles pour se rapprocher de l'équateur. L'observation prouve qu'il n'en est pas ainsi, et que des lieux situés sur un même parallèle présentent des températures moyennes fort différentes. Plusieurs circonstances locales très complexes, que nous étudierons sommairement ci-après, exercent une grande influence sur les *climats*, c'est-à-dire sur l'ensemble des conditions météorologiques des différentes régions de la terre.

Les irrégularités de la distribution des températures à la surface du globe sont rendues sensibles en réunissant, par une ligne continue, tous les points de la terre où l'on observe la même température moyenne : ce sont les *lignes isothermes*, imaginées par de Humboldt. Ces lignes, qui devraient se confondre avec les parallèles géographiques, offrent, au contraire, de nombreuses sinuosités ; c'est ainsi que l'isotherme de plus haute température moyenne, appelée *équateur thermique*, ne coïncide pas avec l'équateur terrestre, et que les deux points les plus froids de l'hémisphère nord, appelés *pôles du froid*, sont distincts du pôle géographique.

Le climat d'un pays n'est pas caractérisé d'une façon complète pour la valeur de l'isotherme qui le traverse. Il arrive, en effet, qu'il peut y avoir une grande différence, 20° à 30°, dans les températures moyennes de l'été et de l'hiver ; à de grandes chaleurs, succèdent de grands froids. Le climat de ces pays est alors appelé *excessif*. D'autres régions, situées sur la même ligne isotherme, présentent, dans la température des diverses saisons, une sorte d'uniformité ; la différence des deux moyennes n'est plus que 4 ou 5° : c'est ce qu'on nomme un climat *constant*. — On désigne, enfin, sous le nom de *climats tempérés* ceux pour lesquels la différence des moyennes est d'environ 15° : tel est le climat de Paris.

685. Principales causes qui modifient la température de l'air dans un lieu donné. — Plusieurs causes influent sur la température de l'air en un point déterminé du globe, et contribuent, suivant la prédominance des unes ou des autres, à modifier le climat des différents pays.

1° Influence de la latitude. — L'on sait que, toutes choses égales d'ailleurs, la température augmente à mesure qu'on s'avance vers l'équateur. Cela tient à l'obliquité différente des rayons solaires ; à l'équateur, où les rayons se rapprochent le plus de la normale, la quantité de chaleur absorbée est plus grande qu'aux latitudes élevées, où les rayons sont plus obliques. La température, à l'équateur et dans les régions intertropicales, subit peu de variations, à cause de l'égalité constante des jours et des nuits, et atteint une moyenne annuelle très élevée. Cette partie du globe constitue la *zone torride*, limitée par les deux tropiques.

A mesure qu'on s'éloigne de l'équateur, la hauteur méridienne du soleil diminue, et la différence entre les longueurs relatives des jours et des nuits s'accentue davantage. Il en résulte de grandes variations entre les températures observées à des époques différentes de l'année, les climats tendent à devenir *excessifs*, et la moyenne annuelle *s'abaisse* de plus en plus. On appelle *zones tempérées* les régions comprises, de chaque côté de l'équateur, entre les tropiques et les cercles polaires.

Enfin, les *zones glaciales*, situées au delà des cercles polaires, présentent une moyenne annuelle très basse, et sont caractérisées par des glaces perpétuelles. Les rayons du soleil, à cause de leur grande obliquité, ne peuvent compenser, pendant les jours de plusieurs mois, la perte de chaleur qui s'effectue pendant les longues nuits glacées qui succèdent aux jours.

2° Influence de l'altitude. — L'abaissement de la température

est très rapide quand on s'élève dans l'atmosphère. Ce phénomène est dû au fait que l'air, à cause de son grand pouvoir diathermane, ne s'échauffe que par contact du sol. L'air sera donc
d'autant plus froid qu'il sera plus éloigné de la surface de la
terre. De plus, la dilatation de l'air chaud qui s'élève du sol est
une source de froid intense.

L'abaissement de la température avec l'altitude ne suit pas
partout la même loi, à cause des nombreuses circonstances
locales auxquelles sont soumis les courants atmosphériques.
L'influence de l'altitude sur la température explique la persistance de la neige sur les hautes montagnes, et les climats rigou-
reux de certains pays.

3° Influence de la direction des vents. — Les vents sont plus
ou moins chauds et contiennent des quantités variables d'humidité, suivant le point de l'horizon d'où ils soufflent et l'état
physique de la surface du globe qu'ils ont effleurée ; il est donc
évident qu'ils doivent exercer une grande influence sur la température de l'air d'une contrée. A Québec, les vents du sud et du
sud-est sont chauds et pluvieux, tandis que les vents d'ouest
sont secs et chauds pendant l'été, mais froids pendant l'hiver.
Les vents du nord sont secs et froids ; ceux du nord-est et d'est
sont froids pendant l'été et tempérés pendant l'hiver. Cette différence de température avec les saisons se comprend aisément.
En été, les vents du sud-ouest sont secs et chauds, parce qu'ils
traversent un sol que le soleil peut échauffer fortement, tandis
que, pendant l'hiver, la terre étant couverte de neige, la température de ces vents ne peut que s'abaisser. Les vents de nord-
est, au contraire, en rasant le fleuve avant d'arriver à Québec,
participent à la température de l'eau qui est plus chaude que le
sol pendant l'hiver, et plus froide durant l'été.

4° Influence de la proximité des mers. — L'on sait que l'eau
est la substance qui possède la plus grande chaleur spécifique ;
elle se réchauffe et se refroidit avec une grande lenteur. C'est
pour cette raison que le voisinage des mers a pour effet de
rendre les climats *tempérés* et même *constants*, surtout dans les
îles situées au milieu des grands océans. Dans l'intérieur des
continents, au contraire, les climats tendent à devenir excessifs.
On remarque que la température est plus douce et plus uniforme

à Halifax qu'à Québec, où le climat est excessif; la différence est encore plus sensible pour le Manitoba.

686. Courants marins. — Le climat de certains pays est considérablement modifié par les *courants marins*. Ce sont de véritables fleuves d'eau chaude ou d'eau froide dont le fond et les rivages sont les eaux de l'océan. Celui qui nous intéresse davantage est le *Gulf-Stream*, découvert par le lieutenant américain Maury. Ce courant d'eau chaude, dont la température atteint 22° à 27° C., semble prendre naissance vers les côtes occidentales de l'Afrique. Après les avoir suivies sur une certaine longueur, il traverse l'Atlantique de l'est à l'ouest jusqu'au nord du Brésil, côtoie l'Amérique du Sud, et entre dans le golfe du Mexique. C'est à partir de cet endroit qu'il prend plus particulièrement le nom de *courant du golfe*. En sortant du golfe du Mexique, il traverse obliquement l'Atlantique, et se bifurque, près des bancs de Terre-Neuve, en deux courants dont l'un va passer entre l'Islande et la Norvège, et dont l'autre retourne vers le sud en longeant les Iles Britanniques, les côtes occidentales de la France, de l'Espagne et de l'Afrique, pour rentrer de nouveau dans la circulation générale.

La largeur de ce fleuve d'eau chaude est quelquefois de plusieurs centaines de lieues, et il transporte vers l'Europe une quantité énorme de chaleur qui contribue pour une large part à tempérer le climat de la partie occidentale de ce continent.

Il existe aussi d'autres courants marins de ce genre dans les autres océans, notamment dans l'océan Pacifique.

On a constaté également l'existence de *courants froids* venant des mers polaires. Le plus important pour nous est le courant froid qui suit les côtes occidentales du Groënland et longe le littoral du Labrador. Il a pour effet de refroidir le climat du Canada oriental, à cause de sa basse température, et surtout à cause des banquises de glace qu'il entraîne dans le golfe Saint-Laurent. On attribue la formation des bancs de Terre-Neuve à l'accumulation des matières solides transportées par les banquises, matières qui se déposent sur le fond de l'océan, lorsque ces montagnes de glace se dissolvent au point où le courant polaire rencontre le *Gulf-Stream*.

————

TABLE DES MATIÈRES

NOTIONS PRÉLIMINAIRES

PROPRIÉTÉS GÉNÉRALES DE LA MATIÈRE

MÉCANIQUE

CHAPITRE I

ÉTUDE DU MOUVEMENT

CHAPITRE II

PESANTEUR

CHAPITRE I

CHAPITRE II

DE LA BALANCE

GAZ

CHAPITRE I

CHALEUR

CHAPITRE I

CHAPITRE II

ÉTUDE DES DILATATIONS

CHAPITRE III

CHANGEMENTS D'ÉTAT SOUS L'INFLUENCE DE LA CHALEUR

CHAPITRE IV

HYGROMÉTRIE

CHAPITRE V

CALORIMÉTRIE

CHAPITRE VI

PROPAGATION DE LA CHALEUR

CHAPITRE VII

DIFFÉRENTS SYSTÈMES DE CHAUFFAGE

CHAPITRE VIII

MACHINE A VAPEUR

CHAPITRE IX

PRINCIPES DE THERMODYNAMIQUE

OPTIQUE

CHAPITRE I

CHAPITRE II

RÉFLEXION DE LA LUMIÈRE

CHAPITRE III

RÉFRACTION DE LA LUMIÈRE

ÉLECTRICITÉ ET MAGNÉTISME

CHAPITRE I

ÉLECTRICITÉ STATIQUE

CHAPITRE II

ÉLECTRICITÉ DYNAMIQUE

CHAPITRE III

COURANTS THERMO-ÉLECTRIQUES

CHAPITRE IV

MAGNÉTISME

CHAPITRE V

ÉLECTROMAGNÉTISME

CHAPITRE VI

INDUCTION

CHAPITRE VII

GALVANOMÈTRES

CHAPITRE VIII

UNITÉS ÉLECTROMAGNÉTIQUES

CHAPITRE IX

CHAPITRE X

QUELQUES APPLICATIONS DE L'ÉLECTRICITÉ

MÉTÉOROLOGIE ET CLIMATOLOGIE

CHAPITRE I

NOTIONS DE MÉTÉOROLOGIE

CHAPITRE II

NOTIONS DE CLIMATOLOGIE

ERRATA

Page 64, 22ᵉ ligne : au lieu de *lubréfiants*, lire *lubrifiants*.

Page 234, 1ʳᵉ ligne : au lieu de *Méthode acoustisque*, lire *Méthodes acoustiques*.

TOURS, IMP. DESLIS FRÈRES

TOURS

IMPRIMERIE DESLIS FRÈRES

6, rue Gambetta, 6

* 9 7 8 2 0 1 6 1 7 8 9 7 3 *